国 家 科 技 重 大 专 项

大型油气田及煤层气开发成果丛书

（2008—2020）

卷2

岩性地层大油气区
地质理论与评价技术

袁选俊　朱如凯　刘化清　唐　勇　张惠良　张国生　等编著

石油工业出版社

内容提要

21世纪以来，岩性地层油气藏已经成为中国陆上增储上产的主体，发现了鄂尔多斯盆地姬塬、陇东，准噶尔盆地玛湖等多个10亿吨级规模储量区。本书立足国家油气重大专项05001项目研究成果，系统论述了中国陆上岩性地层大油气区的成藏条件与分布规律，研发配套了针对性的评价方法与关键技术，分享了勘探实践成功经验，并预测评价了岩性地层油气藏未来勘探潜力与方向。

本书可供从事油气地质勘探、开发的科研人员和大专院校相关专业师生参考阅读。

图书在版编目（CIP）数据

岩性地层大油气区地质理论与评价技术 / 袁选俊等
著 . —北京 : 石油工业出版社 , 2023.9
（国家科技重大专项·大型油气田及煤层气开发成果丛书 : 2008—2020）
ISBN 978-7-5183-6351-3

Ⅰ. ① 岩… Ⅱ. ① 袁… Ⅲ. ① 岩性油气藏—研究
Ⅳ. ① P618.130.2

中国国家版本馆 CIP 数据核字（2023）第 177743 号

责任编辑：林庆咸
责任校对：罗彩霞
装帧设计：李 欣 周 彦

审图号：GS 京（2023）2085 号

出版发行 : 石油工业出版社
　　　　　（北京安定门外安华里 2 区 1 号　 100011）
　　　　　网　　址 : www.petropub.com
　　　　　编辑部 :（010）64523708　图书营销中心 :（010）64523633
经　　销 : 全国新华书店
印　　刷 : 北京中石油彩色印刷有限责任公司

2023 年 9 月第 1 版　 2023 年 9 月第 1 次印刷
787×1092 毫米　 开本 : 1/16　 印张 : 32.5
字数 : 800 千字

定价 : 320.00 元

ISBN 978-7-5183-6351-3

《国家科技重大专项·大型油气田及煤层气开发成果丛书（2008—2020）》

◇◇◇◇◇ 编委会 ◇◇◇◇◇

《岩性地层大油气区地质理论与评价技术》

❖❖❖ 编 写 组 ❖❖❖

组　长：袁选俊

副组长：朱如凯　刘化清　唐　勇　张惠良　张国生　邓秀芹

成　员：（按姓氏拼音排序）

曹正林	查　明	陈　榈	陈世加	成大伟	崔景伟
邓胜徽	樊　茹	高长海	郭文建	郝　斌	何登发
黄金亮	康积伦	孔玉华	李　攀	李　欣	李相搏
梁　坤	廖建波	廖群山	刘　春	刘诗琼	刘永福
刘占国	刘宗堡	毛治国	倪长宽	潘树新	曲永强
宋成鹏	苏　玲	苏明军	孙夕平	陶士振	王　波
王　菁	王　颖	王传武	王兴志	卫延召	吴孔友
吴松涛	徐怀民	徐耀辉	杨　帆	杨金华	杨庆杰
杨占龙	姚泾利	于宝利	于兴河	曾齐红	张志杰
郑孟林	周川闽	周红英	朱筱敏		

　　能源安全关系国计民生和国家安全。面对世界百年未有之大变局和全球科技革命的新形势，我国石油工业肩负着坚持初心、为国找油、科技创新、再创辉煌的历史使命。国家科技重大专项是立足国家战略需求，通过核心技术突破和资源集成，在一定时限内完成的重大战略产品、关键共性技术或重大工程，是国家科技发展的重中之重。大型油气田及煤层气开发专项，是贯彻落实习近平总书记关于大力提升油气勘探开发力度、能源的饭碗必须端在自己手里等重要指示批示精神的重大实践，是实施我国"深化东部、发展西部、加快海上、拓展海外"油气战略的重大举措，引领了我国油气勘探开发事业跨入向深层、深水和非常规油气进军的新时代，推动了我国油气科技发展从以"跟随"为主向"并跑、领跑"的重大转变。在"十二五"和"十三五"国家科技创新成就展上，习近平总书记两次视察专项展台，充分肯定了油气科技发展取得的重大成就。

　　大型油气田及煤层气开发专项作为《国家中长期科学和技术发展规划纲要（2006—2020年）》确定的10个民口科技重大专项中唯一由企业牵头组织实施的项目，以国家重大需求为导向，积极探索和实践依托行业骨干企业组织实施的科技创新新型举国体制，集中优势力量，调动中国石油、中国石化、中国海油等百余家油气能源企业和70多所高等院校、20多家科研院所及30多家民营企业协同攻关，参与研究的科技人员和推广试验人员超过3万人。围绕专项实施，形成了国家主导、企业主体、市场调节、产学研用一体化的协同创新机制，聚智协力突破关键核心技术，实现了重大关键技术与装备的快速跨越；弘扬伟大建党精神、传承石油精神和大庆精神铁人精神，以及石油会战等优良传统，充分体现了新型举国体制在科技创新领域的巨大优势。

　　经过十三年的持续攻关，全面完成了油气重大专项既定战略目标，攻克了一批制约油气勘探开发的瓶颈技术，解决了一批"卡脖子"问题。在陆上油气勘探、陆上油气开发、工程技术、海洋油气勘探开发、海外油气勘探开发、非常规油气勘探开发领域，形成了6大技术系列、26项重大技术；自主研发20项重大工程技术装备；建成35项示范工程、26个国家级重点实验室和研究中心。我国油气科技自主创新能力大幅提升，油气能源企业被卓越赋能，形成产量、储量增长高峰期发展新态势，为落实习近平总书记"四个革命、一个合作"能源安全新战略奠定了坚实的资源基础和技术保障。

《国家科技重大专项·大型油气田及煤层气开发成果丛书（2008—2020）》（62卷）是专项攻关以来在科学理论和技术创新方面取得的重大进展和标志性成果的系统总结，凝结了数万科研工作者的智慧和心血。他们以"功成不必在我，功成必定有我"的担当，高质量完成了这些重大科技成果的凝练提升与编写工作，为推动科技创新成果转化为现实生产力贡献了力量，给广大石油干部员工奉献了一场科技成果的饕餮盛宴。这套丛书的正式出版，对于加快推进专项理论技术成果的全面推广，提升石油工业上游整体自主创新能力和科技水平，支撑油气勘探开发快速发展，在更大范围内提升国家能源保障能力将发挥重要作用，同时也一定会在中国石油工业科技出版史上留下一座书香四溢的里程碑。

在世界能源行业加快绿色低碳转型的关键时期，广大石油科技工作者要进一步认清面临形势，保持战略定力、志存高远、志创一流，毫不放松加强油气等传统能源科技攻关，大力提升油气勘探开发力度，增强保障国家能源安全能力，努力建设国家战略科技力量和世界能源创新高地；面对资源短缺、环境保护的双重约束，充分发挥自身优势，以技术创新为突破口，加快布局发展新能源新事业，大力推进油气与新能源协调融合发展，加大节能减排降碳力度，努力增加清洁能源供应，在绿色低碳科技革命和能源科技创新上出更多更好的成果，为把我国建设成为世界能源强国、科技强国，实现中华民族伟大复兴的中国梦续写新的华章。

中国石油董事长、党组书记
中国工程院院士

石油天然气是当今人类社会发展最重要的能源。2020年全球一次能源消费量为 $134.0 \times 10^8 t$ 油当量，其中石油和天然气占比分别为 30.6% 和 24.2%。展望未来，油气在相当长时间内仍是一次能源消费的主体，全球油气生产将呈长期稳定趋势，天然气产量将保持较高的增长率。

习近平总书记高度重视能源工作，明确指示"要加大油气勘探开发力度，保障我国能源安全"。石油工业的发展是由资源、技术、市场和社会政治经济环境四方面要素决定的，其中油气资源是基础，技术进步是最活跃、最关键的因素，石油工业发展高度依赖科学技术进步。近年来，全球石油工业上游在资源领域和理论技术研发均发生重大变化，非常规油气、海洋深水油气和深层—超深层油气勘探开发获得重大突破，推动石油地质理论与勘探开发技术装备取得革命性进步，引领石油工业上游业务进入新阶段。

中国共有 500 余个沉积盆地，已发现松辽盆地、渤海湾盆地、准噶尔盆地、塔里木盆地、鄂尔多斯盆地、四川盆地、柴达木盆地和南海盆地等大型含油气大盆地，油气资源十分丰富。中国含油气盆地类型多样、油气地质条件复杂，已发现的油气资源以陆相为主，构成独具特色的大油气分布区。历经半个多世纪的艰苦创业，到 20 世纪末，中国已建立完整独立的石油工业体系，基本满足了国家发展对能源的需求，保障了油气供给安全。2000 年以来，随着国内经济高速发展，油气需求快速增长，油气对外依存度逐年攀升。我国石油工业担负着保障国家油气供应安全，壮大国际竞争力的历史使命，然而我国石油工业面临着油气勘探开发对象日趋复杂、难度日益增大、勘探开发理论技术不相适应及先进装备依赖进口的巨大压力，因此急需发展自主科技创新能力，发展新一代油气勘探开发理论技术与先进装备，以大幅提升油气产量，保障国家油气能源安全。一直以来，国家高度重视油气科技进步，支持石油工业建设专业齐全、先进开放和国际化的上游科技研发体系，在中国石油、中国石化和中国海油建立了比较先进和完备的科技队伍和研发平台，在此基础上于 2008 年启动实施国家科技重大专项技术攻关。

国家科技重大专项"大型油气田及煤层气开发"（简称"国家油气重大专项"）是《国家中长期科学和技术发展规划纲要（2006—2020 年）》确定的 16 个重大专项之一，目标是大幅提升石油工业上游整体科技创新能力和科技水平，支撑油气勘探开发快速发展。国家油气重大专项实施周期为 2008—2020 年，按照"十一五""十二五""十三五" 3 个阶段实施，是民口科技重大专项中唯一由企业牵头组织实施的专项，由中国石油牵头组织实施。专项立足保障国家能源安全重大战略需求，围绕"6212"科技攻关目标，共部署实施 201 个项目和示范工程。在党中央、国务院的坚强领导下，专项攻关团队积极探索和实践依托行业骨干企业组织实施的科技攻关新型举国体制，加快推进专项实施，攻克一批制约油气勘探开发的瓶颈技术，形成了陆上油气勘探、陆上油气开发、工程技术、海洋油气勘探开发、海外油气勘探开发、非常规油气勘探开发 6 大领域技术系列及 26 项重大技术，自主研发 20 项重大工程技术装备，完成 35 项示范工程建设。近 10 年我国石油年产量稳定在 2×10^8 t 左右，天然气产量取得快速增长，2020 年天然气产量达 $1925 \times 10^8 m^3$，专项全面完成既定战略目标。

通过专项科技攻关，中国油气勘探开发技术整体已经达到国际先进水平，其中陆上油气勘探开发水平位居国际前列，海洋石油勘探开发与装备研发取得巨大进步，非常规油气开发获得重大突破，石油工程服务业的技术装备实现自主化，常规技术装备已全面国产化，并具备部分高端技术装备的研发和生产能力。总体来看，我国石油工业上游科技取得以下七个方面的重大进展：

（1）我国天然气勘探开发理论技术取得重大进展，发现和建成一批大气田，支撑天然气工业实现跨越式发展。围绕我国海相与深层天然气勘探开发技术难题，形成了海相碳酸盐岩、前陆冲断带和低渗—致密等领域天然气成藏理论和勘探开发重大技术，保障了我国天然气产量快速增长。自 2007 年至 2020 年，我国天然气年产量从 $677 \times 10^8 m^3$ 增长到 $1925 \times 10^8 m^3$，探明储量从 $6.1 \times 10^{12} m^3$ 增长到 $14.41 \times 10^{12} m^3$，天然气在一次能源消费结构中的比例从 2.75% 提升到 8.18% 以上，实现了三个翻番，我国已成为全球第四大天然气生产国。

（2）创新发展了石油地质理论与先进勘探技术，陆相油气勘探理论与技术继续保持国际领先水平。创新发展形成了包括岩性地层油气成藏理论与勘探配套技术等新一代石油地质理论与勘探技术，发现了鄂尔多斯湖盆中心岩性地层大油区，支撑了国内长期年新增探明 10×10^8t 以上的石油地质储量。

（3）形成国际领先的高含水油田提高采收率技术，聚合物驱油技术已发展到三元复合驱，并研发先进的低渗透和稠油油田开采技术，支撑我国原油产量长期稳定。

（4）我国石油工业上游工程技术装备（物探、测井、钻井和压裂）基本实现自主化，具备一批高端装备技术研发制造能力。石油企业技术服务保障能力和国际竞争力大幅提升，促进了石油装备产业和工程技术服务产业发展。

（5）我国海洋深水工程技术装备取得重大突破，初步实现自主发展，支持了海洋深水油气勘探开发进展，近海油气勘探与开发能力整体达到国际先进水平，海上稠油开发处于国际领先水平。

（6）形成海外大型油气田勘探开发特色技术，助力"一带一路"国家油气资源开发和利用。形成全球油气资源评价能力，实现了国内成熟勘探开发技术到全球的集成与应用，我国海外权益油气产量大幅度提升。

（7）页岩气、致密气、煤层气与致密油、页岩油勘探开发技术取得重大突破，引领非常规油气开发新兴产业发展。形成页岩气水平井钻完井与储层改造作业技术系列，推动页岩气产业快速发展；页岩油勘探开发理论技术取得重大突破；煤层气开发新兴产业初见成效，形成煤层气与煤炭协调开发技术体系，全国煤炭安全生产形势实现根本性好转。

这些科技成果的取得，是国家实施建设创新型国家战略的成果，是百万石油员工和科技人员发扬艰苦奋斗、为国找油的大庆精神铁人精神的实践结果，是我国科技界以举国之力团结奋斗联合攻关的硕果。国家油气重大专项在实施中立足传统石油工业，探索实践新型举国体制，创建"产学研用"创新团队，创新人才队伍建设，创新科技研发平台基地建设，使我国石油工业科技创新能力得到大幅度提升。

为了系统总结和反映国家油气重大专项在科学理论和技术创新方面取得的重大进展和成果，加快推进专项理论技术成果的推广和提升，专项实施管理办公室与技术总体组规划组织编写了《国家科技重大专项·大型油气田及煤层气开发成果丛书（2008—2020）》。丛书共 62 卷，第 1 卷为专项理论技术成果总论，第 2~9 卷为陆上油气勘探理论技术成果，第 10~14 卷为陆上油气开发理论技术成果，第 15~22 卷为工程技术装备成果，第 23~26 卷为海洋油气理论技术装备成果，第 27~30 卷为海外油气理论技术成果，第 31~43 卷为非常规油气理论技术成果，第44~62卷为油气开发示范工程技术集成与实施成果（包括常规油气开发7卷，煤层气开发5卷，页岩气开发4卷，致密油、页岩油开发3卷）。

各卷均以专项攻关组织实施的项目与示范工程为单元，作者是项目与示范工程的项目长和技术骨干，内容是项目与示范工程在2008—2020年期间的重大科学理论研究、先进勘探开发技术和装备研发成果，代表了当今我国石油工业上游的最新成就和最高水平。丛书内容翔实，资料丰富，是科学研究与现场试验的真实记录，也是科研成果的总结和提升，具有重大的科学意义和资料价值，必将成为石油工业上游科技发展的珍贵记录和未来科技研发的基石和参考资料。衷心希望丛书的出版为中国石油工业的发展发挥重要作用。

国家科技重大专项"大型油气田及煤层气开发"是一项巨大的历史性科技工程，前后历时十三年，跨越三个五年规划，共有数万名科技人员参加，是我国石油工业史上一项壮举。专项的顺利实施和圆满完成是参与专项的全体科技人员奋力攻关、辛勤工作的结果，是我国石油工业界和石油科技教育界通力合作的典范。我有幸作为国家油气重大专项技术总师，全程参加了专项的科研和组织，倍感荣幸和自豪。同时，特别感谢国家科技部、财政部和发改委的规划、组织和支持，感谢中国石油、中国石化、中国海油及中联公司长期对石油科技和油气重大专项的直接领导和经费投入。此次专项成果丛书的编辑出版，还得到了石油工业出版社大力支持，在此一并表示感谢！

中国科学院院士　贾承造

《国家科技重大专项·大型油气田及煤层气开发成果丛书（2008—2020）》

分卷目录

序号	分卷名称
卷 29	超重油与油砂有效开发理论与技术
卷 30	伊拉克典型复杂碳酸盐岩油藏储层描述
卷 31	中国主要页岩气富集成藏特点与资源潜力
卷 32	四川盆地及周缘页岩气形成富集条件、选区评价技术与应用
卷 33	南方海相页岩气区带目标评价与勘探技术
卷 34	页岩气气藏工程及采气工艺技术进展
卷 35	超高压大功率成套压裂装备技术与应用
卷 36	非常规油气开发环境检测与保护关键技术
卷 37	煤层气勘探地质理论及关键技术
卷 38	煤层气高效增产及排采关键技术
卷 39	新疆准噶尔盆地南缘煤层气资源与勘查开发技术
卷 40	煤矿区煤层气抽采利用关键技术与装备
卷 41	中国陆相致密油勘探开发理论与技术
卷 42	鄂尔多斯盆缘过渡带复杂类型气藏精细描述与开发
卷 43	中国典型盆地陆相页岩油勘探开发选区与目标评价
卷 44	鄂尔多斯盆地大型低渗透岩性地层油气藏勘探开发技术与实践
卷 45	塔里木盆地克拉苏气田超深超高压气藏开发实践
卷 46	安岳特大型深层碳酸盐岩气田高效开发关键技术
卷 47	缝洞型油藏提高采收率工程技术创新与实践
卷 48	大庆长垣油田特高含水期提高采收率技术与示范应用
卷 49	辽河及新疆稠油超稠油高效开发关键技术研究与实践
卷 50	长庆油田低渗透砂岩油藏 CO_2 驱油技术与实践
卷 51	沁水盆地南部高煤阶煤层气开发关键技术
卷 52	涪陵海相页岩气高效开发关键技术
卷 53	渝东南常压页岩气勘探开发关键技术
卷 54	长宁—威远页岩气高效开发理论与技术
卷 55	昭通山地页岩气勘探开发关键技术与实践
卷 56	沁水盆地煤层气水平井开采技术及实践
卷 57	鄂尔多斯盆地东缘煤系非常规气勘探开发技术与实践
卷 58	煤矿区煤层气地面超前预抽理论与技术
卷 59	两淮矿区煤层气开发新技术
卷 60	鄂尔多斯盆地致密油与页岩油规模开发技术
卷 61	准噶尔盆地砂砾岩致密油藏开发理论技术与实践
卷 62	渤海湾盆地济阳坳陷致密油藏开发技术与实践

2003 年以前，我国习惯把目前技术难以发现的圈闭称之为"隐蔽圈闭/油气藏"，圈闭类型除包括岩性、地层、潜山外，还包括低幅度构造、复杂断块等。2003 年贾承造教授明确提出"隐蔽油气藏"已不能反映我国勘探现实，建议使用与国际接轨的"岩性地层油气藏"，以便指导中国陆上含油气盆地预测评价和大规模油气勘探。岩性地层油气藏是指在一定的构造背景下，由岩性、物性变化或地层超覆尖灭、不整合遮挡等形成的油气藏。

"十五"以来，中国石油天然气集团公司依托公司科技项目和国家油气重大专项，集中组织和系统开展了岩性地层油气藏地质理论与勘探配套技术攻关，在不同阶段均取得了重要研究进展，推动了我国油气勘探进程。21 世纪以来，岩性地层油气藏已经成为我国陆上油气储量增长的主体，中国石油国内探区新增探明油气地质储量已占总探明储量的 70% 以上。

回顾中国石油组织的岩性地层油气藏勘探领域攻关历程，大致可以分为以下 3 个研究阶段。各阶段取得的主要研究进展和勘探成效可以简要概况如下：

2003—2007 年，中国石油设立重大科技项目，分陆相断陷、坳陷、前陆和海相克拉通四类盆地，围绕砂砾岩、碳酸盐岩、火山岩三类储层进行了系统研究。经过 5 年技术攻关，建立了中国陆上岩性地层油气藏地质理论和勘探技术，推动了中国石油从构造油气藏向岩性地层油气藏勘探的重大转变，并指导油气勘探部署取得突破发现和储量增长。该研究成果曾荣获 2017 年度国家科技进步一等奖。主要创新性成果包括 4 方面内容：一是系统建立了岩性地层油气藏区带、圈闭与成藏地质理论，提出了 14 种"构造—层序成藏组合"模式，突破了传统二级构造区带勘探思想；二是建立了中低丰度岩性地层油气藏大面积成藏地质理论，揭示了源下超压"倒灌式"成藏机理，开辟了在主力烃源岩下伏地层勘探的新领域；三是揭示了坳陷盆地三角洲"前缘带大面积成藏"、断陷盆地富油气凹陷"满凹含油"、陆相前陆盆地"冲断带扇体控藏"、海相克拉通盆地

"台缘带礁滩控油气"等四类原型盆地岩性地层油气藏富集规律，有效指导了油气勘探部署；四是提出以油气系统为单元的"四图叠合"区带评价新方法，形成了陆相层序地层学工业化应用和地震储层预测两项核心技术。上述研究成果已在《岩性地层油气藏地质理论与勘探技术》专著中进行了系统介绍。

2008—2016 年，依托国家油气重大专项和中国石油配套项目，分岩性地层、致密油气两大领域开展了攻关研究，岩性地层油气藏地质理论不断深化完善，并创新发展了连续型油气聚集与坳陷湖盆岩性大油区成藏地质理论，指导了从湖盆边缘向湖盆中心、从源内向源上、源下多领域油气勘探部署，推动了鄂尔多斯盆地姬塬、华庆，准噶尔盆地玛湖、四川盆地川中须家河组等岩性/致密大油气区的勘探发现。主要创新性成果包括 4 方面内容：一是针对从储集砂体展布宏观预测到微观储层特征的精细表征，建立了 6 个尺度的沉积储层研究方法体系，推动湖盆沉积与储层地质学学科创新发展；二是针对不同于"源内"大面积岩性油气藏的成藏特点，发展了"源下、源上"大面积岩性油气藏成藏新模式，建立了构造、沉积、复合三类斜坡带岩性油气藏富集模式；三是针对致密油气有异于常规油气藏的石油地质特征，提出并创新发展了连续型油气聚集理论，形成了《致密砂岩气地质评价方法》与《致密油地质评价方法》等行业标准；四是初步形成了岩性地层区带、圈闭有效性评价技术系列，研发了地震储层预测和流体检测、致密油气资源评价等多项关键技术与软件系统。上述大部分成果已在《岩性地层油气藏》与《非常规油气地质学》专著中进行了系统介绍。

2016—2021 年，依托国家油气重大专项岩性地层油气藏项目和中国石油配套项目，分大型地层、大型岩性两大领域开展了攻关研究，进一步发展了岩性地层大油气区地质理论与勘探配套技术，推动了我国油气勘探不断深化与规模增储，其中准噶尔盆地玛湖凹陷三叠系砾岩大油区的发现荣获 2018 年度国家科技进步一等奖。主要创新性成果包括 4 方面内容：一是立足多类型湖盆储集体成因机理与分布规律，创新发展了凹陷区大面积砾岩/砂岩岩性油藏成藏模式与评价方法，推动了玛湖凹陷百口泉组、鄂尔多斯盆地延长组下组合岩性大油区形成与规模增储；二是立足叠合盆地地层不整合体时空分布与不同类型储集体结构解剖，揭示了大中型地层油气藏成藏主控因素与分布规律，提出碳酸盐岩、碎屑岩、火山岩、变质岩四大岩类均可形成大型地层油气藏，推动准噶尔盆地上二叠统碎屑岩大型地层油气藏勘探领域的战略突破；三是针对不整合结构体、薄互层与强非均质储层，研发集成了岩性/地层圈闭有效性评价、地震沉积分析、地震储层预测等关键技术和软件平台，支撑了有利勘探区带优选与重点钻探目标论证；四是建立了油气勘探阶段划分方法与标准，明确了重点盆地剩余油气资源结构，深化了四类盆地油气分布规律，提出了陆上未来油气增储重点领域及岩性地层油气藏有利勘探方向。

本专著即是在前两个阶段研究成果基础上，主要立足"十三五"研究新认识与新进展，从规模烃源岩和储集体形成与分布入手，重点论述岩性地层大油气区的成藏机理与分布规律，以及针对性的评价方法与关键技术，分析总结典型勘探实例的成功经验，并预测评价了未来勘探潜力与方向。具体内容包括十章。第一章从区域构造演化、成盆特点与沉积充填特征出发，探讨了我国岩性地层大油气区成藏的特殊性，主要编写人朱如凯、崔景伟、何登发、王兴志等；第二章从规模烃源岩沉积的角度，论述了淡水、半咸水、咸水三种湖盆烃源岩的沉积特征与成因模式，主要编写人张志杰、袁选俊、成大伟、王岚、汪梦诗、刘群等；第三章从湖盆规模储集体形成的角度，分别论述了浅水三角洲生长模式和煤系三角洲、滩坝、湖相碳酸盐岩的沉积特征与分布规律，主要编写人刘占国、袁选俊、张志杰、王艳清、厚刚福、王波、周红英等；第四章从圈闭类型与特征入手，分别论述了岩性油气藏群、大中型地层油气藏、远源/次生油气藏的成藏机理与富集规律，主要编写人吴松涛、卫延召、高长海、陈世加等；第五章立足层序地层结构与岩性圈闭成因，进一步深化了坳陷湖盆大面积成藏背景与岩性大油区形成的主控因素与分布规律，主要编写人袁选俊、张惠良、刘占国、陶士振、朱筱敏、刘春等；第六章立足克拉通盆地重要不整合断代时限与地层不整合结构体规模储集体，论述了大中型地层油气藏形成的主控因素与分布规律；主要编写人朱如凯、崔景伟、邓胜徽、何登发、查明、曹正林、李攀等。第七章立足岩性、地层区带/圈闭有效性评价方法与关键技术研发，集成了地震沉积学分析软件平台（GeoSed 3.0），主要编写人刘化清、苏明军、杨占龙、刘宗堡、徐怀民、吴孔友、孙夕平、倪长宽等。第八章立足碱湖烃源岩生烃机理与砾岩储集体非均质性特征，重点论述了玛湖凹陷源上大面积成藏机理与富集规律，以及砾岩油藏勘探特色配套技术，主要编写人唐勇、孔玉华、郑孟林、尤新才、于宝利等；第九章立足鄂尔多斯盆地三叠系沉积演化与低渗透规模储层分布规律，论述了延长组岩性油藏的立体成藏模式与岩性大油区评价方法，主要编写人邓秀芹、周新平、程党性、楚美娟等；第十章简要总结了四类原型盆地油气分布规律，并通过对我国主要含油气盆地勘探阶段研判与剩余资源潜力分析，预测评价了岩性地层油气藏的勘探潜力与方向，主要编写人张国生、袁选俊、梁坤、李欣、毛治国、黄金亮等。全书由袁选俊、朱如凯、崔景伟、张志杰、吴松涛、毛治国、刘占国等统编。

在项目研究和本书编著过程中，一直得到了前两任项目长贾承造院士、邹才能院士，项目跟踪专家高瑞祺教授、顾家裕教授、陈志勇教授、张义杰教授，以及中国石油天然气集团公司科技管理部钟太贤副总经理、李峰副处长、傅国友处长，中国石油勘探开发研究院胡素云总地质师、张水昌教授、宋岩教授、赵力民教授、赵孟军教授、汪泽成教授、侯连华教授、王晓梅教授、张研教授、王西文教授、邹伟宏教授等的指导和大力支持；同时本书还蕴涵着国家油气重大专项实施管理办公室秘书处、中国石油相关油气田、相关院校等各界领导、专家的大力支持和帮助，在此一并表示诚挚的感谢！

本书在编写中，难免有总结不到位之处，欢迎大家批评指正。

目 录

第一章　中国陆上岩性地层大油气区地质背景

中国大陆位于欧亚板块东南部，西南与印度板块、东与太平洋板块为邻，经历了长期复杂的演化历史，表现为小陆块拼合、多旋回演化和强烈的陆内构造活动特征（翟光明等，2002）。自显生宙以来，中国大陆的板块构造演化，依次受古亚洲洋、特提斯—古太平洋和印度洋—太平洋三大动力学体系控制，形成了古亚洲构造域、特提斯构造域和环（滨）太平洋构造域（任纪舜等，1997），三大构造域的叠加与复合，控制了沉积盆地的形成演化、生—储—盖组合、油气聚集与分布。

第一节　区域构造演化与成盆特点

中国大陆及其毗邻地区是一个拼合的大陆，它由若干大小不一的地块和夹持其间的造山带组成，主要由以华北、塔里木、扬子为核心的 3 个陆块以及阿尔泰—兴蒙、天山—准噶尔—北山、秦岭—祁连山—昆仑山（秦—祁—昆）、羌塘—三江、冈底斯、喜马拉雅、华夏、台东共 8 个造山带镶嵌组成，经历了漫长而复杂的演化过程。中国海相沉积盆地以古老地块为依托，形成克拉通内坳陷、克拉通边缘坳陷等类型盆地。中新生代以来，中国位于欧亚、印度—澳大利亚、太平洋和菲律宾四个板块的交会地带。印度—澳大利亚板块和太平洋板块向欧亚板块的俯冲、碰撞及其诱发的壳幔相互作用，对中国大陆及其邻区古生代岩石圈及其上的沉积盆地起到了叠加与改造定型作用，形成了一系列多旋回叠合沉积盆地。

一、中国大陆构造演化阶段

根据古洋盆和裂谷的闭合时间，可以将中国板块构造演化划分为五个阶段：（1）太古宙—古元古代旋回 Ar—Pt_1（＞1800Ma），根据具体情况可进一步划分出不同的阶段或旋回，如五台旋回（Ar_3^2）、阜平旋回（Ar_3^1）、迁西旋回（Ar_{1-2}）等；（2）中元古代—新元古代早期旋回 Pt_2—Pt_3^1（1800—780Ma），可以进一步划分为中元古代（Pt_2）、新元古代早期（Pt_3^1）和新元古代中期（Pt_3^2）等不同旋回，表现为宽裂谷盆地模式，大范围区域伸展，成带、分段发育，如鄂尔多斯地区中元古代发育宁—蒙裂陷带、甘—陕裂陷带、秦—晋裂陷带，裂陷位置、边界断裂带对上覆寒武系—奥陶系高能相带、小断层位置起控制作用；（3）南华纪—中三叠世旋回 Nh—T_2（780—227Ma），可划分出南华纪—早古生代的加里东旋回（Nh—Pz_1）和晚古生代的海西旋回；有的地方还包括了早—中三叠世的早印支旋回（T_{1-2}）。早寒武世，海侵上升，伸展裂陷发育，构造分异强（图 1-1-1）；中奥陶世，周缘挤压，盆内分异（图 1-1-2）；中奥陶世—早石炭世，秦—祁—昆地区洋盆和裂谷闭合，塔里木板块和华北板块碰撞。石炭纪—三叠纪，准噶尔—天山—兴蒙及青藏地区洋盆闭合，中亚造山带增生至塔里木—华北板块边缘，晚石炭世，海侵上升，发育伸展坳陷（图1-1-3）；中二叠世，深部构造活跃，发育伸展沉降坳陷，火山作用活跃（图1-1-4）；（4）晚三叠世—早白垩世，旋回 T_3—K_1（227—99.6Ma），包括以侏罗纪为主的早燕山旋回和以白垩纪为主的晚燕山旋回；晚三叠世，南北拼合，发育陆内坳陷（图1-1-5），早—中侏罗世，表现为东部隆升、西部坳陷、边缘断陷、西南海域的构造古地理格局（图1-1-6）；晚侏罗世—早白垩世，青藏地区北部洋盆闭合，羌塘地区和拉萨地区相继向扬子板块拼合；这一旋回对扬子地区、华北地区都是极为重要的一个旋回；几乎破坏了除四川盆地以外的扬子其他地区早期形成的油气藏；几乎使除鄂尔多斯盆地以外的华北其他地区古生界都卷入了抬升剥蚀，继而发生裂陷断陷，又大多成为中国东部新生代裂陷断陷盆地的基底（潜山）；（5）晚白垩世至今旋回 K_2—Q（99.6Ma以后），白垩纪晚期以来，华北克拉通发生了巨大变化，渤海湾、鄂尔多斯、阿拉善等地区陆续抬升。印度大陆与欧亚大陆之间的碰撞始于65Ma，严重地改变了中国西部的新生代地貌，古近纪青藏地区雅鲁藏布江洋盆闭合，印度板块与欧亚大陆碰撞，在青藏高原周围形成了巨大的盆山系统。中国东部处于西太平洋俯冲带的弧后环境，弧后伸展带逐渐向东移动。在白垩纪—第四纪晚期，中国大陆经历了构造和物质变化的东西向大幅度隆升，地貌从中生代早期东高西低发展到新生代晚期的西高东低，构造环境分为西部挤压、东部伸展和中部过渡三部分；古生代海洋沉积盆地被深埋或强烈重建。

二、中国大地构造特点

中国大地构造演化与全球构造演化相比，在时间上和空间上具有规律性及特殊性（表1-1-1）。

1. 中国是夹持在劳亚古陆和冈瓦纳大陆之间的若干小陆块和褶皱带的复合体

震旦纪（埃迪卡拉纪）—早二叠世，地球上有两个古陆区，一个由西伯利亚古陆、东欧（俄罗斯）古陆及北美（劳伦）古陆（克拉通或地台）组成；志留纪后，北美古陆与东欧古陆合并成劳俄古陆；石炭纪晚期—早二叠世，劳俄古陆和西伯利亚古陆等合并成劳亚（Laurasia）大陆；位于两大陆块区之间的中国及邻区，是由一些小陆块（小克拉通或准地台）、众多微陆块及其间的造山带组合而成的复合体；这些组成中国复合体的小陆块、微陆块的规模和构造稳定性与北美、东欧、西伯利亚等古陆相比，规模很小（任纪舜，2013，2016）。

2. 全球构造演化三大动力体系

阿帕拉契亚—古亚洲洋体系是古生代的动力学体系，控制全球古生代的构造发展，古生代末阿帕拉契亚—古亚洲洋封闭，冈瓦纳大陆与北美大陆、东欧大陆、西伯利亚大陆碰撞，形成潘吉亚超大陆。特提斯—古太平洋体系是中生代的动力体系，控制中生代全球构造的发展。白垩纪以来，随着现代大洋体系—大西洋、印度洋—太平洋体系的形成，形成规模宏大的特提斯和太平洋构造域。大西洋、印度洋—太平洋动力学体系主要是白垩纪以来逐步形成的一个动力体系，控制现今全球的大地构造格局（任纪舜等，2006，2013）（图1-1-7）。

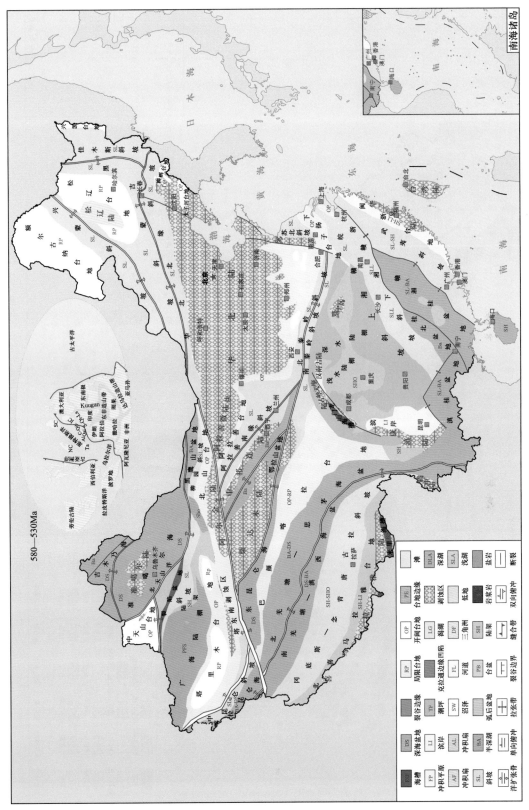

图 1-1-1 中国早寒武世构造—沉积环境图

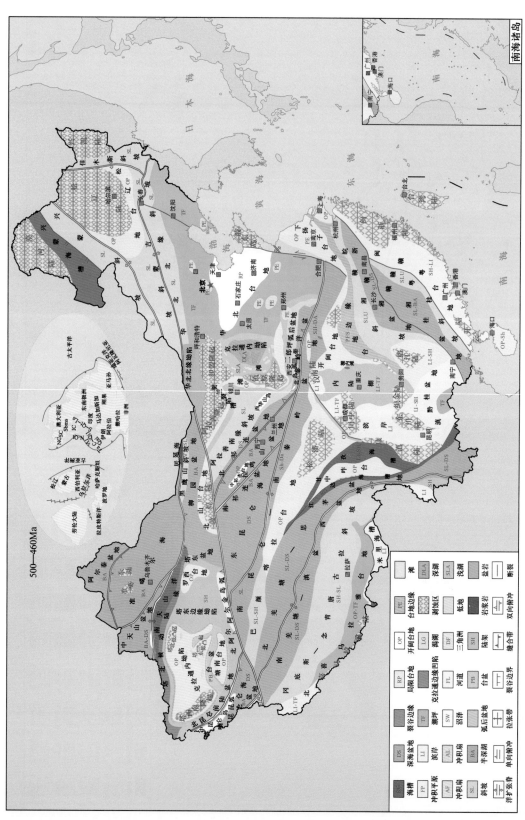

图 1-1-2 中国中奥陶世构造—沉积环境图

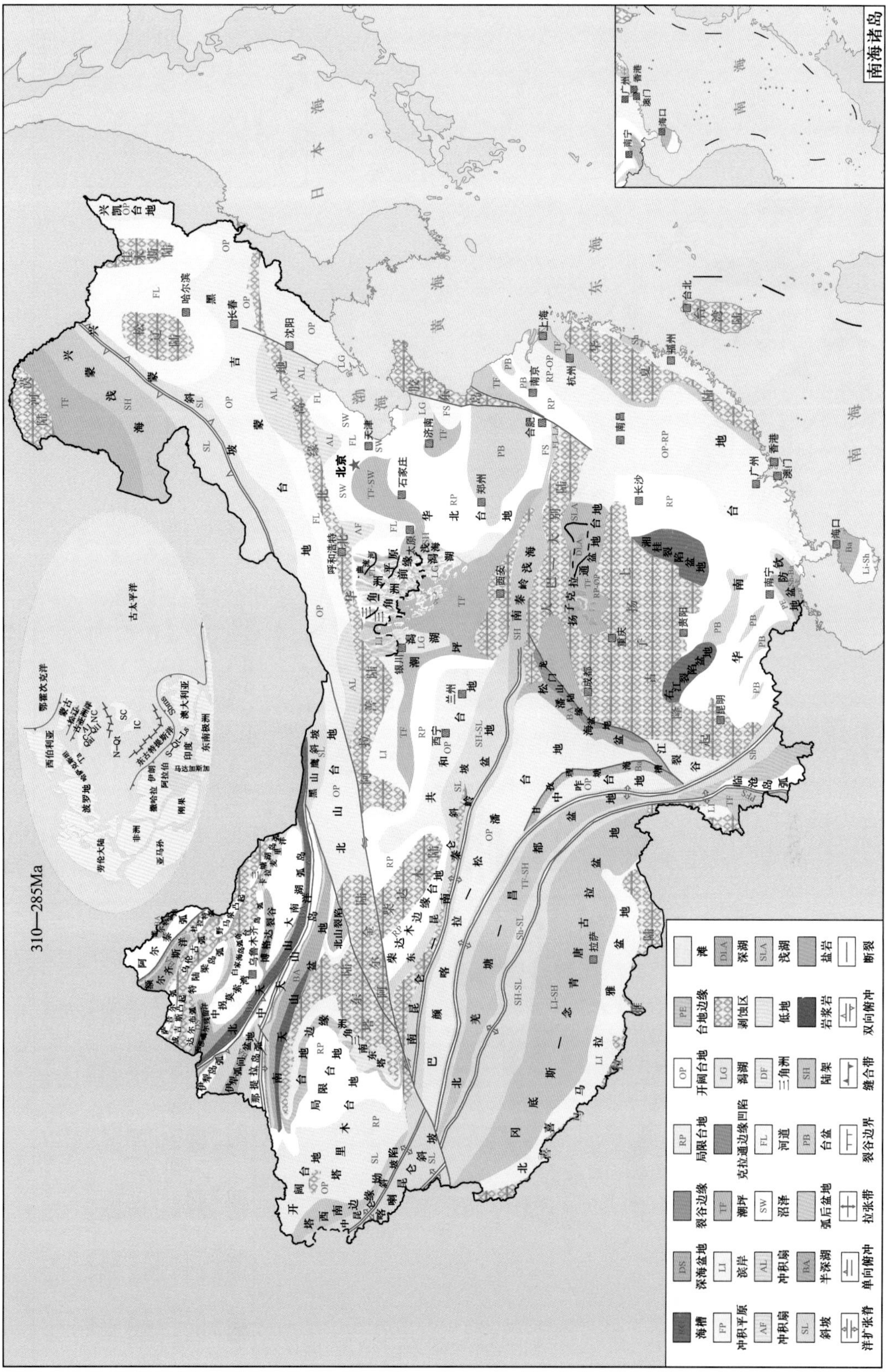

图 1-1-3　中国晚石炭世构造—沉积环境图

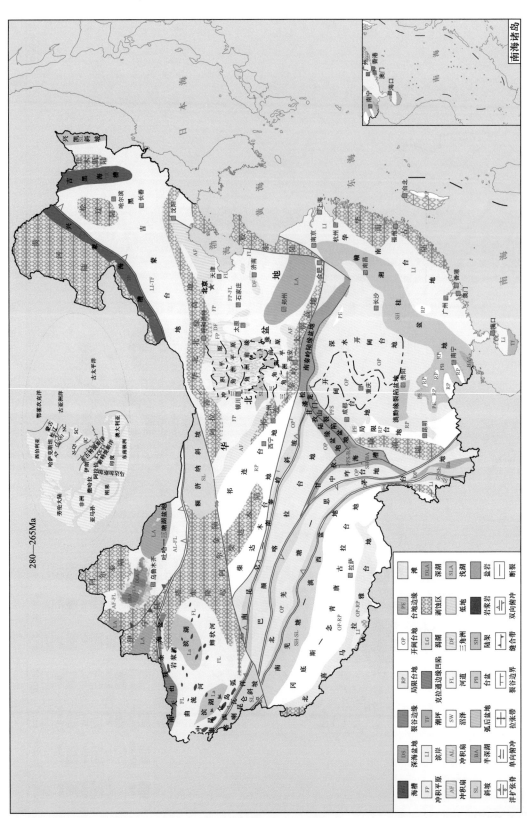

图 1-1-4 中国中二叠世构造—沉积环境图

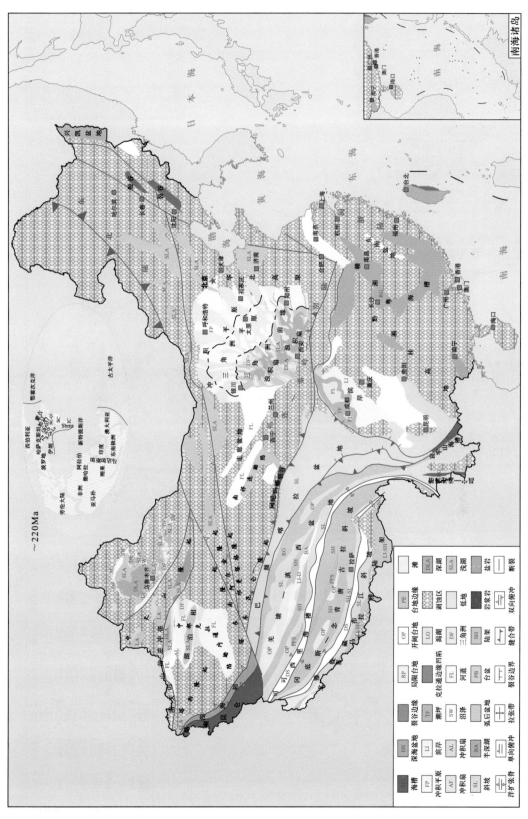

图 1-1-5 中国晚三叠世构造—沉积环境图

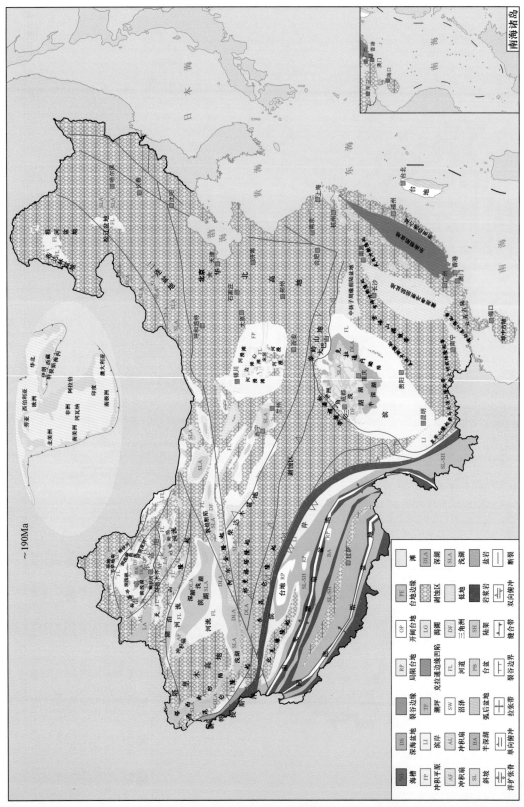

图 1-1-6　中国早—中侏罗世沉积环境图

表 1-1-1　中国大地构造发展构造旋回划分（据刘训，2015）

地质年代				地质年代/Ma	构造阶段及构造旋回		构造运动	主要构造事件
显生宙	新生代	第四纪	全新世	0.01	陆内造山阶段	喜马拉雅旋回	喜马拉雅运动Ⅱ	青藏高原隆起 南海开裂沉陷 中国境内陆内造山强烈发育
			更新世	2.6				
		新近纪	上新世	5.3				
			中新世	23.04				
		古近纪	渐新世				喜马拉雅运动Ⅰ	印度—冈瓦纳与欧亚大陆碰撞 雅鲁藏布带闭合 中国大陆形成
			始新世					
			古新世	65				
	中生代	白垩纪	晚白垩世	96	陆洋板块碰撞拼合转化阶段	燕山旋回	燕山运动Ⅱ 燕山运动Ⅰ	中国东部环太平洋陆缘活化 火山岩浆活动强烈发生 羌塘与冈底斯碰撞 班公湖—怒江带闭合
			早白垩世	145.5				
		侏罗纪	晚侏罗世					
			中侏罗世	199.6				
			早侏罗世	227				
		三叠纪	晚三叠世		陆洋板块活动明显阶段	印支旋回	印支运动	康西瓦—修沟—磨子潭带闭合 扬子板块与华北板块闭合
			中三叠世	252.2			华力西运动Ⅱ	
			早三叠世	260.4			华力西运动Ⅰ	
	晚古生代	二叠纪	晚二叠世	299		华力西旋回		扬子板块西缘开裂 古亚洲洋闭合，华北与西伯利亚—哈萨克斯坦、塔里木板块拼合 冈瓦纳大陆北缘开裂
			中二叠世					
			早二叠世					
		石炭纪	晚石炭世	318.1				
			早石炭世	359.2			加里东运动Ⅱ （广西运动）	天山海槽闭合 塔里木与哈萨克斯坦—准噶尔板块拼合 古特提斯洋闭合 古中国大陆形成
		泥盆纪	晚泥盆世					
			中泥盆世	397.5				
			早泥盆世	416				
	早古生代	志留纪	晚志留世			加里东旋回	加里东运动Ⅰ	
			中志留世					
			早志留世	443.7				
		奥陶纪	晚奥陶世					祁连海槽闭合 华南海槽闭合
			中奥陶世					
			早奥陶世	488.3				
		寒武纪	晚寒武世				兴凯运动	
			中寒武世	507				
			早寒武世	521				
			始寒武世	541				
元古宙	新元古代	震旦纪	晚震旦世			扬子旋回	晋宁运动	天山—兴安、昆仑—秦岭、华南等大陆边缘活动
			早震旦世	635				
		南华纪	晚南华世					
			早南华世	780				
		新元古代早期		1000	褶皱（变质）基底形成阶段	晋宁旋回	吕梁运动	扬子陆块和塔里木克拉通形成
	中元古代	中元古代晚期		1400				
		中元古代早期		1800	结晶基底形成阶段	吕梁旋回	五台运动 阜平运动 迁西运动	华北克拉通和古塔里木地台形成
	古元古代			2500				
太古宙	新太古代			2800		阜平旋回及更老		鄂尔多斯和冀鲁陆核形成
	中太古代			3200				
	古太古代			3600				
	始太古代							

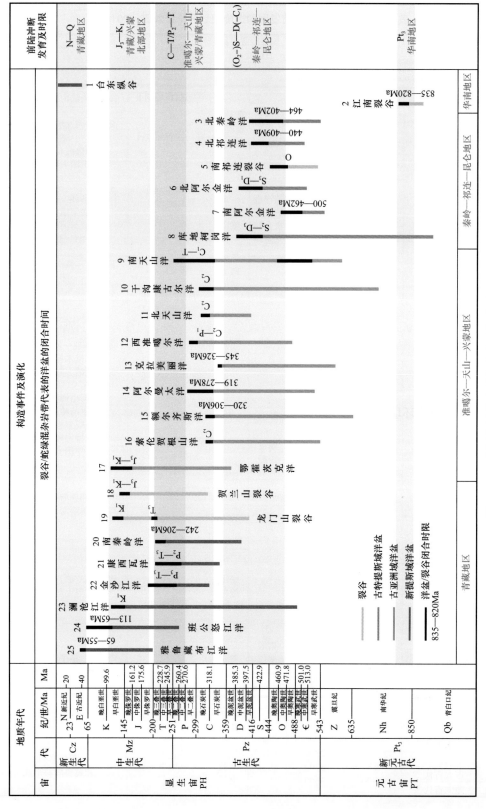

图 1-1-7　中国古洋盆和裂谷发育及闭合时限

由上所述，震旦纪以来，全球依次发育了古生代的古大西洋—瑞克洋—古亚洲洋、中生代的特提斯洋—古太平洋、中生代晚期—新生代的大西洋—印度洋—太平洋三大动力体系。古大西洋—古亚洲洋构造域包括从阿巴拉契亚经中西欧到天山—兴安、昆仑—秦岭的所有古生代造山带和陆缘活化带。特提斯构造域包括从阿尔卑斯经中东、青藏、印支—马来半岛和印度尼西亚的所有特提斯中新生代造山带和中亚的新生代复活山系。太平洋构造域包括环太平洋的所有显生宙，主要是中新生代造山带和陆缘活化带。中国大陆的演化受控于全球这三大动力体系，同时，又表现出自身发展的独特性。以扬子陆块、华北陆块（华北地块是中朝地块的重要组成部分）和塔里木陆块为主要标志的中国诸陆块，处于全球大陆之间的转换构造域：古生代时，位于古亚洲洋之南，属冈瓦纳大陆的一部分或构成其结构复杂的大陆边缘；中生代时，位于特提斯之北，属劳亚大陆的一部分，新生代时，归属太平洋构造域。

三、中国各含油气区的成盆环境

中国大陆具有清晰的多旋回、分阶段演化过程。显生宙期间，中国大陆的动力演化受古亚洲洋、特提斯洋—古太平洋和印度洋—太平洋动力学体系控制，其动力学特征表现为小陆块的软碰撞、陆—陆叠覆造山和多旋回缝合作用。古亚洲洋、特提斯洋和太平洋三大构造域的依次演化及它们之间的交切、复合和叠加，为中国大陆及邻区的油气盆地形成与演化提供了动力学背景。根据中国大陆古板块演化历史和现今构造特征，可将中国划分为四个油气区：西部油气区、中部油气区、东部油气区和东南海域油气区，每个油气区成盆构造环境各有不同。

1. 中国西部油气区包括西北地区、青藏地区

古生代盆地形成与演化主要受古亚洲构造域的控制和影响，中生代和新生代主要受特提斯构造域控制和影响。古亚洲构造域古生代的演化主要表现为中朝板块、塔里木板块、哈萨克斯坦板块、西伯利亚板块及一些微板块的离散与汇聚。早古生代以离散为主，海侵达到最大，主要形成了深海—半深海相洋盆、被动陆缘盆地、陆内裂陷盆地和稳定克拉通盆地等，是烃源岩的主要发育期。晚古生代以汇聚为主，发生海退，并出现陆相沉积，主要发育了一些陆缘和陆内坳陷盆地及前陆盆地。中生代和新生代受特提斯洋多期俯冲和陆块拼贴的影响，以汇聚为主，间隔以弱伸展作用；汇聚时期主要发育挤压坳陷盆地，如前陆盆地；弱伸展期发育裂陷盆地，形成主要的含煤地层；喜马拉雅运动时期，印度板块与欧亚大陆碰撞并持续向北推挤，使得青藏高原急剧隆升，西部的盆地快速沉降，堆积了巨厚的磨拉石建造；造山带复活隆升，形成了现今的构造格局。

2. 中国中部油气区包括鄂尔多斯油气分区及云贵川油气分区

该区古生代的盆地形成与演化主要受古亚洲构造域的控制和影响，中生代和新生代主要受太平洋构造域及特提斯构造域的联合控制和影响。古生代的构造演化与盆地发育与中国西部相类似。中生代和新生代的发展受到太平洋构造域及特提斯构造域的综合影响。中生代受太平洋构造域的影响，在近东西向构造的背景上叠加了北北东向构造，发

育了大型的坳陷盆地；西侧则受特提斯构造域的影响，发育了前陆盆地；新生代主要表现为稳定的隆升作用。

3. 中国东部油气区包括华北、华南、内蒙古—东北等油气分区

古生代盆地形成与演化主要受古亚洲构造域的控制和影响，中生代和新生代主要受太平洋构造域控制和影响。早古生代受古亚洲洋发育影响，在稳定克拉通上沉积了广泛的海相地层；之后受加里东运动影响发生整体抬升，古生代末的海西运动形成了以东西向为主的构造特征。中生代和新生代断陷盆地的发育是中国东部最显著的构造特征。古太平洋动力体系呈斜截式地大角度复合叠加在古亚洲构造动力体系之上，形成了中国中东部中生代东西分带、南北分块的构造格局。今太平洋动力体系叠加在古太平洋动力体系之上，使得中国中东部中生代安第斯型大陆边缘转化为众多的断陷盆地（如渤海湾断陷、江汉断陷等），太行山等中生代的冲断隆升山脉也转变成为伸展构造背景的断块山。

4. 中国东南海域油气区包括黄海、东海、南海等油气分区

中国东南海域的盆地形成与演化主要受太平洋构造域和特提斯构造域的控制和影响。太平洋板块的演化是中国东南海域盆地形成的决定性因素。由于太平洋板块向中国大陆的俯冲，形成了西太平洋的沟—弧—盆体系，使得一系列边缘海（如日本海、南海等）扩张形成。南海的形成则叠加了特提斯构造域，特别是喜马拉雅运动的影响。中国东南海域的黄海、东海、南海等含油气盆地就是在这种构造背景中形成的。

四、构造演化对油气区的控制

原特提斯洋、古特提斯洋和新特提斯洋的演化，显示从早到晚由北而南逐步发展的趋势，表现为冈瓦纳大陆不断裂解，块体不断向北方漂移，然后增生到亚洲大陆南缘（图1-1-8）。导致这一现象出现的根本原因是前方大洋板块俯冲产生的拖拽力。中亚造山带是古生代形成的规模最大的增生型造山带在中—新生代构造活化的结果，增生造山带以面状造山为外部呈现形式，以多地体拼合为形成过程，以大面积陆壳生长和大规模成矿作用为典型特色，以多块体拼合、多极性地壳生长、多阶段构造演化、多圈层相互作用为显著特征，在其形成过程中伴随着地球深部大规模的物质与能量交换，造就了中亚地区极具特色的地貌特征和丰富的矿产资源分布。华南大陆是由扬子地块和华夏地块在元古宙沿着江南造山带碰撞形成。显生宙，受到来自周缘板块的俯冲—碰撞作用影响，华南大陆发生强烈再造，导致广泛的变形、变质，并诱发巨量岩浆侵入和火山喷发，形成了规模巨大的构造—岩浆系统。近年来，围绕扬子地块和华夏地块的碰撞过程、与超大陆聚合／离散的关系、显生宙多旋回构造变形—沉积—岩浆—变质作用等方面的研究取得了显著的进展，四川盆地东缘—南缘页岩气勘探取得重大进展。

青藏高原由多个地块和缝合带构成，保存了古生代以来原特提斯洋、古特提斯洋、中特提斯洋和新特提斯洋的形成演化历史，是研究不同时期、不同阶段特提斯洋从开启到闭合及后续碰撞造山过程的天然实验室。环青藏高原盆山体系是印度—欧亚板块碰撞远程挤压效应下产生的陆内弥散型构造域，表现为巨型古老造山带（如天山、东昆仑山、

西昆仑山、祁连山、龙门山、阿尔金山等）的复活和相邻沉积盆地（如塔里木盆地、准噶尔盆地、柴达木盆地、河西走廊、鄂尔多斯盆地、四川盆地等）边缘的冲断、走滑与伸展变形。与青藏高原腹部相比，该区域新生代沉积序列完整、构造变形多样、地表地质与地貌现象丰富，以造山带与沉积盆地的深浅层次的耦合为主要特色，完整地记录了青藏高原扩展过程、欧亚大陆深部与浅部过程耦合、造山带抬升与沉积盆地沉降、亚洲古气候演变，同时发育了中国最大的油气聚集带。

世界主要含油气区大多位于南（冈瓦纳）、北（劳亚）大陆的本部或被动边缘，大陆被大洋环绕，形成洋环陆的古构造—古地理景观，各时代海相沉积发育良好，构造动力体系单一，地质结构比较简单，含油气层系保存条件比较优越。而中国所在的东亚大陆，则属南（冈瓦纳）、北（劳亚）两个巨型大陆之间的转换构造域，由众多微陆和造山带组合而成的复合大陆，古构造—古地理环境为洋含陆，即微陆散布在浩瀚的海洋之中；古亚洲洋、特提斯洋—古太平洋、大西洋/印度洋—太平洋三大动力体系的叠加、复合，使东亚成为全球构造最复杂的地区（任纪舜等，2006）。

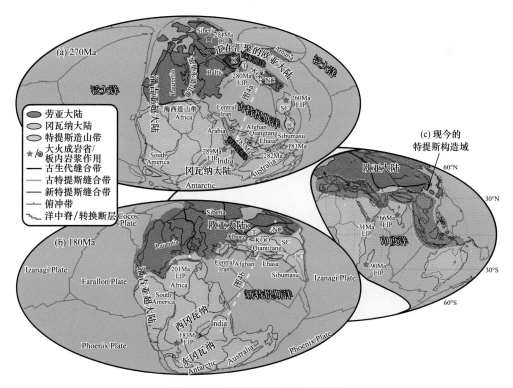

图 1-1-8　特提斯洋盆格局重构图

（a）270Ma 前全球板块重构图；（b）180Ma 前全球板块重构图；（c）现今特提斯构造域（据 Torsvik et al.，2014，有修改）。
LIP—大火山岩省；KQQ—昆仑—柴达木—祁连复合体；NC—华北陆块；SC—华南陆块；IC—印支陆块；
T—塔里木陆块；K—哈萨克陆块
冈瓦纳大陆主要包含南美大陆、非洲大陆、南极洲大陆、澳大利亚大陆、印度大陆、塔里木大陆、华南大陆、印支大陆和若干微陆块。劳亚大陆由劳伦大陆和欧亚大陆组成，其中欧亚大陆具体包括波罗地陆块、西伯利亚陆块、华北陆块及很多来自冈瓦纳大陆的小陆块

第二节　重点沉积盆地特征与演化

中国地处欧亚大陆东南缘、印度板块和太平洋板块交会位置，地表起伏巨大，经历了漫长的地质演化过程，是地球上地质构造最复杂的地区之一。区内青藏高原被称为世界屋脊，喜马拉雅山脉中珠穆朗玛峰全球海拔最高，同时全球海拔最低点也十分靠近中国大陆。中国大陆地壳组成和结构最基本特征是由一系列不同时期多岛—洋、弧—盆系转化为造山系的构造域围限华北、扬子、塔里木三大陆块。

一、松辽盆地的形成与演化

松辽盆地现今地质构造部位属滨太平洋构造域，以不同规模相对稳态的古老陆块区与不同时期的造山系组成的复杂镶嵌结构为基本特征。主要经历了寒武纪早期古陆形成、古生代古亚洲洋构造域和中生代以来滨太平洋构造域演化共三个重要地质构造时期。多次不同阶段构造事件的叠加改造，使得地质构造特征复杂多样：在前中生代总体上是南部为华北陆块区东段，北部为兴蒙复合造山区，并以微地块和造山带交织分布为特征，索伦—西拉木伦结合带（对接带）是古亚洲洋消亡的地质遗迹；中生代以来则表现为规模巨大的构造—岩浆带、盆地群和陆缘断裂带发育为特征；新生代大地构造特征主要是构造控制盆地发育，新生代最关键的重大构造事件是太平洋板块的西向俯冲、挤压，发育大型沉积盆地及碱性基性裂谷玄武岩，新生代沉积地层的厚度和沉积速度，大体上可以反映新生代大陆的构造活动性（刘英才等，2020）。

松辽盆地是我国东部具有断坳双重结构的中新生代大型复合型沉积盆地，盆地形成过程中经历了多旋回构造演化，形成了多期古构造应力场转化事件。根据盆地不同时期的动力学背景、构造发育特征及地层展布情况，将松辽盆地南部的构造演化过程主要分为四个阶段。

1. 热隆张裂期（前裂谷期）

热隆张裂期主要发生于三叠纪至晚侏罗世（T—J₃），是盆地形成的初期。随着太平洋板块开始俯冲、增压，整个松辽盆地南部的莫霍面拱起，上地幔强烈隆起，地幔物质上涌，形成热穹隆作用，全区广泛发生张裂和强烈的火山活动，在盆地内形成大量规模不等的壳裂断裂（高有峰，2007；侯启军等，2009）。此阶段岩浆活动强烈，盆地内充填了巨厚的火山—沉积构造（王璞珺等，2015）。盆地处于挤压隆起剥蚀阶段，仅局部地区零星发育了中侏罗统的山间盆地建造。

2. 伸展断陷期（裂谷期）

伸展断陷期主要发生于早白垩世火石岭组—登娄库组（K₁h—K₁d）。由于莫霍面拱起，使盆地处于持续拉张状态，导致出现早期的初始张裂，并形成火石岭组沉积时期的大规模火山喷发。在地幔热对流的作用下，拉张作用继续进行，盆地中央断块隆起上升，在其两侧形成了一系列规模不等、相互分割的半地堑式断陷盆地，并沉积了一套以冲积扇—水下扇、辫状河、湖泊相为主的陆源碎屑岩及火山熔岩和火山碎屑岩含煤建造。

3. 热沉降坳陷期（后裂谷期）

热沉降坳陷期主要发生于早白垩世泉头组—晚白垩世嫩江组（K_1q—K_2n）。进入早白垩世晚期以来，太平洋板块的俯冲运动和地幔热对流作用减弱，岩石圈逐渐冷却，产生热收缩作用，受重力均衡和热冷却沉降作用的影响，地壳整体发生不均匀下沉，盆地整体转入沉降坳陷期，泉头组一段、二段沉积时期为填平补齐阶段，泉头组三段、四段沉积时期为较大规模的超覆式沉积，青山口组—嫩江组沉积时期发生两次大规模的湖侵作用，形成盆地内主要的生油岩系。

4. 构造反转期

构造反转期主要发生于晚白垩世四方台组—第四纪（K_2s—Q）。嫩江组沉积末期，松辽盆地承受了日本海扩张所产生的向西挤压力，形成压扭应力场，并伴随褶皱运动。至四方台组沉积时期，松辽盆地深部地质结构趋于调整均衡，盆地整体上升，湖盆规模缩小。同时，挤压运动使先期地层发生褶皱，导致上白垩统与新近系呈不整合接触；至新近纪末，基底再次抬升使得湖泊逐渐消亡，盆地西部形成了一系列浅层构造。

二、华北克拉通（鄂尔多斯）盆地的形成与演化

华北克拉通是中国大陆的主要构造单元，南北受祁连—秦岭—大别造山系和天山—兴蒙造山系所围限，西部被祁连造山带切割，与敦煌—塔里木地块的关系存在争议，东部边界是苏鲁造山带；其结晶基底为太古宇—古元古界，其上为中元古界—新生界沉积盖层。华北克拉通在 18Ga 前由阴山—冀北、晋冀、鲁西、渤海东和陕豫皖共五个陆块及其之间的洋壳消减汇聚而成统一的古大陆，经历了古中太古代陆核孕育—新太古代岩浆弧—古元古代基底形成阶段，古元古代活动带记录了裂谷—俯冲—碰撞的过程，具有显生宙造山带的某些特征，伴有高级麻粒岩岩相的变质作用，暗示了早期板块构造的出现。中元古代（18Ga）吕梁造山事件华北克拉通发生了一次区域性的整体抬升，伴随麻粒岩—高级角闪岩相岩石抬升至中地壳水平，普遍发生角闪岩相退变质和混合岩化，紧接着是约 1780Ma 的基性岩墙群呈放射状分布于华北克拉通基底岩石中。华北克拉通盆地自此开始形成并在地质历史中不断演化。从约 18—8Ga 长达十亿年或更长的时限里，华北克拉通一直处于伸展环境，发育多期裂谷，有多期陆内岩浆活动，是岩石圈结构和下地壳组成的关键调整期。从古生代起，华北的南、北缘都经历了现代板块构造意义的造山事件，显示了华北克拉通古陆通过古蒙古洋和古秦岭洋与相邻陆块之间的构造活动。中生代的华北克拉通出现构造体制的转折和地壳活化，表现为岩石圈减薄和大量壳熔花岗岩的出现（翟明国，2019）。华北克拉通形成与演化经历了以下七个演化阶段：（1）中新元古代大陆裂解阶段；（2）寒武纪—中奥陶世被动大陆边缘阶段；（3）晚奥陶世主动大陆边缘与碰撞造山阶段；（4）晚古生代晚石炭世—二叠纪末盆地周缘裂解阶段；（5）中生代早期陆内坳陷阶段；（6）中生代中—晚期周缘前陆盆地阶段；（7）新生代周缘断陷阶段（图 1-2-1、图 1-2-2）。

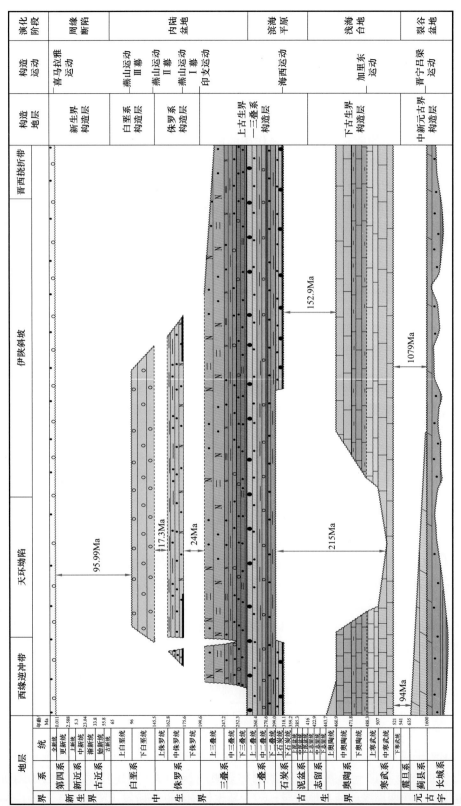

图 1-2-1 鄂尔多斯盆地构造—地层层序及其关键构造事件（G16-03 地震测线，东西方向）

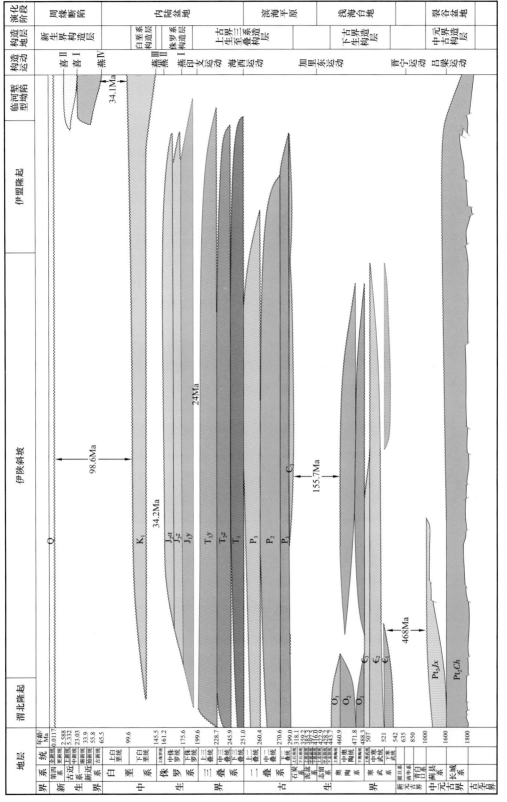

图 1-2-2 G12-04 地震测线地质结构大剖面及构造—地层层序（南北方向）

1. 中—新元古代大陆裂解阶段

华北克拉通自古元古代末—新元古代经历了多期裂谷事件，表现出在克拉通内部和南北缘裂解的特点，地层厚度大，出露广泛，没有经过明显的变质作用，地层层序保留完整。从约1.8Ga延续到约0.75Ga，持续10亿年以上。多期裂谷发育，并伴随有周期性陆内岩浆活动。华北克拉通北缘发育兴蒙大洋裂谷及与之相伴生的白云鄂博裂陷槽，克拉通东部发育燕辽裂陷槽，南部发育熊耳裂陷槽。这些裂谷的形成时代有先后，裂开的程度有差异，但有成因联系，并在中元古代—新元古代又发生了多期伸展作用。东北部的燕辽裂陷槽，主要由长城系、蓟县系、待建系和青白口系组成，燕辽裂谷在下马岭组（约1350Ma）沉积后，在中元古代晚期夭折，使华北大部分地区处于隆起状态。北缘的渣尔泰—白云鄂博裂陷槽，地层主要有狼山群、渣尔泰群、白云鄂博群和化德群。南缘熊耳裂陷槽位于豫陕晋三省交界处，呈三岔裂谷系，"三岔"的两支基本与华北克拉通南缘边界一致，另一支从中条山地区一直延续到华北中部；裂陷槽下部为厚8000m以上的熊耳群火山岩，向上为汝阳群、洛峪口群、官道口群和栾川群。1600—1400Ma是华北裂谷盆地群最重要的沉降期，沉积了厚度巨大的浅海碳酸盐地层，但其后华北克拉通之上裂谷盆地的演化出现明显差异。

鄂尔多斯盆地位于华北克拉通西部，中元古代盆地西南缘主要发育祁秦大洋裂谷及与之相伴生的三大裂陷槽，分别为海源—银川裂陷槽（贺兰裂陷槽）、延安—兴县裂陷槽（晋陕裂陷槽）和永济—祁家河裂陷槽（晋豫陕裂陷槽），裂陷槽内沉积物分为裂陷期沉积物和坳陷期沉积物。长城纪发育一套完整的海侵—海退序列，早期主要发育河流—三角洲相沉积，发育于裂陷内部，随后由于海侵使得水体逐渐加深，在河流相砂岩之上依次叠加了滨岸相石英砂岩和半深海相泥页岩沉积；之后由于海退的发生使得深水沉积物之上又发育了一套石英砂岩或砂泥岩互层沉积，沉积相由盆内的河流相向盆缘逐渐变为滨岸相。在蓟县纪，鄂尔多斯地区发生了海侵，沉积了一套以含硅质条带灰岩和含叠层石白云岩为主的潮坪相碳酸盐岩。蓟县纪结束后由于发生了区域隆升，导致盆地内部蓟县系被大量剥蚀，仅在华北克拉通周缘沉积了一套碳酸盐岩建造。在盆地西缘和南缘沉积了台缘相含燧石条带藻纹层白云岩。青白口系和震旦系在鄂尔多斯地区基本不发育，为大面积隆起区。

2. 寒武纪—中奥陶世被动大陆边缘阶段

古生代大部分时期华北克拉通地势平坦，构造稳定，南与秦岭洋盆相接，北以隆起与古亚洲相隔，西与北祁连洋盆相邻，东以郯庐断裂为界，总体上以浅水陆表海—缓坡、台地环境占主导，岩相分异不明显。各地岩性相对均一，除个别层段与地区受局部古地理环境影响略有差别，多数岩石地层单位具有较强的对比性。从寒武纪第二世南皋期始，华北全域沉降并接受广泛海侵，海水自东而西侵入，形成几乎广布全华北的南皋期—中奥陶世巨厚碳酸盐岩夹碎屑岩建造（张允平等，2010），该阶段华北陆块南北缘均为被动陆缘。

华北陆是早寒武世早期海侵尚未到达的华北克拉通区，是一个地势起伏平缓的准平原化古老陆地，围绕华北陆外围的环陆砂泥坪、泥坪和白云坪，是华北陆的边缘相带，在环陆的砂泥坪、泥坪和白云坪之外，是广阔的台地海。中寒武世华北陆面积极大地减少，已与阿拉善陆分开，其本身又分为多个小型陆。其外围均为泥坪包围，再向外就是广阔的华北碳酸盐岩台地。晚寒武世的华北台地仍是一个广阔的碳酸盐岩台地。南部二郎坪弧后洋盆向南俯冲与北秦岭洋向北俯冲相对应，产生了双排的岛弧带，北部古亚洲洋开始由被动转为主动，向南俯冲。

早奥陶世华北板块南缘为被动大陆边缘，和晚寒武世的华北陆相比，早奥陶世的华北陆面积增大了许多，而且是一个统一的陆地，还与西北陆相连接。冶里组沉积时期，北部古亚洲洋向南俯冲产生了华北北缘岛弧带，华北北缘的被动大陆边缘转变成为华北北缘坳陷带。亮甲山组沉积时期，阿拉善隆起、鄂尔多斯中央隆起和熊耳—伏牛隆起局部缩小，隆起周缘发育大面积潮坪相，可以细分出白云坪、石灰坪和砂泥坪，华北东部克拉通内坳陷主要为局限台地相（图1-2-3）。

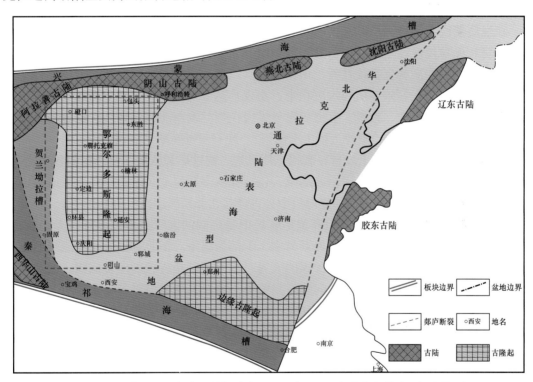

图1-2-3　华北板块奥陶纪早期（冶里组—亮甲山组沉积期）构造—沉积格局

中奥陶世水体加深，自陆缘向外依次发育台地边缘生物礁、滩，斜坡及盆地相，其间火山沉积岩发育，并有一系列平行边缘，依次向南跌落的断阶，控制沉积厚度，提供生物礁发育条件。

3. 晚奥陶世主动大陆边缘与碰撞造山阶段

中晚奥陶世盆地处于被动大陆边缘与主动大陆边缘转型过渡期，构造体制对沉积建造的影响在垂向上较大。中奥陶世末，沿华北板块南缘的陇县—富平一线，发育笔石页岩夹火山凝灰岩沉积，指示 O_1—O_2 转折时期，板块碰撞导致火山喷发。台地边缘地带地形高差起伏变化较大，盆地本部地区奥陶系累计厚度均在 1000m 以内，大部分地区一般在 400~700m 范围内；南缘岐山剖面奥陶系厚度达 2000m 以上，西缘贺兰山地区奥陶系累计厚度达 3613m；盆地中东部地区在马家沟组沉积后即开始抬升，整体缺失中—晚奥陶世沉积；而西缘及南缘奥陶纪沉积作用则一直持续到中—晚奥陶世的平凉组—背锅山组沉积期，说明在鄂尔多斯本部已经开始抬升剥蚀时，西缘及南缘仍处于较强烈的差异沉降过程中。

奥陶纪末，由于加里东运动影响，鄂尔多斯地块普遍抬升、剥蚀，沉积间断约 145Ma。兴蒙洋、秦祁洋及贺兰拗拉槽相继关闭并转化成陆间造山带，盆地内部缺失志留系、泥盆系与下石炭统，形成了下古生界与上古生界之间的区域不整合面。盆地南部的晚奥陶世—晚志留世的岩浆岩指示盆地南部正处于同碰撞沉积阶段。

4. 晚石炭世—二叠纪末盆地周缘裂解阶段

在经历了晚奥陶世—早石炭世的隆升剥蚀之后，鄂尔多斯盆地周缘开始裂解并大范围接受沉积，盆地晚古生代时期，总体是一个与祁连海域连通的东西向伸展型盆地。下石炭统的浅海—潟湖相沉积仅在贺兰山南端及其以西地区发育；至晚石炭世早期，盆地扩大，贺兰地区仍是鄂尔多斯西缘沉积带，出现乌达、韦州、中宁三个局部坳陷；靖远组、羊虎沟组黑色页岩、砂岩、生物灰岩与煤层在贺兰及南北祁连地区广泛分布，同时在东部地块为仅厚数十米的潮坪沉积（本溪组）。晚石炭世晚期，沉积范围扩大，华北克拉通大部分地区在古风化壳上发育一套铝土质页岩、褐铁矿和滨海—沼泽相的含煤建造。本溪组沉积晚期，兴蒙海槽向南俯冲消减，包括鄂尔多斯盆地在内的华北克拉通由南隆北倾转变为北隆南倾，华北海与祁连海沿中央古隆起北部局部连通（图 1-2-4）。

早—中二叠世华北克拉通沉积环境尽管仍旧是广阔的沉积盆地，但与石炭纪相比，变化较大，以海陆交互相碎屑沉积岩系为主，下部为煤系。华北克拉通北缘地带形成海相磨拉石粗碎屑堆积，南部地区为含煤的滨海、浅海碳酸盐岩和砂泥质沉积，由北向南沉积物逐渐变细。推测华北克拉通向北与兴蒙等小地块发生碰撞时，其北缘地区已经挤压、碰撞成为较高的阴山—西拉木伦山脉（孟祥化等，2002）。二叠纪太原组沉积期，随着盆地区域性沉降持续，海水自东西两侧侵入，致使中央古隆起没于水下，并形成了统一的广阔海域，但水下古隆起对盆地沉积仍具有一定的控制作用，古隆起东部以陆表海沉积为主，西部以半深水裂陷槽沉积为主。山西组与石盒子组继承了石炭纪沉积背景，中央古隆起两侧形成两个 500m 左右的坳陷，古隆起上仅沉积数十米地层。盆地周边海槽不再拉张，转而进入消减期；石千峰组沉积时期，中央古隆起消失，北部和南部开始沉降，麟游一带的石千峰组和中—下三叠统有多层海相夹层，桌子山、贺兰山石盒子组上部局部发现海相夹层，说明二叠纪晚期—中三叠世，鄂尔多斯湖盆局部地段仍然与南部和东部海域连通。

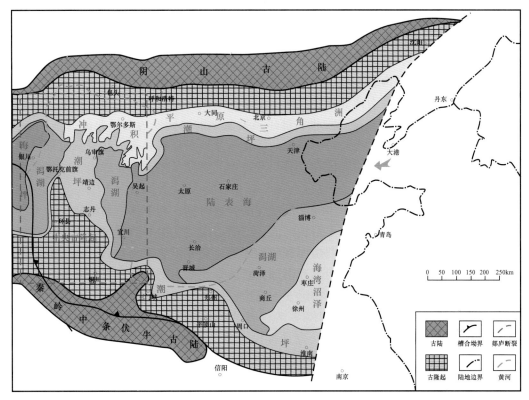

图 1-2-4 华北晚古生代本溪期构造—沉积格局

5.中生代早期陆内坳陷阶段

秦岭地区地质研究表明，大别—苏鲁地区大陆深俯冲和高压—超高压变质的时代（250—230Ma）与古秦岭洋在东部的早期闭合及扬子板块、华北板块的初始碰撞时代相吻合。秦岭造山带花岗岩分布特征也表明印支期秦岭造山带分布大量花岗岩体，其时代大致介于245—200Ma之间，主要集中在220—210Ma。古地磁研究表明，华北与扬子克拉通于晚二叠世在东部开始发生对接，晚二叠世—中三叠世两地块运动以东部为支点旋转和平移，向西开口的夹角70°～80°。晚二叠世—早三叠世是古亚洲洋最终关闭及蒙古弧形地体与华北地块碰撞拼合的重要阶段。该时期岩浆热液作用广泛分布于华北克拉通北缘，即沿着东西向阴山—燕山构造带分布，侵入体主要为二长花岗岩、正长花岗岩和二长岩，少量基性—超基性岩和花岗闪长岩，喷出岩以英安岩和流纹岩为主。到了中—晚三叠世，岩浆岩分布范围有所增大，侵入岩类型主要有闪长岩、花岗闪长岩、二长花岗岩、正长花岗岩、二长岩和正长岩。蒙古板块对华北板块产生一定的推挤，使华北板块发生持续的逆时针旋转，同时扬子板块在北向漂移的驱动下发生顺时针旋转运动，秦岭洋开始由东向西剪刀状关闭，持续到晚三叠世，华北地块和扬子地块在西部开始发生对接。

早—中三叠世，随着古秦岭洋的俯冲消减和关闭，华北南缘挤压造山作用增强，盆地构造沉降继承了晚二叠世快速沉降的特征，沉降速率发生突变，开始接受陆源碎屑岩沉积。华北地区自南向北逐步发育前陆盆地和坳陷盆地。由于南北边界的挤压，华北主体陆内压陷—坳陷盆地发育，广泛接受河湖沉积。盆地继承海西期构造基底，盆地内部构造运动不十分明显，独立的鄂尔多斯盆地没有形成，仍是一个大型沉积盆地。自下而上发育刘家沟组、和尚沟组和纸坊组，主要发育陆相红色河湖碎屑岩沉积。早三叠世刘家沟组沉积期，沉积地层南薄北厚，反映盆地基底南高北低；到纸坊组沉积期，开始呈现出北高南低的格局，进入晚三叠世，鄂尔多斯盆地彻底转变为南厚北薄的沉积格局。同一时期，盆地的古地貌形态与沉积格局的转变与盆地东南缘物源区转变具有很好的相互印证。华北克拉通东南缘物源区在三叠纪存在由北秦岭及华北克拉通南缘向华北克拉通北部及东部地区转变的现象。

中—晚三叠世延长组为鄂尔多斯盆地发育的鼎盛时期，与下伏纸坊组呈平行不整合接触。该时期盆地范围广阔，东界可达河北、安徽，南达北秦岭商丹带附近，西南大致在六盘山西麓断裂，西北位于贺兰山西麓断裂附近，北界可达河套地区。南部沉降幅度较大，沉降中心呈带状位于盆地西部和南部；总体呈北高南低特征。以深湖相为代表的沉积中心始终位于盆地南部，大致在延安—定边—环县—庆阳—宜君连线，向南东东方向延伸至郑州，大致平行于秦岭造山带。晚三叠世，秦岭造山带和华北地块已碰撞拼合，造山带向北逆冲推覆挤压强烈，并为盆地提供物源，盆地南部出现大幅度的挠曲沉降，指示鄂尔多斯盆地与秦岭碰撞造山带表壳层耦合密切。

6. 中生代中—晚期周缘前陆盆地阶段

华北地区在中生代发生重大构造转折（翟明国，2010），中生代构造体制转折总体上表现为陆内伸展和与地幔隆起相伴的岩石圈大规模减薄；由东西—北北东向的盆岭格局重组；复杂的构造过程在边缘与内部，北缘与南缘构造过程细节不同，并有挤压与伸展的一次或多次交替；中生代构造体制转折的伸展作用与印支期末的碰撞后伸展不属同一构造动力学过程；深部的壳幔作用和岩石圈减薄与上部地壳的运动有明显的耦合和成因联系；岩石圈减薄不仅是岩石圈地幔减薄，而且下地壳也发生了一定程度的减薄和置换下地壳过程，主要包括岩浆底侵、置换（换底）和拆沉作用。

侏罗纪，伴随着蒙古—鄂霍茨克洋盆的关闭及古太平洋板块向北西的俯冲作用，华北地块北部发生了一系列特征鲜明的陆内构造事件，尤其是古太平洋板块的俯冲作用重塑了中国东部的构造格局。早—中侏罗世侵入岩的岩石类型主要有花岗岩、二长闪长岩、二长岩和正长岩，喷出岩主要有玄武岩、安山玄武岩、英安岩和少量粗面岩。侏罗纪古太平洋板块开始向新生的亚洲大陆之下斜向俯冲，华北板块中东部地区总体处于北—东向左旋挤压构造环境，鄂尔多斯盆地东部显著向西掀斜，盆地西南缘发生强烈陆内变形和多期逆冲推覆，形成了盆地西部坳陷、东部掀斜抬升的古构造格局。

中侏罗世直罗组—安定组沉积期，鄂尔多斯盆地开始发育辫状河沉积，由灰黄色厚层块状含砾粗砂岩组成，发育大型板状及槽状交错层理，底部含泥砾。直罗组下部主要发育曲流河沉积，上部河漫湖广布，地势平坦。安定组湖水加深，沉积了近10m的油页岩。

晚侏罗世，区域构造动力学环境开始发生重要转换。盆地受特提斯域诸地块与西伯利亚板块南北双向挤压及阿拉善地块东向挤压作用影响，遭受了强烈改造，盆地范围大规模收缩，该期构造变动事件可一直持续到早白垩世初期。在盆地西部挤压作用增强，逆冲变形和抬升剥蚀强烈，形成了不同样式的冲断构造。盆地南缘也存在一次地温急剧升高的热事件。在盆地西南冲断隆褶构造带东侧前渊坳陷内，快速堆积了厚度变化极大、带状展布的芬芳河组砾岩。在晋西地区形成北东向展布的挠曲褶皱构造带，盆地东缘表现出抬升剥蚀为主，缺失上侏罗统，下白垩统直接不整合于直罗组之上。盆地南部发育的以芬芳河组砾岩和宜君组砾岩为主的磨拉石建造，物源主要来自秦岭造山带，与秦岭造山带出现挤压收缩为主的逆冲推覆和燕山期花岗岩浆岩活动的陆内造山作用相匹配。

早白垩世，鄂尔多斯盆地处于弱伸展构造环境，仅发生轻微褶皱和断裂，东部持续抬升，西部继续逆冲，盆地多处与古近系呈不整合接触。总体呈现坳陷型盆地特征，具有东高西低、南高北低的不对称非均衡盆地形态。先后经历了早白垩世宜君洛河组—环河华池组沉积期与罗汉洞组—泾川组沉积期两个沉积演化阶段。早白垩世盆地沉积范围不断向西北扩展，构造变形微弱。早白垩世末，盆地整体抬升，不再接受沉积，并遭受不同程度剥蚀改造，剥蚀特征东强西弱、周边强中间弱。盆地沉积边界总体较中侏罗世明显缩小，东界仍位于黄河之东；西部超覆在遭受强烈剥蚀近夷平的西缘逆冲构造带上，并向西延展；南部收缩位于渭北隆起南部，北界可跨河套盆地，达阴山南麓。

7. 新生代周缘断陷阶段

鄂尔多斯周边被中生代—新生代地堑环绕，除北部的河套地堑沉降始于侏罗纪—白垩纪，西南缘的六盘山地堑仅限于早白垩世外，其余多为新生代地堑。中生代鄂尔多斯为一由周缘隆起围限的大型沉降盆地，周边隆起带向盆内逆冲应该是湖盆形成的主要原因，盆地北缘和西缘表现清晰。只是到了新生代，鄂尔多斯整体隆起时，周边地区才强烈下沉上万米。因此，与鄂尔多斯地块活动有关的地堑系应仅限于新生代，一些地堑在中生代的发育应与区域应力场有关。新生代地堑系包括汾渭地堑、河套地堑和银川地堑。这些地堑沉降都开始于始新世，古近纪沉降幅度不大，新近纪强烈沉陷，下沉数千米至上万米。均为不对称地堑的剖面结构，由盆地内向外呈阶梯式下降，活动断层分布在地堑盆地两侧，均为铲式大断裂特征，沉降中心逆时针方向迁移明显。地堑区地壳厚度明显减薄。汾渭地堑的形成与软流圈上涌、地壳伸展减薄、表壳岩层裂开有关，环鄂尔多斯地堑系的形成均具有类似特征。西部开裂时间早于东部。河套地堑、银川地堑均由侏罗纪—白垩纪的山前坳陷转变为新生代裂谷式断陷；东部中—上新世形成北东向的渭河—运城断陷；上新世—第四纪形成北北东向的临汾—晋中—滹沱河断陷。

三、四川盆地的形成与演化

1. 盆地概况

四川盆地位于中国西南部，包括了现今四川省东部和重庆市等地区，西抵龙门山，东至齐岳山，北至米仓山—大巴山，南至大凉山、大娄山，主要受新生代以来的构造活动控制，呈现出长边为北东—南西向的菱形轮廓，盆地总面积约 $18 \times 10^4 km^2$（四川省地质矿产局，1991）。盆地位于扬子地块西缘，在前震旦系结晶基底及褶皱基底之上，发育了震旦系—中三叠统厚4000～7000m的海相地层，以及上三叠统—第四系厚2000～6000m的陆相地层，具有典型的多旋回叠合盆地特征。

2. 区域性断裂带

四川盆地在不同时期发育了多条深大断裂带，对盆地构造格局产生了重要的控制作用。其中，龙门山断裂带呈北东向延伸，断裂两侧沉积环境和沉积厚度均有较大差异，是划分扬子地块和松潘—甘孜地块的边界断层；城口—房县断裂带呈北西走向，是扬子地块与秦岭地块的分界线；安宁河断裂带呈南北走向，控制着康滇地区的构造、沉积格局。除此之外，四川盆地在不同时期发育了众多次一级深断裂，如北东向的彭灌、龙泉山、华蓥山、齐岳山等深断裂，南北向的綦江、长寿等深断裂，北西向的荥经—沐川、乐山—宜宾、绵阳—三台—潼南深等断裂，它们对盆地内部不同时期的沉积充填过程和构造变形样式产生了重要的控制作用（郭正吾等，1996；刘树根等，2011）。

3. 构造单元划分

四川盆地受周缘造山带多个方向不同时期的活动影响，呈多期多组构造复合—联合的复杂格局，不同的盆山结构对盆内构造格架具有不用的控制作用（刘树根等，2018）。根据基底断裂分布特征，结合现今构造地貌和地层变形特征等因素，将四川盆地二级构造单元由西向东，依次划分为川西坳陷带北段（I_1）、川西坳陷带中段（I_2）、川西坳陷带南段（I_3）、川中隆起带北段（II_1）、川中隆起带中段（II_2）、川中隆起带南段（II_3）、川东北复合高陡褶皱带（III_1）、川东高陡褶皱带（III_2）、川东南低缓褶皱带（III_3）（图1-2-5）。

北西—南东向剖面C—D横跨龙门山造山带中段、川西坳陷带、龙泉山北段、川中隆起带、高石梯构造，终止于川东南低缓褶皱带（图1-2-6）。川西地区受龙门山构造带控制，形成突变型盆山结构，龙门山前构造带以发育叠瓦构造为主，基底由多条逆冲断层形成构造楔，造成上部沉积盖层被动抬升，以构造楔顶板断层为滑脱层，其上发育一系列逆冲断层，断层上部以嘉陵江组膏盐层为顶板断层，造成震旦系—下三叠统内部逆冲断片堆叠，变形复杂；膏岩滑脱层之上，龙门山前须家河组厚度逐渐增厚，须家河组三段发育黑色碳质页岩和煤系，形成局部的滑脱层，造成须家河组内部发育复杂的叠瓦构造，龙深1井钻遇6次须家河组二段和须家河组三段。

川西坳陷地区构造变形相对简单，挠曲沉降，形成倾向龙门山的单斜构造，发育盖层中的逆冲变形。控制龙泉山形成的断裂向下收敛到嘉陵江组膏岩滑脱层，表现为反冲性质，构造应力从龙门山地区往龙泉山背斜传递，龙泉山断裂与滑脱层为典型的构造楔样式，造成龙泉山被动抬升。

川中隆起带变形弱，嘉陵江组膏岩滑脱层上覆地层仅发育多个小型的逆冲断层及反冲断层，与龙泉山断裂相似，但规模小，表明龙门山隆升的构造应力不光造成龙泉山隆升，传递到了川中隆起地区。至川东南地区剖面形态表现为高陡背斜带与平缓向斜相间

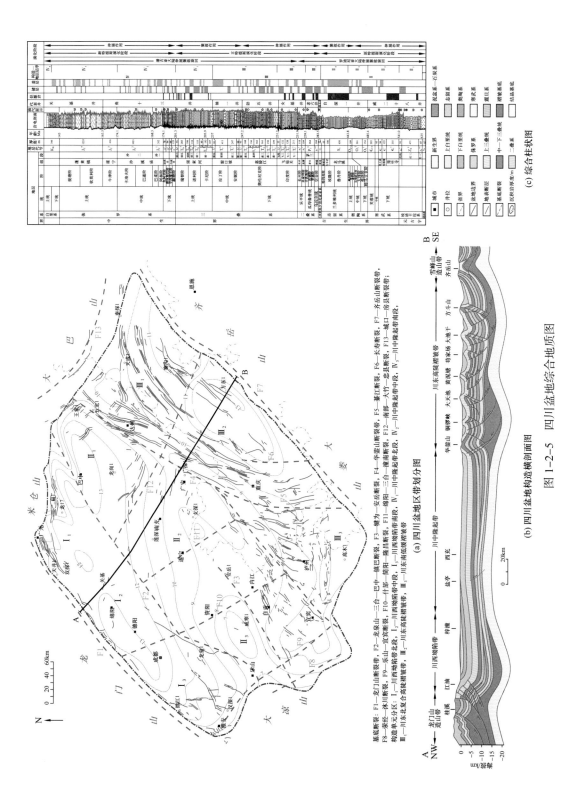

图 1-2-5 四川盆地综合地质图

(a) 四川盆地区带划分图

(b) 四川盆地构造横剖面图

(c) 综合柱状图

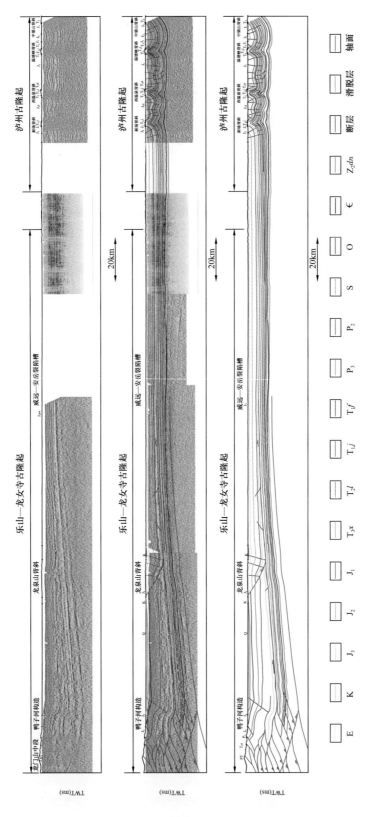

图 1-2-6 四川盆地构造 A—B 横剖面图北西—南东向 C—D 剖面地震剖面

隔的隔挡式背斜带，为四川盆地渐变性盆山结构区的组成部分，以沉积盖层中发育多重滑脱为特征，雷口坡组尖灭于新场背斜西南翼。该段分层滑脱变形特征显著，三叠系、志留系、寒武系和基底滑脱层将地层变形系统划分为四部分。基底构造层内，震旦系及前震旦系起伏不大，局部上隆。下部构造层寒武系变形强烈，褶皱发育地区地层加厚明显，沿滑脱层发育多条逆冲断层，且大部分断层终止于奥陶系，以断层传播褶皱为主。中部构造层与下部变形较为一致，局部发育小型逆冲断层，造成志留系局部加厚，使褶皱更加陡立。上部构造层以顺层滑脱为主，局部地区如西温泉构造带沿三叠系发育突破地表的断层。

4.四川盆地构造演化

太古宇—早元古代（1700Ma以前），以深变质岩、混合岩和岩浆岩等组成的扬子结晶基底基本形成；中元古代—晚元古代早期（1700—850Ma），扬子陆块地槽带发育，沉积了近万米厚的地层，而后由于晋宁运动及同时期的区域动力变质作用，使岩层变形、变质形成扬子地台褶皱基底，并与早期结晶基底融合，使得扬子地台具有统一的双重结构基底特征。中元古代末期（1000Ma），扬子地块与华夏地块拼合，周缘岛弧带和增生陆壳拼贴至扬子地块之上，联合形成罗迪尼亚古陆的一部分（陈智梁等，1987；童崇光，1992；何登发等，2011；张国伟等，2013）。

1）南华纪—志留纪原特提斯演化阶段

先期扬子陆块与华夏陆块之间板内拉张形成湘桂陆内裂陷海盆地，中上扬子克拉通内部及边缘裂陷（850—460.9Ma），其后至加里东期挤压造山（460.9—416Ma），汇聚形成华南大陆，至晚古生代转入古特提斯洋演化阶段。

（1）850—460.9Ma（Nh—O_2）伸展裂解阶段。

罗迪尼亚（Rodinia）超大陆裂解，在中上扬子地块东南缘，江南—雪峰一带（处于扬子陆块内部）由于本身地壳结构的不稳定性在南华纪（820—635Ma）形成裂谷盆地，当时的古地理格局受东西向基底构造控制，北隆南凹，形成巨厚的浊流沉积（含火山碎屑浊流沉积）盆地。扬子地块北缘发育新元古代成冰纪充填巨厚的富含火山碎屑的裂谷盆地，与扬子东南部南沱组砂岩碎屑锆石年龄谱具有较高的相似性，结合Lu—Hf同位素分析，显示其物源区为相邻的南秦岭地区和北扬子地区。沿着黔阳—三江一带的晋宁期基性岩流呈北北东向展布，揭示该沉积期北北东向（现今方位）张剪性断裂活动，为其后的雪峰古陆西南段的就位提供了初始边界条件。进入震旦纪—中奥陶世（635—460.9Ma），该裂谷带转入裂陷或坳陷阶段，华南的大地构造格局和沉积面貌表现为扬子克拉通碳酸盐台地、江南—雪峰欠补偿深海泥页岩盆地、华夏浅海相砂泥岩大陆边缘盆地。震旦纪，扬子克拉通之上已经形成碳酸盐台地，位于其东南缘的江南—雪峰一带强烈裂陷，发育陡山沱组和灯影组的含磷及碳质泥岩与白云岩组合；至寒武纪—中奥陶世，江南—雪峰一带形成欠补偿的盆地。其次秦岭地区于晚元古代形成裂谷，在寒武纪沿商丹带古秦岭洋拉开，华北地块与扬子地块分离，中上扬子地块北缘也逐渐形成被动大陆边缘（图1-2-7）。

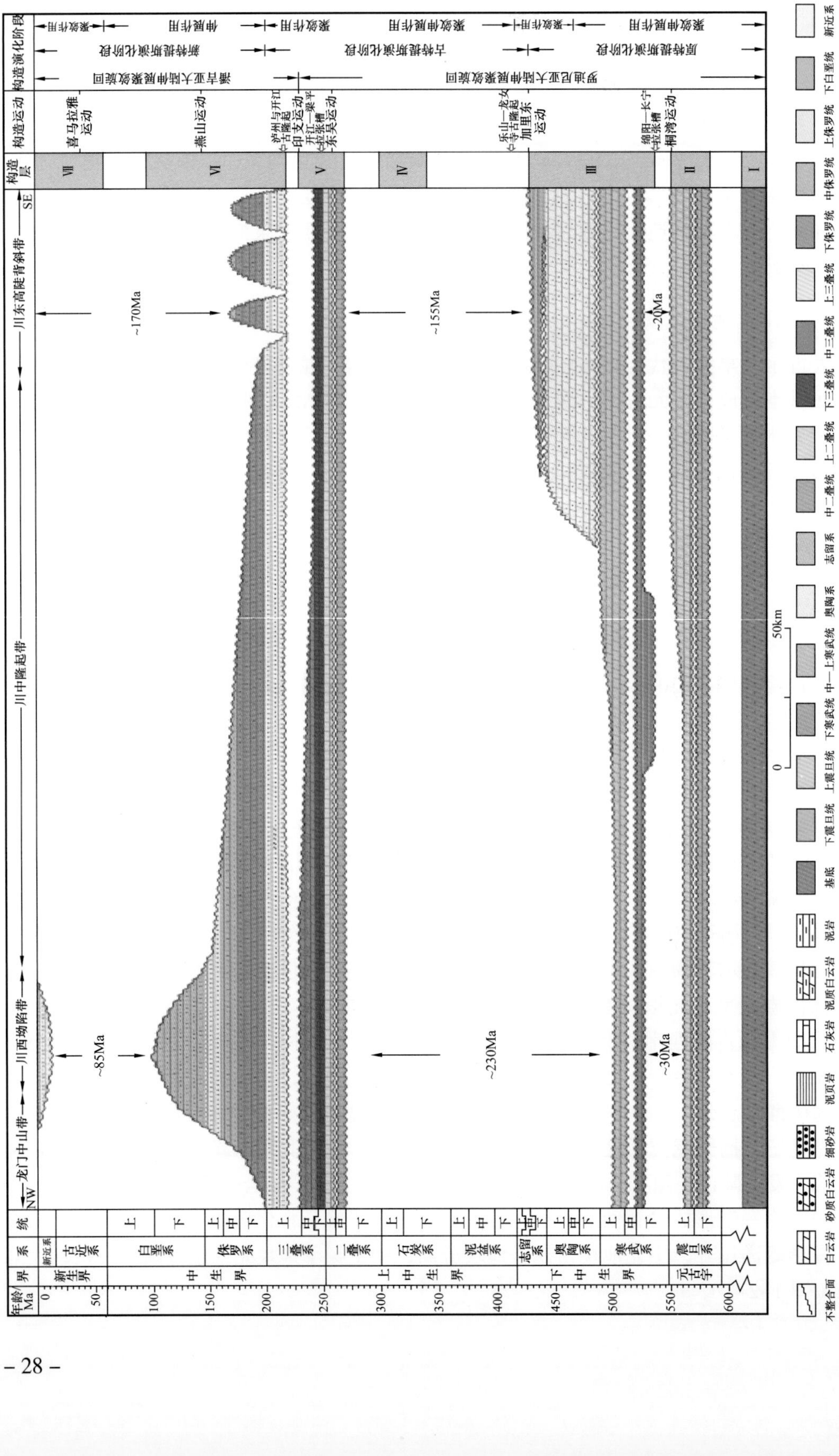

图 1-2-7 四川盆地构造—地层层序及其关键构造事件

四川盆地内部充填演化表现为伸展作用影响下的陆表海环境，形成了较为稳定的克拉通内坳陷盆地格局，表现为克拉通内伸展坳陷盆地与克拉通边缘裂陷盆地相复合的盆地性质，并经历了多次海侵海退旋回，沉积了大套滨浅海碳酸盐岩及少量的泥页岩。

南华纪华南陆块内部发生伸展。早期为裂谷盆地充填物，有双峰式火山岩喷发，沉积厚约为 1000m；晚期为南沱组（Nh）冰碛岩，磨拉石沉积具有填平补齐特点。震旦纪发生了遍及整个扬子克拉通的快速海侵，陡山沱组（Z_1ds）为两套白云岩与黑色页岩的互层组合，不整合于前震旦系之上。灯影组（Z_2dn）发育厚为 600～1200m 的白云岩夹页岩，在川南宜宾一带和川北阆中一带厚达 1200m（图 1-2-8）。震旦纪末期的桐湾运动使盆地隆升遭受剥蚀，灯影组顶部的古岩溶形成了良好的储集空间，如资阳—威远地区。

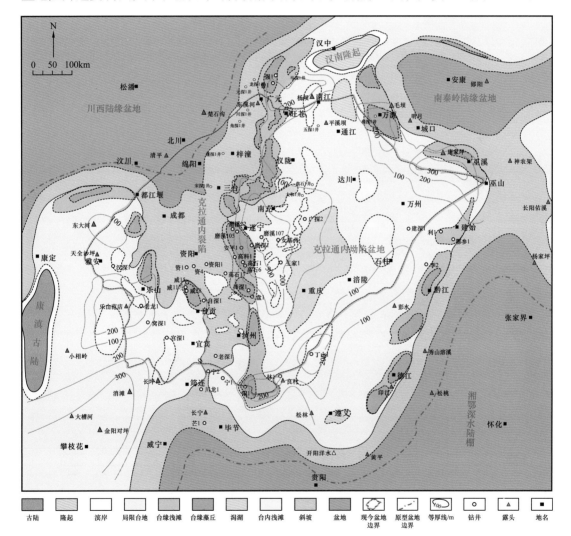

图 1-2-8　灯影组四段沉积时期构造岩相古地理

寒武系西薄东厚，乐山—威远—广安一带厚度为 500～600m，向东、东南增厚至1500m。早寒武世筇竹寺组（ϵ_1q）沉积时期，海水自东南方向入侵，盆地东部在大规模海侵背景下发育广海陆棚沉积，形成一套黑色、灰绿色页岩夹碳酸盐岩和硅质岩，盆地西部主要发育滨岸相沉积（图1-2-9）；早寒武世沧浪铺组（$\epsilon_1 c$）沉积时期，海水先行退缩，其后略有扩张，盆地东部发育开阔海台地相砂岩、页岩夹碳酸盐岩，西部仍为滨岸相碎屑岩和少量碳酸盐岩沉积，广元—绵竹—带发育河流相碎屑岩；早寒武世龙王庙组沉积期，重庆—毕节一线以东发育开阔海台地相白云岩、石灰岩互层，以西为局限海台地相白云岩，局部还发育蒸发台地相碳酸盐岩夹石膏薄层。川中地区、川西地区中寒武统、上寒武统被剥蚀。

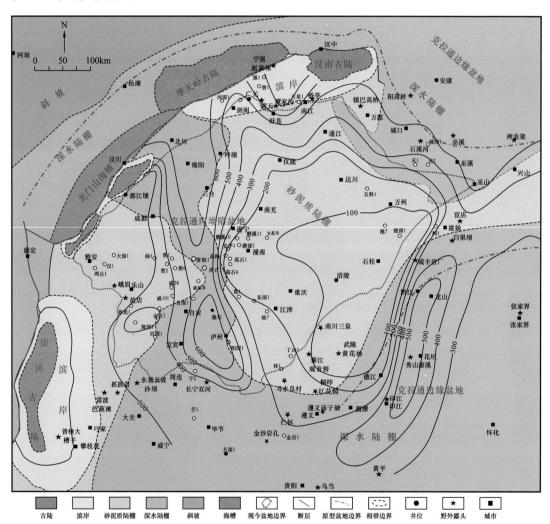

图1-2-9 筇竹寺组沉积时期构造岩相古地理

奥陶系在盆地内部厚度较稳定（400～600m），成都—简阳一带被后期剥蚀殆尽。早奥陶世，盆地呈西高东低格局，自西向东由滨岸相、开阔海台地相到广海陆棚相，发育粉砂岩、页岩、生物灰岩和白云岩。中—晚奥陶世，海侵规模扩大，发育含泥质条带的块状灰岩；奥陶纪晚期，海侵达到高潮，五峰组（$O_3 w$）发育黑色碳质页岩和硅质层。

（2）460.9—416Ma（O_3—S）时期。

晚奥陶世—早志留世，受周缘地块汇聚挤压的影响，地块内部发生挤压事件。江南—雪峰裂陷盆地发生挤压收缩，出现江南—雪峰陆内造山带雏形。中—上扬子碳酸盐岩台地挠曲沉降并开始向陆内前陆盆地转化，广泛沉积了含碳质、硅质页岩。中晚志留世的加里东造山运动导致江南—雪峰构造带及华南广大地区隆起，江南—雪峰构造带及南侧的华夏地块下古生界遭受强烈剥蚀、褶皱、低变质与岩浆侵入。这一挤压构造运动以中—上泥盆统与下古生界之间广泛分布的区域角度不整合为标志。中—上扬子地块北缘，古秦岭洋在 O_2—S 开始转入板块的俯冲收敛期，扬子板块向华北板块之下的俯冲，沿高丹带形成蛇绿混杂岩带。

四川盆地沉积充填表现为志留系仍西薄东厚，厚 100～1200m，湘鄂西一带厚达1000～1200m。受南东侧江南—雪峰地区发生挤压抬升影响，志留纪盆地差异沉降非常明显，乐山—龙女寺一带上升明显，形成剥蚀区，湘鄂西一带急剧挠曲沉降，形成前陆盆地；四川盆地及邻区沉积上表现为受控于陆棚及三角洲沉积体系的半局限浅海盆地。早志留世，盆地东部龙马溪组（S_1l）下部发育富含笔石的黑色页岩，属广海陆棚相，西部区域发育开阔海台地相的粉细砂岩、页岩和石灰岩；中志留世，发育灰色、黄色页岩、砂质页岩，紫红色页岩等，为海退沉积，直至志留纪末期最终全部出露水面，遭受大片剥蚀（图 1–1–8）。

2）晚古生代—中三叠世为古特提斯演化阶段

四川盆地的形成和演化与华南地块从冈瓦纳大陆北缘裂解和漂移过程有关，扬子地块西南缘与北缘成为面向古特提斯洋不同分支的被动大陆边缘。中上扬子地块经历了泥盆纪—二叠纪较长阶段的周缘裂解和三叠纪相对短暂的汇聚挤压过程，形成了中上扬子克拉通内坳陷、边缘坳陷、被动大陆边缘与前陆盆地。

（1）416—251.0Ma（D—P）伸展裂解。

晚志留世—早泥盆世，冈瓦纳大陆北缘形成古特提斯洋。由于扩张速率的变化，至晚石炭世，古特提斯洋表现为潘基亚（Pangaea）大陆东面一个向东开口的大型"海湾"。

早古生代构造活动较为强烈的江南—雪峰地区在晚古生代处于扬子克拉通内，表现为坳陷发展过程。自泥盆纪始，黔桂湘地区泥盆系—石炭系发育了以罗富组为代表的台盆相黑色泥页岩、含放射虫硅质岩，并有多种生物礁发育。此时的江南—雪峰地区，基本为近海低山与丘陵地貌。石炭纪，华南地区的构造—沉积格局较为稳定，广泛沉积了台地相碳酸盐岩、少量的台盆相或斜坡相深水碳酸盐岩与泥质岩；此时的江南—雪峰地区表现为线形海岸带一水下隆起带。在扬子地块北缘，在原早古生代被动缘后侧的区域隆起背景上，于勉（县）—略（阳）一带于泥盆纪形成裂谷，勉略带内的泥盆系表现为从初始裂陷期快速粗砾屑堆积、裂谷边缘的扇三角洲至深水扇，斜坡、坡底裙以至盆地平原相的深水浊积岩系等沉积特征，并具自南向北加深的相变与组合等，总体上反映了勉略洋盆从初始同裂谷到初始小洋盆的沉积充填特征。至石炭纪拉开成洋，石炭系以陆棚—盆地体系为特征，同时在蛇绿混杂岩内的硅质岩中还发现早石炭世的放射虫动物群，表明石炭纪已开始发育深水盆地沉积。勉略洋盆自石炭纪晚期—中三叠世由西至东逐渐扩张打开，形成统一的洋盆。勉略洋盆南侧的二叠纪—中三叠世沉积岩系已从泥盆纪—石炭纪扩张裂谷的沉积演化转入被动陆缘沉积。在扬子地块南缘的右江地区，裂陷在泥盆纪达到高潮，发育了一系列断陷与孤立台地，龙门山地区也在早泥盆世进入快速裂陷期。

泥盆纪—石炭纪，为四川盆地发展相对稳定时期，盆地上升为古陆，主体为隆升剥蚀区，西部形成龙门山陆内裂陷盆地，沉积大套碎屑岩和碳酸盐岩，东部发育少量石炭系潮坪相碳酸盐岩沉积。晚石炭世在盆地东部保留黄龙组（C_2h），为局限海湾环境潮坪相的生物碎屑灰岩、角砾状白云岩，部分地区底部夹有薄层石膏。石炭纪末—早二叠世初，盆地内大部分地区再次上升为陆，遭受剥蚀。

早二叠世，由基墨里地块（Cimmerian）、羌塘地块和缅泰马地块（Sibumasu）等构成的另一条状展布的大陆从冈瓦纳大陆北缘分离，后缘扩展形成新特提斯洋。中二叠世，中国南方海侵达到最大，总体为向南倾的巨型碳酸盐岩缓坡与台地，岩性、岩相和生物群比较单一，厚度较稳定，此时的江南—雪峰地区为水下隆起分隔成南北两大沉积区。扬子地块北侧以浅水缓坡和深水盆地向南秦岭小洋盆过渡，发育深水暗色灰岩、燧石条带（或结核）灰岩夹硅质岩。南秦岭洋盆可能在早二叠世末期已经向北俯冲于秦岭微地块之下，发育相应的岛弧火山岩，而其南侧被动大陆边缘仍在发展之中。

四川盆地内部中二叠统包括梁山组（P_2l）、栖霞组（P_2q）和茅口组（P_2m），厚400~500m。中二叠世海侵初期，沉积了河湖沼泽和滨海沼泽相砂岩、泥岩、泥灰岩，夹煤线；中期为浅海台地相灰岩，泥质灰岩夹砂质灰岩；晚期发育块状石灰岩、白云岩，局部夹黑色页岩，在乐山—泸州一带有生物滩发育（图1-2-10）。中二叠世末期，受峨眉地裂运动影响，区域抬升，茅口组遭受不同程度的剥蚀。峨眉地裂事件可能与南侧金沙江—墨江洋盆向北俯冲有关，在弧后部位发生了大规模的伸展。在扬子克拉通块体内部，发育龙门山裂陷、开江—梁平裂陷和城口—鄂西裂陷。晚二叠世早期，龙潭组（P_3l）为一套厚50~200m的海陆过渡相含煤沉积，主要为深灰色、灰黑色泥页岩、岩屑砂岩夹煤层；向川东北相变为开阔海台地相沉积。晚二叠世晚期长兴组沉积期（P_3ch），在扬子浅海碳酸盐台地内部及南北边缘，广泛发育了星状点礁、线性台缘礁和其他多种类型的礁滩，它们是重要的油气储层；开江—梁平一带形成北西向的台盆，台盆内发育硅质岩夹黑色页岩沉积。

（2）251.0—199.6Ma（T）的汇聚挤压。

早三叠世继承了晚二叠世的构造沉积环境，上扬子区由碳酸盐岩缓坡发展成镶边碳酸盐岩台地，发育进积型鲕滩，滩后有潟湖和萨布哈，厚300~550m。早三叠世早期沉积具有填平补齐特征，飞仙关组（T_1f）由下向上分为4段，一段、三段以石灰岩、泥灰岩为主，夹少量泥岩；二段、四段以紫红色页岩、砂质泥岩为主，夹泥灰岩、生物灰岩；环绕开江—梁平台盆，鲕粒白云岩发育，成为川东北地区气田主要储层。早三叠世晚期，嘉陵江组（T_1j）为石灰岩、生物灰岩、鲕粒灰岩与白云岩、硬石膏互层，厚400~600m。中三叠世，海盆面貌发生深刻变化，在半局限台地环境发育典型的膏盐湖相与白云岩沉积，海盆环境西深东浅；东部为海陆过渡相，发育紫红色、灰色泥岩、砂泥岩、泥灰岩；中西部为局限海台地相，发育石灰岩、白云岩夹石膏和岩盐。盆地内部雷口坡组（T_2l）

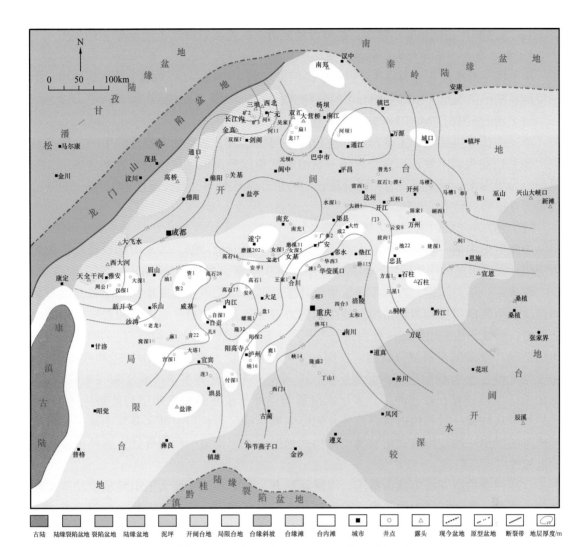

图 1-2-10　栖霞组二段沉积期构造岩相古地理

厚 200～900m。

中、晚三叠世是中上扬子地块构造体制转换的关键时期，周缘洋盆不断俯冲消减直至最终关闭，发生华北地块、羌塘地块、松潘—甘孜地块及兰坪—思茅地块等与扬子地块的碰撞。沉积建造也由开阔海碳酸盐岩台地、半局限台地、半封闭海湾膏盐湖相到陆相碎屑岩含煤岩系变化过渡。晚三叠世，早期有残余海湾背景下的沉积，晚期在古特提斯洋关闭背景下，华南广大地区发生大规模海退后转入陆相沉积，发育了大规模的前陆盆地，该前陆盆地由西向东翘升，泸州、开江一带形成隆起，而江南—雪峰构造一带成为剥蚀性隆起。

三叠纪早期，川西地区接受了滨海—浅海沉积，发育暗色泥岩夹粉细砂岩和煤层，东侧地势较高，未接受沉积；随着西侧海水退去，一个大型的内陆湖盆逐渐形成，沉积了厚层砂岩、泥页岩、粉砂岩夹煤层组成的须家河组（对应于须家河组四段、五段、六段）沉积。上三叠统厚 300～4000m，明显呈西厚东薄特征；须家河组三段（T_3x_3）与四段（T_3x_4）之间存在低角度不整合，是川西地区由克拉通裂陷向前陆盆地转变的标志。

3）晚三叠世—第四纪为新特提斯演化阶段

中上扬子地块演化分为早侏罗世—中侏罗世早期（199.6—167.7Ma）的短暂伸展；中侏罗世晚期—第四纪（167.7—0Ma）的长期挤压改造。

（1）199.6—167.7Ma（J_1—J_2^1）伸展盆地。

早—中侏罗世初期，主要形成西至松潘—阿坝地区，东到江汉盆地的中—上扬子地块大型克拉通内坳陷盆地。发育河流—湖泊相的紫红色泥岩、灰色泥页岩夹薄煤层，湖盆中心为半深湖—深湖相页岩，围绕湖盆中心呈环带状分布，沉积厚度达1500～2500m，反映为克拉通内坳陷沉积环境。

（2）167.7—0Ma（J_2^2—Q）挤压改造。

中侏罗世中期—晚侏罗世，大巴山急剧隆升且向盆地冲断，盆地内部发育红色碎屑岩沉积，大巴山前的中侏罗统沙溪庙组（J_2s）沉积厚度达2500～3000m。

晚侏罗—早白垩世，古太平洋板块俯冲于欧亚板块之下，华南地块和南海北部与东海地块发生斜向碰撞和剪切造山，使中国南方遭受了强烈的挤压、走滑和岩浆作用等构造改造，形成华南燕山期陆内造山带与东部燕山期"高原"、东南地区广泛的岩浆侵入和火山活动、众多的走滑拉分盆地。江南—雪峰地区广泛发育陆内造山和逆冲推覆构造，印支期峰带位于雪峰构造带东北缘，铜仁—丹寨一带发育许多逆冲断层和飞来峰构造；燕山期已向西迁移，在逆冲带，多层次滑脱与逆冲形成复杂的逆断层与褶皱构造组合。总趋势是从江南—雪峰构造带向西、北侧经湘鄂西地区再到川东地区及川中地区，依此形成基底拆离—厚皮隔槽式褶皱薄皮隔挡式褶皱—平缓褶皱的构造样式，逆冲推覆构造的远程效应十分明显。

盆地周缘构造开始向盆内挤压、褶皱并抬升，其中盆地北缘大巴山弧状逆冲推覆构造向南推覆、东侧雪峰山构造带自南东向北西推进至四川盆地东部、西侧龙门山逆冲带形成、汉南地块强烈向盆地逆冲隆升，使得四川盆地处于三面围限的陆内挤压背景。四川盆地逐渐由早侏罗世的克拉通坳陷向中—晚侏罗世的前陆盆地与白垩纪周缘褶皱逆冲带的大型陆内坳陷盆地沉积格局过渡，不同时期内坳陷沉积中心不断迁移，形成了多个沉积中心，后期逐渐向盆地西部转移，沉积范围逐渐减小。

白垩系主要分布在川中地区、川西地区和川西南地区，为碎屑岩沉积，厚1000～2000m。晚白垩世以来，盆地区域隆升。

晚白垩世—古近纪，在新特提斯与太平洋构造域的联合作用下，华南构造性质转变为西压东张，总体应力方向指向北东方向，西部地区强烈挤压而东部地区转换为走滑与伸展，形成中—下扬子伸展盆地、东部的火山盆地沉积和大量的花岗岩浆侵入。在中扬子—江南雪峰地区，构造运动最主要表现为K_2—E的沉积岩层发生褶皱与断裂。四川盆地周缘构造活化，盆地内大面积隆升成陆，仅在川西地区发育古近系接受河湖相与冲积扇沉积，厚300～100m。这一阶段的构造运动对南方进行强烈改造，例如使已形成的油气藏重新调整分配与再定位，现今发现的古油藏大多在此时期遭受破坏。

新近纪至今，印度板块与欧亚板块的陆—陆碰撞和太平洋与菲律宾板块的俯冲，使南方大陆的地质构造格局发生了重大改变，地形由东高西低变为西高东低，西部的青藏高原与云贵高原强烈差异隆升，东部中—下扬子原来的断陷盆地变为坳陷，发生差异升降，除洞庭与鄱阳等湖盆和小型山间盆地外，中扬子—江南雪峰地区整体抬升并剥蚀，四川盆地上隆，成为构造残留盆地，新近系也主要发育在川西南地区，称"大邑砾岩"，为灰色块状砾岩夹岩屑砂岩透镜体，厚20～150m。第四系河流相砂砾岩分布于成都平原，厚0～300m。

四、塔里木盆地的形成演化

塔里木盆地位于中国西北部，面积$56×10^4km^2$，是中国最大的内陆盆地。盆地周缘四面环山，北部是天山山脉，西南接西昆仑山山脉，东抵阿尔金山山脉。塔里木盆地的形成演化与南部的特提斯构造域和北部中亚构造域的演变密切相关，其演化过程可划分为7个阶段：（1）基底演化阶段［Pre-（Nh—Z）］；（2）克拉通内坳陷与被动陆缘阶段（Z—O）；（3）克拉通内断陷—西南缘前陆盆地阶段（S—D_2）；（4）克拉通断陷—坳陷阶段（D_3—P）；（5）前陆盆地阶段（T）；（6）断陷—坳陷阶段（J—E）；（7）复合前陆盆地阶段（N—Q）（图1-2-11）。

1. 基底演化阶段

塔里木盆地的基底是由太古宇相对稳定的结晶基底和元古宇的褶皱基底构成的双重基底，具有稳定陆壳性质。基底的形成经历了太古宇古陆核、古—中元古代原始克拉通地块和晚元古代洋盆闭合、地块拼合、泛古陆共三个形成阶段（何登发等，1996；贾承造等，1997）。现今的塔里木基底是南塔里木地块、北塔里木地块在元古宙末期拼合而成的，这种基底性质的差异导致了显生宙以来盆地发生的一系列变化（何登发等，2005）。

2. 克拉通坳陷与被动陆缘阶段（震旦纪—奥陶纪）

晚元古代罗迪尼亚古陆自震旦纪开始裂解，至寒武纪，塔里木地块周缘已有洋壳出现。震旦纪—中奥陶世，整个塔里木地块于伸展构造体制，发育伸展环境下的一系列盆地类型。震旦系与基底的不整合面指示塔里木运动。

震旦纪，塔里木地块周缘形成北缘的南天山裂陷（谷）、西南缘的北昆仑裂谷、东北缘的库鲁克塔格—满加尔边缘裂陷，盆地内部则发育内坳陷。当时的塔里木盆地总体地形西高东低，中西部为浅海或潮坪沉积环境，向东部的大陆架及大陆斜坡过渡，两者之间发育台缘斜坡，指示当时的盆地原型自西向东为克拉通内台地向克拉通边缘坳陷过渡。下震旦统尔美拉克组（柯坪地区）与特瑞爱肯组（库鲁克塔格地区）的冰碛砾岩指示塔里木地块处于高纬度地区；上震旦统、下震旦统之间的角度不整合指示库鲁克塔格运动。上震旦统中—下部苏盖特布拉克组为一套灰色陆源碎屑岩夹辉绿岩，顶部夹砂质灰岩和石灰质白云岩，表明晚震旦世该地区先发生多次陆相火山喷发，为裂谷作用的产物（贾承造等，1997），后期经历了海侵，发育碳酸盐岩沉积。盆地内的构造—沉积环境受多条边缘正断层控制。震旦系顶部的不整合面指示柯坪运动，该运动使塔中地区和塔西南地区遭受广泛的剥蚀。

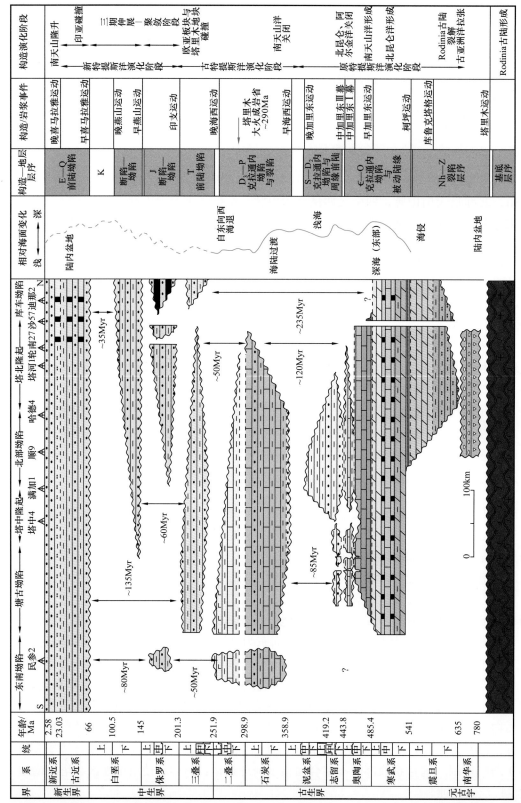

图 1-2-11 塔里木盆地的构造—地层层序及其关键构造事件

Ma 是地质时期的时间点，Myr 是地质时间段寒武纪为大陆的快速裂解阶段，早寒武世的北昆仑裂谷在中寒武世逐渐开始出现洋壳，在塔西南缘的叶城—和田—于田一带形成了被动大陆边缘盆地。盆地内部塔西南隆起初具雏形，其形成是由于早期裂谷肩部的均衡翘升作用（北昆仑不对称裂谷），该隆起近北西西向展布，与北昆仑裂谷基本平行，东西长约180km，南北宽约65km，面积约8000km²。塔里木地块北缘在寒武纪仍为南天山裂谷盆地，洋壳可能在早奥陶世才出现（高华华等，2017）。与震旦纪相比，寒武纪沉积基本覆盖了整个盆地，由北陆中间海的"南北分异"格局演变为"西高东低"的形态（图1-2-12）。海平面由早寒武世的初始海侵，到中寒武世的海退，再到晚寒武世的海侵，表现出海平面总体升高的演变趋势。由于拉张活动与沉降的不均一性，沉积物源供给具有平面变化，塔东边缘坳陷为欠补偿沉积环境。

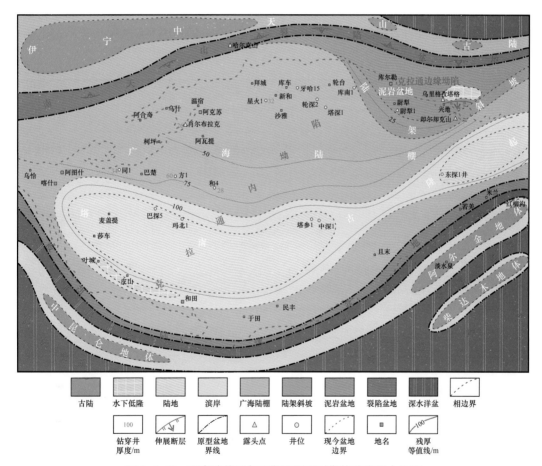

图1-2-12 下寒武统玉尔吐斯组沉积时期构造岩相古地理

奥陶纪为古亚洲洋演化的关键时期（肖序常等，1991；马瑞士等，1993；郑家凤等，1995），其北部分支洋盆相继关闭，南部分支南天山洋发育。北昆仑洋向中昆仑地体下俯冲消减，最终导致洋盆的消减及中昆仑地体和塔里木地块的碰撞。在阿尔金带形成了完整的沟—弧—盆体系。（1）塔里木盆地在奥陶纪仍继承了西高东低的构造格局，西部的克拉通内坳陷与东部的克拉通边缘坳陷之间以斜坡过渡，早奥陶世的沉积厚度西厚东薄，中—晚奥陶世的沉积厚度西薄东厚，盆地东部的克拉通边缘坳陷在晚奥陶世为过补偿沉积（图1-2-13）。（2）塔西克拉通内坳陷的东侧台缘斜坡相带经历了由宽—窄—宽的演化过程，且不断西移，过塔中后向西延伸，与塔里木地块北侧、西北侧的斜坡构成"U"形。（3）由于塔里木地块所处纬度、方位的变化，由早奥陶世的相对干热气候，演变为中—晚奥陶世的湿润气候。（4）南压、北张的构造体制导致塔里木盆地由东西分异的格局向南北分异的格局转变，受阿尔金断裂活动的影响，盆地内部玛南、塔中、古城墟等低隆起或鼻状隆起形成，并在压扭作用的影响下，呈雁列状展布。（5）由于南部物源区的出现，塔西克拉通内坳陷由开阔台地、局限台地向混积台地、混积陆棚转变。（6）塔里木地块北部的被动大陆边缘由窄变宽，逐渐发育成熟，与塔东克拉通边缘坳陷之间以兴地断裂为界，断裂以南以半深海—深海相的浊积岩、放射虫硅质岩和笔石页岩沉积为主，火山岩具有双峰式特点；兴地断裂以北以碳酸盐岩台地沉积为主，火山岩为玄武岩。

图1-2-13 上奥陶统良里塔格组沉积时期构造岩相古地理

3. 克拉通内坳陷—西南缘前陆盆地阶段（志留纪—中泥盆世）

自中奥陶世末开始，周缘构造环境的变化导致盆地内部原有的构造格局出现强烈分异。早奥陶世末，塔西南隆起进一步发育，轴线向北西方向旋转，由早期的北西西向演变为北西向，呈宽缓的短轴状隆起，长约280km，宽约70km，面积约18000km^2，塔里木盆地南缘北昆仑洋盆的消减作用导致塔中隆起的形成，该隆起位于克拉通中部，形成于早奥陶世末，为西部宽缓，东部窄陡的条状隆起，北西向展布，长约210km，宽约85km，面积约11000km^2。奥陶纪末期，塔中隆起定型，表现为北西向大型穹状隆起，轮廓面积1.73×10^4km^2，幅度2600m。塔北隆起也在早奥陶世末开始发育，呈北东东向展布，长约330km，宽约50km，面积约10000km^2。隆起北翼较陡，南翼宽缓，为两翼不对称的边缘隆起。北民丰—罗布泊（塔南）隆起也开始发育，呈北东东向，西低东高，位于现今隆起部位的南部，与民丰—且末大断裂的活动有关。早—中志留世，中昆仑早古生代岛弧和中昆仑地体相继与塔里木地块发生碰撞，在塔西南地区形成了前陆褶皱冲断带雏形和周缘前陆盆地。塔里木北缘在早—中志留世转变为被动陆缘盆地，阿瓦提—满加尔地区为克拉通内坳陷，塔西南为前陆盆地，其间被塔北隆起带和塔南部隆起带所分隔。北部盆地强烈伸展、热沉降占主导，南部盆地强烈挤压，具挠曲沉降成因。盆地中部缓慢沉降，发育一套稳定的浅海沉积（志留系柯坪塔格组—依乌干他乌组沉积时期），形成克拉通内坳陷盆地。

早泥盆世末期，南天山洋地区存在库米什运动（杨克明等，1998），使盆地东部隆升，隔断了其和北山海湾的联系。南天山洋已有闭合的趋势，向中天山地体下开始俯冲消减，盆地的水体变浅，发育一套巨厚浅海沉积。盆地内部克孜尔塔格组分布范围的缩小指示大规模的海退事件，其沉积层序为一套向上变浅的海退式沉积，塔里木南部隆起和塔北隆起分布范围进一步扩大。中泥盆世末，塔西南隆起此时为北西向倾斜的单斜隆起，中—上奥陶统、志留系被剥蚀。塔北隆起演化为北陡南缓的不对称、不规则的长轴状隆起（陈槚俊等，2019），现今凹凸相间的构造格局逐渐形成（英买力低凸起、哈拉哈塘凹陷、轮南低凸起、草湖凹陷、库尔勒鼻状凸起）。塔东隆起成为北东向的线状冲断隆起，东西长约450km，宽6～15km，轮廓面积2.90×10^4km^2，随着塔东地区抬升的加剧逐渐与塔中隆起连成一体。

4. 克拉通内断陷—坳陷阶段（晚泥盆世—二叠纪）

塔里木地块北缘的南天山洋向北俯冲，形成了中天山岛弧，并在晚石炭世发生弧—陆碰撞，而南缘的古特提斯洋形成。构造格局发生了根本性变化，由南压北张的构造环境转变为北压南张。

晚泥盆世，塔东地区发生隆升，盆地向西倾斜，水体西深东浅，沉积了一套滨岸—浅海陆棚相砂岩、泥质粉砂岩。晚泥盆世末期，由西南向东北海侵，石炭纪海侵范围急剧扩大。盆地内仅发育和田、东南、柯坪等低缓隆起，轮南—古城一带的低隆起为水下低隆起，半闭塞—闭塞台地相占据大部分盆地。盆地北部石炭系一般厚600～2000m，主要为一套海陆交互相的碳酸盐岩和碎屑岩沉积。由于北山裂陷活动加强，塔里木地块北缘被动大陆边缘盆地因南天山的俯冲消减而发生分异，盆地内发育轮台断裂逆冲断裂，塔北隆起强烈隆升。塔西南缘因古特提斯洋扩张发育成熟的被动大陆边缘。

早石炭世末，南天山洋自东向西呈剪刀式闭合，导致塔北—塔东隆起相连而形成弧形隆起带，割断了与北山裂陷之间的联系。此时盆地整体向西倾斜，为向西开口的海盆。晚石炭世早期盆地的封闭性加强，形成面积较广的闭塞台地体系。此时的塔东弧形隆起带地势较高，物源供给充分，发育三角洲平原—河流相沉积体系，隆起周缘发育了半闭塞—开阔台地体系。晚石炭世晚期再次发生海侵，柯坪与和田隆起成为水下低隆起，塔里木地区成为向西南、南开口的海盆，开阔台地相范围增大。较快的沉降作用使其成为被海水覆盖的克拉通内坳陷与克拉通被动边缘盆地组成的大型盆地。塔里木盆地块在这一阶段处于热带—亚热带气候环境，自石炭世早期以来，气候由炎热向湿润转变，沉积了一套海陆交互相的碳酸盐岩和碎屑岩，厚 600～2000m。

早二叠世，南天山洋东段褶皱隆升成陆，只在黑英山以西保留海水，包孜东以北为开阔台地，乌恰以西为大陆斜坡，其间为台地边缘沉积体系。塔里木盆地以大规模由东向西的海退为特点，仅塔西南地区尚有局部海域。北天山地区的海水则由西向东退出，开始了碰撞前陆盆地陆相沉积的历史。中二叠世，康西瓦断裂以南的古特提斯洋开始向塔里木地块之下俯冲，沿西南缘转变为塔西南弧后盆地，发育了曲流河—滨湖沉积体系。盆地内部为克拉通内坳陷，发育河流—湖泊沉积。湖相沉积主要发育在塔西南叶城—和田一带和羊屋 3 井—巴东 2 井一带，其余地区主要为河流三角洲沉积。东部近隆起区以辫状河沉积为主，西部靠海盆地区多为曲流河沉积体系。

塔里木盆地内部存在短暂拉张阶段（早—中二叠纪）。塔西北—南天山一带形成边缘坳陷，为残余海湾。由于局部裂解作用的发生，中二叠世早期（康克林组沉积时期），海水曾到达柯坪、印干—四石厂、巴楚小海子等地，海水西深东浅。特别是在西北边缘的卡拉铁克一带已出现半深水—深水相的大陆斜坡海底扇浊积岩。中二叠世晚期（库普库兹满组沉积时期及开派兹雷克组沉积时期），南天山海盆萎缩，东部逐渐隆起，同时受北侧北天山洋盆俯冲的影响，出现大规模中酸性的火山活动。二叠纪早期形成一套中酸性—中基性火山岩夹海相的石灰岩和碎屑岩，向上为近岸河湖—沼泽相的碎屑含煤岩系，反映了该海盆随着整个天山两侧板块的碰撞而逐渐升起的过程（何登发等，1996；贾承造，1997；陈汉林等，1998）。

由此可见，早—中二叠世是盆地格局变革的重要时期。西南缘的被动大陆边缘盆地演化成为弧后裂陷盆地，南天山海盆退缩，盆地内部陆相沉积完全取代了海相沉积，陆相沉积范围向东逐渐扩大。

5. 前陆盆地阶段（二叠纪末—三叠纪）

晚二叠世—三叠纪，古特提斯洋向中昆仑地体（这时为塔里木地块的西南缘）下的俯冲达到高潮，最终导致南侧的甜水海地体（羌塘板块）与塔里木地块发生碰撞。在塔西南地区晚二叠世杜瓦组上千米厚的陆相磨拉石建造的出现，标志着自（晚泥盆世）石炭纪—早二叠世发育起来的宽阔被动大陆边缘及中二叠世的弧后伸展盆地遭受改造，晚二叠世形成了弧后前陆盆地。三叠纪，盆地西部与东部的大部分地区遭受剥蚀。

晚二叠世，塔里木地块南、北缘均处于挤压环境。强烈的区域挤压作用导致博格达山、天山、塔北—塔东—阿尔金带强烈隆升。位于中央隆起带西部的巴楚隆起强烈抬升，其形成时期可能要追溯到早奥陶世末，但实际发育时期为二叠纪末。巴楚隆起呈北西向，周缘为断裂所围限，具有断隆的性质，面积 $4.30 \times 10^4 km^2$，其与塔中隆起、古城墟隆起构成横贯盆地的中央隆起带。巴楚隆起的形成也改变了麦盖提地区自震旦纪以来北倾单斜的古构造格局，取而代之为大型南倾单斜，塔西南古隆起则逐步萎缩。库车—南天山地区冲断作用十分强烈，但还未发生挠曲沉降形成较大型的前陆盆地，仅仅是一些冲—洪积扇体的发育。塔里木盆地仅限于西南地区，由于西昆仑岩浆岛弧后褶皱冲断带的形成，发育了一个形态极不规则的前陆盆地，出现了浅湖—半深湖沉积。

早三叠世，古特提斯洋向北的俯冲作用加剧，盆地西部地区、祁漫塔格地区隆起，盆地为其周缘隆起所围限，沉积局限于坳陷内，即现今盆地的中部和北部边缘。库车地区受冲断负荷的作用而挠曲沉降，构造沉降幅度较大，其中出现了半深湖环境。盆地内部处于克拉通的中央，沉积相带呈近东西向展布，沉降中心与沉积中心虽略有偏离，也呈东西向展布，反映出中部盆地除热冷却沉降机制外，还可能受到盆地边界的控制。这一时期，构成库车前陆盆地的新和前缘隆起可能沿轮台、雅克拉等断裂向南侧的盆地发生冲断，在断裂的南侧广泛发育了三角洲沉积体系。据此认为，处于新和前缘隆起之后的盆地内部，即前陆盆地体系的隆后部位，不但具有热冷却沉降、隆后环境的均衡调整成因，而且还由于新和前缘隆起的冲断作用，发生了一定程度的挠曲沉降。因此，盆地中部具有复合成因机制，而成为前陆冲断隆起所分割的山间盆地。

中三叠世，上述盆地格局依然存在。盆地中部的轴向由于阿瓦提—阿拉尔一带的沉降而逆时由此认为，晚二叠世—三叠纪，塔里木盆地及邻区整体处于挤压环境，盆地的沉积范围最小，晚二叠世的弧后前陆盆地偏于西南地区，三叠纪的盆地发育在库车前陆地区及盆地中部。塔南、巴楚地区处于隆起状态，塔北隆起为北东向倾斜的鼻状隆起，塔中、塔东包括古城墟隆起处于低平的古地理环境。

6. 断陷—坳陷盆地阶段（侏罗纪—古近纪）

侏罗纪—古近纪是新特提斯洋的发育与消亡阶段。新特提斯洋的一系列构造事件对塔里木盆地的形成与演化产生了深刻的影响。

早—中侏罗世，构造运动相对平静，仅在东北缘发育西南倾的孔雀河斜坡，南天山褶皱隆起带开始遭受强烈剥蚀。在区域弱伸展背景下（可能也有造山期后的热沉降和应力松弛及重力均衡作用影响），盆地与造山带结合部分由于处于构造软弱带上，易拉张形成断陷湖盆。塔里木及邻区主要发育了一系列断陷盆地。

（1）库车断陷盆地：湖盆变浅变宽，南部的隆起带也逐渐被湖水淹没，并使库车盆地北缘大部分地区出现了准平原化的构造面貌，从挤压体制转化为伸展体制。

（2）塔西南断陷带：位于喀什—乌恰一带，其沉积过程及所保存的地层分布特点，清楚地反映为一个伸展断陷盆地。盆地总体走向横切南天山造山带的走向；下侏罗统沙里塔什组砾岩不仅厚度大于1000m，而且是盆地发展最早期的产物；结合不同类型砾石古流向的测量结果，变质岩砾石皆来自西侧，沉积岩砾石基本来自东侧，说明当时盆地由两侧提供沉积物来源，快速堆积的砾岩是强烈断陷的产物，不同于前陆盆地近源砾岩沉积一般是由褶断隆起的一侧提供物源的特点；沙里塔什组分布局限也说明其受（张性）断裂控制；下侏罗统沙里塔什组和康苏组分布在当时南北向盆地的中心部位，中侏罗统杨叶组（塔尔尕组）显示向东西两侧不断超覆沉积的趋势，并直接覆盖在古生界和寒武系之上。这种盆地演化特征不同于前陆盆地向远源方向沉积超覆的特点。

（3）塔东坳陷：与三叠纪的盆地北东东向轴向不同，早—中侏罗世塔东坳陷的轴向呈北西西向，沉积相带呈北西西—北西向展布，反映二者盆地性质已经发生了变化。英吉苏凹陷的性质可能具有张扭成因，不同方向（东西向、北西向）的构造带相叠置；并叠加了新生代的压扭性构造，掩盖了其张扭成因构造的特征。

（4）塔东南断陷：在晚古生代北民丰—罗布庄冲断隆起带上，于早—中侏罗世发生断陷，受阿尔金北缘断裂活动的影响，断陷呈南深北浅的不对称形态，断陷的缓倾翼沿前期冲断带后翼展布，该断陷发育了民丰、若羌与敦煌等沉降中心。

晚侏罗世中—上侏罗统之间，或中侏罗统内部普遍见到角度不整合。目前，对其成因不甚了解，一般是将其与拉萨地体与欧亚大陆的碰撞相联系。但由于这一不整合普遍见于西北地区，或许与欧亚大陆内部块体的旋转调整有关（何登发等，1998）。因气候转为干旱炎热，晚侏罗世的盆地范围缩小，原来的库车、塔西南、塔东南等断陷已演变为坳陷。

早白垩世主要发育了库车坳陷、塔东坳陷与塔西南裂陷盆地，前两者呈北东北向、北西西向，且相连通，而与塔西南裂陷盆地相分隔。

晚白垩世沉积物在新疆地区普遍缺失，可能与欧亚大陆南缘地体（如江孜岛弧）的碰撞有关（Yin et al.，2000）。

古新世—始新世发育库车—阿瓦提、塔东坳陷与塔西南裂陷三个单元。出现了三种变化：一是打破侏罗—白垩纪的构造格局，库车坳陷越过塔北隆起直接与阿瓦提坳陷相连，并成为一个统一的沉降坳陷，这种趋势在后期（新近纪—第四纪）的演化过程中得到加强，逐渐成为库车—阿瓦提前陆坳陷；二是沙雅隆起不再局限在古生代隆起的位置，向东南迁移至满西—库尔勒一带，转呈北东向；三是塔东大面积坳陷，并与民丰凹陷相连，由于沉降幅度小，仅发育冲积平原相。除巴楚隆起和塔南隆起演化为活动型的隆起外，其余克拉通内古隆起都稳定埋藏。

始新世晚期—渐新世，盆地内部的构造格局仍然分为三部分，指示中部隆起范围扩大，塔东坳陷的面积减小。

由上所述，侏罗纪以来的盆地发展表现为三次小的伸展聚敛旋回：早—中侏罗世、早白垩世、古新世—始新世早期伸展，形成断陷或裂陷盆地；晚侏罗世、晚白垩世、始新世晚期—渐新世聚敛挤压，导致大范围的隆升剥蚀或盆地发生调整。古气候也由温暖潮湿气候演化为炎热干燥的大陆性气候。这些地球动力学事件可能与欧亚大陆南缘侏罗纪以来的三次地体增生拼贴有关。区域构造格局的变化导致了板内盆地的形成、发展与演化。

7. 复合前陆盆地阶段（新近纪—第四纪）

印度板块和欧亚板块沿雅鲁藏布江的碰撞及其持续挤压作用是欧亚大陆构造变形及大型塔里木复合前陆盆地形成的主要原因（郭令智等，1992；何登发等，1996；贾承造，1997；Yin et al.，2000）。印度—欧亚板块的初始碰撞发生在 55—46Ma，具体碰撞过程可明显分为早期以走滑构造变形为主和晚期以挤压缩短增厚变形为主的两个阶段，其间的转换期大约在渐新世。渐新世是古近纪—新近纪早期伸展盆地向新近纪前陆型盆地过渡的时期。新近纪—第四纪的塔里木盆地是由阿瓦提—库车前陆盆地、塔西南前陆盆地与塔东南前陆盆地三个盆地复合而成，具有挠曲沉降、走滑导致的沉降与热沉降等多种成因机制，阿合奇断裂、阿尔金断裂带的强烈走滑活动使盆地处于转换挤压环境（陈楚铭等，1998）。因此，盆地具有叠加的动力学背景，是转换挤压背景下的挠曲沉降盆地，可称为转换挤压前陆盆地。

五、准噶尔盆地的形成与演化

准噶尔盆地是在前石炭纪基底之上，历经石炭纪到第四纪长期演化而形成的大型叠合复合盆地（何登发等，2018）。石炭纪—第四纪，准噶尔盆地的演化分为两大阶段，第一阶段为石炭纪古亚洲洋俯冲消亡、岛弧拼贴、洋陆转化的过程，也是准噶尔盆地的原型盆地发育阶段，在此阶段大量弧相关盆地形成（何登发等，2018）；第二阶段为二叠纪—第四纪的准噶尔盆地演化阶段（何登发等，2018），此阶段，准噶尔盆地的演化主要处于陆内构造环境（李涤，2016），开始接受大量沉积，形成了巨厚的沉积盖层。综合盆内大剖面构造解析、年代地层格架和重点探井沉降史曲线等多种方法，将准噶尔盆地的构造演化划分为 7 个阶段（图 1-2-14）。

1. 准噶尔盆地基底形成

准噶尔盆地是在前石炭纪基底之上形成的，由于盆地内尚未钻遇基底，对其基底的性质尚存在争议。一种观点认为盆地存在前寒武结晶基底和古生代褶皱基底组成的双重基底（吴庆福等，1987；黄汲清等，1990；李锦轶等，2000）。另一种观点认为准噶尔盆地基底是洋壳，不存在古老前寒武纪陆块（Carroll et al.，1990；胡霭琴等，2003）。最新的研究成果和关键证据，均表明准噶尔盆地在古生代可能为多岛弧格局，岛弧的相互拼贴增生构成盆地基底主体。

2. 石炭纪洋盆开启—消减阶段

石炭纪发生了洋盆俯冲消亡、岛弧拼贴和洋陆转换的过程，乌伦古、陆梁、莫索湾等线性岛弧离散在准噶尔洋中构成了准噶尔地区的多岛洋格局。早石炭世早期，哈萨克斯坦岛弧带开始发生弯曲，西伯利亚克拉通及相关的冲增生带发生顺时针旋转。至早石炭世中期，阿尔泰岛弧、陆梁岛弧、准东岛弧和准噶尔—大南湖岛弧发生顺时针旋转，

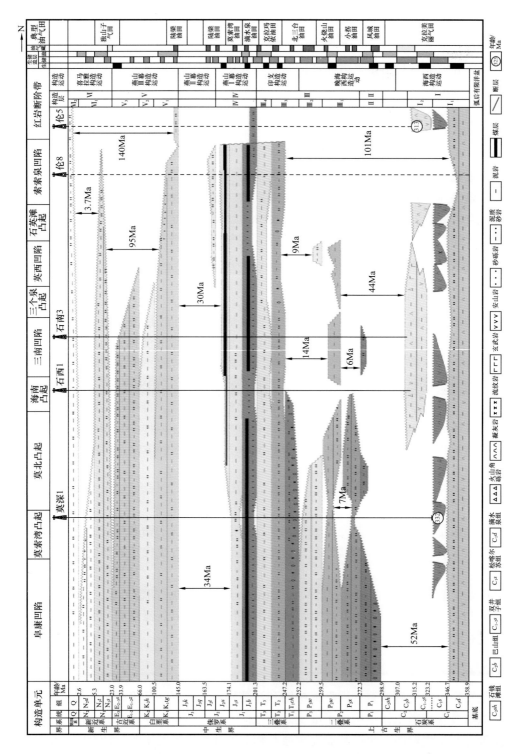

图 1-2-14　准噶尔盆地 S—N 向年代地层格架与生储盖组合分布特征

额尔齐斯洋和北天山洋仍十分宽阔，在准噶尔西部地区连成一片深海区，额尔齐斯洋向北东方向宽度逐渐减小，北天山洋向北东方向逐渐增大；伴随洋壳俯冲后撤，在上覆岛弧上形成大量弧内断陷。卡拉麦里洋西段向北俯冲，在陆梁岛弧南侧形成弧前盆地，在陆梁岛弧内形成大量弧内断陷。北天山洋向北俯冲，在准噶尔—奇台岛弧带上形成大量弧内断陷。整个准噶尔地区在石炭纪末期完成了洋—陆构造转换，导致上述弧—盆系统相继碰撞拼贴，完成了二叠纪准噶尔盆地的拼合基底，二叠系与石炭系之间为区域不整合，标志这一构造事件。

3. 石炭纪末—早二叠世伸展阶段

进入晚石炭世后，整个北疆地区进入后碰撞伸展阶段，并且在天山和准噶尔盆地广泛发育断陷和裂谷岩浆事件，在盆地西部的佳木河组与风城组可见多期中性—基性火山岩，在地质结构剖面上可见该期的地堑与半地堑组合。关于早二叠世盆地的性质存在诸多争议，有学者认为是前陆盆地，也有学者认为是裂谷环境，主要依据是佳木河组、风城组中基性火山岩发育的伸展构造环境，靠近扎伊尔山前地层加厚、沉降中心的迁移发育等所体现的断陷结构。典型地震剖面解析（图1-2-15），发现风城组沉积末期已发生构造反转，中二叠世已经处于挤压作用期，并认为这一时期延续至晚三叠世，且期间存在多个挤压高峰期，即存在幕式运动。

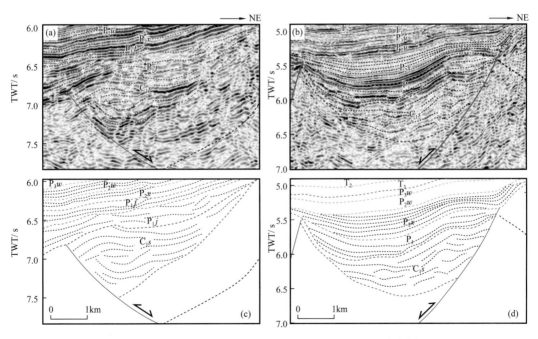

图1-2-15　准噶尔盆地西部石炭系—二叠系东北—西南向剖面
（a）、（b）为地震剖面，（c）、（d）为对应的地质剖面

4. 中二叠世—三叠纪前陆盆地阶段

中二叠世—三叠纪，准噶尔地块进入与周边板块发生陆陆碰撞、挤压造山阶段，在

准噶尔地块周缘先后形成东部克拉美丽前陆盆地、西部前陆盆地和北天山前陆盆地。盆地西缘从中二叠世开始发育逆冲推覆和构造楔，形成前陆盆地，二叠系逐渐向盆内迁移；北天山前陆盆地急剧发育，影响范围大。依林黑比尔根山及其前缘推覆体构成其后活动翼，安集海北—昌吉—博格达—吐鲁番构成其前渊；东部克拉美丽前陆盆地范围相对较小，奇台—白家海—滴南一带为前缘隆起部位，北边大约沿克拉美丽山前一带为前渊带，发育由前隆向冲断带加厚的楔形沉积，由西向东发育滴水泉、五彩湾、大井等凹陷区。中二叠世末期受区域挤压抬升背景影响，中二叠统在盆缘斜坡区遭受广泛剥失，中二叠统和上二叠统之间形成区域不整合，上二叠统填平补齐，逐层向隆起区超覆，早期发育冲积扇、扇三角洲砂砾岩沉积，随着湖盆进一步扩大，水体变深，上二叠统上部发育一套稳定的湖相泥岩沉积，构成盆地下部成藏组合主要区域盖层。

三叠纪延续了这种构造体制，但构造挤压减弱，发育挠曲坳陷，在盆内形成广泛的湖盆坳陷（何登发等，2018）。早三叠世，坳陷湖盆进一步扩大，湖泊水体几乎遍及整个盆地，下三叠统百口泉组继续向隆起区逐层上超，陆梁隆起、乌伦古坳陷也普遍接受沉积，车排子凸起、东部隆起及盆缘冲断带仍缺失下三叠统沉积。中三叠世湖盆范围变化不大，但水体明显变深。晚三叠世是整个三叠纪湖盆范围最大、水体最深的时期，沉积中心位于盆1井西凹陷及东道海子凹陷一带。晚三叠世末期的印支运动造成盆地发生整体抬升，形成了三叠系和侏罗系之间的区域性不整合。整体上，三叠系整体表现为统一的内陆坳陷，隆起区三叠系较二叠系分布更为广泛。

5. 侏罗纪伸展—压扭阶段

早—中侏罗世早期，准噶尔盆地处于弱伸展环境，发育在"后海西地台"之上，主要为一套含煤建造，该期的盆地范围广阔，水体浅而宽，可称为泛准噶尔盆地。这一时期准噶尔盆地再次沉降，进入新一期的坳陷湖盆沉积阶段。下侏罗统八道湾组沉积时期，盆地为一个统一的大型坳陷湖盆，沉积中心位于中央坳陷及乌伦古坳陷，厚度均可达700m以上。中侏罗世晚期头屯河组沉积时期—晚侏罗世，受燕山期强烈构造运动的影响，盆地内部隆坳格局巨变，形成了北东—南西向的车莫古隆起。由于车莫古隆起强烈隆升，造成了中—下侏罗统在车莫古隆起发育区有大面积的剥蚀，西山窑组与头屯河组之间发育一套区域不整合面，标志着盆地性质的转变，即由早侏罗世—中侏罗世西山窑组沉积时期的弱伸展坳陷向中侏罗世头屯河组沉积时期—晚侏罗世挤压性盆地的转变。

6. 白垩纪—古近纪克拉通内坳陷阶段

准噶尔盆地及邻区统一沉降，以坳陷湖盆沉积为主。早白垩世湖盆范围广，全区接受巨厚沉积；晚白垩世受晚燕山运动的影响，盆内下白垩统与上白垩统之间形成比较明显的区域不整合。晚白垩世受周缘冲断挤压作用影响（Tang et al.，2015），准噶尔盆地进入收缩型陆内坳陷盆地发育阶段（陈发景等，2005）。这一时期盆地整体沉降幅度减弱，沉积厚度较下白垩统大幅度减薄，湖盆进一步萎缩，水体变浅，并受古气候影响发育红层。

古近纪，受喜马拉雅运动影响，古近系与下伏白垩系呈区域性角度不整合接触。古近纪沉降中心再次向准噶尔盆地南缘迁移，沉降、沉积中心位于沙湾—昌吉一带，由南向西、北、东三个方向厚度逐渐减薄。

7. 新近纪—第四纪前陆盆地阶段

始新世晚期以来，受印度板块和欧亚板块碰撞的远程效应影响，准噶尔盆地南缘冲断活动强烈（赵白，1992；何登发等，2018），这主要是塔里木地块在这一时期向天山之下发生陆内俯冲，塔里木地块俯冲前锋到达准噶尔盆地南缘一带，准噶尔盆地处于后方前陆环境，发生急剧挠曲沉降充填了巨厚的新近系—第四系，靠近山前，沉积厚度大，向前陆方向减薄，盆地几何形态呈不对称楔状。准南山前以洪积扇、冲积扇沉积为主的巨厚磨拉石建造，强烈的压扭作用导致北天山山前发育近东西向的雁列式成排成带的冲断褶皱带，由南往北发育三排大型构造带，山前推覆带为厚皮构造，第二排背斜构造、第三排背斜构造形成典型的薄皮构造特征（吴孔友等，2005；何登发等，2018）。

第三节 中国岩性地层大油气区成藏特殊性

岩性地层大油气区主要分布在沉积盆地，而中国小克拉通盆地经历了多旋回构造演化，这种演化的特殊性，决定了中国岩性地层油气田发育的特殊特征。

一、中国小克拉通盆地构造演化特殊性

梳理中国大陆的基本组成，即四象限结构：中央造山系与贺兰—川滇南北构造带将中国大陆划分为东北—华北构造单元、西北地区构造单元、华南大陆构造单元、青藏地区。立足于大陆的形成演化，中国克拉通盆地的构造特殊性有以下10个特点（表1–3–1）。

（1）多地块拼合：中国大陆不是以一个规模宏大的克拉通为依托，而是华北、扬子、塔里木等地块与准噶尔—吐哈、伊犁、松嫩、佳木斯、阿拉善、柴达木、羌塘、拉萨、喜马拉雅、华夏等微地块拼合构成（任纪舜，1994）。地块规模小，边界复杂，决定了其拼合的多期性与块体的活动性。其结果是产生地块（沉积盆地）与造山带的镶嵌格局（张伯声，1965）。各个地块基础上的沉积盆地的充填结构就各具特色。

（2）转换大地构造部位：东亚大陆介于北侧劳亚大陆与南侧冈瓦纳大陆之间；古生代为劳亚大陆南侧的复杂活动陆缘，形成了中亚造山带；中新生代处于冈瓦纳大陆北侧的复杂活动陆缘，形成了特提斯造山带；中三叠世末期，扬子地块、华北地块碰撞，华北地块与西伯利亚板块相拼合，形成了东亚大陆的主体骨架。这是中国大陆"古生代南北分块"的基本原因。

（3）多板块围限作用：进入中生代，古西太平洋自约200Ma向西俯冲，蒙古—鄂霍茨克洋 J_3—K_1 自西向东剪刀状闭合；班公湖—怒江洋 J_3—K_1 闭合；在多板块围限下板缘形成复杂的构造—岩浆岩带（张岳桥，2019），而这种效应强烈影响板内，在华南地块、华北地块、准噶尔地块、塔里木地块发生强烈地构造变形，表现为冲断推覆、走滑活动等。

表 1-3-1　中国大陆克拉通盆地构造特殊性的 10 个特征

基本属性	地质特征	结果
多地块拼合	华北、扬子、塔里木等地块与准噶尔—吐哈、松嫩、佳木斯、阿拉善、柴达木、羌塘、拉萨、喜马拉雅、华夏等微地块拼合构成	地块（沉积盆地）与造山带镶嵌格局
转换大地构造位置	东亚大陆介于北侧的劳亚大陆与南侧的冈瓦纳大陆之间；古生代处于劳亚大陆南侧活动陆缘，形成中亚造山带；中新生代处于冈瓦纳大陆北侧活动陆缘，形成特提斯造山带；中三叠世末期形成东亚大陆骨架	古生代南北分块
多板块围限作用	古西太平洋约 200Ma 向西俯冲，蒙古—鄂霍茨克洋 J_3—K_1 自西向东剪刀状闭合；班公湖—怒江洋 J_3—K_1 闭合；多板块围限下板缘与板内变形	陆缘、陆内强烈叠加变形
"最新"大陆	约 65—50Ma 印—欧碰撞，持续挤压、青藏高原隆升及边缘扩展；约 52Ma 西太平洋向西俯冲及其后俯冲板片后撤；中国大陆最新形成；"东部伸展、西部挤压、中部过渡"格局逐渐形成；东部、西部发生构造翘倾转变，形成"西高东低"面貌	新生代东西分带
多旋回演化	经历始特提斯（Pt_{2-3}—ϵ_1）、原特提斯（Nh—D）、古特提斯（C—T）、新特提斯（J—Q）四个裂解—汇聚旋回；与全球哥伦比亚、罗迪尼亚、潘吉亚古大陆旋回不完全吻合	Pt_2（Nh）、ϵ（ϵ_2）、D（D_3）、J 四个际区不整合面
大陆分块结构	中央构造带、南北构造带将中国大陆分成华北—东北、西北、青藏、华南四个象限，呈"十"字形构造；再以南天山北缘—西拉木伦河缝合带、大兴安岭—太行山—武夷活动带为界，可分成北疆、塔里木—阿拉善、鄂尔多斯、渤海湾、东北、中上扬子、下扬子—华夏、青藏等 9 个构造单元，呈"井"字形构造	横向分块结构（块内相似、块间差异大）
盆地多旋回叠合	沉积盆地由：Pt_{2-3}、Nh—D（D_2）、（D_3）C—T、J—Q 等构造—地层层序差异叠合；分别发育：Pt_{2-3}（Nh—Z）火山碎屑岩建造、ϵ—O 碳酸盐岩建造、C—T 海相、海陆过渡相建造，J—Q 陆相碎屑岩、火山岩建造。呈"底火、下海、上陆"叠置结构	垂向构造分层、叠加结构
克拉通活化	塔里木克拉通 Nh—Z 裂谷系、加里东期盆地尺度基底拆离滑脱系统；上扬子克拉通 Nh—ϵ_1、P_3—T_1 裂陷槽系统，印支期—燕山期川东多重滑脱构造变形系统；华北克拉通西部 Pt_{2-3} 宽裂谷体系，燕山期周缘强冲断系统，喜马拉雅期周缘裂谷系统；华北克拉通东部 121Ma 以来岩石圈减薄或破坏	强烈构造—沉积分异
深部过程活跃	发育 1.78Ga/1.32Ga 燕辽—熊耳大火山岩省；360—320Ma 天山（—准噶尔）大火山岩省；约 290Ma 塔里木大火山岩省；约 259Ma 峨眉大火山岩	环境"突变"
晚期改造强	3Ma 以来塔里木盆地、柴达木盆地地壳尺度褶皱；鄂尔多斯盆地西南缘走滑—逆冲系统与盆地旋转；四川盆地楔入青藏高原东南缘、强隆升剥蚀；渤海强烈沉降；郯庐断裂走滑活动；南海北部被动陆缘浅层断裂活动	晚期大规模成藏（矿）

（4）"最新"大陆：约 65—50Ma，印度—欧亚板块碰撞，持续挤压、青藏高原隆升及边缘发生扩展；约 52Ma，西太平洋向西俯冲及其后俯冲板片后撤，东部形成一系列弧后盆地带（"新华夏系"）；中国大陆最终形成，为全球最新形成与定型的大陆。我国"东部伸展、西部挤压、中部过渡"的格局逐渐形成，在这种背景下，发育了相应的沉积盆

地系统（李德生，1982，2013；朱夏，1982，1985）。这是中国大陆"新生代东西分带"的根本原因，也是东部、西部翘倾转换的直接原因（张国伟，2012）。

（5）多旋回演化：含有多旋回板块运动，多旋回造山、多旋回成盆的含义。主要经历了始特提斯洋（Pt_{2-3}—ϵ_1）、原特提斯洋（Nh—D）、古特提斯洋（C—T）、新特提斯洋（J—Q）四个裂解—汇聚旋回（何登发等，1998，2005，2011，2020）；与全球哥伦比亚、罗迪尼亚大陆、潘基亚古大陆旋回不完全吻合。这是受东亚大陆特殊的大地构造位置所决定的。产生了 Pt_2（Nh）、ϵ_2、D（D_3）、J 等四个区际不整合面，在沉积盆地与造山带中都可以见到（图 1-3-1）。这四个区际不整合面也是我国岩性、地层型油气田普遍发育的一个控制因素。

（6）大陆分块结构：中央构造带、南北构造带将中国大陆分成华北—东北、西北、青藏、华南四个象限，呈"十"字形构造（董云鹏等，2019）；再以南天山北缘—西拉木伦河缝合带、大兴安岭—太行山—武夷山活动带为界，可分成北疆、塔里木—阿拉善、鄂尔多斯、渤海湾、东北、中上扬子、下扬子—华夏、青藏共 9 个构造单元，呈"井"字形构造（刘光鼎等，2006）。中国大陆"横向分块结构"是"古生代南北分带"与"新生代东、西分带"结构叠加的直接产物，即新生代构造上叠在古生代的基本构造格局之上。古生代奠定南北分块格局，中生代陆内、陆缘改造，新生代上叠定型。构造单元具有"块内相似、块间差异截然"的特点。

（7）盆地多旋回叠合：克拉通沉积盆地由：Pt_{2-3}；（Nh—）ϵ—D（D_2）；（D_3）C—T；J—Q 等构造—地层层序差异叠合而形成；分别发育 Pt_{2-3}（Nh—Z）火山碎屑岩建造；ϵ—O 碳酸盐岩建造；C—T 海相、海陆过渡相建造；J—Q 陆相碎屑岩、火山岩建造；呈"底火、下海、上陆"叠置结构。"叠合"是克拉通盆地的基本属性，即它不是在一个"均一"的构造—沉积环境中形成的，而是经历了"多旋回"的变革，才最终形成的；最终产生了沉积盆地"垂向构造分层及其叠加结构"。

（8）克拉通活化：这是中国克拉通的重要属性。表现在：塔里木克拉通 Nh—Z 裂谷系、加里东期盆地尺度的基底拆离滑脱系统；上扬子克拉通 Nh—ϵ_1、P_3—T_1 裂陷槽系统，印支—燕山期川东多重滑脱构造变形系统；华北克拉通西部 Pt_{2-3} 宽裂谷体系，燕山期周缘强冲断系统，喜马拉雅期周缘裂谷系统；华北克拉通东部 121Ma 以来岩石圈减薄或破坏等。导致的直接结果是克拉通内"强烈的构造—沉积分异"，相应地决定了克拉通盆地"源—储分区发育、源—储横向耦合""油气侧向充注成藏"的重要特征。

（9）深部过程活跃：指的是深部地幔作用，或地幔柱的影响。例如，发育 1.78 Ga/1.32Ga 燕辽—熊耳大火山岩省；360—320Ma 天山（—准噶尔）大火山岩省；约 290Ma 塔里木大火山岩省；约 259Ma 峨眉大火山岩省等。鄂尔多斯盆地周缘 K_1 基性火山岩喷发。这一作用的直接表现是环境"突变"，如盆地内部隆升，形成区域性不整合面，古气候、古生态、古水文等"急变"，生物大灭绝事件分期出现。盆地地温场急变，油气快速成熟并运聚成藏。

（10）晚期改造强烈：3Ma 以来，塔里木盆地、柴达木盆地发生地壳尺度褶皱；鄂尔多斯盆地西南缘形成走滑—逆冲系统，盆地旋转；四川盆地楔入青藏高原东南缘、盆内

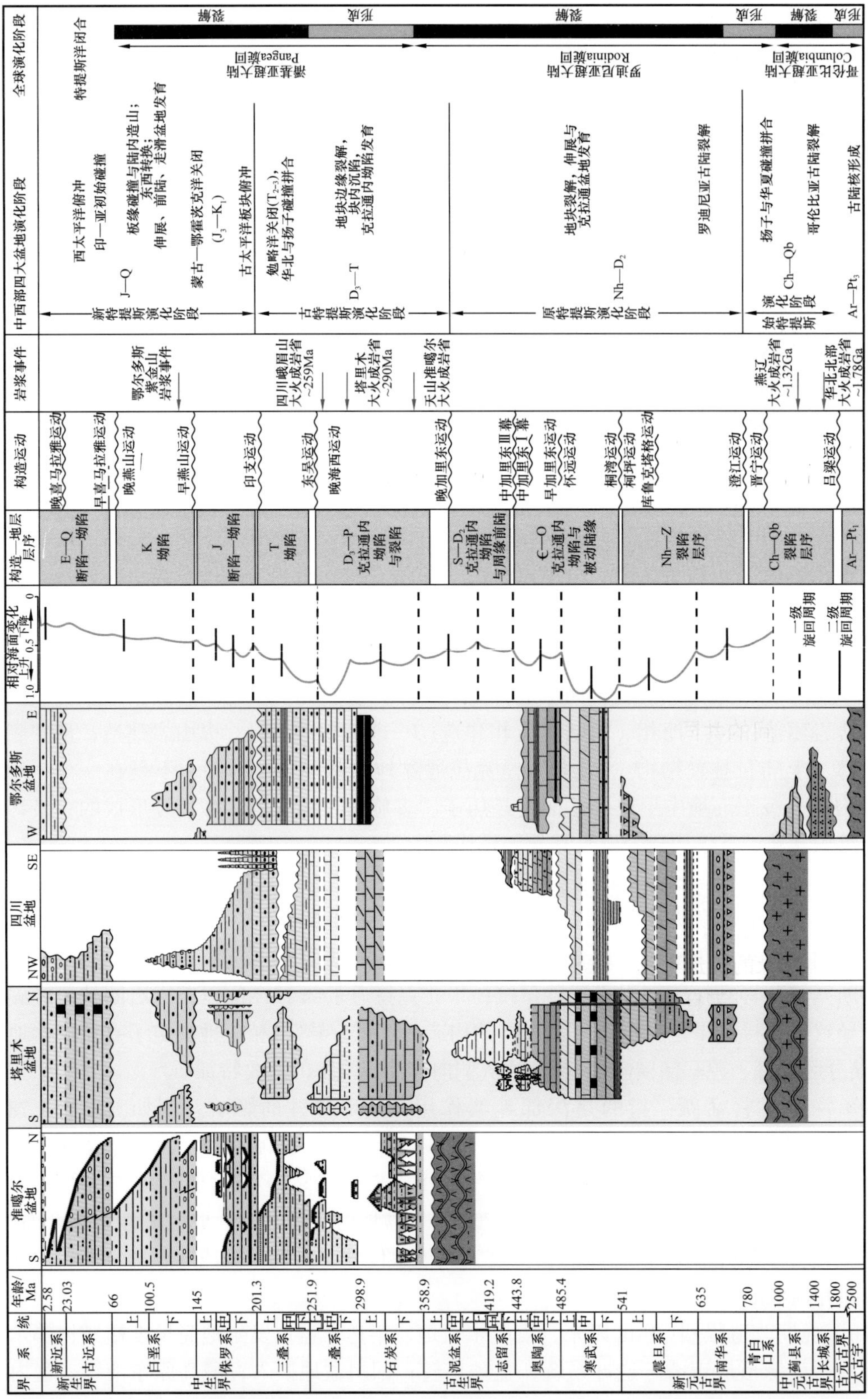

图 1-3-1 中国大陆克拉通盆地构造演化特征

强烈隆升剥蚀；渤海强烈沉降；郯庐断裂走滑活动趋强；南海北部被动陆缘浅层断裂活动。构造活动的直接效应是流体活动快速增强；导致"晚期大规模成藏（矿）"，形成了如库车、塔北、巴楚、渤海、莺歌海、琼东南—珠江口等盆地的一系列大型油气田（贾承造等，2006；龚再升等，2007；邱中建，2010）。

二、中国三大海相克拉通地层岩性大油区异同点

根据华北克拉通（鄂尔多斯）盆地、四川盆地、塔里木盆地及准噶尔盆地的形成与演化过程，提出了中国三大海相克拉通的四期构造旋回（Pt_{2-3}、（Nh—）$\in$—D（D_2）、（D_3）C—T、J—Q）：（1）中、新元古代构造旋回（鄂尔多斯盆地第一构造—地层巨层序）；（2）原特提斯洋构造旋回；（3）古特提斯洋构造旋回；（4）新特提斯洋构造旋回。对比了三大海相克拉通盆地的异同点。它们经历了 Pt_{2-3}、Nh—D_2、（D_3—）C—T、J—Q 等三个伸展—聚敛旋回的演化；每一伸展—聚敛旋回发育了独立的生—储—盖组合，伸展期因差异沉降发育好的烃源岩，聚敛期发育大规模展布的储集体与圈闭组合；盆地的地质结构具有垂向分层、横向分块的特点，基底分区制约上覆沉积盖层的原型盆地的发育，叠合结构样式控制了油气聚集层系与富集区带，油气富集区有加里东中期与印支期等两期建设运动，及燕山中期（J_3—K_1）与喜马拉雅晚期（N_2—Q）等两期油气调整运动，新构造运动期油气成藏较为普遍（何登发等，2017，2020）（图 1-3-2）。海相叠合盆地含油气层系多，原型盆地的叠合界面常是重要的油气富集部位，隆起带、断裂带、台缘带（或岩相带）是重要的油气富集区（带）。

1. 三者之间的共同性

三者均是以前寒武纪克拉通为基础发展起来的多旋回叠合盆地，且大部分为前陆盆地与克拉通边缘坳陷或克拉通内坳陷的叠合盆地（孙肇才，1980；童晓光，1992；何登发等，1996，2005，2011；贾承造，1997）（表 1-3-2）。在大地构造位置上，处于古亚洲体系与特提斯体系的复合作用区（许志琴等，2011），或者说在古生代处于结构复杂的冈瓦纳大陆的北部边缘，在中新生代处于作用强烈的劳亚大陆的南部边缘（任纪舜，1990），因此，地块周缘的构造事件对其内部产生了深刻的影响。表现为盆地内部区域不整合面众多，如南华系或震旦系、石炭系、侏罗系、新生界等的底部不整合面，由于构造事件相近，这些不整合面的时间间隔与性质也较为接近；导致盆地的构造—地层层序具有纵向上三分特点，如 Z—D_2、（D_3—）C—T、J—Q，且都缺失 K_2，鄂尔多斯盆地下伏底部层系长城系—蓟县系。震旦系、下古生界全为海相层系，上古生界主体为海陆过渡相或海相沉积，仅在四川盆地海相层系上延至中三叠统或上三叠统下部马鞍塘组。

三者的海相地层中均发育膏盐岩地层，其下的生—储—盖组合基本一致，且是重要的含油气层系。如塔里木盆地、四川盆地的下寒武统玉尔吐斯组（或筇竹寺组）"生"—下寒武统肖尔布拉克组、吾松格尔组（或龙王庙组）"储"—中寒武统膏盐岩"盖"（如中深 1C 井、轮探 1 井、柯探 1 井），鄂尔多斯盆地在下奥陶统马家沟组六段（O_1m）发育厚 50～130m 的膏盐层，其下地层（O_1m、$\in$）发育了重要的储集体。这一组合主要与新元古代—早古生代初的克拉通地块边缘（如库鲁克塔格—满加尔、北昆仑，江南—雪峰、

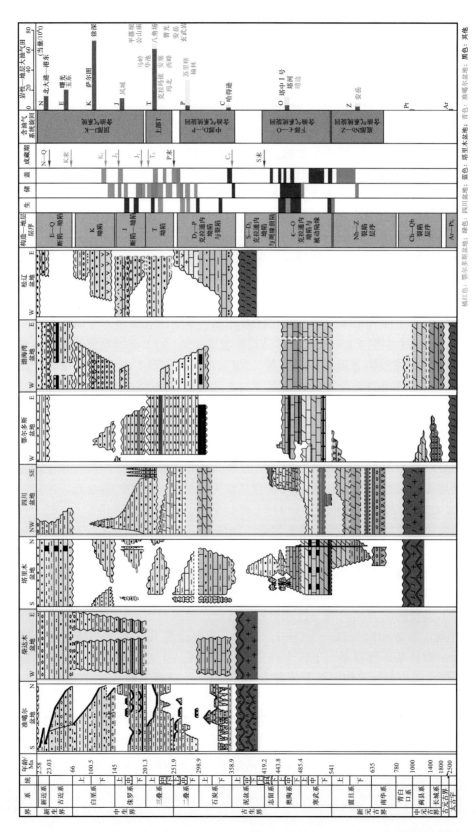

图 1-3-2 中国盆地构造演化对岩性地层型油气田的控制特点

龙门山、贺兰—六盘山、北秦岭等地区）或克拉通内部（如塔东、绵阳—长宁、鄂尔多斯地块中央三个北北东向带等）的伸展过程有关，这一事件也具有全球可对比性。

表 1-3-2 塔里木盆地、四川与鄂尔多斯盆地的共同点（据何登发，2017，有修改）

类别	塔里木盆地	四川盆地	鄂尔多斯盆地
盆地类型	（前陆/克拉通）叠合盆地	（前陆/克拉通）叠合盆地	（前陆/克拉通）叠合盆地
大地构造背景	古亚洲/特提斯体系复合区	古亚洲/特提斯体系复合区	古亚洲/特提斯体系复合区
基底构造	前寒武纪（8Ga前）克拉通	前寒武纪（8Ga前）克拉通	前寒武纪（18Ga前）克拉通
区域不整合面	Nh、（D_3—）C、J 底部不整合	Nh、C_2h、J 底部不整合	Nh、C_2t、J 底部不整合
海相层系	Z_1s—P_2	Z_1ds—T_2	Z—O_2（C_2—P_1 海陆过渡相）
构造—地层层序	AnZ、Z—D_2、D_3—T、J—Q 大部缺 K_2	$AnNh$、Nh—S、C_2—T、J—Q 缺 K_2	AnZ、Z—$O_{1(-2)}$、C_2—T、J—Q 缺 K_2
初期伸展事件	Zh—Z：库鲁克塔格—塔东；塔西南缘	Zh—Z—ϵ_1：龙门山、江南—雪峰；绵阳—长宁裂陷槽	Pt_3—Z—ϵ：贺兰山—六盘山；盆地内部北北东向裂陷带
深部盐层及盐下生—储—盖组合	ϵ_2 盐层及 ϵ_1y—ϵ_1x—ϵ_2 生—储—盖组合	ϵ_2 盐层及 ϵ_1q—ϵ_1l—ϵ_2 生—储—盖组合	$O_1m_3^6$ 膏盐岩；$O_1m_5^{7-10}$ 盐下组合
古生界油气产出	下古生界占主导：O；上古生界也赋存：C	下古生界占主导：Z_3dn、ϵ_1l；上古生界也赋存：C_2h、P	下古生界占主导：O_1m；上古生界也赋存：C_2t、P
油气分布特征	古隆起、台缘带、断裂带	古隆起、台缘带、断裂带	古隆起、台缘带、断裂带

古生界为三大盆地的主要油气产层，其中奥陶系、石炭系为区域性储层。塔里木盆地（$O_{1-2}ys$、O_2yj、O_3l）、鄂尔多斯盆地（O_1m）的奥陶系油气丰富；四川盆地目前含气层系相对靠下，为下寒武统、上震旦统。上石炭统（如川东地区黄龙组白云岩，鄂尔多斯盆地太原组砂岩，塔里木盆地卡拉沙依组砂岩、小海子组石灰岩）为三者的区域性油气产层。

三者的油气分布受古隆起、台缘带与断裂带的控制（贾承造等，2013；马永生等，2020）。古隆起控油非常清楚（何登发等，1998；He et al.，2009）。台缘带如奥陶系台地边缘高能相带（礁、滩等）、二叠系与三叠系的台地边缘相带常含丰富油气，如塔中Ⅰ号带油气田，普光、龙岗、元坝等气田（Ma et al.，2006；郭旭升等，2008）。断裂带为油气富集带（何登发等，2008，2009），这与断裂可能成为油气运移通道、改造岩石成为储集体等有关；若在前陆区，它们常是断层相关褶皱背斜带及其叠加，为有利的圈闭组合，如库车博孜—大北—克拉苏天然气聚集带，目前已是万亿立方米级储量分布区（王招明等，2014）。在鄂尔多斯盆地，岩相带对油气分布也有明显控制。

2. 三者之间的差异性

从盆地的活动性上看，塔里木盆地与四川盆地活动性强，鄂尔多斯的活动性相对较弱（表 1-3-3）。这与以下因素有关：（1）大地构造位置，塔里木盆地处于古亚洲体系与特提斯体系的对接区（许志琴等，2011），新生代以来处于强烈活动的青藏高原的北缘；四川盆地处于特提斯体系的复合区，新生代以来处于青藏高原的东南缘；鄂尔多斯盆地处于古亚洲体系与特提斯体系的复合区，新生代以来处于青藏高原的东北缘，但相比于前两者，所受挤压仅局限于盆地西南缘；（2）基底构造，塔里木与四川盆地的基底为8Ga前固结，基底构造分异强；鄂尔多斯盆地的基底固结于18Ga前，后期稳定（可能沿N38°一线南、北略有差异）；（3）区域不整合面，在塔里木盆地多为角度不整合面，后两者多为平行不整合或低角度不整合面；（4）岩浆活动，塔里木盆地在南华纪、震旦纪、二叠纪（289Ma）、晚白垩世有四期岩浆活动，活动强烈、分布范围大；四川盆地在南华纪、晚二叠世（259Ma）岩浆活动频繁；鄂尔多斯盆地在震旦纪、侏罗纪、白垩纪局部发生岩浆活动，作用强度大幅降低；（5）新生代构造事件，塔里木盆地有巨厚沉积充填，鄂尔多斯与四川盆地则隆升剥蚀；5—3Ma以来，塔里木与四川盆地遭受强烈挤压，形成地壳或岩石圈尺度的褶皱，鄂尔多斯盆地则原位保存。

表1-3-3　塔里木盆地、四川盆地与鄂尔多斯盆地的差异性（据何登发，2017，有修改）

类别	塔里木盆地	四川盆地	鄂尔多斯盆地
盆地性质	活动性强	活动性强	活动性相对较弱
大地构造背景	古亚洲/特提斯体系对接；青藏高原北缘	特提斯体系复合区；青藏高原东南缘	古亚洲/特提斯体系复合区；青藏高原东北缘
基底构造	8Ga前克拉通；固结程度低	8Ga前克拉通；固结程度低	18Ga前克拉通；固结程度高
区域不整合面	多个角度不整合面	多个平行或低角度不整合	多个平行或低角度不整合
海相层系	层位较高：延至P_2	层位高：延至T_2l、T_3m	偏下：Z—O_2
新生代构造事件	Kz巨厚充填；3Ma以来岩石圈挤压褶皱	大部分无Kz沉积；5Ma以来地壳挤压褶皱	大部分无Kz沉积；55Ma以来伸展、分割
隆—坳结构	分异明显：迁移、转换快	迁移明显：变换快	有分异：迁移不明显
周缘构造事件	南缘、北缘伸展、挤压交替作用	东缘、西缘伸展、挤压交替作用；南缘、北缘伸展、挤压	南缘、北缘伸展、挤压；西缘伸展、挤压
岩浆活动	Nh；Z_1；P_1（287Ma）；K_2	Nh；P_3（259Ma）	Z；J
源—储组合 油气储藏模式 油气成藏期	ϵ_1y—O 远源组合；长距离运移成藏；S；P：N—Q	ϵ_1q—ϵ_1l；S_1l—P；近源：短距离运移成藏；P；K_1；N—Q	C_2t—O；近源组合：短距离运移成藏；K_1
古生界油气产出	O 多；ϵ_1 刚发现；P 未发现	O 少；Z_2dn、ϵ_1l 多；P_2q、P_2m、P_3w、P_3ch 多	O_1m 多；Z、ϵ 未发现；P 多
油气分布特征	塔北—满西—塔中新月形	满盆含气、中央半盆油	满盘气、西南半盆有油

塔里木盆地的南缘、北缘经历了伸展—聚敛的完整过程，西南缘还经历了Z—D_2、D_3—T两个伸展聚敛旋回，这些事件交替发生，此起彼伏。四川盆地的东缘、西缘经历长期伸展—挤压作用（陆内过程），南缘、北缘也经历了伸展—聚敛旋回。鄂尔多斯盆地的南缘、北缘经历了伸展、聚敛过程，西缘也经历了伸展—挤压的旋回（陆内过程）。周

缘构造事件对盆地内部的影响明显不同，这表现在沉积建造与不整合面的发育上。三者海相层系的分布存在差异，在塔里木盆地为 Z—P$_2$；在鄂尔多斯盆地为 Z—C$_2$；在四川盆地为 Z—T$_2$（—T$_3$ 底部）。盆地地质结构的差异还表现在隆—坳结构上。塔里木盆地分异强，古隆起迁移性强，转换快。四川盆地的古隆起因"时"、因"地"而异，迁移快、变换快，改造程度强烈。鄂尔多斯盆地分异弱，隆、坳迁移不大。

油气地质条件的差异主要体现在源—储组合、油气成藏模式与油气成藏期等方面。塔里木盆地发育下寒武统玉尔吐斯组（$\epsilon_1 y$）泥岩"生"—奥陶系"储"的远源组合；呈长距离运移成藏特点；具有 S、P、N—Q 三个关键成藏时期（图 1-3-3）。四川盆地烃源岩层系众多，发育下寒武统麦地坪段、筇竹寺组（$\epsilon_1 q$）泥岩"生"—上震旦统灯影组（Z$_2$dn）、下寒武统（$\epsilon_1 x$、$\epsilon_1 l$）白云岩"储"、下志留统龙马溪组（S$_1$l）泥岩"生"—二叠系、下三叠统"储"、上三叠统须家河组"生"—雷口坡组白云岩、须家河组砂岩"储"等近源组合；油气近距离运移成藏；油气成藏的关键时刻为 P、K$_1$ 与 N—Q（图 1-3-4）。鄂尔多斯盆地发育 C$_2$t—P$_1$s 含煤岩系"生"—O 白云岩、C$_2$t—P$_1$s 砂岩"储"的近源组合；呈源内或短距离运移成藏特点；关键成藏时期在 K$_1$（图 1-3-5）。古生界的油气产出上有差异。塔里木盆地的产层以奥陶系为主，在寒武系刚刚有发现（中深 1C、中深 5 井、轮探 1 井、柯探 1 井），在二叠系仍未有发现。四川盆地在奥陶系发现其少，在上震旦统灯影组（Z$_2$dn）、下寒武统（$\epsilon_1 x$、$\epsilon_1 l$）较多，在二叠系（P$_2$q、P$_2$m、P$_3$w、P$_3$ch）储层位多，资源丰富。鄂尔多斯盆地以下奥陶统（O$_1$m）为主要产层，在震旦系、寒武系未发现；在二叠系三角洲砂体中储量、产量大。油气分布特征各有特色。塔里木盆地的油气分布于塔北—满西—塔中一带，呈新月形。四川盆地满盆含气、中央半盆油；鄂尔多斯满盆含气，西南半盆油，但油的储量较之四川盆地中部则丰富得多。

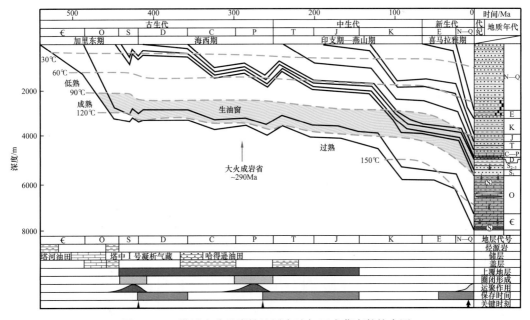

图 1-3-3　塔里木盆地岩性地层大油气田成藏事件综合图

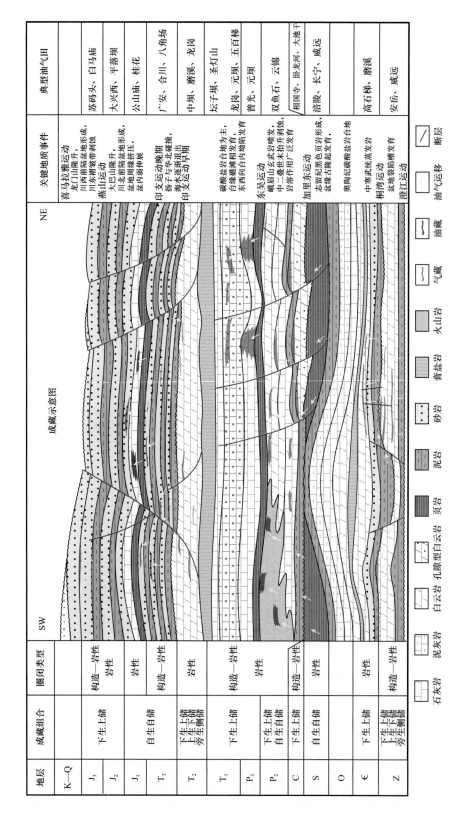

图 1-3-4 四川盆地岩性地层大油气田油气成藏综合示意图

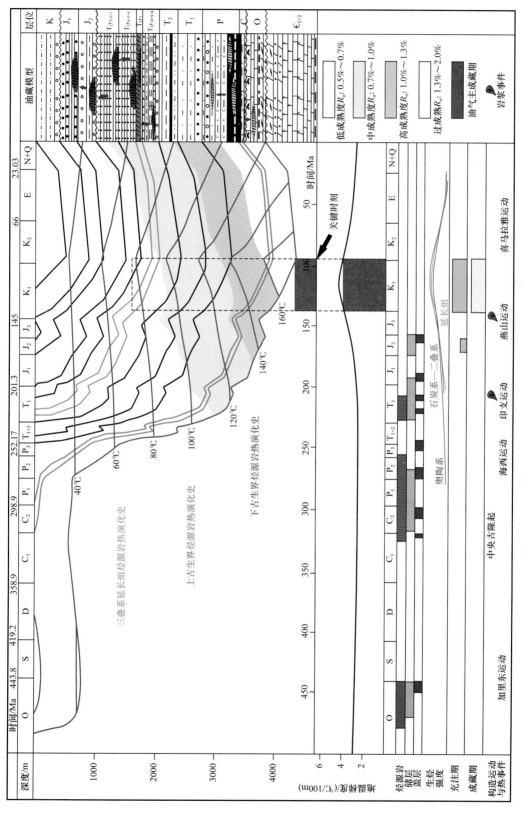

图 1-3-5 鄂尔多斯盆地岩性地层大油气田成藏事件综合图

三、构造演化对岩性地层型油气田的控制及成藏模式

笔者及团队解剖了我国四个含油气盆地内典型的岩性地层油气田（藏）共18个，较为系统地分析和总结了各个盆地内典型岩性地层油气藏的形成条件，在此基础上，系统阐述了中国小克拉通盆地构造演化对岩性地层型油气田的控制特点，指出中国小克拉通盆地经历了多旋回构造演化，这种演化的特殊性，决定了其岩性地层油气田的发育具有专属性，构造演化对其控制表现在六个方面（表1-3-4）。

表1-3-4 中国构造演化对岩性地层型油气田的控制特点

构造演化事件	控制特点	结果
构造—沉积分异	克拉通内断裂作用、热冷却沉降控制的差异沉降： 塔里木盆地：Nh—Z 裂—坳旋回，控制玉尔吐斯组页岩、肖尔布拉克组、吾松格尔组礁滩体发育分布，呈下生上储组合； 鄂尔多斯盆地：长城纪三排裂谷带、早奥陶世周缘与东部正断层活动控制裂陷内或环盐洼页岩、泥灰岩发育台缘带高能滩相、台内白云岩体储集体，呈侧生旁储、下生上储组合； 四川盆地：Nh—Z 绵阳—长宁裂陷带、P—T₂l 龙门山裂陷带、P₃ch—T₁f 开江—梁平裂陷带控制€_1q、P₃d 页岩、硅质页岩发育及 Z₂dn、€_1l、P₂q—T₂l、P₃ch—T₁f 礁滩体分布，呈侧生旁储、下生上储组合	源—储组合方式（侧生旁储、下生上储、自生自储）
强制性海退	周缘构造活动引发克拉通台地区大面积海退： 塔里木盆地：中寒武世阿瓦塔格组、沙依里克组膏盐岩；石炭系卡拉沙依组膏盐岩区域分布；鄂尔多斯盆地：东部马一段、马三段、马五段盐洼区域分布；四川盆地：东南缘中寒武统膏盐岩；下三叠统嘉陵江组膏盐岩；中三叠统雷口坡组膏盐岩区域分布	区域性封盖
盆地叠合	四大构造旋回（Pt₂₋₃，Nh—D₂，D₃—T，J—Q）形成多旋回叠合盆地： 多套生储盖组合叠置：海相、海陆过渡相、陆相层系叠合； 含油气系统多旋回：多个含油气系统平面联合、纵向叠置形成复合含油气系统，如€_1—O、Sₗ—P、P₃l—T₁f、T₃—T₃（J）、J—K₁ 等含油气系统； 跨构造期成藏：复合含油气系统具多个关键成藏时刻，油气沿断裂、不整合面跨层运移、混合成藏，古生新储、新生古储常见	多层聚集多期成藏（古潜山油气田普遍）
构造—热事件	跨盆地规模的构造—热事件，导致烃源岩快速成熟，大规模成藏事件 塔里木盆地：约 289Ma 大火山岩省事件，二叠纪末大规模运聚成藏； 鄂尔多斯盆地：东缘、伊盟隆起约 110Ma 火山事件，K₁ 末期油气成藏； 四川盆地：约 259Ma，峨眉山玄武岩喷发，古油藏裂解、新油藏形成	关键成藏时期（P 末期；K₁）
区域不整合面	盆地叠合界面为区域（际）不整合面，沿其成矿（铝土矿）、成藏： 塔里木盆地：C 底界：塔河—轮南、哈拉哈塘、哈得逊油田； 鄂尔多斯盆地：C 底界：靖边、靖边西气田、C₂b 气田； 四川盆地：€底界：安岳气田；C 底界（之上）：川东气田；T₃ 底界：T₂l 风化壳气田；J 底界（之上）：J 连续型致密气； 准噶尔盆地：T 底界：P₃w 油田、T₁b 油田；J 底界：J₁b 稠油油田	增添成藏组合

续表

构造演化事件	控制特点	结果
晚期改造强烈	3Ma 以来，周缘强烈挤压、走滑断裂活动、快速沉降或隆升剥蚀等事件，油气快速成藏，调整再分配，最终定位： 塔里木、柴达木、准噶尔等盆地：周缘冲断、前陆沉降充填、盆地掀斜、迁移，前陆冲断带大规模成藏（如库车、准南、柴西南），盆内调整（如塔中4、莫西庄、陆梁等油田）； 四川、鄂尔多斯盆地：盆地抬升、剥蚀，油气藏散失（如威远气田）、重新定位、再分配； 渤海海域：郯庐断裂活动，油气幕式快速成藏（如 BZ19-3、BZ19-6 等油田） 莺歌海盆地：泥底辟活动，DF1-1 油田等幕式成藏	晚期大规模成藏（矿）油气调整定位

（1）构造—沉积分异：克拉通内断裂作用及其后的热冷却沉降控制了克拉通内部及边缘发生差异沉降。例如：塔里木盆地：Nh—Z 裂—坳旋回，控制玉尔吐斯组页岩、肖尔布拉克组、吾松格尔组礁滩体的发育与分布，构成下生上储组合，为轮探 1 井、柯探 1 井、中深 1C、中深 5 井等证实；鄂尔多斯盆地：长城纪发育宁蒙、甘陕、陕—晋共三排裂谷带，早奥陶世，周缘与东部正断层活动控制控制裂陷内或环盐洼页岩、泥灰岩发育，台缘带高能滩相、台内白云岩体储集体发育，构成侧生旁储、下生上储组合；四川盆地：Nh—Z 绵阳—长宁裂陷带、P—T_2l 龙门山裂陷带、P_3ch—T_1f 开江—梁平裂陷带等多期、多组裂陷带（体系）控制了 ϵ_1q、P_3d 页岩、硅质页岩发育，及 Z_2dn、ϵ_1l、P_2q—T_2l、P_3ch—T_1f 礁滩体分布，构成侧生旁储、下生上储组合。除伸展造成构造—沉积分异外，挤压同样出现构造—沉积分异，例如晚奥陶世五峰期—早志留世龙马溪期因雪峰山冲断隆升，川东—湘鄂西一带沉降形成深水陆棚，发育黑色页岩，可形成自生自储或下生上储组合。构造—沉积分异主要导致源—储组合方式的变化，如出现侧生旁储、下生上储、自生自储等烃源岩与储集体的组合方式。

（2）强制性海退：周缘板块构造活动控制下引发克拉通台地区形成局限环境，引发大面积海退。如：塔里木盆地：中寒武世因北昆仑洋盆发育，皮山—和田一带的裂谷肩部均衡翘升，构成南侧对海水的阻挡，在盆地中部，阿瓦塔格组、沙依里克组发育大面积分布的膏盐岩；石炭纪，卡拉沙依组沉积期因塔北、塔东隆升形成"U"形海湾，膏盐岩、膏泥岩在塔里木中部、西部呈区域分布。鄂尔多斯盆地：因定边—镇泾隆起及南侧隆起的发育，东部在马一段、马三段、马五段沉积期形成局限环境（何登发等，2020），盐洼区呈区域分布，周期性发育特点。而在四川盆地：发育东南缘中寒武统膏盐岩、下三叠统嘉陵江组膏盐岩、中三叠统雷口坡组膏盐岩等多层，它们呈区域或全盆地分布。构成了对源—储组合的区域性封盖。正是因这种"强制性海退"事件，出现的区域性膏盐岩，才能使小克拉通地块在"强活动性"背景下"油气得以有效封存"或"区域性封存"。

（3）盆地叠合：四大构造旋回（Pt_{2-3}，Nh—D_2，D_3—T，J—Q）形成多旋回叠合盆地。多旋回叠合产生了三种地质过程：多套生—储—盖组合叠置：海相、海陆过渡相、陆相层系叠合，在这些沉积层序中发育多套生储盖组合，它们发生纵向叠置；含油气系统多旋回：多个含油气系统平面联合、纵向叠置形成复合含油气系统，如ϵ_1—O、S_1l—P、P_3—T_1f、T_3—T_3（J）、J—K_1等含油气系统，在不同盆地这些含油气系统发育存在差异（何登发，1997；2020）；跨构造期成藏：复合含油气系统具多个关键成藏时刻，油气沿断裂、不整合面跨层运移、混合成藏，古生新储、新生古储常见。盆地叠合的油气地质结果是"多期成藏、多层聚集"，一个典型现象是古潜山油气田普遍发育，如塔河—轮南、靖边、任丘等油气田。

（4）构造—热事件：跨盆地规模的构造—热事件，导致烃源岩快速成熟，大规模成藏事件。如塔里木盆地：约289Ma发生大火山岩省事件，导致二叠纪末大规模运聚成藏，塔河—轮南油田、塔中Ⅰ号油气田、英买2号油田均在该期成藏。鄂尔多斯盆地：东缘紫金山地区、伊盟隆起区普遍发育约110Ma火山事件，导致T_3y、C_2b—P含煤岩系、O_1m泥灰岩等烃源岩快速成熟，生油也生气，各自运聚，导致K_1末期油气成藏。四川盆地：约259Ma，峨眉山玄武岩喷发，使古油藏裂解、新油藏形成。构造—热事件使各个盆地出现关键成藏时期，如P末期、K_1。对这一现象前期重视不够。

（5）区域不整合面：盆地叠合界面为区域（区际）不整合面，沿其普遍成矿（铝土矿）、成藏，这是小克拉通盆地的重要属性（何登发，2005，2008）。如：塔里木盆地：在C底界之下，发育塔河—轮南、哈拉哈塘、哈得逊等油田，之上发育LN59等超覆砂体油气藏。鄂尔多斯盆地：C底界风化壳之下，发育靖边、靖边西气田，"侧生旁储、跨层运移"是其重要特色（包洪平，2018）；在其之上，发育C_2b气田。四川盆地：底界之下有安岳气田；C底界（之上）有川东黄龙组白云岩一系列气田；T_3底界之下有T_2l风化壳气田，如龙岗、彭州、鸭子河等气田；J底界（之上）发育J连续型致密油气或页岩油气，如大安寨组介壳滩油田。准噶尔盆地：T底界之下有P_3w油田，之上有T_1b油田；J底界之上发育J_1b稠油油田或致密砂砾岩油田。区域不整合面上下增添了一套油气成藏组合。

（6）晚期改造强烈：3Ma以来，中西部盆地周缘强烈挤压、走滑断裂活动、快速沉降；中部盆地发生大规模隆升剥蚀等事件，导致"油气快速成藏，调整再分配，最终定位"。在塔里木、柴达木、准噶尔等盆地：周缘冲断、前陆沉降充填、盆地掀斜、盆地中心迁移，导致前陆冲断带大规模成藏（如库车、准南、柴西南），盆内则调整（如塔中4、莫西庄、陆梁等油田）。在四川盆地、鄂尔多斯盆地：盆地抬升、剥蚀，油气藏散失（如威远气田）、油气重新定位、再分配。渤海海域，因郯庐断裂活动，油气幕式快速成藏（如BZ19-3、BZ19-6等油田）。莺歌海盆地，泥底辟活动，DF1-1油田等幕式成藏；琼东南盆地，中央峡谷水道砂体成藏，如LS25-1、LS18-1等油田。

克拉通构造演化控制岩性地层型油气聚集的12种模式。受克拉通盆地构造演化旋回的控制，中国克拉通沉积盆地发育12种大规模岩性地层型油气聚集模式（图1-3-6）：在Nh—D_2构造旋回，发育寒武系底部、奥陶系顶部不整合面，围绕这两个不整合面，发育了安岳、塔北、靖边等巨型—大型油气聚集区。

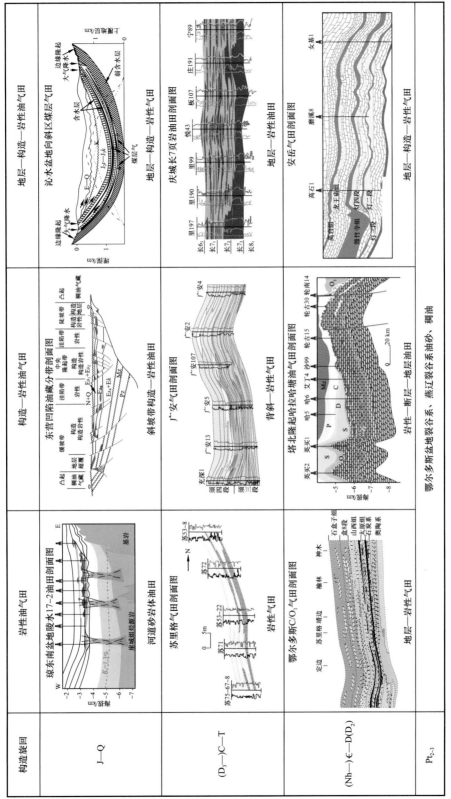

图 1-3-6　中国克拉通盆地构造旋回与典型岩性地层油气田成藏模式

第二章 湖盆细粒沉积特征与成因模式

含油气盆地发育规模烃源岩是大油气田或大油气区形成与分布的前提条件。烃源岩主要岩性为海相、陆相环境形成的细粒沉积岩，但细粒沉积岩由于其看似"简单"而往往被忽略。本章立足鄂尔多斯、松辽、准噶尔三大盆地主力烃源岩细粒沉积特征的解剖研究，发展完善了细粒沉积的研究手段与方法，建立了淡水、半咸水、咸水三种典型湖盆类型的细粒沉积成因模式，并重点探讨了富有机质页岩的形成机制与分布规律。该研究成果不但对构造/岩性地层等常规油气藏深化勘探具有直接指导意义，同时也对致密油气/页岩油气等非常规油气的形成与分布具有重要的参考价值。

第一节 细粒沉积学研究现状与发展趋势

一、细粒沉积学研究现状与主要进展

"细粒沉积"的概念，最早由 Krumbein（1932）根据岩石粒度分析提出，目前该术语已被普遍接受和广泛应用。细粒沉积岩主要是指粒级小于 62.5μm 的颗粒含量大于 50% 的沉积岩，主要由黏土和粉砂等陆源碎屑颗粒组成，也包含少量的盆地内生的碳酸盐、生物硅质、磷酸盐等颗粒（Picard，1971；邹才能，2014）。细粒沉积岩占全球各类沉积岩分布的 70% 左右。

国外细粒沉积的研究首先从泥岩开始。早在 1747 年，Hoosen 就提出了泥岩的概念，但直到 1853 年，Sorby 才首次利用薄片来研究泥岩的微观特征。20 世纪 20 年代以来，随着 X 射线衍射、扫描电子显微镜等技术的引入，可以定量识别黏土矿物类型与颗粒形态，泥岩微观特征研究进入了一个新的阶段，已经能够。Picard 首次较为系统地提出了一套细粒沉积岩的分类方法，指出"细粒"的意义在于分选良好，粉砂或泥质含量须大于 50%。Millot（1964）出版了第一本泥岩专著《Geologie des Argiles》（泥质岩地质学），Potter（1980）编写了第一本专著《Sedimentology of Shale》（页岩沉积学），均对细粒沉积研究具有深远影响。

20 世纪 80 年代以后，人们将更多精力投入到晚第四纪或现代细粒沉积研究，在生物化学和沉积机理等方面取得了重要进展。Dean（1985）对深海细粒沉积进行了三端元分类（钙质生物颗粒、硅质生物颗粒和非生物颗粒）；Dimberlin（1990）认为半远洋沉积是一种层状的、以粉砂级颗粒为主的细粒沉积物，可以夹砂级或泥级的浊流沉积（风暴影响），也可以形成独立的沉积相，提出半远洋细粒层是浮游生物繁盛与粉砂充注交替进行的结果，这种交替作用一年一次或一季一次。Lemons（1999）对湖盆细粒沉积进行了研究，认为湖平面变化、构造作用、沉积物源、盆地底形会影响细粒沉积相带的分布，其中盆地底形是最为关键的因素。

关于细粒沉积模式研究，主要集中于海相黑色页岩，已经建立了海侵、门槛和洋流上涌共三种类型的沉积模式（Picard，1971），认为海相黑色页岩的形成主要受物源和水动力条件控制，滞流海盆、陆棚区局限盆地、边缘海斜坡等低能环境是其主要发育环境。海相富有机质的黑色页岩形成必需两个重要条件，一是表层水中浮游生物生产力必须十分高，二是必须具备有利于沉积有机质保存、聚积与转化的沉积条件。Macquaker 提出"海洋雪"作用和藻类勃发是海相富有机质细粒沉积物的成因。陆相湖盆沉积水体规模有限，水体循环能力远不及海洋，富有机质页岩以水体分层和湖侵两种沉积模式为主。

我国细粒沉积的相关研究总体偏弱，2010 年以前公开文献偏少，如冯宝华等（1989）论述了细粒沉积岩显微镜鉴定的重要性，李安春等（2004）就中国近海细粒沉积体系及其环境响应展开了讨论，张文正等（2008）提出鄂尔多斯盆地长 7 油层组富有机质页岩主要形成于湖相淡水—微咸水环境，认为高的初级生产力和低陆源碎屑物质补偿速度是有机质富集的主要因素。

2010 年以后随着成熟盆地常规油气勘探的深化与非常规油气勘探的拓展，细粒沉积研究逐渐得到油气公司和相关院校的重视，进入到有计划有组织的科研生产阶段。2013年，中国石油大学（北京）、中国石油天然气集团公司等单位相继举办了"细粒沉积体系与非常规油气资源"国际学术会议和"第五届全国沉积学大会"，推动了我国细粒沉积学的快速发展，以后代表性论文不断涌现。孙龙德在第五届全国沉积大会上指出细粒沉积、致密储层影响非常规油气发展未来，提出创立细粒沉积学，建立纳米级储层表征标准和体系；姜在兴等（2013）分析了含油气细粒沉积岩研究的几个问题（概念与术语，分类方案，研究规范讨论）；贾承造（2014）指出细粒沉积体系类型及其源储配置、组合关系控制非常规油气宏观分布，提出应建立细粒沉积体系与致密相带沉积学；袁选俊等（2015）通过鄂尔多斯盆地长 7 油层组解剖，初步建立了淡水湖盆富有机质页岩的成因模式；陈世悦（2016）、赵贤正（2017）等分别对渤海湾盆地东营凹陷、沧东凹陷等古近系细粒沉积特征进行了解剖，深化了细粒岩相类型与"甜点"储层成因等认识；付金华等（2018）提出，鄂尔多斯盆地长 7 油层组富有机质页岩形成的主控因素是适宜的温度（温暖潮湿的温带—亚热带气候）、广阔的深水湖盆、强还原性的沉积环境。

虽然我国专门针对细粒沉积的研究起步较晚，但沉积学及地球化学的科研工作者，在生产实践中围绕富有机质泥页岩特征进行了深入解剖，在湖泊成因与湖泊作用、湖泊环境与沉积特征、烃源岩分布与沉积模式等方面取得了重要创新性认识，推动了中国陆相石油地质理论的建立，主要成果可以概括为以下四个方面。

首先从石油地质观点出发，根据湖泊的构造成因、地理位置和气候等条件，对中国中—新生代湖泊类型进行了划分，并系统研究了不同类型湖泊的沉积特征与生油能力（吴崇筠，1993；薛叔浩，2002；冯增昭，2013）。如淡水湖泊一般形成于潮湿气候环境，以泥岩、页岩等细粒碎屑岩沉积为主，平面上呈环带状分布，干酪根类型多属腐泥型。咸水湖泊一般形成于大陆干旱气候环境，以各种盐类沉积为主，如湖相灰岩、白云岩、石膏、石盐等，亦有各种碎屑岩伴生。从生油能力分析，湖水盐度过高会影响生物的生长，干酪根类型多属腐殖型，不利生油。

其次从沉积环境与沉积特征解剖入手，根据沉积岩的成分、颜色、结构、展布和化石等多种标志对古代湖泊沉积亚相进行划分，并预测生油岩与储集岩的分布。指出浪基面、枯水面、洪水面三个界面是湖泊沉积亚相进一步划分的重要依据（吴崇筠，1993）。深湖—半深湖相环境位于浪基面以下，为缺氧的还原环境，岩性以细粒沉积物为主，发育黑色泥岩、页岩，常见薄层泥灰岩或白云岩夹层，生油潜力最大。湖湾和沼泽环境一般也以细粒沉积为主，主要发育粉砂岩和泥岩，甚至可发育黑色页岩，可形成煤成气和少量凝析油（胡见义，1991）。

再者通过现代湖泊考察，对湖泊物理、化学、生物过程、沉积作用特点、富有机质页岩的分布及早期成岩作用等进行了卓有成效的研究，深化了湖泊相的认识。如20世纪60年代初期，为了深入了解湖泊沉积的生油能力，围绕"陆相生油理论"，对青海湖进行多学科的综合研究，提出湖流、水深、氧化还原环境等因素共同控制富有机质泥岩的形成与分布（黄第藩等，1979）。但目前对古代湖盆富有机质页岩的形成分布与主控因素研究程度较低，公开文献较少。其中张文正等（2007）对鄂尔多斯盆地长9油层组湖相优质烃源岩的发育机制进行了探讨，拜文华等（2010）开展了湖湾环境油页岩成矿富集机理研究，黄保家等（2012）开展了北部湾盆地始新统湖相富有机质页岩特征及成因机制研究。邓宏文（1990）、姜在兴（2013）等对中国渤海湾盆地湖相优质烃源岩的沉积特征与发育机制进行了解剖，探讨了富有机质页岩形成与主控因素。袁选俊等（2015）以鄂尔多斯盆地延长组长7油层组为例，应用多种方法与手段，刻画了长7油层组3个小层的细粒沉积体系分布规律，重点解剖了泥页岩等细粒沉积岩的组构特征，建立了湖相富有机质页岩以湖侵—水体分层为主的沉积模式，提出"沉积相带、水体深度、缺氧环境、湖流"是富有机质页岩分布的主控因素。朱如凯等（2017）基于粒级与纹层结构、矿物含量，结合有机碳含量，建立了细粒沉积岩四端元分类方案。

第四是开展了以有机地球化学为主的沉积—有机相研究。有机相最早是由Rogers（1987）提出，主要是应用这一概念来描述生油岩中有机质数量、类型与产油气率和油气性质关系。中国陆相湖盆沉积有机相研究取得了重要进展，深化了陆相烃源岩的认识与评价。陈安宁（1987）将沉积相、生物相、有机地球化学相结合起来，提出了沉积有机相的概念；郝芳（1994）提出有机相是具有一定丰度和特定成因类型有机质的地层单元，并首次提出了有机亚相的概念。金奎励（1998）、朱创业（2000）分别提出了陆相碎屑岩和海相碳酸盐岩沉积有机相的分类方案。上述专家学者提出的有机相或沉积有机相，主要是地球化学专家应用这一概念来进行烃源岩评价，没有从沉积环境角度来揭示富有机质页岩的成因和分布。因此，进一步揭示沉积环境与有机质之间的关系，是客观建立富有机质页岩分布模式的关键。

二、发展趋势与攻关方向

细粒沉积学是目前国内外研究前沿，但总体来看研究程度还较低，亟须开展典型解剖与工业化应用研究，推动学科发展，更好地指导常规与非常规油气勘探与开发。未来的研究应当综合利用沉积学、储层地质学及地层学相关理论知识，结合高精度的实验观测手段、地球物理识别技术、实验模拟等方法，探索理论突破与方法创新，规范细粒沉积岩相关概念及术语，建立系统、科学的细粒沉积岩分类方案，明确细粒物质沉积、成岩动力学过程，建立针对细粒物质的研究规范。此外，在研究中应当重视学科交叉及科学研究与工业价值间的关联。

笔者及团队通过系统调研与研究实践体会，认为湖盆细粒沉积学发展亟须在三个方面创新发展：一是传统碎屑岩沉积学研究内容与方法，已不能完全满足细粒沉积岩的需求，亟须建立科学的分类体系和行之有效的研究方法体系，明确主要研究内容，推动沉积学科的创新性发展；二是加强岩石微观组构与宏观分布规律等解剖研究，重建不同类型湖泊的沉积古环境，揭示富有机质页岩形成与主控因素，建立不同类型细粒沉积岩的成因模式，为有利相带预测提供理论支撑；三是细粒沉积与粗粒沉积密切相关，需要加强整体性研究，揭示相互控制作用与机理，应用多种资料指导岩相—沉积相—有机相等工业化图件的编制，预测评价主力烃源岩与有利储集相带的空间展布。

（1）与砂砾岩等粗粒沉积岩不同，泥页岩等细粒沉积岩颗粒细小、成分多样、成因复杂，传统碎屑岩沉积学研究内容与方法，已不能完全满足细粒沉积岩的科研与生产需求，亟须建立行之有效的研究方法体系，明确主要研究内容，推动沉积学科的创新性发展。一是发展完善薄片、X射线衍射、地球化学、微古生物等传统实验分析测试手段，开发数字岩心CT扫描、矿物组分与元素定量分析（QEMSCAN）等特色技术，重点开展细粒沉积岩微观特征研究，建立古物源、古气候、古水体介质、古生产力等沉积环境的恢复方法。二是大力加强地球物理技术的开发与应用，为工业化开展岩性/岩相精细识别与空间展布规律研究提供有效手段。目前地震储层预测、层序地层学、地震沉积学等方法技术能够有效地预测砂岩等粗粒沉积岩的空间分布，但对泥页岩等细粒沉积岩的空间分布预测还满足不了科研与生产需求，需要进一步发展针对性技术。但相关测井定量评价技术已能较好进行岩性识别、烃源岩有机碳定量计算等研究，这为无取心井地区细粒沉积岩特征研究提供了一种快速有效的手段，因此测井技术是近期开展细粒沉积研究的重要手段。

（2）不同沉积环境和不同岩性细粒岩的沉积主控因素不同，需加强细粒岩沉积机理研究，针对性地开展现代细粒沉积考察、沉积物理模拟和数值模拟研究，进一步明确细粒岩成因机理与分布规律。通常认为纹层状页岩由沉积物缓慢沉降形成，但水槽模拟实验揭示其也可由底流搬运形成。这表明纹层状页岩的形成环境比预想的要复杂，细粒岩岩相的分析与预测有待深入分析。现代沉积考察与水槽模拟实验发现黏土颗粒易发生絮凝作用形成絮团，在水体存在有机质时还会发生复杂的有机—无机作用。其中，絮凝作用受沉积物的类型和浓度、有机质的类型及水体的盐度等因素影响，对细粒岩的岩相及有机质的沉积和保存有重要影响，但作用机制还有待进一步研究。例如，研究表明海相或咸化湖常沉积与絮凝作用相关的粉砂—砂岩双纹层，淡水湖则多沉积块状—纹层状细粒岩；现代河口沉积解剖表明，有机—无机作用形成的絮团可加速有机质的埋藏并缩短有机质暴露于氧化环境的时间，从而抑制其氧化分解，但这对TOC的净贡献还与注入硅质碎屑引起的稀释作用有关。

（3）湖盆细粒沉积与粗粒沉积密切相关，需要加强整体性研究，揭示相互控制作用与机理，建立不同类型细粒沉积体系的分布模式，为区带评价优选提供地质依据。一是湖盆细粒沉积主要分布在湖泊环境中，其黏土等细粒沉积物来源主要由河流—三角洲（或水下扇）等粗粒沉积体系提供，因此湖泊周缘和湖泊内部粗粒沉积体系的发育程度与规模，不但控制了湖泊的碎屑岩物质来源，同时还控制了湖泊水动力条件和湖底底形，因而直接决定了湖泊细粒沉积岩的发育类型与分布模式。二是湖泊中除主要发育泥页岩、湖相碳酸盐岩等细粒沉积岩外，还广泛发育三角洲前缘水下分流河道、前三角洲席状砂、浅水滩坝、深水重力流等砂体，这些砂体与细粒沉积围岩构成了有成因联系的整体，也是目前岩性或致密油气勘探的主要对象。

2010 年以来，笔者及团队依托国家油气重大专项、中国石油科技攻关项目与国际合作项目及中国石油勘探开发研究院院级项目，立足鄂尔多斯盆地延长组、松辽盆地青山口组、准噶尔盆地玛湖凹陷风城组等解剖区，针对上述部分内容开展了探索性攻关研究，主要取得了三方面研究进展：一是发展完善了细粒沉积学研究方法，包括岩石学与地球化学实验分析技术、古气候—古盐度—古水深—古氧化还原程度—古生产力等古环境恢复方法、测井岩性识别与有机碳含量计算技术等；二是通过上述三大重点盆地细粒沉积解剖，进一步揭示了淡水、微咸水、咸水三种类型湖盆的细粒沉积特征与分布规律，建立并探讨了湖盆富有机质页岩成因机制与主控因素，通过相关工业化图件编制，预测评价了岩性地层油气藏的勘探潜力与有利区带；三是通过国内外联合攻关，深化了青海湖等现代湖盆细粒沉积的成因机制与分布规律认识，以及借助国内外水槽模拟实验，探讨了淡水与咸水介质细粒沉积作用、沉积过程、纹层结构和层理成因机理，加深了细粒沉积的理论基础。

第二节　淡水湖盆细粒沉积特征与成因模式

淡水湖是指以淡水形式积存在地表上的湖泊，由于其湖水矿化度较低（<1g/L），沉积物以碎屑岩沉积为主，湖相碳酸盐岩不发育。根据地质背景及古环境恢复分析，鄂尔多斯盆地三叠系延长组沉积环境为典型的淡水湖沉积，其中长 7 油层组沉积时期是盆地湖侵发育的最主要时期，形成了中生代含油气系统最重要的规模烃源岩，控制了长 6 油层组西峰、姬垣等岩性大油区，以及长 7 油层组华庆致密大油区的形成与分布。本节以此为例，重点解剖淡水湖盆烃源岩形成环境、岩相特征和沉积模式。

一、岩相展布与泥页岩组构特征

1. 岩相与沉积相展布特征

鄂尔多斯盆地延长组发育一套厚 800～1200m 的深灰色、灰黑色泥岩和灰绿色、灰色粉砂岩、中细粒砂岩互层的旋回性沉积。根据岩性、电性、含油情况，将其自下而上划分为 10 个油层组（长 10—长 1 油层组）。根据地质背景及古环境恢复初步分析，延长组沉积环境为淡水湖相，经历了湖盆初始形成阶段（长10油层组沉积时期）、湖盆扩张阶段（长9—长7油层组沉积时期）、湖盆萎缩消亡阶段（长6—长1油层组沉积时期），为一个完整的湖盆演化过程（邓秀芹，2008）。其中长7油层组沉积时期是鄂尔多斯盆地三叠系湖侵发育的最主要时期，沉积时期湖泊面积超过$5×10^4km^2$，深湖区水体深度可达150m（杨华，2010），湖盆中央以泥页岩等细粒沉积为主，形成了中生代含油气系统最重要的烃源岩，控制了中生界岩性大油区的形成与分布（杨华，2012）。

1）岩相展布特征

为了针对长7油层组湖泊细粒沉积特征的精细研究，笔者应用工区295口探井的综合录井资料，并应用测井岩性识别技术进一步校对岩性，分小层按细砂岩、泥质细砂岩、粉砂岩、泥质粉砂岩、钙质砂岩、砂质泥岩、粉砂质泥岩、泥岩、页岩、凝灰质泥岩10种岩性进行了统计与工业化编图，厘定了长7油层组的岩相格局，刻画了长7油层组3个小层的细粒沉积体系。随机选取有取心资料的11口井进行岩心记录与录井数据比对，录井数据与取心数据的平均符合度为87.5%，证实利用综合录井资料进行细粒沉积岩分布研究的方法科学可行，在勘探程度较高的湖盆细粒沉积研究中具有推广价值。

岩性分布统计表明，长7油层组主要发育细砂岩、泥质粉砂岩、粉砂质泥岩、泥岩和页岩5种岩性或岩相类型，其厚度总和占地层厚度的97%左右。通过各小层不同岩性厚度分布与岩相编图（图2-2-1），明确了长7油层组岩相发育特征与演化。

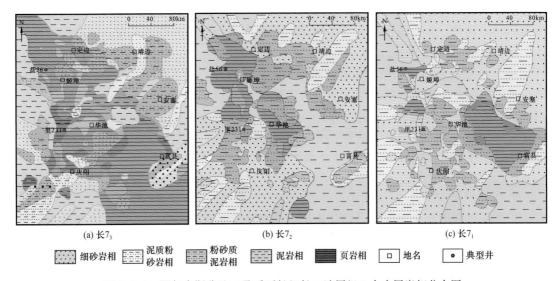

图 2-2-1　鄂尔多斯盆地三叠系延长组长7油层组3个小层岩相分布图

长7_3小层页岩相发育，以深湖相沉积为主，三角洲主要发育在东北部地区；长7_2小层以泥岩相、细砂岩相为主，页岩相减少，反映深湖相开始萎缩，发育东北部、西南部大型三角洲并向湖延伸，导致深湖区发育大规模砂质碎屑流沉积；长7_1小层细砂岩相占主导地位，大型三角洲持续发育，深湖区砂质碎屑流沉积范围进一步扩大。

通过典型岩心观察与沉积微相分析，揭示了不同类型岩相的主要沉积环境。页岩相主要发育在深湖—半深湖相沉积环境，细砂岩相主要发育在三角洲分流河道和砂质碎屑流沉积环境，泥质粉砂岩相在三角洲平原环境最为发育，粉砂质泥岩相在前三角洲环境最为发育，泥岩相主要发育在滨浅湖沉积环境，分布最为广泛，其向内边界反映了半深湖相的界线。

2）沉积相分布

沉积相综合研究表明，长7油层组主要发育湖泊、三角洲和砂质碎屑流等沉积相类型，不同小层的沉积相分布规律有明显差异（图2-2-2）。

长 7_3 小层沉积时期，水体急剧扩大与加深，并很快达到鼎盛，因此长 7_3 小层湖泊面积最大，达 $5 \times 10^4 km^2$ 以上。湖盆中央以发育深灰色、灰黑色泥岩、油页岩为主，有机质丰富，是鄂尔多斯盆地中生界最主要的生油岩发育区。半深湖—深湖相位于庆阳、华池、姬塬、富县的广大区域内，呈北西—南东向不对称展布；浅湖相呈环带状围绕半深湖区展布，东部宽阔，湖盆边缘在安塞—靖边一带。随着湖平面的快速上升，湖盆面积扩大，环湖各类三角洲体系明显向岸退缩。东北部靖边、安塞等地区曲流河三角洲范围明显缩小；西部坡度较陡，发育辫状河三角洲，前缘相带较窄，因此洪泛河水携带的沉积物可迅速注入深湖相、半深湖相中，在局部地区发育重力流沉积，在平面上零星分布。庆阳地区发育规模相对较大的砂质碎屑流沉积。

长 7_2 小层沉积时期，湖泊开始萎缩，深湖相面积较长 7_3 小层的面积略有缩小，半深湖—深湖相中心位置向东略微迁移，缩小至姬塬、华池、富县地区。三角洲砂体较长 7_3 小层发育，东北部靖边、安塞等地区曲流河三角洲范围基本没变，西南部辫状河三角洲明显向湖泊延伸，分布范围扩大；半深湖—深湖相沉积重力流砂体发育，砂质碎屑流砂体广泛分布在庆阳—华池等地区。

长 7_1 小层沉积时期，湖泊继续向东南缩小，深湖中心位置缩小至姬塬、华池、塔儿湾一带，呈北西—南东向的狭窄区域展布。长 7_1 小层沉积时期三角洲砂体发育，东北部定边、靖边、安塞等地区曲流河三角洲略向湖盆方向延伸，西南部辫状河三角洲继续向东北方向延伸入湖，分布范围扩大。西南物源的砂质碎屑流沉积最为发育，分布面积大，平行于湖岸线展布，范围达庆阳—华池的广大地区，连片分布（邹才能，2009）。

2. 泥页岩组构特征

三叠系延长组长7油层组是鄂尔多斯盆地中生界的主力烃源岩，前人主要从有机地球化学角度对其烃源岩特征与生油潜力进行了系统研究与资源潜力评价，但对泥页岩组构特征、泥页岩沉积环境恢复及与有机质的关系等方面研究较少。本文应用岩心CT扫描、薄片观察，X射线衍射、地球化学测试，有机碳测井定量计算等多种手段与方法，对鄂尔多斯盆地长7油层组典型湖相页岩/泥岩及其岩石组成、纹层结构等微观特征进行了系统解剖。

通过岩心薄片观察描述与X射线衍射、热解分析测试资料整理，长7油层组泥页岩矿物组成主要以黏土、石英为主，其次为长石、有机碳和黄铁矿等。通过13口300余块岩心样品全岩X射线衍射分析数据统计，长 7_3 小层泥页岩组成有机碳、黏土、黄铁矿含量较高，平均含量分别为7.18%、53.2%、8.2%，长 7_2 小层、长 7_1 小层的泥页岩组成有

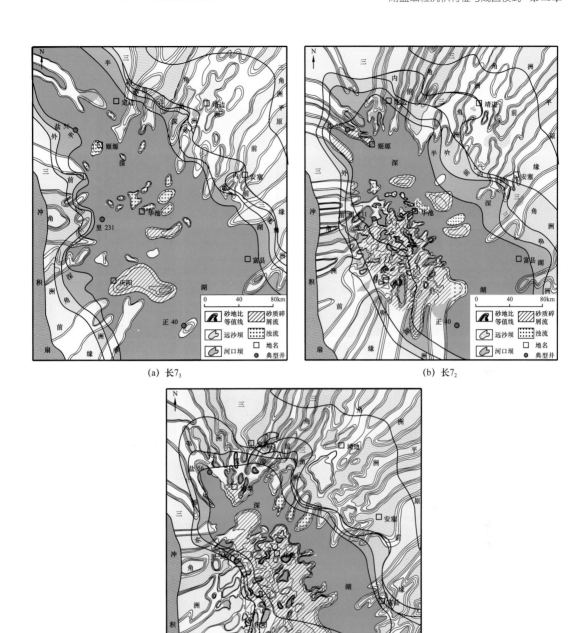

(a) 长7₃ 　　　　　　　　　　　　　　(b) 长7₂

(c) 长7₁

图2-2-2　鄂尔多斯盆地三叠系延长组长7油层组3个小层沉积相图

机碳、黏土、黄铁矿含量逐渐降低，反映了湖水逐渐变浅、陆源碎屑物质供给逐渐增加的地质特征。

　　盐56井位于工区西北部姬塬地区，连续取心长度达158m，取心层位包括长8油层组顶部与长7油层组全部，是鄂尔多斯盆地针对长7油层组最为系统的1口取心井（图2-2-3）。

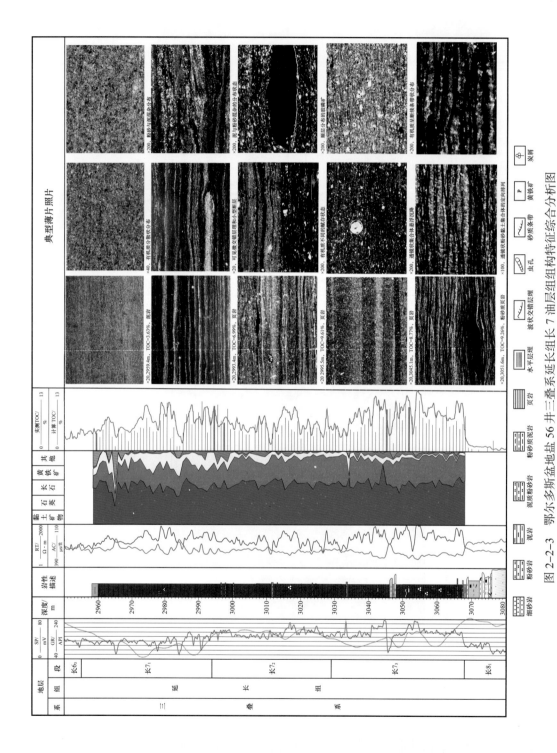

图 2-2-3 鄂尔多斯盆地盐 56 井三叠系延长组长 7 油层组结构特征综合分析图

长 8 油层组沉积时期湖泊范围小，水体浅，该地区发育三角洲前缘细沙岩—粉砂岩沉积，随着湖侵的发生，在长 8 油层组顶部发育浅灰色滨浅湖相泥岩、粉砂质泥岩沉积，并快速进入到长 7 油层组的深湖相页岩沉积。盐 56 井长 7 油层组以深湖相、半深湖相页岩、泥岩沉积为主，夹薄层粉砂岩或泥质粉砂岩，反映该地区受外来物源影响较小，总体发育页岩相。黏土矿物含量一般为 50%～70%，石英含量一般为 30%～40%，长石含量在长 7_3—长 7_2 小层较低，一般小于 5%，长 7_1 小层长石含量较高，一般可达 10%～20%；有机碳含量一般在 4%～12% 之间，黄铁矿含量一般小于 3%，最高可达 15%。

里 231 井位于工区中部环县地区，连续取心长度达 120m，取心层位为长 7_3—长 7_1 小层（图 2-2-4）。长 7_3 小层中下部发育深湖相页岩夹砂质碎屑流细砂岩，以富有机质页岩沉积为主，页岩相发育，黏土矿物、有机碳与黄铁矿含量高；长 7_3 小层上部开始湖泊水体逐渐变浅，以及西北部三角洲生长影响到里 231 井地区，导致该地区处于半深湖环境—前三角洲过渡相带，因此长 7_3 小层上部—长 7_1 小层以泥质粉砂岩、粉砂质泥岩和粉砂岩页岩沉积为主，并夹较厚层河口坝砂体。前三角洲—半深湖环境形成的泥岩有机碳含量明显较低，一般小于 1%。长 7_3 小层深湖相似块状页岩发育，显微镜下观察主要由有机质—黏土结合体在压实后，呈扁平状透镜体组成，可以看见存在着多种组构的超微化石，有机碳含量可高达 20% 以上。长 7_2 小层半深湖相块状、粒序状泥岩发育，常见变形构造，发育沉积时期水体受重力流沉积的影响。有机碳含量在纵向上分布也具有明显的旋回性特征。

二、沉积古环境恢复

古环境控制了湖相细粒沉积的沉积特征与平面展布。其中古气候和古水深控制了水体的分层，而湖水分层是页岩形成的前提条件；古盐度和古生产力控制了有机质的丰富程度，从而控制细粒沉积中有机质的富集与分布；古氧化还原条件对有机质保存起着关键作用。从古气候、古生产力、古盐度、古氧化还原性等多个方面对泥岩、页岩古沉积环境进行恢复，可以探寻富有机质页岩的主控因素，有利于划分富有机质页岩赋存区段和厘清其空间展布。

1. 古气候恢复

关于长 7 油层组的古气候研究，前人已做了大量的工作。通过孢粉分析、$\delta^{13}C$ 同位素分析等。晚三叠世由于气候潮湿，植物繁茂，沉积了较厚的灰黑色砂泥岩层和油页岩及丰富的有机物质和生物群落。在延长组植物群中苏铁类相当少，富含 D—B 植物群分子，草本的木贼类很多，具旱生耐凉特征的植物丹蕨、束脉蕨及丁菲羊齿发育；还有瓣鳃类、双壳类、鱼类化石，另外见介形类和叶肢介化石，代表半潮湿气候环境。

据吉利明等（2006）对陇东地区长 7—长 8 油层组植物群特征与孢粉化石研究认为，盆地长 7—长 8 油层组沉积时期为较湿润的热带—亚热带气候，与湖盆发展的长 7 油层组最大湖泛期和长 8 油层组大规模湖进一致。自上而下蕨类植物孢子相对含量逐渐减少，而裸子植物花粉逐渐增多；同时无论是简单分异度还是复合分异度始终保持较高的值，说明当时处于持续的温暖潮湿适宜期，植被繁茂，属种增多，而且没有发生明显的气候

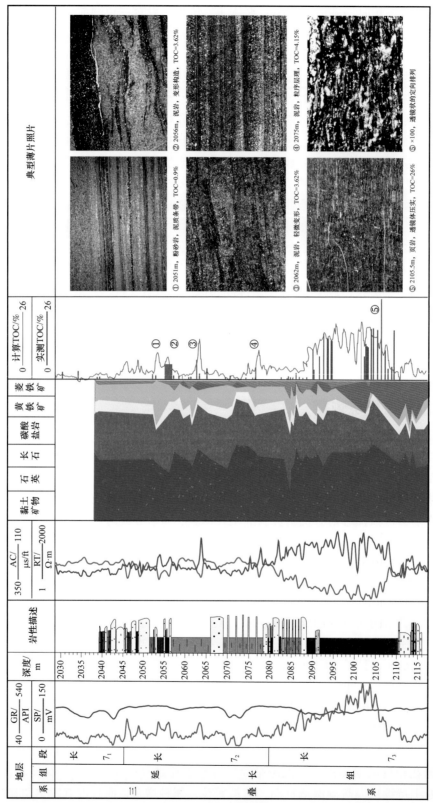

图 2-2-4　鄂尔多斯盆地里 231 井三叠系延长组长 7 油层组组构特征综合分析图

波动和植被更替。

杨明慧等（2006）通过研究湖盆有机质中 $\delta^{13}C$ 的值，得出长 7 油层组沉积环境为湿热环境，并经历了 4 个从温湿到湿热气候的小旋回。

2. 古盐度恢复

常用的恢复古盐度方法包括：应用古生物、岩矿和古地理资料定性描述水体盐度；应用常量同位素和微量元素地球化学方法定量划分水体盐度；应用孔隙流体或液相包裹体直接测量盐度；应用沉积磷酸盐黏土矿物资料定量计算古盐度等。

笔者主要采用黏土岩样品微量元素比值法、含量法及科奇古盐度法对鄂尔多斯盆地长 7 油层组古盐度进行恢复。得出长 7 油层组的科奇古盐度值为 0.76～1.68，说明水体为淡水—微咸水环境。另外，将 59 块样品分长 7_1 小层、长 7_2 小层、长 7_3 小层进行统计。

通常认为 Sr/Ba 大于 1 时为咸水，为 0.6～1 时为半咸水，小于 0.6 时为陆相环境。长 7 油层组黏土岩 Sr/Ba 值为 0.18～0.99，其中 Sr/Ba 大于 0.6 的样品有 8 个，平均值为 0.44，B/Ga 比值为 1.32，因此判断延长组长 7 油层组沉积时期为半咸水—淡水环境。从层位上来看，长 7_1 小层 Sr/Ba 平均值为 0.24，长 7_2 小层 Sr/Ba 平均值为 0.46，长 7_3 小层 Sr/Ba 平均值为 0.49，显示由长 7_3 小层—长 7_2 小层—长 7_1 小层的 Sr/Ba 值逐渐减小（图 2-2-5），表明长 7_3 小层—长 7_2 小层—长 7_1 小层沉积过程中湖盆水体盐度逐渐降低。

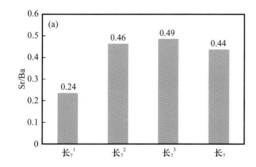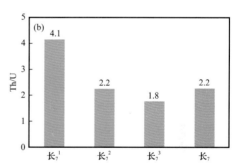

图 2-2-5　鄂尔多斯盆地延长组长 7_1 小层、长 7_2 小层、长 7_3 小层的 Sr/Ba（a）、Th/U（b）值特征

因此，可以利用 Th/U 值也可判别水介质性质。样品分析表明，长 7 油层组黏土岩中 Th/U 最大值为 5.04，最小为 0.19，平均值为 2.2，大于 2，判断长 7 沉积水体为陆相淡水环境；从层位上看，长 7_1 小层 Th/U 平均值为 4.1，长 7_2 小层 Th/U 平均值为 2.2，长 7_3 小层 Th/U 平均值为 1.8，可以看出长 7_3 小层—长 7_2 小层—长 7_1 小层的 Th/U 值逐渐增大，表明长 7_3 小层—长 7_2 小层—长 7_1 小层沉积过程中湖盆水体的盐度逐渐降低。

3. 氧化还原条件

1）微量元素

Ni 和 V 均可以被黏土或细粒碎屑所吸附，但具有不同的生物富集机制，V 主要与浮游和固着的藻类有关，而 Ni 则更与近岸动物的生命活动相关联。这样一些变价元素的地球化学行为与沉积、成岩的氧化—还原环境有着密切关系。

长 7 油层组的黏土岩 V/Cr 值为 0.88～5.6，平均值为 2.08。长 7_1 小层 V/Cr 平均值为

1.11，长7_2小层 V/Cr 平均值为 1.56，长7_3小层 V/Cr 平均值为 2.49，显示有长7_3小层—长7_2小层—长7_1小层的 V/Cr 值逐渐减小（图 2-2-6），表明长7_3小层—长7_2小层—长7_1小层沉积过程中湖盆水体缺氧程度减弱。长 7 油层组各段 U/Th 值也表现出少氧—富氧的演化过程的特征。

长 7 油层组的黏土岩 V/（V+Ni）比值为 0.58～0.84，平均值为 0.77，因此判断延长组长 7 油层组沉积时期为缺氧环境。从层位上来看，长7_1小层 V/（V+Ni）平均值为 0.76，长7_2小层 V/（V+Ni）平均值为 0.75，长7_3小层 V/（V+Ni）平均值为 0.78，显示有长7_3小层—长7_2小层—长7_1小层 V/（V+Ni）值总体来说呈现减小趋势，表明长7_3小层—长7_2小层—长7_1小层沉积过程中湖盆水体缺氧环境由强转弱的演化过程。

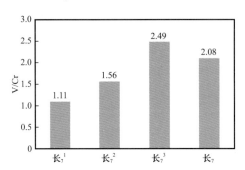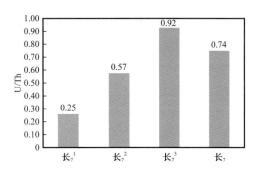

图 2-2-6　鄂尔多斯盆地长 7 油层组长7_3小层、长7_2小层、长7_1小层的 V/Cr、U/Th 特征值

2）黄铁矿

岩心或显微镜下观察下，可见黄铁矿单独成层，或呈透镜体产出。在黑色页岩中，黄铁矿通常呈层状分布［图 2-2-7（a）］。草莓状黄铁矿大小不一，有的草莓状黄铁矿直径可达 20μm。另外，自形晶体的黄铁矿也非常常见，有四面体、八面体等［图 2-2-7（b）］，说明其处于不同的生长阶段。长 7 油层组页岩中草莓状黄铁矿粒径通常大于 10μm。同时，遗迹化石种类繁多，生物扰动构造发育，湖水古盐度纵向上差异小，表明长 7 油层组沉积时期湖盆水体为不分层的含氧环境。

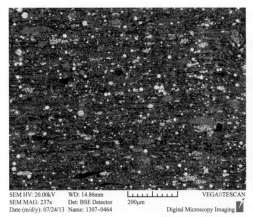

(a) 耿252井，成片状分布的黄铁矿层　　(b) 耿252井，草莓状黄铁矿和自形晶黄铁矿

图 2-2-7　鄂尔多斯盆地长 7 油层组黄铁矿特征

三、富有机质页岩沉积模式与主控因素

1.富有机质页岩成因模式

关于"泥岩"和"页岩"的概念及其理论内涵在学术界还比较模糊，一般认为页理发育的泥状岩称为页岩，页理不发育的泥状岩称为泥岩（姜在兴，2013）。笔者及团队通过实例解剖，揭示了长 7 油层组泥岩和页岩在岩石特征与结构、矿物与元素组成、有机质赋存状态与地球化学特征等方面存在明显区别（表 2-2-1）。页岩比泥岩颜色深，页理构造发育，石英、长石等碎屑矿物含量较低，黏土矿物含量一般大于 50%，黄铁矿含量平均为 10%，是泥岩的 10 倍。泥岩残余有机碳含量主要分布在 0.5%～1.5% 之间，最高值不超过 4.5%，平均值为 2.21%。页岩残余有机碳含量一般在 4%～20% 之间，最高可达 30% 以上，平均值为 10.63%，是泥岩的 5 倍。页岩 S_1 平均含量为 4.25mg/g，是泥岩的 3 倍；页岩产油潜率 S_1+S_2 平均值为 62.88mg/g，约为泥岩的 8 倍。薄片观察表明，页岩中的有机质多呈纹层状连续分布，而泥岩中有机质一般呈星点状分散分布，或者与矿物层完全混合呈絮凝状分布。干酪根类型页岩以腐泥型为主，泥岩以腐殖型—腐泥型为主。

表 2-2-1　鄂尔多斯盆地长 7 油层组泥岩与页岩沉积组构、地球化学特征差异

沉积组构差异			地球化学特征差异		
岩石特征	泥岩	页岩	测试项目	泥岩	页岩
岩石颜色	浅灰色、灰色为主	深灰色、黑色为主	平均有机碳含量 /%	2.21	10.63
层理构造	块状层理为主	页理构造发育	干酪根类型	II_A—II_B	I—II_A
含砂量	5%～20%	一般小于 5%	可溶烃 S_1/（mg/g）	1.41	4.25
碳质/沥青含量	较少，不污手	碳质页岩污手	热解烃 S_2/（mg/g）	6.88	58.63
岩矿组成	黏土、石英、长石、菱铁矿等	黏土、石英、长石、有机质、黄铁矿等	产油潜率 S_1+S_2/（mg/g）	8.29	62.88
黏土矿物含量	一般小于 50%	一般大于 50%	残余碳 S_4/（mg/g）	30.83	131.93
石英、长石含量	一般大于 40%	一般小于 40%	产率指数 PI	0.19	0.12
有机碳含量	一般小于 3%	一般大于 5%	氢指数 HI/（mg/g·TOC）	143.96	296.20
黄铁矿含量	一般小于 2%	一般大于 3%	有效碳 PC/%	0.66	5.30
岩石结构	含砂质结构	黏土质、泥质结构	降解率 D/%	14.47	27.20

泥岩一般形成于深湖—半深湖相重力流环境和前三角洲与滨浅湖环境，陆源碎屑物质供给相对充分，沉积速率较快，导致泥岩纹层构造不明显，这也是与页岩在结构上最直观的差异。深湖—半深湖相重力流环境形成的泥岩，粉砂质含量较高，常呈现递变层

理和块状层理，其成因机制以浊流为主，在纵向上可观察到鲍马序列。在鲍马序列的c—e段，岩性细，黏土与有机质含量高，也可形成优质烃源岩；而在a—b段，岩性较粗，石英、长石等含量较高，沉积快速，导致有机碳含量较低。前三角洲环境形成的泥岩，由于受三角洲物源和水动力的影响，泥岩中粉砂质含量普遍较高，有机碳含量明显较低，发育受水动力和底栖生物改造的多种层理构造。

页岩主要形成于相对封闭的深湖环境，陆源碎屑物质供给不足，沉积速率低，底栖生物不发育，导致页岩季节性纹层结构发育，形成长英—黏土与有机质的二元结构。当湖泊出现季节性分层时，可形成这种明暗相间的纹层。在有湖流或者浊流影响时，也能够形成似波状层理，有机质呈现断续的分布，表明深湖区水体并不是非常安静。在陆源碎屑物质供给严重不足的深湖区，有机质经历更长时间的沉积，有机质遭受更长时间降解，成分散状分布，这种富有机质页岩一般形成于水体深度最大、最为安静的水体中。另外，还有黄铁矿、胶磷矿透镜状分布的黏土集合体的定向排列所形成的页岩。这种纹层结构的黑色页岩通常具有最高的有机碳含量，普遍在长 7_3 小层底部出现，反映当时沉积环境具有极高的生产力和低的陆源物质输入。

富有机质页岩是一种非常重要的细粒沉积岩，富含有机质是其基本特征，是含油气盆地最重要的烃源岩，同时也是页岩油气的储集岩。本文通过研究，认为鄂尔多斯盆地三叠系延长组长 7 油层组富有机质页岩的沉积模式以湖侵—水体分层模式为主，同时受湖泊周缘大型三角洲及火山灰等影响形成"混源沉积"模式（图 2-2-8），并提出"沉积相带、水体深度、缺氧环境、湖流"是富有机质页岩分布的主控因素。

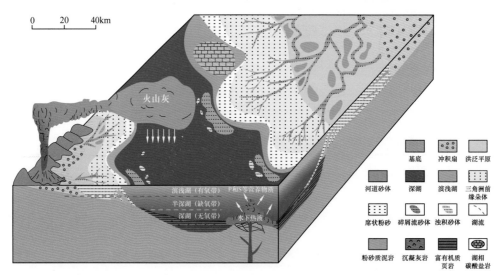

图 2-2-8　鄂尔多斯盆地三叠系延长组长 7 油层组富有机质页岩沉积模式图

长 7_3 小层沉积时期，快速湖侵致使湖水深度和范围急剧增加，深湖区表层水体与下层水体由于温度差异导致上下水体循环受阻，从而在深湖区形成了大面积的缺氧环境，有利于富有机质页岩的发育。该时期，只有延伸较远的三角洲前缘才能达到坡折带附近，由于自身重力或外界的影响（火山运动、地震等）导致滑塌在其前端形成滑塌浊积体。

长 7$_2$ 小层沉积时期、长 7$_1$ 小层沉积时期，物源砂体的供应逐渐增加，在三角洲前缘连片，能够延伸至坡折带附近的三角洲砂体数量增加，其前端滑塌形成的重力流沉积也由原先的点物源过渡为线物源。重力流的发育受坡折带控制明显：首先坡折带附近由于坡度大砂体稳定程度低，最容易发生滑塌现象，其次坡折带底部是重力流砂体的主要堆积区域，再者沉积于坡折带上的砂体不稳定，受外界的触发机制影响可发生二次滑塌现象。在坡折带以内的湖盆中心位置是富有机质页岩的主要沉积区域，有机质沉积速率缓慢，与湖底扇沉积的砂体和泥岩在纵向上叠置，以薄互层的形式沉积。

深湖相宁静水体页岩分布区，页岩为主，有机碳含量高，Ⅰ型干酪根。砂质碎屑流背景深湖相页岩分布区，页岩、砂岩互层，有机碳含量高，Ⅰ型、Ⅱ$_1$型干酪根，受重力流影响。前三角洲背景半深湖相页岩分布区，泥岩、粉砂质泥岩为主，有机碳含量低，Ⅱ型干酪根为主，喷流为主。河流—三角洲平原碳质页岩分布区，碳质泥岩为主，有机碳含量高，Ⅱ型、Ⅲ型干酪根为主。

泥岩发育位置相对较为广泛，深湖—半深湖环境可以发育富有机质泥岩，滨浅湖环境可以发育粉砂质泥岩或含粉砂泥岩，三角洲前缘的分流间湾内也可发育带牵引构造的泥岩，而三角洲平原的河漫沼泽内，为褐煤形成提供还原的环境的黑色泥岩也含有较高的有机质含量。粉砂岩和泥质粉砂岩是由入湖水体带来的粉砂级颗粒带来，入湖水体常常受到三角洲前缘回流的作用，在浅湖区沉积。当发生洪水或垮塌等重力流触发机制时，若能够经历较长的搬运距离，便会在最前端形成粉砂质或泥质粉砂岩为主的浊流沉积。细砂岩以砂质碎屑流的形式进入湖盆中央，形成大面积的叠置砂体。

2. 富有机质页岩形成主控因素

长 7 油层组富有机质页岩中有机质分布具有旋回性发育、分段富集的特征。以衣食村剖面为例，在 30m 的范围内，发育四个有机质富集段，TOC 从 3.8% 变化到 16.6%。适宜火山活动、盆地热液发育与低含氧环境可能是形成"高 TOC 值"的关键。

1）火山作用

长 7 油层组的页岩中磷元素富集。吉利明等在长 7 油层组中发现了大量的蓝藻化石。而蓝藻细菌适宜生存的条件是温度 17～35℃、水体碱性富营养并含有较高的磷元素。另外在长 7 油层组的岩心和薄片观察中，可以看见大量的磷结核和胶磷矿（图 2-2-9），也证实了磷元素的富集。

通过对长 7 油层组的富有机质页岩的薄片观察中发现，存在着多种组构的微体，超微化石。这些生物化石有多种类型，外形上有球形、椭球形等。常常具有胶磷矿和黄铁矿的外壳，内部为有机质。原生的厚的胶磷矿外壳和生物膜壳的快速的黄铁矿化，是长 7 油层组有机质得以保存的主要影响因素。这些化石的层段在垂向上比较局限，多出现在长 7$_3$ 小层的底部，表现出短暂的"勃发—消亡"的特征，并常常出现在凝灰质纹层附近，证实火山喷发，湖底热液活动等可能为其触发机制。

凝灰岩在长 7 油层组非常富集，且产出的形态及颜色多种多样，有棕红色、黄绿色等。有的凝灰岩与泥岩成很好的水平互层，而有的呈混杂状态；另外，有的凝灰岩可单独成 1m 左右。

(a) 黄15井，黑色的透镜状团块为磷结核

(b) 盐66井，透镜状团块为磷结核，大小不一

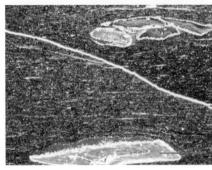
(c) 耿252井，透镜状棕红色的胶磷矿

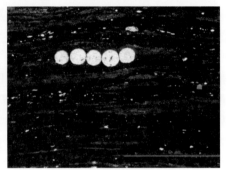
(d) 正70井，球状颗粒为胶磷矿

图 2-2-9 鄂尔多斯盆地延长组长 7 油层组磷的产出状态

长 7 油层组普遍存在的火山灰以悬浮和水流形式进入湖盆，为湖盆带来了磷元素等多种营养物质。在衣食村剖面中，共识别出 156 层凝灰岩，U、Mo、Fe、Cu 等元素富集，证实火山灰为有机质富集提供物质基础，结合井下凝灰质厚度与 TOC 关系研究发现，凝灰岩与 TOC 呈抛物线型关系，其中凝灰岩含量 5%～7% 时对应的页岩 TOC 最高，普遍超过 20%；而凝灰岩厚度过大或者过小，均不利于高 TOC 页岩的形成（图 2-2-10）。

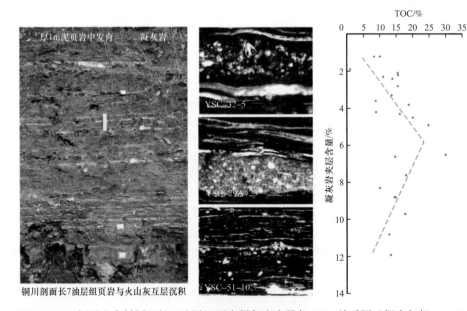

图 2-2-10 铜川衣食村剖面长 7 油层组页岩凝灰岩含量与 TOC 关系图（据朱如凯，2019）

2）陆源碎屑供应低

ID–TIMS 测年与米兰科维奇旋回分析表明，长 7 油层组富有机质页岩段沉积时限为 0.5Ma，沉积速率 5cm/ka，小于同期页岩沉积速率 24cm/kyr；同时，长 7 油层组页岩 TOC 与 Al_2O_3、稀土总量$\sum$REE 负相关，也表明长 7 油层组的沉积速率整体偏低（图 2–2–10）。低陆源碎屑补偿速度减小了有机质稀释作用，有利于富有机质页岩的形成。

3）适当的热液作用

在长 7 油层组页岩中发现了重要的热液矿物，包括自生钠长石、磷锰矿、层状黄铁矿及典型的白铁矿等（图 2–2–11），同时，主微量元素 Cu、Pb、Zn 含量明显富集，表明富有机质页岩形成时可能存在底部热液活动。深部适宜的热液活动，可以促进生物勃发，提高有机质产率，形成高 TOC 页岩。

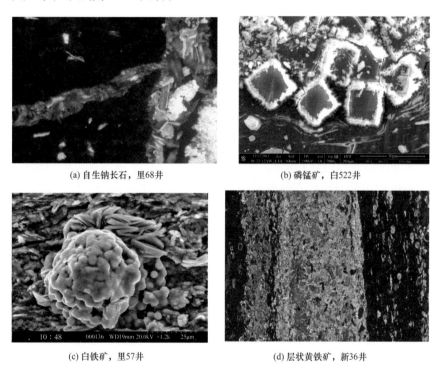

(a) 自生钠长石，里68井　　　　　　(b) 磷锰矿，白522井

(c) 白铁矿，里57井　　　　　　(d) 层状黄铁矿，新36井

图 2–2–11　鄂尔多斯盆地延长组长 7 油层组页岩典型热液矿物照片

4）低含氧量环境

利用黄铁矿粒径可对沉积环境中含氧量进行半定量的判别。分析结果表明，在 TOC 相对较高的层段，黄铁矿粒径普遍小于 8μm，平均粒径约为 6.5μm，指示了硫化还原环境，对应的 TOC 值介于 8%～20%；在 TOC 相对中值的层段，黄铁矿粒径普遍大于 8μm，平均粒径 10.8μm，指示了贫氧—弱氧化的环境，对应的 TOC 值介于 2%～6% 之间。随着黄铁矿粒径的增大，沉积水体中氧含量也逐渐增大，因此，相对较低的含氧量有利于有机质的保存与富集，这对于形成富有机质页岩也具有十分重要的环境指示意义。

第三节　半咸水湖盆细粒沉积特征与成因模式

半咸水湖与淡水湖相比水介质盐度有明显增加，矿化度在 1.0～35.0g/L，又称为微咸水湖。半咸水湖仍以碎屑岩沉积为主，但碳酸盐岩含量较淡水湖有所增加。根据地质背景及古环境恢复分析，松辽盆地上白垩统沉积环境为典型的半咸水湖沉积，其中青山口组沉积时期、嫩江组沉积时期盆地湖侵发育的主要时期，青山口组一段、二段形成了盆地中浅层最重要的规模成熟烃源岩，控制了大庆长垣构造大油区与长岭、古龙凹陷岩性大油气区的形成与分布。本节以此为例，重点解剖半咸水湖烃源岩的形成环境、岩相特征和富有机质页岩沉积模式。

一、青山口组沉积特征

1. 沉积相展布与岩性特征

松辽盆地青山口组沉积于晚白垩世坳陷期。青山口组一段整体表现为快速湖侵的沉积过程，湖侵使湖泊面积急速扩大，湖泊范围至少接近现今盆地边界，面积达到 $10 \times 10^4 km^2$，湖盆中心发育一套富有机质的深湖相黑色泥岩，为松辽盆地中浅层最重要的烃源岩；从青山口组二段沉积中期、晚期开始，湖盆以水退为主，湖泊面积逐渐缩小。泥页岩等细粒沉积主要分布在滨浅湖环境和深水环境。滨浅湖受河流、湖浪、环流和沿岸流等控制，常见波状层组、楔状层组及平行层理等牵引流沉积构造；岩性以灰黑色泥岩、粉砂岩和介形虫灰岩为主，砂地比为 10%～30%。半深湖—深湖相受控于细粒悬浮沉降和底流沉积，水平纹层和波状纹层发育；岩性以深灰色黏土质页岩、粉砂质页岩及粉砂质黏土岩为主，砂地一般小于 10%。根据水动力条件、岩性特征与沉积相带解剖分析，松辽盆地细粒沉积可划分四个亚相带（图 2-3-1），即前三角洲相、湖湾相、半深湖斜坡相、深湖相。深湖相与半深湖相是泥页岩沉积的主体相带。

深湖相以细粒悬浮沉降为主，岩相为黏土质页岩和少量粉砂质页岩，黄体矿含量高（5%），TOC 平均值大于 3%，水平纹层和波状纹层发育。半深湖相斜坡相底流活动较强，岩性为粉砂质黏土岩和生物碎屑粉砂质页岩，黄铁矿含量低，TOC 平均值 2.21%，波状纹层发育；湖湾相水体安静，岩性为粉砂质页岩和黏土质页岩，黄铁矿含量高，TOC 平均值为 3.03%；前三角洲相湖流发育，岩性为粉砂质泥岩、生物碎屑粉砂质泥岩和少量粉砂质页岩，TOC 平均值为 1.88%。总的看来，四种相带形成的页岩有机质含量从高到低依次为深湖相、半深湖斜坡相、湖湾相、前三角洲相。

深湖相页岩分布于齐家—古龙凹陷和三肇凹陷内部。页岩质纯，呈深黑色，厚度较大，连续厚度可达 70m，青山口组一段底部一般发育厚度约 10m 的油页岩。岩性主要为含锰磷黏土质页岩何少量的粉砂质页岩，黏土含量高，石英含量低，黄铁矿含量高，页岩平均 TOC 值较高。以葡 53 井为例（图 2-3-2），该井位于齐家—古龙凹陷中央，发育一套黑色页岩、暗色泥岩夹薄层碳酸盐岩。页岩黏土含量 44.9%，石英含量

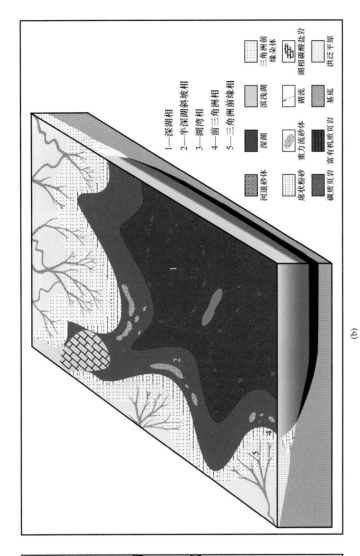

(b)

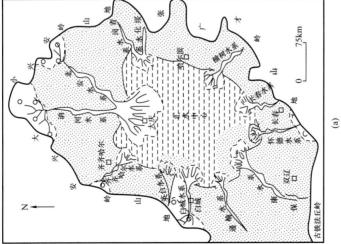

(a)

图 2-3-1　松辽盆地青山口组沉积体系示意图（a）与细粒沉积模式图（b）

29.7%，碳酸盐岩含量8.41%，黄铁矿含量5.3%，TOC介于0.11%～8.76%之间，平均值为3.41%。在松辽盆地这种大型湖盆中，深湖相被认为水体安静，细粒物质主要以悬浮沉积的形式堆积，同时水体分层性好，还原条件优越，因而有利于藻类、水生低等生物等生油母质埋藏并向干酪根转化。因此深湖相是富有机质页岩发育的最有利相带。

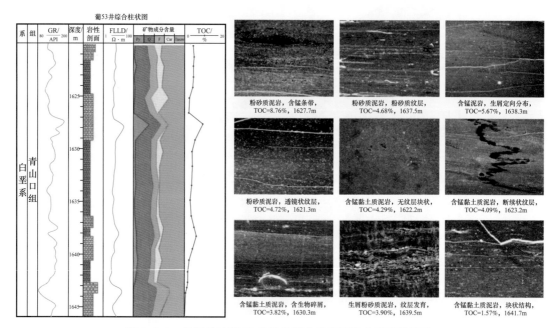

图 2-3-2 松辽盆地葡 53 井岩性综合柱状图及典型薄片照片

半深湖斜坡相指湖盆边部向湖盆中心推进的阶地部位，相当于齐家—古龙凹陷与龙虎泡—大安阶地结合的部位。该相带水动力较强，泥质浊流沉积频率高，浊流带来的大量有机质得以快速埋藏，快的埋藏速度使有机质迅速与上部存在有氧降解的区域隔离开，从而保存下来。这一地区形成的页岩纯度比深湖相略差，主要岩性为粉砂质页岩和少量的黏土质页岩夹生物碎屑粉砂质页岩。以哈14井为例（图2-3-3），页岩黏土含量47%，石英含量30%，黄铁矿含量2.08%，TOC区间介于0.51%～5.47%之间，平均2.21%。湖盆阶地比深湖地区水体动荡，水体分层和还原条件相对较差，但是这个地区一般浊流发育，沉积物埋藏速率较高，弥补了还原环境较弱这个缺陷，因此局部层段也能形成含有较高TOC值的页岩。同时由于水体变浅，这里形成的页岩常与碳酸盐岩形成互层。除了深湖相，半深湖斜坡部位也是富有机质页岩发育的有利相带。

前三角洲亚相主要岩性为粉砂质泥岩夹少量的生物碎屑粉砂质泥岩，黏土含量低、石英长石等陆源碎屑含量高，同时黄铁矿含量低，菱铁矿含量高，表明其还原条件较弱，水体较浅。页岩TOC值区间介于0.39%～4.62%之间，平均值为1.98%。因此不属于富有机质页岩发育的有利相带。

湖湾相属于前三角洲与半深湖相的过渡类型，可发育湖相碳酸盐岩沉积。

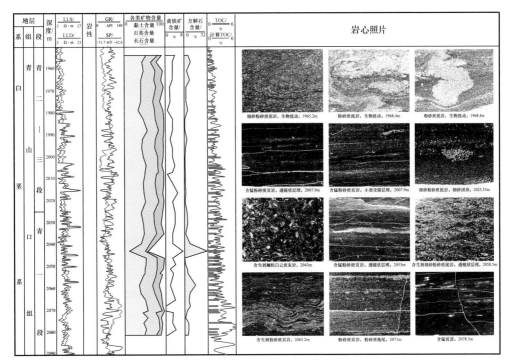

图 2-3-3　松辽盆地哈 14 井岩性综合柱状图及典型薄片照片

2. 青山口组泥页岩组构特征

1）岩矿特征与化学组成

青山口组泥页岩由陆源碎屑物质、黏土矿物、有机质和化学沉淀物组成。系统取样分析，石英含量介于 22%～40% 之间，平均值为 30.9%；长石含量介于 4%～22% 之间，平均值为 14.5%；黏土含量介于 11%～56% 之间，平均值为 45.8%；碳酸盐岩矿物（方解石、铁白云石）含量介于 0～31% 之间，平均值为 5.4%。X 射线衍射显示，黏土矿物以伊/蒙混层为主，含量约为 85.9%，伊利石含量 7%，还有少量高岭石和绿泥石。扫描电子显微镜结合能谱可辨别锆石、金红石、磷灰石、闪锌矿、黄铜矿等。

黄铁矿含量介于 1%～7% 之间，平均值为 3.05%。扫描电子显微镜下观察到黄铁矿顺层分布，以单晶、草莓状和二者集合体的形态存在，与黏土矿物共生。黄铁矿是富有机质沉积的特征矿物，也是恢复沉积环境的重要指标。沉积环境还原性越强，有机碳含量越高，黄铁矿单晶直径越小。

青山口组优质烃源岩的微量元素测试结果显示，Mo 的平均含量为 5.56μg/g、V 的平均含量为 104.2μg/g，Cu 的平均含量为 44.1μg/g，U 的平均含量为 5.43μg/g，Pb 的平均含量为 31.5μg/g。与长 7 优质烃源岩中 Mo、U、Cu、Pb 等微量元素相比数值普遍偏低，青山组页岩中的生命元素低于鄂尔多斯长 7 油层组页岩，表明两个湖盆生产力存在较大的差异。从哈 14 井微量元素与 TOC 的匹配关系可以看出，2073m 处发育富有机质页岩，与其共生的元素组合为 U—Mn—V—Zn—Al 组合，2064m 处发育鲕粒灰岩，共生的元素组合为 P—Ba—Sr（图 2-3-4）。

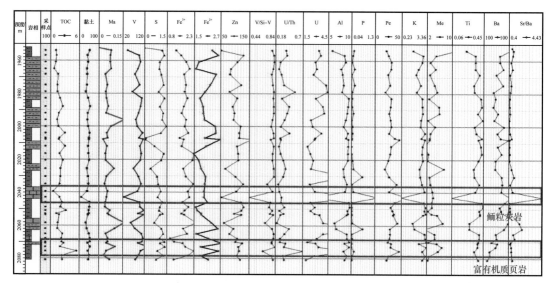

图 2-3-4 哈 14 井青山口组泥页岩微量元素纵向变化的特征

2）有机地球化学特征

通过青山口组 254 块样品地球化学分析表明，黑色页岩的 TOC 平均值为 2.67%，主要的区间分布在 1.5%～2.5% 之间，按照国外烃源岩划分标准，属于好—很好烃源岩。

青山口组一段平均有机碳含量为 2.87%，平均总烃含量为 1612μg/g，总烃/有机碳含量为 0.073；青山口组二段的平均有机碳含量为 0.707%，平均总烃含量为 285μg/g，总烃/有机碳含量为 0.04；根据干酪根热解色谱分析和显微镜下鉴定，青山口组一段干酪根属于腐泥型，H/C 原子比在 1.5 以上；青山口组二段、三段干酪根属于混合型，H/C 原子比在 1.0～1.5 之间。横向上，深湖相黑色泥岩中的干酪根属于腐泥型，泛滥平原和沼泽相泥岩属于腐殖型，中间属于混合型。

对哈 14 井深湖相泥页岩热解色谱分析显示，主峰碳数主要为轻烃，说明其母质主要来源于湖相低等生物。多井正烷烃数据对比显示，从边缘相—湖相不同环境下的有机质有着明显的差别。靠近湖盆边缘相的样品主峰偏后，奇偶优势比（odd-even predominance，OEP）大，而向湖区主峰偏前，OEP 减小。反映湖盆边缘主要接受了来自陆源高等植物，湖盆中心主要接受藻类等水生生物有机质的特征。青一段中的腐泥质主要由藻类体和矿物沥青质组成，藻类体含量为 1.0%～7.87%，一般在 3% 以上，这些藻类体主要为无结构藻类体，是各种藻类降解或者不完全降解的产物，显微镜下不能判断其生物结构。

3）微观沉积构造

泥页岩的纹层构造是非常重要的微观结构特征之一，它能反映水体深浅、沉积过程、湖盆生产力等诸多沉积因素。经 15 口井 100 多个泥页岩薄片的镜下观察，总结出松辽盆地青山口组富有机质页岩中的沉积构造主要有三种。

（1）纹层构造。

通过对松辽盆地青山口组 15 口井泥页岩薄片开展观察，发现其纹理丰富，包括水平纹层和波状纹层，纹层厚度介于 0.2～0.6mm，从横向连续性可分为连续纹层和断续纹层。暗色矿物或有机质呈现薄层断续或连续波状，介形虫碎片则呈厚度不一的连续波状。

碳酸盐纹层色浅，白色或者褐黄色纹层，叠瓦状连续分布，由介形虫残骸堆积而成，单层厚度 0.03～0.10mm（图 2-3-5）。在介形虫残骸叠加的缝隙之间，夹有富含铁质或者锰矿物的黑色纹层，混有少量稍粗粒方解石及少量铁白云石。

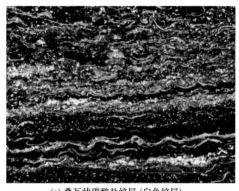 

(a) 叠瓦状碳酸盐纹层（白色纹层），
大61井，1937.8m

(b) 叠瓦状碳酸盐纹层（白色纹层），
哈14井，2046m

图 2-3-5 松辽盆地青山口组碳酸盐纹层典型薄片照片

（2）微型交错层理。

泥页岩中存在微型交错层理是近年来结合水槽实验得出的有关泥页岩沉积动力学的最新研究成果。在多年的细粒物质沉积学研究中达成以下共识，页岩总是沉积于水流微弱的安静环境，悬浮沉积形成；受到水流作用时会再悬浮，不会侵蚀，高含水的泥岩受到强水流的作用时，没有剪切力。然而，细粒沉积岩沉积过程异常复杂，随着研究的深入，上述"共识"已经面临挑战。现代泥质粒度分析表明，大多数直径小于 10μm 的颗粒以絮凝物形式沉积，直径大于 10μm 的颗粒则主要以单独颗粒形式沉降，絮凝过程有助于在海洋环境中长距离输送大量泥质沉积物。Schieber 等通过水槽实验证明絮状物可表现为与粗粒碎屑水力等效的方式，并作为高密度流或者浊流的成分在海底进行搬运，并可形成交错层理。

青山口组泥岩中发现较多的微型交错层理，说明其沉积环境不是静止的，而是底流发育的动荡环境。这些泥岩中可以见到小型的楔状层理、槽状交错层理、透镜状构造及底部冲刷、充填构造（图 2-3-6），均为牵引流成因，这些沉积构造除了与深水区的浊流有关，还可能与海水入侵形成的底流有较大关系。

（3）生物扰动构造。

生物扰动构造在青山口组泥岩中非常常见，特别是青山口组二段、三段的顶部。按照生物扰动的程度，可分为保留少量层理的生物扰动及斑块—均质的生物扰动。图 2-3-7（a）为保留少量层理的生物扰动构造，其形成环境为水体突然加深或者沉积物迅速掩埋，生物体迅速逃逸产生的垂直逃逸迹，破坏了局部的纹层，但仍可看出原始的沉积纹层。图 2-3-7（b）为斑块—均质的生物扰动。当时的环境利于生物生存活动，生物基本改变了原始沉积面貌，原始沉积结构已经看不出来。

(a)交错层理（红色虚线）与透镜层理（蓝色虚线）　　　　　(b)交错层理（红色虚线）

图 2-3-6　松辽盆地青山口组微型交错层理典型薄片照片

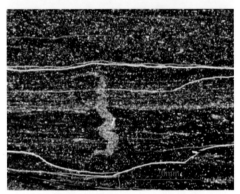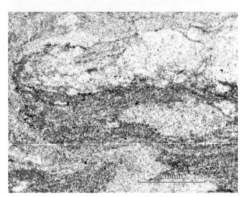

(a) 保留层理的生物扰动，大61井，1926m　　　　　(b) 斑块—均质的生物扰动，哈14井，2010.5m

图 2-3-7　松辽盆地青山口组页岩生物扰动构造典型薄片照片

二、青山口期古环境恢复

1.古生产力恢复

针对松辽盆地青山口组页岩，采用了有机碳稳定同位素、微量元素 U、Mo、Mn 的相对丰度等方法，恢复古生产力。

1）有机碳稳定同位素

有机碳稳定同位素 $\delta^{13}C$ 值大小与有机质来源密不可分，青山口组泥岩中有机质来源以湖相水生植物为主，那么有机碳稳定同位素 $\delta^{13}C$ 与古生产力关系如下：湖泊内植物进行光合作用时优先吸收 $\delta^{12}CO_2$，因此形成的有机质含有较多的 $\delta^{12}C$，导致泥岩中有机碳稳定同位素 $\delta^{13}C$ 值偏轻，也就是说生产力越高，生成的有机质越多，$\delta^{13}C$ 值就越负。青山口组一段 $\delta^{13}C$ 的平均值为 $-29.5‰$；青山口组二段、三段下部 $\delta^{13}C$ 平均值为 $-28.9‰$；青山口组二段、三段上部 $\delta^{13}C$ 平均值为 $-27.7‰$。

2）微量元素 U、Mo、Mn 含量

U 在青山口组一段中含量范围为 $1.93\sim8.7\mu g/g$，平均值 $3.98\mu g/g$；青山口组二段、三段为 $2.08\sim4.41\mu g/g$，平均值为 $3.16\mu g/g$；Mo 在青山口组一段中含量范围为

1.42～7.48μg/g，平均值为 4.19μg/g；青山口组二段、三段为 1.39～6.06μg/g，平均值 3.62μg/g；Mn 在青山口组一段中含量范围为 0.027～0.159μg/g，平均值为 0.066μg/g；青山口组二段、三段为 0.039～0.101μg/g，平均值 0.059μg/g。青山口组一段中 U、Mo、Mn 含量均最高，青山口组二段、三段下部开始降低，至上部时，各元素含量较低，展示了古生产力演化特征为：青山口组一段＞青山口组二段、三段下部＞青山口组二段、三段上部。

2. 古氧化还原环境恢复

1）饱和烃中的姥烷和植烷

青山口组一段沉积时期—青山口组二段、三段沉积时期 Pr/Ph 的值介于 0.83～1.73 之间，Pr/C_{17} 介于 0.10～0.50 之间，Ph/C_{18} 介于 0.09～0.38 之间（图 2-3-8）。按照不同沉积相 Pr/Ph 变化，青山口组沉积时期沉积物中姥植均势，处于淡水—半咸水湖相还原环境中。但按照时代由老到新，青山口组一段—青山口组三段沉积时期，Pr/Ph、Pr/C_{17}、Ph/C_{18} 值呈现出由低到高的变化，表明该时期古湖泊底部水体的还原程度由强到弱：青山口组一段，强还原；青山口组二段、三段，中还原。青山口组沉积时期地层中岩石样品的饱和烃色谱特征可以反映出随着地层由老到新，湖水由深到浅，姥鲛烷相对含量逐渐增加，植烷相对含量逐渐减少。

2）生物标志化合物

青山口组二段、三段黑色泥岩中，C_{31}—C_{35} 藿烷分布较完整，含量较高，C_{35} 藿烷含量相对增高，反映青山口组二段、三段沉积时期泥岩沉积环境的还原强度较大，使 C_{34} 四升藿烷和 C_{35} 五升藿烷得到较好的保存。青山口组一段黑色泥岩中，C_{31}—C_{35} 藿烷分布完整，整体含量较青山口组二段、三段还要高，C_{35} 藿烷含量更是增高（图 2-3-8），这种特征指示了青山口组一段沉积时期湖泊底部水体为强还原环境；25- 降藿烷的缺失，说明有机质生物降解作用微弱。

伽马蜡烷指数在青山口组二段、三段泥岩中为 1.29，青山口组一段为 2.15，这种情况说明青山口组二段、三段—青山口组一段沉积时期湖泊为半咸水—咸水环境。说明整个青山口组沉积时期古湖泊水体都处于分层状态，湖底为缺氧环境。

3）微量元素分析

SL-1 井下部富有机质页岩层段 Mo 含量高，上部贫有机质泥岩段质量 Mo 含量分布与下部差异较大，表明沉积环境由贫氧变为氧化环境。青山口组二段、三段泥岩中 V/Cr、V/（V+Ni）纵向变化特征反映了该时期湖泊底部水体含氧量开始降低，至青山口组一段沉积时期 V/Cr 比值最高达到了 3.19，所以这个时期古湖水体含氧量已经很低，为厌氧环境。

综合生物标志化合物、微量元素等各项参数，揭示了松辽盆地青山口组沉积时期，湖泊底部水体均处于分层、缺氧的状态，只不过缺氧程度不同，导致还原程度不同，青山口组二段、三段为中还原环境，青山口组一段为强还原环境。

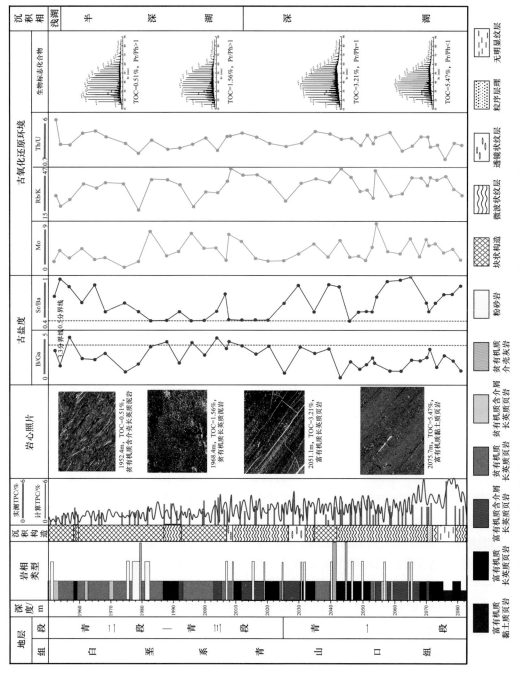

图 2-3-8 松辽盆地 SL-1 井岩相、TOC 纵向分布与古环境指标分布特征（据王岚，2019）

3. 古盐度恢复

SL-1 井 Sr/Ba 值分布在 0.5～4.4 之间，平均值为 0.9，均指示了半咸水环境。Ba/Ga 值分布在 0.6～4.3 之间，平均值为 2.54，部分样品点大于 3.3，指示盐度淡水和咸水之间变化，与青山口组沉积时期间歇性海侵有关（图 2-3-8）。姥鲛烷、植烷及其 Pr/Ph 也可作为判断水介质盐度的标志。青山口组沉积时期沉积物中姥植均势，处于淡水—半咸水湖相还原环境中。

4. 古气候恢复

在泉头组四段沉积末期，气候逐渐转变为温暖潮湿。青山口组一段孢粉植被以针叶林为主，其次为常绿阔叶林，反映了一种降温的趋势，干湿度表现为半湿润；青山口组二段、三段沉积时期，孢粉植被以常绿阔叶林为主，草本类型次之，反映了古气候的突然升温事件，此时气候已演变为湿润热带气候。姚家组一段孢粉植被与青山口组二段、三段相似，依然反映了湿润热带气候。孢粉特征反映的泉头组四段顶部至姚家组一段底部的气候演变过程为：亚热带、半湿润—亚热带、半湿润—热带、湿润—热带、湿润。以孢粉资料反映的古气候为基础，结合湖泊内水生生物发育演化特征，讨论泉头组四段顶至姚家组一段底古生产力对古气候的反馈或者控制作用。

泉头组四段沉积末期，湖水表面水生生物不发育，古生产力较低；青山口组一段沉积时期，气候温度较高，湖水表层浮游生物繁盛，古生产力逐渐升至最高；青山口组二段、三段下部气温仍然较高，但呈现降温的趋势，湖水表层浮游生物的生物量逐渐减少，水生大型植物逐渐发育，古生产力仍然较高，但呈现降低的趋势；青山口组二段、三段上部气温降低，湖水表层生物量减少，古生产力降低；姚一段底部沉积时期，气温曾经降到最低，但又有回升迹象，湖泊表层浮游生物的生物量有所增加，水生大型植物以沉水植物类型为主，古生产力仍然较低。

三、富有机质页岩沉积模式与主控因素

1. 页岩类型划分及特征

在页岩油气的开发过程中，总有机碳含量大于 2%、处于热成熟生油气窗内的页岩才被称作有效页岩。因此，将青山口组泥页岩首先以有机碳含量 2% 为界，划分出富有机质页岩和贫有机质泥岩，再根据矿物成分、沉积构造、生油潜力等指标，将进一步青山口组细粒沉积划分为 6 种岩相（表 2-3-1），对页岩油勘探选层具有参考价值。

1）富有机质黏土质页岩

发育在青山口组一段底部，内部结构均一，纹层不明显，富含黄铁矿，个别样品黄铁矿含量大于 20%。有机质显黄褐色—黑褐色线纹状、团粒状零散分布。富有机质黏土质页岩由悬浮的有机质与黏土矿物形成的凝絮物缓慢沉降形成，在压实作用下有机质与暗色矿物顺层定向排列，岩心多发育页理。有机碳含量高，介于 2.36%～5.87% 之间，平均值为 2.97%，产油潜量最大，为 9.28～17.9mg/g，平均值为 11.95mg/g。

表 2-3-1　青山口组细粒沉积岩相划分表

类型	亚类	黏土质含量 / %	沉积构造	TOC/%（平均 / 区间）	产油潜率 /（mg/g）（平均 / 区间）
富有机质页岩	黏土质页岩	>50	纹层不明显	2.97（2.36～5.87）	11.95（9.28～17.90）
	长英质页岩	<50	纹层发育	2.76（2.04～5.47）	10.70（7.68～13.90）
	含生物碎屑长英质页岩	<50	纹层发育	2.39（2.05～2.73）	10.29（7.69～13.50）
贫有机质泥岩	介壳灰岩	<60	无纹层	1.61（0.51～1.88）	7.23（5.14～11.20）
	长英质泥岩	<60	生物扰动	1.51（1.07～1.96）	6.47（2.76～9.29）
	含生物碎屑长英质泥岩	<60	生物扰动	1.26（1.23～1.43）	4.66（3.91～5.76）

2）富有机质长英质页岩

发育在青山口组一段中下部、青山口组二段底部，由黏土和陆源砂组成，黏土质含量小于 50%，长石和石英含量 40%～60%。陆源砂为粉砂和少量细砂，成分为石英、长石和少量岩屑，多呈棱角状、次棱角状，零散定向分布。黏土呈显微鳞片状，成层性好。有机碳含量和产油潜率均较高，仅次于富有机质黏土质页岩。页岩中发育大量的微米级层理构造，包括由粉砂形成的透镜状层理，由浅色粉砂层、深褐色黏土层及暗色矿物和有机质形成水平纹层，断续和连续波状纹层，从粉砂向黏土递变形成的粒序层理，后期沉积的粉砂在下部黏土层上形成冲刷充填构造。

3）富有机质含生屑长英质页岩

由大量黏土、生物碎屑组成，含少量陆源粉砂、细砂，发育微波状纹层，表明其沉积时具有微弱的水动力条件。部分粉砂呈似条带状、透镜状。生物碎屑主要为介形虫壳壁，呈半月状，局部富集成层，厚度约为 500nm。介形虫纹层与有机质、暗色矿物形成连续的波状纹层，中间夹有少量陆源碎屑和黏土矿物［图 2-41（d）］。有机质含量平均值为 2.39%。产油潜率平均值为 10.29mg/g。

4）贫有机质介壳灰岩

青山口组一段底部还夹有一层介壳灰岩，厚度约为 0.3m，为黑色泥岩中的夹层，由生物碎屑、鲕粒、亮晶胶结物、陆源砂和黏土质组成。鲕粒主要呈椭圆、近圆状，直径 0.15～1.50mm，多见同心纹层，有的核心为介形虫。生物碎屑主要为介形虫，呈纹层状富集，部分零散分布在鲕粒纹层内，被方解石及少量锰矿物充填。亮晶胶结物为方解石，它形粒状，大小一般为 0.03～0.3mm，填隙状分布。陆源砂主要为小于 0.25mm 的石英、长石，棱角状—次棱角状为主，零散分布。有机碳平均含量为 1.61%。产油潜量平均值为 7.23mg/g。

5）贫有机质长英质泥岩

发育在青山口组二段、三段，由陆源砂、黏土质和少量锰矿物组成，生物扰动构造发育。生物扰动构造按照扰动强弱可分为三类：一类是生物扰动作用弱，宿主岩石保持原始的纹层，页岩纹层发育，内部有长度约 2mm 的肠状生物潜穴，未破坏原始层理；二类是生物扰动构造较强，原始层理不清晰，呈现斑块状或团块状；三类是生物扰动构造非常强烈，原始纹层全部破坏，页岩呈现"均质"。从沉积环境角度分析，生物扰动指示底水含氧程度较高，同时浊流等事件性沉积发育的频次低，使得底栖生物有相对安静的生存环境，但不利于有机质聚集保存。

6）贫有机质含生物碎屑长英质泥岩

发育在青山口组二段、三段，由陆源砂、黏土质、生物碎屑组成，黏土级别颗粒含量小于 60%，生物碎屑含量介于 5%～25% 之间，见块状结构，生物扰动构造发育。有机碳含量和产油潜率最低。

总体来看，青山口组纵向上由厘米级长英质泥页岩、含生屑长英质泥页岩和介屑灰岩组成薄互层，岩相频繁变化，非均质性极强，有机质的丰度在垂向上变化大。富有机质页岩相分布在青山口组一段和青山口组二段、三段底部，贫有机质泥岩发育在青山口组二段、三段上部，反映了随着水体变浅，湖盆的收缩，富有机质页岩相向贫有机质泥岩转变的过程。

2. 富有机质页岩沉积模式

由于有机质的富集在垂相上变化很大，从而导致有机碳的分布也有较大的离散。通过哈 14 井青山口组（1952.4～2081.0m）页岩分析，TOC 值在 0.51%～5.47% 之间波动，显示出强烈的非均质性。共发育四个富有机质页岩段（TOC＞2%），青山口组一段底部 2063.0～2081.0m 发育厚度 18m 的富有机碳页岩段，有机碳含量最高值为 5.47%，纹层发育；青山口组二段 2012.0～2030.5m 发育厚度 18m 的富有机碳页岩段，有机碳含量最高值为 3.02%，纹层发育；而青山口组三段顶部有机碳含量普遍小于 2%，最小值为 0.54%，生物扰动构造发育。结合页岩组构和显微构造分析，认为这种有机碳含量非均质性与沉积环境具有较强相关性。

松辽盆地在白垩纪总体上属亚热带气候，古气温较高，年平均温度为 14～24℃；水表年平均温度为 17～25℃；水深大于 20m 的深湖区平均温度为 6.5～12.2℃；湖内水深最大处湖底温度为 4～11.3℃；青山口组沉积时期和嫩江组沉积时期，湖水分层显著，深湖区湖底温度季节性变化很小，常年在 8℃以下。青山口组沉积时期和嫩江组沉积时期的最大特点是水深大，平均水深在 30m 以上，最大水深在 70m 以上。这样大的水深创造了两个有利空间：一是上部的变温层空间，四季分明，为水生生物的发育提供了宽阔的场所，其表层 20～25℃ 的较高温度既有利于大多数浮游生物的繁衍，更是水生藻类发育的理想温度；二是下部的恒温层，由于水深大，湖底水体安静，水温基本常年不变，上下水体交换不畅，形成缺氧环境，十分有利于有机质的保存。也就是说，上部变温层为水生生物的大量繁衍提供了理想的空间，下部的低温恒温层为沉积有机质的保存创造了极有利条件。生油母质是由藻类和经过细菌强烈改造的陆生高等植物叠合而成，且具有很高的有机质丰度。

青山口组沉积由早到晚，水体逐渐变浅，底水含氧量逐渐增高，由较强的还原性环境演化为弱还原环境。分别选取 TOC 大于 2% 和 TOC 小于 2% 的样品，对比其沉积组构和生物标志化合物。样品 A 的 TOC 值为 5.47%，无明显层理构造，应形成于安静贫氧的底水环境中，有机质通过与黏土矿物结合悬浮沉降保存。样品 B、C、F 的 TOC 值均大于 2%，发育平行层理、波状层理、底部侵蚀构造等表征底流的显微沉积构造，形成于底流发育的底水环境中，处于相对缺氧的还原环境。样品 D、E、G 发育不同程度的生物扰动构造，表明其所处的环境为具有一定溶氧量的弱还原环境。样品 H 发育在青山口组二段、三段的顶部，虽无明显的生物扰动构造，在沉积相带上已位于三角洲前缘部位，有机质输入量降低，TOC 值仅为 0.51%。生物标志化合物对比也证实了这一点，样品 A 的 Pr/Ph 值为 0.8，表现为植烷优势，属于强还原环境；样品 B、C、F 的 Pr/Ph 值均不大于 1，属于还原环境，。D、E、G、H 的 Pr/Ph 值均大于 1，属于弱还原环境（图 2-3-9）。

青山口组黑色页岩沉积经历三种沉积环境，对应三种模式。青山口组一段沉积早期，快速沉降使湖盆迅速扩张，水域宽广且水体深，气候温暖潮湿，河流注入量大，为青山口组湖盆发展的全盛时期。湿热气候中持续降雨增强了物源区的侵蚀，带来大量营养物质与有机元素，湖盆中浮游藻类勃发，以葡萄藻和沟边藻为主，湖泊生产力最强。90%的有机质来自湖泊自身生产力和陆源输入。深湖底部受到地形和水体循环的限制造成底水缺氧，是富有机质页岩发育的最佳环境（图 2-3-10）。同时大量可代谢的有机质在底部水体出现硫酸盐的还原作用，释放出 H_2S，运用还原态硫与有机质结合形成稳定生物聚合物来促进有机质的保存。

湖盆坳陷中心毫无疑问是富有机质页岩的最有利发育区，哈 14 井所处的盆地斜坡部位也是富有机质页岩形成的有利区域。这里水动力较强，泥质浊流沉积频率高，浊流带来的大量有机质得以快速埋藏，快的埋藏速度使有机质迅速与上部存在有氧降解的区域隔离开，从而保存下来。薄片中大量的波状层理、冲刷充填构造也证实这里底流发育。一般认为由于浊流的间歇性侵入，斜坡地区的底水具有一定的溶氧量，不利于有机质的保存，但高的沉积速率弥补了这个不足，斜坡部位也是富有机质页岩的有利沉积区。深湖坳陷中心富有机质页岩的形成模式可归结为水体分层的底水缺氧模式，斜坡部位则是间歇性底流侵入的快速埋藏模式。

青山口组一段沉积中期，湖盆逐渐收缩，哈 14 井位于浅湖湖湾地带。这里水体清浅，阳光充足，水体溶氧量高，光合作用强而有利于藻类和底栖生物繁衍生长，湖浪与湖流作用较强且具有一定能量，是碳酸盐岩沉积的有利环境，岩心上对应深度 2043m 处的生物碎屑鲕粒白云质灰岩。随后湖盆虽有短暂的水体加深，整体表现为三角洲进积，湖盆萎缩的趋势。哈 14 井处于滨浅湖相带动荡的含氧水体中，沉积一套前三角洲相泥岩，各种生物扰动构造发育，岩心上对应青山口组二段、三段上部 1950.0～1974.5m 的粉砂质泥岩。水体有一定溶氧量且浊流不发育，适宜底栖生物发育，不利于有机质保存，故 TOC 值普遍小于 2%。这两个沉积阶段处于滨浅湖相带，不利于富有机质页岩的保存，仅局部地区沉积厚度较小的富有机质页岩。

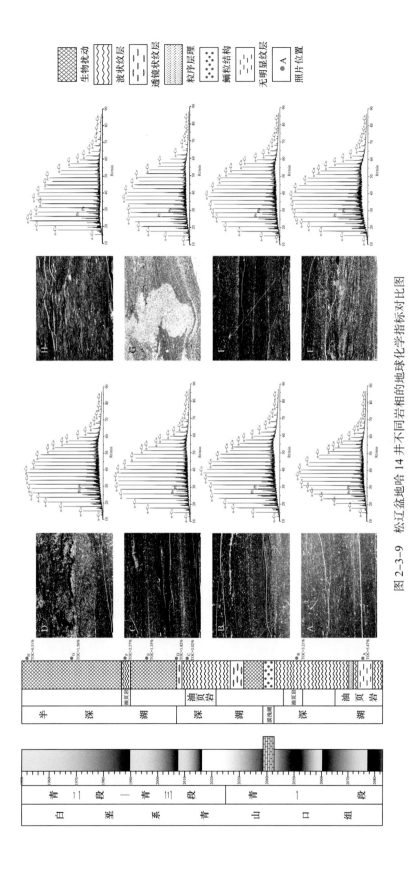

图 2-3-9 松辽盆地哈 14 井不同岩相的地球化学指标对比图

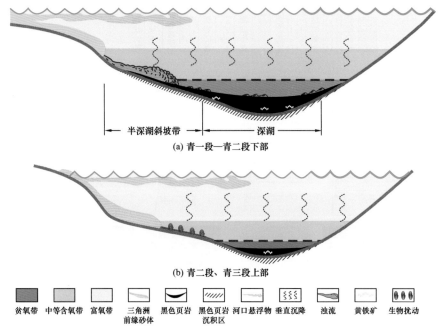

（a）青一段—青二段下部

（b）青二段、青三段上部

贫氧带　　中等含氧带　　富氧带　　三角洲　　黑色页岩　　黑色页岩　　河口悬浮物　　垂直沉降　　浊流　　黄铁矿　　生物扰动
　　　　　　　　　　　　　　　　前缘砂体　　　　　　　沉积区

图 2-3-10　松辽盆地青山口组页岩的沉积模式与演化示意图

3. 有机质富集主控因素

根据微体生物化石种类、数量及磷、氮、硫等营养元素含量研究，湖泊为富营养半咸水湖盆，甲藻、蓝藻、绿藻等浮游生物和陆地热带植物提供了大量有机质来源。通过前文述及的沉积特征解剖与古环境恢复，认为古沉积环境、海侵事件是青山口组有机质富集的关键因素。

1）弱还原—还原环境

有机碳含量非均质性与沉积环境具有较强相关性，还原环境有利于有机质富集。前已述及，青山口组沉积由早到晚，水体逐渐变浅，底水含氧量逐渐增高，由较强的还原性环境演化为弱还原环境，有利于有机质在富集。

2）海水入侵

海水入侵有利于提高湖盆生产力，促进水体分层。青山口组黑色页岩沉积的最主要特征是暗色泥岩和油页岩层序中具薄层粉砂质夹层，粉砂岩中具各种牵引流构造，且在斜坡相带中发育同沉积滑塌层，反映其明显地受周期性底流作用的影响。

黑色页岩层序的同位素组成和环境地球化学指标特征均说明，这种周期性底流的出现与周期性的海水注入有密切联系。其中最明显反映水体盐度的指标就是硼含量。通过对盆地多口井硼元素含量的分析，发现哈 14 井、徐 11 井、葡 53 井和查 19 井均存在硼异常，说明海侵的范围波及齐家—古龙洼陷、三肇洼陷和长岭洼陷的边缘，覆盖盆地 2/3 的区域（图 2-3-11）。海水侵入能够带来大量营养物质，造成水体富含营养，水生低等生物如藻类大量繁殖，极大地提高了湖盆生产力。

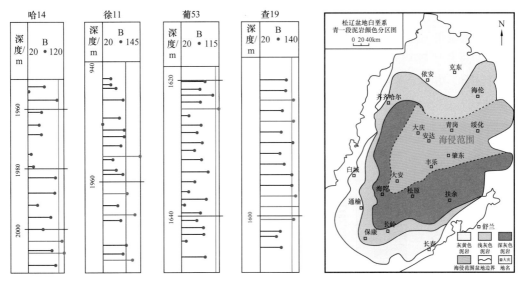

图 2-3-11　松辽盆地典型井硼元素异常及海侵范围

第四节　咸化湖盆细粒沉积特征与成因模式

咸化湖的多为干旱—半干旱气候条件下的内陆封闭湖，随着蒸发作用的持续，湖盆可继续咸化为盐湖。这类湖盆因矿化度高，各种盐类矿物在湖盆演化过程中结晶析出，因沉积物多为碎屑岩与碳酸盐岩的混合产物，有时还可发育盐矿。勘探研究表明，准噶尔盆地二叠纪沉积环境为典型的咸水湖沉积，其中下二叠统风城组、中二叠统芦草沟组均形成了规模优质烃源岩，控制了玛湖凹陷岩性地层大油气区、吉木萨尔凹陷致密/页岩大油区的形成与分布。

玛湖凹陷位于准噶尔盆地西北部，面积约 $5000km^2$。近期在三叠系百口泉组发现三级石油地质储量达 10 亿吨级规模，已成为新疆油田规模增储上产的石油新基地。风城组是玛湖凹陷的主要烃源岩，具有埋藏深、岩性复杂、沉积环境变化大、勘探研究程度低的特点。对于玛湖凹陷风城组的沉积环境，学术界存在很多争议。1980 年以前，学者多倾向将其划分为海湾相、残留海沉积。1980 年以后，随着钻测井、地震资料增加以及区域构造—沉积演化研究的深入，玛湖凹陷风城组为咸化湖盆沉积的认识已得到共识。2010 年以来，在风城组发现多种指示碱性环境及热液作用的矿物，与美国绿河组碱湖沉积及现代碱湖沉积特征十分相似，因此相继有学者提出风城组为碱湖沉积的观点。本节重点论述了碱性矿物识别、岩相划分及测井响应特征、古环境恢复等研究进展，进一步深化了风城组的沉积特征，并探讨了其碱湖沉积演化模式。

一、风城组岩相类型与展布特征

1. 岩矿特征

风城组整体表现为富长英质、贫黏土矿物、火山碎屑含量丰富的特征。自下而上，风城组一段以火山碎屑、陆源碎屑为主，含少量碳酸盐矿物；风城组二段碳酸盐矿物明显增多；风城组三段则以陆源碎屑为主。以 FN1 井为例，风城组一段以砂砾岩、粉砂岩、火山岩、凝灰质碎屑岩为主，长石矿物占主导；风城组二段主要是白云质岩类、泥质岩，白云石、方解石矿物占比高；风城组三段分布砂砾岩、粉砂岩，以长英质矿物为主（图 2-4-1）。

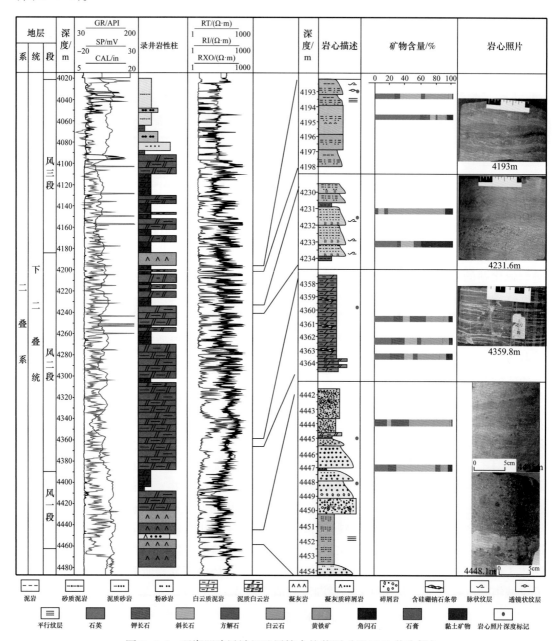

图 2-4-1　玛湖凹陷风城组地层综合柱状图（以 FN1 井为例）

风城组矿物组成以石英、长石、方解石、白云石为主，黏土含量很少，可见碳钠镁石、硅硼钠石等不常见矿物。石英的含量为3%～45%，平均值为27%。长石包括钾长石、斜长石，以斜长石为主。其中，钾长石含量达3%～19%，平均值达6%；斜长石含量较高，在3%～27%内，平均值为14%。少量分布的钾长石验证了风城组黏土矿物（绝对含量很低）以蒙脱石为主，反映了风城组为富Na^+贫K^+环境。与我国吴城碱盆黏土矿物以蒙脱石为主，而其周边几个非碱性成盐盆地的黏土矿物都以伊利石为主这一现象吻合。这是因为酸性条件下，高岭石相对较稳定。但随着pH值增大，在富钾的碱性环境中，高岭石则可以转化成伊利石；在富Na^+、Ca^{2+}、Mg^{2+}的碱性环境中，则会转化为蒙脱石或绿泥石。风城组黏土含量少，平均含量不到10%。高长英质、低黏土含量说明风城组风化作用以物理风化为主，化学风化作用不明显。方解石含量介于2%～48%之间，平均值为15%，在碱性矿物大量出现的岩石中几乎未见方解石。白云石含量差异大，为4%～80%，平均含量为30%。风城组黄铁矿含量介于2%～10%之间，平均值为5%，主要分布在风城组二段，指示还原环境。其他矿物还包括反映受火山活动影响的角闪石，指示热液作用的硅硼钠石，代表碱性环境的方沸石、碳钠镁石等。

2. 岩相类型与特征

玛湖凹陷风城组为典型的细粒沉积，夹少量粗粒碎屑物质。构成的岩性复杂，可见碳酸盐岩、碎屑岩及与火山作用相关的熔岩和火山碎屑岩等。已有研究在岩心观察基础之上，利用显微镜下分析，将碱化过程中风城组岩相划分为五种主要类型，分别为火山碎屑岩—沉火山碎屑岩、富有机质泥页岩、白云岩及白云质岩类、碱性岩及含盐岩、富硅硼钠石岩类。根据岩性组合可将风城组划分成6种岩相类型（图2-4-2）。由于受篇幅限制，下面对各种岩相类型的特征仅进行简要介绍。

1）火山碎屑岩—沉火山碎屑岩岩相

火山碎屑岩—沉火山碎屑岩岩相是指火山碎屑含量大于25%，物源来自火山岩，原地或近距离搬运。火山碎屑岩—沉火山碎屑岩岩相主要岩性为玄武岩、凝灰岩及向沉积岩过渡的凝灰质粉砂岩、凝灰质砂砾岩，主要分布在风城组一段底部，但在玛湖凹陷东北部风城组几乎整体发育该岩相，岩心上可见火山碎屑杂乱分布，或见于泥岩夹层中。在多口取心井也可见到厚度不一的凝灰岩，其中FN14井凝灰岩厚度约为20m。由于火山岩沉积区多靠近哈拉阿拉特山山前，常混入陆源碎屑，因此多见凝灰质粉砂岩、凝灰质砂砾岩。风城组火山岩偏碱性，镜下可见大量蚀变残余的钾长石、钠长石，推测火山岩发生水解溶蚀作用，为水体提供Na^+。

2）富有机质泥页岩岩相

富有机质泥页岩岩相是风城组最重要的岩相类型之一，也是准噶尔盆地玛湖凹陷的主力烃源岩。富有机质泥页岩岩相广泛分布于整个玛湖凹陷，多发育于风城组一段沉积末期。该类岩相可进一步根据纹层的矿物组成划分为富有机质云质泥页岩岩相和富有机质灰质泥页岩岩相两类，其中富有机质灰质泥页岩岩相烃源岩质量更优。

富有机质云质泥页岩纹层矿物组成以白云石为主，滴酸基本不见起泡。岩心呈浅灰

岩相类型		岩心照片	显微照片				特征描述	主要层位	井位置	沉积特征
火山碎屑岩—沉火山碎屑岩		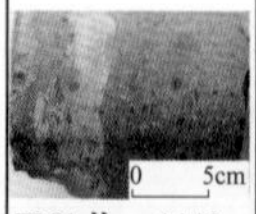 FN1井，4448m	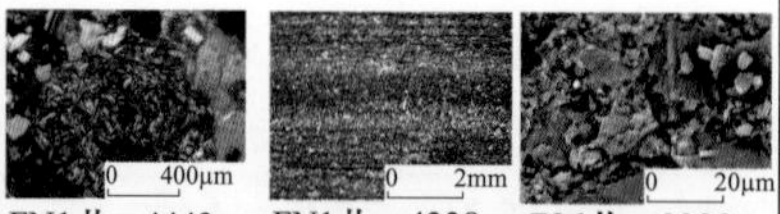 FN1井，4443m	FN1井，4338m	F26井，3298m		常见棱角状砾石杂乱分布，杂基支撑；镜下见砂岩中含火山岩岩屑；电镜下见蚀变残余的钾长石、钠长石	风一段	凹陷东北、西南处（F7井、FN1井、X72井、B22井等）	富基性火山碎屑，呈杂乱状、块状、薄层状赋存
富有机质泥岩	富有机质云质泥岩	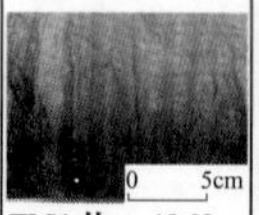 FN1井，4362m	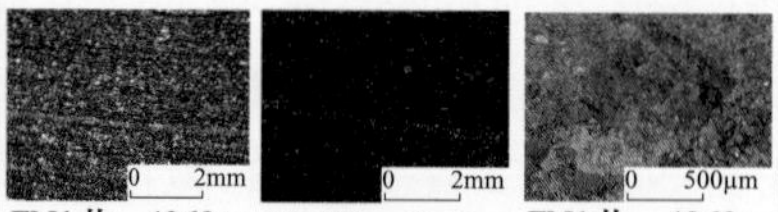 FN1井，4362m	FN1井，4362m	FN1井，4362m		浅灰色，纹层发育；阴极发光下见分散分布的泥微晶白云石，电镜下见片状黏土、有机质条带和分散或顺纹层分布的黄铁矿	风一段—风二段	除东北、西南角外均有分布	富有机质纹层发育，常与云质岩类互层
	富有机质灰质泥岩	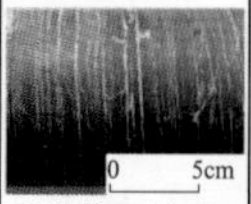 FN1井，4363m	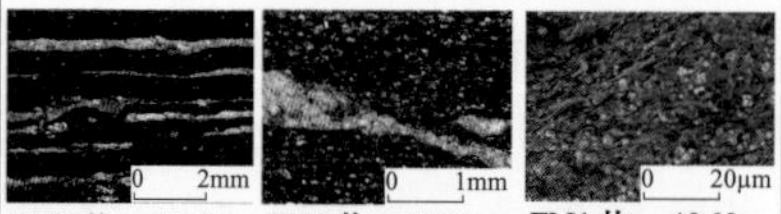 FN1井，4363m	FN1井，4363m	FN1井，4363m		深灰色，纹层发育；镜下方解石纹层发生白云石化与塑性变形；基质泥岩纹层中有片状黏土矿物、条带状有机质及黄铁矿晶粒			
白云岩及云质岩类		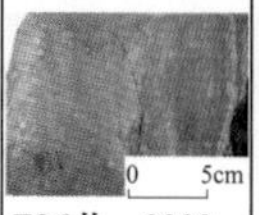 F26井，3298m	 FN1井，4360m	FN1井，4360m	FN1井，4361m		呈褐黄色薄层状、条带状和纹层状；单偏光下见雾心亮边结构，染色见白云石部分含铁，少量被方解石交代；电镜下可见铁白云石构成白云石最外一层环带；阴极发光下可见多期环带	风二段	除东北、西南角外均有分布	分布广，常与泥岩互层
含碱性矿物岩		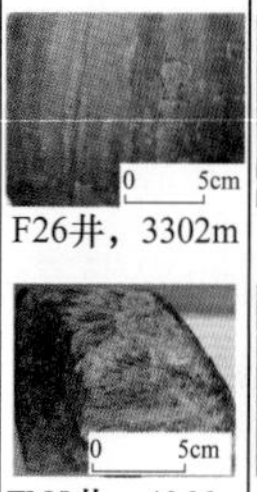 F26井，3302m	FN5井，4066m	FN5井，4066m	F26井，3302m		浅黄、浅灰白色，常呈纤维状或条带状；主要成分为天然碱、碳酸钠钙石、氯碳钠镁石等；各矿物间有不同程度的交代现象，镜下可见明显生成顺序：硅硼钠石→天然碱→碳酸钠钙石→氯碳钠镁石	风二段	靠近凹陷中心处（FN5井、AK1井、F26井、FN7井等）	多种钠碳酸盐矿物共生，常上覆于富有机质泥岩，有利于有机质的保存
		FN5井，4066m	FN5井，4066m	FN5井，4069m	FN5井，4066m					
陆源碎屑岩		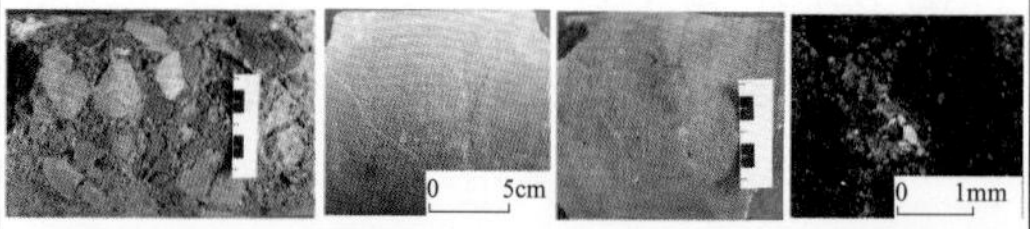 BQ2井，4294m	FN1井，4449m	FN1井，4449m	FN1井，4182m		岩性为细粒的粉砂—中砂岩、粗粒的含砾砂岩—砾岩见陆源碎屑夹有火山碎屑	风三段	山前（白26井、克87井等）	风城组沉积后期湖退，陆源碎屑供给充足
富硅硼钠石岩类		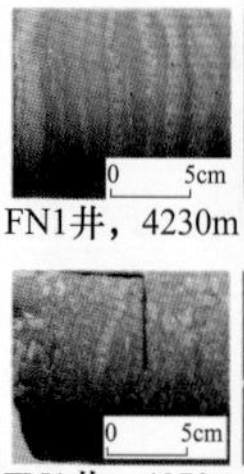 FN1井，4230m	FN1井，4230m	FN1井，4238m	FN5井，4072m		呈条带状、斑状和角砾状；镜下可见完好较好的晶形，如：楔状、菱板状或花状，亦可呈胶结物充填于粒间并交代颗粒；其分布广泛，既可与碱性矿物共生，也可与方解石和白云石共生，还可呈胶结物充填于砂岩、粉砂岩和泥岩，或与其中的微晶石英共生	风城组	靠近断裂处（FN8井、FN3井、F26井、FN7井等）	与碱性矿物层或云质岩类共生，常发育在断裂附近，为热液作用的产物
		FN1井，4070m	FN1井，4230m	FN1井，4238m	F26井，3298m					

图 2-4-2 玛湖凹陷风城组主要岩相类型及沉积特征综合分析图

色，纹层不同程度发育，常见浅色含云粉砂纹层或薄层，与泥质纹层交互。含云粉砂纹层在显微镜下可见复杂的粒序结构和丰富的陆生植物碎片，在扫描电子显微镜下可见溶蚀或蚀变残余的长石碎屑以及自生的白云石和石英。综合推测该类岩相沉积于洪水影响显著的滨浅湖环境。频繁的（季节性）洪水不同程度地影响了湖水的分层，导致湖底氧化—还原环境交替变化，不利于有机质的保存，总有机碳相对偏差，通常在 1% 左右。这也是该类岩相生物标志化合物具有高胡萝卜烷和较高的 Pr/Ph 比的原因。该岩石中白云石主要是在较好的渗滤条件下，高 Mg^{2+}/Ca^{2+} 湖水交代早期的泥微晶方解石、高镁方解石或文石等形成。

富有机质灰质泥页岩纹层矿物组成以方解石为主，滴酸起泡明显。岩心呈深灰色，纹层较发育，可见灰白色方解石纹层与泥质纹层交互，少见洪水影响形成的浅色含云粉砂纹层，偶见浅灰色火山灰纹层。该岩石在显微镜下可见细粒基质中有规则状方解石纹层分布，不同程度发生塑性变形，且周围有机质纹层也有明显弯曲变形，表明方解石纹层形成于同沉积期。此外，方解石纹层发生不同程度白云石化，表明有成岩改造影响。在扫描电子显微镜下可见泥质纹层中有片状黏土矿物、条带状有机质及呈分散状或顺层聚集分布的黄铁矿晶粒。

综合判断该类岩相沉积于洪水影响较弱的半深湖—深湖区，湖水分层且稳定，湖底为还原环境，有机质保存较好，总有机碳含量通常在 1.6% 左右。纹层越密集的岩心，颜色越暗，总有机碳含量越高。该岩石中方解石纹层由湖水中直接沉淀出的泥微晶方解石、高镁方解石和少量文石构成，并在准同生期发生塑性变形，局部因高 Mg^{2+}/Ca^{2+} 湖水渗滤发生不同程度的白云石化，包括方解石纹层的部分白云石化和基质中泥晶方解石的完全白云石化。

3）白云岩及白云质岩类岩相

风城组广泛发育白云岩及白云质岩类岩相，多与富有机质泥页岩岩相互层。录井资料显示，F7 井风城组底部约有厚近 60m 的纯净白云岩。钻井揭示玛湖凹陷风城组普遍含白云石，泥质白云岩、白云质粉砂岩等广泛发育，常见于风城组二段。白云岩可呈条带状、纹层状、斑状、透镜状和分散状分布。岩心可见褐黄色薄层状、条带状和纹层状白云岩。显微镜下可见泥粉晶和中细晶白云石。前者广泛分布于泥页岩、砂岩和粉砂岩中，在阴极发光下，泥质纹层中可见大量分散分布的泥微晶白云石，在扫描电子显微镜下可见片状黏土、有机质条带和分散状或顺纹层分布的黄铁矿。

综合薄片、阴极发光和扫描电子显微镜分析认为：泥微晶白云石由早期沉淀的方解石、高镁方解石、文石和原白云石在同生期或浅埋藏期发生白云石化（或由原生白云石有序转化）形成，主要受碱湖湖水的 Mg^{2+}/Ca^{2+} 控制，高 Mg^{2+}/Ca^{2+} 湖水可直接沉淀原生白云石，或渗入湖底沉积物中使早期沉淀的方解石、高镁方解石和文石发生白云石化；中细晶白云石由早期方解石为主的质点在埋藏期发生白云石化和（含铁白云石）环带胶结形成；去白云石化可能因成岩期热液（或深部循环水）带来富 Ca^{2+} 流体对白云石改造形成。

4）含碱性矿物岩岩相

含碱性矿物岩岩相是风城组最具特征的岩相，包括钠碳酸盐岩、钠钙碳酸盐岩和钠镁碳酸盐岩等。美国西部始新统绿河组已发现的碱性矿物包括：苏打石、天然碱等。岩心观察、薄片鉴定、扫描电子显微镜能谱及 X 射线衍射分析表明（图 2-4-3），玛湖凹陷风城组碱性矿物岩既有层状原生的，也有斑状次生、条带状次生的，多位于风城组二段，分布在凹陷中央。

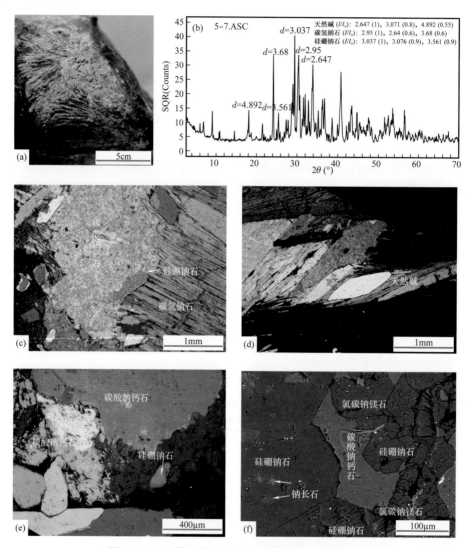

图 2-4-3 玛湖凹陷风城组含碱性矿物岩岩相特征

（a）碳氢钠石和天然碱共生，FN5 井，4066m；（b）a 的 XRD 谱图；（c）碳酸钠钙石、碳氢钠石及硅硼钠石共生，FN5 井，4066m，加石膏试板；（d）天然碱和硅硼钠石共生，FN5 井，4066m，加石膏试板；（e）碳酸钠钙石、氯碳钠镁石及硅硼钠石共生，氯碳钠镁石交代碳酸钠钙石和硅硼钠石，FN5 井，4066m，加石膏试板；（f）碳酸钠钙石、氯碳钠镁石及硅硼钠石共生，扫描电镜，F26 井，3302m

原生层状含碱性矿物岩在岩心上呈浅黄色、浅灰白色［图 2-4-3（a）］，在纵向上与深色块状含盐—盐质粉砂岩和泥岩交替分布，主要矿物组成为天然碱、碳氢钠石及碳酸钠钙石［图 2-4-3（a）～（d）］，其中，天然碱呈束状、纤状［图 2-4-3（a）、（d）］，碳氢钠石呈板片状［图 2-4-3（a）、（c）］，碳酸钠钙石呈等轴状［图 2-4-3（c）］，各矿物间有不同程度的交代现象［图 2-4-3（c）、（d）］。可能受钻井取心数量限制，层状碱性矿物仅见于 FN5 井（心长约 8m），其他多以薄层或纹层状产出（F26 井），但 FN5 井区—FC1 井区—F7 井区录井资料和测井相分析均可见累计厚度达上百米的层段内有大量的层状含碱性矿物分布。根据风城组硅硼钠石中包裹体冰点计算得到当时水体平均盐度为 19.22%NaCl，达到了咸化湖盐度，表明风城组含碱性矿物岩的形成可能与周期性的干旱有关，受轨道周期引起的温带干旱—半干旱气候旋回控制。

含次生碱性矿物岩多呈斑状或条带状分布，常见者包括天然碱、碳酸钠钙石、碳氢钠石、碳钠镁石、氯碳钠镁石，偶见磷钠镁石、丝硅镁石和菱水碳铁镁石等［图 2-4-3（e）、（f）］。此类岩石多形成于成岩期，或由同生期沉积遭受强烈的成岩改造形成，不同矿物的形成和分布受温度、压力、含水量和 CO_2 分压等因素控制。微观分析常见天然碱、碳氢钠石、碳酸钠钙石共生，并可见明显生成顺序，即硅硼钠石→天然碱→碳酸钠钙石→氯碳钠镁石［图 2-4-3（c）～（f）］。一些盐类吸收水分后，甚至沉淀出其他盐类，这可能也是在微观条件下观察到石盐和芒硝等盐类的原因。

5）陆源碎屑岩岩相

该岩相多分布于扎伊尔山山前，发育于风城组三段，岩性为粉砂岩—细砂岩、含砾粗砂岩—砾岩。岩心上多见陆源碎屑岩夹有火山碎屑。当火山碎屑含量小于 25%，将其归为陆源碎屑岩岩相，火山碎屑通常有一定的搬运距离。

6）富硅硼钠石岩类岩相

该类岩石以富含硅硼钠石为特征，硅硼钠石是玛湖凹陷风城组常见矿物类型之一，在岩心上呈条带状、斑状和角砾状，在显微镜下可见较好的晶形，如楔状、菱板状或花状。其分布极广泛，既可与碱性矿物共生（图 2-4-3），也可与方解石和白云石共生，还可呈胶结物充填于砂岩、粉砂岩和泥页岩，或与其中的微晶石英共生。

通常认为硅硼钠石的形成与热液有关，风城组中的硅硼钠石实测包裹体均一温度较高，最高为 154℃，110℃以上占到了 24%。据邱楠生等（2001）研究，准噶尔盆地西北部地层 4300m 以内正常埋深地温不会超过 110℃，所以推测硅硼钠石形成与早二叠世活跃的热液密切相关。结合风城组大量发育的自生钠长石类矿物及分布广泛的微晶石英，说明风城组热液作用活跃，从而促进碱湖的形成。但岩心观察可见硅硼钠石有水流搬运迹象，显微镜下可见硅硼钠石充填粒间，说明硅硼钠石的形成可能既有同生期的，又有成岩期的，有热液影响的，又有特殊催化作用形成的。综合分析推测硅硼钠石最早形成于准同生期，早于碳氢钠石与碳酸钠钙石，最晚与铁白云石同期或略晚。

富硅硼钠石岩类常与碱性矿物共生，或呈条带状夹于白云岩及泥岩中，故测井特征表现不一。从现有取心井岩心资料可知，富硅硼钠石岩类广泛发育于断裂带附近，如在距乌夏断裂带较近的 F26 井、FN5 井、FN7 井等取心可见该岩类，而距断裂带较远的 FN4 井等取心则未发育该类岩石。但因水流搬运，在距离断裂带较远的 FN1 井也可见经过搬运再沉积的该类岩石。

3. 岩相展布特征

玛湖凹陷钻穿风城组的井较少，且大多数井取心不连续，只依靠岩心观察难以判定岩性横向和纵向分布。因此，在岩心识别基础上，根据不同岩性的测井响应，通过 6 条剖面的建立，初步明确了玛湖凹陷风城组 3 个段岩性展布规律。从连井剖面看，风城组地层沉积最大厚度位于扎伊尔山山前 BQ1 井附近，与通常沉积最大厚度位于湖盆中心不一致（图 2-4-4）。

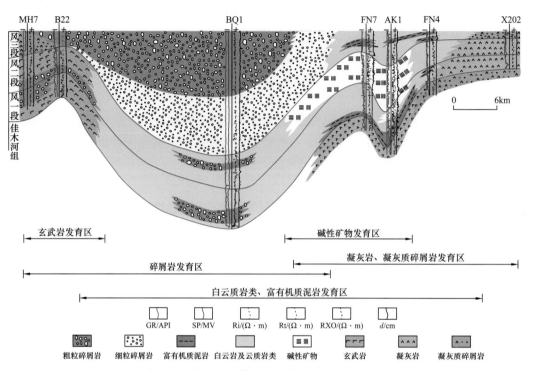

图 2-4-4　玛湖凹陷过 MH7 井—B22 井—BQ1 井—FN7 井—AK1 井—FN4 井—X202 井风城组连井剖面

同时利用测井响应与岩性相对应的方法，并通过多条剖面的建立，初步明确了玛湖凹陷风城组三个段岩性展布规律。风城组一段凹陷中央发育富有机质泥页岩，向外发育白云岩及云质岩类，凝灰岩和凝灰质碎屑岩发育于凹陷东北部，玄武岩发育于凹陷西部，扎伊尔山山前主要沉积陆源碎屑岩类 ［图 2-4-5（a）］。风城组二段凹陷中央发育碱性岩及含盐岩，向外过渡为白云岩及云质岩类，越往中部泥质含量越高。凹陷东北部以凝灰岩、凝灰质碎屑岩为主，但规模较风城组一段明显减小。断裂带附近可见富硅硼钠石岩类分布 ［图 2-4-5（b）］。风城组三段陆源碎屑岩规模增大，尤其是扎伊尔山山前。东北部火山碎屑岩—凝火山碎屑岩分布范围继续缩小，以凝灰质碎屑岩为主。碱性岩及含盐岩沉积范围减小至消失，凹陷内富有机质泥页岩、白云岩及云质岩类互层 ［图 2-4-5（c）］。

从目前钻井取心来看，钻遇碱性矿物的井多位于凹陷西部。测井曲线亦显示，凹陷西部碱性矿物发育面积大。这可能与不同性质的火山岩分布有关，东北部主要是凝灰质岩（以长英质为主，偏酸性），西部以玄武质岩（安山质岩）为主，此类岩石水解或为湖盆提供了 Na^+、Ca^{2+}，Ca^{2+} 先于 Na^+ 沉淀为白云石，随着气候偏干，淡水注入减少，湖盆逐渐碱化。

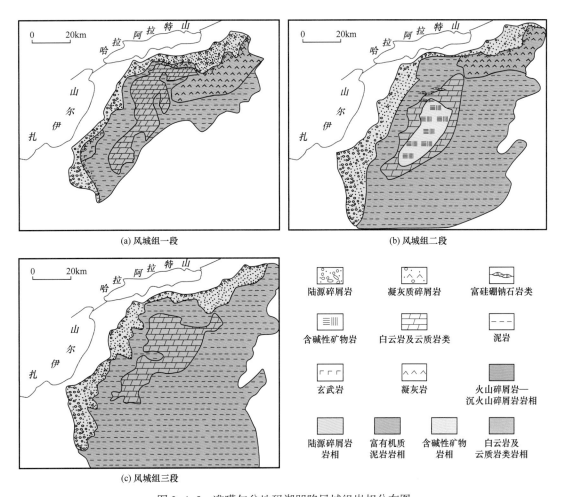

(a) 风城组一段

(b) 风城组二段

(c) 风城组三段

图 2-4-5　准噶尔盆地玛湖凹陷风城组岩相分布图

二、沉积古环境恢复

已有研究表明风城组沉积时期湖盆总体上为闭塞环境，气候以干旱为主，水体浅，盐度高（冯有良等，2011；匡立春等，2012；秦志军等，2016），但尚未明确风城组沉积时古环境变化过程。考虑到当湖盆面积较小时，古环境对其影响能反映在元素变化上，弥补古生物化石有时难以准确鉴定的难题，通过元素地球化学特征综合分析，发现沉积物的元素丰度及元素间的比值变化比古生物化石更能反映气候、盐度、水深等的细微变化，且湖盆面积较小，古环境对其影响更能反映在元素变化上。

根据元素丰度及其比值分析，古气候与古水深对应关系较好（图 2-4-6）。一般而言，Mg/Ca 与 Mg/Sr 值越大反映气候越干热，含碱层段 Mg/Ca 会出现低值甚至是极低值（汪凯明等，2009）。通过测定 Mg/Ca、Mg/Sr 数据，自风城组沉积早期开始，表现为较低值—低值—较高值—持续低值。结合岩性变化，在风城组二段后期沉积了较薄层的碱层，可能在即使干旱环境下也会出现 Mg/Ca、Mg/Sr 比值为低值的异常现象。因此，对应着古气候由半干旱—较潮湿—半干旱—干旱—半干旱。Mn/Fe、Rb/K 值越高表明水体越浅（郑一丁等，2015）。Mn/Fe 与 Rb/K 的比值随深度变化的表现特征一致，经历较高值—高值—中低值—低值—较高值，对应着古水深由较深—深—较浅—浅—较深。古水深的变化几乎和古气候的变化完全吻合。

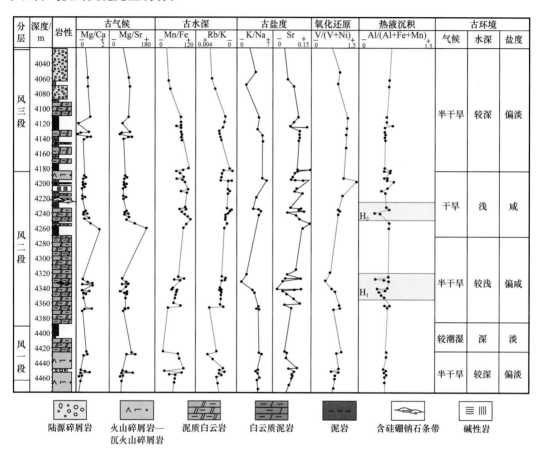

图 2-4-6　玛湖凹陷风城组古环境演化综合柱状图

K/Na 和 Sr 值越大反映水体盐度越高（王敏芳等，2006），风城组二段—风城组三段沉积早期古盐度元素比值偏高，表现为高盐度的环境。Sr 大致表现为中低值—低值—中高值—高值—中低值，盐度由偏淡—淡—偏咸—咸—偏淡。包裹体冰点温度测定及硼（B）、黏土含量定量计算（潘晓添，2013）数据表明，风城组整体上为高盐度的咸化湖沉积。风城组 V、Ni 含量低，便携式 XRF 仪器未检测出二者含量，V、Ni 含量是通过全岩分析获得，样本点间隔较大，测定结果显示 V/（V+Ni）值大致经历减小—增大—减小的过程，反映古氧化还原过程为氧化—还原—氧化（范玉海等，2012）。另外已测定的 27 个 V/（V+Ni）数据中，仅有 3 个数值小于 0.6，说明风城组整体以静水还原环境为主。从原油地球化学性质来看，风城组沉积早期原油具植烷优势，伽马蜡烷含量较高；中后期表现为高伽马蜡烷，反映中后期水体分层更明显。

风城组稀土元素测定结果显示，轻稀土元素（LREE）含量高于重稀土元素（HREE）含量，铈（Ce）正异常、铕（Eu）负异常，表明风城组整体上以正常水体沉积为主（梁钰等，2014）。断裂附近样品分析显示，LREE 明显低于 HREE，结合包裹体分析，均一温度最大可达 154℃，说明在断裂附近经历热液作用，同时也证实硅硼钠石的形成确实与热液作用密切相关。在热液沉积区 Fe、Mn 含量相当高，且二者紧密伴生，而正常沉积岩中，Fe、Mn 非伴生出现。Al、Ti 的相对集中则多与陆源物质介入有关，其含量与细陆源物质的含量正相关，因此常用 Al/（Al+Fe+Mn）值来判断是否为热液沉积，比值异常小，表明为热液沉积（Cong 等，2016）。风城组 Al/（Al+Fe+Mn）值出现了两次异常小，表明经历两期热液作用。第一期热液活动发生于风城组二段沉积早期，第二期热液活动发生在风城组二段沉积中后期。通常热液作用能促进碱性矿物及含盐岩类的沉积，根据碱性矿物及含盐岩类发育时间分析：第一期热液活动之后并未促进该岩类发育，可能与当时气候较湿冷、水体较深、盐度较低有关；随着气候变干热，水体变浅，盐度更高，第二期热液活动以后，沉积碱性矿物及含盐岩类。

综合风城组古气候、古水深、古盐度、氧化还原程度、古物源、热液沉积等古环境分析，认为风城组古环境主要受火山活动、古气候控制。风城组沉积早期碱性—亚碱性火山碎屑岩风化水解为水体提供 Na^+，使湖盆朝着 Na^+—CO_3^{2-}—Cl^- 水体发展，促进湖盆碱化；同时火山活动控制两期热液活动，决定富硅硼钠石岩类岩相的空间展布，在古气候干旱、古盐度高、古水深浅时，第二期热液活动促进了碱性矿物发育。古气候频繁变化控制湖平面的深浅波动，风城组的干旱气候促进淡水咸化，最终形成碱湖；风城组二段后期古气候干旱、水体浅、水体咸度高，为碱性水体，以沉积碱性矿物及含盐岩相为标志。

三、风城组碱湖沉积演化模式

通过上述岩相特征及其分布、古沉积环境恢复研究，认为玛湖凹陷风城组属于典型的碱湖沉积，其湖盆细粒沉积纵向演化模式与岩相组合空间分布规律不同于淡水湖盆沉积与半咸水湖盆沉积。

1. 纵向演化模式

在对准噶尔盆地玛湖凹陷风城组岩相展布及古环境演变研究基础上，综合考虑风城组地层与古环境演化之间的对应关系，建立玛湖凹陷风城组沉积演化模式。风城组沉积演化分为 5 个阶段（图 2-4-7），受火山活动、古气候影响大，湖平面波动频繁，碱性矿物及含盐岩、富硅硼钠石岩类沉积范围局限，富有机质泥页岩沉积厚度相对较小、纯度低，常与白云质岩类互层，在垂向上可见一定的沉积序列，因火山活动影响，火山碎屑岩—沉火山碎屑岩与陆源碎屑岩呈现相互消长的关系。

第一阶段对应于风城组一段沉积早期［图 2-4-7（a）］，湖平面较高，气候半干旱，陆源碎屑物供给较少，火山碎屑岩—沉火山碎屑岩岩相发育，以碱性—亚碱性火山岩为主，靠近哈拉阿拉特山山麓，沉火山碎屑岩含量增高，远离物源区可见火山灰夹层。凹陷西部以玄武岩为主，东北部主要是火山岩、凝灰质碎屑岩。水体为静水环境，凹陷中央沉积较薄较局限的富有机质泥页岩。

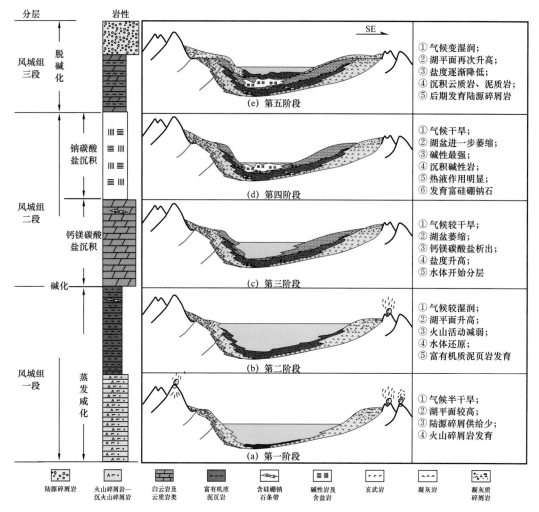

图 2-4-7 准噶尔盆地玛湖凹陷风城组沉积演化模式

第二阶段对应于风城组一段沉积晚期［图 2-4-7（b）］，湖平面升高，气候较湿润，火山活动减弱，但此时缓坡带仍有火山物质供给，火山碎屑岩—沉火山碎屑岩岩相沉积厚度增大，丰富的火山物质为水生生物提供养料，有机质丰度高，水体为还原环境，此阶段有利于湖盆中央富有机质泥页岩的堆积与保存。

第三阶段为风城组二段沉积早期［图 2-4-7（c）］，湖盆萎缩，气候变干旱，陆源碎屑物供给依旧很少，Ca^{2+}、Mg^{2+} 过饱和，方解石、白云石等先析出，盐度升高，水体开始分层。第二阶段形成的有机质被很好地保存。同时藻类大量堆积腐烂形成的疏松构造，使得碳酸盐矿物得以在此大面积发育。此时在风城组可见白云岩及白云质岩类岩相与富有机质泥页岩岩相交替出现，或见白云岩及白云质岩类岩相上覆于富有机质泥页岩岩相。同时由于热液作用，在断裂附近沉积了富硅硼钠石岩类岩相。

第四阶段为风城组二段沉积中后期［图 2-4-7（d）］，第三阶段钙镁碳酸盐沉积之后，水体 Ca^{2+}、Mg^{2+} 消耗殆尽，pH 值达到风城组演化阶段最高值，由于水体早期分层，生物呼吸作用和有机质分解作用产生的 CO_2，增大了湖水 CO_2 分压。同时，由于此时湖盆进一步萎缩，气候十分干热，盐度高，热液作用明显，在该阶段沉积碱性矿物及含盐岩岩相，断裂附近可见富硅硼钠石岩类沉积。原油地球化学特征研究表明，此阶段伽马蜡烷值高，水体分层更明显，更有利于有机质的保存。

第五阶段为风城组三段沉积时期［图 2-4-7（e）］，风城组三段沉积早期湖平面再次升高，气候变湿冷，盐度逐渐降低，再次沉积泥质岩、云质岩类。随着湖平面继续降低，气候继续变湿冷，陆源碎屑物输入增多，有机质丰度降低，在风城组三段后期以陆源碎屑物质为主。

风城组沉积演化模式的前四个阶段为湖盆咸化、碱化过程，即使在第二阶段存在异常波动，整体上仍呈现为湖平面下降、气候变干热、盐度升高的变化趋势，此过程以沉积碱性矿物及含盐岩为碱化完成的标志。随后第五阶段经历湖进，湖盆向脱咸化、脱碱化过程发展，此阶段以陆源碎屑物质沉积增多、重新沉积钙镁碳酸盐岩为特征。

研究发现，风城组沉积主要受频繁变化的古气候、火山活动控制。古气候决定湖平面波动，湖平面波动控制碱性矿物及含盐岩、富有机质泥页岩、白云岩及白云质岩类、陆源碎屑岩沉积；火山活动影响火山碎屑岩—沉火山碎屑岩展布，与陆源碎屑岩呈现相互消长关系；热液作用则控制着富硅硼钠石岩类的沉积时间与沉积范围。

2. 岩相组合空间分布规律

全球古今碱湖纵向沉积调研发现，现代碱湖沉积中，碱性矿物发育于淤泥之上；古代碱湖沉积，碱性矿物发育于油页岩之上，这表明碱性矿物的发现对碱湖油页岩的发育位置具有重要的指示意义。

受沉积时物源、沉积环境及湖盆演化过程控制，从物源区到湖盆中心常见 5 种岩相组合类型（图 2-4-8）：类型 Ⅰ 为 A—B—C—D；类型 Ⅱ 为 A—E—B—C—E—D；类型 Ⅲ 为 A—B 与 C 互层；类型 Ⅳ 为 A—E—B 与 C 互层—E；类型 Ⅴ 为凝灰质砂砾岩—凝灰质砂岩。

远离物源、水动力较弱的深湖—半深湖相区，以类型 Ⅰ、Ⅱ 为主，即凝灰质砂岩（A）—富有机质泥页岩（B）—白云质岩（C）—含碱性矿物岩（D），有时夹富硅硼钠石岩相组合（E）；靠近火山发育的滨浅湖区，主要发育类型 Ⅲ、Ⅳ，即凝灰质砂砾岩（A）—富有机质泥页岩（B）/白云质岩（C）互层组合，有时顶部夹硅硼钠石（E）；靠近物源区的河流—冲积平原，则见以陆源碎屑岩和火山碎屑岩相（A）为主的类型 Ⅴ，向上岩石粒度明显变细，越靠近哈拉阿拉特山山麓，火山岩含量越高，钻井资料表明河流—冲积平原基本没有泥页岩和白云质岩相的沉积。

上述岩相组合类型与碱湖水体、古环境变化密切相关。碱湖形成早期火山物质溶解，形成富碱水体，故火山碎屑岩—沉积火山碎屑岩常位于纵向剖面底部。早期火山活动为水体提供养料，促进有机质的形成；水体较深，以还原环境为主，有利于有机质保存，导致火山碎屑岩—沉积火山碎屑岩之后常发育富有机质泥页岩。水体进一步浓缩，Mg^{2+}、Ca^{2+} 过饱和，按照化学分异顺序，方解石、白云石等常见碳酸盐先析出，从而在泥页岩

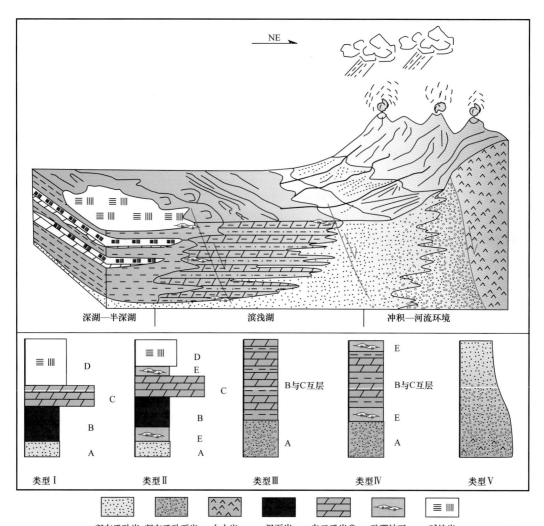

图 2-4-8 玛湖凹陷风城组碱湖岩相组合类型与沉积模式

之后形成白云岩或含白云质岩类。同时由于有机质中细菌的还原作用生成大量气体，这些气体能够改变沉积物的层理形成网格状结构；大量藻类堆积腐烂形成疏松的构造，碳酸盐矿物得以在此大面积发育，造成富有机质泥页岩常与白云质岩交替出现。常见碳酸盐析出之后，水体 pH 值达到最高，湖水 CO_2 分压增高，促进天然碱等的沉淀，形成含碱性矿物岩类，该岩相是在水体 CO_2 浓度、碱度达到一定值时才能析出，浅湖区一般难以具备这样的条件。故风城组可见一般碱湖普遍发育的岩相组合类型 Ⅰ 与类型 Ⅲ。

硅硼钠石的析出与火山热液作用密切相关，通常发育于火山口或断裂附近，最常出现在富有机质页岩或碱性矿物析出之前，形成岩相组合类型 Ⅱ 与类型 Ⅳ。一方面是由于深部热液在上涌过程中会发生水岩反应，为湖盆带入碱性成分，促进碱性矿物的析出；另一方面，热液的注入为水体提供高矿化度流体、N 和 P 等重要养料、热量及大量过渡金属元素（催化剂），加速了有机质生烃。

上述讨论也说明风城组的碱性矿物发育于泥页岩之上，表明碱性矿物的发现对油页岩的发育位置具重要的指示意义。同时，世界上具有工业性开采价值的含油气盆地中，约55%的盆地内含有层状或透镜状蒸发盐类。其中，约46%的盆地含油层系位于盐系地层之下，41%的盆地含油层系位于盐系地层之上，剩下的13%介于盐系地层之间。这说明盐层的发现对油气的生成、储集具有重要作用。

3. 碱湖成因及意义

碱湖属于高盐度、高矿化度的咸水湖，pH 值通常大于 9，有时甚至高达 11。与常见的淡水湖、氯化盐湖、硫酸盐湖及海水不同。碱湖水体中，以 Na^+ 和 CO_3^{2-}（含 HCO_3^-）为主（Deocampo，2014），所以又称为苏打湖或碳酸盐湖。著名的现代碱湖包括美国的 Soda 湖、Walker 湖，中国的察汗绰湖（孙大鹏，1990），以及东非的 Magadi 湖（Deocampo，2014）等。碱湖不但蕴藏了大量钠碳酸盐岩类矿物（纯碱），还与优质烃源岩的赋存密切相关，如美国大绿河盆地的绿河组页岩 TOC 高达 20%～30%，其中面积约 6.5×10^4 km^2 湖相绿河组页岩石油地质储量超过 $2000 \times 10^8 t$（Dyni，2003）。中国泌阳凹陷核桃园组为典型的碱湖沉积，其 TOC 含量（1.4%～1.9%）虽小于绿河组页岩（4%～20%），但仍是中国代表性的"小而肥"含油气盆地，在其中已发现多个油田（李苗苗，2014）。分析认为，碱湖因其生物多样、生物产率高，可形成优质的烃源岩。Melack 等（1974）统计东非大裂谷附近多个碱湖的生物产率发现，碱湖的生物产率是河流和淡水湖的 2～12.6 倍。此外，由于碱湖水体常具分层特征，有利于在湖底形成还原环境，降低有机质的氧化分解程度，从而有利于有机质的保存。1990 年，Domagalski 等对 Mono 湖、Walker 湖及美国大盐湖湖底系统取样分析表明，与普通盐湖相比，碱湖 TOC 值更高，其中相比于无水体分层或水体分层不明显的碱湖，有水体分层的碱湖具有更高的 TOC 值。研究表明，碱湖形成需要特定的构造、气候及地球化学等条件。首先碱湖形成需要一个相对封闭的汇水盆地，蒸发量大，使得盐类能不断析出；注入水量充足，保证湖盆不会过早干涸。这样，在 Mg^{2+}、Ca^{2+} 析出后，才有足够多的 HCO_3^-、CO_3^{2-}、Na^+ 结合，生成钠碳酸盐。具有这种环境的地区通常为气候干旱区。其次，碱湖要有充足的溶质来源，包括地表径流、地下水及热液等，在注入湖盆过程中与土壤、基岩或围岩发生水岩反应带来溶质。再者，碱湖通常与火山活动区相邻。

通过对玛湖凹陷区域构造背景和古气候分析表明，玛湖凹陷风城组沉积期间具备形成碱湖的构造、气候条件。

古生代形成的西准噶尔褶皱带奠定了盆地西北缘的盆山格局，从而控制了二叠纪乃至现今盆地的水系分布。早二叠世后造山伸展期，达尔布特断裂带等开始活动，加之俯冲板片的拆沉作用造成区域岩石圈拉张减薄诱发的岩浆活动，以及较高的大地热流值和古地温，都促进了热液活动，加速了下渗地表水的循环对流。当富含火山气体（主要为 CO_2）的热液和深部循环的地表水流经岩浆岩时会发生水岩反应，为风城组沉积提供水体补给和必要的溶质来源。

在早二叠世早期随着冈瓦纳大陆冰期基本结束，加之全球性活跃的火山活动，全球气候逐渐变暖。受此大背景和周缘强烈的火山喷发作用影响，准噶尔地体也出现了转暖的趋势（吴绍祖，1996）。据李永安等（1999）对古地磁研究得出，早二叠世准噶尔盆地西北缘位于 40°N 左右，气候总体属于温带干旱—半干旱气候带。这种气候叠加地球轨道驱动斜率的变化会出现热辐射区（ITCZ）的变化形成干旱—半干旱气候周期变化，从而形成碱性岩、富有机质泥岩互层。这种气候背景与现今的东非大裂谷极其相似，正是碱湖发育的最佳气候环境。

全球古今碱湖的纵向沉积调研发现：现代碱湖沉积中，碱性岩发育于淤泥之上；古代碱湖沉积，碱性岩发育于油页岩之上，这表明碱性岩的发现对碱湖油页岩的发育位置具有重要的指示意义。美国西部始新统绿河组页岩勘探表明，含碱性岩的地层能形成优质储层。前面提到，风城组的含碱性岩的地层发育于泥页岩之上（图 2-4-8），表明风城组可形成良好的源储配置，勘探实践也已证实碱性岩的发现对油页岩及优质储层的重要指示意义。

第三章　湖盆规模储集体形成机理与分布规律

含油气盆地发育规模储集体是大油气田或大油气区形成与分布的必要条件。湖盆除了发育冲积扇、河流、三角洲、水下扇等规模碎屑岩储集体外，近期勘探研究表明，滩坝、湖相碳酸盐岩也可形成规模储集体。本章立足"十三五"期间研究的最新进展，重点论述了浅水三角洲生长模式和煤系三角洲、滩坝、湖相碳酸盐岩的沉积模式与成储机理。

第一节　浅水三角洲沉积特征与生长模式

浅水三角洲的概念是由美国学者 Fisk（1961）研究密西西比河三角洲沉积时首次提出，中国学者对浅水三角洲研究始于 20 世纪 80 年代，研究重点集中在三角洲分类、形成机制与主控因素、微相类型及砂体结构样式等方面。"十五"以来随着松辽、鄂尔多斯、准噶尔等盆地大型浅水三角洲的规模勘探，对其沉积模式与分布规律等进行了详细解剖，取得了许多创新性认识，推动了坳陷湖盆岩性地层油气藏勘探实践。本节主要立足对松辽盆地西南部上白垩统保乾三角洲沉积特征和分布规律解剖，以及鄱阳湖现代赣江三角洲遥感定量解析，重点探讨了湖盆浅水三角洲形成的地质背景、沉积特征与生长模式。

一、浅水三角洲沉积背景与主控因素

1. 坳陷湖盆具有形成大型浅水三角洲的沉积背景

目前在中国石油地质学研究中，一般按湖盆所在区域的构造活动特点，把陆相含油气盆地类型划分为断陷、坳陷和前陆三大类，其沉积构造格局与沉积充填特征具有显著差异。

断陷盆地一般由深大断裂分割的断块相对运动形成凸凹相间的构造格局，常被分割成许多凹陷，因此单个凹陷面积不大。如渤海湾盆地面积约为 $20 \times 10^4 km^2$，包括 54 个凹陷和 44 个凸起，每个凹陷面积一般为几千平方千米或几百平方千米，其中最大的东营凹陷面积约为 $7000 km^2$。断陷盆地与坳陷盆地沉积格局的最大不同就是一个凹陷就是一个沉积单元，同时由于断陷盆地具有构造活动强烈、古地形差异大、物源充足、湖泊水体较深、沉积相带变化快等特点，因此一般不具备浅水三角洲形成的沉积背景，特别是难以形成大型浅水三角洲。

坳陷盆地以较均匀的整体升降构造活动为主，盆地面积大，地形平坦，边缘斜坡宽缓，中间无大的凸起分割，故可形成沉降中心与沉积中心一致、面积较大的统一大湖。

中国中生代发育松辽、鄂尔多斯、准噶尔等大型坳陷湖盆，盆地面积可达数十万平方千米，其中湖侵期古湖泊面积可达数万平方千米以上。古湖泊面积大但水体并不一定很深。如松辽盆地在下白垩统青山口组一段湖侵期沉积时，湖泊面积 $8.7 \times 10^4 km^2$，但湖水深度在 30m 左右，最深处也仅 60m，不及渤海湾盆地东营凹陷等古湖泊的深度可达百米以上。因此坳陷湖盆是大型浅水三角洲发育的理想场所，特别是在古湖泊水体更浅的湖退期。坳陷湖盆构造背景稳定，沉积底形坡度平缓，湖区宽浅，湖浪作用微弱，因此河流携带沉积物入湖后，通过不断分流改道逐渐搬运至湖盆中央，形成大型浅水三角洲复合沉积体系。坳陷湖盆浅水三角洲发育规模与一些现代海相三角洲相当，而远大于断陷湖盆中普遍发育的扇三角洲或辫状河三角洲。鄂尔多斯盆地三叠系延长组沉积演化特征表明，除长 7 段沉积时期湖泊面积大、水体较深外，其他层段古湖泊面积较小、水体很浅，这为大型浅水三角洲的发育提供了良好沉积背景。如长 6 油层组沉积时期，从北部阴山南麓直到鄂尔多斯腹地，形成的安塞三角洲，就是典型的大型曲流河浅水三角洲，三角洲平原面积约为 $18000 km^2$，三角洲前缘面积约为 $22000 km^2$；长 8 油层组沉积时期，在陕北斜坡上发育的河流三角洲面积可达 $48000 km^2$，在盆地西南发育的西峰辫状河三角洲，面积超过 $10000 km^2$。大型浅水三角洲是目前鄂尔多斯盆地岩性油气藏勘探的主体，已发现了 $30 \times 10^8 t$ 以上的探明石油地质储量。

前陆盆地主要分布于造山带外侧强烈沉降带。这种湖盆以不均匀的构造活动为主，在前陆盆地不同构造带形成不同类型的湖泊。在冲断带—前渊带，构造活动强烈，形成的前渊坳陷湖泊，水体较深，面积相对较小，其湖泊性质类似于断陷湖盆；而在前陆斜坡带，构造活动较弱，地形宽缓平坦，可形成类似于坳陷盆地的沉积格局，湖泊面积较大，但水体较浅，也可形成大型浅水三角洲，如四川盆地须家河组在川中斜坡区发育多个面积超 $10000 km^2$ 的大型浅水三角洲。

2. 敞流型湖盆是浅水三角洲规模发育的主控因素

水文地质学将湖盆分为敞流与闭流两种类型。勘探实践与研究表明，敞流型湖盆是浅水三角洲规模发育的最重要主控因素。对于敞流型湖盆，尽管河流搬运大量沉积物入湖的同时湖泊注水量增大，但由于有敞流通道的存在，多余湖水可沿敞流通道溢出而不易形成宽阔的较深水湖泊，有利于浅水三角洲逐渐向湖盆中心延伸生长，直至充填整个湖泊。

松辽盆地晚白垩世是一个典型的具有湖海通道的敞流型湖盆，研究表明湖盆向东开口，湖水出海口位置在如今宾县附近。由于松辽盆地濒临海洋，湖泊大小与水体深浅明显受海平面升降控制，目前嫩江水系通过敞流通道直接入海，因而没能形成大型湖泊。前人研究表明，松辽盆地晚白垩世经历的阿尔卑斯期、土伦期两次海侵，与青山口组一段、二段和嫩江组一段、二段两套湖相泥岩沉积相对应（图 3-1-1）。这两个时期海平面较高，一方面湖水无法排出，另一方面可能存在局部海侵，因此导致松辽盆地发育大型古湖泊，因此在较深湖背景下，松辽盆地以泥页岩等细粒沉积为主，在湖泊周缘发育正常三角洲。

在泉头组、青山口组三段、姚家组、嫩江组三段沉积时期海平面较低，导致湖水通过出海口大量流出，湖泊范围明显变小、水体变浅，因此大型浅水三角洲广泛发育，三角洲砂体可以沉积到湖盆中心部位。晚白垩世泉头组—嫩江组是坳陷期沉积的主体，受盆地演化与湖平面升降控制发育两个完整的二级层序（图3-1-1）。下部二级层序由泉头组和青山口组组成，上部二级层序由姚家组和嫩江组组成，两次最大湖泛面分别在青山口组一段和嫩江组二段，形成了两套优质规模烃源岩。松辽盆地古湖泊水体大面积进退与浅水三角洲纵向叠置，形成了典型的"三明治"结构，生油层、砂岩储层大面积接触，有利于浅水三角洲前缘大面积成藏。

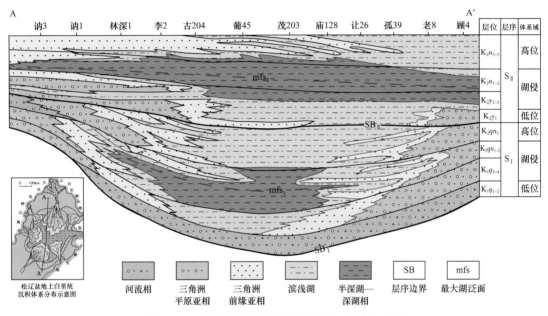

图3-1-1　松辽盆地坳陷期主要层序地层结构示意图

　　鄂尔多斯盆地三叠系延长组沉积演化具有与松辽盆地晚白垩世类似的特点。最新研究认为，鄂尔多斯中—晚三叠世原型盆地远远超出目前盆地范围，为一向南东开口的敞流型湖盆。因此，推测除湖泊最扩张期长7油层组沉积时湖盆深而广，其他时期古湖泊范围相对较小、水体较浅，因此在目前盆地范围内广泛发育长6段、长8段大型浅水三角洲沉积，而泥质等细粒沉积物可能沉积于原型盆地中部或通过敞流通道向南东开口溢出。

　　鄱阳湖盆地为早白垩世燕山运动形成的断陷盆地，晚白垩世—新近纪经历了复杂的构造演化过程，至第四纪，盆地发生整体坳陷并持续接受沉积，赣江古河道在新构造运动下扩张、长江洪水位上升共同作用下演化为现代鄱阳湖。现代鄱阳湖向长江开口的典型敞流型湖盆，长江水位高低是鄱阳湖湖面大小的最主要控制因素。同时受周围河流汛期的影响，湖面呈现出季节性变化。在夏秋汛期季节，赣江等河流洪水入湖，加之长江水位较高，湖水不能顺畅排出甚至江水倒灌，因此湖面不断扩大而成为大湖。而在冬春枯水季节，周围河流入湖水量减少，特别是长江水位较低，大部分湖水通过湖口流入长江，因而湖面变小，湖滩显露［图3-1-2（a）］。湖口历年最高水位为21.69m时，湖面积为4647km^2，容积为333×10^{8}m^3，为中国最大的淡水湖；而湖口历年最低水位5.9m时，湖面积仅为146km^2，与汛期相比相差32倍，容积5.6×10^{8}m^3，相差59.5倍。

通过多时相遥感影像解译和野外沉积考察验证可知，鄱阳湖主要发育三角洲沉积和敞流通道沙坝沉积，以及少量的风成沙沉积[图3-1-2（b）]。鄱阳湖周缘发育赣江、修河、抚河、信江及饶河共五条较大河流，在河流入湖沉积物卸载区均发育有三角洲，其中赣江流域面积、水量、输沙量在各入湖河流中都占首位，因而形成的三角洲面积最大，可达1544km²。由于鄱阳湖有敞流通道的存在，赣州等三角洲主力分流河道均有向敞流通道流向收敛的趋势，同时在平行通道方向可形成规模滩坝砂体，这对古代湖盆中心油气勘探领域拓展具有借鉴意义。

二、浅水三角洲沉积特征与分布规律

笔者及团队近年来在松辽、鄂尔多斯、准噶尔等盆地开展了浅水三角洲沉积特征解剖与分布规律研究，现仅以松辽盆地西南部保康水系形成的保乾三角洲为例进行分析。保乾三角洲位于松辽盆地西南部（位置见图3-1-1左下"松辽盆地上白垩统沉积体系分布示意图"的红框），叠合面积超过3000km²，主要发育在上白垩统泉头组—姚家组沉积时期。通过对保乾三角洲沉积特征解剖和分砂层组沉积微相展布规律研究，揭示保乾三角洲在不同时期分别发育"深湖型"和"浅湖型"两种三角洲沉积模式。"深湖型"三角洲一般呈朵叶状，"浅湖型"三角洲一般呈鸟足状或树枝状。

1."深湖型"三角洲

青山口组一段、二段沉积时期主要发育"深湖型"三角洲，该时期由于受湖侵/海侵影响水体较深，三角洲的沉积特征与正常三角洲有类似之处。通过多口井取心井段岩性描述，显示前三角洲、三角洲前缘、三角洲平原的反韵律沉积序列完整[图3-1-3（a）]。从三角洲平原—前三角洲，砂岩由粗变细，单砂层由厚变薄。前三角洲为粉砂质泥岩夹薄层粉砂岩，常见滑塌沉积构造。三角洲前缘下部为粉砂岩和粉砂质泥岩互层，为河口坝沉积，在电测曲线上为反粒序漏斗形；三角洲前缘上部以中—细砂岩为主，夹薄层灰色泥岩，为浅湖背景下的水下分流河道沉积，分流河道底部见明显的冲刷面及含砾砂岩滞留沉积，在电测曲线上为正粒序钟形或箱形；三角洲平原在长岭凹陷分布局限，岩性以含砾中—细砂岩和泥岩互层为主。

"深湖型"三角洲主要发育在滨湖相—浅湖相—半深湖沉积环境，湖岸线相对稳定，亚相带分布清晰（图3-1-4）。三角洲平原沉积微相以水上分流河道和河道间为主，砂岩百分比一般大于40%；三角洲前缘可进一步分为内前缘和外前缘。其中内前缘是分流河道沉积物卸载的主要相带，构成了三角洲的主体，砂体分布范围大，砂岩百分比为20%~40%，沉积微相以水下分流河道、河口坝和分流河道间为主，其中较早期形成的河口坝由于受后期分流河道延伸的侵蚀，一般不能完整保留下来，因此在纵向上大都与分流河道直接接触，之间的冲刷构造清晰。受湖水顶托影响，水下分流河道不易延伸至浅湖—半深湖区，物源供给不充分，三角洲外前缘范围较小，一般呈席状沙坝围绕内前缘分布；沉积微相以受波浪作用改造的席状砂为主，波状层理发育，单层厚度一般小于1m，砂岩百分比一般小于20%。前三角洲以浅湖—半深湖泥岩沉积为主，夹小型滑塌浊积岩透镜体。

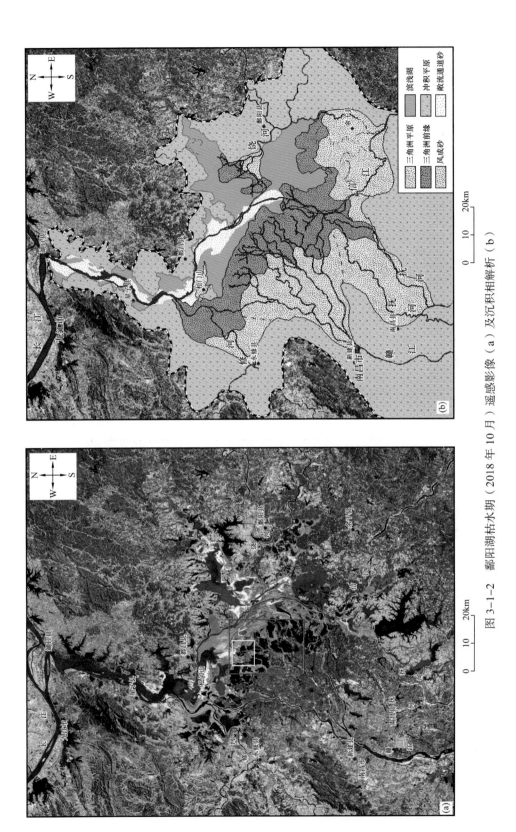

图 3-1-2　鄱阳湖枯水期（2018 年 10 月）遥感影像（a）及沉积相解析（b）

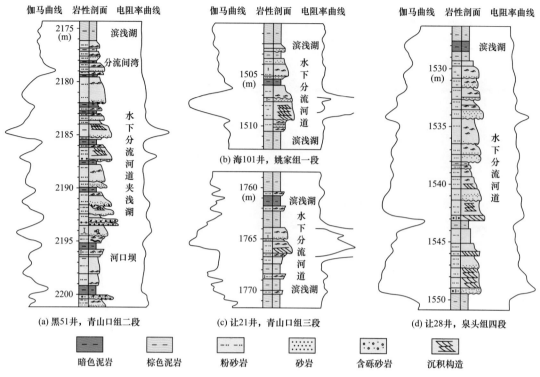

图 3-1-3　保乾三角洲典型井岩心描述与沉积微相分析

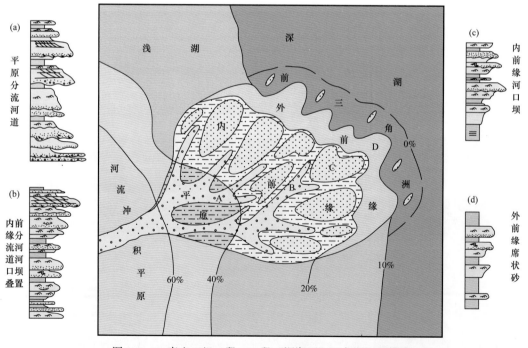

图 3-1-4　青山口组一段、二段"深湖型"三角洲沉积模式

2."浅湖型"三角洲

泉头组四段沉积时期、青山口组三段沉积时期和姚家组沉积时期由于湖泊水体较浅，其沉积作用以滨浅湖沉积和分流河道沉积为主，因此"浅湖型"三角洲普遍发育。泉头组沉积时期，青山口组一段、二段沉积时期，物源主要来自西南的保康水系；至青山口组三段沉积时期，西南物源供给不充分，西北方向的英台水系物源供给增加。青山口组三段分流河道是砂岩沉积的主体，岩性较细，以细砂岩、粉砂岩为主，单砂层厚度为2～5m；分流河道间有越岸的粉砂岩沉积，紧邻分流河道呈条带席状分布，厚度一般小于1m。"浅湖型"三角洲垂向沉积序列不完整［图3-1-3（b）、（c）］，为分流河道与滨浅湖交互沉积，夹薄层席状沙坝，河口坝不发育，测井曲线组合往往呈指形或漏斗形。

泉头组四段处于盆地坳陷早期，湖泊水体浅，分布范围较小，沉积作用以分流河道为主。该时期在松辽盆地南部河流水系发育，物源充足，其沉积特征是三角洲前缘水下分流河道砂体发育，岩性以中—细砂岩为主，单砂层厚度较大，大型板状层理与波状交错层理发育，垂向序列为分流河道的多期叠置［图3-1-3（d）］，测井曲线组合多为钟形或箱形。分流河道间以浅棕色泥岩沉积为主，但在与分流河道砂岩底部与顶部接触的薄层泥岩呈浅灰色，表明分流河道仍是在较浅湖背景的水下沉积。滨浅湖以浅棕色泥岩与浅灰色泥岩间互沉积，表明某些时期仍有稳定浅湖存在。

"浅湖型"三角洲与"深湖型"三角洲沉积模式的最大不同就是沉积相带不完整、亚相带不易划分，骨架砂体以分流河道为主，其平面展布呈网状结构，这是浅水三角洲储集砂体分布的最重要特征。"浅湖型"三角洲发育时期受季节性气候影响湖平面频繁变化，洪水期和枯水期湖岸线不断迁移，因此滨湖和浅湖界线不易区分，因而统称为滨浅湖。"浅湖型"三角洲沉积微相主要为分流河道与分流河道间沉积。分流河道以中—细砂岩沉积为主，分流河道间以粉砂质泥岩、泥质粉砂岩沉积为主，在靠近分流河道附近可发育越岸沉积，偶见小型决口河道沉积。

保乾三角洲青山口组三段可划分为10个砂层组，利用工区300余口钻测井资料，对保乾三角洲青山口组三段第10砂层组主体进行了精细刻画。采用"多图叠合"的方法开展沉积微相编图，即应用砂岩厚度图确定三角洲的宏观形态，应用砂岩百分比图确定古物源位置和方向，应用单层厚度大于2m的砂层确定分流河道的分布位置，并在此基础上综合编制沉积微相图（图3-1-5，位置见图3-1-1左下）。青三段第10砂层组物源方向较青山口组一段、二段有明显偏转，西南物源不再发育，而以西北英台物源体系为主，三角洲形态明显呈树枝状，水下分流河道砂体延伸较远，主分流河道在平面上呈结网状分布；分流河道单砂层厚度一般大于2m，累计厚度一般大于10m；水下分流河道间以越岸沉积的席状沙坝为主，单砂层厚度一般小于1m，累计厚度一般不超过6m。

三、鄱阳湖现代沉积特征与赣州三角洲生长模式

遥感对地观测技术具有全局成像、历史存档、动态观测的优势，是开展现代沉积研究的重要手段。笔者及团队通过处理分析鄱阳湖1973—2020年遥感影像15景，并结合野外现场验证，完成了鄱阳湖沉积微相遥感解译，在此基础上重点解析了赣江中支三角洲生长规律与分流河道结网状骨架砂体形成的动态过程。

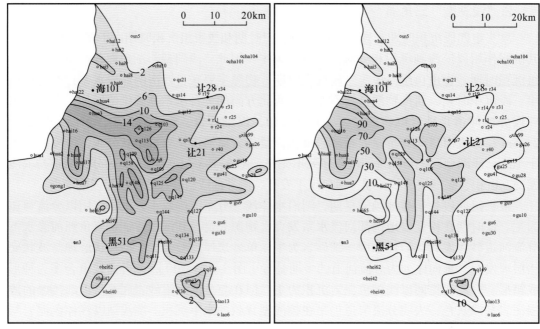

(a) 砂层等厚图，单位：m

(b) 砂岩百分比图，单位：%

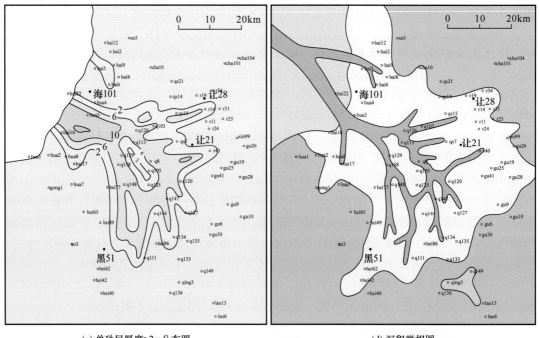

(c) 单砂层厚度>2m分布图

(d) 沉积微相图

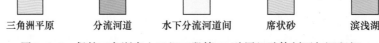

三角洲平原　　分流河道　　水下分流河道间　　席状砂　　滨浅湖

图 3-1-5　保乾三角洲青山口组三段第 10 砂层组砂体刻画与沉积相

1. 鄱阳湖沉积特征

鄱阳湖盆地面积约为 8500km²，通过枯水期遥感影像解译分析和野外沉积考察验证，鄱阳湖主要发育三种类型砂体，即三角洲分流河道砂体、敞流通道沙坝和风成砂［图 3-1-2（b）］。

1）三角洲沉积

鄱阳湖中南部三角洲广泛分布，其中赣江三角洲发育最完整、规模最大。赣江流过南昌后地势开阔平坦，水系分为四支呈辐射状伸向湖区，并进一步分叉，形成典型的树枝状三角洲。抚河、修河和信江下游水系受到湖滨阶地与赣江水系的约束和影响，故三角洲发育规模相对较小，形态不规则，其河口段与赣江分支河道汇合形成复式三角洲。饶河在五河中水量和输沙量最小，三角洲发育历史短，河口充填物来不及补偿因水侵造成的水位上升速度，三角洲生长缓慢。

遥感影像显示赣江三角洲总体形态呈明显的扇形，前缘呈不规则弧形，弧的两个端点分别位于吴城镇和三江口。目前阶段三角洲平原与三角洲前缘界线较清晰，三角洲平原自南昌附近水系分叉为始，分流河道蜿蜒向前，延伸约 40km，至洪水期水位线止，形成较规则的扇形。三角洲平原上以分流河道为主，局部发育分流间湾沉积。在近 50 年的遥感影像记录中分流河道发生了小幅迁移，并向前不断推进，但未见明显的改道。

三角洲前缘相带在强枯水期部分出露水面，洪水期则全部淹于水下，分流河道向湖中延伸的部分继续分叉，分化为规模更小、数量更多的水下分流河道。三角洲前缘相带向湖延伸 10～20km，平均为 15km。在整个鄱阳湖盆地内，未见到典型的河口坝沉积，推测在此三角洲的近代发育史中，即使偶有河口坝发育，也会很快被分流河道改造而未能保留下来。利用遥感影像解析并结合赣江三角洲野外实地考察，证实细砂主要沉积在分流河道中，不同尺度下的影像均表现可观察到此特征（图 3-1-6）；分流河道外的天然堤和越岸沉积以粉细砂为主，但分布范围有限。三角洲前缘外带发育小型河口坝和席状砂，厚度较薄，以粉砂为主，推测随着后期分流河道不断向湖延伸而被改造，不易完整保留下来。

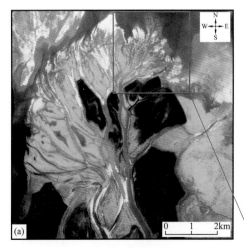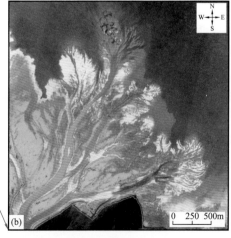

图 3-1-6　鄱阳湖赣江中支三角洲分流河道砂遥感解析

（a）为图 3-1-2 中黄框位置，（b）为（a）中红框处的局部放大

2）敞流通道沉积

鄱阳湖是在新构造运动的背景下，由赣江古河道演变而来的，现今仍然存在着一条南北方向分布的水下河道，该水下河道从湖区南部的赣江南支、抚河和信河三江汇流处为始，纵穿至松门山北后，继续往北在湖口汇入长江，形成鄱阳湖盆地的敞流通道。伴随着敞流通道的摆动，三角洲前缘分流河道砂体被改造再搬运，形成敞流通道砂体。敞流通道北部由于接近长江受吞吐流作用影响较大，而南部汇集赣江南支、抚河和信河的来水，受牵引流作用影响较大。湖盆中心敞流通道受吞吐流和牵引流的共同作用，形成了平行通道方向的敞流通道砂体。敞流通道的宽度为2~3km，两侧砂体最大宽度达4.5km，面积可达400km^2。敞流通道砂体以细砂、粉砂为主。

3）风成沉积

由于鄱阳湖西侧的庐山山体呈北东—南西走向，且鄱阳湖湖口段湖面狭窄呈瓶颈状，走向为北北东方向，全年以偏北风为主，北北东方向为主导风力方向，平均风速3m/s以上。通过遥感影像分析，鄱阳湖湖口线性风蚀地貌发育，并且线性风蚀的走向与鄱阳湖主导风力一致，都呈北北东方向，湖颈口的砂体在北北东方向风力的作用下被扬起，广泛的沉积在鄱阳湖湖区，其中粒度较粗的先沉积下来，形成湖颈口南部的松门山滩坝。松门山为典型的风成沉积，以中砂为主，滩坝砂体长度约为14km、最大砂体宽度为2.6km，最大砂体厚度为70m以上，风成砂面积为68.5km^2。

2. 赣江中支三角洲发育演化与结网状骨架沙体形成过程

赣江在南昌附近分叉后，最终以南支、中支、主支和北支四支汇入鄱阳湖。枯水时节赣江北支汇入中支，途经中支前缘朵体后进入鄱阳湖，赣江中支前缘朵体是近年来生长最快且保存最为完好的三角洲朵体（图3-1-7），也是重点解剖区。

1）三角洲发育特征

赣江在三角洲平原上分叉成四条分流河道。总体上北侧两支分流河道的弯曲度大于南侧两支。分流河道在三角洲平原远端继续分流，入湖前演化为八条分流河道，其中北支河道因能量最强未发生分流。分流河道入湖后又进一步分叉，形成三角洲前缘水下分流河道，并向敞流通道收敛直至相连。赣江中支三角洲前缘的多条小型分支河道系统在平面上呈扇形分布。

枯水期鄱阳湖湖面缩小，洪水期没于水下的分流河道出露，显现出低弯度曲流河或顺直河特征。三角洲平原上部分分支河道因河道迁移改道废弃，洪水期与主湖区相连的分流间湾在枯水期与主湖区隔离，形成平原沼泽或残留湖。赣江中支三角洲的发育演化主要表现为分流河道不断向前延伸，并进一步分叉，从而不同时期的三角洲朵叶体在平面上连片分布。

2）骨架砂体生长模式

赣江三角洲是河流强注入受季节性湖水水位变化控制的进积型三角洲，河流输砂是三角洲生长的主要动力和物源，因此三角洲的沉积微相中分流河道的发育演化是表征三角洲生长模式最为重要的要素。赣江中支前缘朵体是近年来生长最快且保存最为完好的三角洲朵体，多时相的遥感影像为分析骨架沙体演化与生长模式提供了可能。

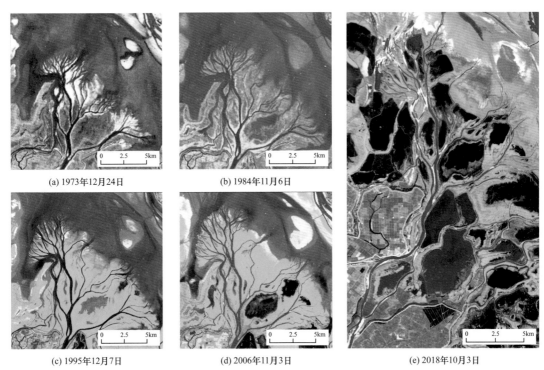

(a) 1973年12月24日　　　　　(b) 1984年11月6日

(c) 1995年12月7日　　　　　(d) 2006年11月3日　　　　　(e) 2018年10月3日

图 3-1-7　鄱阳湖赣江中支三角洲不同年代遥感解析
（e）的位置请参考图 3-1-2（a）红框所示；（a）、（b）、（c）、（d）的位置为（e）局部放大

　　以赣江中支三角洲前缘朵体上的分流河道沙为动态监测对象，开展三角洲动态生长过程定量分析。1973—2018 年的 45 年间，赣江三角洲生长最迅速的中支前缘，朵叶体向湖方向推进 3km，河道总长度由 124km 增加到 203km（图 3-1-7）。赣江中支河道以北西向入湖，形成两个较大分支向前延伸，在三角洲的沉积演化过程中，分流河道先呈树枝状发育，渐渐形成汇合并向前继续推进，平面上表现为分流道近端结网状、远端树枝状的发育模式［图 3-1-8（a）］。为更清晰地反映浅水三角洲骨架砂体生长模式，作者对赣江中支右翼的三角洲前缘进行了多时相的精细解译。可以看出，中支右翼在 1973 年、1984 年时，两个相互分隔的较大分流河道系分别向北北东方向、北东东方向延伸，支流只分叉未交汇，分流河道砂体总体呈树枝状分布，这十年间，朵叶体快速生长，分流河道前端向湖快速推进近 1.1km［图 3-1-7（a）、（b），图 3-1-8（b）、（c）］。1995 年，两个分支河道开始交汇，逐渐"结网"［图 3-1-8（c）］，到 2006 年，"结网"完成，河道交汇后继续分流，并向前呈树枝状延伸［图 3-1-7（d）、（e），图 3-1-8（d）、（e）］。

　　赣江三角洲多时相的生长要素定量变化综合分析，较清晰地展现了赣江三角洲分流河道从树枝状向结网状演化的动态生长过程。赣江三角洲动态演化过程与生长模式研究，可为古代浅水三角洲有利储集砂体分布预测提供现代实例。

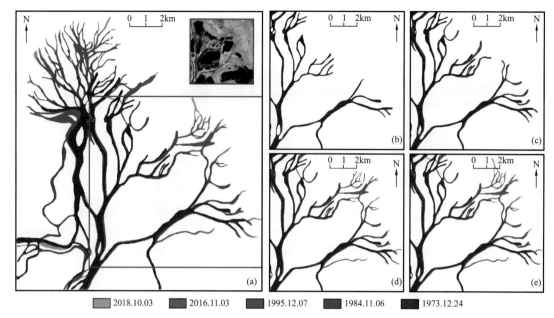

| ■ 2018.10.03 | ■ 2016.11.03 | ■ 1995.12.07 | ■ 1984.11.06 | ■ 1973.12.24 |

图 3-1-8　赣江三角洲中支树枝状沉积向结网状沉积转化的生长模式

四、大型浅水三角洲成藏意义与岩性油气藏勘探

中国中生代发育松辽、鄂尔多斯、准噶尔等大型坳陷湖盆，21 世纪以来已成为我国碎屑岩岩性地层油气藏勘探和规模增储的主体，年探明石油地质储量在 $5×10^8 t$ 左右，发现了鄂尔多斯盆地西峰、姬垣，松辽盆地长岭、古龙凹陷，准噶尔盆地玛湖凹陷等多个岩性地层大油气区。其中在各个盆地广泛发育的大型浅水三角洲是岩性油气藏大面积成藏的储层基础。

中国中东部大型坳陷湖盆是在克拉通基底上发育起来的。湖盆沉积前湖盆基底经历了早期的剥蚀夷平及填平补齐作用；因此在盆地坳陷沉积期，湖底坡度平缓，坡降比低，使得湖盆水体总体较浅，沉积体系向湖盆中央腹地延伸的距离长。坳陷湖盆沉积层序受湖平面升降影响明显，湖平面上升湖侵期，古湖泊水域广，水体较深，大范围发育有机质丰富的规模烃源岩；湖平面下降湖退期，古湖泊水域缩小，水体变浅，浅水三角洲向湖盆中央腹地推进，发育以分流河道砂体为主的规模储层。坳陷湖盆这种有序的湖侵和湖退，导致盆地中央规模烃源岩与规模储层间互发育，在纵向上呈现典型的"三明治"结构。大量研究表明，鄂尔多斯盆地中上三叠统延长组长 9—长 4+5 油层组、松辽盆地上白垩统泉头组—嫩江组，均具有类似的"三明治"结构。与湖侵期规模烃源岩充分接触的浅水三角洲砂体具有近源成藏优势，可大面积成藏。

前人关于现代湖盆与海相三角洲研究表明，建设性三角洲可不断生长壮大，不同时期形成的三角洲朵叶体可拼接形成大型三角洲体系。如现代黄河三角洲就是黄河在 1855 年改道入渤海而形成，目前已形成了近 $10000 km^2$ 的大型三角洲，解剖发现其由多个朵叶组成，砂体主要分布在分流河道内。鄱阳湖赣江三角洲大约在 1500 年左右开始形成，早期三角洲朵叶体由于受人为改造已不好辨认。笔者及团队通过 1973 年以来的遥感影像追踪，赣江中支水道又可分为西、中、东三条次级水道，在其入湖区域分别形成三个朵叶体，2006 年以前西次级水道朵叶体发育快，2006 年以后中次级水道朵叶体、东次级水道朵叶体发育较快。

分析认为，古代湖盆浅水三角洲类似于现代鄱阳湖赣江三角洲生长模式，在滨浅湖沉积环境下，盆外河流入湖首先在近岸带形成早期三角洲朵叶体，随着分流河道不断向湖延伸与改道，一期又一期的朵叶体不断形成，最终多期朵叶体连片分布，组成大型浅水三角洲体系，并且相互连通的分流河道在平面上呈结网状分布。笔者应用"结网状"术语，其目的是揭示分流河道不断向湖生长、改道的动态演化过程和机理。

松辽盆地南部泉头组四段浅水三角洲广泛发育，研究认为各砂层组三角洲体系均是由多期多个三角洲朵叶体复合组成，分流河道的不断生长与演化，导致三角洲主体部位分流河道呈结网状分布（图 3-1-9）。从三角洲平原向湖盆中央，河道逐级分叉，宽度逐渐变窄，砂层逐渐减薄。据乾安地区让 11 开发区小层沉积微相解剖，单个分流河道宽度为 2～3km，单砂层厚度为 3～6m。浅水三角洲储集砂体以分流河道为主，有利于岩性圈闭的形成。松辽盆地、鄂尔多斯盆地勘探实践证实，浅水三角洲结网状分流河道分布规律，控制了岩性油气藏的分布与富集。

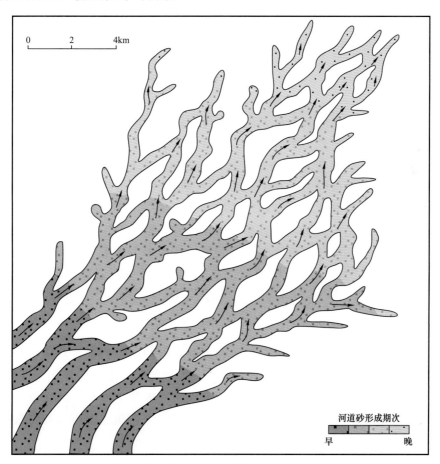

图 3-1-9　松辽盆地长岭凹陷泉头组四段某小层分流河道生长与分布示意图

第二节　煤系三角洲沉积特征与成储机理

煤系三角洲是分布在煤系地层内的三角洲类型，在塔里木、准噶尔、柴达木等中西部大型陆相盆地侏罗系普遍发育。煤系三角洲形成于温暖潮湿气候、植被茂盛的沉积环境，因此其沉积演化、砂体沉积展布规律及成储条件与其他类型三角洲相比具有显著的差异性。以往的研究认为，煤系地层三角洲储层普遍致密，对其勘探潜力尚未得到足够重视，勘探程度和油气发现程度普遍较低。"十三五"以来，笔者及团队通过对煤系三角洲沉积演化和成储环境系统研究，建立了三阶段沉积演化模式，揭示两期有机酸控储机理，认为该类三角洲砂体规模大、差异性成储利于形成大型岩性圈闭，岩性勘探潜力巨大。

一、煤系三角洲沉积特征

1. 煤系三角洲沉积特征

通过对塔里木盆地库车坳陷侏罗系和准噶尔盆地侏罗系煤系三角洲野外露头和钻井岩心资料综合分析，煤系三角洲表现为水上和水下交互过渡的沉积环境。煤系三角洲平原亚相多分布在盆地近物源区，为煤系三角洲沉积的水上部分，可进一步识别出辫状分流河道微相和沼泽—湿地微相。其中辫状分流河道沉积物相对较粗，成分成熟度和结构成熟度较差，岩性以灰色砂砾岩、含砾粗砂岩和含砾中砂岩为主，在垂向上，多期辫状分流河道构成多个自下而上粒度逐渐变细的正旋回。沼泽—湿地微相岩石类型主要为灰色、深灰色、黑色泥岩、粉砂质泥岩、泥质粉砂岩及煤层，碳质含量极丰富。煤系三角洲前缘亚相多分布于远离物源区的盆地内，主要由水下分流河道、分流间湾和席状砂等微相组成。其中水下分流河道微相岩性主要为灰色含砾中—粗砂岩、含砾中—细砂岩和细砂岩，发育块状层理、板状交错层理和低角度交错层理，冲刷面和叠瓦状构造常见，炭屑广泛分布，偶见泥砾。垂向上，具多个粒度逐渐变细的正旋回，由于辫状河三角洲河道侧向迁移频繁，常由多个水下分流河道砂体叠加，形成一套巨厚的砂体；分流间湾岩性较细，常为灰色粉砂质泥岩和泥岩，见水平层理、波状层理和爬升层理。

2. 煤系三角洲演化阶段

煤系三角洲形成于坳陷期、潮湿气候和逐渐湖侵的沉积背景，总体概括起来可划分为三个沉积演化阶段，即早期低位充填阶段、中期沼泽—湿地阶段和晚期湖泛阶段，各阶段湖平面升降变化和沉积产物存在差异。以塔里木盆地库车坳陷侏罗系为例，该区煤系三角洲演化有三个阶段分别对应中—下侏罗统阿合组、阳霞组和克孜勒努尔组（图 3-2-1）。

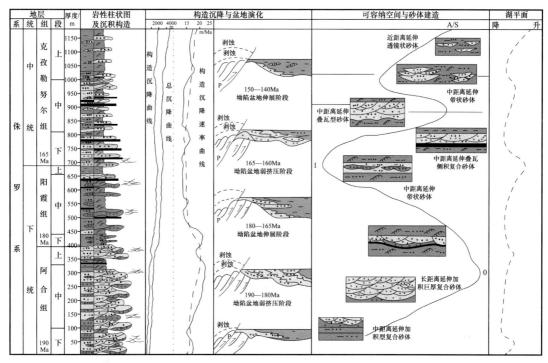

图 3-2-1　库车坳陷侏罗系煤系三角洲与构造演化、可容纳空间及湖平面演化模式

　　早期低位充填阶段，塔里木盆地库车坳陷阿合组沉积时期，受北部南天山物源和东部东天山物源控制，为湖侵早期低位域沉积背景，以煤系三角洲上平原沉积为主。由于沉积区的构造沉降较快、物源区的碎屑供给十分充分、河道频繁迁移改道，阿合组成砂（砾）岩十分发育，地层厚度大（300~420m），砂地比高（85%~90%），沉积相带横向展布稳定。阿合组岩相变化快、砂体构型复杂，纵向上频繁叠置，横向上砂体连片。纵向上有大型砂砾质辫状水道—侧积坝—纵向沙坝、中型砂砾质辫状水道—横向沙坝—滨湖复合砂体、小型砂质辫状水道—斜列沙坝三种沉积建造。单砂体厚度一般小于2m，平均为1.69m，侧向延伸一般小于300m，复合砂体厚度主要为7~21m，平均17.67m，侧向延伸超过10km；比如迪北地区阿合组发育两个三角洲朵体、辫状河道巨厚砂体叠置连片（图3-2-2），岩相以中砂岩、粗砂岩及含砾粗砂岩为主；迪北平台区主要以上平原—下平原分流河道砂体沉积为主，受两个主河道汇聚区控制。

　　中期沼泽—湿地阶段，塔里木盆地库车坳陷下侏罗统阳霞组总体为湖侵中期沉积背景，以煤系三角洲下平原沉积为主，潮湿气候下广泛发育辫状河三角洲平原沼泽沉积的煤层和间湾泥岩，在塔里木盆地阳霞地区乃至整个库车坳陷形成了一个较好的聚煤场所。继承性的物源供给下发育小型辫状河道，岩性以中厚层含砾中砂岩和细砂岩为主，砂地比一般为30%~50%，沉积相带横向展布变化较大，自东向西砂地比减低。自上而下可划分出碳质泥岩段、上泥岩煤层段、砂砾岩段和下泥岩煤层段，其中砂砾岩段砂体垂向不连续加积，横向上呈透镜状且延伸较远，砂体累计厚度一般为40~260m，单砂体一般为2~4m，复合砂体一般为10~50m（图3-2-3）。

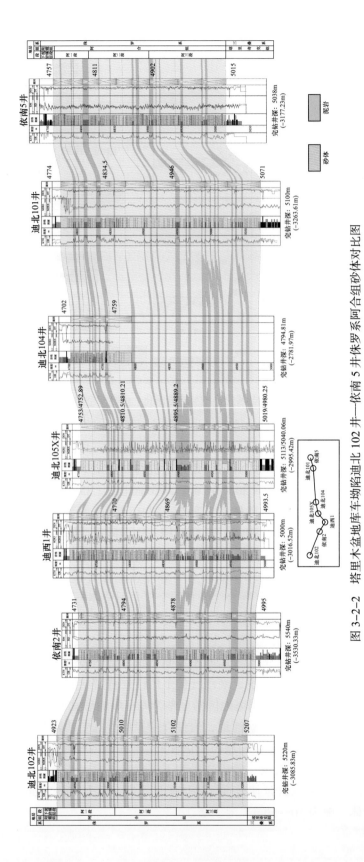

图 3-2-2　塔里木盆地库车坳陷迪北 102 井—依南 5 井侏罗系阿合组砂体对比图

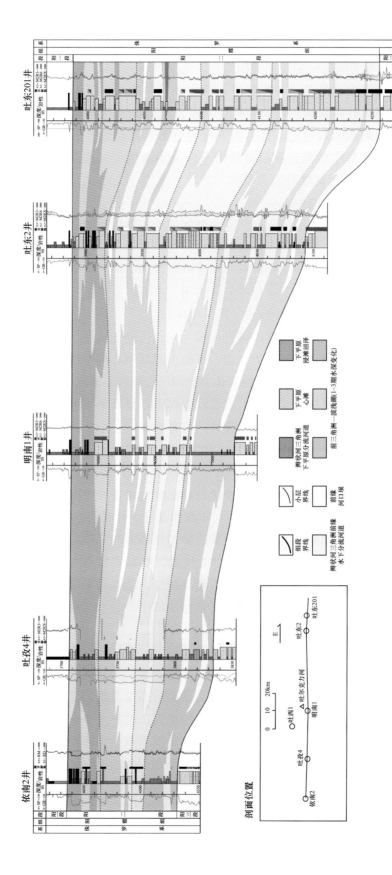

图 3-2-3 塔里木盆地车坳陷依南 2 井—吐东 201 井阳霞组第一段砂体对比图

晚期湖泛阶段，塔里木盆地库车坳陷中侏罗统克孜勒努尔组为湖侵晚期高位域沉积背景下，煤系三角洲前缘—滨浅湖沉积为主，潮湿气候下同样广泛发育湖相沼泽煤层和间湾泥岩。砂岩最发育的砂泥岩互层段岩性主要为中薄层含砾中砂岩和细砂岩，砂地比一般小于40%，砂体纵向、横向变化快，发育最好的岩性储集体。沉积相南北向相带变窄，东西向展布相对稳定。自上而下可划分出上泥岩段、砂泥岩互层段、下泥岩段和煤层砂泥段，其中砂泥岩互层段砂体垂向上不连续发育，最厚为30～35m，一般为5～20m，横向上呈透镜状分布且延伸较近，一般小于1.8km，主要为500～1000m（图3-2-4）。

准噶尔盆地侏罗系八道湾组沉积期，盆地整体正处于陆内坳陷阶段，构造环境相对稳定，地形相对平缓，气候温暖潮湿，植被繁盛，加之盆地周缘物源供给充足，为煤系三角洲发育创造了条件。受气候变化影响，八道湾组沉积时期，湖平面升降变化相对频繁，湖岸线迁移明显。据多口井垂向相序分析表明，准噶尔盆地侏罗系八道湾组沉积时期煤系三角洲演化也大致经历了三个阶段（图3-1-8）。

早期低位充填阶段，以厚层块状砂砾岩沉积为主，砂地比值高，通常大于60%，煤层通常不发育。以八道湾组一段底部为代表，平面上沉降中心位于沙湾—阜康—盆1井西凹陷一带，受西部、东部和南部三大物源体系影响，三角洲不断向湖盆中心方向进积，围绕沉降中心，发育多级坡折，坡折之上主要发育煤系三角洲平原沉积，坡折之下主要发育三角洲前缘沉积。该阶段湖平面相对较低，可容纳空间较小，加之周缘物源供给充足，形成了大面积分布的三角洲沉积体系，在平面上具有"大平原、小前缘"的特征（图3-2-5），煤层不发育。

中期沼泽—湿地阶段，以煤系三角洲平原亚相沉积为主，发育辫状分流河道和泥炭沼泽等微相类型，但河道迁移较快，侧向相互切割和叠置，形成了分布广泛的复合砂体，构成了煤系三角洲平原骨架砂体，砂体厚度大，砂地比值高，见稳定分布的煤层，单层厚度通常在2m以上。以八道湾组一段中上部为代表，准噶尔盆地八道湾组一段沉积中期，气候逐渐变暖，植被繁盛，周缘物源供给逐渐减少，随着湖平面进一步下降，可容纳空间变小，煤系三角洲群逐渐繁盛，为准噶尔盆地最主要的聚煤期之一。煤系三角洲不断向湖盆中心方向进积，并在湖盆中心相邻前缘相带交互叠置。具有延伸长，分布广，面积大的特征，但由于各物源区坡度陡缓、坡折及沟槽分布特征有明显差异，致使各三角洲规模大小不一（图3-2-6）。例如，玛北地区坡度较大，为陡坡背景，夏子街三角洲沿风南11井—玛2井—玛8井—玛中1井方向，直到盆参2井区，延伸达100km，以厚层块状砂砾岩沉积为主，见稳定分布的煤层，砂地比高，通常大于60%。玛西地区和玛东地区坡度较小，为缓坡背景，克拉玛依三角洲和中拐三角洲延伸较远，但规模不及夏子街三角洲、黄羊泉三角洲和红旗坝三角洲，主要表现在砂地比值低，且未大面积连片。中拐三角洲沿拐104井—拐201井—沙1井一线到达沙1井区，在拐201井以西地区为煤系三角洲平原沉积。

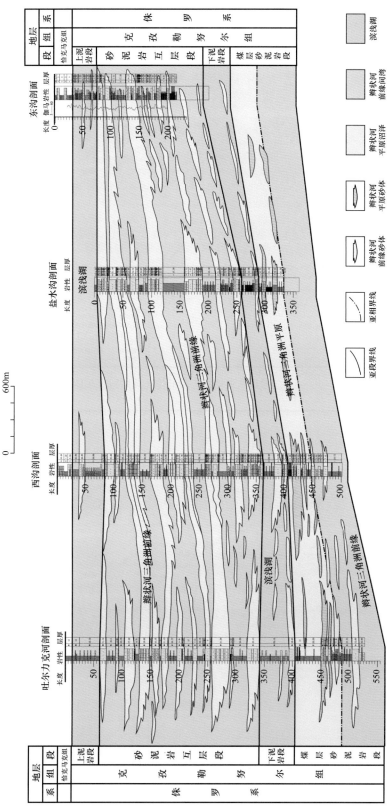

图 3-2-4 塔里木盆地库车坳陷吐格尔明地区亚系白垩系克孜勒努尔组砂体对比图

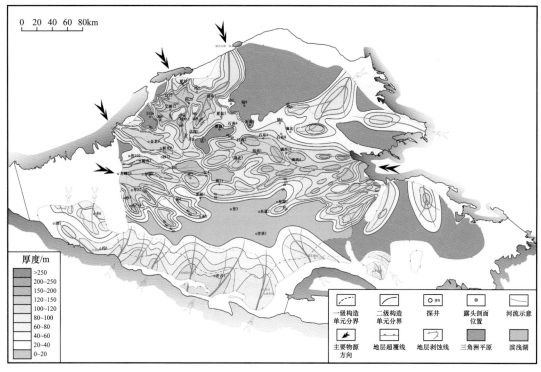

图 3-2-5　准噶尔盆地八道湾组一段低位充填阶段沉积体系图

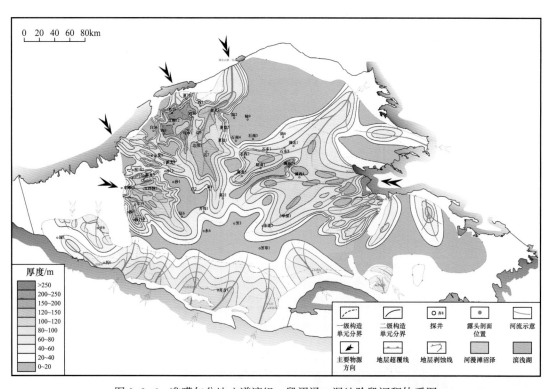

图 3-2-6　准噶尔盆地八道湾组一段沼泽—湿地阶段沉积体系图

晚期湖泛阶段，为煤系三角洲演化末期，湖平面逐渐上升，湖岸线继续向后迁移，牵引流作用减弱，以滨浅湖相泥岩沉积为主，受阵发性构造活动的影响，发育辫状河三角洲前缘沉积，在垂向上与滨浅湖相泥岩构成"泥包砂"结构。煤系三角洲逐渐向浅湖—半深湖背景下的正常三角洲演化，以八道湾组二段为代表，准噶尔盆地八道湾组二段沉积时期为煤系三角洲演化晚期，处于湖泛阶段，湖平面开始迅速上升，湖泊相对发育，砂体规模小，砂地比值低，三角洲多退缩到盆地边缘附近（图3-2-7），盆地沉积格局仍继承八道湾组一段沉积格局，发育了西北、西部和东部三大物源体系，其中西北方向的为乌尔禾物源，该沉积体系较八道湾组一段沉积时期规模大幅度缩减，三角洲平原范围退缩到物源区根部，三角洲前缘相带也仅在中拐凸起中西部发育。西部的克拉玛依沉积体系规模也大幅缩小，三角洲前缘相带仅在玛湖凹陷及玛西斜坡区发育，在玛东—夏盐—达巴松地区几近消亡。东部的为克拉美丽沉积体系，在八道湾组二段沉积时期较其他两支沉积体系发育，但由于湖平面的不断上张，沉积体系分布范围也减少很多，三角洲平原分支河道和平原沼泽相主要分布在滴水泉东部—五彩湾—白家海东部地区，扇三角洲前缘亚相主要分布在滴北—滴西—白家海中部地区，而腹部的大部分地区为湖相的浅湖泥岩和沙坝沉积，该阶段煤层基本不发育。

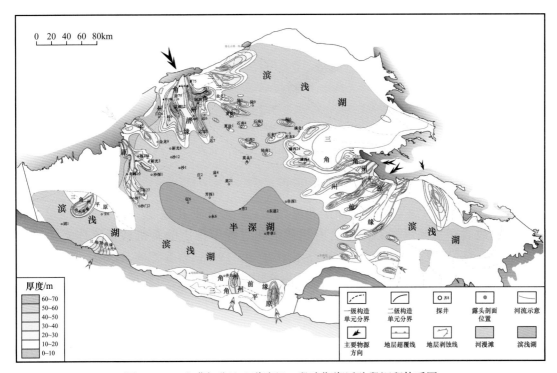

图3-2-7　准噶尔盆地八道湾组二段晚期湖泛阶段沉积体系图

上述分析表明：塔里木盆地库车坳陷下侏罗统和准噶尔盆地侏罗系八道湾组煤系三角洲均具有三阶段演化特征，每个阶段受湖平面升降变化的影响，发育不同的沉积相带和砂体构型，在此基础上建立了煤系三角洲三阶段演化模式（图3-2-8），将为煤系三角洲储层成因和岩性油气藏勘探领域优选提供地质依据。

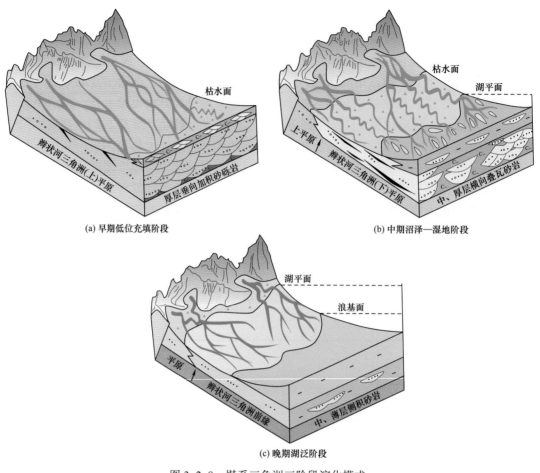

(a) 早期低位充填阶段

(b) 中期沼泽—湿地阶段

(c) 晚期湖泛阶段

图 3-2-8　煤系三角洲三阶段演化模式

二、煤系地层酸性流体控储机理

前人研究表明，煤系三角洲储层普遍致密，一般为低孔隙度、低渗透率储层，成岩作用和成岩产物与煤层和烃源岩有机质演化过程中排出的有机酸性流体密切相关（Surdam et al.，1987；郑浚茂等，1997；朱国华等，1993；蔡春芳等，1997；远光辉等，2013）。因此，深入研究煤系三角洲流体成岩作用及控储机理，对煤系三角洲普遍低孔隙度、低渗透率的背景下寻找相对优质的储层意义重大。

1. 煤系三角洲砂岩储层特征

我国西部陆相盆地侏罗系煤系三角洲砂岩成分成熟度普遍较低，以准噶尔盆地腹部侏罗系八道湾组和塔里木盆地库车坳陷中—下侏罗统为例，岩石类型以岩屑砂岩和长石岩屑砂岩为主，准噶尔盆地八道湾组岩屑含量一般在 25%～85% 之间，岩屑成分主要为火山岩岩屑；库车坳陷中—下侏罗统岩屑含量为 23%～75%，平均含量 45.5%，岩屑主要为变质岩岩屑。物性特征上，目前钻遇的储层物性以低孔隙度、低渗透率特征为主，八道湾组储层孔隙度为 1.3%～13.8%，渗透率为 0.01～16.1mD；库车坳陷地区中一下侏罗统储层孔隙度主要为 4%～12%，部分裂缝发育渗透率较高，砂岩储集空间类型主要为次生溶蚀孔［图 3-2-9（a）～（d）］和构造裂缝［图 3-2-9（e）～（i）］，原生孔隙基本消失。

图 3-2-9　库车坳陷侏罗系储层溶蚀孔隙特征

（a）吐孜 2 井，4349.75m，阿合组，长石边边缘溶蚀形成的港湾状粒间溶蚀扩大孔；（b）迪北 102 井，5052.36m，阿合组，长石选择性溶蚀形成的条带粒内溶蚀孔；（c）迪北 102 井，4986.36m，阿合组，长石选择性溶蚀形成的窗格状、棋盘状粒内溶孔；（d）依南 4 井，4604.19m，阿合组，微斜长石溶蚀；（e）吐西 1 井，1314.64m，长石粒内溶孔，长石垮塌；（f）迪北 102-87 井，4985.72m，长石粒内条带状溶孔和长石溶蚀铸模孔；（g）依南 5 井，4536.57m，阳霞组，裂缝定向排列发育；（h）依南 5 井，4773.28m，阿合组，裂缝定向排列并刺穿颗粒；（i）依南 5 井，4850.92m，阿合组，微裂缝密度大、定向排列并刺穿颗粒

2. 煤系三角洲成岩流体环境

煤系地层中的煤和暗色泥岩在埋藏成岩过程中能生成多期酸性流体，使成岩流体环境具有酸性水介质条件。以库车坳陷侏罗系为例，库车坳陷侏罗系煤系地层中的煤已演化到肥煤阶段，有机质正处于生气高峰阶段，镜质组反射率范围在 0.8%～1.4% 之间（石昕，2000）。前人研究表明，煤系地层中的黑色泥岩、碳质泥岩和煤岩在埋藏演化过程中

可生成多期酸性流体，主要有两期生酸高峰。同生期到埋藏成岩初期，地层温度范围在20～70℃之间，有机质 R_o 在 0.3%～0.7% 之间，为生物化学降解作用阶段，大量水生植物和陆生植物在微生物作用下向泥炭转化，分解产生大量的腐殖酸，使得地层水很快变成酸性（Surdam et al.，1987；徐怀民等，2000）。库车坳陷侏罗系埋深小于3000m，成岩环境为富含腐殖酸的常压开放的成岩环境。中成岩期，R_o 在 0.8%～1.4% 之间，温度在80～140℃之间，为热解烃生成阶段，在热动力作用下，降解作用首先发生在低能键的位置上，造成腐殖型干酪根脱羧、脱水、急剧产生 CO_2 和酸性水（有机酸和碳酸）（Surdam et al.，1987）。该成岩阶段，库车坳陷地区侏罗系地层埋深大于4000m，成岩环境为富含有机酸的超压封闭成岩环境。侏罗系煤系地层中砂岩经历过酸性溶蚀的证据表现为长石强溶蚀，大量高岭石和大量硅质胶结物沉淀。薄片观察显示，长石溶孔量较高的砂岩，高岭石含量高且石英再生长强烈，说明高岭石的沉淀和石英再生长与长石溶解相关。

3. 煤系三角洲成岩作用特征

煤系地层在埋藏成岩过程中生成的多期酸性流体使得煤系砂岩具有较强的化学成岩作用，是导致煤系砂岩储层在深埋过程中压实强度一般强于非煤系砂岩储层的原因，另外煤系地层砂岩中的易溶矿物在酸性流体成岩环境中会发生强烈的溶蚀。对塔里木盆地库车坳陷侏罗系和准噶尔盆地侏罗系煤系地层砂岩成岩作用研究认为，煤系地层砂岩储层成岩作用类型主要由压实（压溶）作用、胶结作用和溶蚀作用。

1）强压实与压溶作用

压实作用是导致煤系地层砂岩储层孔隙度变差的主要原因之一。以库车坳陷侏罗系煤系地层砂岩储层为例，颗粒接触形式主要为线接触，表现为塑性云母颗粒及岩屑的压实变形，部分为凹凸接触或缝合线接触，为一定温压条件下，石英或刚性火山岩岩屑强烈挤压，反映储层强烈的压实压溶作用。从区域构造环境来看，库车坳陷侏罗系煤系储层经受的压实作用有两个阶段：一是中新世前正常埋藏压实作用，主要发生在埋深0～1500m 范围内，为早成岩 A 期阶段，碎屑岩内颗粒由分散点接触变为点—线接触；二是中新世以后由喜马拉雅运动引起的构造侧向挤压压实，发生在埋深3000～5000m，R_o 范围为 0.7%～1.0%，地层温度为 80～140℃，主要成岩作用为经历了长期浅埋藏阶段腐殖酸溶蚀的长石和岩屑颗粒被压垮压实。

2）胶结作用

胶结作用是煤系地层砂岩储层主要的破坏性成岩作用，胶结物类型多样，主要以硅质胶结和自生黏土矿物胶结为主，还可见少量碳酸盐胶结、黄铁矿胶结和石盐晶体胶结。自生石英常以次生石英加大边的形式环绕石英颗粒增长，自生石英微晶多生长于石英碎屑颗粒表面或充填于粒间孔隙内，扫描电子显微镜下可见典型的六方柱状。自生高岭石常呈斑点状集合体充填粒间孔隙，库车坳陷侏罗系阳霞组储层中颗粒高岭石化普遍发育，与煤系地层形成的酸性环境有关。伊利石主要分布在埋藏深度大于4000m 范围，呈片状和毛发状，以孔隙搭桥式把砂岩孔隙充满。

3）酸性溶蚀作用及其产物特征

库车坳陷侏罗系砂岩中，长石和岩屑溶蚀与高岭石化普遍，石英再生长强烈，这些成岩特征的存在是砂岩经历酸性流体溶蚀的证据。成岩环境的温度、深度和封闭性会影响长石类矿物溶蚀次生产物的类型和数量。

库车坳陷下侏罗统储层中自生高岭石和自生伊利石是最重要的自生黏土矿物，堆积充填于粒间孔和粒内溶蚀孔中。埋深小于4000m，自生黏土矿物主要以高岭石为主，硅质胶结物以一期石英加大边和自生石英形式存在，高岭石单个晶体为自形六边形薄片状，晶片尺寸1～5μm，厚度0.1～0.3μm，集合体呈书页状和蠕虫状自形晶片的结合体，大量高岭石充填于粒间孔中［图3-2-10（a）～（c）］，在砂岩孔隙中呈分散质点式分布，未把孔隙充填满，还留下不少孔隙空间，且高岭石晶间孔发育，孔隙和喉道具有良好的储集能力和渗率能力，随着埋深的增加，高岭石集合体含量呈递增趋势。埋深超过4000m，自生黏土矿物主要为片状或丝缕状伊利石［图3-2-10（d）～（g）］，以孔隙搭桥式把砂岩孔隙充满，基本未剩下孔隙空间，仅剩下少许孤立状孔隙，储层物性极差，且自生伊利石随着深度的加深，毛发状伊利石增多。石英胶结物主要以多期石英加大边为主，将矿物胶结连接成片［图3-2-10（h）、（i）］。加大边厚度一般大于60μm，少量可达100μm。石英胶结物含量随埋深增加而增加。库车坳陷下侏罗统储层中长石溶蚀强烈，长石次生溶蚀孔含量1%～5%，生成大量黏土矿物堆积在孔隙中，大量石英胶结物将颗粒胶结连接成片。

4. 煤系三角洲成岩孔隙演化特征

以库车坳陷东部下侏罗统砂岩储层为例，以普通薄片、铸体薄片和扫描电子显微镜为基础，利用全岩分析、黏土矿物分析及CT扫描技术，分析了煤系地层中多期酸性流体的来源，储层中长石溶蚀特征、溶蚀成岩环境、不同成岩环境中长石溶蚀产物差异性及对储层物性的影响，建立了库车坳陷侏罗系煤系地层砂岩的孔隙成岩演化模式。研究表明，库车坳陷侏罗系煤系地层砂岩储层成岩演化可分为三个阶段。

1）早期长期浅埋藏腐殖酸溶蚀长石增孔阶段

库车坳陷东部迪北地区下侏罗统储层成岩演化图显示（图3-2-11），在新近纪（N）之前，下侏罗统长期浅埋，埋深小于2500m，埋藏地层温度小于70℃，有机质R_o小于0.6%，为微生物最为活跃的生存环境，富含镜质组和惰质组的侏罗系碳质泥岩和煤在微生物的作用下连续分解，不断产生腐殖酸。煤系地层中腐殖酸富含大量的酸性官能团，长期溶蚀长石和岩屑等易溶骨架颗粒，生成大量的高岭石、一期石英加大边和自生石英，并伴随生成大量的粒间溶蚀孔和粒内溶蚀孔。长石溶蚀生成高岭石具有增孔作用，且高岭石富含晶间孔，随着长石溶蚀强度的加大，高岭石含量增多，储层物性变好。但由于后期强烈构造挤压，大量溶蚀孔被破坏。薄片观察显示，溶蚀作用形成的孔隙净增量在3%左右。

2）后期快速深埋压实压垮减孔阶段

新近纪（N）后，下侏罗统快速深埋。煤系地层中地层水在埋藏成岩早期由于大量腐殖酸生成变为酸性条件，粒间缺乏大量方解石、石膏、沸石等胶结物的充填，只有石英加大边或石英自形晶及高岭石全充填或半充填在孔隙中，且砂岩前期经历了漫长腐殖酸溶蚀，长石和岩屑骨架颗粒被强烈溶蚀，因此，储层抗压实性能弱，在该成岩阶段被强烈压实压垮。

图 3-2-10　库车坳陷东部中—下侏罗统储层中长石溶蚀次生矿物特征

（a）吐西 1 井，1074.47m，阳霞组，长石溶蚀，高岭石分散质点分布粒间孔中，晶间孔发育，单偏光；（b）吐孜 2 井，3520.11m，阳霞组，石英加大，粒间高岭石微孔，单偏光；（c）吐西 1 井，1313.3m，阳霞组，长石溶蚀生成高岭石，发育大量高岭石晶间孔，扫描电镜；（d）依深 4 井，3981.6m，阿合组，粒间孔充填堆积黏土矿物，高岭石向伊利石转化，扫描电镜；（e）依南 5 井，4534.5m，阳霞组，高岭石向伊利石转化，扫描电镜；（f）吐孜 2 井，4405m，阿合组，粒间伊利石呈塔桥状充填，正交偏光；（g）迪北 102 井，5031.90m，阿合组，毛发状、片状伊利石充填粒间溶蚀孔，扫描电镜；（h）迪北 102 井，4985.33m，阿合组，2 期石英加大发育，正交偏光；（i）依南 5 井，4840.8m，阿合组，石英加大胶结，扫描电镜

3）晚期深埋高温环境中伊利石胶结减孔阶段

新近纪（N）之后，下侏罗统快速埋深，发育超压，埋藏地层温度大于 115℃，有机质含量 R_o 大于 0.8%，有机质热演化生成大量的有机酸，成岩环境变为高温高压且富含有机酸流体的封闭性成岩环境。且经过前期快速埋深压实后，长石和岩屑颗粒被压垮，孔喉被严重破坏，孔隙内流体流通性变差，富含长石类颗粒溶蚀生成的次生产物不能有效地带出溶蚀区就原地沉淀下来占据了原来的空间。长石类矿物在高温封闭环境中与有机酸反应，生成大量伊利石和多期石英加大边，且早期生成的高岭石在富含 K^+ 的高温封闭环境中向伊利石大量转化，伊利石以搭桥式充填胶结粒间孔和粒内孔，破坏储层的孔喉，

随着伊利石的增多，储层物性变差。与此同时，强烈的构造剪切挤压作用使得砂岩发育大量的裂缝，大幅改善了这一类型的储层的渗透率。

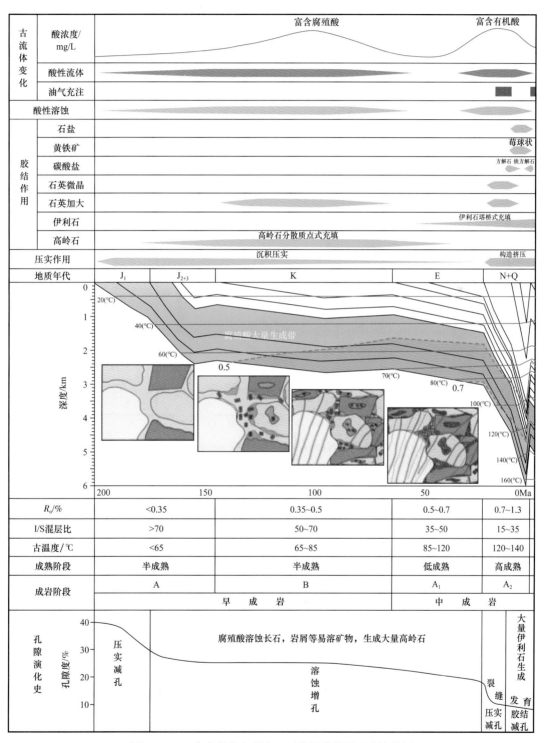

图 3-2-11　库车坳陷东部中—下侏罗统储层成岩演化图

5. 煤系地层优质储层主控因素

1）沉积水动力条件

库车坳陷侏罗系煤系储层中的长石和岩屑在新近纪之前遭受了漫长的腐殖酸溶蚀，储层抗压实能力减弱，而刚性颗粒（石英及石英质岩屑）不易受压形变，因而对储层保存有利；塑性岩屑（如千枚岩、片岩类及中酸性火山岩类等）抗压能力弱，易压实变形而损失孔隙，因而对储层保存不利。统计储层碎屑组分含量与物性相关性表明，刚性颗粒组分含量与储层物性是正相关关系，而塑性岩屑组分含量与储层物性之间的相关性则相反，塑性岩屑含量越高，储层物性越差（图 3-2-12）。不同粒级储层与其物性相关性统计表明，储层粒径大小与物性之间存在良好的正相关性，中粗砂以上粒级的储层物性显著优于中砂以下粒级储层，不等粒砂岩因分选差而物性相对较差。

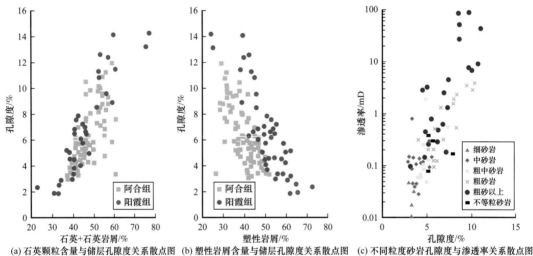

(a) 石英颗粒含量与储层孔隙度关系散点图　(b) 塑性岩屑含量与储层孔隙度关系散点图　(c) 不同粒度砂岩孔隙度与渗透率关系散点图

图 3-2-12　中—下侏罗统砂岩储层岩石学特征对储层物性影响

2）有利的成岩环境

煤系地层砂岩储层中的长石和岩屑在酸性流体中溶蚀的次生产物会在封闭成岩环境中的高温—低流速的孔隙流体中经过短距离传输而迅速沉淀破坏孔喉，而开放成岩环境中的高流速孔隙流体可将溶蚀产物带出溶蚀区，可提高酸性流体对储层的溶蚀效率，形成有效的未被溶蚀产物充填破坏的溶蚀孔。以库车坳陷东部迪北地区和吐格尔明地区为例对比研究发现，迪北地区下侏罗统地层普遍发育超压，埋深基本都在 4000m 以下，压力平均值大于 60MPa，地层压力系数平均值超过 1.5，地层温度超过 110℃，为典型的封闭高温成岩环境。且在高温酸性封闭成岩环境中，长石强烈溶蚀次生产物使得孔隙流体中 SiO_2（硅质）和 Al^{3+} 含量迅速增大，二氧化硅、$Al_2Si_2O_5(OH)_4$（高岭石）和 $2KAl_3Si_3O_{10}(OH)_2$（伊利石）可以快速达到沉淀浓度，大量的毛发状和片状的伊利石易形成碎片堵塞喉道和孔隙，从而破坏储层的物性［图 3-2-10（a）～（c）］。吐格尔明地区侏罗系中下统地层为常压地层，埋深小于 4500m，发育与外界连通的断层，地层压力均值小于 30MPa，压力系数平均值小于 1.2，现今地层温度小于 40℃，为典型的开放低温成岩环境。长石溶蚀的产物能有效地排出溶蚀区域，仅沉淀少量高岭石于连通性差的孔隙局部和发育少量石英加大边［图3-2-10（d）～（f）］，长石溶蚀对储层物性改善效应明显大于迪北地区。

第三节　湖盆滩坝沉积特征与成储机理

滩砂和坝砂是陆源碎屑受波浪和沿岸流作用在滨浅海或滨浅湖区形成的砂体类型，两者多复合发育形成透镜状岩性体，因此国内外学者将两种砂体统称为滩坝。我国东部陆相湖盆滩坝砂体研究和岩性勘探起步较早，诸多学者自20世纪80年代以来在渤海湾新生代断陷湖盆滩坝砂体沉积特征、沉积机制、分布规律及油气成藏等方面取得重要成果，支撑滩坝岩性油气藏持续增储上产。对我国中西部含油气盆地而言，以往对滩坝砂体研究认识相对薄弱，对该领域岩性勘探未予以充分重视。"十三五"以来，笔者及研究团队通过对我国中西部陆相湖盆砂体成因类型及成藏富集规律系统研究，发现同样具备形成大规模滩坝岩性油气藏的沉积、成储地质条件，是中西部盆地岩性勘探的重要新领域之一，以柴达木新生代咸化湖盆和鄂尔多斯盆地淡水湖盆为典型代表。

一、咸化湖盆滩坝砂岩沉积特征

1. 柴达木盆地新生代沉积环境特征

通过对柴西南地区湖平面变化、沉积速率、断层活动史和地层缩短率演化史等古构造演化分析发现，古构造演化与高原隆升活动规律具有良好对应。结合柴西南区黏土矿物、泥岩碳氧同位素、植物孢粉资料（图3-3-1），认为柴西南区古气候经历了五个演化阶段。

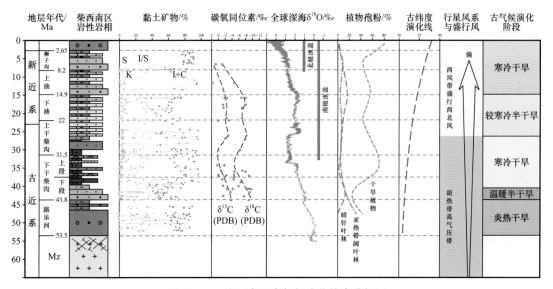

图3-3-1　柴西南区古气候演化综合分析图

（1）E_{1+2} 期：炎热干旱气候，该期柴西南区处于 30°N 附近，青藏高原开始隆升，海拔较低，气候主要受行星环流系统的副热带高气压带控制，黏土矿物表现为伊利石、绿泥石含量高，而蒙脱石—伊/蒙混层黏土含量总体较低，植物孢粉中以亚热带阔叶林和干旱植物孢粉组合为主。

（2）E_3^1 早中期：温暖半干旱气候，该期青藏高原已经隆升达到 4000m 以上，海拔对气候的控制作用显著，全球深海海水与柴西南区泥岩碳氧同位素均表现出正偏特征，黏土矿物中伊利石、绿泥石含量急剧降低，蒙脱石—伊/蒙混层黏土含量则相应地显著增高，植物孢粉中仍以干旱植物为主，同时暗针叶林孢粉含量则显著增高。

（3）E_3^1 晚期—N_1 早期：寒冷干旱气候，此期全球气候更为寒冷，柴西南区泥岩碳氧同位素变化趋势与全球气候变化一致，黏土矿物分布表现为伊利石、绿泥石含量增高并稳定分布，蒙脱石、伊/蒙混层黏土矿物含量低，且高岭石不发育，植物孢粉中以干旱植物占绝对优势。

（4）N_1 晚期—N_2^1 期：较寒冷半干旱气候，全球气候在此期出现回暖，柴西南区泥岩碳氧同位素反应的气候变化趋势与全球一致，黏土矿物分布表现为伊利石、绿泥石含量降低，蒙脱石、伊/蒙混层黏土含量增高，植物孢粉中干旱植物含量降低但仍占主要地位，同生暗夜针叶林孢粉寒冷出现小幅增高，与此同时，随着盆地纬度的不断增高，柴达木盆地在上干柴沟组沉积晚期已经完全受行星环流系统的西风带控制，前人研究也示发育西北盛行风。

（5）N_2^2—Q 期：寒冷干旱气候，全球气候已全面进入冰室期，北极冰盖形成，柴西南区泥岩碳氧同位素变化趋势与全球气候变化一致，黏土矿物和植物孢粉成分组成反映了气候更为干旱，此期西北盛行风强度也持续增大。由此可见，高原隆升活动控制了柴达木盆地古气候特征及演化规律，即新生代以来古气候逐趋冷干并盛行西北风。

2. 咸化湖盆滩坝沉积特征

柴达木盆地柴西南区新近系上干柴沟组—下油砂山组滨浅湖滩坝砂体规模发育，占总地层厚度的 35%，岩心可见低角度交错层理、波状层理、脉状层理等（图 3-3-2），岩性以细砂岩、粉砂岩为主，其次为粗—中砂岩，受干旱气候物源补给控制，砂体单层厚度普遍较薄，最大约 2.5m，砂岩顶部常见鲕粒碳酸盐岩富集，反映水体能力较强且逐渐咸化的沉积环境。野外露头直观地反映湖相滩坝砂体岩相、层理构造、横向变化及纵向叠置等特征。岩性以细砂岩、粉砂岩为主，夹泥岩、粉砂质泥岩，颜色以灰色、棕灰色为主，单层砂岩厚度 0.2～3.0m，见到低角度冲洗交错层理、水平纹层理、波痕及生物潜穴等，属于波浪成因，剖面上显示底平顶凸的特征，沉积序列上为厚层泥岩与薄层砂岩互层，单期砂岩具有下细上粗的反粒序特征。

据重点取心井岩心资料揭示，柴西地区滩坝砂体沉积序列特征具有规律性，发育三类沉积旋回样式：（1）单期向上粒度变粗反粒序型（图 3-3-3）：自下而上岩性为泥岩—波状、透镜状、低角度冲洗层理粉—细砂岩—低角度交错层理、波状交错层理细砂岩—交错层理—细砂岩—鲕粒灰岩—泥晶灰岩［图 3-3-3（a）］，单层砂岩厚度 1.1m，砂岩分选性好，杂基含量极低，反映了湖平面相对稳定缓慢下降、水动力条件越来越强的特征；
（2）多期反粒序叠置型［图3-3-3（b）］：自下而上岩性为泥岩—泥质粉砂岩—砂岩—泥
岩—三期低角度交错层理、交错层理的反粒序细砂岩—含鲕粒砂岩、含砂鲕粒灰岩—泥
晶灰岩［图3-3-3（b）］，单层砂岩厚度1m左右、叠合厚度4.4m，砂岩分选性好，杂基
含量极低，反映了湖平面相对振荡式下降、水动力条件强弱变化的特征；（3）韵律复合
型［图3-3-3（c）］，自下而下岩性为泥岩—低角度交错层理中—细砂岩—波状层理粉—
细砂岩—低角度交错层理细—中砂岩—交错层理中—粗砂岩—含砂鲕粒灰岩—泥晶灰岩，
砂岩分选性好，杂基含量低，反映湖平面上升到下降、水动力条件减弱到增强的变化
特征。

(a) 切35-3-7井，4778.32m，
粗砂岩交错层理

(b) 切35-3-7井，4785.91m，
粉细砂岩浪成交错层理

(c) 切探2井，4749.08m，中细砂岩块状层理

(d) 扎18井，4822.95m，细砂岩浪成交错层理

(e) 切35-3-7井，4786.06～4786.36m，泥质粉砂岩夹泥岩条带波状层理、脉状层理

图 3-3-2　切克里克凹陷 N_1 岩心层理构造

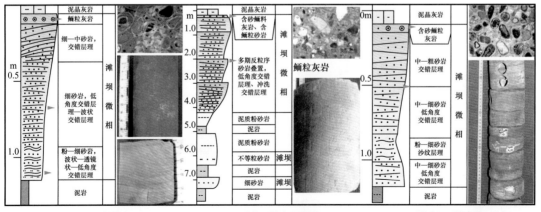

(a) 单期反粒序型
(ZP1井，3242.6～3243.9m)

(b) 多期反粒序叠置型
(QT2井，4746.3～4754.1m)

(c) 正粒序、反粒序复合型
(ZP1井，3254～3255.26m)

图 3-3-3　柴西地区滩坝砂体沉积旋回样式

利用露头及岩心资料确定沉积类型，以取心井的岩心相为基准确定单井相，利用连井对比剖面进行井间砂体的变化及相带界线，结合地震沉积学储层预测技术及砂岩百分含量的变化等综合预测砂体分布，采用点、线、面相结合方法等编制了上干柴沟组—下油砂山组14个地层单元的沉积相图，以表征新近系咸化湖盆滩坝砂岩的平面分布及纵向的演化特征。以其中的4个砂层组（图3-3-4）为例，下干柴沟组沉积时期［图3-3-4（a）、（b）］，主要受西部沉积物源的控制，发育两支水系，北支水系形成的辫状河—辫状三角洲体系分布在红柳泉—砂西附近，南支水系形成的辫状河—辫状三角洲体系分布在尕斯—跃进等地区；其次受南部的东柴山辫状三角洲体系、北部的七个泉—干柴沟扇三角洲体系控制，在三角洲的外前缘区砂地比小于10%。辫状河—辫状三角洲、扇三角洲体系合计面积为2750km²，而滨浅湖区的分布面积为4700km²，在狮子沟、花土沟、油砂山、英东、扎哈泉、乌南等地区发育滨浅湖滩坝微相砂体，砂地比为10%～30%，分布面积达1700km²，占滨浅湖区面积的36%，滨浅湖其他地区广泛发育薄层湖相砂岩及碳

(a) 柴西南区上干柴沟组4砂层组沉积相平面图　　　　(b) 柴西南区上干柴沟组2砂层组沉积相平面图

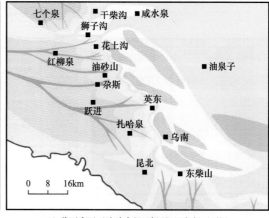

(c) 柴西南区下油砂山组8砂层组沉积相平面图　　　　(d) 柴西南区下油砂山组5砂层组沉积相平面图

■昆北											
地名	同沉积断层	冲积扇	扇三角洲平原	扇三角洲前缘	辫状河相	辫状三角洲平原	辫状三角洲前缘	扇间沉积	滨浅湖	半深湖	断坡扇	滩坝

图3-3-4　西柴南区上干柴沟组—下油砂山组部分砂组沉积相平面图

酸盐岩沉积，滩坝砂主体的展布方向为北西—南东向，与湖岸线斜交，具斜列式的分布特征，表现出单期分布范围较小、多期叠加、广覆式分布的特征。下油砂山组沉积时期［图3-3-4（c）、（d）］，继承了干柴沟组的沉积特征，西部两支的辫状河—辫状三角洲砂体具有明显向湖盆进积的特征。根据井资料进行测算，推进距离达到15～20km，滩坝微相砂体则向湖盆迁移至干柴沟南、英东东、扎哈泉东及乌东等地区，滨浅湖面积达5300km^2，滩坝砂岩沉积区的面积为2300km^2，占滨浅湖区面积的43%，薄层湖相砂岩及碳酸盐岩广泛分布，滩坝主砂体的展布方向为北西—南东向，与湖岸线斜交，呈斜列式的分布特征。

3. 咸化湖盆滩坝砂岩沉积模式

综合考虑新近系沉积相带变化、砂体时空演化、古地形特征等因素，以钻井揭示的沉积相为基础编制了咸化湖盆滩坝砂岩的沉积模式（图3-3-5），受陆源碎屑供给的控制，碎屑供给区为冲积扇—辫状河—辫状三角洲沉积，滨浅湖大部分地区为滩坝沉积，离三角洲较远地区则为碳酸盐岩与湖相泥岩沉积，钻井揭示在滩坝发育区内局部地区发育有藻丘—颗粒滩沉积。

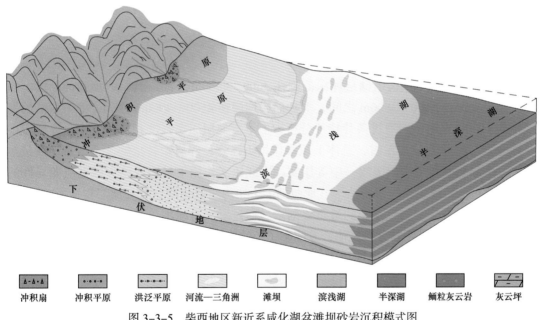

| 冲积扇 | 冲积平原 | 洪泛平原 | 河流—三角洲 | 滩坝 | 滨浅湖 | 半深湖 | 鲕粒灰云岩 | 灰云坪 |

图3-3-5 柴西地区新近系咸化湖盆滩坝砂岩沉积模式图

二、咸化湖盆滩坝成储机理

咸化湖盆水体古盐度较高，导致碎屑岩储层中普遍可见大量胶结物充填原生孔隙，储层过早致密化现象显著（李季林等，2017）。本次研究以柴达木古近系—新近系滩坝砂体为例，对咸化湖盆高盐度流体成岩环境下有利储层成储机理和发育主控因素开展了深化研究。

1. 柴达木盆地咸化湖盆滩坝储层特征

柴达木盆地扎哈泉地区上干柴沟组滩坝储层岩性主要为中—细砂岩和粉砂岩，其成分和结构成熟度较高。岩石类型以岩屑长石砂岩和长石岩屑砂岩为主，碎屑颗粒分选中等—较好，颗粒磨圆度以次圆状—次棱角状为主，颗粒以点接触为主，胶结类型以孔隙式为主，胶结物以方解石为主，少量硬石膏。通过对大量铸体薄片观察和定量统计发现，储层孔隙类型主要以原生粒间孔为主，部分溶蚀孔和少量微裂缝，占总孔隙度的比例分别为90%、8%和2%。滩砂和坝砂不同部位储层孔隙发育程度和物性存在差异性。坝主体原生粒间孔最发育，仅在局部发育少量的方解石充填物；孔隙度为3.4%～20.8%，平均值11.7%，渗透率为0.03～475.8mD，平均值44.5mD，储集物性及孔隙度、渗透率相关性最好。坝缘砂粒间孔被大量方解石胶结，仅残余少量粒间孔，孔隙度为1.5%～12.4%，平均值5.2%，渗透率0.02～76.6mD，平均值1.2mD，储集物性及孔隙度、渗透率相关性一般；滩砂储层粒间孔几乎都被方解石和黏土充填，孔隙度为0.6%～11.4%，平均值4.2%，渗透率0.01～11mD，平均值0.3mD，储集物性及孔隙度、渗透率相关性最差。坝主体储层为低孔隙度、低渗透率储层背景下发育中孔隙度、中渗透率储层，坝缘砂储层为特低孔隙度、低渗透率储层背景下发育低孔隙度、低渗透率储层，滩砂均为特低孔隙度、特低渗透率储层（图3-3-6、图3-3-7）。

2. 咸化湖盆滩坝砂储层发育控制因素

扎哈泉地区上干柴沟组储层埋深范围在3600～4900m之间，其中大型逆冲断层上盘滩坝储层埋深在3600～3800m之间，下盘储层埋深在4500～4900m之间，上下盘储层埋深相差1000m左右，但通过薄片特征分析，上下盘储层压实强度相似，上下盘厚层滩坝砂体孔隙度均可达13%左右，总体上压实作用不强烈，碎屑颗粒接触关系以点—线接触为主，成岩压实作用多属于弱—中等压实。因此压实作用不是造成研究区储层差异性的原因。通过分析成岩作用对柴达木盆地西部上干柴沟组咸化湖盆滩坝储层物性影响认为，胶结作用是滩坝储层物性差异的最重要因素。通过对大量滩坝单砂体进行精细解剖，揭示了滩坝储层内部胶结物分布规律，并明确了胶结作用影响的厚度范围。

柴达木盆地西部扎哈泉地区上干柴沟组滩坝储层压实程度相似，普遍为弱—中等压实。在这种背景下，胶结物含量将是决定储层物性好坏的主要因素，亦即决定着储层的非均质性。通过对滩坝单砂体储层精细解剖认为，砂体内部不同部位胶结强度与其距砂泥界面距离密切相关。方解石、硬石膏胶结物含量从砂体中部向砂体顶部具有明显增加趋势，对储层物性影响大。受胶结作用控制，厚层坝砂的顶部胶结强、储层物性较差，局部在旋回顶部甚至发育薄层含鲕粒灰岩或藻灰岩，而中部胶结弱，储层物性好（图3-3-8）。这是由于滨浅湖滩坝砂体沉积末期，顶部水体最浅，盐度较高，蒸发作用强，这些富含钙离子的卤水不断蒸发浓缩，逐渐在滩坝储层顶部发生化学胶结，最终形成钙质致密层；而向湖盆方向，湖水古盐度也变大，薄层砂体因为上下皆为富含钙离子孔隙水的泥岩，高浓度碳酸盐离子流体进入薄层砂体，从而形成高碳酸盐含量的整体胶

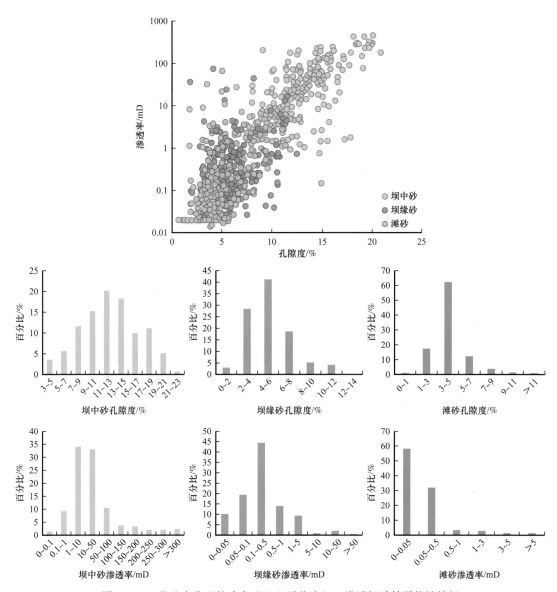

图 3-3-6　柴达木盆地扎哈泉地区上干柴沟组 3 类滩坝砂储层物性特征

结，将整个薄层砂体胶结成致密的钙质砂岩；再向前，砂质含量更低，就形成了钙质泥岩沉积。

　　通过大量薄片观察，并统计柴达木盆地扎哈泉地区上干柴沟组相同埋深条件滩坝砂体内不同部位胶结物含量和孔隙度与其距滩坝顶部砂泥岩接触面距离关系发现，单砂体内部不同部位碳酸盐胶结物体积分数与其距滩坝顶部砂泥接触面距离密切相关（图 3-3-9）：当距离小于 0.5m 时，碳酸盐胶结物体积分数多大于 15%；距离为 0.5～1.5m 时，碳酸盐胶结物体积分数为 5%～15%，距离大于 1.5m 时，碳酸盐胶结物体积分数多小于 5%，并且含量趋于稳定，砂体越厚，其中间部位的碳酸盐胶结物的体积分数越小。

(a) 切探2井，4745.42m，N₁，中粒岩屑长石砂岩，坝主体，原生孔发育，孔隙度15.6%，渗透率116.5mD

(b) 扎207井，3504.56m，N₁，细粒长石岩屑砂岩，坝缘，原生孔为主，方解石斑块状胶结，孔隙度11.3%，渗透率3.7mD

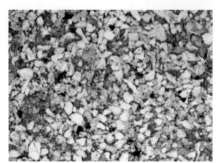

(c)扎10井，2930.13m，粉砂岩，滩砂，方解石胶结强，孔隙度5.8%，渗透率0.04mD

图 3-3-7　柴达木盆地扎哈泉地区上干柴沟组 3 类型滩坝砂储层镜下特征

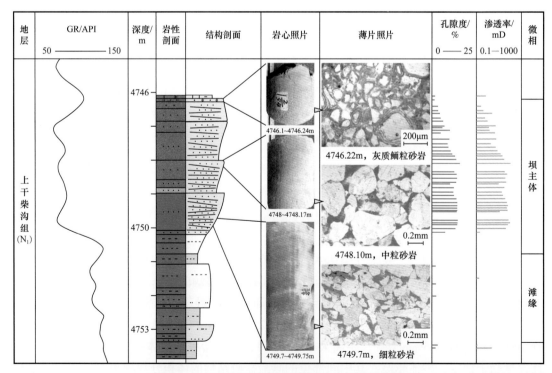

图 3-3-8　切克里克凹陷 N₁ 切探 2 井岩心柱状图

统计不同粒度滩坝储层内部不同部位孔隙度与其距砂泥接触面距离发现，对于粒度较粗的中粗砂岩，距离小于 0.2m 时，滩坝储层孔隙度一般小于 5%，距离为 0.2~0.5m 时，滩坝储层孔隙度为 5%~10%，距离为 0.5~1.5m 时，滩坝储层孔隙度为 10%~17%，距离大于 1.5m 时，滩坝储层孔隙度在 17% 左右趋于稳定不变，反映其受胶结作用影响已经很小。而对于粒度较细的粉细砂岩，距砂泥接触面距离小于 0.5m 时，滩坝储层孔隙度均小于 5%，距离为 0.5~1.5m 时，滩坝储层孔隙度为 5%~13%，距离大于 1.5m 时，滩坝储层孔隙度在 13% 左右趋于稳定不变 [图 3-3-9（b）]，这是因为粒度较细的砂体常含有较多泥质含量，且物性和孔隙结构较差，富含 Ca^{2+}、Fe^{2+}、Mg^{2+} 和 HCO_3^- 的流体在砂体内部流动性弱，易于在砂体内浓缩形成胶结物。紧邻泥岩部位的砂体一方面原始沉积水动力条件弱，碎屑物质供给不足，以坝侧缘和滩砂沉积为主，原生孔隙不发育；另一方面由于碳酸盐胶结物形成致密胶结壳，次生孔隙亦不发育。而在滩坝砂体中部，由于水动力条件强、碎屑物质供给充足，以分选较好的坝主体和滩脊沉积为主，溶蚀作用发育，导致原生孔隙和次生孔隙均比较发育。以孔隙度 5% 为下限，粉细砂岩滩坝有效储层厚度约为 0.5m，中粗砂岩滩坝有效储层厚度为 0.2~0.4m，当滩坝厚度大于 1.5m 时，砂体中部胶结物含量少，物性稳定。

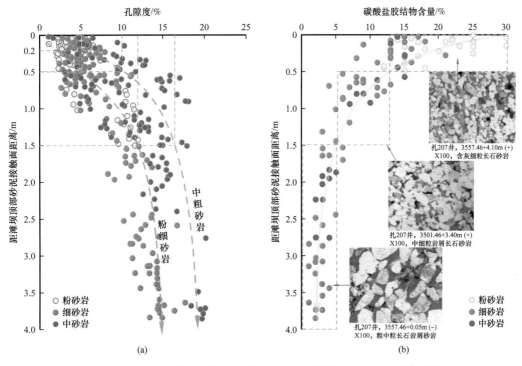

图 3-3-9 滩坝砂体不同部位孔隙度（a）和胶结物含量（b）分布特征

三、淡水湖盆滩坝发育条件

现代滩坝考察研究发现，滩坝砂体的形成较为容易，只要具备物源、湖盆底形及风动力—水动力等基本条件，低位域、高位域及湖侵域都可能形成滩坝砂体，但保存下来较难（袁宝印，1990；王菁，2019）。渤海湾盆地古近系滩坝解剖表明，只有位于长期基准面旋回早期或三级层序湖侵期的滩坝沉积才能得到较好的保存（林会喜等，2010）。这一认识指导了鄂尔多斯盆地延长组滩坝发育条件的综合分析。

1. 从物源供给看延长组滩坝砂体发育

晚三叠世，鄂尔多斯原型盆地周缘被古陆块或褶皱造山带所围限，因而具有多物源供给的特点，其中阿拉善古陆从西北部向盆内输送物源，阴山褶皱带从北部、东北方向向盆内供应沉积物，而秦岭—祁连造山带是盆地东南、南部和西南沉积的物质供给者（梁积伟等，2008；刘化清等，2013）。但上述物源体系并非同时、同等程度的发育，而是此强彼弱，互为消长。据张成立（2011）研究，延长组长8—长6油层组沉积时期主要存在西部（西北部）稳定地块古老结晶基底变质、岩浆物质及晚古生代岩浆物质和南部造山带岩浆物质两大源区的物质供给，长8油层组沉积时期以前，南部秦岭造山带尚未向盆地内部提供物源。由此看来，延长组长8—长9油层组沉积时期，盆地南部—西南缘可能为湖湾区，来自盆地西北部、西部物源的三角洲砂体有可能经过波浪作用改造、搬运在附近湖湾区形成滩坝砂体。

2. 从湖盆底形特征看延长组滩坝砂体分布

如前所述，只有具备适宜的湖盆底形才会有利于滩坝的形成。许多学者对鄂尔多斯盆地延长组沉积期的湖盆底形进行过恢复，例如，傅强（2012）认为延长组沉积期湖盆东北部的底形坡度为1°~3°，西南部为3°~5°；杨仁超等（2017）认为盆地西南部坡度为3.5°~5.5°，东北部为1.5°~2.5°。上述不同学者的认识基本一致，即延长组沉积期湖盆底形具有"北缓南陡"的特征，西南部湖盆底形坡度在4°左右。由此看来，盆地西南部是延长组沉积期最有可能发育滩坝砂体的有利地区。

3. 从风/水动力特征看延长组滩坝砂体分布

风不但具有侵蚀、搬运和沉积的能力，还可以向水体传输能量和动量，营造波浪和风生水流，成为盆地滨岸带沉积物搬运的源动力。

就鄂尔多斯盆地延长组沉积而言，晚三叠世时季风可能对其影响不大，原因是包括鄂尔多斯在内的整个华北地区当时位于泛大陆东侧古特提斯北部的长条形孤岛上，周围被泛大洋包围，类似于现今南半球的澳洲，大陆与大洋之间温度差异不大，气压基本上呈带状。由于晚三叠世鄂尔多斯盆地古纬度介于31.03°N~25.4°N之间（吴汉宁等，1991；朱日祥等，1998），处于低纬度信风带上，所以东北信风可能对湖盆波浪起重要控制作用，波浪的传播方向应该由东北指向西南方向。考虑到晚三叠世—中侏罗世期间鄂尔多斯地块发生了至少45°的大角度逆时针构造旋转（马醒华等，1993），当时东北信风的下风区（迎风面）应该位于现今盆地的南部地区（包括西南与东南）。由此说明，从风动力—水动力条件看，盆地西南部也是滩坝分布的有利位置。

4. 从湖岸线形态看延长组滩坝砂体分布

湖岸线的位置与形态（凹岸与凸岸）影响水动力能量变化，从而决定滩坝砂体的发育和分布。从青海湖现代沉积来看，在上风区（背风面）波浪改造作用较弱，凹岸（湖岸线向陆地凹进）与凸岸（湖岸线向湖内凸出）位置均不利于大规模滩坝的发育；在下风区（迎风面），波浪作用改造较强，在凸岸位置，容易形成沙嘴和沙坝沉积（如二郎剑地区），而在凹岸位置（湖湾），以成排分布的滩砂为主（如东岸海晏湾地区和耳海地区）（王菁等，2019）。在鄂尔多斯盆地延长组沉积时期，现今盆地的西南部整体处于下风区的湖湾背景，因此，有利于滩坝砂体的发育。

5. 从层序演化看延长组滩坝砂体分布

不论陆相还是海相环境，目前发现的有一定规模的滩坝体系主要分布在海（湖）侵体系域中（王永诗等，2012）。鄂尔多斯盆地延长组组成了一个完整的二级构造层序旋回（超长期基准面旋回）（郭彦如等，2008；楚美娟等，2012），进一步可以划分出 5 个三级层序（长期基准面旋回）。其中长 10—长 7 油层组属于二级构造层序早期的沉积，与青海湖滩坝发育条件相类比，可以看出，长 10—长 7 油层组是整个延长组沉积时期滩坝砂体得以保存的最有利层位。然而，由于长 10 油层组沉积时期鄂尔多斯盆地本部主要为河流相沉积（完颜容等，2011），缺少湖泊相，因此不可能发育滩坝沉积；长 8_1 油层组沉积时期为浅水湖泊三角洲环境，湖盆底形平坦，湖浪作用相对较弱（刘化清等，2011），因而也不具备滩坝砂体沉积的条件。对比分析表明，只有长 9 油层组沉积时期、长 8_2 油层组沉积时期和长 7 油层组沉积时期既处于二级构造层序早期，同时又位于三级层序湖侵体系域，有利于陆源碎屑滩坝保存。

如上所述，在鄂尔多斯盆地上三叠统滩坝砂体主要发育在盆地西南部和南部的长 8_2—长 9 油层组沉积时期沉积中。其中长 8_2 油层组沉积时期水体分布广而浅，因此沿两期湖岸线广泛发育波浪改造成因的滩坝砂体，滩坝累计分布面积达 5500km²，是岩性油藏发育的有利目标。

第四节　湖相碳酸盐岩沉积特征与成储机理

湖相碳酸盐岩在我国东西部富油气盆地古生代—新生代均普遍发育，可勘探面积累计达 $10 \times 10^4 km^2$，累计地质资源量达 $57 \times 10^8 t$，岩性勘探潜力巨大。然而以往勘探实践表明，该类储集体岩性变化快、储层非均质性强，制约了该领域岩性勘探进程，特别是四川、柴达木、准噶尔等中西部大型盆地程度较低，尚未形成规模发现。"十三五"以来，项目围绕该类规模储集体沉积展布规律、储层成因及控制因素等关键地质问题开展了系统攻关和深化总结，明确了不同盆地背景下湖相碳酸盐岩成因类型及规模成储机理，建立了沉积模式、成储模式，为湖相碳酸盐岩规模储层分布预测提供了理论依据，支撑柴达木盆地岩性勘探持续规模发现。

一、湖相碳酸盐岩沉积机制与沉积模式

1. 湖相碳酸盐岩类型

与海相碳酸盐岩相比，湖相碳酸盐岩受湖盆不稳定的沉积环境控制，岩石组构往往复杂多变，科学划分岩石类型对揭示规模储集体发育的沉积环境及成储机理具重要意义。本次研究在前人对东部盆地研究成果基础上，侧重于对我国中西部含油气盆地湖相碳酸盐岩岩石学特征系统研究，根据成因类型和沉积机制将湖相碳酸盐岩归纳为生物成因、机械—化学成因、生物—化学成因和混积成因四大类。

1）生物成因湖相碳酸盐岩

根据生物类型和沉积机制分为生物碎屑碳酸盐岩和微生物岩两亚类。生物碎屑碳酸盐岩成因于壳体生物死亡堆积，在淡水湖盆和咸化湖盆均有发育，淡水湖盆主要为双壳类，咸化湖盆壳体类型主要为介形类和腹足（螺、蚌）类，总体为高能生物碎屑滩沉积，生物碎屑滩主体部位为亮晶胶结为主，滩缘水动力条件减弱，发育泥晶胶结。藻—微生物碳酸盐岩主要成因于咸化湖盆沉积环境，由支管藻、轮藻和蓝细菌等微生物大量繁盛分泌化学沉淀和对其他陆源碎屑和内碎屑的捕获形成，主要为生物丘、席沉积环境（图 3-4-1）。

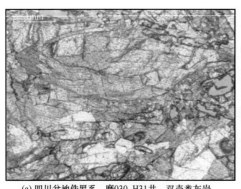

(a) 四川盆地侏罗系，磨030-H31井，双壳类灰岩

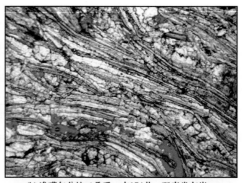

(b) 准噶尔盆地二叠系，吉174井，双壳类灰岩

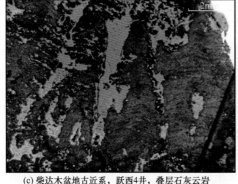

(c) 柴达木盆地古近系，跃西4井，叠层石灰云岩

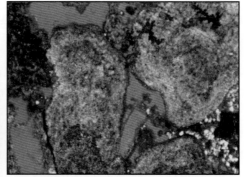

(d) 柴达木盆地古近系，跃西16井，凝块岩

图 3-4-1　生物成因湖相碳酸盐岩微观特征

2）机械—化学成因碳酸盐岩

该类碳酸盐岩主要为波浪改造早期沉积碳酸盐岩和颗粒滚动化学沉淀形成。波浪改造早期沉积碳酸盐岩形成内碎屑砂屑或砾屑，在高能环境形成滩相亮晶砂屑／砾屑碳酸盐岩，搬运卸载至相对低能环境则以泥晶胶结为主。在高能动荡咸化水体中，生物碎屑、藻屑、砂屑等内碎屑颗粒及陆源砂质颗粒表层发生化学沉淀形成鲕粒碳酸盐岩，规模发育于浅水高能鲕粒滩沉积环境（图3-4-2）。

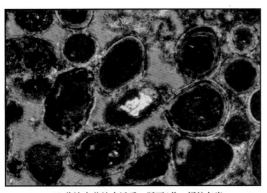

(a) 柴达木盆地古近系，跃西4井，鲕粒灰岩

(b) 准噶尔盆地二叠系，吉174井，砂屑白云岩

(c) 渤海湾盆地古近系，歧103井，鲕粒灰岩

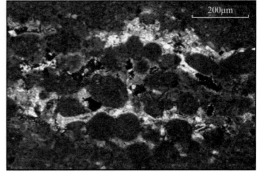

(d) 柴达木盆地古近系，狮43井，砂屑灰云岩

图3-4-2　机械—化学成因碳酸盐岩微观特征

3）生物—化学成因碳酸盐岩

该类碳酸盐岩主要成因为咸化湖盆，由生物和方解石饱和化学沉淀复合作用形成，岩石成分主要由泥—粉砂级碳酸盐岩组成，在咸化欠补偿期的滨浅湖低能带石灰坪—白云坪和半深湖—深湖环境中广泛发育，白云化程度弱的岩石整体表现为块状的泥晶结构，白云化程度强的岩石形成泥晶—粉晶的白云石晶粒结构（图3-4-3）。

4）混积成因碳酸盐岩

该类碳酸盐岩成因于陆源碎屑和内碎屑混积作用，成分中碳酸盐岩含量不小于50%，由三种混积机制形成三亚类混积碳酸盐岩。一类是在高能水体环境中由内碎屑砂屑和陆源碎屑颗粒混积形成混积颗粒碳酸盐岩，如柴达木盆地英西地区古近系；一类是间歇补偿咸化湖盆低能环境下，由陆源泥质和化学沉淀的碳酸盐混积形成的混积碳酸盐岩，该

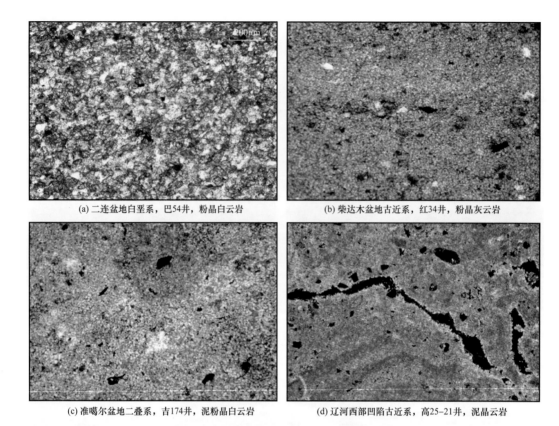

<table>
<tr><td>(a) 二连盆地白垩系,巴54井,粉晶白云岩</td><td>(b) 柴达木盆地古近系,红34井,粉晶灰云岩</td></tr>
<tr><td>(c) 准噶尔盆地二叠系,吉174井,泥粉晶白云岩</td><td>(d) 辽河西部凹陷古近系,高25-21井,泥晶云岩</td></tr>
</table>

图 3-4-3   生物—化学成因碳酸盐岩微观特征

类混积碳酸盐岩在各盆地湖相碳酸盐岩发育期普遍发育;另一类是火山活动期咸（碱）化湖盆低能环境下,由水体搬运的凝灰质和空落的火山灰与湖盆化学沉淀的混积形成的混积碳酸盐岩,最为典型的是准噶尔盆地西北缘二叠系风城组和吉木萨尔凹陷二叠系芦草沟组。两类低能环境混积碳酸盐岩具块状泥质泥晶结构和纹层状两种岩石结构,与低能背景下的水动力机制、碎屑注入量和沉积方式有关（图 3-4-4）。

2. 湖相碳酸盐岩形成的地质背景

湖相碳酸盐岩是古湖盆从淡水向咸水,直到盐湖、碱湖演变过程的必然产物,在我国东西部富油气盆地古生代—新生代均有发育。在空间上,湖相碳酸盐岩的分布受控于构造背景、古气候和物源供给等多方面因素。我国各大含油气盆地湖相碳酸盐岩发育期,根据构造演化特征分为三种盆地类型,分别为挤压盆地,断陷盆地和坳陷盆地。根据古湖盆水体类型,分为淡水湖、咸化膏盐湖和碱化湖三种。盆地的构造类型控制了物源补给区分布及湖盆内部古地貌格局,古气候的干湿和稳定性控制了物源的补给程度和湖盆水体类型;湖盆水体类型则控制了造岩生物类型和化学沉淀速率。因此,盆地的构造背景、古气候特征和古湖盆水体类型复合控制了湖相碳酸盐岩的类型及分布。在断陷盆地演化阶段多伴随火山活动,如准噶尔盆地西北缘二叠系风城组沉积时期和吉木萨尔凹陷二叠系芦草沟组沉积时期、酒泉盆地青西凹陷白垩系沉积时期、渤海湾盆地辽河西部凹

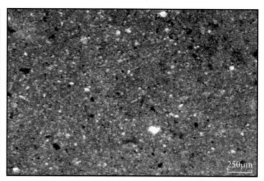

(a) 柴达木盆地古近系，狮49-1井，砂质与灰屑颗粒混积　　(b) 柴达木盆地古近系，狮41-2井，泥质泥晶块状混积

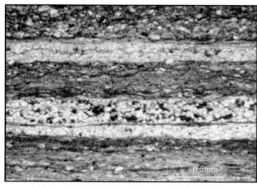
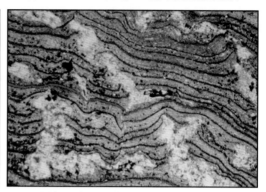

(c) 柴达木盆地古近系，狮41井，泥质与方解石纹层　　(d) 酒泉盆地白垩系，隆105井，凝灰质与白云石纹层

图3-4-4　混积成因碳酸盐岩微观特征

陷古近系沉积时期，火山活动为湖盆提供了大量的矿物质，使湖盆水体向碱化湖盆演化，为各类碳酸盐岩发育提供了营养和化学沉淀物质基础。通过对我国盆地构造沉积背景系统总结，将我国湖相碳酸盐岩发育期盆地沉积背景特征划分为三类，分别为断陷咸（碱）化湖盆（复合火山活动）、挤压咸化湖盆和坳陷淡水湖盆。三类盆地分布及湖相碳酸盐岩类型（表3-4-1）。整体具三大沉积特征：（1）三类构造盆地的古地貌格局均发育斜坡带、水下古隆起带和坳陷带三个二级构造单元；（2）断陷咸（碱）化盆地和挤压咸化盆地碳酸盐岩发育期均为干旱的古气候背景，伴随火山活动的断陷湖盆湖泊水体向碱化湖演化，无火山活动的断陷和挤压湖盆向咸化湖盆演化；（3）干旱气候背景下的咸化湖盆、碱化湖盆四大成因类型湖相碳酸盐岩均普遍发育，且普遍发生了准同生白云化作用，而淡水湖盆主要发育淡水生物碎屑灰岩为主，无白云化作用。

3. 湖相碳酸盐岩沉积模式

关于湖相碳酸盐岩沉积模式，国内外学者根据湖盆构造演化阶段、水文条件、水深和水动力条件等建立了相应地质模式和综合模式（周自立等，1986；杜韫华，1990；Platt et al.，1991；赵澄林，2001；邵先杰等，2013）。在对我国湖相碳酸盐岩类型、沉积机制和沉积背景的系统梳理的基础上，通过对典型盆地湖相碳酸盐岩类型及分布规律解剖，结合前人研究成果，建立了三类沉积背景湖盆湖相碳酸盐岩综合沉积地质模式。

表3-4-1 不同盆地类型湖相碳酸盐岩沉积背景及成因类型

盆地类型	盆地结构模式	古气候	水文	湖泊类型	碳酸盐成因类型（机械化学、生物、生物化学、混积）
断陷盆地（火山活动）	断阶带、盆内堑—垒连隆带、盆缘斜坡带、水下火山物质、空落火山碎屑	半干旱—干旱	陆源欠补偿，湖盆封闭，蒸发作用强，火山物质注入	振荡咸化湖至碱化湖	机械化学：砂屑粒、鲕粒、再旋回；生物：藻类、生物碎屑；生物化学：泥晶—粉晶；混积：火山碎屑、细粒、粗粒
断陷盆地（无）	断阶带、盆内堑—垒连隆带、盆缘斜坡带	半湿润—干旱	陆源间歇补偿，湖盆封闭，蒸发作用强	振荡化湖至硫酸盐湖	
挤压盆地	断阶带、盆内断隆—连阶带、盆缘斜坡带	半干旱—干旱	陆源欠补偿，湖盆封闭，蒸发作用强	振荡咸化湖至盐湖	
坳陷盆地	坳陷带、盆缘宽缓斜坡带、盆缘宽缓斜坡带	半湿润	陆源弱补偿，封闭—半封闭，蒸发弱	主要为淡水湖，局部碳酸盐湖	

1）挤压性咸化湖盆湖相碳酸盐岩综合沉积模式

挤压性咸化湖盆以柴达木盆地古近系—新近系最为典型，通过对柴达木盆地古近系下干柴沟组上段沉积环境、湖相碳酸盐岩类型及分布规律系统研究，揭示古物源、古地貌、古气候和古盐度对湖相碳酸盐岩类型及分布具显著的控制作用，其中柴西坳陷受中央低隆起分隔形成相对封闭的咸化湖盆，物源补给量低，湖相碳酸盐岩规模发育；而盆地东部物源补给量大，一里坪坳陷区水体盐度较低，以碎屑岩沉积为主，据此建立了柴达木盆地挤压性咸化湖盆湖相碳酸盐岩综合沉积模式（图3-4-5）。

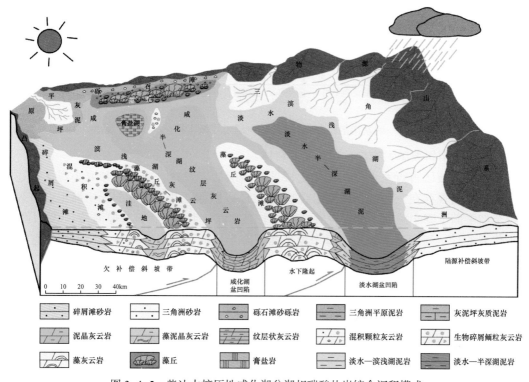

图 3-4-5　柴达木挤压性咸化湖盆湖相碳酸盐岩综合沉积模式

（1）阿尔金山前带湖湾区发育沿岸型微生物丘。

笔者及团队对柴达木盆地西岔沟剖面古近系下干柴沟组上段微生物丘发育段进行了详细研究和实测。发现微生物丘在顺走向（沿岸线）方向呈连续稳定分布特征，在顺倾向（垂直岸线）向盆地中心方向呈孤立丘状发育，丘体之间为灰泥充填，丘体在低洼区厚度最大，多期丘体垂向加积生长最厚可达5m。垂向上，丘体与下伏地层具两种沉积序列组合，分别为砂砾岩（三角洲、砾石滩）—微生物丘组合和泥石灰坪—微生物丘组合。前者沉积序列反映微生物丘沉积的水体相对较浅，丘体发育厚度大并向盆缘一侧逐渐减薄并消失，后者则反映出水体相对较深，丘体厚度较小并向湖盆中心方向消失。据此明确了沿岸型微生物丘在浅湖区丘体规模最大，向两侧减薄的沉积发育规律（图3-4-6）。

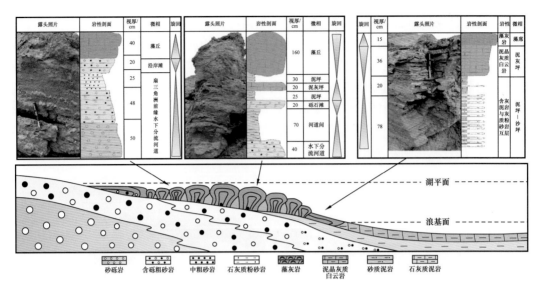

图3-4-6 西岔沟剖面古近系下干柴沟组上段微生物丘沉积发育规律

（2）柴西南斜坡微生物丘—颗粒滩复合体。

柴西南斜坡区古近系下干柴沟组上段湖相碳酸盐岩发育，通过钻井取心观察描述和薄片鉴定，发现存在三种沉积序列组合特征：① 以跃西4井为代表的丘—滩组合，表现为每个湖平面下降半旋回下部发育颗粒滩，上部发育微生物丘，且丘厚滩薄；② 以跃84井为代表的丘—滩组合，表现为每个湖平面下降半旋回下部发育颗粒滩，上部发育微生物丘，且丘薄滩厚，滩主要为混积颗粒滩；③ 以跃灰106井为代表的丘—滩组合，表现为丘、滩均薄，主要为低能灰白云坪沉积特征。通过对柴西南斜坡区微古地貌分析，发现跃84井区处于斜坡边缘区，靠近盆缘物源，跃西4井区处于同生断层上盘水下低隆起区，隆起幅度相对较高，跃灰106井区处于同生断层下盘水下低隆起区，隆起幅度相对较低。由此可见，上述三种沉积组合特征分布受斜坡微地貌控制，斜坡边缘易受陆源影响，以混积颗粒滩为主，形成滩厚丘薄型沉积组合，坡内水下低隆起丘—滩复合体发育，上盘隆起幅度较高，水深适宜，利于微生物生长，形成滩薄丘厚型沉积组合；下盘隆起幅度低，水体较深，水体能量低且透光性变差，因此滩、丘沉积厚度均较薄，以低能灰白云坪沉积的泥晶碳酸盐岩为主（图3-4-7）。

（3）英西盐湖中心发育滨浅湖滩—坪—深水纹层灰岩沉积组合。

元素地球化学分析结果表明，柴达木盆地英西地区下干柴沟组上段沉积时期为咸化湖盆中心，古盐度相对最高，同样具隆洼相间的古地貌格局。通过对区内钻井取心段精细描述，明确英西地区盐下发育高能与低能两种环境演化的沉积组合序列，不同沉积组合序列的发育，主要受古地貌及湖平面—古盐度高频振荡变化所控制。向浅水高能环境演化的岩相组合序列（图3-4-8）：自下而上依次为半深湖块状泥岩—浅湖灰泥—灰白云坪的块状或含膏斑块状灰云岩—（含膏）碳酸盐砂屑滩或陆源碎屑混积颗粒滩。受湖平面振荡变化控制，沉积组合多不完整，表现为缺乏高能的颗粒滩。向浅水低能环境演化的岩相组合序列：自下而上依次为半深湖块状泥岩—半深湖纹层状灰云岩—浅湖灰白云坪块状或含膏斑块状灰云岩—滨浅湖膏泥坪膏质泥岩或泥质膏盐（图3-4-9）。湖平面的振荡变化导致岩相组合多不完整。

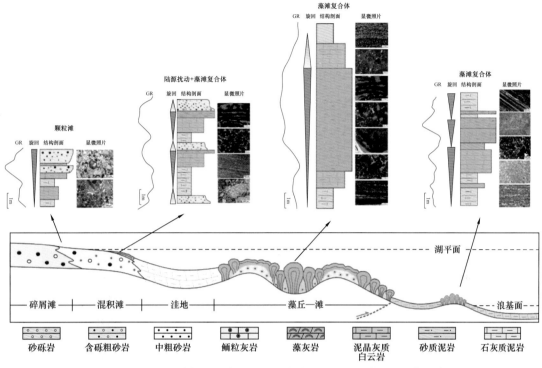

图 3-4-7　柴西南斜坡区古近系下干柴沟组上段丘—滩沉积发育规律

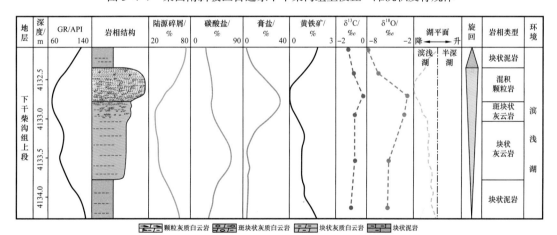

图 3-4-8　英西地区狮41-2井高能环境典型完整沉积序列

　　根据岩相沉积组合序列及发育位置，明确了英西地区碳酸盐岩发育规律（图3-4-10）。在古低隆高区，主要发育颗粒滩—坪复合体主体，序列为纹层状灰岩—含膏泥晶灰云岩—颗粒灰云岩的高能储集体组合。在斜坡带—洼陷区，主要沉积泥晶碳酸盐岩灰白云坪、膏坪，序列组合为半深湖纹层状灰云岩—块状或含膏斑块状泥晶灰云岩灰白云坪—滨浅湖膏泥坪的低能储集体组合。

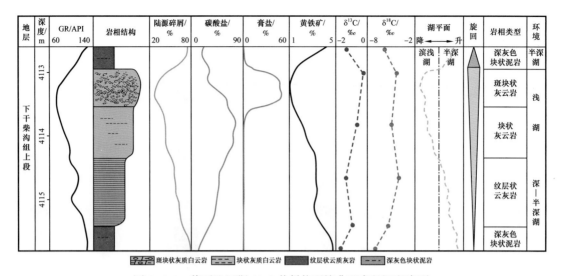

图 3-4-9 英西地区狮 41-2 井低能环境典型完整沉积序列

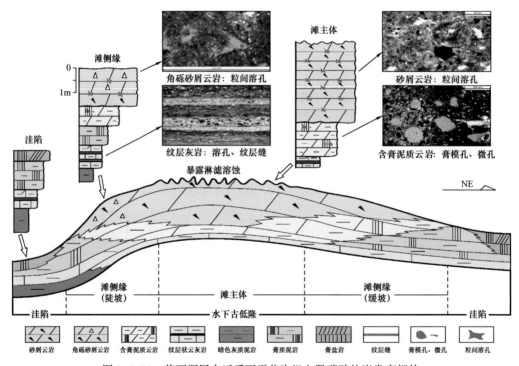

图 3-4-10 英西深层古近系下干柴沟组上段碳酸盐岩发育规律

通过对柴西坳陷已知井区和野外露头湖相碳酸盐岩沉积组合、形成环境和分布规律研究，认为盆地腹部中央古隆起区远离物源影响，盐度适中，是湖相碳酸盐岩有利的规模发育区带，且区内浅层已钻遇微生物岩和颗粒碳酸盐岩，根据古隆起沉积演化背景，预测下干柴沟组上段规模发育丘—滩型储集体。

2）断陷咸（碱）化湖盆碳酸盐岩综合沉积模式

通过对准噶尔盆地西北缘二叠系风城组、吉木萨尔凹陷二叠系芦草沟组、酒泉盆地青西凹陷白垩系、渤海湾盆地古近系湖相碳酸盐岩形成背景及分布规律综合研究，揭示了火山活动、不同古地貌单元对湖相碳酸盐岩形成及类型分布的控制作用，进一步明确了不同成因湖相碳酸盐岩发育控制因素和分布规律，建立了断陷咸（碱）化湖盆湖相碳酸盐岩综合沉积模式建立了断陷咸（碱）化湖盆碳酸盐岩综合沉积模式（图3-4-11）。

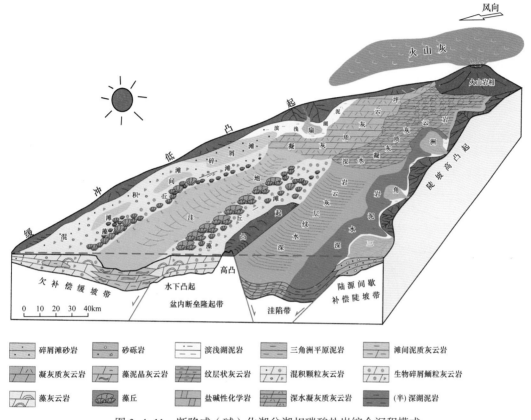

图 3-4-11　断陷咸（碱）化湖盆湖相碳酸盐岩综合沉积模式

（1）准噶尔盆地风城组实例。

据前人研究表明，准噶尔盆地西北缘风城组沉积时期受古地貌控制形成闭塞型湖泊。通过对元素地球化学和自生蒸发岩矿物类型综合研究表明，风城组的沉积环境为典型的碱湖沉积背景，其形成于为半干旱（季节性的潮湿环境与干旱季节相交替）气候环境，蒸发量大于补给量，火山活动为湖盆碱化和碳酸盐岩沉积提供了大量的化学物质。风城组岩石类型复杂，主要为陆源碎屑岩类、火山岩类（含火山碎屑岩类）和内源自生的以碳酸盐岩类和蒸发碱性盐岩类沉积为主的岩石，泥质白云岩和凝灰质白云岩两类混积岩是风城组主要的湖相碳酸盐岩类型，发育块状和纹层状两种沉积结构（图3-4-12）。根据录井、测井、岩心等资料，结合地震属性，通过综合研究预测了风城组混积型碳酸盐岩平面分布规律。其中滨浅湖区以块状混积岩为主，而在半深湖区则普遍发育纹层状混积岩。平面上，混积型碳酸盐岩在湖盆浅湖—半深湖区大面积分布，围绕碱湖中心呈环带状。在临近火山活动区，以凝灰质混积岩为主（图3-4-13）。

(a) 夏40井，4567.70m，凝灰质粉晶灰岩　　　　(b) 风南1井，4423.62m，纹层状泥质白云岩

图 3-4-12　风城组湖相碳酸盐岩微观特征

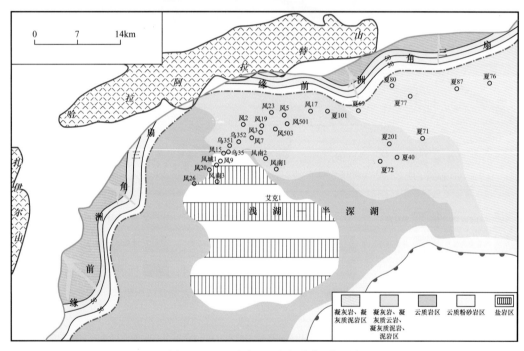

图 3-4-13　风城组一段沉积相平面图

（2）渤海湾盆地辽河西部凹陷实例。

古近纪是辽河盆地断裂活动最活跃的时期，构造演化特征大致可分为沙四段裂陷期、沙三段深陷期、沙二段—沙一段稳定发育期、东营收缩期、新近纪坳陷期。在沙四段裂陷期早期，由于地幔物质上涌，地壳局部变薄出现张裂，基性岩浆沿张裂面上涌且喷出地表。高升地区为喷发中心，曙北地区形成玄武岩台地，构成了沙四段沉积古地貌背景。在干旱的古气候条件下，早期火山活动形成的玄武岩层为湖盆提供了大量的碱性矿物质，使湖盆具向碱化湖盆演化的特征，大量的方沸石等碱性自生矿物是重要依据之一。沙四段（高升）构造沉积时期，受西斜坡古隆起和兴隆台—中央古隆起控制，形成一个相对较大洼槽；内部受出露水面曙光中、低潜山分割，形成隆凹相间古地貌格局，控制四类

碳酸盐岩平面分布。沙四段杜家台构造沉积时期，湖水加深，碳酸盐岩沉积面积向西侧扩大。高介构造沉积时期，沉积相受古地貌影响亦为明显，生物丘、生物碎屑—鲕粒滩—泥晶云岩—灰泥岩发育受水下高地及洼槽控制；杜家台沉积时期水体加深，细粒泥、云岩连片集中发育，西南部受碎屑岩注入影响，碳酸盐岩不发育。

3）坳陷淡水湖盆湖相碳酸盐岩综合沉积模式

坳陷淡水湖盆湖相碳酸盐岩沉积以四川盆地侏罗系大安寨段最为典型。通过对大安寨段碳氧同位素和植物孢粉综合分析，发现介壳层碳氧同位素与氧化色泥岩段相比，明显呈现正偏特征，同时出现了代表干旱气候环境的 *classopollis* sp. 孢粉类型，揭示介壳灰岩沉积期淡水湖盆趋于封闭，盆缘物源萎缩，碎屑注入量低对湖盆的影响较小，双壳—介壳类淡水生物开始大量繁盛进而形成厚层的介壳灰岩建造。

通过对大安寨段沉积相特征及分布系统研究，明确古地貌控制了大安寨段介壳滩在平面上的分布。古地貌高地发育区介壳滩均比较发育，介壳滩滩核以厚层结晶、亮晶介壳灰岩为主，泥岩不发育，而在滩缘主要发育含泥介壳灰岩，在斜坡区主要发育薄层泥晶灰岩及泥质介壳灰岩；在凹陷区，主要发育浅湖—半深湖相泥岩沉积夹极薄层介壳灰岩条带。在凹陷区内部发育水下低隆区，介壳灰岩亦比较发育。大安寨三亚段沉积前，川中地区在马鞍山组沉积期经历了填平补齐的过程，因此地区地势较平坦，隆凹格局不明显，因此大安寨三亚段介壳滩大面积连片分布。大安寨段沉积时期为侏罗纪一次最重要的湖侵期，期间又经历了数次湖侵湖退旋回，湖侵湖退旋回控制了介壳滩在空间上的迁移和演化。湖侵期，湖准面上升，介壳滩有向盆地周缘迁移的趋势，而在湖退期，湖平面下降，介壳滩又逐渐向湖盆中心迁移。综合上述对大安寨段介壳滩沉积特征、沉积相展布特征、演化规律及控制因素综合分析，建立了坳陷淡水湖盆湖相碳酸盐岩综合沉积模式（图 3-4-14）。

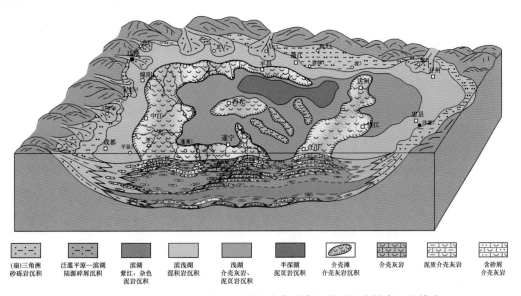

| （扇）三角洲 砂砾岩沉积 | 泛滥平原—滨湖 陆源碎屑沉积 | 滨湖 紫红、杂色 泥岩沉积 | 滨浅湖 混积岩沉积 | 浅湖 介壳灰岩、 泥页岩沉积 | 半深湖 泥页岩沉积 | 介壳滩 介壳灰岩沉积 | 介壳灰岩 | 泥质介壳灰岩 | 含砂屑 介壳灰岩 |

图 3-4-14　四川盆地大安寨段坳陷淡水湖盆湖相碳酸盐岩综合沉积模式

二、湖相碳酸盐岩储层成因与控制因素

闫伟鹏等（2014）详细统计了目前中国陆上已获得油气发现的湖相碳酸盐岩储层的基本特征。从统计结果可以看出：（1）各类成因岩石类型均可形成有效储层，但不同岩石类型储层之间物性存在显著差异；（2）湖相碳酸盐岩储层储集空间类型多样，其中原生孔隙可见少量剩余粒间孔和生物体腔孔，次生孔隙是湖相碳酸盐岩储层主要的孔隙类型，包括溶蚀孔洞、白云化和自生矿物晶间孔、纹层缝和构造缝洞。通过本次对我国湖相碳酸盐岩储层特征及形成沉积成岩背景系统研究，认为湖相碳酸盐岩各类孔隙成因及有利储层发育规模主要受五大因素控制，分别为沉积相带、暴露淡水溶蚀作用、准同生白云化作用、矿物结晶作用和构造改造作用。

1. 沉积相带对湖相碳酸盐岩储层的控制作用

与海相碳酸盐岩相比，湖相碳酸盐岩形成的沉积环境稳定性差，极易受到陆源碎屑注入的影响而普遍含泥或砂质碎屑。因此沉积相带对湖相碳酸盐岩储层形成的先天物质基础和后期的成孔改造程度起到了决定性的控制作用。沉积相带具体通过控制岩石成分和结构来影响储层孔隙的形成与保存。

1）优势相带形成常规高效储层

湖相碳酸盐岩沉积相带中，以藻丘和高能环境下形成的各类颗粒滩相最为有利。柴达木盆地碳酸盐岩不同类型储层的物性差别较大，大量的柴西碳酸盐岩物性资料分析认为，各地区藻灰岩的储层物性明显优于颗粒灰岩和泥晶灰岩，其中藻灰岩储层的平均孔隙度最高可达37%，平均值大于14%；次为颗粒灰岩，泥晶灰岩储层物性最差。辽河西部凹陷滨浅湖相颗粒云岩储集性能最好，孔隙度峰值在20%以上；浅湖—半深湖相泥晶云岩次之，孔隙度峰值约10%；深湖相混积岩储集条件最差，孔隙度峰值约5%。四川盆地侏罗系大安寨段储层物性好坏与岩性、岩相有着密切的关系，物性较好的岩石类型主要是基质孔较发育的泥质（含泥）介壳灰岩和少量的类似磨030-H31井的溶蚀孔洞发育的结晶介壳灰岩，物性相对较差的岩性主要集中在亮晶、泥晶介壳灰岩中。而岩性主要受相带控制，以往的勘探主要是围绕高能滩进行，通过此次研究我们发现低能滩也可以发育好的储层，只是二者的储层类型有所不同，低能滩储层以基质孔隙为主体少量溶蚀孔洞，而高能滩储层则以溶蚀孔洞为主体。

从岩石结构角度出发，细粒湖相碳酸盐岩类主要发育斑状结构、纹层结构和块状结构，岩石结构对储层基质孔隙发育程度控制明显。柴达木盆地英西地区，储层岩石类型以细粒湖相碳酸盐岩类为主，包括含膏盐斑晶结构（对应含膏盐灰云岩岩相）、纹层状结构（对应纹层状灰云岩岩相）及块状泥晶结构（对应块状泥晶灰云岩）。其中含膏盐斑晶结构、纹层结构湖相碳酸盐岩溶孔发育，而块状泥晶结构溶孔不发育。束鹿凹陷沙三段下亚段泥灰岩类发育纹层状和块状两种岩石结构，两类泥灰岩皆以方解石和白云石为主，但纹层状泥灰岩孔隙度、渗透率条件优于块状泥灰岩。纹层状泥灰岩孔隙度分布在0.2%～13.2%之间，主要分布在0.5%～1.5%之间，平均值为1.47%；渗透率分布在0.01～100mD之间，主要分布在1～10mD之间，平均值为4.2mD。块状泥灰岩孔隙度分

布在 0.1%~4.3% 之间，主要分布在 0.1%~1.0% 之间，平均值为 0.76%，渗透率分布在 0.01~10mD 之间，主要分布在 0.01~0.1mD 之间，平均值为 0.03mD。

2）早期淡水溶蚀是溶蚀孔洞形成的主要机制

我国东西部盆地湖相碳酸盐岩，特别是微生物岩和各类颗粒滩相碳酸盐岩，溶蚀孔隙非常发育，是储层的主要孔隙类型。依据碳氧同位素和溶蚀物理模拟实验分析，明确溶孔的形成机制存在大气淡水、有机酸性水和 TSR 溶蚀三种，以大气淡水淋滤溶蚀机制为主。生物成因碳酸盐岩溶蚀成分多以微生物格架和生物碎屑为主，而颗粒碳酸盐岩和混积碳酸盐岩则多以粒间硬石膏等硫酸盐胶结物溶蚀为主。

3）准同生白云石化作用是白云石晶间孔形成的主要机制

在咸（碱）化湖盆中，滨浅湖相灰白云坪和半深湖相纹层相灰云岩的分布面积最大，是最为重要的非常规油气储层。该类储层孔隙类型以白云石化晶间孔为主，因岩石沉积组分主要为泥质泥晶结构，形成的白云石晶体大小主要为泥晶级，最大为粉晶级别，因此孔隙尺度主要为纳米级孔隙。通过对各大盆地湖相碳酸盐岩白云石化的机制系统研究和总结，认为咸（碱）化湖盆白云石化作用相对较早，以准同生期白云化作用为主。以柴达木盆地古近系为例，根据同位素、微量元素、全岩等测试数据分析（图 3-4-15），揭示出 E_3^2 白云岩形成于准同生期，与湖盆的欠补偿、持续咸化密切相关。

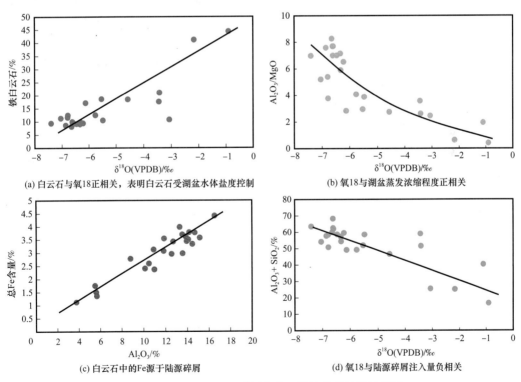

(a) 白云石与氧18正相关，表明白云石受湖盆水体盐度控制

(b) 氧18与湖盆蒸发浓缩程度正相关

(c) 白云石中的Fe源于陆源碎屑

(d) 氧18与陆源碎屑注入量负相关

图 3-4-15 英西地区 E_3^2 同位素、微量元素相关关系图

4）碱性矿物结晶作用形成晶间孔

对火山活动影响下形成的凝灰质混积岩类，除白云石化形成晶间孔隙之外，火山灰

水解使湖盆碱化程度不断增强，导致碱性自生矿物沉淀结晶并形成了大量晶间孔隙。如酒泉盆地青西凹陷白垩系和辽河西部凹陷沙四段，在半深湖相带发育的纹层状灰云岩中可见钠长石化晶间孔和方沸石化晶间孔。青西凹陷白垩系晶间孔多受控于泄水构造的形成，泄水构造是泄水构造是富含孔隙水的泥岩和粒级较粗的沉凝灰岩互层，由于渗透性差，在上覆压力作用下孔隙水泄出所形成的同生变形构造，泄水构造中的泄水道为成岩期钠长石等自生矿物的沉淀提供了空间，火山灰蚀变形成钠长石后，矿物晶体之间相互支撑，进而形成大量晶间孔隙。

5）晚期构造改造储层形成裂缝、角砾化缝洞系统

对于泥质泥晶结构的细粒湖相碳酸盐岩非常规储层，其孔隙度虽然具备较好的储集能量，但渗透率普遍小于0.1mD，因此构造活动对其储集能力和渗流能力的改善作用尤为重要。四川盆地侏罗系大安寨段致密介壳灰岩需要构造裂缝改善渗流能力，柴达木盆地英西地区千吨井高产机制在于构造挤压不仅形成了大量裂缝，同时形成了角砾化缝洞型高效储层（图3-4-16）。

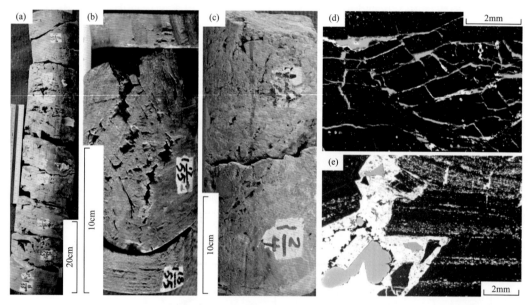

图 3-4-16　英西地区下干柴沟组上段层间滑脱角砾岩特征

（a）狮 40 井，3146.61～3147.53m，碳酸盐岩揉皱破碎，顶、底地层产状平整并具塑性变形，角砾间缝洞发育；（b）狮 40 井，3147.61～3147.81m，现象同（a）；（c）狮 38-4 井，3031.49～3031.79m，角砾间缝洞发育，硬石膏半充填；（d）狮 40 井，3150.66m，网状裂缝发育；（e）狮 38-4 井，3733.47m，角砾间缝洞发育，硬石膏半充填

通过对英西地区地震资料构造解释，英西地区下干柴沟组上段上部厚层膏盐层段发育了狮子沟大型区域逆冲滑脱—冲断断层，其中膏盐岩层内为近水平滑脱段，膏盐岩向浅层发生塑性流动的同时断裂也转化为冲断特征。在断层的逆冲挤压和横向牵引作用下，湖相碳酸盐岩被挤压揉皱破碎形成角砾岩缝洞型储层，据此建立了英西构造角砾岩储层发育模式（图3-4-17）。其中层间滑脱角砾岩集中发育在临近狮子沟断层的膏盐岩层内水平滑脱段之下的碳酸盐岩层段，为断层水平滑脱段形成的横向牵引剪切和挤压揉皱破

碎形成，下部离水平滑脱层较远的地层受力逐渐减弱，破碎程度变低并消失于塑性变形的泥岩层。断层角砾岩集中发育于狮子沟断层之下的次级断裂系统影响范围内的碳酸盐岩层段，为断层挤压冲断使碳酸盐岩发生刚性破碎形成。横向上，在临近膏盐岩层之下，层间滑脱角砾岩发育较广并与断层角砾岩可以连片成带分布；垂向上，断层角砾岩发育深度更大，但延展范围受次级断裂规模控制。

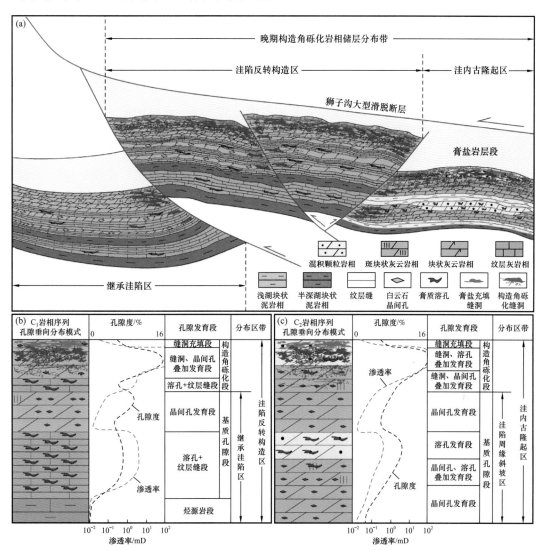

图 3-4-17　柴达木盆地盐下湖相碳酸盐岩岩相—构造复合成储模式图

第四章　不同类型岩性地层油气藏成藏机理与富集规律

岩性地层油气藏按成藏地质条件与分布特征，可以分为岩性油气藏、地层油气藏、复合型岩性地层油气藏。岩性油气藏具有成群分布的特征，根据距离烃源岩的远近，可分为近源岩性油气藏与远源岩性油气藏。我国盆地构造运动频繁，发育了众多区域不整合，古隆起、不整合结构体控制海相碳酸盐岩地层油气藏形成与分布；盆缘或盆内隆起周缘长期继承性古斜坡是大型碎屑岩地层油气藏分布有利区带，火山岩/变质岩地层油气藏形成受古隆起、不整合结构体、断裂输导体系控制。远源/次生岩性地层油气藏是纵向上位于烃源岩之外、平面上位于烃源区之外的油气藏，具有埋藏浅、成藏复杂及目标隐蔽的特点。

第一节　岩性地层油气藏圈闭类型与分布特征

圈闭是储层中能聚集和保存油气的场所，是油气充注、聚集和成藏的关键条件。本节主要分析岩性地层油气藏圈闭类型、形成条件和控制因素，以及有利岩性地层油气藏圈闭发育带的分布特征与主控因素。

一、岩性地层油气藏圈闭类型

岩性地层油气藏圈闭与构造油气藏圈闭的组成要素相同，均由储集体、上覆盖层和遮挡条件三部分组成，其中上覆盖层和遮挡条件可统归为封闭条件。遮挡条件包括储层上倾方向和侧向的非渗透性遮挡及顶（底）板非渗透性岩层或高势面的遮挡。其中，以储层上方和上倾方向的非渗透性遮挡最为重要，决定了圈闭的形成、特征、性质和类型。岩性地层油气藏圈闭的封闭条件主要是由沉积作用、成岩作用引起的岩性、岩相和物性的变化及不同方向致密地层遮挡构成的封闭。

国外主要依据成因机制划分岩性地层油气藏圈闭类型，主要包括沉积型、剥蚀型、侵入型及成岩型；其中，沉积型圈闭包括横向沉积相变型、沉积潜山型圈闭，剥蚀型圈闭包括不整合削截型、古潜山型、侵蚀面上倾尖灭型、侵蚀谷充填型圈闭，侵入型圈闭主要包括火山岩侵入体型与砂岩注入体型圈闭，成岩型圈闭主要包括白云石化/溶蚀型、裂缝型、胶结型、沥青封闭型圈闭（表4-1-1）。

根据中国岩性地层油气藏特征，本书采用的岩性地层油气藏圈闭分类方案见表4-1-2。其中，岩性型油气藏圈闭主要包括岩性上倾尖灭型、岩性透镜体型、沟道充填型、生物礁型、火成岩型及成岩型；地层型油气藏圈闭主要包括不整合超覆型、不整合遮挡型及古潜山型，其中古潜山型又可分为基岩型和风化壳型；复合型油气藏圈闭包括构造—岩性型、构造—地层型、岩性—地层型及地层—岩性型。

表 4-1-1　国外岩性地层油气藏圈闭分类表

类	亚类	圈闭成因	模式图
沉积型	横向沉积相变型	横向沉积相变型	
		横向沉积尖灭型	
	沉积潜山型	生物建造（生物礁／丘）型	
		碎屑岩加积型	
剥蚀型	不整合削截型	区域不整合削截型	
		古构造削截型	
	古潜山型	古潜山型	
		截断封闭型	
	侵蚀面上倾尖灭型	区域不整合上倾尖灭型	
		不整合两翼上倾尖灭型	
	侵蚀谷充填型	河道充填型	
		山谷充填型	
		峡谷充填型	
侵入型		火山岩侵入体型	
		砂岩注入体型	
成岩型		白云石化／溶蚀型	
		裂缝型	
		胶结型	
		沥青封堵型	

表 4-1-2　中国岩性地层圈闭分类表

类	亚类	圈闭成因	实例
岩性型	岩性上倾尖灭型	储层在上倾方向变为泥岩或致密岩性形成封堵	辽河高升
	岩性透镜体型	透镜状储集体周围为非渗透性封闭	东营牛庄
	沟道充填型	河谷、下切谷、各类水道内充填砂体被沟道间非渗透岩性封堵	东营梁家楼
	生物礁型	生物礁块被周围的非渗透岩性围限	川东二叠系
	火成岩型	以火成岩为储集体被泥岩等致密岩性封堵形成的圈闭	松辽徐家围子
	成岩型	因建设性成岩作用形成有效储集体和（或）致密化成岩作用构成封堵而形成的圈闭，包括溶蚀型、岩溶型、白云岩化型、胶结封堵型等圈闭类型	川中大安寨
地层型	不整合超覆型	储层上超于不整合面，储层之上超覆沉积非渗透层而形成的圈闭	辽河齐家
	不整合遮挡型	不整合面上覆非渗透层或稠油沥青遮挡不整合面下伏储层形成的圈闭	辽河齐古
	古潜山型	基岩型：盆地基底各类基岩古潜山经风化淋滤后被其上的非渗透层围限形成的圈闭	华北任丘
		风化壳型：盆地盖层某一时期因构造抬升遭受风化淋滤或岩溶作用后备致密层覆盖而形成的圈闭	鄂尔多斯盆地马家沟组五段
复合型	构造—岩性型	以岩性变化为主，构造条件辅助围限或遮挡而形成的复合油气藏圈闭	吉林海坨子
	构造—地层型	依附于不整合面为主，辅以致密岩性封堵形成的复合油气藏圈闭	崖 13-1
	岩性—地层型	依附于不整合面为主，辅以致密岩性封堵形成的复合油气藏圈闭	辽河曙光
	地层—岩性型	以岩性变化为主，辅以不整合面遮挡形成的复合油气藏圈闭	钟市

二、岩性地层油气藏圈闭形成条件

1.岩性油气藏圈闭形成条件

岩性圈闭是在沉积成岩作用下，因相带变化使储集岩体的岩性或物性发生变化，被非渗透层所围限或侧向遮挡而形成的圈闭。不同类型岩性油气藏圈闭形成条件具有差异，具体如下。

1）岩性上倾尖灭或侧变

储层沿上倾方向发生尖灭或岩性侧变，并被非渗透层所围限而形成可遮挡油气运移的圈闭。这类圈闭的储层往往穿插、尖灭在生油层或致密岩性体中，具有充足的油源和良好的储—盖组合条件，其上倾方向最易形成岩性油气藏。

2）岩性透镜体圈闭

岩性透镜体圈闭指各种透镜状、条带状或不规则状渗透性储层被非渗透性岩层包围。储集体以不同成因的砂体透镜体为主，可包括三角洲远端砂、前缘砂、滨岸沙坝、沙洲、滩砂、河道砂等砂体及深水浊积砂体等，最有利的是三角洲远端砂、滨岸坝砂、滩砂和水下浊积砂体。还包括碳酸盐岩透镜体及沉积作用形成地貌突起状储集体被渗透层封闭，如风成沙丘、湖底滑塌（浊积）扇体等。

3）沟道充填圈闭

河谷、下切谷、各类水道内充填砂体被沟道间非渗透岩性封堵而形成的圈闭。在沉积过程中，河流水系切割下伏地层而形成河道和峡谷，同时堆积陆源碎屑物质，一般属于准同期沉积物，主要由砾岩、砂砾岩、砂岩、粉砂岩和泥岩间互层组成。具有下粗上细的沉积特点，与其下伏地层呈不整合接触，而上部一般为泛滥平原相粉砂岩或泥岩沉积，构成良好的储—盖组合和侧向遮挡条件。在平面上沿河道呈带状分布，受一系列断层的切割，形成侧向遮挡，形成一系列带状分布的古河道岩性油气藏圈闭。

4）生物礁圈闭

生物礁圈闭指被非渗透性层包围或侧向遮挡的生物礁储集岩体所形成的圈闭。此类圈闭有两种形式：一种是整个生物礁形成统一的古地貌突起圈闭，圈闭受生物礁形态的控制。另一种是生物礁内岩性、物性不均衡，圈闭受生物礁的形态和内部岩性变化双重因素的控制。

5）火成岩圈闭

火山喷发至地表形成火山岩，被非渗透岩层封闭而形成圈闭，如松辽盆地徐家围子火山岩，或火山岩内部因物性的变化而形成圈闭。另一种圈闭是由于岩浆侵入到地下某个部位当时为出露地表形成侵入岩或次火山岩被周围致密岩层封闭而形成的圈闭。

6）成岩圈闭

成岩圈闭指成岩作用如压实、胶结、硅化、白云石化、沉淀、结晶、交代、溶解等作用影响下，使岩石物性发生变化，形成的物性封闭圈闭。主要包括两种类型，一类是致密层局部物性优化圈闭，包括致密岩性体或低渗透背景下因局部次生溶蚀作用产生的孔洞缝而自成圈闭、致密地层内部因岩溶作用而发育储集体形成的圈闭；第二类是储层顶部或边部因二次胶结、硅化等作用被区域性致密化所形成的封闭型圈闭，如储层在上倾方向或侧向被破坏性成岩作用形成的致密层封堵形成的圈闭。

2. 地层油气藏圈闭形成条件

地层油气藏圈闭是指在构造运动引起的沉积间断、剥蚀或超覆沉积等作用下，储集岩体沿地层不整合面或侵蚀面被非渗透性岩层围限或遮挡而形成的圈闭类型。地层油气藏圈闭主要包括地层超覆圈闭、地层不整合遮挡圈闭和古潜山圈闭。地层油气藏圈闭与岩性油气藏圈闭的本质区别在于，地层油气藏圈闭是发生在不同地层之间，其中某一地层中的储集体被非连续沉积的另一地层的致密岩性围限封闭而形成的圈闭；而岩性油气藏圈闭是同一地层内部储集体被致密岩性围限封闭而形成的圈闭。不同类型地层油气藏圈闭的形成条件不同，具体如下。

1）地层超覆圈闭

当湖水向盆地边缘斜坡或隆起翼部侵入时，在不整合面形成了逐层超覆的旋回沉积，旋回底部的储层超覆在不整合面之下的非渗透岩层上。储层被连续沉积的非渗透层覆盖，具备良好的顶（底）板遮挡层，从而形成地层超覆圈闭。需要注意的是，并非所有地层超覆带附近均有圈闭条件，当不整合面上存在储层及上下遮挡层的前提下，只有储层超覆线与构造等深线相交时，才能形成圈闭，此时圈闭的形态受两者相交线的控制，一般呈不规则状。

2）地层不整合遮挡圈闭

由于构造运动使盆地斜坡边缘或古隆起带储层遭受不同程度剥蚀，早期圈闭或古隆起均遭受不同程度的破坏，后期又被非渗透性岩层覆盖，当不整合线与储层顶部构造等深线相交时，可形成不整合遮挡圈闭。若不整合上部为泥岩等非渗透性岩层所覆盖时，能够形成良好的封堵条件，若储层顶部或不整合面是由沥青或稠油封堵，也可以形成地层油气藏圈闭。

3）古潜山圈闭

与不整合面起伏有关而形成的古地貌圈闭，圈闭受不整合面、断层和非渗透层等因素的控制。盆地形成时期古地貌地层为基岩层，根据圈闭储层受成岩作用的方式不同，又分为表生淋滤型地层油气藏圈闭和地下渗滤型地层油气藏圈闭。前者称为"古地貌潜山"圈闭。根据基底岩性不同，又可进一步划分为不同亚类。后者称为"内幕潜山"圈闭。根据古潜山圈闭成因的不同，又可分为盆地基底的基岩型圈闭和盆地盖层内的风化壳圈闭。

3. 复合油气藏圈闭形成条件

复合油气藏圈闭的形成受构造、岩性、地层、流体动力等多种因素中的两种及以上因素的复合作用而形成的圈闭类型。本节重点考虑构造、岩性、地层三种因素的作用。

对于复合型圈闭，本节只考虑以岩性和地层因素围限封闭为主、构造因素围限封闭为辅的圈闭类型，而不包括构造因素为主的复合油气藏圈闭。按照圈闭形成要素的构成，可分为两因素复合型和三因素复合型。前者即由形成圈闭的构造因素、岩性因素、地层因素中的任意两种因素作用形成的圈闭类型，如构造—岩性型圈闭、构造—地层型圈闭、岩性—地层型圈闭、地层—岩性型圈闭；后者即由构造因素、岩性因素和地层因素三种因素共同作用而形成的圈闭类型，如构造—岩性—地层型圈闭、构造—地层—岩性型圈闭等。

三、岩性地层油气藏圈闭分布特征

岩性地层油气藏圈闭成因远比构造油气藏圈闭复杂，多数受两个或两个以上要素的有效配置，才能构成围限或封堵而形成圈闭。在胡见义等（1986）提出的"三线（岩性尖灭线、地层超覆线、构造等高线）、三面（断层面、不整合面、顶底板面）"岩性地层油气藏圈闭形成要素的基础上，通过大量典型油气藏解剖，揭示了岩性地层油气藏圈闭形成主要受"六线""四面"十个要素控制，"六线"指岩性尖灭线、地层超覆线、地层剥蚀线、物性变化线、流体突变线、构造等高线，"四面"指断层面、不整合面、洪泛面、顶底板面，发展了传统的圈闭形成理论。

综合对松辽坳陷盆地和渤海湾断陷盆地层序格架下圈闭类型及其分布规律的分析，岩性地层油气藏圈闭纵横向分布特征具有如下特征：

岩性地层油气藏圈闭的形成及类型具有纵向"层控"和横向"相控"的规律性，即纵向上受控于层序格架（体系域），横向上受控于一定构造背景下的有利相带。

岩性油气藏圈闭形成的核心条件是岩性、岩相及物性的变化，因此岩性油气藏圈闭直接受层序格架内有利相带（包括沉积相带和成岩相带）的变化控制。横向上，相带变化是岩性油气藏圈闭形成的必要条件。

地层油气藏圈闭受两种"不整合面"及相应两种"体系域"的控制，即超覆不整合面和剥蚀不整合面，对应的二级层序下部和上部的两种体系域分别为水进体系域和高位—水退体系域。因此，地层油气藏圈闭的形成与纵向上构造抬升、剥蚀或沉积间断等因素形成的不整合面有关。

复合油气藏圈闭受岩性、物性、不整合面、构造等多种要素中两种及以上因素的联合控制，如构造—岩性油气藏圈闭、构造—地层油气藏圈闭等。

层序格架内不同体系域由于构造与沉积背景的不同而发育不同类型的圈闭，低位体系域主要发育透镜体圈闭（河道砂—天然堤、浊积岩）和岩性上倾尖灭圈闭等。湖侵体系域主要发育地层超覆圈闭、岩性上倾尖灭圈闭和近凹陷中心的透镜体圈闭。高位体系域主要发育岩性上倾尖灭圈闭、不整合遮挡圈闭、断层—岩性油气藏圈闭和鼻状—岩性油气藏圈闭等。

横向上，盆地或凹陷不同部分由于沉积相带和地层展布的变化而发育不同类型的圈闭，凹陷边缘多发育鼻状—岩性油气藏圈闭、断层—岩性油气藏圈闭和构造油气藏圈闭等；环凹斜坡多发育地层超覆圈闭、岩性上倾尖灭圈闭、构造—岩性油气藏圈闭；近凹中心多发育岩性油气藏圈闭及断层—岩性油气藏圈闭。

综上所述，岩性地层油气藏圈闭受盆地构造、沉积体系及层序充填机制的控制，在纵向和横向上的发育和分布具有内在的规律性，总结和分析圈闭类型和分布规律对圈闭预测、识别和评价、储—盖组合及成藏条件分析具有重要的指导意义。

第二节　岩性油气藏群成藏机理

岩性油气藏具有成群分布的特征，资源潜力大。根据距离烃源岩的远近，可分为近源岩性油气藏与远源岩性油气藏。本节重点介绍近源岩性油气藏的成藏机理与规律。近源岩性油气藏紧邻烃源岩，往往岩性致密、物性较差，呈准连续型分布。鄂尔多斯盆地延长组长6油气藏和长8油气藏，四川盆地侏罗系凉高山组、大安寨段和沙溪庙组油气藏，准噶尔盆地二叠系风城组、乌尔禾组油气藏等都是典型的近源岩性油气藏。原油从烃源岩生成并运移进入近源储层成藏，烃源岩的生烃潜力、排烃动力和源储接触关系至关重要。目前学者们多将源和储孤立地进行研究，在原油"生、排、运、聚"方面的联系不够紧密，难以把握近源岩性油气藏的系统成藏过程。本节优选中国规模最大的岩性大油区——鄂尔多斯盆地延长组近源岩性油藏为重点，阐明近源岩性油气藏的富集机理。

一、广覆式优质烃源岩高强度生烃作用

烃源岩是有机质富集和转化的主要载体，承担了原油运聚成藏的物质基础，烃源岩的厚度、生烃潜力及展布范围影响一个地区形成油气藏的整体规模。鄂尔多斯盆地在大型内陆湖盆背景上形成了延长组长 7 段优质烃源岩，具备强大的供烃能力。以姬塬地区为例，长 7 段主要为半深湖—深湖沉积，发育厚达 70～100m 的黑色泥岩与油页岩，有机质类型以 Ⅰ—Ⅱ$_1$ 型为主，平均 TOC 含量高达 4.40%，平均镜质组反射率为 0.88%，累计生油强度为 $60 \times 10^4 \sim 600 \times 10^4 t/km^2$，累计排油强度 $2 \times 10^4 \sim 18 \times 10^4 t/km^2$，属于较好的烃源岩，具备形成大面积、连续型近源岩性油藏的地质条件。从油藏分布与烃源岩生烃强度叠合图看，油藏主要分布在烃源岩生烃强度大于 $100 \times 10^4 t/km^2$ 的范围内，说明烃源岩生烃强度控制着油藏分布。

烃源岩和原油的分子标志化合物数据指示，姬塬地区不同区块姥植比具有明显的差异［图 4-2-1（a）］。东部油区长 6 段原油的 Pr/Ph 比值分布在 1.17～1.39 之间，均值为 1.30，与东部油区下伏长 7 段烃源岩相似；西部油区长 6 段原油 Pr/Ph 值分布在

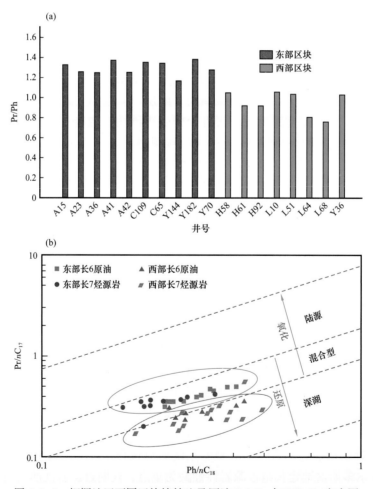

图 4-2-1　姬塬地区不同区块姥植比及原油 Pr/nC_{17} 与 Ph/nC_{18} 交会图

0.76～1.06 之间，均值为 0.95，与西部油区下伏长 7 段烃源岩相似。Pr/nC$_{17}$ 与 Ph/nC$_{18}$ 参数亦存在明显差异［图 4-2-1（b）］，西部区块长 6 段原油和长 7 段烃源岩母质主要是在还原环境中形成，而东部区块长 6 段原油和长 7 段烃源岩母质为弱氧化—弱还原的混合型为主，存在着一定的陆源高等植物的混入。

除此之外，长 6 段原油和长 7 段烃源岩的规则甾烷分布特征也存在显著差异（图 4-2-2）。东部区块原油的规则甾烷呈现 C$_{29}$＞C$_{27}$＞C$_{28}$ 的分布特征，与东部烃源岩相似。而西部区块原油规则甾烷则呈现 C$_{27}$＞C$_{29}$＞C$_{28}$ 的分布特征，与西部烃源岩相似。上述姥植比和规则甾烷的分布特征表明，研究区长 6 段原油以垂向运移为主，不存在大规模侧向运移。

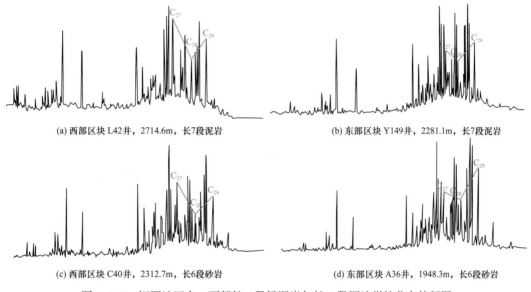

(a) 西部区块 L42 井，2714.6m，长 7 段泥岩　　　　(b) 东部区块 Y149 井，2281.1m，长 7 段泥岩

(c) 西部区块 C40 井，2312.7m，长 6 段砂岩　　　　(d) 东部区块 A36 井，1948.3m，长 6 段砂岩

图 4-2-2　姬塬地区东、西部长 7 段烃源岩与长 6 段原油甾烷分布特征图

二、生烃增压驱动原油衰减式充注作用

源储间压差是近源油气藏主要的成藏动力已经被普遍认可。目前认为源储间流体压差主要是由泥岩欠压实作用、水热增压、黏土矿物脱水及烃源岩生烃增压所引起的。考虑到烃源岩排烃事件与压力聚集之间的时间对应关系、各类增压机制能够提供的流体压差量及排烃后烃源岩异常高压值是否随之减小等因素，多数学者认为唯有生烃增压与烃类的生成直接相关，且往往可以累积产生足够的流体压力，是导致烃源岩排烃裂缝网络产生，并使烃源岩内流体得以排出源外的最主要的动力来源。

1. 生烃增压方程的建立

烃源岩生烃增压是一个复杂的物理化学过程，在当前条件下，其中很多因素难以用数学方法准确地考量。已有的计算模型往往假定烃源岩为一个统一的压力体系（Berg et al.，1999；郭小文等，2011），虽然可用于理论探讨，但却难以服务于勘探实践。事实上，烃源岩内部结构非常复杂，而有机质在烃源岩内的分布也并非均匀。笔者提出"生烃增压基本空间单元"的概念，并以此为基础建立生烃增压的定量计算方法。

每一个基本单元均由致密的泥岩骨架所包裹，形成独立的空间及压力体系。由于基本单元周围的岩石骨架并非绝对刚性，因此，当生烃增压基本单元内流体压力逐步增大时，基本单元的体积也势必会随之变化。这一变化可用岩石孔隙体积压缩系数 C_f 表达［式（4-2-1）］：

$$C_f = -\frac{dV}{Vdp} \qquad (4-2-1)$$

推导式（4-2-2）可以得出增压前后（v_1、v_2）基本单元体积的变化关系：

$$v_2 = v_1 \cdot e^{C_f \cdot \Delta p} \qquad (4-2-2)$$

式中　Δp——增压前后基本单元中的压差。

一个基本单元是由干酪根、黏土矿物、地层水及生成的油组成，设各组分占比分别为 R_w、R_c、R_{k1}。若基本空间单元物质总质量为 m，则地层水和黏土矿物的质量分别为 $m \cdot R_w$ 和 $m \cdot R_c$，生烃前干酪根质量为 $m \cdot R_{k1}$，生烃后，所生油的质量为 $m \cdot R_{k1} \cdot F \cdot (HI/1000)$，残余干酪根的质量为 $m \cdot R_{k1}(1 - F \cdot HI/1000)$。式中，$F$ 为烃转化率；HI 为氢指数。因此，一个基本单元生烃前的体积可用式（4-2-3）表示，基本单元生烃后的体积可用式（4-2-4）表示：

$$v_1 = \frac{m \cdot R_{k1}}{\rho_{k1}} + \frac{m \cdot R_w}{\rho_{w1}} + \frac{m \cdot R_c}{\rho_{c1}} \qquad (4-2-3)$$

$$v_2 = \frac{m \cdot R_{k1}\left(1 - F \cdot \dfrac{HI}{1000}\right)}{\rho_{k2}} + \frac{m \cdot R_w}{\rho_{w2}} + \frac{m \cdot R_c}{\rho_{c2}} + \frac{m \cdot R_{k1} \cdot F \cdot \dfrac{HI}{1000}}{\rho_{c2}} \qquad (4-2-4)$$

式中　ρ_{k1}/ρ_{k2}，ρ_{w1}/ρ_{w2}，ρ_{c1}/ρ_{c2}——分别代表生烃前后干酪根、水和黏土矿物的密度。

生烃前后各组分的密度也会随压力发生变化，设干酪根、水、黏土矿物和原油的压缩系数分别为 C_k、C_w、C_c 和 C_o。由于密度与压缩系数之间服从式（4-2-5），将式（4-2-3）至式（4-2-5）联立，即可得生烃增压计算式（4-2-6）：

$$\rho = \rho \cdot e^{C \cdot \Delta p} \qquad (4-2-5)$$

$$\frac{m \cdot R_{k1}\left(1 - F \cdot \dfrac{HI}{1000}\right)}{\rho_{k1} \cdot e^{C_k \cdot \Delta p}} + \frac{m \cdot R_w}{\rho_{w1} \cdot e^{C_w \cdot \Delta p}} + \frac{m \cdot R_c}{\rho_{c1} \cdot e^{C_c \cdot \Delta p}} + \frac{m \cdot R_{k1} \cdot F \cdot \dfrac{HI}{1000}}{\rho_{o1} \cdot e^{C_o \cdot (p_1 + \Delta p)}} =$$
$$\left(\frac{m \cdot R_{k1}}{\rho_{k1}} + \frac{m \cdot R_w}{\rho_{w1}} + \frac{m \cdot R_c}{\rho_{c1}}\right) \cdot e^{C_f \cdot \Delta p} \qquad (4-2-6)$$

根据该公式计算的生烃增压值是有机质由未熟至现今成熟阶段的累计流体压力，故起始时刻生成的油的质量为 0，仅需要其余三种物质成分的质量比即可。以鄂尔多斯盆地姬塬地区为例，根据 Kinghorn（1983）的研究结果，结合研究区烃源岩相关特征，取干酪根、地层水、黏土矿物、原油的密度分别为 1.30g/cm³、1.05g/cm³、2.40g/cm³ 和 0.80g/cm³。四种基本物质的压缩系数分别为 $1.4×10^{-3}MPa^{-1}$、$0.44×10^{-3}MPa^{-1}$、$1.2×10^{-4}MPa^{-1}$ 和 $2.2×10^{-3}MPa^{-1}$。根据 Hall 图版获得的岩石孔隙体积压缩系数为 $0.5×10^{-4}MPa^{-1}$。对于长 7 段油页岩，初始氢指数 HI 取 800mg/g，基本单元中各成分 R_{kl}、R_w、R_c 的占比可分别设定为 0.7、0.1 和 0.2。将以上数值代入式（4-2-6），可得姬塬地区长 7 段烃源岩生烃增压值约为 92MPa。

2. 原油的初始充注动力（真实的源储间压差）

上一部分内容只获得了基本单元中的生烃增压值，但是原油要想进入储层首先要突破泥页岩本身的束缚。故在原油排出烃源岩之前，生烃增压值在泥页岩中会发生一定程度的衰减。随着干酪根热演化的增加，基本单元的尺寸会发生膨胀，微裂缝沿着基本单元边缘裂开，最终形成裂缝网络。

苏恺明等（2020）认为随着干酪根生烃，泥页岩会产生微裂缝网络，并在微裂缝停止拓展之前即可以形成有效的排烃通道，不同生烃增压基本单元尺寸对应的衰变过程不同（图 4-2-3）。通过图 4-2-3 的数据，统计不同基本单元直径条件下生烃增压值的具体衰减比例 ω（图 4-2-4）。分析统计结果，发现流体压力衰减比例与有机质富集区域尺寸（d）之间存在对数相关关系：

水平破裂情况：　　　　　　　　　$\omega = 4.3102×\ln d+67.045$　　　　　　（4-2-7）

垂直破裂情况：　　　　　　　　　$\omega = 4.5239×\ln d+57.51$　　　　　　（4-2-8）

鄂尔多斯盆地长 7 烃源岩中基本单元的尺寸平均约为 100μm（苏恺明等，2020），由式（4-2-7）和式（4-2-8）可得对应的水平衰减比例和垂向衰减比例分别为 86.9% 和 78.3%。考虑到原油是垂向进入储层，选择 ω 为 78.3%，则原油排出烃源岩时的压力约为 72.0MPa。结合实际地质情况，取延长组近源储层的静水压力为 30MP，源储间压差约为 42.0MPa，此压力足以将原油驱动进入近源储层中富集成藏。

三、源储组合特征与油藏非均质性分布

在实际地质条件中，近源储层并非为理想化的均质体，源储之间也并非直接接触，不同的接触关系中源储间压差的衰减速度差异性很大，进而影响原油在近源储层中的充注距离和富集规模。基于实际地质条件，将源储接触关系细分为直接接触型、过渡接触型、泥质隔挡型和裂缝沟通型四个类型（图 4-2-5），深入探讨源储接触关系对岩性油气藏的控制机理。

其中，源储直接接触型和裂缝沟通型有利于原油的运移。若烃源岩和均质储层直接接触，烃源岩生成的原油可以不受阻挡、直接进入临近储层发生聚集，源储间的初始压差就是原油在储层中的初始充注动力，原油在储层中运移的距离完全取决于均质砂体的厚度。若源储间并非直接接触，而是有裂缝沟通，裂缝不但能够改善储层的储集性能，

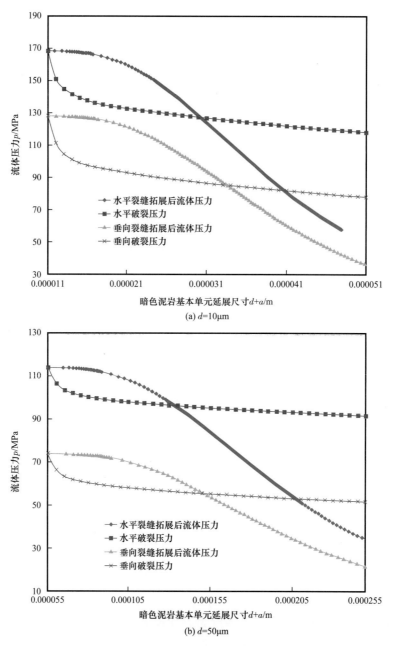

图 4-2-3　裂缝拓展过程中基本单元内部流体压力变化过程（据苏恺明等，2020）

还能急剧减小原油运移过程中的充注阻力，使得石油向深处运聚成藏。如鄂尔多斯盆地姬塬地区裂缝的发育程度与长 6 油藏分布情况相互吻合（图 4-2-6），裂缝发育区油藏规模较大，裂缝明显控制了油藏的分布。

　　但在真实的地质环境中，源储间直接接触型往往是比较罕见的，而裂缝在不同岩性中的发育程度也存在差异。源储间更多的是发育泥砂岩的过渡带或者泥质隔夹层，而这些含泥质岩层会急剧衰减源储间压差，阻碍原油向更远的储层中运聚。如陈世加等

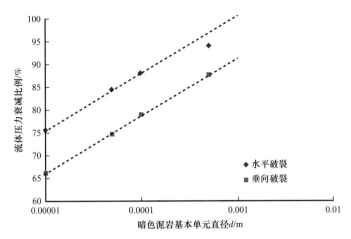

图 4-2-4　排烃微裂缝失稳拓展后内部流体压力衰减比例统计

（2014）提出陆相地层具有较强的非均质性，在湖盆逐渐变浅的过程中发育的泥质纹层砂岩的储层物性极差，排替压力高，严重阻碍了原油的垂向运移。尹克敏等（2002）和张宏国等（2011）研究发现那些无生烃能力的纯泥岩在厚度大于 4m 时无法被裂缝穿透，往往充当了遮挡层。

鄂尔多斯盆地普遍存在上述现象，如姬塬中部地区为东北、西北两大物源交汇区，形成了大范围泥质纹层发育的致密砂岩，与东西部砂体形成鲜明的对比。纯砂段进汞饱和度大，中值压力和排驱压力相对较低，储层孔隙结构好，有利于油气充注，显微镜下荧光强，原油富集程度高；而泥质纹层段进汞饱和度小，排驱压力明显偏高，储层孔隙结构差，不利于原油充注，显微镜下荧光弱。在原油垂向运移的背景下，下浮长 7 段烃源岩生成的油气很难突破泥质纹层段，严重阻碍油气垂向运移，导致姬塬地区中部长 6 油藏原油富集程度低，主要以出水为主。

华池地区东西部相距较近，但砂体规模、连续性和储层物性较差的华池东部长 8_1 油层组主要为油井，而砂体规模、连续性和储层物性更好的华池西部却出大水。从华池东西部井的测井曲线上来看（图 4-2-7），油水井源储接触关系明显不同，出水井源储之间存在明显的 GR 曲线高值段，普遍发育粉砂质泥岩、泥岩等隔层，阻碍油气大规模向下运移；而油井源储之间 GR 曲线无明显变化，有利于烃源岩生成的原油向下运移。

为了深入认识源储接触关系对近源岩性油气藏富集的影响，在单井测井解释的基础上，建立鄂尔多斯盆地陇东地区长 8 段储层中砂泥岩的解释标准（砂岩的 GR＜98API，AC＜225μs/m，DEN＜2.58g/cm³），随机选取陇东地区 200 余口井，统计长 7 段烃源岩底部到长 8_1 油层组曲线平直段（储层）顶部之间泥质岩层的厚度，并绘制源储间泥质岩层的平面等厚图（图 4-2-8）。除西峰区块外（储层物性相对较好，渗透率大于 1mD），陇东地区油井多分布于源储间泥质岩层厚度小于 4m 的区域内，而水井和干井多分布于源储间泥质岩层厚度大于 4m 的区域内，说明源储间泥质岩层和储层物性共同影响了陇东地区长 8 油藏的分布。

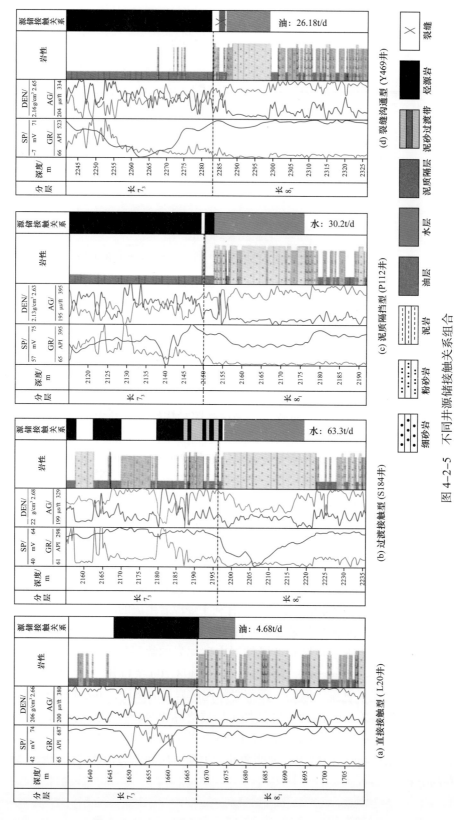

图 4-2-5 不同井源储接触关系组合

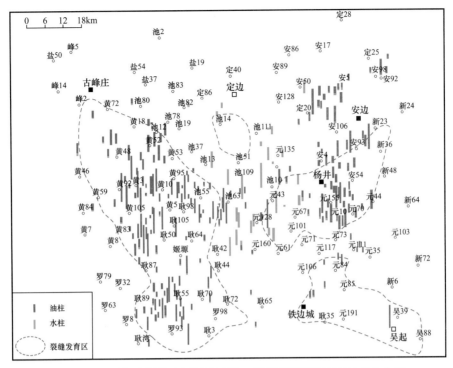

图 4-2-6 鄂尔多斯盆地姬塬地区长 6_1 油层组裂缝发育与油井叠合图

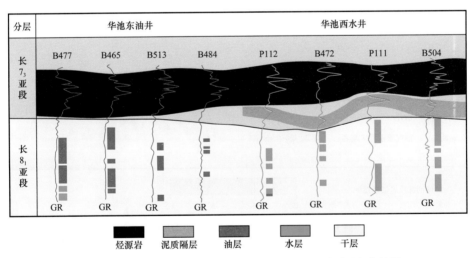

图 4-2-7 鄂尔多斯盆地华池东西部源储之间泥质隔层发育差异

四、差异运聚促进大面积连续分布

原油通过砂体和裂缝的输导进入储层后，还会受到储层非均质性的影响。一般而言，砂体规模越大，在地层中越不易尖灭，越利于油气的侧向运移；而储层物性越好，越利于地下流体的渗流，油气越容易富集。事实上，储层物性好坏决定了其能否富集油气，但储层中到底能富集多少油气，本质上还是由油源充足程度所决定的。所以对近源岩性

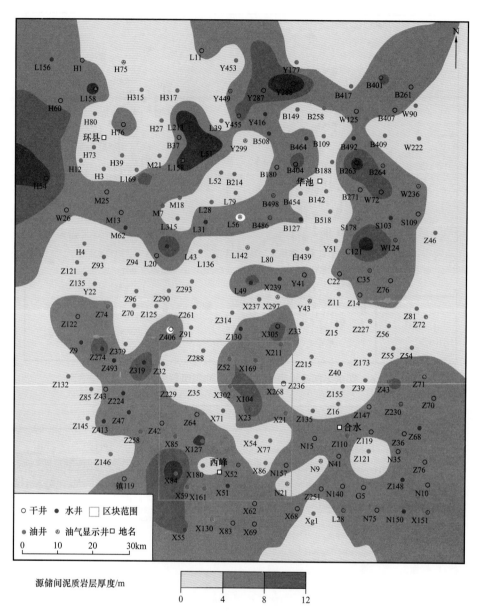

图 4-2-8　陇东地区长 7 段烃源岩与长 8_1 油层组间泥质岩层等厚图

油气藏的研究不能以一概全，也要分情况进行讨论。如长 7 段烃源岩在鄂尔多斯盆地的分布极不均匀，由姬塬到合水地区厚度逐渐变薄，相应的不同地区长 8_1 油藏的富集规模和优势富集空间也具有差异（图 4-2-9）。

1. 油源充足情况下，物性好的厚砂体为原油的优势富集体

姬塬—环县地区长 7 段沉积时期一直处于湖盆中心，该区长 7_3 油层组、长 7_2 油层组、长 7_1 油层组的烃源岩均发育，烃源岩的总厚度处于 90～120m 之间，具有极强的生烃能力和供烃能力，能够为近源储层提供充足的油源。

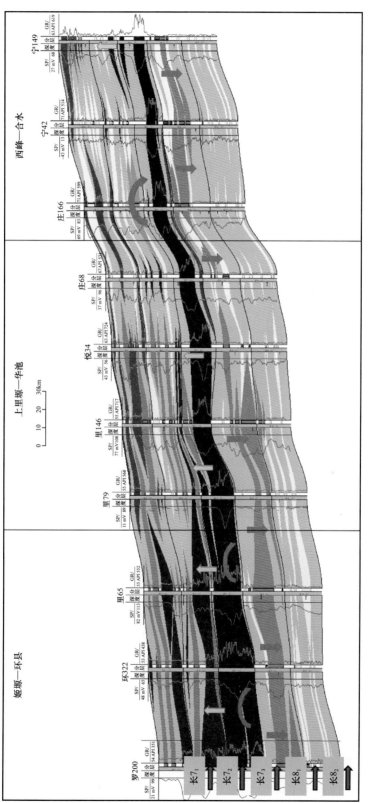

图 4-2-9　鄂尔多斯盆地陇东地区长 8 段成藏剖面图

姬塬—环县地区处于三角洲前缘的始端，发育水下分流河道砂体，砂体厚度大，横向连通性好。相较于三角洲前缘末端的华池和悦乐等地区，姬塬—环县地区储层物性好、泥质含量低，为近源储层中原油大面积连片分布提供了良好的储集空间，具有砂体越好、含油性越高的特点。

分别统计姬塬—环县地区油层、水层和干层的物性数据（图4-2-10），结果显示储层含油饱和度和物性之间具有正相关关系，油层的物性最好，水层的物性次之，干层的物性最差。油层平均孔隙度12.8%，平均渗透率为0.81mD；水层平均孔隙度10.4%，平均渗透率为0.56mD；干层平均孔隙度8.2%，平均渗透率为0.27mD。可见，在油源充足的背景下，油藏的富集程度受储层物性的影响较大，物性好的厚砂体为原油的优势富集体。

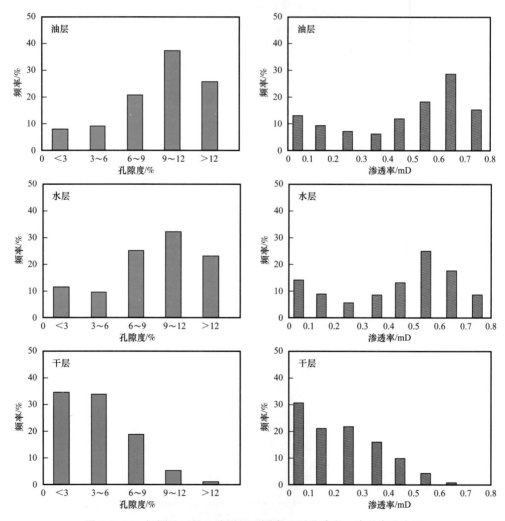

图4-2-10　姬塬地区长6油层组不同类型层孔隙度、渗透率分布图

2. 油源不足情况下，易尖灭的薄砂体更利于原油成藏

相反的是，华池地区长7段烃源岩的发育程度较姬塬—环县地区差，其长7_3油

层组的烃源岩较为发育，厚度大，而长 7_1 油层组的和长 7_2 油层组的烃源岩不发育（图 4-2-11），烃源岩厚度处于 40m 以下，烃源岩的供烃能力较姬塬—环县地区差很多。统计华池东西部水井和油井的砂体规模，发现水井的砂体规模大于油井，且水层的物性较油层好。华池长 8_1 储层中物性较好的厚砂体出水而物性较差的薄砂体却出油，此现象与以往"原油主要聚集于好砂带"的认识相违背，体现了华池地区长 8_1 储层油水富集的特殊性。

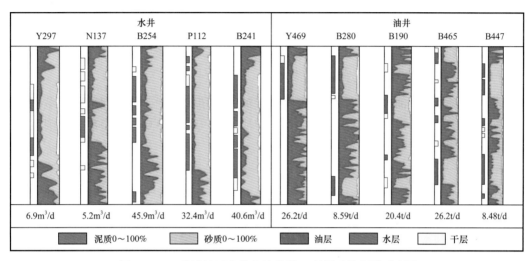

图 4-2-11　华池地区水井和油井长 8_1 储层砂体规模对比图

分析原因，认为上述现象主要是由于长 7 段烃源岩供烃能力不足导致的。华池地区长 7 段烃源岩同时向上下两个方向供烃，长 8 段沉积时期位于三角洲前缘末端，水体动荡，储层非均质性强，泥质隔层大量发育，原油能够倒灌进入长 8 段储层的数量相对姬塬—环县地区少。规模大、物性好的砂体是其优先选择充注的对象，但由于油源不足，储层中油水分异充分，原油只会向着岩性上倾尖灭圈闭和物性遮挡型圈闭中聚集和成藏。岩性变化频繁，物性整体较差的区域反而变成了油气的优势富集区（图 4-2-12）。

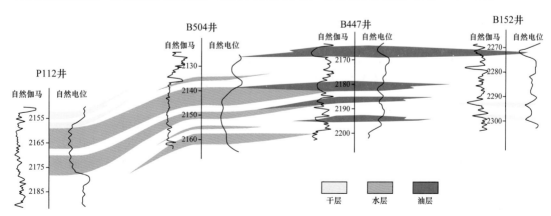

图 4-2-12　鄂尔多斯盆地华池地区长 8_1 油藏富集模式图

第三节 大中型地层油气藏成藏机理

我国东西部盆地构造运动频繁，发育了众多区域不整合，是形成大中型地层油气藏的有利区带，充分认识地层油气藏的资源潜力，揭示地层油气藏成藏机理，总结地层油气藏形成地质理论认识，指导勘探领域拓展，对油气资源挖潜具有重要的理论意义与实践意义。本节介绍了大中型地层油气藏的类型、输导体系与成藏机理，以期让读者更全面地理解地层油气藏成藏富集特征。

一、大中型地层油气藏类型划分

通过对东西部含油气盆地典型碎屑岩地层油气藏精细解剖，根据地层油气藏圈闭类型、源储配置关系及油气输导特征，将大中型地层油气藏类型划分为超覆型、削截型和潜山型三种类型（图 4-3-1）。

油气藏类型		模式图	油气输导特征	发育区带	典型实例
超覆型			以不整合/砂体侧向输导为主，辅以断裂垂向调整，表现为油气侧向长距离运移	凸起带斜坡外带	准噶尔盆地五区南油藏渤海湾盆地太平油藏辽河盆地齐家油藏阿尔伯达盆地皮斯河油藏
削截型		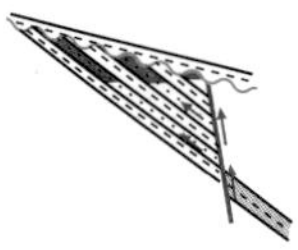	以不整合/砂体侧向输导为主，表现为油气侧向短距离运移	斜坡内带	准噶尔盆地夏子街油藏渤海湾盆地金家油藏墨西哥湾盆地东得克萨斯油藏锡尔特盆地梅斯拉油藏
潜山型	风化壳型	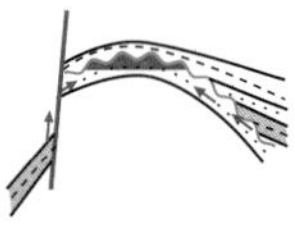	以断裂垂向输导和不整合侧向输导为主，表现为油气侧向近距离运移	洼中隆	渤海湾盆地埕北潜山油气藏渤海湾盆地枣园潜山油气藏渤海湾盆地港中潜山油气藏渤海湾盆地北大港潜山油气藏
	内幕型	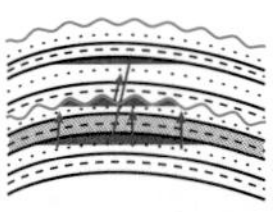	不整合体与烃源岩纵向叠置，表现为油气近距离运移	洼中隆	渤海湾盆地孤北潜山油气藏渤海湾盆地北大港潜山油气藏渤海湾盆地乌马营潜山油气藏渤海湾盆地王官屯潜山油气藏

图 4-3-1 大中型碎屑岩地层油气藏类型划分

1. 超覆型地层油气藏

超覆型地层油气藏广泛分布于盆缘斜坡带、凸起带及盆内古隆起。我国已发现的地层超覆油藏规模相对较小，如准噶尔盆地五区南、夏子街等油藏，渤海湾盆地太平、单家寺、陈家庄等油藏，辽河盆地齐家油藏；国外发现的超覆型地层油气藏规模较大，如加拿大阿尔伯达盆地皮斯河油藏等。该类型油气藏的"源"和"储"侧向分离，距离远，油气以不整合/砂体的侧向输导为主，辅以断裂的垂向调整，表现为"阶梯式"长距离侧向输导特征，主要发育于盆缘凸起带及斜坡外带地层超覆圈闭中（图 4-3-2）。

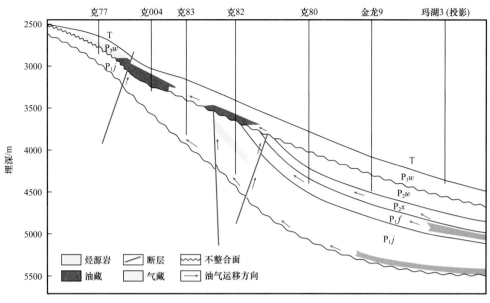

图 4-3-2　准噶尔盆地五区南油气藏剖面图

2. 削截型地层油气藏

削截型地层油气藏广泛分布于盆缘斜坡带、凸起带及盆内古隆起，如我国准噶尔盆地夏子街油藏，渤海湾盆地金家、乐安等油藏，辽河盆地曙光油藏；国外发现的大型削截型地层油气藏较多，如美国墨西哥湾盆地东得克萨斯油藏、利比亚锡尔特盆地梅斯拉油藏等。该类型油气藏的"源"和"储"侧向对接，距离近，油气以不整合/砂体的侧向输导为主，表现为短距离侧向输导特征，主要发育于斜坡内带地层削截圈闭中（图 4-3-3）。

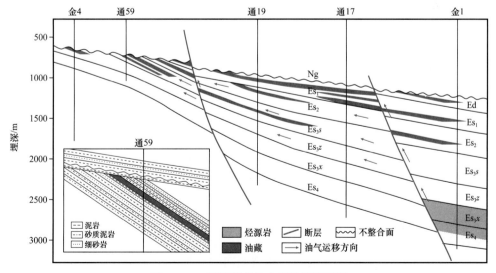

图 4-3-3　渤海湾盆地金家油藏剖面图

3. 潜山型地层油气藏

潜山型地层油气藏主要发现于我国渤海湾盆地，可进一步划分为风化壳型和内幕型两种亚类（图4-3-4），前者如北大港潜山油气藏、埕海潜山油气藏等，该类型油气藏的"源"和"储"侧向对接，油气主要以断裂垂向输导和不整合侧向输导为主，表现为近距离侧向输导特征，主要发育于盆内隆起带潜山风化壳圈闭中；后者如王官屯潜山油气藏、北大港潜山油气藏、乌马营潜山油气藏、孤北潜山油气藏等，该类型油气藏的"源"和"储"垂向叠置，表现为储层孔隙及裂缝的垂向近距离输导特征，主要发育于盆内隆起带潜山内幕圈闭中。

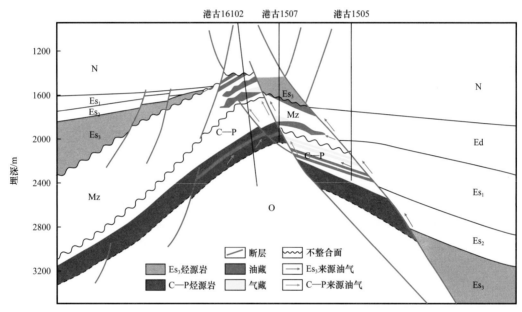

图4-3-4 渤海湾盆地港北潜山油气藏剖面图

二、大中型地层油气藏输导体系

1. 大中型地层油气藏输导体系演化

准噶尔盆地西北缘碎屑岩地层油气藏成藏过程分为晚二叠世—早三叠世、晚三叠世—早侏罗世和晚侏罗世—早白垩世三个阶段，其输导体系发生相应调整。早期发育不整合体侧源型，以不整合/砂体侧向输导为主；中期发育不整合体过渡型，以不整合/砂体侧向输导、断裂垂向调整为主；晚期发育不整合远源型，以不整合/砂体侧向输导、断裂垂向调整+侧向分流为主要特征（图4-3-5）。

渤海湾盆地济阳坳陷太平油田地层超覆油藏成藏过程主要分为两个阶段。早期发育不整合体侧源型，其输导以断裂垂向输导加不整合体侧向输导为主；进而演变为发育在斜坡区的不整合体远源型，其输导以断裂侧向输导加不整合输导层及岩溶层侧向输导为主。

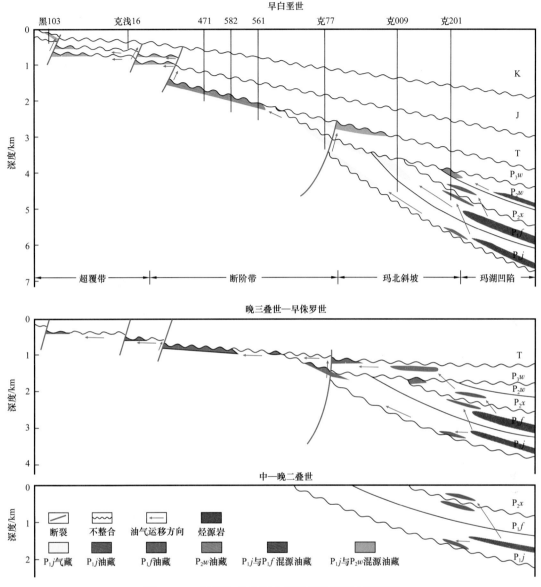

图 4-3-5 准噶尔盆地西北缘地层油气藏成藏过程

渤海湾盆地黄骅坳陷港北潜山油气藏成藏过程分为两个阶段，但其输导体系与济阳坳陷太平油田地层超覆油藏成藏过程存在一定的差异。港北潜山油气藏成藏早期主要以砂体垂向输导为主，存在油气散失情况，晚期以断裂垂向输导加不整合体侧向输导为主（图 4-3-6）。

2. 大中型地层油气藏油气运移示踪

油气从"源"到"藏"运移过程中，其物性、地球化学等参数会发生规律性变化，显示出相应的差异性，可作为示踪油气运移的证据。目前，油气输导体系示踪技术可归纳为地质参数、物性参数及地球化学参数三种，每种又包含多种技术方法。

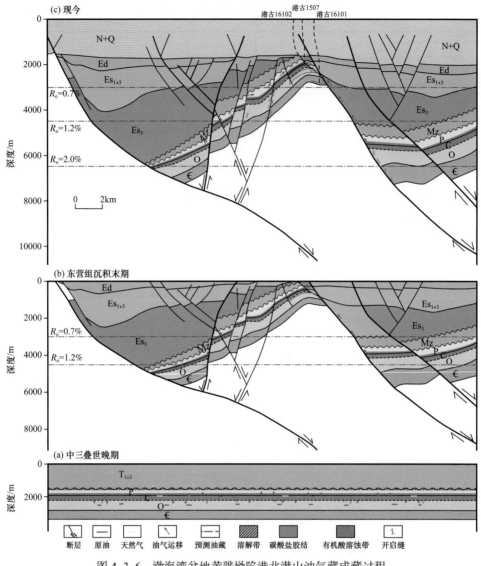

图 4-3-6 渤海湾盆地黄骅坳陷港北潜山油气藏成藏过程

1）地质参数示踪技术

用于示踪油气运移的地质参数主要包括钻井油气显示（如岩心、荧光、气测等）、地层水化学（如钠氯系数、脱硫系数、碳酸盐平衡系数等）、无机地球化学元素（如 Fe、Mg、Mn 等微量元素）等，这些参数可定性的示踪油气运移。以准噶尔盆地腹部陆西地区侏罗系顶部不整合为例，从油气显示与生烃凹陷之间的分布关系看，油气运移方向总体表现为自南西部盆 1 井西凹陷向北东部陆梁隆起，而油气则主要通过不整合发生横向输导（图 4-3-7）；从 MnO 含量与油气显示之间的分布关系看，侏罗系顶部不整合储层中方解石胶结物 MnO 含量具有自南西部向北东部逐渐降低趋势，反映油气充注强度逐渐减弱，也指示油气发生了自南西向北东方向的运移（图 4-3-7）。这与前人做的油源对比结果相一致，表明这些地质参数可有效用于示踪油气运移。

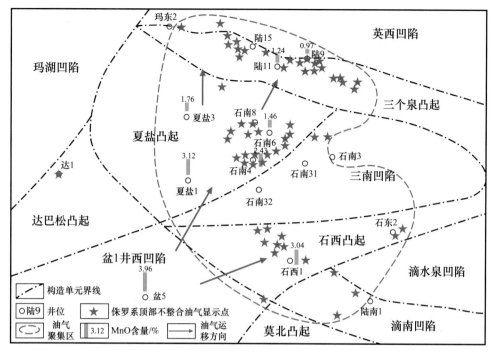

图 4-3-7　准噶尔盆地腹部侏罗系顶部不整合油气运移示踪平面图

渤海湾盆地济阳坳陷东营凹陷南斜坡馆陶组底部不整合录井油气显示表明，博兴洼陷古近系烃源岩生成的油气存在自西向东、自北向南两个优势运移方向和路径（图 4-3-8）。

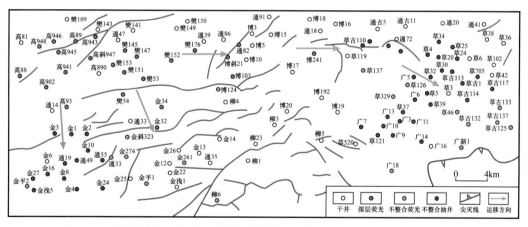

图 4-3-8　渤海湾盆地东营凹陷南斜坡馆陶组底部不整合油气显示示踪油气运移

2）物性参数示踪技术

用于示踪油气运移的物性参数主要包括原油密度、黏度、族组成、成熟度等。这些物性参数会随着原油运移距离的增加而变小，而当受到氧化、水洗、生物降解等作用时，则表现出随原油运移距离的增加而变大的特征。

准噶尔盆地西北缘乌夏地区二叠系顶部不整合，来自玛湖凹陷二叠系风城组和乌尔禾组烃源岩的原油自凹陷至玛北斜坡，随运移距离的增加，其密度、黏度、含蜡量等呈现自南东向北西方向逐渐减小趋势；当原油运移至风城地区，由于埋深变浅、断裂发育，导致地层封闭性变差，原油遭受了生物降解作用，其密度、黏度、含蜡量呈现增大趋势，原油物性变差，甚至形成稠油—特稠油。这些物性参数的规律性变化特征表明原油发生了顺层由构造低部位向构造高部位的侧向运移（图4-3-9）。

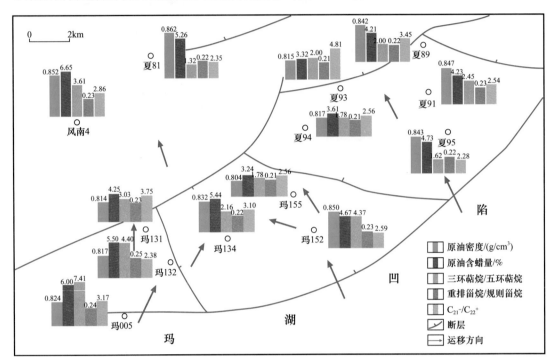

图4-3-9　准噶尔盆地西北缘二叠系顶部不整合油气运移示踪平面图

3）地球化学参数示踪技术

用于示踪油气运移的地球化学参数主要包括生物标志化合物、含氮化合物、同位素等，其中生标化合物需选用较宽成熟度范围且具较强抗生物降解的参数，如三环萜烷/五环萜烷、重排甾烷/规则甾烷、$T_s/(T_s+T_m)$等；含氮化合物中的吡咯类化合物在油气运移过程中不断被地层所吸附而造成其含量随运移距离的增加而减小，而苯并咔唑类化合物1，8/2，7-DMC比值则随运移距离的增加而增大。色层效应会导致油气运移过程中稳定同位素发生消耗，因此碳、氧、氢等稳定同位素可用于示踪油气运移，尤其是天然气的运移，如CH_4、CO_2等碳同位素在天然气运移过程中发生明显的分馏作用。这些地化参数是目前广泛采用的油气运移示踪剂。

对于准噶尔盆地西北缘乌夏地区二叠系顶部不整合，从生物标志化合物特征来看，自玛湖凹陷至玛北地区、夏子街地区再至风城地区，随着运移距离的增加，原油的三环萜烷/五环萜烷、重排甾烷/规则甾烷等参数呈现出先减小再增大的趋势，而$C_{21}-/C_{21}+$呈现出先增大再减小的趋势，表明来自玛湖凹陷的原油发生了自南东向北西方向的运移，这与物性参数示踪结果相一致。从含氮化合物特征来看，靠近玛湖凹陷的原油（艾湖011井区—玛006井区）与乌尔禾组烃源岩具有良好的关系，该部分原油经乌尔禾组烃源岩排出后沿断裂垂向运移至二叠系顶部不整合，进而顺层向上倾方向侧向运移，原油含氮化合物含量随着运移距离的增加呈现出减小的趋势，而1, 8/2, 7-DMC、（[a] / [a] + [c]）BC等参数则呈现出增大的趋势；靠近斜坡区的原油（玛131井区—夏9井区）主要来自二叠系风城组烃源岩，其次来自乌尔禾组烃源岩，原油沿断裂垂向运移至二叠系顶部不整合，再顺层侧向运移，原油含氮化合物含量也呈现减小的趋势，与靠近凹陷的原油有所不同，斜坡区的原油1, 8/2, 7-DMC、（[a] / [a] + [c]）BC等参数呈现减小的趋势（图4-3-10），可能是混源或遭受生物降解作用的结果。由此可见，不同地球化学参数之间及与物性参数之间的相互验证，能更准确地示踪油气的运移。

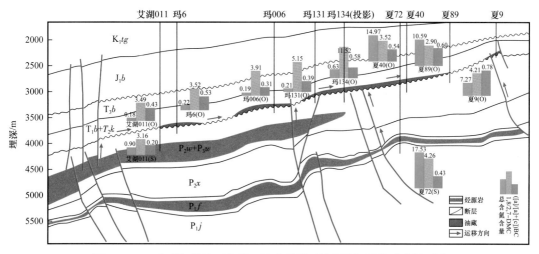

图4-3-10　准噶尔盆地西北缘二叠系顶部不整合油气运移示踪剖面图

3. 大中型地层油气藏输导体系表征

1）不整合输导能力定量表征

目前开展的碎屑岩不整合输导能力评价方法不仅缺少流体渗流原理的基础，而且也未考虑不整合面的倾角、源储之间距离、油气运移动力等因素的影响，仅适用于局部范围。通过对不整合及其相关地层油气藏的分析，认为油气在不整合中的运移效率主要受不整合面倾角、不整合类型、不整合交汇叠置程度、不整合发育规模、不整合结构及其储层物性、源储距离、油气黏度及油气运移动力等众多因素的综合影响，且从根本上符合达西定律，其表达式为：

$$Q = \frac{KtS\Delta p}{L\mu}$$

（4-3-1）

式中　　Q——流体运移量，m^3；

　　　　K——输导层渗透率，m^2；

　　　　t——流体输导时间，s；

　　　　S——输导层截面积，m^2；

　　　　Δp——折算压力差，Pa；

L——渗流距离或源储距离，m；

μ——流体黏度，Pa·s。

考虑到不整合面倾角和结构类型对半风化岩石层输导能力的影响，引入 $\sin\alpha$ 和 i 两个参量，则：

$$Q = i\frac{ktS\sin\alpha\Delta p}{L\mu} \tag{4-3-2}$$

式中　α——不整合面倾角，（°）；

　　　i——不整合结构参数。

α 反映了不整合面起伏变化。i 反映了半风化岩石层受遮挡情况，当半风化岩石层排替压力小于其上覆地层时取值 1，否则取值 –1。实际应用中可简化，即当半风化岩石层被风化黏土层等非渗透性岩层遮挡时取值为 1；当风化黏土层不发育而半风化岩石层与渗透层接触时取值 –1，此时半风化岩石层中油气可能存在垂向窜层运移，而进入上部地层中。

为简化问题和突出不整合自身的输导能力，用单位压差下、单位时间内通过单位面积的不整合的油气量，即不整合油气输导速率 V 来表征不整合输导能力，则式（4-3-2）可简化为：

$$V = \frac{Q}{St\Delta p} = i\frac{K\sin\alpha}{L\mu} \tag{4-3-3}$$

式中　Q——流体运移量，m³；

　　　K——输导层渗透率，m²；

　　　t——流体输导时间，s；

　　　S——输导层截面积，m²；

　　　Δp——折算压力差，Pa；

　　　L——渗流距离或源储距离，m；

　　　μ——流体黏度，Pa·s；

　　　α——不整合面倾角，（°）；

　　　i——不整合结构参数。

显然，式（4-3-3）中的参数 V 是在流体微观渗流机理的基础上建立的，是综合了不整合面起伏、不整合结构、流体性质和源储距离等影响因素的一个参数。它不仅可以作为不整合输导油气能力定量评价的指标，还具有实际地质意义。其绝对值越大说明不整合的输导效率越高，同时 V 的正负又反映了不整合垂向的输导特点。

准噶尔盆地西北缘二叠系顶部不整合输导能力评价结果表明，不整合输导能力整体呈自南东向北西逐渐增大趋势，存在玛 11 井区—夏 9 井区、玛 5 井区—重 21 井区及乌 35 井区—重 21 井区三个不整合优势运移路径，其中玛 5 井区—重 21 井区优势路径由于局部风化黏土层缺失存在窜层运移，又形成两个次级优势路径，这些优势路径与油气显示点连线、输导速率高值脊线具有良好的吻合性（图 4-3-11）。评价结果与利用地质、物性、地球化学参数示踪油气运移的结果相一致。

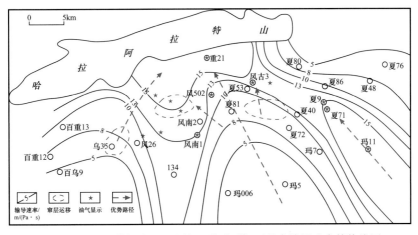

图 4-3-11　准噶尔盆地西北缘二叠系顶部不整合输导速率等值线图

2）输导体系输导能力定量表征

研究表明，不整合很难单独作为油气长距离运移的通道，油气自烃源岩至圈闭运移的过程中，尤其是长距离运移，需要砂体、断层和不整合的联合输导，且不同区带油气输导体系差异明显（图 4-3-12）。因此，对输导体系输导能力的评价，不仅要考虑输导体系的类型，还要考虑不同区带输导体系的差异。

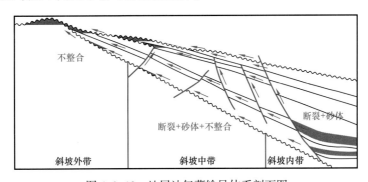

图 4-3-12　地层油气藏输导体系剖面图

对于砂岩输导体，流体压力作为油气运移的动力，在一定范围内决定其输导的性能，同时流体自身黏度和输导层渗透率也决定输导能力大小。综合考虑油气运移动力、阻力和流体自身性质有：

$$C_s = \lambda_s \cdot A \cdot p \cdot K / \mu \tag{4-3-4}$$

式中　C_s——砂岩输导系数；

　　　A——砂地比；

　　　p——流体压力；

　　　K——渗透率；

　　　μ——油气黏度；

　　　λ_s——微观输导因子。

C_s 值越大，砂体输导能力越强。

对于断裂输导体，需综合考虑所有可能关键因素定量评价，如断层连通概率法：

$$C_f = p/(\delta \cdot SGR) \qquad (4-3-5)$$

式中 C_f——断层输导系数；

p——泥岩地层流体压力；

δ——断面正应力；

SGR——断层泥岩削刮比。

C_f 值越大，断层输导能力越强。

砂体、断裂、不整合之间的相互交叉、叠置、连通，可形成四种复合输导系统，即断裂—不整合输导体系、不整合—砂体输导体系、砂体—断裂输导体系与砂体—断裂—不整合输导体系。不同区带油气输导体系类型不同，油气输导能力亦存在差异。在综合研究复合输导体系的输导能力时，应将断裂、砂体、不整合面的输导系数进行归一化。将其归一化到 0~1 之间，获得相对输导系数；然后按照不同地区断裂、砂体、不整合输导能力的差异，赋予不同的权重系数，最终得出断层砂体复合输导体系的相对输导系数。

对准噶尔盆地西北缘地层油气藏输导体系输导性能综合评价结果表明，油气输导体系输导能力整体呈自玛湖凹陷向斜坡逐渐增大的变化趋势，至少存在玛 11 井区—夏 8 井区、玛 001 井区—重 18 井区、玛 18 井区—九浅 21 井区、玛湖 3 井区—古 23 井区及克 201 井区—372 井区多个优势运移路径，这些优势路径与油气显示点连线、输导性能高值脊线和断层供烃点具有良好的吻合性（图 4-3-13）。评价结果与利用地质、物性、地球化学参数示踪油气运移的结果相一致。

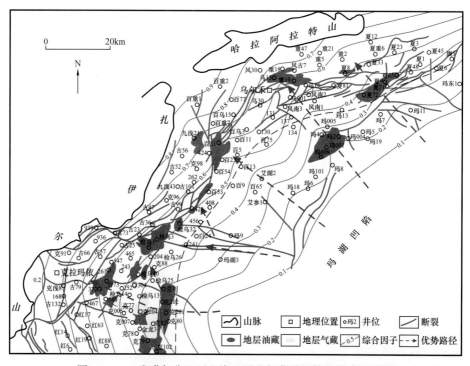

图 4-3-13 准噶尔盆地西北缘地层油气藏输导体系综合评价图

三、大中型地层油气藏成藏机理

通过对典型大中型地层油气藏成藏地质要素的解剖，认为地层油气藏成藏主要受控于不整合体、源储配置和断盖配置，这些要素共同控制了地层油气藏的形成与分布。

1. 不整合体是地层油气藏形成的前提

综合考虑不整合体结构类型、风化黏土层发育情况等因素，将不整合体分为双运移通道型（Ⅰ型）和单运移通道型（Ⅱ型），单运移通道型（Ⅱ型）又分为Ⅱ$_1$、Ⅱ$_2$、Ⅱ$_3$ 三个亚类（图 4-3-14）。

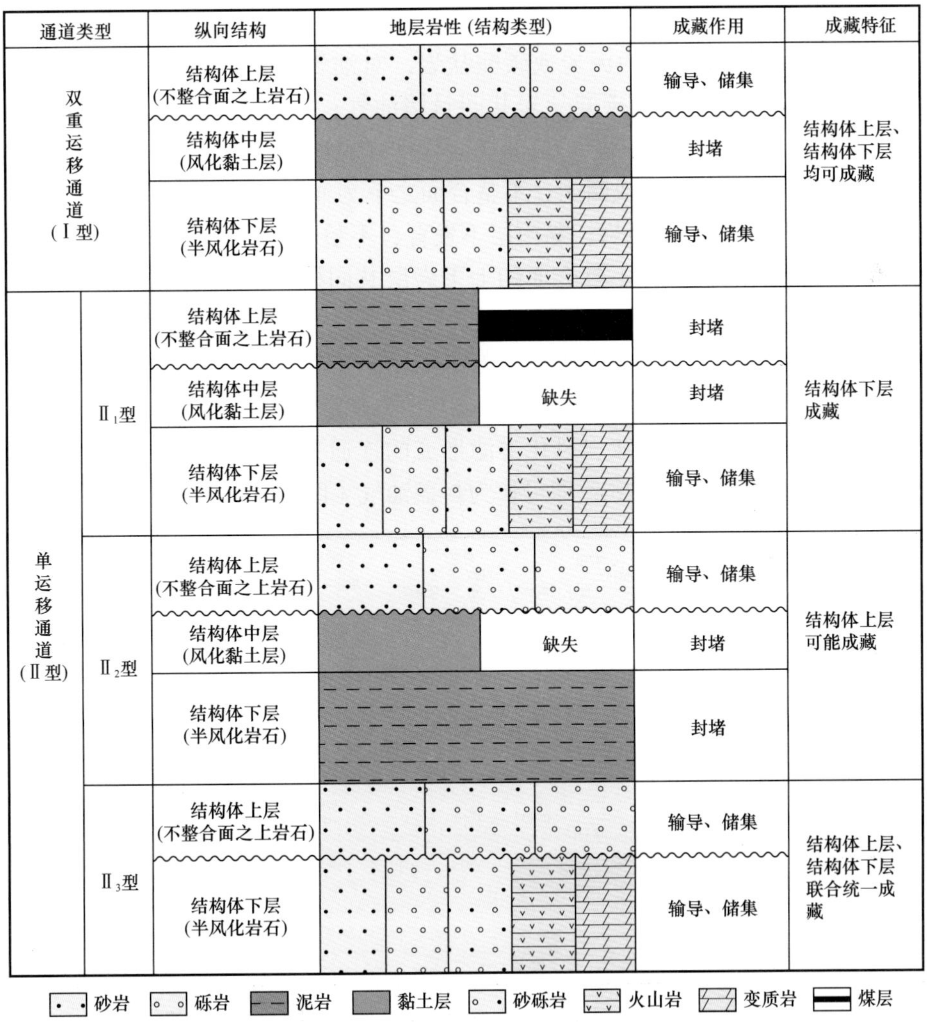

通道类型		纵向结构	地层岩性（结构类型）	成藏作用	成藏特征
双重运移通道（Ⅰ型）		结构体上层（不整合面之上岩石）		输导、储集	结构体上层、结构体下层均可成藏
		结构体中层（风化黏土层）		封堵	
		结构体下层（半风化岩石）		输导、储集	
单运移通道（Ⅱ型）	Ⅱ$_1$型	结构体上层（不整合面之上岩石）		封堵	结构体下层成藏
		结构体中层（风化黏土层）	缺失	封堵	
		结构体下层（半风化岩石）		输导、储集	
	Ⅱ$_2$型	结构体上层（不整合面之上岩石）		输导、储集	结构体上层可能成藏
		结构体中层（风化黏土层）	缺失	封堵	
		结构体下层（半风化岩石）		封堵	
	Ⅱ$_3$型	结构体上层（不整合面之上岩石）		输导、储集	结构体上层、结构体下层联合统一成藏
		结构体下层（半风化岩石）		输导、储集	

图例：砂岩　砾岩　泥岩　黏土层　砂砾岩　火山岩　变质岩　煤层

图 4-3-14　不整合体宏观输导通道类型

Ⅰ型：不整合面之上岩石为砂岩或砾岩，发育风化黏土层，半风化岩石为砂岩、砾岩、碳酸盐岩、火山岩及变质岩中的一种。黏土层对油气具有封堵作用（分隔层），不整合面的上下岩层均可作为油气运移通道或圈闭（图 4-3-15）。

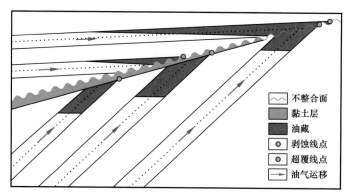

图 4-3-15　不整合体微观输导通道类型

Ⅱ₁型不整合面之上岩石为泥岩或碳酸盐岩，对油气可起封堵作用；当发育黏土层时，其与不整合面之上泥岩和碳酸盐岩共同封堵油气；半风化岩石可以是砂岩、砾岩、碳酸盐岩、火山岩及变质岩的一种，是油气运移良好通道；Ⅱ₂型整合面之上岩石为砂岩或砾岩，可作为油气运移通道或圈闭；不整合面之下为非渗透型泥岩，黏土层可不发育；Ⅱ₃型不整合面之上为砂岩或砾岩，黏土层不发育，不整合面之下为砂岩、砾岩、碳酸盐岩、火山岩及变质岩的一种，不整合面的上下岩层共同构成油气运移的通道，对油气进行输导（图 4-3-15）。

对于不整合体风化黏土层，渤海湾盆地济阳坳陷东营凹陷南斜坡金家地区不整合风化黏土层厚度超过 2m 为有效的盖层，可有助于下层聚集油气。草桥地区在古潜山附近缺失风化黏土层，油气沿下层石灰岩风化淋滤形成的连通孔隙运移，与上层油气连通。风化黏土层发育地区，厚度大于 2m，即可作为封盖油气（图 4-3-16）。

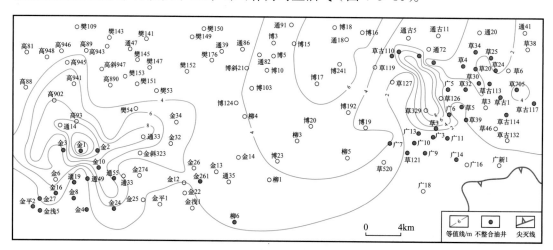

图 4-3-16　东营凹陷南斜坡馆陶组底部不整合风化泥岩厚度等值线图

2. 源储配置是地层油气藏形成的关键

按照烃源岩与储层的相对位置，将源储配置类型划分为源储分离型、源储侧接型和源储叠置型，不同类型源储配置控制了相应油气藏的形成（图 4-3-17）。需要说明的是，源储配置实际上是诸多成藏要素的集合，不仅包括烃源岩与储层之间的配置，也包括将两者连接起来的输导体系，从而共同控制了地层油气藏的形成。

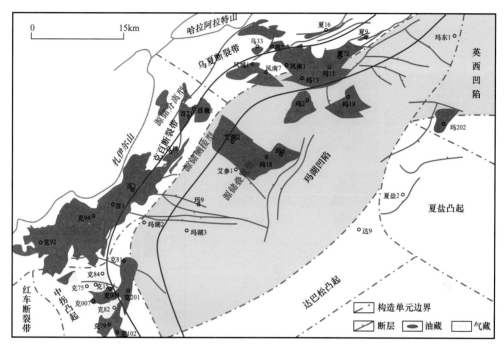

图 4-3-17 准噶尔盆地西北缘二叠系源储配置平面图

源储分离型配置是指烃源岩与储层处于不接触状态。自生烃洼陷至斜坡中外带及凸起带，由于烃源岩与储层距离较远，油气需要断裂、砂体及不整合的联合输导才能发生长距离的运移进入地层油气藏圈闭中，形成超覆型地层油气藏（图 4-3-18）。

源储侧接型配置是指烃源岩与储层处于侧向对接状态，由于构造部位不同，形成的油气藏类型有所不同。对于斜坡内带，由于烃源岩与储层通过断裂侧向对接，油气主要发生断裂垂向调整和连通砂体/不整合侧向运移进入地层油气藏圈闭中，当不整合发育风化黏土层或上覆地层发育泥质岩层时，形成削截型地层油气藏（图 4-3-3），否则发生油气的窜层运移；对于洼陷中的潜山带，由于烃源岩与储层通过断裂或不整合侧向对接，油气可通过断裂或不整合的侧向输导进入潜山风化壳圈闭中，形成潜山风化壳型油气藏（图 4-3-4、图 4-3-18）。

源储叠置型配置是指烃源岩与储层处于垂向叠置状态。对于洼陷中的潜山带，由于潜山内部烃源岩的发育，导致烃源岩与潜山内幕储层垂向叠置，油气可通过储集孔隙或微裂缝直接进入相邻的潜山内幕圈闭中，形成潜山内幕型油气藏（图 4-3-18）。

对国内外大中型地层油气藏的烃源岩特征调研发现，烃源岩生烃量与晚期油气充注对大中型地层油气藏形成具有重要的控制作用。我国准噶尔盆地地层油气藏油气源主要来自二叠系风城组，其次为下乌尔禾组；渤海湾盆地地层油气藏油气源主要来自古近系泥质烃源岩和石炭系—二叠系煤系烃源岩。这些烃源岩分布广、厚度大、生烃量大，是大中型地层油气藏形成的物质基础。其中，石炭系—二叠系煤系烃源岩是近年来的重大

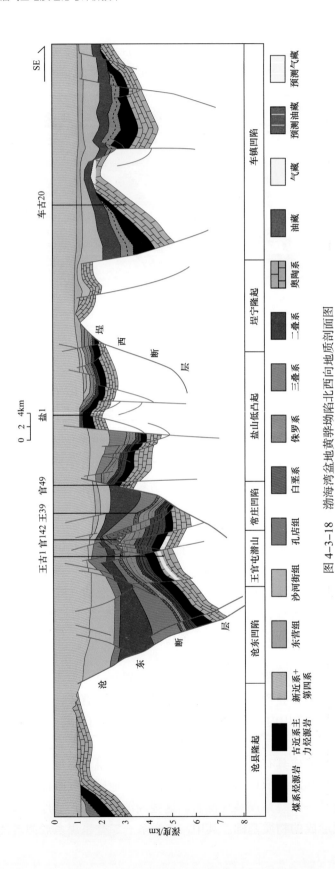

图 4-3-18　渤海湾盆地黄骅坳陷北西向地质剖面图

勘探发现，目前在黄骅、济阳、冀中、临清等坳陷均有不同程度的分布，已成为渤海湾盆地重要的油气来源，具有良好的勘探潜力，是今后寻求勘探突破的重要领域。渤海湾盆地石炭系—二叠系山西组和太原组发育一套包含煤岩、碳质泥岩和暗色泥岩的煤系烃源岩，其中黄骅坳陷、冀中坳陷和临清坳陷煤系烃源岩厚度在 150～200m 之间，东濮凹陷煤系烃源岩厚度在 50～150m 之间，济阳坳陷煤系烃源岩局部分布，厚度一般在 50～150m 之间。总体上，煤系烃源岩具有较高的有机质丰度和较好的有机质类型。应用盆地模拟法及类比法对黄骅坳陷石炭系—二叠系煤系烃源岩资源量进行了评价，其生油量为 $240 \times 10^8 t$，生气量为 $60 \times 10^{12} m^3$，圈闭资源量可达 $6000 \times 10^8 m^3$。这些烃源岩为大中型地层油气藏的形成提供了雄厚的物质基础，如黄骅坳陷乌马营—王官屯地区石炭系—二叠系煤系烃源岩埋深大、厚度大且经历了三次生烃，且该地区又处于燕山早期的逆冲推覆构造发育区，能够形成较大规模的（断）背斜圈闭，源储条件十分优越，保存条件好，为上古生界勘探有利区带。

由于沉积间断、流体作用等因素的综合作用，导致碎屑岩风化壳储层特征及形成机制具有明显的差异性。如准噶尔盆地二叠系顶部不整合，3550～3620m，二叠纪末期的海西运动使其长期遭受剥蚀，大气水淋滤作用极大地改善了储层物性，由于埋藏浅，有机酸溶蚀弱，因此该段储层形成机制为大气水淋滤型；3620～3710m，孔隙类型以粒内溶孔和原生粒间孔为主，溶蚀作用和胶结作用中等，石英胶结物少，后期深埋藏导致有机酸溶蚀作用较强，因此该段储层形成机制为大气水淋滤—深部溶蚀型；3710m 以深，孔隙类型以原生粒间孔为主，次为粒内溶孔，溶蚀作用弱，胶结作用强，富含高岭石和石英胶结物，深埋藏导致有机酸溶蚀作用强，以长石溶解为主，因此该段储层形成机制为深部溶蚀主导型。

根据油气藏距离烃源岩的位置及输导要素配置，建立了三种地层油气藏油气输导模式。如准噶尔盆地西北缘自玛湖凹陷向斜坡，其二叠系油气输导模式存在明显差异（图 4-3-19）：纵源型，属于源上 / 源下断裂 / 砂体垂向运移输导模式，主要分布于凹陷区；侧源型，属于近源断裂垂向运移—不整合侧向运移输导模式，主要分布于斜坡内带；远源型，属于远源断裂—不整合—砂体侧向运移输导模式，主要分布于斜坡中外带。

3. 断盖配置是地层油气藏形成的保障

油气勘探表明，准噶尔盆地西北缘乌夏地区目前已经发现的油气主要沿断裂呈条带状分布，在纵向上形成了多套含油层系，沿输导断裂运移而来的油气并非完全分布在区域盖层之下，在盖层之上也有油气显示。因此，正确认识断盖配置对油气运聚的控制作用，对指导油气勘探具有十分重要的作用。

根据试油气资料，统计乌夏地区重点井位在纵向上的油气分布情况，同时筛选出与断裂有密切关系的油气藏，进而分析在油气成藏过程中断裂对各套盖层的破坏作用，在与断裂相关的油气显示附近的井位处计算其盖层断接厚度值，若该处盖层上下均有油气显示，那么此断接厚度值即为该套盖层封闭油气所需最小断接厚度值。

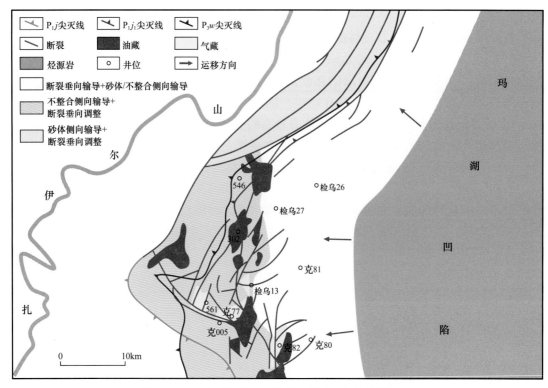

图 4-3-19　准噶尔盆地西北缘二叠系油气输导模式图

三叠系白碱滩组盖层累计泥岩厚度在 9～320m 之间，平均值为 146m，其输导断裂的断距为 30～325m。通过统计 11 口井在白碱滩组的泥岩盖层厚度及其内输导断裂断距，进一步计算盖层断接厚度，并将其按从小到大进行排列，同时根据试油气资料统计白碱滩组泥岩盖层上下的油气分布情况（图 4-3-20）。可以看出：（1）在夏 9 井、夏 37 井及夏 29 井处，盖层断接厚度值小于零，属于完全错开—不封闭型断盖空间配置，在盖层上下均有油气显示；（2）在乌 007 井及乌 28 井处，盖层断接厚度小于其封闭油气所需的最小断接厚度，属于未完全错开—不封闭型断盖空间配置，在盖层上下均有油气显示；（3）在乌 162 井及乌 9 井等处，盖层断接厚度大于其封闭油气所需最小断接厚度，属于未完全错开—封闭型断盖空间配置，仅在此盖层之下有油气显示。由此可得出三叠系白碱滩组断盖空间配置封闭油气所需最小断接厚度为 20～37m。

按照上述已经确定的三叠系白碱滩组断盖空间配置封闭油气所需的最小断接厚度，通过计算该层中断裂附近的其他井位处的盖层断接厚度值，便可以比较得出乌夏地区三叠系白碱滩组断盖空间配置类型。当油气沿输导断裂垂向向上运移遇到盖层时，若断盖空间配置为封闭型，油气会被封盖在盖层之下，形成油气封闭区；相反，若断盖空间配置为不封闭型，油气会穿过泥岩盖层继续向上运移，形成油气不封闭区（图 4-3-21）。在夏子街断褶区西部至乌夏冲断区东部的夏红北断裂及夏 59 井断裂附近、夏子街断褶区与南部单斜带交界处西部的夏 9 井断裂及夏 47 井断裂附近及百乌断褶区与乌尔禾断褶区和南部单斜带交界处的乌南断裂及风南 3 井北断裂附近，盖层断接厚度均大于其封闭油

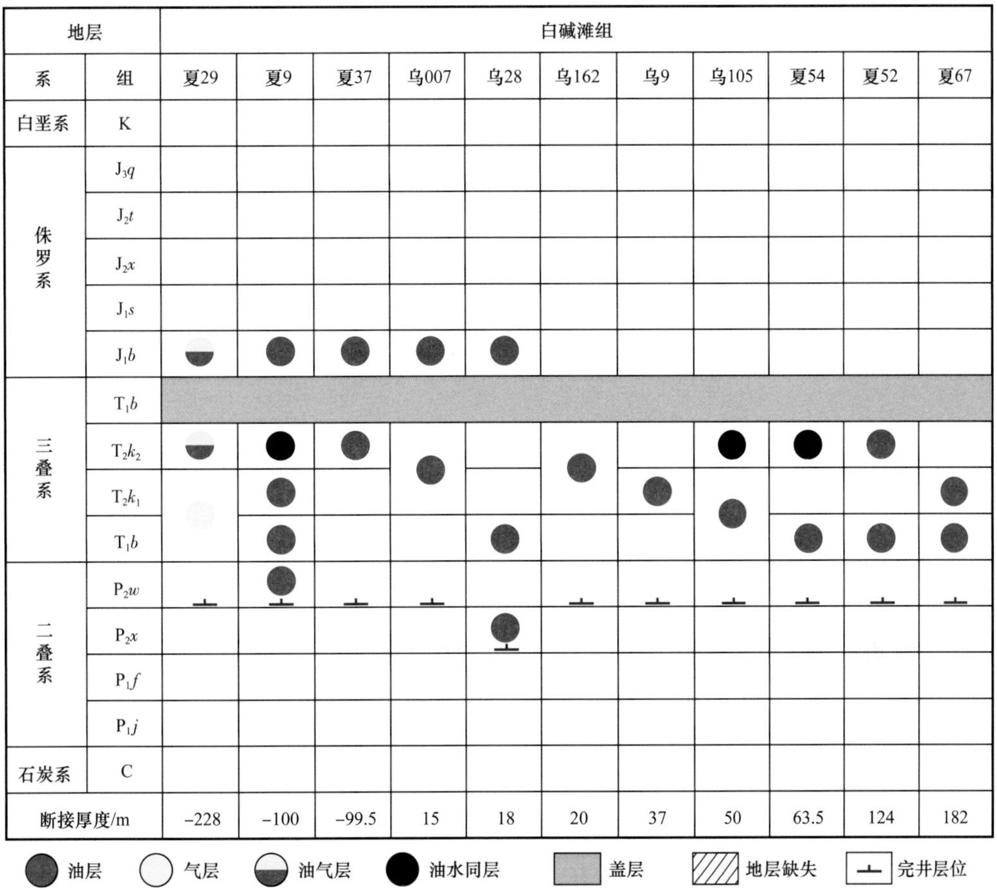

地层		白碱滩组										
系	组	夏29	夏9	夏37	乌007	乌28	乌162	乌9	乌105	夏54	夏52	夏67
白垩系	K											
侏罗系	J_3q											
	J_2t											
	J_2x											
	J_1s											
	J_1b	◐油气层	●油层	●油层	●油层	●油层						
三叠系	T_1b	盖层	盖层	盖层	盖层	盖层	盖层	盖层	盖层	盖层	盖层	盖层
	T_2k_2	◐油气层	●油水同层	●油层		●油层		●油层	●油水同层	●油水同层	●油层	
	T_2k_1		●油层					●油层	●油层			●油层
	T_1b		●油层			●油层				●油层	●油层	●油层
二叠系	P_2w	⊥	●油层⊥	⊥	⊥	⊥	⊥	⊥	⊥	⊥	⊥	⊥
	P_2x					●油层⊥						
	P_1f											
	P_1j											
石炭系	C											
断接厚度/m		−228	−100	−99.5	15	18	20	37	50	63.5	124	182

●油层　○气层　◐油气层　●油水同层　▨盖层　▨地层缺失　⊥完井层位

图 4-3-20　乌夏地区三叠系白碱滩组盖层断接厚度与油气纵向分布关系图

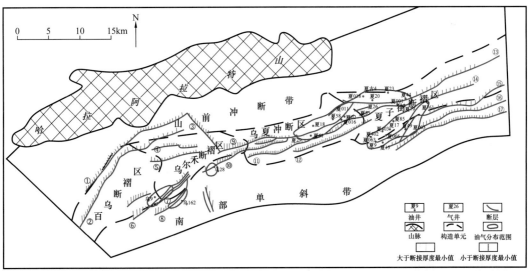

① 西百乌断裂 ② 百乌断裂 ③ 风城断裂 ④ 风2井断裂 ⑤ 乌尔禾断裂 ⑥ 乌27井断裂 ⑦ 乌南断裂 ⑧ 风南3井断裂 ⑨ 夏红北断裂
⑩ 风14井断裂 ⑪ 夏21井断裂 ⑫ 夏10井断裂 ⑬ 夏59井断裂 ⑭ 夏4井断裂 ⑮ 夏47井断裂 ⑯ 夏9井断裂 ⑰ 夏红南断裂

图 4-3-21　乌夏地区三叠系白碱滩组断盖空间配置与油气分布关系图

气所需最小断接厚度，属于未完全错开—封闭型断盖空间配置，断盖空间配置关系较好，仅在该套盖层之下有油气显示，为油气封闭区。在研究区内其余广大区域，盖层断接厚度均小于其封闭油气所需最小断接厚度，属于不封闭型断盖空间配置，断盖空间配置关系较差，为油气不封闭区。

第四节　远源/次生岩性地层油气藏成藏机理与富集规律

远源/次生岩性地层油气藏具有埋藏浅、储量优、成本低、见产快的特点，但同时也具有成藏复杂性及目标的隐蔽性，勘探难度比较大。在长期低油价、储量劣质化背景下，加强远源/次生岩性地层油气藏勘探、开发是降本增效的重要手段之一。本节介绍了远源/次生岩性地层油气藏输导体系、成藏模式与富集规律，以期让读者更全面地了解此类油气藏的地质特征，准确把握此类油气藏成藏机理与富集规律。

一、远源/次生油气成藏体系

许多学者对于远源油气藏、次生油气藏的研究对象界定、成藏特点等开展了较为深入的研究。远源油气藏被定义为纵向上位于烃源岩之外成藏、平面上位于烃源区之外成藏（张义杰，2002；周兴熙，2005；张善文，2013；刘卫民，2015）；远源油气藏的运移距离并没有明显的界定，垂向上可达几百米到数千米，侧向上可到几十千米到几百千米，有的专家认定黄骅坳陷运移距离大于20km为远距离，准噶尔盆地腹部陆梁油田距生油中心最远可达90km。北美地区威利斯顿盆地、密执安盆地、阿尔伯达盆地、阿纳达科等盆地油气运移距离均大于100km（胡朝元，2005）。胡朝元（2005）根据所收集的200个世界各地区综合性油气地质资料统计，发现油气横向运移距离在10~60km之间存在一个含油气盆地（凹陷）成油系统高峰区，据此以60~70km为界划分远距离运移和长距离运移，200个地区或成油系统中，短距离运移占82%~85%，长距离运移地区占15%~18%。同时，胡朝元（2005）在同一篇文章中还提出了另一种划分方案，即以10的不同幂次之乘方为界，将小于10km称为超短距离运移，10~100km为短距离，远于100km为远距离运移，文中仅提供了一些油气田实例，并没有给出更多的划分依据。次生油气藏主要指原生油气藏被断层、地层不整合或其他地质因素破坏，经再次运移、重新聚集而形成的油气藏（安作相，1996；平宏伟，2009）。何登发（2004）则认为次生油气藏主要指发育在与生油岩不同的储—盖组合中，成藏后普遍发生了再分配的一种油气成藏组合。

本书所提及的远源/次生油气藏特指一种成藏过程、成藏体系或成藏模式（何登发，2004；刘传虎，2014），在该成藏体系中源—藏垂向上可能跨越一个或多个储—盖组合，或者平面上油藏位于源灶之外、经过长距离运移而成藏，输导体系及成藏过程比较复杂，普遍发生调整、次生作用，本书重点讨论的是远源/次生成藏体系中的优势输导体系、成藏过程、成藏模式及富集规律，并没有对油气远距离运移的界限、次生油气藏的证据等进行深入研究。

远源 / 次生成藏体系具有以下特点：一是源储分离，输导体系比较复杂，油气往往通过断裂、不整合面、毯状砂体等输导要素构成的复杂输导体系，经过长距离运移而成藏（图 4-4-1）；二是成藏过程复杂，叠合盆地具有多源、多灶、多构造运动的特点，油气多期充注、后期改造比较普遍；三是油气藏埋藏相对较浅，储量丰度较高，油气运移具有由深向浅的总体趋势，因此，远源 / 次生油气藏一般成藏层位较浅，储层物性偏好，储量丰度普遍较高。

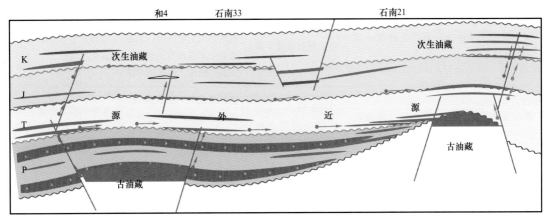

图 4-4-1　远源 / 次生岩性地层油气藏成藏体系

二、远源 / 次生油气藏优势输导体系

准噶尔盆地侏罗系—白垩系、柴达木盆地阿尔金山前古近系—新近系、塔里木盆地库车南斜坡白垩系均发育远源 / 次生油气成藏体系。通过对以上三个地区输导体系精细刻画及优势输导体系研究，发现远源 / 次生成藏体系主要发育五类优势输导体系（表 4-4-1），分别为油源断裂直通型、源上断裂—不整合面复合输导型、源边逆冲断裂—基岩不整合面输导型、源外断裂—毯砂阶状输导型。

1. 油源断裂直通型

源上断裂直通型输导体系是指油气藏在主力烃源岩构造层之上，通过深大断裂、走滑断裂或者继承性发育的深（浅）断裂体系垂向跨储—盖组合运移至中浅层，在区域盖层之下成藏。

准噶尔盆地玛湖地区侏罗系油气藏输导体系即为油源断裂直通型，主力烃源岩为下二叠统风城组烃源岩，优势输导通道为海西期—燕山期继承性断裂体系和印支期直滑断裂体系。海西期断裂断穿石炭系—三叠系白碱滩组，燕山期断裂在海西期断裂之上继承性发育，断穿三叠系—白垩系，海西期断裂和燕山期断裂垂向上呈"Y"字形搭接，或通过砂体桥接构成优势输导通道，沟通二叠系油气、跨越白碱滩组区域盖层在侏罗系成藏。印支期走滑断裂在燕山期、喜马拉雅期幕式活动，垂向上断穿石炭系—白垩系，也可以直接沟通二叠系油气和侏罗系储层形成源上直通型优势输导通道（图 4-4-2）。

表 4-4-1　远源 / 次生油气藏优势输导体系组合类型划分表

远源 / 次生输导体系组合类型	源—藏关系界定	输导要素组合	优势输导通道	实例
油源断裂直通型	垂向上跨储—盖组合	油源断裂垂向单一输导，网状	源内深大断裂带、源内深（浅）断裂继承发育带	准噶尔玛湖、莫北中浅层，英东、柴西北中浅层
源上断裂—不整合面复合输导型	垂向上跨储—盖组合	油源断裂 + 不整合面复合输导、网毯状	油源断裂—不整合面上超覆砂体顶面鼻凸带；油源断裂—不整合面下半风化带高孔隙度、高渗透率带	准噶尔盆地莫索湾南部永进油田
源边逆冲断裂—基岩不整合输导型	侧向跨过源边第一排断阶带	逆冲断阶带—基岩不整合面复合输导、阶状	逆冲断面脊—高孔隙度、高渗透率基岩带；逆冲断面脊—基岩不整面上底砾岩顶面鼻凸带	准噶尔西北缘断阶带石炭系、阿尔金山前基岩油气藏
源外断裂—毯砂阶状输导型	垂向上跨储—盖组合，侧向上脱离源灶及第一排断裂或构造带	油源断裂—不同期毯砂—不同期断裂复合输导、阶状	油源断裂—多期毯砂顶面鼻凸带	准噶尔盆地腹部陆西地区
古油藏断裂—砂体—不整合面阶状调整型	古油藏掀斜调整，调整路径上次生成藏	古油藏砂体—断裂—不整合面复合调整、阶状	调整断裂—不整合面、砂体顶面鼻凸带	石西油田以北石南31、石东凸起白垩系油藏

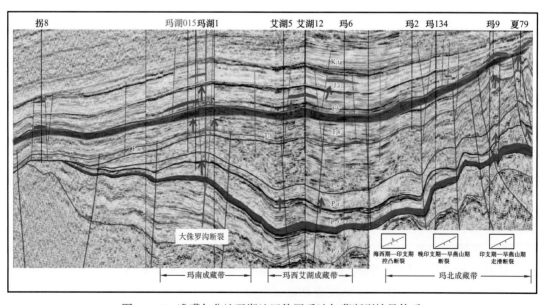

图 4-4-2　准噶尔盆地玛湖地区侏罗系油气藏断裂输导体系

2. 源上断裂—不整合面复合输导型

源上断裂—不整合面复合输导体系是指油气先经过油源断裂跨储—盖组合垂向运移至上部储—盖组合相关的区域不整合面，然后沿该不整合面上覆超覆砂体或不整合面下伏半风化壳高孔隙度、高渗透率储层侧向运移，此类输导体系往往发育多条油源断裂与不整合面配置形成立体网毯状输导体系。

源上断裂—不整合面复合输导体系典型实例为准噶尔盆地南部永进油田西山窑组油藏。永进油田位于准噶尔盆地中央坳陷莫索湾凸起以南、沙湾凹陷和莫南凸起接壤处。永进油田主力油层为侏罗系西山窑组和白垩系油水河组，油藏类型主要为岩性地层油气藏。沙湾凹陷、阜康凹陷发育二叠系、下侏罗统两套成熟烃源岩，永进油田油气源对比分析揭示油源为二叠系下乌尔禾组烃源岩和中—下侏罗统煤系烃源岩混源。

准噶尔盆地南部沙湾凹陷至阜康凹陷发育一组东西向走滑断裂体系，平面上自车排子凸起东斜坡延伸至阜康凹陷中部，多条断裂呈雁列状展布，具左行阶步模式特征，剖面上"花状构造"特征明显，断穿层位 C—K（图 4-4-3），自西向东规模逐渐减小，反映区域剪切应力向东衰减。基于准噶尔盆地南部东西向格架地震剖面地层接触关系分析，中—上侏罗统—下白垩统发育两套区域不整合面（图 4-4-4），第一套是在阜康凹陷周缘分布的中—上侏罗统水西沟群（$J_{2-3}sh$）与中侏罗统西山窑组之间的不整合面。第二套区域不整合面是白垩系与侏罗系之间的不整合面。K/J 不整合面上覆下白垩统清水河组发育厚层砂砾岩、砂岩储层，是重要的油气输导层，主要分布在阜康凹陷地区，向西部沙湾凹陷逐渐相变为湖相泥岩，向北部白家海凸起相变为滨浅湖相、三角洲间湾泥岩。$J_{2-3}sh$/J_2x 不整合面主要分布在阜康凹陷，上覆水西沟群早期钻探揭示以河流相、三角洲平原相河道砂为主，砂体规模较小，但早期钻探主要钻揭水西沟群中上部地层，根据层序地层学分析及地震属性预测，水西沟群下部发育低位域规模三角洲砂体，可以作为油气输导

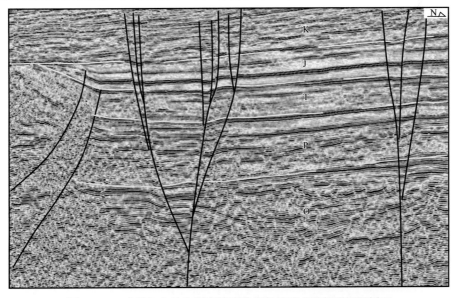

图 4-4-3 准噶尔盆地南部车排子凸起斜坡区走滑断裂解释剖面

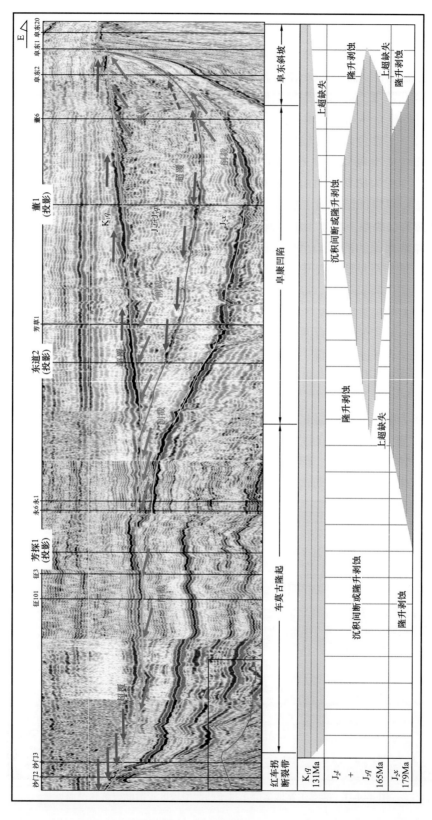

图 4-4-4 准噶尔盆地南部中—上侏罗统—下白垩统地震地层解释及年代地层剖面

层。K/J、$J_{2-3}sh/J_2x$ 两套区域不整合面及清水河组底砂岩、水西沟群低位域三角洲砂体控制了准噶尔盆地南部侏罗系、白垩系油气侧向运聚。

准噶尔盆地南部车排子—东沟走滑断裂体系及 K/J、$J_{2-3}sh/J_2x$ 两套区域不整合面配置形成复合输导体系，沟通二叠系下乌尔禾组和侏罗系八道湾组烃源岩，控制侏罗系、白垩系油气优势输导，永进油田西山窑组、白垩系油气藏的形成主要受控于上述源上断裂—不整合面复合输导体系对油气的优势输导。

3. 源边逆冲断裂—基岩不整合输导型

源边逆冲断裂—基岩不整合输导体系是指控凹边界逆断裂造成源边基岩与烃源岩直接对接或通过断裂沟通，形成大跨度供烃窗口。由于基岩多为火山岩、变质岩等特殊岩性，受长期受风化淋滤改造后孔渗条件被改善，往往具有较好的输导能力和储集条件，基岩不整合面之上多发育厚层底砾岩，同样具有较强的侧向输导能力，因此，油气可以通过逆冲断裂直接从烃源岩进入基岩不整合面侧向运移，并可跨断阶带成藏，如准噶尔盆地西北缘断裂上盘石炭系油藏、腹部石西油田石炭系油藏、柴达木盆地昆北断阶带基岩油藏等均受控于源边逆冲断裂—基岩不整合面输导体系对油气的优势输导。

柴达木盆地昆北断阶带新生代以来经历了多期构造运动，断裂发育。从断层性质看，昆北地区断层基本上为逆冲断层。控制昆北断阶带发育的边界断裂，具有延伸长、断距大、活动时间长等特点，这些断裂由基底断层继承发育而来，一直活动到古近纪—新近纪末期，控制着整个区域古近系—新近系的沉积发育。昆北断阶带上盘广泛发育基岩不整合，可以作为该区侧向运移的主要通道。昆北断阶带基岩不整合面垂向上主要发育"二元结构"：即不整合面之上的底砾岩层和不整合面之下的半风化层（图 4-4-5），风化黏土层在本区基本不发育。底砾岩层是风化带粗碎屑残积物在发生水进时接近原地的沉积物，其组成成分复杂，颗粒较粗，砾石磨圆度、分选性较差，以含砾砂岩为主。半风化层主要由花岗岩和变质岩组成，厚度一般为 20～60m。总体来看，本区底砾岩层普遍比较发育，分布比较连续，厚度 15～80m 不等。但从物性来看，在横向上存在较强的非均质性，不同区块物性差异较大，底砾岩层储层物性较好的区块可作为良好的输导层。不整合面之下半风化层是基底地层遭受风化、剥蚀、淋滤、溶蚀等作用后而形成的风化淋滤带，平面分布比较稳定，厚度在 20～60m 之间。半风化层往往发育裂缝、溶蚀孔、溶洞等多种孔隙空间，物性较好，一般具有良好的输导性能。根据岩心资料观察统计，昆北地区基岩半风化层岩石中裂缝非常发育，以高角度斜交裂缝、垂直裂缝等为主，大部分裂缝内无充填，少量裂缝内见白色矿物充填。裂缝面局部见较好油气显示。部分岩心破碎严重基岩裂缝张开度孔隙度较大，储层物性较好，具有较强输导能力。

综上所述，昆北断阶带主要的输导要素有：昆北断层、不整合结构层（包括底砾岩和基岩半风化层）、部分具有输导性的次级断层及与这些断层沟通的渗透性砂体。根据它们之间的组合关系，可分为四种配置关系（图 4-4-6）。其中，昆北断裂是主控断裂，是重要的输导要素。因此，昆北断层控制油气一级输导，不整合和砂体输导层控制油气二级输导，次级断层仅对油气输导起次级调整作用。

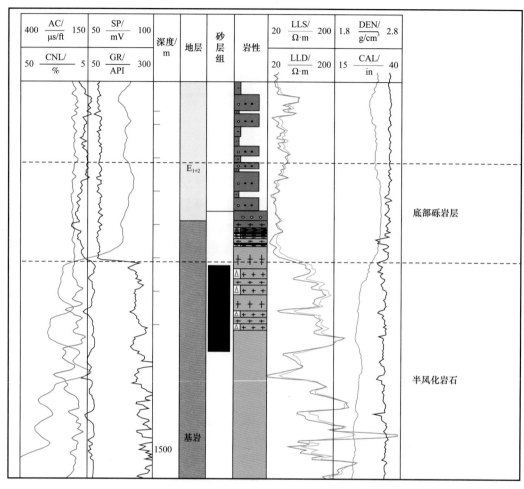

图 4-4-5 昆北断阶带昆 401 井基岩不整合结构

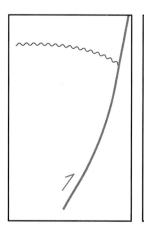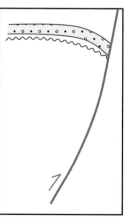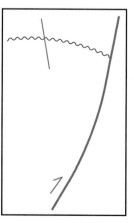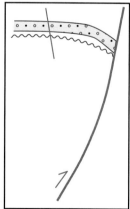

(a) 昆北断层与　　　　(b) 昆北断层与不整合、　　(c) 昆北断层与不整合、　(d) 昆北断层与不整合、
不整合配置　　　　　　输导砂体配置　　　　　　次级断层配置　　　　　输导砂体、次级断层配置

图 4-4-6 昆北断阶带输导要素配置关系

4. 源外断裂—毯砂阶状输导型

源外断裂—毯砂阶状输导型是比较复杂的一类输导体系，首先油气通过油源断裂垂向运移至中浅层区域盖层之下第一套毯砂后侧向运移，油气在毯砂侧向运移过程中受中浅层断裂体系调整呈"断—砂—断—砂"阶梯式逐级向构造高部位运移，典型的实例是准噶尔盆地陆梁油田。

陆梁油田位于准噶尔盆地北部陆梁隆起西部三个泉凸起上，不发育二叠系—新近系成熟源灶，推测可能发育石炭系残留烃源灶。主要产层为侏罗系西山窑组、头屯河组及白垩系呼图壁河组。油气源对比结果认为油气主要来自南侧盆1井西凹陷的中二叠统下乌尔禾组烃源岩，垂向上源储跨越了三叠系储—盖组合，横向上油气跨越盆1井西凹陷及达巴松凸起、石西凸起、夏盐凸起二级构造单元；根据构造演化及油气成藏期研究，陆梁隆起西部中浅层油气藏普遍经历了早期成藏，后期调整过程，具备典型的远源、次生油气藏的特点。

陆梁隆起西部及邻区主要发育北东向、近东西向两组断裂体系，北东向断裂体系是与凸起伴生的深浅压扭型断裂体系，由深部（C—T）断裂及浅层（T—K）两组断裂构成，自下而上断层规模逐渐变小。深部断裂形成于海西期，多为高角度逆断层，断距多为几百至上千米，平面上单条规模大，延伸距离长。浅层断裂形成于燕山期，多为高角度正断层，断距多在几十米以内，平面上单条规模较小，一般由多组断裂呈"雁列状"展布。深浅两组断裂在垂向上呈"Y"字形搭接，在平面上重合，此类断裂三个泉凸起、夏盐凸起、石西凸起及达巴松凸起核部及翼部广泛分布（图4-4-7），向南可延伸到盆1

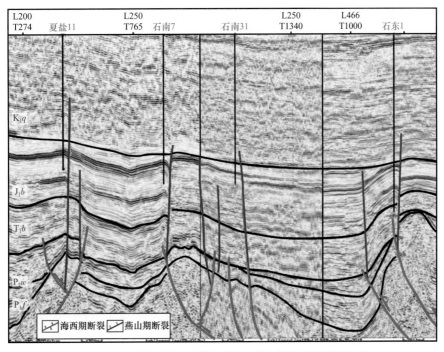

图 4-4-7　陆梁隆起西部海西期、燕山期继承性断裂体系

井西凹陷沟通二叠系烃源灶，为油气垂向运移提供有效接力输导。近东西向断裂体系包括印支期走滑断裂和喜马拉雅期正断裂，印支期走滑断裂体系是盆缘断裂走滑作用下形成的派生构造，其分布受构造凸起影响较小，在玛湖凹陷、盆1井西凹陷等多个凹陷带内均有分布，地震剖面上产状近乎直立，断距较小，自二叠系向上断至白垩系，具有明显的正花状构造、负花状构造组合特征，平面上延伸可达80km，在主断裂带两侧对称性地发育多条羽状次级断裂。喜马拉雅期正断裂形成于古近纪以来准噶尔盆地受自南向北的逆冲推覆作用，地层整体向南掀斜，在北部地区发生了地层垂向滑脱而形成东西向正断裂，自古近系—新近系向下断至白垩系底部，沟通燕山期断裂，对早期构造油藏破坏、调整，在白垩系浅层形成次生油气藏。

准噶尔盆地在早—中侏罗世整体处于具有统一坳陷格局的震荡抬升—沉降环境。湖平面快速降低使得陆梁隆起西部及盆1井西凹陷地区中—下侏罗统发育八道湾组一段、三工河组二段、西山窑组四段三期厚层、横向上连通性强的毯状砂体，以三工河组二段砂体为例，为一大套灰色、浅灰色含砾细砂岩、含砾中砂岩，厚度30～70m，孔隙度为10.22%～19.06%，渗透率在10～500mD之间。沉积微相以辫状河三角洲前缘亚相水下分流河道、河口沙坝及水下分流间湾微相沉积为主，大面积连片展布，极大地拓展了油气侧向输导空间。陆梁隆起西部地区发育的海西期断裂、印支期断裂、早燕山期断裂、中燕山期断裂、晚燕山期断裂、喜马拉雅期断裂与侧向展布的八道湾组一段、三工河组二段和西山窑组四段三套连片砂体，共同构成了"断—砂—断—砂"的立体优势输导体系，控制油气自盆1井西凹陷向北部陆梁隆起呈阶状运移，最终在三个泉凸起形成规模聚集，形成陆梁油田（图4-4-8）。

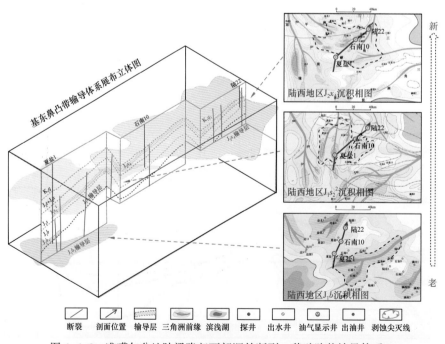

图4-4-8　准噶尔盆地陆梁隆起西部源外断裂—毯砂阶状输导体系

5. 古油藏断裂—砂体—不整合面阶状调整型

古油藏断裂—砂体—不整合面阶状调整型是指已经形成的原生油气藏受到后期地质作用的影响或破坏，油气发生再次运移，并在新的圈闭中聚集形成油气藏的调整运移通道，形成的油气藏即为次生油气藏。受砂体、断裂、不整合面三种输导要素组合控制，古油藏被破坏发生次生调整的输导体系由简单到复杂可以划分四种组合类型（图 4-4-9）：第一种组合类型是同层砂体调整型，是次生油气藏最简单的输导体系，即古背斜油气藏被掀斜破坏、溢出点升高造成油气从底部溢出，油气首先沿同层砂体侧向调整，遇到新的构造油气藏圈闭重新聚集成藏，典型实例为准噶尔盆地莫索湾气田、陆梁油田西山窑组油藏；第二种组合类型为砂体—断裂组合调整型，即沿新溢出点溢散的油气在侧向连续的砂体中运移的过程中，当遇到浅层断裂发育区，油气沿断裂向浅层垂向运移，并在与断裂对接的岩性油气藏圈闭或构造油气藏圈闭中聚集成藏，典型实例为陆梁油田白垩系呼图壁河组油藏；第三种组合类型为砂体—断裂—不整合面复合调整型，即在第二种组合类型的基础上，如果浅层断裂将油气输导至浅层后，油气沿不整合面风化淋滤带砂体或不整合面之上的底砾岩继续侧向运移，在不整合面控制的地层圈闭中聚集成藏，典型实例为准噶尔盆地石南油气田石南 31 油藏；第四类组合类型为砂体—断裂—不整合面—断裂阶状调整型，是最复杂的一种次生油气藏调整运移路径，即在前三种组合类型基础上，油气沿不整合面侧向运移的过程中，当再次遇至开启的浅层断裂时，同样优先沿断裂向更浅层调整，并在与断裂对接的圈闭中聚集成藏，此类油气藏典型实例为准噶尔盆地石东凸起白垩系呼图壁河组油藏。

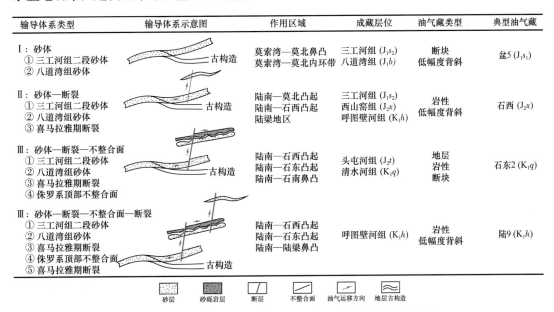

输导体系类型	输导体系示意图	作用区域	成藏层位	油气藏类型	典型油气藏
I：砂体 ①三工河组二段砂体 ②八道湾组砂体	古构造	莫索湾—莫北鼻凸 莫索湾—莫北内环带	三工河组（J_1s_2） 八道湾组（J_1b）	断块 低幅度背斜	盆5（J_1s_1）
II：砂体—断裂 ①三工河组二段砂体 ②八道湾组砂体 ③喜马拉雅期断裂	古构造	陆南—莫北凸起 陆南—石西凸起 陆梁地区	三工河组（J_1s_2） 西山窑组（J_2x） 呼图壁河组（K_1h）	岩性 低幅度背斜	石西（J_2x）
III：砂体—断裂—不整合面 ①三工河组二段砂体 ②八道湾组砂体 ③喜马拉雅期断裂 ④侏罗系顶部不整合面	古构造	陆南—石西凸起 陆南—石东凸起 陆南—石南鼻凸	头屯河组（J_2t） 清水河组（K_1q）	地层 岩性 断块	石东2（K_1q）
III：砂体—断裂—不整合面—断裂 ①三工河组二段砂体 ②八道湾组砂体 ③喜马拉雅期断裂 ④侏罗系顶部不整合面 ⑤喜马拉雅期断裂	古构造	陆南—石西凸起 陆南—石东凸起 陆南—陆梁鼻凸	呼图壁河组（K_1h）	岩性 低幅度背斜	陆9（K_1h）

砂层　砂砾岩层　断层　不整合面　油气运移方向　地层古构造

图 4-4-9　古油藏断裂—砂体—不整合面阶状调整型输导体系

对于上述古油藏破坏调整的四种输导体系组合类型也可以用古油藏断裂—砂体—不整合面阶状调整型一种类型统一起来，其他三种组合类型可以理解为复杂的调整运移路径的不同调整段，在不同段发育的次生油气藏类型存在一定的差异性，同层砂体调整过程中易形成低幅度背斜油气藏和岩性油气藏，砂体—断裂调整过程中易形成断层—岩性油气藏和断鼻油气藏，砂体—断裂—不整合面组合类型易形成岩性地层油气藏，砂体—断裂—不整合面—断裂阶状调整型易形成断层—岩性油气藏、断鼻油气藏。

三、远源/次生岩性地层油气藏成藏模式

远源/次生岩性地层油气藏形成的关键控制因素是油气优势输导体系与不同类型圈闭合理配置，如果在油气优势输导通道上发育有岩性地层油气藏圈闭则形成远源、次生岩性地层油气藏。综合准噶尔盆地中浅层、柴达木盆地阿尔金山前古近系、塔里木盆地库车南斜坡白垩系等地区典型远源、次生岩性地层油气藏优势输导体系、遮挡成圈条件及其配置关系，建立了6种远源/次生岩性地层油气藏成藏模式（表4-4-2）。

表4-4-2　远源/次生岩性地层油气藏成藏模式

成藏模式	输导体系组合类型		成圈条件	油藏类型	实例
源上断裂输导、湖泛期前缘砂体聚集	源上	源上断裂直通型	湖泛期三角洲前缘多类型岩性圈闭	岩性油气藏	玛湖中浅层、盆1井西凹陷三工河组
源上断裂—不整合输导、古隆周缘聚集		源上断裂—不整合面复合输导型	古隆起周缘超削地层尖灭带	地层油气藏为主	永进油田
源外基岩不整合阶状输导、断阶带聚集	源外	源边逆冲断裂—基岩不整合输导型	基岩风化壳、底砾岩超覆尖灭带	地层油气藏	西北缘石炭系、阿尔金山前
源外断—砂阶状输导、环凸尖灭带聚集		源外断裂—毯砂阶状输导型	继承性古凸起周缘岩性、地层尖灭带	岩性、地层油气藏	基东鼻凸东翼
古油藏断裂调整、薄砂多层聚集	次生	断裂垂向调整型	薄砂体尖灭	断层岩性油气藏	陆梁油田呼图壁河组油气藏
古油藏阶状调整、环凸尖灭带聚集		断裂—不整合面—砂体复合阶状调整型	继承性古凸起周缘岩性、地层尖灭带	岩性地层油气藏	石南31白垩系油藏

1. 源上断裂输导、湖泛期前缘砂体聚集成藏模式

源上断裂输导、湖泛期前缘砂体聚集成藏模式是指油气通过沟通烃源岩的断裂体系纵向跨越一套或多套储—盖组合直接在中浅层岩性油气藏圈闭中成藏。此类组合中以沟通源、储的深大断裂或继承性的深浅断裂体系为主，辅以局部的高孔隙度、高渗透率砂层，油气垂向输导跨度大，侧向运移距离不远，油气藏类型多以断块油气藏、断层—岩性油气藏为主，平面上主要分布油源断裂的两侧。垂向上由于受到断裂和多套盖层控制，

往往表现为多层系立体成藏的特征。

源上断裂输导、湖泛期前缘砂体聚集成藏模式的典型例子为准噶尔盆地玛湖地区中（上）三叠统—侏罗系的油气藏。玛湖凹陷主力烃源岩为下二叠统风城组碱湖相优质烃源岩，玛湖凹陷发育两套断裂体系，一套为海西期逆冲断裂、燕山期正断裂继承性发育的断裂体系，多表现为北东—南西向，纵向两期断裂通过"Y"字形搭接或"桥式"连接可以将深部二叠系的油气直接沟通至中浅层；第二套为印支期开始活动的走滑断裂体系，此类断裂多呈东西向展布，燕山期、喜马拉雅期持续活动，向下可以断至二叠系烃源层内，向上可以断至侏罗系、白垩系，此类断裂直接垂向沟通油气的能力更强。玛湖地区发育三叠系白碱沟组厚层湖泛泥岩、侏罗系八道湾组二段湖泛泥岩、三工河组三段湖泛泥岩多套盖层，与上述两套断裂体系配置纵向上多层系立体成藏（图4-4-10）。

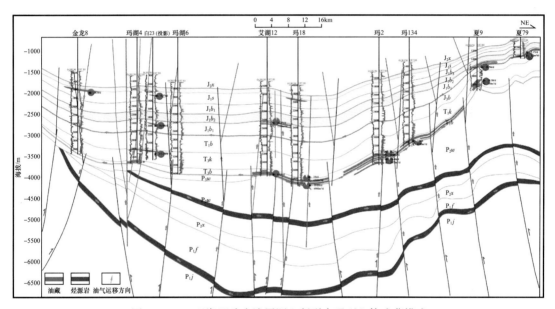

图4-4-10 玛湖凹陷中浅层源上断裂直通型立体成藏模式

2.源上断裂—不整合面复合输导、古隆周缘聚集成藏模式

源上断裂—不整合面复合输导、古隆周缘聚集成藏模式主要控藏要素有两个：一是断裂体系沟通区域不整合面构成垂向、侧向复合输导体系，构成油气优势输导通道，控制油气规模运移；二是发育在区域不整合面上下、古隆起周缘的地层超削带，可形成削截型和超覆型两大地层油气藏圈闭，沿不整合面运移的油气受地层岩灭线遮挡形成规模地层油气藏。

源上断裂—不整合面复合输导、古隆周缘聚集成藏模式典型实例为准噶尔盆地莫索湾南部永进油田西山窑组地层油藏，车莫古隆起周缘发育中—上侏罗统超削地层尖灭线，西山窑组向车莫古隆起削蚀尖灭，形成削截形地层油气藏圈闭。准噶尔盆地南部发育二叠系湖相烃源岩和侏罗系煤系烃源岩，准噶尔盆地南部发育大型东西向车芳台走滑断裂体系，由西部车排子凸起开始向东延伸至阜康凹陷中部地区，断穿二叠系—白垩系，可以有效沟通深部二叠系、侏罗系来源的油气向浅层运移。围绕车莫古隆起周缘发育 K/J、J_2t/J_2x 两期不整合面，车芳台走滑断裂与两期不整合面构成源上断裂—不整合面复合输导体系，油气沿该输导体系由深层运移至浅层不整合面，受古隆起周缘地层尖灭线遮挡形成地层油气藏（图 4-4-11）。

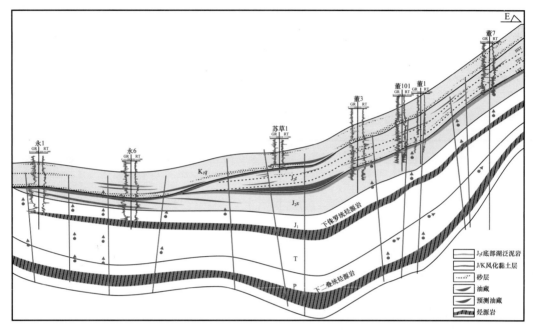

图 4-4-11　准噶尔盆地南部侏罗系、白垩系源上断裂—不整合面复合输导、古隆周缘聚集成藏模式

3. 源外基岩不整合阶状输导、断阶带聚集成藏模式

西部叠合盆地纵向上发育多套区域不整合面，根据不整合面上下地层特征可将区域不整合面划分两大类：第一类是基岩不整合面，位于盆地基底顶面的区域不整合面，盆地基岩主要以火成岩、变质岩为主，多经历长期风化淋滤，形成基岩风化壳储层，孔渗结构被改善，具有较强输导能力和储集能力，基岩不整合面之上往往发育碎屑岩、碳酸盐岩，大面积分布的底砾岩也可以有较强的输导能力；第二类不整合面是盖层不整合面，该类不整合面的上下地层均以沉积岩为主，不整合面之上多发育退覆式粗粒三角洲，形成砂砾岩、砾岩大面积分布，具有较强的侧向输导能力，不整合之下由于岩性组合较复杂，非均质性较强，侧向输导能力相对较弱。

源外基岩不整合阶状输导、断阶带聚集成藏模式主要指凹陷边缘受边界逆冲断裂控制，造成断裂上盘基岩与凹陷内烃源岩直接对接或形成大跨度新生古储式断裂供烃窗口，凹陷区的油气可以通过逆冲断裂形成的新生古储式断裂供烃窗进入上盘基岩风化壳侧向运移或成藏。

源外基岩不整合阶状输导、断阶带聚集成藏模式的典型实例有准噶尔盆地西北缘冲断带上盘石炭系油藏、石西油田石炭系油藏、柴达木盆地昆北断阶带基岩油藏、阿尔金山前东坪地区基岩气藏（图 4-4-12）。

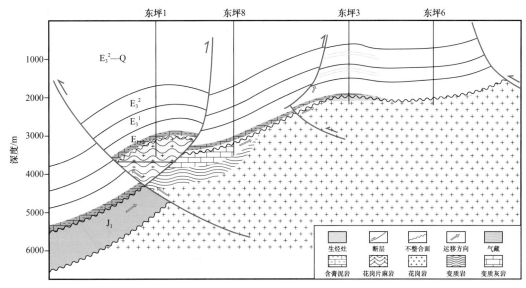

图 4-4-12　柴达木盆地阿尔金山前源外基岩不整合阶状输导、断阶带聚集成藏模式

4. 源外断—砂阶状输导、环凸尖灭带聚集成藏模式

源外断—砂阶状输导、环凸尖灭带聚集成藏模式是指油气经过油源断裂垂向运移和中浅层多套毯砂、浅层断裂组合阶状侧向运移，在油气沿低凸带侧向运移过程中遇到岩性地层尖灭带，油气侧向运移方向将会发生被动调整，沿岩性地层尖灭带边运聚、边成藏，形成岩性地层油气藏群。

源外断—砂阶状输导、环凸尖灭带聚集成藏模式典型实例为准噶尔盆地陆梁隆起西部基东鼻凸东翼头屯河组油气藏。基东鼻凸为一继承性古凸起，在中—晚侏罗世基东鼻凸控制头屯河组沉积，分割西北物源体系和北部物源体系，北部物源体系在凸起东翼形成上超型岩性尖灭带，凸起顶部发育风化黏土岩及湖泛期泥岩。基东鼻凸两翼发育海西期、燕山期断裂，深浅断裂配置良好，并且有效伸入源区沟通油源，断裂、砂体配置构成油气由源向凸起汇聚的阶状输导体系。白垩纪成藏期，油气在盆1井西凹陷生成后，在断裂的输导下由深向浅阶梯状运移至基东凸起时，受到基东鼻凸顶部泥岩遮挡迫使油气沿两翼输导砂体尖灭线调整运移，在尖灭线附近岩性地层油气藏圈闭中成藏，边调整、边成藏，形成岩性地层油气藏富集区（图 4-4-13）。

5. 古油藏断裂调整、薄砂多层聚集成藏模式

古油藏断裂调整、薄砂多层聚集成藏模式是指古油藏被断裂破坏，油气沿断裂直接调整运移至浅层，在浅层的断裂相关圈闭中成藏，形成断块油气藏、断层—岩性油气藏，这类油气藏主要分布在古油藏之上断裂带附近，可以形成薄砂多层油气藏。准噶尔盆地陆梁油田白垩系呼图壁河组油藏是此类成藏模式的典型实例，白垩纪原生成藏期，盆1井西凹陷生成的油气通过源外断裂—毯砂阶状输导体系远距离运移至三个泉背斜带，在西山窑组形成规模背斜油气藏；古近纪至今由于盆地整体发生向南掀斜，三个泉背斜带

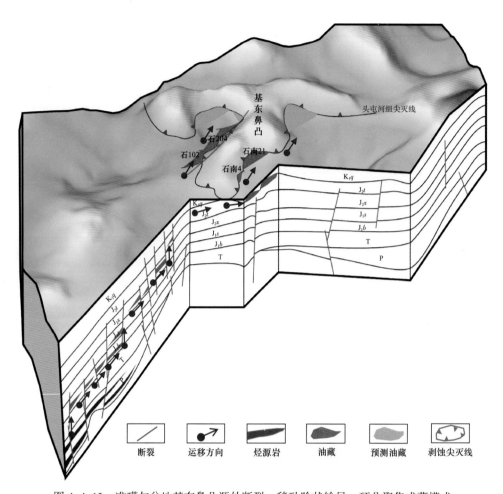

图 4-4-13　准噶尔盆地基东鼻凸源外断裂—毯砂阶状输导、环凸聚集成藏模式

消失或幅度变小，同时在三个泉凸起顶部形成东西向喜马拉雅期断裂，早期形成的原生背斜油藏被喜马拉雅期断裂破坏，油气沿喜马拉雅期断裂调整运移至白垩系呼图壁河组成藏，形成薄砂多层型多套油气藏（图 4-4-14），陆梁油田 K_1h_1 油藏包括七个储量计算单元，K_1h_2 油藏包括五个储量计算单元，探明石油地质储量 $5170×10^4t$，占陆梁油田探明储量 71%，证明古油藏垂向调整断层岩性型油气藏可以形成规模富集。

6. 古油藏阶状调整、环凸尖灭带聚集成藏模式

古油藏阶状调整、环凸尖灭带聚集成藏模式是指古油藏被破坏散失的油气通过砂体或不整合面顶面低凸带侧向运移，当遇到岩性尖灭带或地层尖灭线时油气运移方向发生调整，由沿低凸带运移调整为沿岩性尖灭带或地层尖灭线运移，边运移、边成藏，形成次生型岩性地层油气藏群，典型实例为准噶尔盆地石南油气田石南 31 白垩系清水河组油藏。南部石西古油藏被破坏，油气首先沿断裂垂向调整至白垩系底部不整合面沿清水河组底砾岩顶面石南低凸带运移，在基东鼻凸东翼遇到清水河组岩性尖灭带，然后沿尖灭带边运移、边成藏（图 4-4-15）。

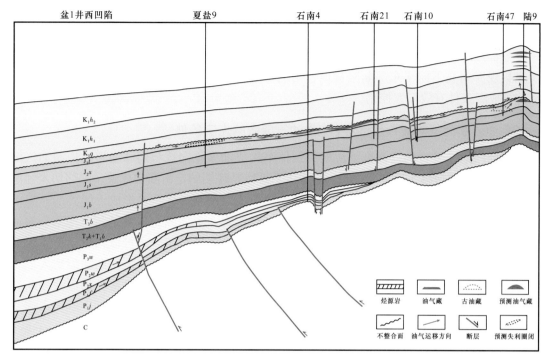

图 4-4-14　准噶尔盆地陆梁油田呼图壁河组古油藏断裂调整—薄砂多层成藏模式

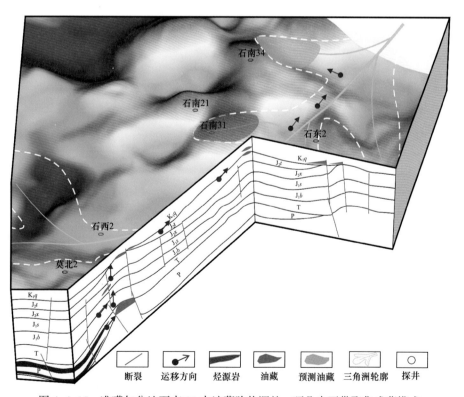

图 4-4-15　准噶尔盆地石南 31 古油藏阶状调整、环凸尖灭带聚集成藏模式

四、远源 / 次生岩性地层油气藏富集规律

叠合含油气盆地中浅层油气成藏多具有远源、次生成藏的特点，远源 / 次生油气成藏及富集规律明显不同于东部断陷盆地、坳陷盆地源内、近源成藏，明显受优势输导体系和遮挡成圈条件有效配置控制。

1. 通源断裂垂向输导是远源 / 次生油气成藏的先决条件

富烃凹陷区发育沟通深部油源的断裂体系构成油气垂向优势运移通道，控制油气沿断裂带垂向规模运移（图 4-4-16）。断裂体系可以是晚期的走滑断裂体系，深部切入烃源层沟通油源，例如准噶尔盆地玛湖凹陷的大侏罗沟走滑断裂体系，形成于印支期—燕山期，向下断穿三叠系底界，切入二叠系风城组烃源岩，上向断至侏罗系、白垩系，为油气向浅层规模运移提供了优势通道。继承性发育的深浅断裂组合也可以构成断裂垂向优势运移通道，如准噶尔盆地广泛发育的海西期、燕山期断裂体系，海西期断裂切入二叠系烃源岩沟通油源，燕山期断裂体系继承发育，向下与海西期断裂搭接，形成深浅断裂接力输导。

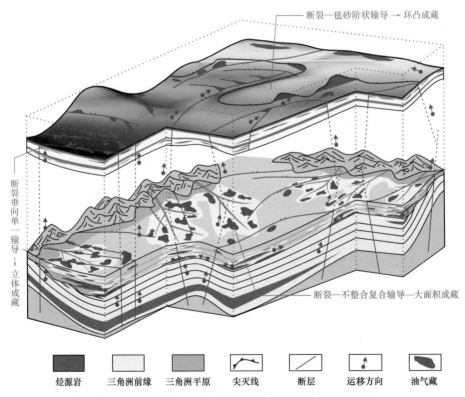

图 4-4-16　远源 / 次生岩性地层油气藏富集规律模式图

油源断裂垂向输导及油气分布层位往往受控于中浅层发育的多套储—盖组合。厚层湖泛泥岩对油气的垂向封堵及侧向遮挡作用。湖泛期泥岩一般厚度大，泥岩纯，韧性强，往往是断层顶端终止部位，即使断层断穿了厚层湖泛泥岩，由于泥岩涂抹强且断层静止

期断层岩压实固结强，断层在湖泛泥岩段往往是封闭的，因此，沿断层垂向运移的油气可以被封堵在多套湖泛泥岩之下，表现为多储—盖组合富集的特点。例如准噶尔盆地玛湖地层中浅层，发育三叠系白碱滩组、侏罗系八道湾组二段、三工河组三段等多套最大湖泛期泥岩，控制形成了克拉玛依组上段—白碱滩组、八道湾组一段、三工河组二段三套含油层系，表现为沿断裂带立体成藏模式。

2. 油源断裂与区域不整合、毯砂构成远源优势输导体系

油源断裂—不整合复合输导体系控制远源油气规模输导。不整合面主要是指二级构造层序控制的大型区域不整合面，多形成于盆地性质的转换期，在西部叠合盆地经常发育多套区域不整合面，例如准噶尔盆地二叠系和三叠系之间的不整合面、白垩系和侏罗系之间的不整合面等。区域不整合面之下发育半风化壳高孔隙度淋滤带，具有较强的油气侧向输导能力，不整合之上多发育退覆式三角洲砂体，该类砂体的退覆与湖浸有关，湖浸泥岩与下部三角洲砂体构成优质储—盖组合，该套储—盖组合随着湖浸的发展及三角洲的退积，横向上形成大面积分布，对油气侧向运移具有重要的控制作用。

油源断裂—毯砂复合输导体系对中浅层油气规模侧向输导也具有重要控制作用。油气通过油源断裂垂向沟通后，首先进入断裂顶端第一套毯状砂体中侧向运移，当遇到浅层断裂体系油气再次发生垂向调整并进入上部毯砂中继续侧向运移，因此，多期断裂和多期毯砂配置形成复杂的断裂—毯砂阶状输导体系，控制油气从近源区向远源区阶状侧向运移。准噶尔盆地陆西地区是断裂—毯砂阶状输导体系控制油气远源输导和富集的典型实例，油气从源区断裂垂向输导至浅层后，首先在侏罗系八道湾组一段毯砂中侧向运移，然后受燕山期不同期次断裂调整，依次沿高部位的三工河组、西山窑组及清水河组毯砂阶状输导，在基东鼻凸、三个泉凸起带形成富集。

3. 继承性鼻凸带周缘是地层油气藏富集的最佳运聚配置区

继承性鼻凸带是指在沉积期、成藏期及调整期最发育鼻凸构造背景，沉积期发育古凸起，周缘发育地层超削带，形成削截型和超覆型两类地层油气藏圈闭，成藏期发育古鼻凸，是油气侧向运移的指向区，当油气沿着不整合面、毯砂顶面鼻凸带运移过程中，在鼻凸带周缘受到地层尖灭带遮挡，油气运移方向发生改变，油气沿着地层尖灭线边运移、边成藏，形成大型地层油气藏或地层油气藏群，油气藏主要围绕鼻凸带周缘富集（图 4-4-17）。

以准噶尔盆地陆梁隆起基东鼻凸带周缘石南油气田为例，侏罗纪、白垩纪基东凸起继承发育，分割西北沉积体系和北部沉积体系，对基东鼻凸带的沉积具有明显的控制作用，并在凸起的周缘形成上倾尖灭的岩性油气藏圈闭发育区。白垩纪成藏期基东鼻凸持续发育，为重要的油气汇聚区。基东凸起两翼发育海西期、燕山期断裂，深浅断裂配置良好，并且有效伸入源区沟通油源，断裂、砂体配置构成油气由源向凸起汇聚的阶状输导体系。油气在盆 1 井西凹陷生成后，在油源断裂—毯砂阶状输导体系控制下沿基鼻凸优势运移，在基东鼻凸周缘遇到地层尖灭线及相变带遮挡迫使油气沿两翼输导砂体尖灭

线调整运移，在尖灭线附近地层油气藏圈闭中成藏，边调整边成藏，形成地层油气藏富集区（图4-4-17）。

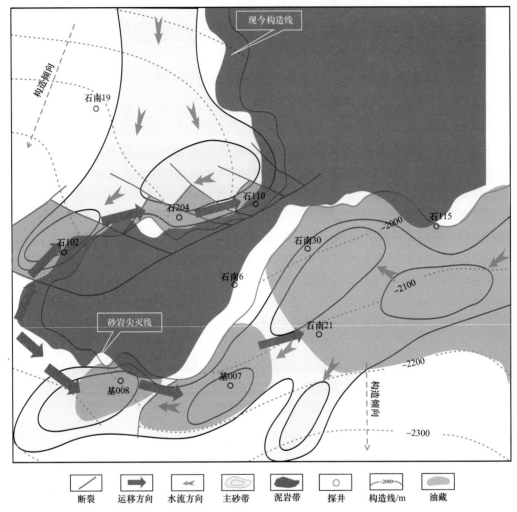

图4-4-17 基东鼻凸两翼岩性尖灭线调整油气运移方向示意图

4. 油源断裂与湖侵三角洲前缘砂体配置控制岩性油气藏富集

远源/次生油气成藏及富集的先决条件富烃凹陷发育的油源断裂体系。深层油气沿油源断裂垂向运移过程中受到最大湖泛面及湖浸泥岩遮挡和限制，在湖泛泥岩之下进入各类砂体中侧向运移或聚集。中浅层断距往往偏小，不能错断比断距大的厚层砂岩，不能有效侧向遮挡油气而成藏，而薄砂层侧向尖灭快，小断距断裂也易错断，因此可以形成岩性上倾尖灭油气藏及断层—岩性油气藏。据统计，玛湖中浅层主要油层砂岩厚度均小于12m，证明湖泛泥岩之下的薄砂层易成藏的规律。根据沉积层序演化序列，紧临最大湖泛面之下发育湖侵三角洲砂体，受沉积期坡折带控制，湖浸三角洲远端发育砂质碎屑流、浊流等深水重力流砂体，是岩性油气藏圈闭集中发育区。因此，湖浸三角洲远端重力流砂体和油源断裂配置可形成岩性油气藏富集区。例如准噶尔盆地盆1井西凹陷前哨地区，受沉积期坡折带控制，三工河组二段一砂层组湖浸期三角洲在坡折之下发育砂质碎屑流，形成岩性油气藏圈闭发育区（图4-4-18），经油源断裂沟通深部油气，这些岩性油气藏圈闭充注油气而形成岩性油气藏，目前该地区前哨1井、前哨2井、前哨4井等多口井发现砂质碎屑流天然气藏。

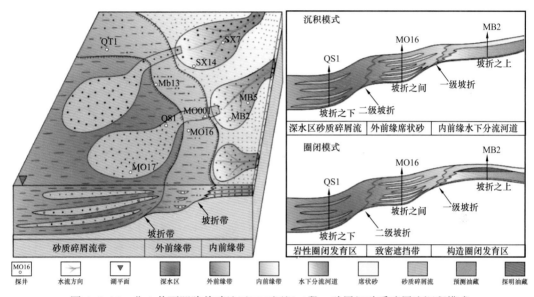

图4-4-18　盆1井西凹陷前哨地区三工河组二段一砂层组砂质碎屑流沉积模式

5. 古油藏及调整期鼻凸带配置控制次生油气藏富集区

叠合含油气盆地往往经历多期构造运动，构造演化史与源岩生烃史共同控制油气多期充注和成藏，关键成藏期古构造控制原生油气聚集，形成古油藏或古油气聚集区，晚期构造运动造成原生古油藏被破坏，油气发生调整和再聚集形成次生油气藏，次生油气藏的调整运移路径及成藏富集区主要受控原生古油藏和调整期断裂体系及鼻凸带。

准噶尔盆地腹部侏罗系—白垩系发育大量的次生油气藏。利用包裹体均一温度分析，结合恢复的埋藏史和热演化史，明确了准噶尔盆地腹部侏罗系—白垩系原生油气藏形成的关键期在早白垩世，次生调整成藏期在古近纪末期。通过恢复早白垩世（原生油气成藏期）侏罗系的构造，结合成藏要素的时空耦合关系及油气包裹体丰度、储层定量颗粒荧光分析，揭示出莫索湾凸起、石西凸起和三个泉古凸起是侏罗系原生油藏的主要聚集区。综合原生油藏的分布和古近纪末期（次生油气调整期）的构造特征，结合输导体系的差异性，将侏罗系—白垩系次生油气藏划分为四类成藏区（图4-4-19），Ⅰ类成藏区主要分布在莫索湾凸起、莫北鼻状凸起带以及石西凸起等古油藏北翼，成藏层位以下侏罗统三工河组和八道湾组为主，油气藏类型以低幅度背斜油藏和断块油藏为主，受现今构造和燕山期断裂控制。Ⅱ类成藏区，主要分布在石西凸起和三个泉凸起，纵向成藏层系较多，包括下侏罗统三工河组、中侏罗统西山窑组和下白垩统呼图壁河组等，油气藏受

喜马拉雅期断裂控制，与断裂对接的岩性油气藏圈闭和低幅度背斜圈闭均可成藏。Ⅲ类
成藏区主要分布在石西凸起至石南鼻状凸起和石东鼻状凸起南部地区，成藏层位主要包
括下白垩统清水河组和中侏罗统头屯河组，油气藏受不整合面控制，多形成断块和地层
油气藏。Ⅳ类成藏区主要分布在陆梁地区的三个泉凸起和石东凸起北部地区，成藏层位
主要为下白垩统呼图壁河组，受喜马拉雅期断裂控制，以呼图壁河组的薄层多层油气藏
为主。

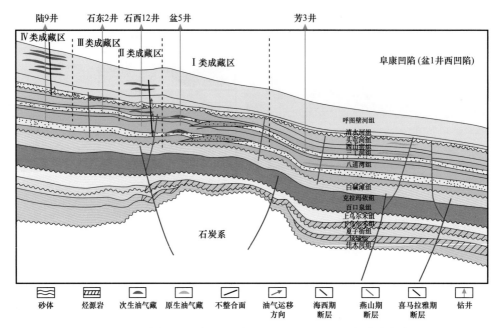

图 4-4-19　准噶尔盆地腹部地区侏罗系—白垩系次生油气藏分布模式图

第五章 坳陷湖盆岩性大油区
成藏条件与分布规律

坳陷湖盆岩性大油区成藏地质理论是国家油气重大科技专项取得的标志性成果之一。其理论内涵可概括为：坳陷湖盆地形平缓、沉积范围大，湖平面快速升降，在湖盆中心既可发育规模优质烃源岩，又可发育大型浅水三角洲、砂质碎屑流、滩坝等规模储集体，它们在纵向上组成"三明治"结构；紧邻湖盆主力生烃凹陷的规模储集体成藏条件优越，以岩性为主的各类圈闭均可成藏，具有"大面积成藏、集群式富集、立体式分布"的成藏特征，可形成 10 亿吨级及以上岩性大油区，推动了鄂尔多斯盆地三叠系、松辽盆地白垩系、准噶尔盆地三叠系的立体勘探与规模增储。本章从坳陷湖盆层序地层结构与岩性圈闭成因解剖入手，进一步总结了坳陷湖盆岩性大油区形成的地质背景、成藏条件及分布规律。

第一节 坳陷湖盆层序地层结构与岩性圈闭成因

长期勘探实践和研究证实，我国大型坳陷湖盆最有利于岩性大油区的形成。通过松辽、鄂尔多斯、准噶尔等盆地岩性大油区成藏规律总结，认为其形成需要具有四方面基本地质特征：（1）坳陷湖盆具有宽缓斜坡区、大型凹陷区等构造背景，有利于岩性圈闭群的发育；（2）淡水、咸水／碱湖等沉积环境均能形成广覆式规模优质生油岩，奠定了坳陷湖盆的油源基础；（3）大型浅水三角洲—滩坝—砂质碎屑流等复合成因的大面积规模有效储层，是坳陷湖盆大油区形成的物质基础；（4）主力烃源岩强生烃动力和断裂等复合输导体系，源上、源内、源下各类圈闭均可成藏，集群式分布。关于规模烃源岩、规模储层及成藏机理与分布规律等相关内容在第二章、第三章、第四章、第八章、第九章已有详细论述，本节主要以鄂尔多斯盆地三叠系为例，简要论述了坳陷湖盆层序地层结构样式、砂体结构及空间分布及层序格架下岩性圈闭的分布模式等内容。

一、基准面旋回过程与延长组层序结构样式

鄂尔多斯盆地是一个多旋回叠合的克拉通盆地，面积约为 $37×10^4km^2$。在印支运动和喜马拉雅运动作用下，形成了现今构造格局。其中，上三叠统延长组发育一套以河流及湖泊—三角洲为主的陆相沉积，是鄂尔多斯盆地石油勘探的主要目的层系（图 5-1-1）。

1. 鄂尔多斯盆地陇东地区延长组等时地层格架建立

通过对鄂尔多斯盆地陇东地区 96 口井钻井取心观察，结合 170 口探井沉积相组合、

垂向沉积演化和水深变化等特征分析，在延长组共识别出冲刷面、岩性旋回性变化面、沉积相变化、环境突变面共 4 种基准面旋回标志。基于陇东地区延长组堆积样式及 11 个具有时间意义的界面识别，可将延长组划分 1 个超长期旋回、5 个长期旋回（三级层序）和 17 个中期旋回（四级层序）（图 5-1-1）。

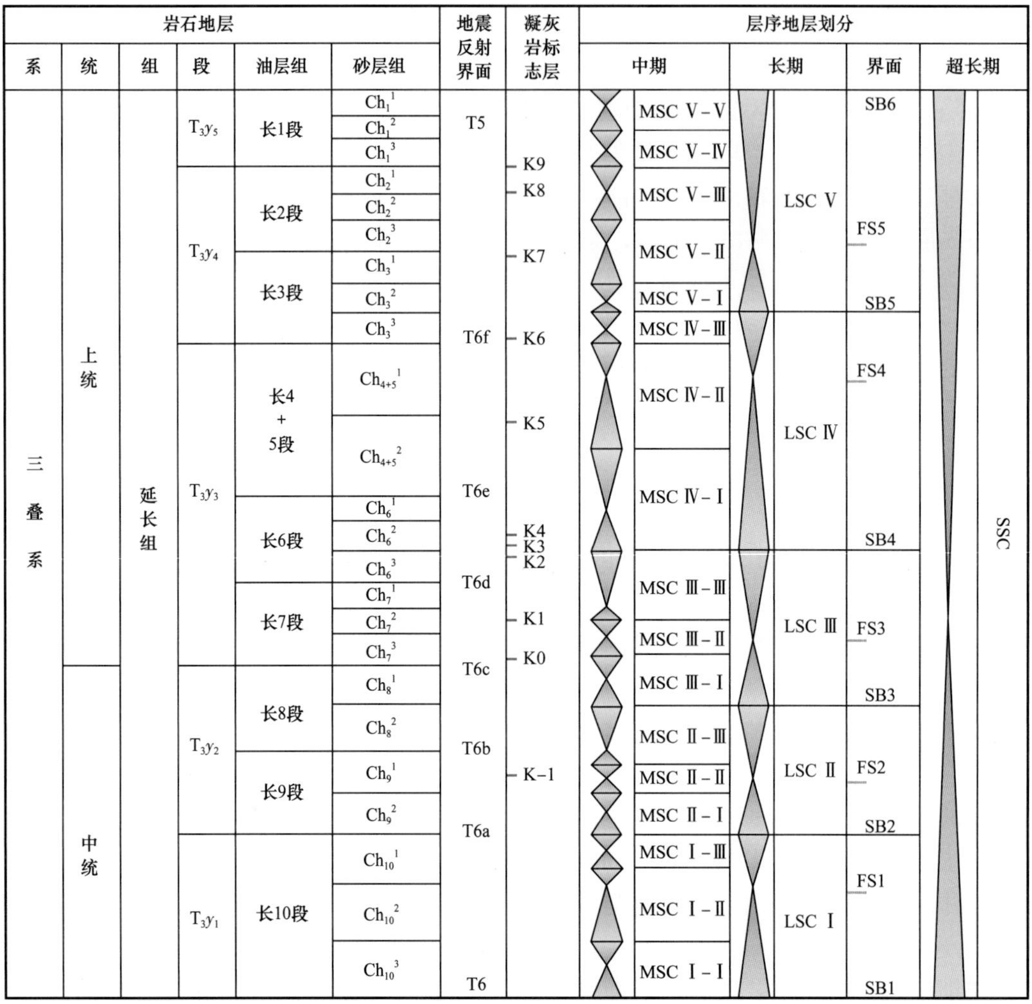

岩石地层						地震反射界面	凝灰岩标志层	层序地层划分			
系	统	组	段	油层组	砂层组			中期	长期	界面	超长期
三叠系	上统	延长组	T_3y_5	长1段	Ch_1^1	T5		MSC V–V		SB6	SSC
					Ch_1^2			MSC V–IV			
					Ch_1^3		K9	MSC V–III	LSC V		
			T_3y_4	长2段	Ch_2^1		K8			FS5	
					Ch_2^2			MSC V–II			
					Ch_2^3		K7				
				长3段	Ch_3^1			MSC V–I		SB5	
					Ch_3^2	T6f	K6	MSC IV–III			
					Ch_3^3					FS4	
			T_3y_3	长4+5段	Ch_{4+5}^1		K5	MSC IV–II	LSC IV		
					Ch_{4+5}^2	T6e		MSC IV–I			
				长6段	Ch_6^1		K4			SB4	
					Ch_6^2		K3 K2				
					Ch_6^3	T6d		MSC III–III			
				长7段	Ch_7^1		K1	MSC III–II	LSC III	FS3	
					Ch_7^2		K0				
					Ch_7^3	T6c		MSC III–I		SB3	
	中统		T_3y_2	长8段	Ch_8^1			MSC II–III		FS2	
					Ch_8^2	T6b	K–1	MSC II–II	LSC II		
				长9段	Ch_9^1			MSC II–I		SB2	
					Ch_9^2	T6a		MSC I–III		FS1	
			T_3y_1	长10段	Ch_{10}^1			MSC I–II	LSC I		
					Ch_{10}^2						
					Ch_{10}^3	T6		MSC I–I		SB1	

图 5-1-1　鄂尔多斯盆地陇东地区三叠系延长组高分辨率层序划分方案

1）超长期基准面旋回

三叠系延长组记录了鄂尔多斯盆地湖盆从形成、发展到消亡的整个过程，整体表现为以下降半旋回为主的不完全对称型超长期旋回，转换面为 FS3/SFS 湖泛面（长 7 段），其标准地质年代相当于卡尼阶—瑞替阶，对应一个超长周期基准面旋回（相对于二级层序）。

2）长期基准面旋回

以上述 11 个等时界面（SB1～SB6 及 5 期广泛分布的泥页岩层）为基准，结合中期基准面旋回叠加样式的分析，在延长组中划分出 5 个长期旋回（相对于三级层序），自下而上命名为：LSC Ⅰ（SQ1）、LSC Ⅱ（SQ2）、LSC Ⅲ（SQ3）、LSC Ⅳ（SQ4）和 LSC Ⅴ（SQ5）。

3）中期基准面旋回

根据陇东地区延长组多口探井的短期基准面旋回层序的叠加式样分析，在延长组中划分出了 17 个中期基准面旋回层序，自下而上依次命名为 MSC1-1、MSC1-2、MSC1-3，MSC2-1、MSC2-2、MSC2-3，MSC3-1、MSC3-2、MSC3-3，MSC4-1、MSC4-2、MSC4-3，MSC5-1、MSC5-2、MSC5-3、MSC5-4、MSC5-5。

2. 鄂尔多斯盆地延长组长期基准面旋回过程及层序结构

鄂尔多斯盆地陇东地区延长组具有稳定且强烈的沉积物供给背景，依据沉积物体系分配特征，总结出以下三种层序结构样式（图 5-1-2）。

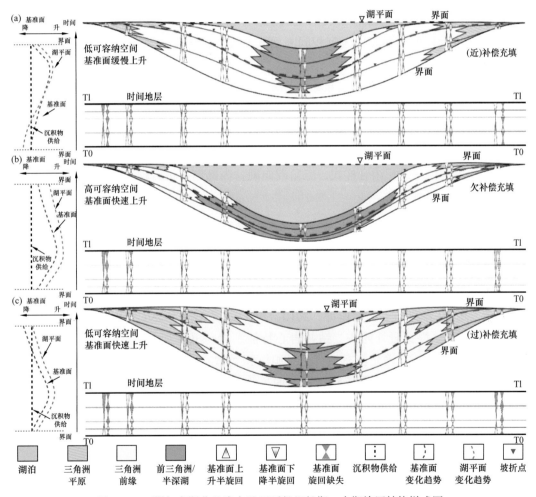

图 5-1-2　鄂尔多斯盆地陇东地区延长组长期—中期旋回结构样式图

1）低水位时期基准面缓慢上升快速下降

主要对应延长组底部两个长期旋回沉积时期（LSC Ⅰ和 LSC Ⅱ）。盆地初始形成充填阶段，在较为稳定的构造沉降背景下，相对较低的湖平面呈较长时间的缓慢上升趋势，基准面持续上升，后期受盆地整体短暂抬升作用的影响，沉积基准面快速大幅度下降，形成了以上升半旋回为主的不对成型长期基准面旋回特征［图 5-1-2（a）］。中期旋回界面以较为强烈的冲刷面为层序边界为主，地层由多个进积型三角洲组合整体呈退积叠置样式，三角洲向湖盆内部推进距离较远，地层厚，沉积物粒度较粗，在前三角洲 / 半深湖区域则以整合接触为主。

2）高水位时期基准面快速上升缓慢下降

主要对应延长组中部两个长期旋回沉积时期（LSC Ⅲ 和 LSC Ⅳ），即延长组最大湖盆阶段，在较为快速的盆地沉降和早期相对水深较大的基础上，发生快速强烈湖侵作用，后期湖平面缓慢下降，形成了长期基准面以下降半旋回为主的不对称型结构特征［图 5-1-2（b）］。该阶段沉积地层薄、沉积物粒度细。在湖平面快速湖侵背景下，鄂尔多斯盆地整体处于"饥饿"状态，三角洲分布范围局限，收敛于各物源口附近区域，中期基准面旋回界面多以无沉积间断面或整合界面为主，地层垂向呈加积叠置样式为主。

3）低水位时期基准面快速上升缓慢下降

主要对应延长组顶部长期旋回沉积时期（LSC Ⅴ）。该时期内鄂尔多斯盆地受区域性抬升作用的影响，经历了短暂快速湖侵后，湖盆逐渐萎缩，形成了长期基准面以下降半旋回为主的不对称型结构特征［图 5-1-2（c）］。中期旋回界面以较为强烈的冲刷面为层序边界，地层整体呈进积组合样式，三角洲向湖盆内部推进距离较远，在前三角洲 / 半深湖区域则以整合接触为主。

二、基准面旋回与砂体成因、结构及空间分布

1. 陇东地区延长组沉积相类型

受物源供给、盆底地形结构以及湖平面升降等因素影响，在不同沉积环境下，沉积相存在显著的差异特征（李相博等，2010，2016；Zou et al.，2012；Xie et al.，2016；李文厚等，2019）。根据野外露头、钻井岩心特征、岩—电特征、古生物特征及沉积旋回等多种资料综合分析，确定陇东地区延长组沉积类型主要为辫状河三角洲和盆底扇沉积（表 5-1-1）。延长组具有南辫（状河）北曲（流河）整体沉积，各时期物源差异供给等特征。

2. 陇东地区延长组沉积相与砂体结构及空间分布特征

1）陇东地区延长组砂体成因类型

在沉积体系分析的基础上，结合工区内实际生产井产层砂体的类型和组合样式，确定鄂尔多斯盆地陇东地区延长组主要发育辫状河三角洲前缘及重力流盆底扇成因砂体，其中优势的储集砂体类型为三角洲前缘水下分流河道砂体、河口坝砂体及深水浊积扇砂体（表 5-1-2）。

表 5-1-1　鄂尔多斯盆地陇东地区三叠系延长组沉积体系划分表

相	亚相	微相	岩心观察	野外剖面
湖泊	滨浅湖	滩坝、湖泥	城 90、塔 17、庄 233、板 36	铜川瑶曲长 7 段旬邑石槽沟长 7 段铜川淌泥河长 7 段
	深湖	湖泥		
辫状河三角洲	三角洲平原	分流河道、河间洼地	长 27、乐 44、镇 182、长 21、环 79、午 122	黄陵下翟村长 4+5 段、长 6 段铜川石林长 8 段旬邑三水河长 8 段
	三角洲前缘	分流河道、分流间湾、河口坝远沙坝、席状砂		
	前三角洲	前三角洲泥		
曲流河三角洲	三角洲平原	分流河道、河间洼地、天然堤	白 266、白 492、塔 13、坪 116	
	三角洲前缘	分流河道、分流间湾、河口坝远沙坝、席状砂		
	前三角洲	前三角洲泥		
盆底扇	内扇	水道	庄 14、乐 55、里 56、里 80、宁 37、午 230、午 215	旬邑石槽沟长 7 段
	中扇	分支水道、水道间		
	外扇	湖泥		
河流	辫状河	河道沙坝、泛滥平原	长 20	

表 5-1-2　鄂尔多斯盆地陇东地区延长组沉积相及骨架砂体组合

相	亚相	骨架砂体	厚度 /m
辫状河三角洲	三角洲平原	分流河道	—
	三角洲前缘	水下分流河道	2～16
		河口坝	1～10
		道 / 坝复合体	4～20
	前三角洲	—	—
重力流盆底扇	深水浊积扇		1～5
	斜坡滑塌扇		1～3
湖泊	半深湖、深湖	—	—

2）陇东地区延长组砂岩剖面叠置样式

单砂体间的平面分布和结构样式，通常能够体现不同储集砂体沉积时期不同的平面接触关系和叠置样式。单砂体的分布受控于沉积时期气候条件、水动力特征以及在基准面旋回过程中水下分流河道侧向迁移作用。通过延长组连井砂体对比，特别是对已知油藏油水关系分析，在延长组共总结出：一体式、溢岸接触式、间湾接触式、对接式、侧切式、替代式、河口坝对接式共 7 种砂体组合样式（图 5-1-3）。

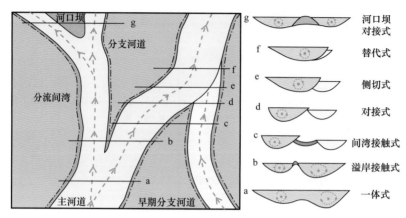

图 5-1-3　鄂尔多斯盆地陇东地区延长组砂体横向叠置样式图

3. 陇东地区延长组长期基准面旋回过程与沉积体系空间展布

依据基准面升降变化阶段及旋回特征，结合层序结构特征和沉积体系的空间分布，建立了陇东地区延长组不同演化阶段的三种层序—沉积模式（图 5-1-4）。

1）缓慢湖侵过程模式

鄂尔多斯湖盆初始充填阶段，在稳定的构造沉降背景下，湖平面缓慢上升。在较长时间的基准面缓慢上升期（LSC Ⅰ—LSC Ⅱ），陇东地区延长组形成以基准面上升为主的、整体呈退积型辫状河三角洲沉积。南部物源区沉积物稳定持续供给，三角洲向湖盆内部推进距离较远，各物源口三角洲呈朵状相互叠置。受周期性洪水或者地震等因素的影响，三角洲前缘砂体被改造，在三角洲前缘末端至半深湖等深水区域再堆积形成重力流盆底扇沉积［图 5-1-4（a）］。缓慢湖侵过程模式主要对应鄂尔多斯盆地初始形成阶段长 10 油层组—长 8 油层组。

2）快速湖侵过程模式

对应鄂尔多斯三叠系延长组最大湖盆阶段（LSC Ⅲ—LSC Ⅳ），在较为快速的盆地沉降和早期相对水深较大的基础上，发生快速强烈湖侵作用，后期湖平面缓慢下降，形成了以长期基准面下降为主的沉积［图 5-1-4（b）］。在高湖平面快速湖侵背景下，湖面范围迅速扩大，三角洲局限分布、呈"朵"状收敛于物源口附近区域，鄂尔多斯盆地整体处于"饥饿"状态，形成广湖深水特征。与此同时，三角洲前缘的早期沉积物由于火山、地震及波浪等外力诱导因素作用，在其自身重力作用下，三角洲前缘砂体被破坏、失稳、短距离搬运，发生再次堆积，在盆地较深水区域广泛形成深水浊积体。高水位快速湖侵、缓慢湖退过程主要对应延长组长 8 油层组—长 4+5 油层组。

3）缓慢湖退过程模式

该时期内鄂尔多斯盆地受区域性抬升作用的影响，经历了短暂快速湖侵后，湖盆逐渐萎缩（LSC Ⅴ），形成了以基准面下降为主的不对称型长期旋回沉积［图 5-1-4（c）］。在南部较为稳定的物源供给下，河流作用强烈、三角洲呈"条带"状向湖盆内部远距离推进，湖岸线迅速向盆地内部迁移。基准面下降半旋回末期，鄂尔多斯盆地内形成了以三角洲平原—河流体系为主的沉积，整体呈现出"大"平原、"小"前缘结构。在三角洲前缘末端形成小型重力流盆底扇体。低水位快速湖侵缓慢湖退过程沉积模式主要对应延长组长 3 油层组—长 1 油层组。

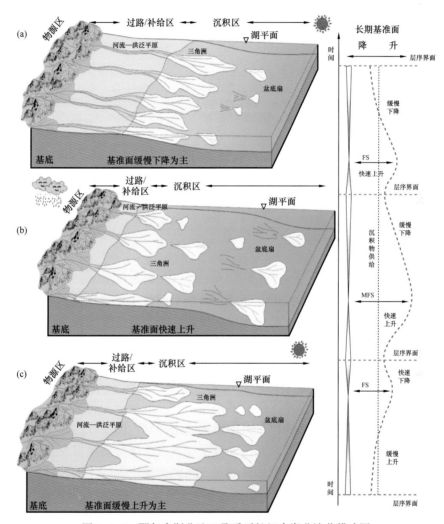

图 5-1-4　鄂尔多斯盆地三叠系延长组古湖盆演化模式图

4. 陆相坳陷湖盆基准面旋回过程与砂体成因及分布特征

在基准面升降过程中，同一地理位置上的沉积环境或者沉积相的几何形态、沉积相类型、沉积物内部结构等均会发生改变。通过陇东地区延长组各级旋回内部砂体的空间响应特征分析，梳理和建立了坳陷型盆地长期旋回内部中—短期旋回结构特征的空间响应模型（图 5-1-5）。

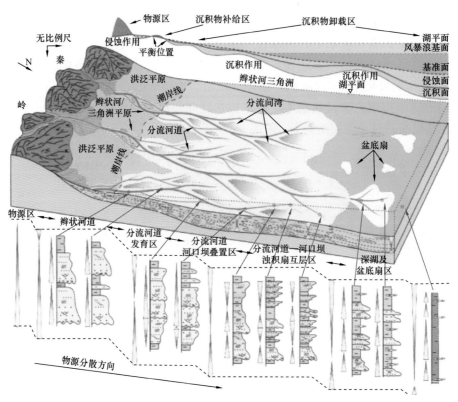

图 5-1-5　鄂尔多斯盆地陇东地区延长组层序结构模式图

鄂尔多斯盆地湖平面的升降作用是新增可容纳空间的主要贡献者，其次为盆地基底的构造沉降。以湖岸线为分界线，湖岸线以上位置，基准面位置较低与侵蚀作用面和沉积作用面接近。沉积物多为过路不停留或做短暂堆积后随即被再度剥蚀搬运至盆地内部堆积。该区域以泛滥平原为主要代表，长期基准面结构只发育水体向上"变深"的上升半旋回，不发育下降半旋回。湖平面附近位置，基准面受湖平面升降作用的影响明显，沉积面和侵蚀作用面保持动态平衡，部分基准面上升早期的沉积物容易被保存下来。如三角洲平原位置，长期基准面结构以上升半旋回为主，其内部发育由多个以基准面上升半旋回为主的中期旋回组成，主要发育三角洲平原或内前缘分流河道及分流间湾互层沉积。在湖平面以下的浅湖相—半深湖相区域是三角洲前缘主要砂体的卸载区域，其长期基准面结构逐渐转变为近对称型旋回结构。内部中期旋回结构也具有类似的结构变化，三角洲前缘近端表现为以水下分流河道、分流间湾互层为主的中期基准面上升半旋回垂向叠置组合样式。三角洲前缘远端则表现为以河口坝、分流间湾互层为主的中期基准面下降半旋回垂向叠置组合样式。在风暴浪基面以下至深湖相—半深湖相等湖盆深水区域，长期基准面以不对称型下降半旋回结构样式为主，其沉积类型多为重力流沉积；中期基准面旋回则以不对称型下降半旋回为主的结构样式叠置。

三、长期基准面旋回结构与岩性圈闭成因

鄂尔多斯盆地三叠系延长组中发现了多种岩性油藏，主要包括砂岩上倾尖灭岩性油

藏、砂岩透镜体岩性油藏、差异压实小背斜岩性油藏、非均质遮挡岩性油藏等（杨华等，2001；王峰等，2007；赵靖舟等，2012）。

本次研究对陇东地区延长组已知油藏分析，解剖岩性油藏的成因和空间分布规律，认为延长组主要发育砂岩上倾尖灭、砂岩透镜体和（物性）非均质性遮挡三类岩性油气藏，可进一步细分为十种类型（表5-1-3）。其中，砂岩上倾尖灭和砂岩透镜体油藏是研究区最主要的岩性油藏类型，砂岩上倾尖灭岩性圈闭发育于整个延长组内部（LSC Ⅰ—Ⅴ），以三角洲前缘水下分流河道砂岩为主。重力流盆底扇砂岩透镜体主要分布于 LSC Ⅱ—Ⅳ，尤其以 LSC Ⅲ 基准面下降半旋回形成的大型重力流盆底扇体是陇东地区延长组规模型的油气聚集单元。

表5-1-3　鄂尔多斯盆地陇东地区延长组岩性油气藏类型

岩性油气藏		编号	沉积微相/砂体	油层组	空间分布
油藏类型	油藏名称				
砂岩上倾尖灭	砂岩上倾尖灭	Ⅰ-1	水下分流河道	长1—长10	LSC Ⅰ—Ⅴ
	砂岩侧向上倾尖灭	Ⅰ-2	水下分流河道	长8—长10	LSC Ⅰ—Ⅱ
砂岩透镜体	岩性透镜体 河口坝砂体	Ⅱ-1	河口坝、分流河道	长1—长4+5 长8—长9	LSC Ⅳ—Ⅴ LSC Ⅱ
	浊积扇砂体	Ⅱ-2	重力流水下扇	长4+5—长9	LSC Ⅱ—Ⅳ
	物性透镜体 薄层河道砂体	Ⅱ-3	水下分流河道	长1—长10	LSC Ⅰ—Ⅴ
	厚层复合砂体	Ⅱ-4	水下分流河道、道坝复合体	长1—长4+5 长8—长10	LSC Ⅳ—Ⅴ LSC Ⅰ—Ⅱ
砂岩物性封闭	非均质性遮挡 侧切式砂体	Ⅲ-1	水下分流河道、道坝复合体	长1—长6 长8—长9	LSC Ⅲ—Ⅴ LSC Ⅱ
	代替式砂体	Ⅲ-2	水下分流河道、道坝复合体	长1—长6 长8—长9	LSC Ⅲ—Ⅴ LSC Ⅱ
	物性封闭 破坏性封闭	Ⅲ-3	水下分流河道	长8—长10	LSC Ⅰ—Ⅱ
	建设性封闭	Ⅲ-4	水下分流河道、河口坝、道坝复合体	长4+5—长6、长8	LSC Ⅱ—Ⅳ

四、坳陷型湖盆层序格架下岩性圈闭的分布模式

基于鄂尔多斯盆地陇东地区延长组沉积体系、砂体成因类型和空间分布规律等分析，建立了典型坳陷湖盆缓慢湖侵和缓慢湖退三种背景条件下岩性圈闭（油藏）的成因及空间分布两种综合模型。

1. 缓慢湖侵模型

主要对应鄂尔多斯湖盆初始形成阶段 LSC Ⅰ—Ⅱ沉积时期（长10—长8$_2$），该沉积

时期受区域盆地沉降影响，鄂尔多斯湖盆缓慢扩张，发育低水位背景条件下基准面缓慢上升为主的不对称旋回结构。此时鄂尔多斯盆地西南部物源区沉积物供给强烈，形成呈南西—北东向强烈进积的辫状河河控三角洲沉积。三角洲主砂带（主河道）受控于古地貌，整体呈条带状沿古沟谷向鄂尔多斯湖盆内部远距离延伸。由于河流水动力强，所携带的沉积物并不能完全在三角洲前缘卸载，导致相当一部分随水流进入鄂尔多斯湖盆较深水区堆积，形成重力流浊积扇和三角洲前缘复合沉积。盆地北部阴山褶皱带物源区供给能力相对较弱，形成若干退积型曲流河三角洲沉积，三角洲整体呈朵状沿北北东—南南西向分布于伊陕斜坡之上（图5-1-6）。

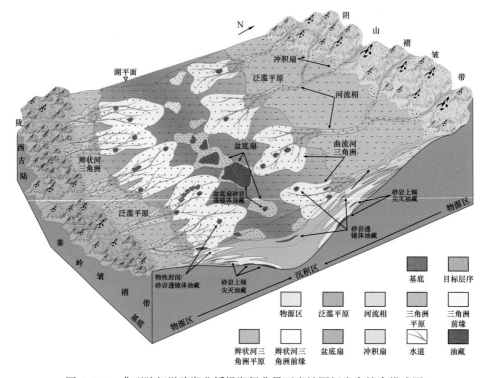

图5-1-6　典型陆相坳陷湖盆缓慢湖侵背景下岩性圈闭发育综合模式图

此时鄂尔多斯湖盆初始形成阶段，湖盆水深、湖盆面积逐渐增加，湖岸线向各物源口后退，三角洲整体以退积叠加型为主，尤其以三角洲前缘砂体向物源口方向呈逐渐上超尖灭。后期，长7段优质烃源岩覆盖于该套地层之上，提高了多种类型圈闭的有效性。根据现今勘探及油气藏解剖成果，延长组下部组合中岩性油气藏的成因类型丰富，分布范围广泛，受湖盆古底形影响，广泛发育大型砂岩上倾尖灭岩性油气藏（圈闭），分布于湖岸线附近浅水至深水坡折带等各个位置，储层砂岩多为厚层河道或道—坝复合体组成，侧向呈代替式和侧切式而垂向主要呈叠加型及切叠型等特征。三角洲前缘主体部分多形成非均质性遮挡和物性封闭岩性油气藏（圈闭），砂体间多以水下分流间湾分隔，砂体呈接触式和对接式特征，三角洲前缘前端及深水区域则发育河口坝、浊积扇砂岩透镜体岩性油气藏（圈闭），砂体间多呈孤立分布，各自具有独立的渗流系统（图5-1-6）。

2. 缓慢湖退模型

主要对应鄂尔多斯湖盆萎缩阶段 LSC Ⅴ沉积时期（长 3_2—长1），受区域抬升影响，鄂尔多斯湖盆逐渐萎缩、消亡，形成以低水位背景下的长期基准面缓慢下降为主的不对称旋回结构。伴随着长期基准面缓慢下降，可容纳空间逐渐减小，在强烈的物源供给下，辫状河三角洲沿南西—北东方向呈不规则朵状向鄂尔多斯盆地内部强烈进积，三角洲前缘等较深水部位发育小型重力流水下扇体（图5-1-7）。同时，北部物源区供给作用增强，形成若干大型曲流河三角洲沉积，三角洲沿北北东—南南西向呈朵状向盆地内部强烈进积。受湖盆萎缩基准面持续下降作用影响，上覆的三角洲分流河道往往具有强烈的下蚀作用，致使后期三角洲侵蚀下伏早期三角洲，不同期次河道之间叠置、连通，形成较大面积的砂体。

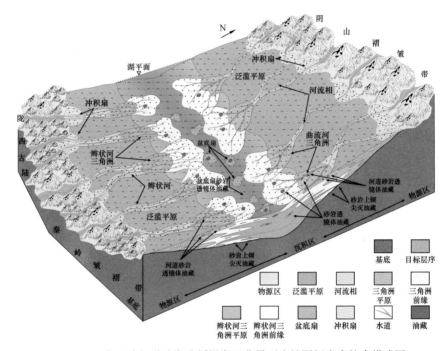

图 5-1-7　典型陆相坳陷湖盆缓慢湖退背景下岩性圈闭发育综合模式图

在低水位缓慢湖退背景条件下，三角洲前积形成一系列大型的砂岩上倾尖灭岩性圈闭。与延长组下部组合层系不同的是，上部缓慢湖退背景下的砂岩上倾尖灭圈闭，与湖岸线一起向湖盆内部逐渐推进。根据上部延长组勘探成果及岩性油气藏解剖可知，三角洲前缘主体部分除了发育砂岩上倾尖灭油气藏（圈闭）之外，还发育物性封闭和非均质性遮挡岩性油气藏（圈闭），砂体间垂向多呈切叠型和复合型，侧向呈代替式。三角洲前缘及湖盆较深水部位则以河口坝砂岩透镜体和重力流盆底扇砂岩透镜体岩性油气藏（圈闭）为主，砂体间多呈孤立状分布。此外，在较为宽泛的河流洪泛平原上还可以形成源外的河道砂岩透镜体油气藏（圈闭），河道砂岩多集中分布于下切沟谷内部，砂体呈切叠型和复合型垂向叠置特征，侧向多为切割型和代替型。

第二节 岩性油气藏大面积成藏条件与主控因素

岩性大油气区的形成的一个关键是油气大面积成藏，而大面积成藏意味着在同一层系大范围有着相似的成藏条件与成藏过程，不仅生—储—盖组合条件、运聚条件、圈闭条件等成藏地质要素具有相似性，而且油气生成、运移、聚集等成藏作用过程也相似，才有利于大面积聚集的油气被保存下来。这类油气藏以岩性型为主，储量丰度偏低。勘探实践与研究表明，坳陷型盆地构造平缓、沉积范围广、烃源岩与储集体规模大、储层物性以低渗透—致密为主，具备大面积成藏的基本条件。

一、岩性油气藏大面积成藏条件

1. 坳陷型盆地构造平缓、沉积范围广，发育规模烃源岩与储集体

我国大型陆相坳陷型盆地主要发育于中生代，在东部、中部、西部各大含油气区均有分布，是我国最重要的含油气原形盆地类型之一。近50年来针对中生代陆相坳陷盆地的油气勘探，发现了大量的油气储量，建成了大庆、长庆等石油生产基地。近年来的勘探成果表明，这类盆地仍有较大的剩余油气资源潜力，松辽盆地、鄂尔多斯盆地、准噶尔盆地岩性地层油气藏勘探，是近几年来石油储量增长的重要组成部分。综合起来，坳陷盆地具有以下共性特征。

（1）盆地面积较大，这是大面积成藏的基础。根据盆地形成的大地构造背景，我国中生代陆相坳陷型盆地大体上可以分为三种类型：一是叠加在断陷之上的坳陷盆地，如松辽盆地，在早期相互分离的断陷基础之上，早白垩世，泉头组—嫩江组沉积时期的热衰减作用，形成了湖盆面积逾 $26\times10^4km^2$ 的大型坳陷盆地；二是在古克拉通基础上发育起来的坳陷盆地，如鄂尔多斯盆地，印支期华北陆块南北陆缘抬升，陆块中央大面积挠曲沉降，形成开阔的三叠纪坳陷盆地。勘探面积约为 $10\times10^4km^2$，其原型盆地面积可达 $60\times10^4km^2$ 以上；三是海西期褶皱基底基础上发育起来的坳陷盆地，如准噶尔盆地中生界，其沉积面积达 $20\times10^4km^2$。

（2）发育规模烃源岩与储集体。坳陷盆地构造稳定，原始沉积地形平缓，湖平面升降变化频繁且影响面积大，常在纵向上形成多旋回、多级别层次的生—储—盖组合。在盆地稳定沉降阶段，其湖侵期发育大面积广覆式烃源岩，如松辽盆地青山口组、鄂尔多斯盆地延长组、四川盆地须家河组烃源岩面积分别达 $10\times10^4km^2$、$8\times10^4km^2$ 和 $4.5\times10^4km^2$，具备大面积生烃和成藏的资源基础。坳陷型盆地演化过程中，盆外隆起持续抬升，水系发育，物源供给充足；盆内稳定沉降，古地形宽缓，湖泊收缩扩张波及范围广，水体总体较浅，有利于入湖河流携带碎屑物长距离进入湖盆腹部，广泛分布大规模、各种形态的砂体，形成中国特有的大面积分布的河控型浅水三角洲体系。陆相坳陷型盆地浅水三角洲体系沉积规模大，分布面积可达 $1\times10^4\sim5\times10^4km^2$，可与海陆交互相三角洲媲美，显著区别于陆相断陷型盆地内发育的小型三角洲体系。

鄂尔多斯盆地位于华北地台西部，面积约 $25×10^4km^2$，是一个发育在太古宙—古元古代结晶基底之上的大型多旋回克拉通盆地，主要形成了古生代和中生代两套含油气系统，其中中生界含油气系统已累计探明石油地质储量达 $30×10^8t$。上三叠统延长组发育一套厚 $800～1200m$ 的深灰色、灰黑色泥岩和灰绿色、灰色粉砂岩、中细粒砂岩互层的多旋回性沉积。长 7 段沉积期是最大湖侵期，深湖相—半深湖相泥岩烃源岩面积达 $8.5×10^4km^2$，占同期湖盆面积的 60%，有机质类型多以 Ⅰ—Ⅱ₁ 型为主，平均有机碳含量为 2.17%，盆地中心吴旗一带烃源岩厚 100m 以上，向盆地边缘减薄，在靖边—子长—延安一线为 30m 左右。坳陷中央生烃强度大于 $600×10^4t/km^2$（图 5-2-1）。

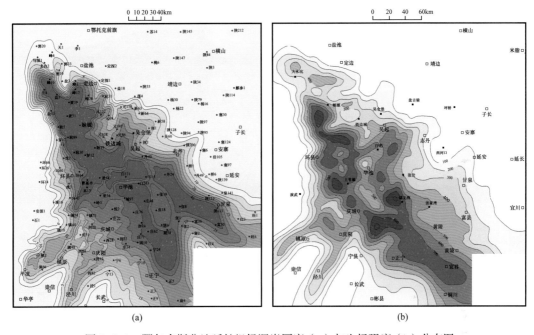

图 5-2-1　鄂尔多斯盆地延长组烃源岩厚度（a）与生烃强度（b）分布图

湖盆经历了多次振荡，湖平面发生周期性升降，发育了多套砂泥岩互层的有利储—盖组合，区内发育大型浅水三角洲和湖泊两大沉积体系，前者以三角洲前缘河口坝、水下分流河道砂岩为主要储集体，后者以半深湖相、深湖相浊积砂岩为主要储集体。不同的沉积相带形成纵向频繁叠加、横向复合交错，厚度大且分布稳定的大型复合储集体。如华庆地区位于中生界湖盆中心，长 6 油层组沉积时期主要发育湖相和三角洲相沉积，受湖盆演化及底形影响，该区西南部因位于湖盆陡坡带，发育大型浊积砂体，而东北部受曲流河三角洲沉积体系控制，主要发育三角洲前缘水下分流河道和河口坝砂体；长 8 油层组沉积时期主要受东北部沉积体系控制，发育退积型三角洲前缘水下分流河道和河口坝砂体。这套大型复合储集体紧邻长 7 段优质烃源岩，具有优先捕获油气的优势，源储在时空上形成了良好的配置（图 5-2-2）。

玛湖下二叠统风城组碱湖烃源岩在玛湖凹陷分布广泛，沉积中心位于风城地区，最厚处可超过 200m，显微镜下有机岩石学观测，这类优质烃源岩中的微生物和层状藻类体高度发育，层状藻类体与无机矿物呈纹层状互层，与岩心手标本下观测到的季纹层相对应。这与其他烃源岩（石炭系、下二叠统佳木河组和中二叠统下乌尔禾组）中的藻类体以结构藻类体为主，以及高等植物输入量较高形成了鲜明对比。风城组烃源岩有机质丰度高（总有机碳含量大于 1.0%），生烃潜量高（大于 6.0mg/g），有机质类型偏腐泥型（Ⅱ₁ 型），达到了中等—好质量。由于碱湖烃源岩通常会因其环境因素对有机质的保护与抑制作用，而使得测得的有机地球化学参数偏低，如在高盐度环境，碳酸盐矿物大量存在时，其所吸附包裹的有机质可能在样品处理过程中流失。因此，风城组的真实生烃潜力可能远比现在从指标参数上看到的还要好，具备岩性油气藏大面积成藏的物质基础（图 5-2-3）。

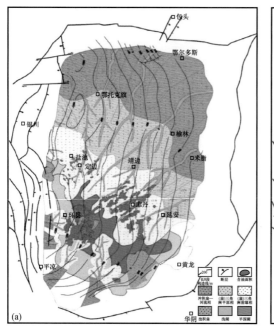
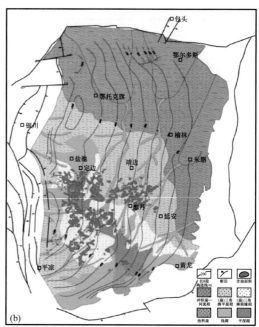

图 5-2-2 鄂尔多斯盆地长 6 段（a）、长 8 段（b）沉积相、烃源岩与油田分布图

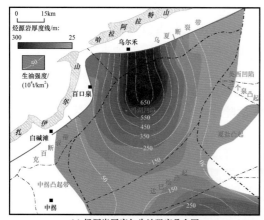
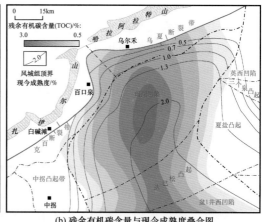

(a) 烃源岩厚度与生油强度叠合图　　　　(b) 残余有机碳含量与现今成熟度叠合图

逆冲断裂　　一级构造单元线　　二级构造单元线

图 5-2-3 准噶尔盆地风城组烃源岩评价综合分布

玛湖凹陷受多级坡折影响，上乌尔禾组和百口泉组冲积扇、扇三角洲等粗碎屑沉积发育普遍，扇三角洲前缘水下分流河道砾岩呈透镜状、多个砂体垂向叠置，连片形成大规模储集体（图5-2-4），其泥质杂基含量最低，物性最好，形成有效储集层平均孔隙度8.07%，641个样品中孔隙度在5.00%～10.00%的占72%，平均渗透率7.017mD，局部发育高渗透支撑砾岩，可达100.000mD，是原油高产主控因素。

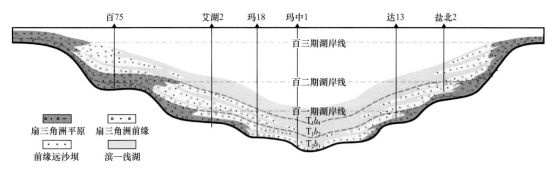

图5-2-4 玛湖百口泉组多期坡折—湖侵体系有利储集体发育模式图

2. 生—储—盖组合"三明治"式结构为大面积成藏奠定基础

中国中东部大型坳陷湖盆通常是在克拉通基底上发育起来的。湖盆沉积前湖盆基底经历了早期的剥蚀夷平以及填平补齐作用；湖盆沉积期，湖底坡度平缓，坡降比低，使得湖盆水体总体较浅，沉积体系向湖盆腹地延伸的距离长。湖盆沉积受湖平面升降影响，湖平面上升期（湖侵期）湖泊水域广，大范围发育有机质丰富的泥质岩沉积，是烃源岩发育的主要层段；湖（扇）三角洲砂体间互沉积，呈现"三明治"式结构。大量研究表明，鄂尔多斯盆地晚三叠世延长组沉积时期、四川盆地晚三叠世须家河组沉积时期、松辽盆地早白垩世发育的湖盆沉积都具有类似的"三明治"式结构（图5-2-5）。

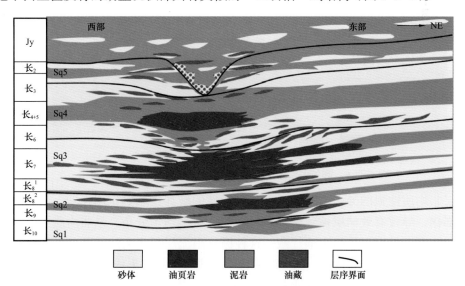

图5-2-5 鄂尔多斯盆地延长组—延安组油藏分布模式

另外,大型坳陷湖盆沉积后,受区域构造及基底稳定性影响而发生区域性沉降,沉降幅度具相似性,致使烃源岩在相同或相近的地质年代大面积进入成熟阶段,形成"广覆式"烃源灶。与烃源灶有充分接触的储集砂体具有"近水楼台"的成藏优势,大面积成藏成为可能。

3. 储层强非均质性降低了油气的突破能量,有利于大面积成藏

非均质储层包括两种含义:(1)储层以低孔隙度、低渗透率为主,大面积分布;(2)储层受成岩和后生改造作用影响,非均质性强。储层的非均质性决定了岩性或地层圈闭群的形成,决定了油气大面积聚集。如果储层物性好,均质性强,油气运移畅通,可以在构造高部位形成高丰度的大油气田,而凹陷部位圈闭不发育,难以形成规模油气聚集。因此强非均质性储层是岩性油气藏大面积成藏的重要条件,如大型古斜坡河流三角洲砂岩储层,其共同的特点是储层分布面积大、低孔隙度、低渗透率、非均质性强,有利于形成岩性或地层圈闭群,进而形成油气规模聚集。

另外,储层内部的非均质性会导致流体在其内部流动时因"障壁"的阻隔而发生流动方向的改变与流动单元分隔。"障壁"往往是由于沉积或成岩作用因素导致层内孔喉结构的变化而产生,可以阻止流体在储层内部的侧向流动(图5-2-6),一般称为阻流层。阻流层阻止流体侧向流动的能力既与自身的封闭性有关,也与油气藏能量有关。对于气藏而言,阻流层的阻挡作用很明显。当气藏能量充足,气体浮力大于毛细管阻力时,阻流层的障壁性就不存在了;当气藏能量不足或者阻流层排驱压力大时,突破阻流层所需的动力(如浮力)越大。

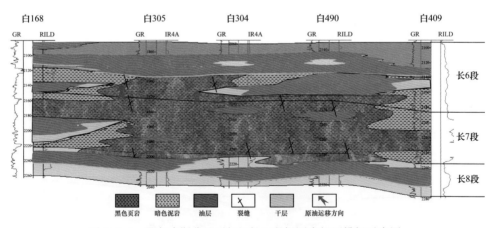

图5-2-6 鄂尔多斯盆地延长组长7段烃源岩超压排烃示意图

储层非均质性强的另一个关键因素是区域性的破坏性成岩作用强烈,而建设性成岩作用局部化,导致有效储层被致密化砂岩分割块状不均匀分布。强非均质性势必产生栅状阻流层,对于早期形成的大油气藏,这种栅状阻流层可将大油气藏分割为数个小油气藏。对于成藏期晚于储层致密化的气藏而言,在成藏前就已形成众多的小规模岩性圈闭,栅状阻流层的存在可能导致油气水分异不彻底。总之,栅状阻流层的阻隔作用,使得气藏连通性差,降低了气藏突破能量,有利于大面积成藏。

二、岩性油气藏大面积成藏主控因素

多年研究与勘探成果表明，岩性油气藏大面积富集于沉积坡折带、复杂断阶带和叠加凸起带，这三类斜坡带的油气成藏主控因素存在明显差异（表 5-2-1）。

表 5-2-1　陆相湖盆三类斜坡岩性油气藏形成背景与成藏模式图

构造成藏背景	类型划分	地质背景与成藏特征	实　例	成藏模式图
湖盆斜坡	沉积坡折带	差异沉降作用形成的斜坡由陡变缓的转折部位，是沉积砂体卸载的场所，有利于形成岩性油气藏	松辽盆地南部西斜坡、川中—川西过渡带	
	复杂断阶带	斜坡被断层切割，形成一系列断阶带，有利于形成断层—岩性圈闭及油气藏	歧口北斜坡、南堡高北斜坡、吉林新北斜坡等	
	坡凸叠合带	斜坡背景上发育鼻隆或凸起，有利于聚集生烃中心运移上来的油气，形成岩性或构造—岩性油气藏	松辽盆地北部西斜坡、玛湖凹陷北西斜坡、阜东斜坡带	

沉积坡折带是在特定古地貌背景下差异压实和差异沉降过程中形成的坡折带，重力流砂体发育，砂体与烃源岩交互接触，以岩性圈闭为主，主要是近源成藏。砂质碎屑流与泥质烃源岩分布是岩性油气藏形成和分布的两大主控因素。如松辽盆地南部西斜坡砂体富集和石油聚集受沉积坡折带控制，具有 $3000 \times 10^4 t$ 的预测储量规模，四川盆地川中—川西过渡带须家河组岩性油气藏形成和分布亦受沉积坡折带控制。

复杂断阶带是斜坡带被一系列横向断层切割形成的若干断阶。在复杂断阶带背景下发育多种类型砂体，近源或源下成藏，以构造—岩性圈闭为主。断裂、砂体和有效的油源通道是岩性油气藏形成的主控因素。渤海湾盆地歧北等斜坡带亿吨级岩性油田、松辽盆地吉林新北斜坡亿吨级岩性油气田及海坨子岩性油藏均发育于复杂断阶带。复杂断阶带的断层在活动期作为油气运移的通道，在停滞期作为圈闭封堵条件，有利于形成断层—岩性油气藏，通常多断阶的油气富集程度优于少断阶，少断阶优于无断阶。

叠加凸起带是斜坡背景上叠置了局部背斜或鼻凸，有利于截获从斜坡低部位运移上来的油气聚集成藏。通常盆地 / 凹陷鼻凸或横梁斜坡部位大型三角洲砂体发育，油气聚集受鼻突或脊状构造控制，其成藏特点是以岩性、构造—岩性圈闭为主，砂体及断层、不整合输导，岩性油气藏形成的主控因素是有利砂体、局部构造和输导体系。松辽盆地北部西斜坡亿吨级储量规模石油、准噶尔盆地玛湖凹陷西斜坡和阜东斜坡亿吨级石油均发育于叠加凸起带。其中玛湖凹陷西斜坡三叠系百口泉组油气勘探近年来获得重大进展，展现出 10 亿吨级储量规模的百里油区基本形成，该斜坡夏子街—玛湖鼻状构造带对油气汇聚起着关键作用。

第三节　坳陷湖盆岩性大油区地质特征与分布规律

大油气区是指在同一大型构造背景上，由相似成藏条件决定、以某一种类型油气藏为主、由多个油气藏（田）群或带组成、纵向上相互叠加、横向上复合连片的大型油气聚集区。同一大油气区具有"基本相似的构造动力学背景、基本相似的优质烃源母质、基本相似的有利储集层和基本相似的有效区域盖层"等成藏条件。岩性大油气区是由岩性和构造—岩性油气藏为主的大型油气聚集区，强调构造背景的整体单一性和成藏条件（包括烃源岩、储层、圈闭和区域盖层）的相似性，聚焦岩性储集体的规模性、勘探范围的广泛性和油气资源的丰富性，具有成藏体系大、含油气面积大、储量规模大的特点。下面以松辽、鄂尔多斯、准噶尔三个盆地为例，分别探讨源内、源下、源上三种成藏组合岩性大油气区成藏机理与地质特征。

一、岩性大油气区地质特征

传统的含油气成藏组合划分方案主要是根据区域不整合面和含油气结构层系，分为上生下储、自生自储、下生上储三种组合类型。本书在层序地层学工业化应用研究基础上，根据层序演化特点，以初始和最大湖泛面及其对应的主力烃源层和区域盖层为参照系划分含油气组合，分为源上、源内、源下三种成藏组合。三种成藏组合具有明显不同地质背景、成藏特点和模式（表5-3-1），但都有可能形成岩性大油区。

1. 松辽源内成藏组合岩性大油气区成藏机理与地质特征

松辽盆地岩性油藏形成和发育于坳陷盆地背景下的白垩系。盆地长期稳定的构造沉降是形成大面积岩性油藏的基础，大型坳陷及构造隆起的斜坡带为形成岩性上倾尖灭岩性圈闭带创造了条件。松辽盆地中浅层可划分为 32 个构造单元，构造翼部和凹陷区能形成大面积、多层位的岩性油气藏带。盆地中生界湖盆持续稳定整体沉降，物源和水系稳定分布，以湖相为中心形成了环带状分布的河流—三角洲沉积体系。青山口组一段和嫩江组一段为湖侵体系域晚期沉积物，这两次最大洪泛期形成的深湖相泥岩富含有机质，是盆地重要的烃源岩和盖层。纵向上由于湖平面的频繁变化导致河流相、三角洲相砂体与湖相泥岩交互沉积，形成了扶余、高台子、葡萄花、萨尔图等多套含油组合，其中高台子到萨尔图的三角洲前缘相带平面上多期河道叠置，形成大面积连片分布的砂体，是最有利的岩性油藏的发育区（图5-3-1）。根据生—储—盖组合结合压力系统，松辽盆地岩性油藏可分为上生下储的常压低压下部扶余油层成藏体系，自生自储的常压高压中部萨尔图、葡萄花、高台子油层成藏系统和下生上储的常压上部黑帝庙油层成藏系统。据统计，姚家组含油层段（包括萨尔图和葡萄花）和青山口组含油层段（高台子），分别占盆地已经探明石油储量的 78% 和 14.8%，共同组成了中部含油组合的组合石油储量的主体。

表 5-3-1　陆相湖盆三种组合岩性油气藏形成背景与成藏模式

类型划分	地质背景与成藏特征	实例	成藏模式图
源上组合	垂向油源断裂和超压是油气成藏的关键因素，断层面、不整合面、湖泛面控制油气成藏和分布	松辽盆地黑地庙、鄂尔多斯长 6 段、准噶尔三叠系、侏罗系—白垩系	
源内组合	源内油藏主要为透镜体油气藏、断层—岩性油藏及上倾尖灭油藏，构造背景、沉积相和成岩相控制油气藏的形成和分布	松辽萨尔图、葡萄花、高台子油层，鄂尔多斯盆地长 7 段	
源下组合	油源断裂、超压与有利圈闭是油藏形成的主控因素，油藏分布受湖泛面、断层面和不整合面控制	鄂尔多斯长 8 段、长 10 段、松辽盆地扶余油层	

2. 鄂尔多斯源下成藏组合岩性大油气区成藏机理与地质特征

鄂尔多斯盆地长 7 段源下油藏分布呈现"近源（成藏期古构造）高部位岩性圈闭聚油，厚层砂体上倾端富集"，具有多源主次供烃、源储压差驱动、近源连续聚集的成藏规律。陇东地区长 7 段、长 9 段优质烃源岩生烃增压，石油在剩余压力的驱动下，通过叠置砂体及裂缝的输导，向下进入下组合储层后优先选择相对高渗透砂岩、构造较高的"甜点"部位聚集成藏（图 5-3-2），长 8 油藏大面积连片分布，长 9 油藏具有一定规模，长 10 油藏局部高产富集。

高丰度优质烃源岩在区域上控制着油气的分布，盆地有效烃源区延长组发育古成藏动力控制运聚区，成藏期流体在高源储压差的驱动下自烃源岩进入储层，进入储层后压

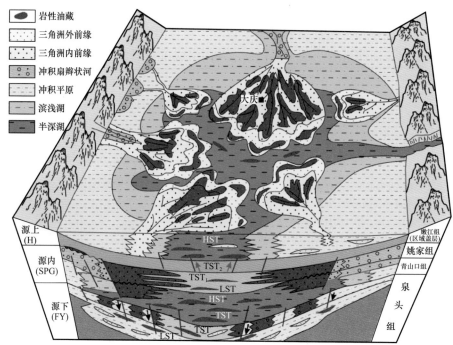

H—黑帝庙油层；SPG—萨尔图、葡萄花、高台子油层；FY—扶杨油层

图 5-3-1　松辽盆地成藏组合划分与油气分布示意图

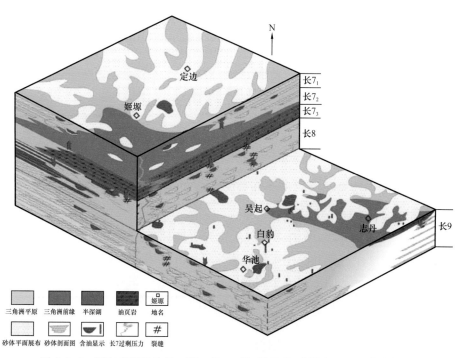

图 5-3-2　鄂尔多斯盆地长 8 段—长 10 段"源下"岩性大油区成藏模式图

力还没有达到泄压平衡，作为驱动油气在储层中继续向压力低值区运移。因此，在源储压差的作用下，流体易于从高压差部位最先突破，并在压差驱动下运移，从高压差区向低压差区运移是压差驱动油气运移的基本指向，成藏期低势区及高势向低势的过渡区是油气有利运聚区。

现今延长组的石油发现均分布在成藏期构造相对较高部位。且成藏期后至早白垩世末期继承性发育的构造高点油气更为富集。这似乎与现今研究区延长组储层特征和油藏分布特征不符，因为在研究区延长组储层普遍较为致密，且油藏的赋存部位和油水关系都表现得十分复杂，与现今的构造关系也不明显，因而普遍认为延长组油藏具有不受构造控制的特征。事实上这一储层特征在成藏期并不存在，上述储层孔隙度研究也显示研究区成藏期长 8 段孔隙度普遍大于 10%，具有中孔隙度的孔隙特征。在成藏期如此孔隙度之下，当时的构造对油气藏具有控制作用就十分正常。在成藏期古构造的控制下，由烃源岩进入储层的流体则可在构造的影响下向构造上倾方向运移，与此同时，位于构造下倾方向的储层则难以充注成藏。从时空演化的角度来看，成藏期及成藏期后继承性发展的构造高部位是油气的有利富集区。

3. 准噶尔源上成藏组合岩性大油气区成藏机理与地质特征

准噶尔盆地玛湖凹陷斜坡区三叠系百口泉组砾岩油藏是国内外迄今为止发现的罕见的凹陷区古生新储型大面积连片成藏层系。百口泉组储层主要为扇三角洲前缘相灰色砂砾岩，分布广泛，储层整体表现为低孔隙度、低渗透率的特点，前缘相砂体表现出大面积含油的特征，但它与传统的源储一体大面积成藏又有差异，主要是纵向上与下伏主力烃源岩层风城组相隔 1000～2000m，源外成藏。百口泉组储层为低孔隙度、低渗透率储层，主力油层百二段储层孔隙度为 6.95%～13.9%，平均值为 9.0%，渗透率 0.05～139mD，平均值为 1.34mD。低孔隙度、低渗透率储层造成油藏一定闭合高度所要求的侧向遮挡及封盖条件有所降低，更易于形成大面积"连续型"油藏。玛北斜坡油藏高度达 950m，油藏含油面积为 140.6km^2，边底水不活跃，试油出水较少；含油边界主要受岩性变化控制，油藏大范围分布没有明显的边界；而且油藏无统一油水界面和压力系统，反映其受浮力影响较小，这些都符合"连续型"油藏特征。

玛湖凹陷斜坡区构造格局形成于白垩纪早期，构造较为简单，基本表现为东南倾向的平缓单斜，局部发育低幅度背斜、鼻状构造及平台，百口泉组倾角平均为 2°～4°。构造相对平缓使得原油不易运移、调整和逸散，有利于想成大面积"连续型"油气藏。这类油藏能大面积成藏，与其独特的成藏条件与各条件相互配置关系是分不开的。准噶尔盆地三叠系百口泉组油气大面积成藏与富集的核心是断裂、储层、顶底板条件。首先是断裂的沟通，由于众多断裂形成高效沟通油源的网络，使得原本纵向上与烃源岩分隔的它源型的储—盖组合可以近似看作为源储一体或自生自储型的"连续型"油气藏储—盖组合（图 5-3-3）。

玛湖凹陷斜坡区由于受到盆地周缘老山海西期—印支期多期逆冲推覆作用影响，发育一系列具有调节性质的近东西向走滑断裂。断距不大、断面陡倾，多断开二叠系—三

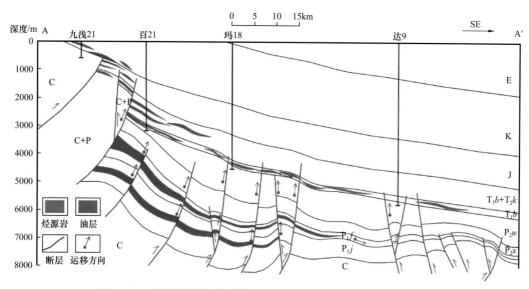

图 5-3-3 玛湖斜坡带百口泉组"源上"岩性大油气区成藏模式图

叠系百口泉组。断裂数量较多，平面上成排、成带发育，与主断裂相伴生，两侧不仅发育一系列正花状构造，而且发育一系列鼻状构造。海西期—印支期形成多条近东西向压扭性断裂，断开百口泉组储集体，直接沟通下部烃源岩，成为源外跨层运聚的通道，为大面积成藏奠定了良好的输导条件。其次是发育大规模的稳定展布的砂砾岩储层，为油气的大面积运聚提供了良好的输导条件与储集条件。玛湖凹陷周缘发育六大扇体的控制下，百口泉组陆源碎屑供给充足，沉积时坡度较缓，扇三角洲前缘亚相发育，砂体可直接推进至湖盆中心。单个扇体前缘相分布面积较大，均在数百平方千米，为油气的大面积运聚提供了良好的输导与储集条件。第三是顶（底）板条件，百口泉组在大范围缓坡构造背景下发育厚层状顶底板，以及大规模相变形成的上倾与侧向组合遮挡带，使得油气不易逸散，可以呈连续型稳定分布。百口泉组油气藏的顶板为三叠系白碱滩组湖相泥岩区域盖层，以及三叠系克拉玛依组—百口泉组三段的细粒沉积，而底板是下伏二叠系下乌尔禾组在区域上整体发育的 50～100m 厚层泥岩，局部百口泉组底部为扇三角洲平原相致密砂砾岩，也可以形成底板封堵。

二、岩性大油气区分布规律

综上所述，总体上岩性油气藏具有斜坡带主体聚集、凹陷区多类油气藏复合共生规律。立足于解剖研究和综合分析，明确了碎屑岩岩性油气藏具有凹陷生烃，生烃中心区岩性与致密油（页岩油）复合共生，斜坡带岩性油藏主体聚集的分布规律，形成松辽盆地古龙—长岭凹陷，鄂尔多斯陇东、姬塬斜坡带、华庆凹陷区，准噶尔盆地环玛湖斜坡带等多个岩性/致密大油区。

1. 斜坡带是陆相碎屑岩岩性油气藏赋存的主体区域

斜坡带毗邻生烃凹陷，是油气运移的指向区。通过松辽西斜坡、玛湖西斜坡和阜东斜坡的解剖，建立了坡凸叠合带岩性油气藏成藏模式，即在斜坡背景上叠加鼻状构造等局部凸起，有利于捕获从斜坡低部位凹陷中心运移上来的油气。断裂、有利相带、压差三大要素控制斜坡带岩性圈闭成藏与富集，推动了松辽西斜坡、准噶尔玛湖、阜东等斜坡带岩性油气藏勘探，形成了岩性大油气区（图5-3-4）。准噶尔盆地玛湖凹陷下三叠统百口泉组大规模"连续型"成藏富集规律与特色表现为"三元"控制：扇三角洲前缘沉积相带、构造鼻凸、断裂带，即受前缘有利相带、鼻状构造带和断裂联合控制能规模成藏。

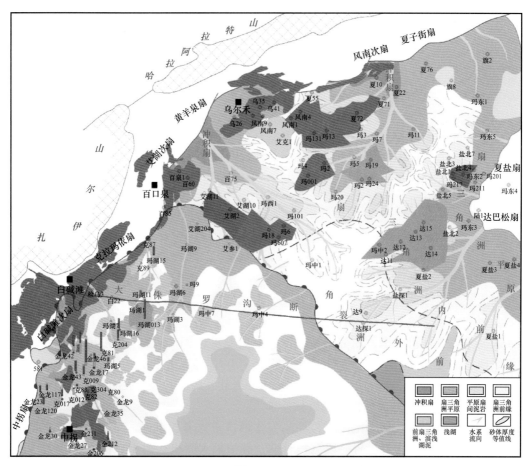

图5-3-4　准噶尔盆地西北缘勘探成果图

2. 凹（坳）陷区是源内或近源岩性油气藏聚集的有利区域

凹（坳）陷区处于生烃灶中心区域，储集体处于源内或近源接触，排烃及充注成藏效率高。坳陷盆地中心区域，源储广泛接触，具备大面积成藏有利条件。松辽盆地在古龙、长岭凹陷，鄂尔多斯盆地华庆地区均发现有规模储量，形成了岩性致密油大油区。松辽盆地北部含油气系统研究表明（图5-3-5），除了在构造高部位与斜坡带油气藏发育，在凹陷区岩性油气藏也广泛分布。

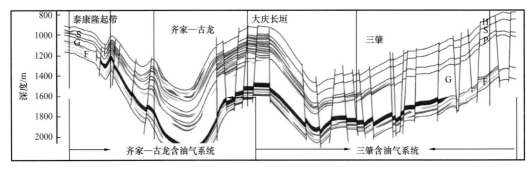

图 5-3-5　松辽盆地北部含油气系统剖面图

（H—黑地庙油层；S—萨尔图油层；P—葡萄花油层；G—高台子油层；F—扶余油层）

第四节　典型湖盆岩性大油气区解剖

通过近年来的勘探实践，已在鄂尔多斯盆地三叠系、松辽盆地白垩系、准噶尔盆地玛湖地区三叠系斜坡—凹陷区发现了岩性大油区。鉴于第八、九章对鄂尔多斯和准噶尔两大盆地岩性大油区单独论述，本节仅以松辽盆地大油区和柴达木盆地柴西坳陷潜在大油气区为例进行解剖。

一、松辽盆地典型岩性大油气区

1. 松辽盆地北部西斜坡岩性大油气区

大庆长垣以西地区（以下简称西斜坡）为大型坳陷湖盆缓坡带，包括齐家—龙西—古龙及以西地区，紧邻生烃凹陷，是油气聚集的重要场所，勘探面积约 16500km²。根据第 4 次油气资源评价结果，西部斜坡石油地质资源量近 $21×10^8$t，截至 2020 年底，已发现三级地质储量 $5×10^8$t，剩余待发现资源量 $16×10^8$t，形成了以白垩系葡萄花油层、萨尔图油层、高台子油层和扶余油层四套油层为主的岩性、构造—岩性大油气区（图 5-4-1）。

1）青山口组优质烃源岩区内大面积分布

松辽盆地经历了长期坳陷阶段，期间发生两次重大海侵事件，对应湖水面积呈现两次大的波动，其中青山口组青一段沉积时期，湖泊最大面积达到 87000km²，大范围的水体形成了大面积深湖相暗色泥岩，成为盆地重要烃源岩。青山口组优质烃源岩厚度大，分布面积广，有机质丰度高。青一段暗色泥岩平均厚度 60m；青二段、青三段暗色泥岩厚度一般 150～500m；青一段有机碳含量 0.73%～8.68%，平均值为 2.13%，青二段、青三段有机碳含量 0.12%～6.56%，平均值为 0.9%。烃源岩有机质成熟度高、生烃指标好。

2）发育大型浅水三角洲规模储集体

西斜坡勘探目的层为以姚家组一段所在的葡萄花油层和以姚家组二段＋三段、嫩江组一段所在的萨尔图油层为主，沉积特征具有明显的差异性。其中，姚家组一段沉积时期，整个盆地沉降速度明显减慢，盆地基准面旋回处于低位域演化阶段，周边碎屑物源供给丰富，发育大型浅水湖盆三角洲沉积体系，松辽盆地北部呈现"满盆砂"的特点，

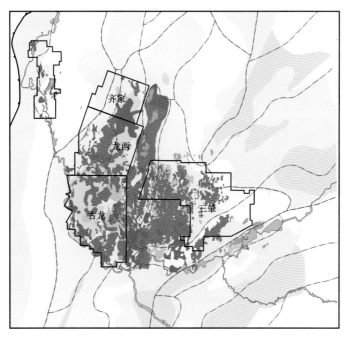

图 5-4-1　松辽盆地北部勘探成果图

为满坳含油奠定了良好的基础。西斜坡古地势平缓，受北部和西部物源控制，砂体广泛分布，储集体主要为大型浅水三角洲控制的大面积分布的分流河道砂体、河口坝砂体和席状砂，盆地大部分地区形成半深湖相—深湖相沉积环境，主要发育北部和西部三角洲沉积体系，砂体主要呈"环状"分布在湖盆边部。西斜坡近物源砂体大面积分布，成为良好的油气输导层和储层。其中，上斜坡主要发育三角洲平原及三角洲内前缘砂体，厚度大，连续性好，埋藏浅，物性好；下斜坡主要发育三角洲内前缘和三角洲外前缘砂体，与上斜坡相比规模有所减小（图 5-4-2）。已发现油气藏明显受控于沉积相带，工业油流井主要分布在三角洲前缘亚相，龙虎泡阶地、泰康隆起带及西部超覆带等地区广泛发育的三角洲砂体，为油气聚集提供了有利的储集体。

　　3）稳定的斜坡构造背景利于岩性、构造—岩性圈闭发育

　　松辽盆地北部西斜坡隶属于松辽盆地一级构造单元西斜坡区的一部分，主要包括富裕构造带、泰康隆起带和西部超覆带三个二级构造。自北而南分别与北部58倾没区和中央凹陷区毗邻，从白垩纪以来一直为自西向东的缓坡。该斜坡构造平缓、结构简单，构造圈闭不发育。从齐家—古龙凹陷中心至西部斜坡按照地层起伏变化可以划分为四个带，即深凹带、断阶带、缓坡带和超覆带，分别对应齐家—古龙凹陷、龙虎泡—大安阶地、泰康隆起带和西部超覆带。同松辽盆地南部相比，该区缺乏陡坡带。在断陷层和坳陷层以齐齐哈尔一线为界以北表现为早期拉张作用强、断陷大、中期张扭中等、断裂不发育、晚期挤压作用弱、反转不明显。松辽盆地西斜坡构造简单，断层发育较少，走向基本上为北北东向和北北西向，构造大多在四方台组沉积前基本定型。在稳定的构造背景下，大面积浅水三角洲砂体形成了大型岩性圈闭和构造—岩性复合型圈闭油气藏（表 5-4-1）。

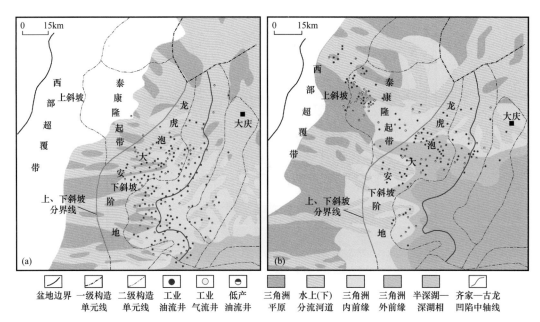

图 5-4-2 松辽盆地北部西部斜坡葡萄花油层（a）和萨尔图油层（b）沉积相带分布

图例说明：盆地边界 | 一级构造单元线 | 二级构造单元线 | 工业油流井 | 工业气流井 | 低产油流井 | 三角洲平原 | 水上（下）分流河道 | 三角洲内前缘 | 三角洲外前缘 | 半深湖—深湖相 | 齐家—古龙凹陷中轴线

表 5-4-1 松辽盆地北部西部斜坡区构造样式

分类	圈闭类型	油气聚集带	构造形态与河道砂体平面关系	剖面特征	油气藏类型	成藏主控因素
I	构造圈闭 + 砂体	背斜带鼻状构造带	A −400 A′	A ——— A′	构造油气藏	构造控藏
II	构造背景 + 砂体	鼻状构造带	A B′ −450 −400 −350 B A′	A A′ B B′	岩性—构造背景等油气藏	构造与岩性控藏，以构造为主
II	断层 + 砂体	鼻状构造带构造间斜坡	−350 −400 −450 A′ A	A A′	构造—岩性油气藏	断层与岩性共同控藏
III	岩性	构造间斜坡超覆带	−300 B′ −450 A A′ −250 −350 −400 B	A A′ B B′	岩性油气藏	岩性控藏

图例：油层 | 水层 | 构造等高线/m | 砂体 | 油气运移方向 | 断层 | A—A′ 剖面线

4）良好的封盖条件

松辽盆地北部中部含油气组合区域盖层为嫩江组一段、二段泥岩盖层（图 5-4-3），该组泥岩盖层沉积稳定，连续厚度超过 200m，几乎遍布整个盆地，为油气藏的形成提供了良好的封堵条件，也为油气长距离运移提供了空间。通过沉积体系解剖，西部斜坡在嫩江组一段、二段沉积时期形成大面积的半深湖相、深湖相，岩性以泥岩为主，见少量粉、细砂岩，胶结相对致密。地层在沉积压实过程中流体不容易及时排出，形成大面积的高压异常带。此外，该组泥岩盖层的塑性强，不易形成裂隙，增强了盖层的封盖能力。在这套区域盖层下发育的萨尔图、葡萄花、高台子油层富集了松辽盆地 90% 以上的石油资源。

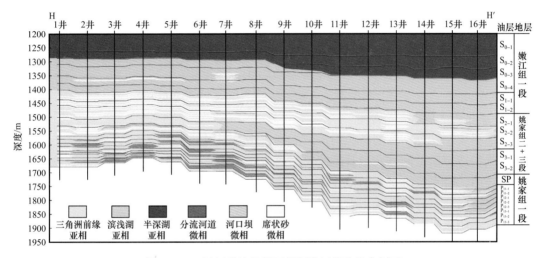

图 5-4-3　松辽盆地北部西部斜坡区储盖组合剖面

5）高效的油气运移输导体系

西斜坡储层发育，且储层物性好、输异性好，发育的断层对油气成藏有双重作用：既可作为油气运移通道，又可封闭油气聚集成藏。松辽盆地从伸展背景转向挤压背景，盆地整体抬升、剥蚀，形成全盆地的姚家组底界面不整合面。不整合面是油气侧向运移的良好通道，不整合面上面的底砾岩或薄层砂岩和不整合面之下的半风化岩石都可能成为油气运移通道。研究证实，齐家—古龙凹陷生成的油气首先进入高台子储层，沿断裂、不整合面在浮力的作用下向上部储层运移，然后沿储层或不整合而进行横向运移，在具有圈闭条件的储集体内聚集成藏。

总体上，按成藏类型归纳起来西斜坡有六种成藏模式：砂体输导、砂体上倾尖灭封堵形成上倾尖灭岩性油藏成藏模式；砂体优势输导、断层大角度切割砂体并侧向封堵形成断层—岩性油藏成藏模式；砂岩、断层输导，储层在局部形成背斜或断背斜构造圈闭，有两种次级模式，一是含油边界受圈闭构造等高线控制，为构造油藏成藏模式，二是主体受构造控制，但局部含油边界受岩性控制，为岩性—构造油藏成藏模式；断层为主要输导体，在构造部位成藏，但含油主体不受构造边界控制，为构造—岩性油藏成藏模式；断层为主要输导体，含油边界仅受岩性边界控制，为岩性油藏成藏模式（图 5-4-4）。

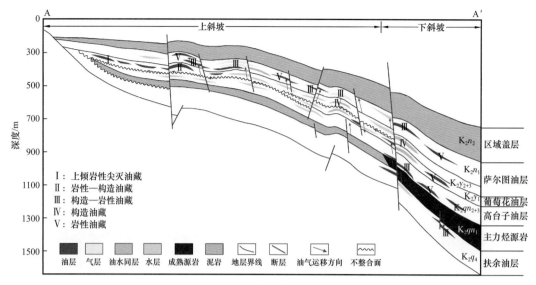

图 5-4-4　松辽盆地北部西部斜坡油气成藏模式图

6）鼻状构造控制油气富集

西部斜坡带发育一系列鼻状构造，油气在浮力作用下首先向鼻状构造汇集，然后继续沿鼻状构造脊向上倾方向呈管道状长距离运移，并最终在合适的区域聚集成藏。生排烃研究表明，明水组沉积末期是齐家—古龙凹陷青山口组成熟烃源岩的主要排烃期。西部斜坡自东向西发育的龙虎泡背斜带，白音诺勒、二站、阿拉新、江桥等鼻状构造，早于或同时于明水组沉积末期，是油气运移聚集的指向区。勘探实践表明，西部斜坡70%以上已发现的油气藏均围绕这些鼻状构造分布，表明斜坡区的鼻状构造带控制油气富集程度及分布。

2. 松辽南部岩性大油气区

随着勘探程度的不断提高，松辽盆地南部中浅层烃源岩、砂体展布特征逐渐清晰，油藏类型也逐渐明朗，中浅层的岩性油藏以上白垩统青山口组高台子油层自生自储型岩性油藏最为发育，次为葡萄花油层下生上储型岩性油藏。通过"十三五"期间的研究攻关，高台子油层岩性勘探已拓展至砂地比小于20%的三角洲外前缘带，大情字井外前缘相继获突破，成为吉林油田石油效益勘探开发的主要领域，从青一段—青三段以发育岩性油藏为主，部分发育构造—岩性油藏。截至2020年底，已发现了大情字井、英台2个超亿吨级油田，落实岩性油气藏总资源量 8.5×10^8t，已探明储量 3.86×10^8t，形成了松辽盆地南部岩性大油气区（图 5-4-5）。

1）青山口组优质烃源岩区内大面积分布

高台子油层以青山口组泥岩为主要烃源岩，青山口组沉积期是松辽盆地急剧坳陷、盆地扩张、水进体系发育的主要时期。沉积中心处于大安—乾安，南薄北厚，泥地比占30%～50%；乾安凹陷厚度较大，长岭地区暗色泥岩厚20～100m，占地层比例6%～34%。青山口组以灰黑色、深灰色泥页岩为主，夹油页岩和灰色砂岩、粉砂岩，通

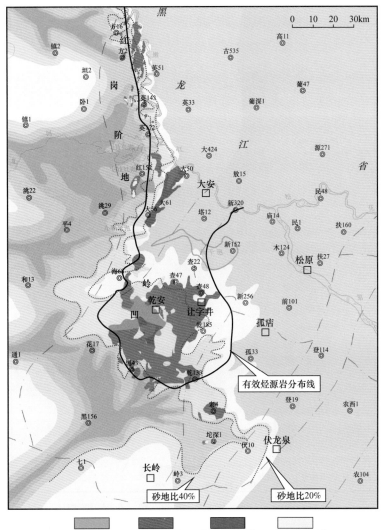

图 5-4-5　松辽盆地南部高台子油层岩性勘探成果图

过系统的岩心观察，认为青山口组主要发育正常三角洲沉积，可划分为三段：中上部为黑色泥岩、灰绿色泥岩、粉砂质泥岩，夹少量薄层粉砂岩和油页岩；下部为油页岩、黑色页岩夹薄层泥灰岩和介壳层；底部为灰绿色泥岩、粉砂质泥岩夹粉砂岩。

青山口组一段属于一套水进式沉积，而青山口组二段、三段则属于水退式反旋回沉积。青一段沉积时期，古松辽湖盆发育进入极盛时期，湖水扩张，大部分地区均为湖相沉积。岩性为一套灰黑色泥岩、油页岩与灰白色粉砂岩呈不等厚互层，底部为深灰色、灰黑色泥页岩或油页岩。青一段暗色泥岩面积达 10445km²，暗色泥岩厚度 50～85m（图 5-4-6），TOC 含量 1.0%～2.5%，生烃潜力 S_1+S_2 为 1.8～8mg/g，平均值为 4.46mg/g，有机质类型为 Ⅰ—Ⅱ₁型，镜质组反射率 R_o 为 0.55%～1.05%，处于低成熟—成熟阶段，排烃高峰期为嫩江组沉积末期。

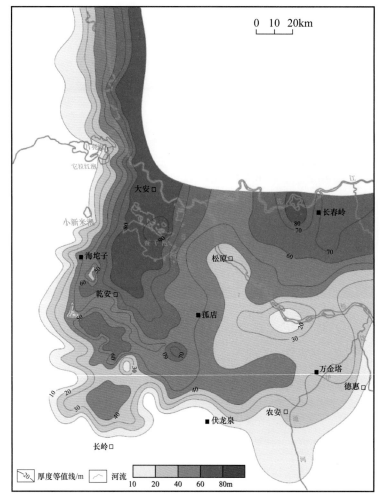

图 5-4-6　松辽盆地南部青山口组一段暗色泥岩等厚图

青二段沉积时期，总体沉积环境与青一段类似，但湖水总体略有退缩，砂体分布范围更大。岩性为深灰色、灰绿色、暗紫红色泥岩，浅灰色粉砂岩与含钙泥质粉砂岩呈不等厚互层，底部为灰黑色劣质油页岩，可作为区域标志层。地层厚度分布稳定，一般厚200m 左右。主要发育三角洲沉积，主要分布在西部和南部地区，物源方向大致与湖岸线垂直。据泥岩颜色判断，青二段沉积时期的古气候已由青一段沉积时期的潮湿向干旱过渡，泥岩颜色为棕色、灰绿色、灰色或深灰色。

青三段沉积时期，全区湖水退缩更加明显，物源分别来自通榆、保康两个方向，砂体从西向东延伸。岩性为棕红色泥岩夹浅灰色粉细砂岩、泥质粉砂及钙质粉砂岩组成不等厚层。据泥岩颜色判断，该沉积时期泥岩为棕色、灰绿色、灰色或深灰色，棕色泥岩分布面积比青二段要大，反映了湖盆水体进一步收缩。

青二段、青三段烃源岩主要为中等、好、最好三个级别，其中 43.48% 的烃源岩 TOC 值大于 1%，青二段、青三段有机质丰度明显要低于青一段，扶新隆起带以好—很好的烃源岩为主，红岗阶地和长岭凹陷则以中等—好烃源岩为主。

2）发育大型浅水三角洲规模优质储集体

受三大物源控制，青山口组高台子油层发育浅水三角洲规模储集体，在湖盆区大面积连片分布。其中青三段沉积时期受三大物源影响，总体上西北物源控制区域砂体沉积最厚，东南物源次之，西南物源最薄。青二段主要受西南物源控制，研究区发育着7支水下分流河道主体河道向前分叉平面呈干枝状，河道宽度500～1500m，属于特大型水下分流河道，在河道两侧发育河口坝，在河道末端往前河口坝呈条带状分布，席状砂在河口坝外侧大面积分布，呈面状，席外缘在席状砂外侧分布。青一段沉积时期主要受西南物源影响，控制区域砂体沉积最厚，砂体展布方向为从西南到东北方向，砂体从最厚处向两翼逐渐减薄（图5-4-7）。

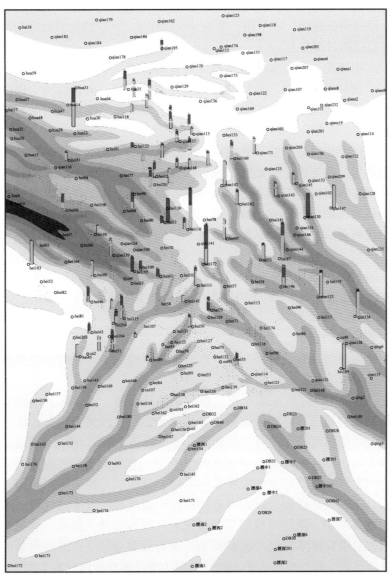

图5-4-7　松辽盆地南部大情字井地区青山口组砂体厚度等值线图

高台子油层单层砂岩厚度一般 2～8m，青一段砂岩叠加厚度 10～42m；青二段叠加砂岩厚度 20～60m，最厚达 100m，向北东方向逐渐减薄，至乾 125 井区以北砂岩尖灭；青三段砂岩在乾 156 井区至乾安油田范围内，砂岩厚度一般在 60～100m 之间，西南部只在黑 43 井区小范围内存在砂岩相对发育区，而其他区域内砂岩厚度基本都小于 40m。高台子油层岩性主要为粉砂岩，孔隙度一般在 10%～20% 之间，平均孔隙度为 13.6%，渗透率一般为 0.1～10mD，平均值为 5mD，储集性能优越。

3）生—储—盖配置条件优越

高台子油层的盖层为嫩江组一段，嫩一段是继青山口组之后又一次湖盆兴盛期，广泛发育深湖相、半深湖相暗色泥岩沉积，泥岩面积大，厚度大（一般大于 50m），质纯，砂岩含量少，区内的泥地比主要在 85% 以上。同时，巨厚的泥岩易造成排易不畅形成超压，形成嫩一段普遍的超压，超压值一般在 4～10MPa。巨厚的泥岩和超压的存在大幅增强了这套区域盖层的封闭能力。

在青一段沉积时期，乾安大情字井地区发育深湖相、半深湖沉积环境，沉积了大面积的暗色泥岩，有机质丰度高，是长岭凹陷良好的烃源岩，来自西向、西南方向为主的三角洲前缘砂体延伸到生油凹陷中心，储层之间发育的稳定暗色泥岩既是烃源岩，又成为良好的层间盖层，具有良好的生—储—盖组合。

总体上，高台子油层在大情字井地区具备良好的油气成藏条件，青一段与青二段为大情字地区烃源岩，并提供了充足的油源；由青一段一直到姚一段末期为三角洲前缘亚相，发育大套物性好的河口坝和水下分流河道；嫩一段与嫩二段发育大套的泥岩，能作为下部储层的优质区域盖层；青一段、青二段为生油层，中间发育好的储层，之上嫩一段与嫩二段为优质盖层，从而形成良好的生—储—盖组合，青一段也发育有侧向运移的自生自储的生—储—盖组合；嫩五段沉积末期与明一段沉积末期复杂的构造可以形成圈闭，圈闭形成的时间在油气大量生烃之前；生油岩大量排烃时期构造运动剧烈，能为油气的运移提供优质通道；明水段沉积末期构造格局基本保持至今。

4）油气成藏受三要素控制

通过对成藏模式的解剖，明确了高台子油层岩性油气藏三个成藏富集的主控因素，即油源断层、断层遮挡及有效储层分布，这三大因素控制了本区的油气水分布规律，单一圈闭具有独立的油气水系统。

以黑 195 井及黑 109 井所在圈闭青三段典型油藏为例，经过两个小层平面沉积微相及砂岩展布精细研究得出，出油砂体虽然分属两个小层，但属于同套砂体，该砂体为厚度较大，物性较好的河道前缘的河口坝砂体，宽度超过 700m，西北—东南流向，黑 195 井钻遇该砂体 8.1m，黑 109 钻遇该砂体 6.9m，区域内构造趋势自西向东升高。黑 195 井与黑 109 井之间发育一条沿近南北向展布的断层，该断层与地层倾向相同，其断层性质为顺向正断层。正断层在砂岩上倾方向遮挡砂体形成断层—岩性油气藏。区域内存在多条沟通青一段底部断层，断层连接储层与烃源岩，既可为油气提供运移通道，黑 195 井与黑 109 井XI砂层组发育厚度约 15m 的泥岩，可有效封盖油气；形成典型的以岩性为主的断层—岩性油气藏。遮挡断层将黑 195 井与黑 109 井所在砂体分割为两个圈闭，黑 109 井位于西部物源前缘，沿构造上升方向砂体上倾尖灭形成砂体上倾尖灭型油气藏。黑 109

井通过试采出油 6m³/d。本区所述两个圈闭油水分布符合断层—岩性油气藏及砂体上倾尖灭型油气藏的基本特征。

通过对各含油圈闭断裂系统、砂体展布、油水分布等成藏控制因素的差异性分析，将青三段Ⅻ砂层组含油圈闭分为上倾方向断层遮挡油藏、断鼻油藏、岩性上倾尖灭油藏、断层—岩性油藏、断块油藏及背斜油藏六个大类并统计每类的数量及比例可知：青三段油藏主要以断层为主要控制因素的上倾断层遮挡和断层下盘无下延鼻状构造—岩性油藏为主，占全部油藏类型的44%和21%。其余油藏类型以岩性上倾尖灭油藏居多，占到全部油藏16%。而断层侧向遮挡—岩性上倾尖灭复合油藏、两侧断层遮挡油藏在该区同样发育（9%、7%），背斜油藏仅有两处，发育较少，占全部油藏的3%（图5-4-8）。

二、柴达木盆地柴西坳陷潜在大油气区

柴达木盆地位于青藏高原北部，肩负青藏能源供给及保障国家能源安全的重任。受青藏高原持续隆升挤压远程效应影响，柴达木大型新生代咸化湖盆形成并开始了极为复杂的构造—沉积演化过程。勘探实践表明，柴西坳陷古近系—新近系优质湖相烃源岩发育，生烃转化率高，第四次资源评价油气资源量达 $40×10^8t$。以往主要以构造勘探为思路，发现了以尕斯油田为代表的构造油藏。"十三五"以来，通过对柴西坳陷沉积、成储、成藏认识的创新，转变为下凹岩性勘探，持续在坳陷湖盆区湖相碳酸盐岩、滩坝岩性储集体内获得油气重大发现，并具成群成带、叠合连片分布特征。截至2020年底，柴西坳陷油气探明率仍然较低，仅为19.6%，具备形成潜在大油气区的地质条件和资源基础。

1. 发育大面积分布的咸化湖相优质烃源岩

柴西坳陷发育古近系下干柴沟组上段（E_3^2）和新近系上干柴沟组（N_1）两套主力咸化湖相烃源岩，在坳陷区大面积分布（图5-4-9）。岩性以泥岩、泥灰岩为主。当有机碳含量（TOC）大于等于0.6%时，这两套烃源岩均可作为优质烃源岩，区内核心区有机碳含量（TOC）普遍在0.6%～1.2%之间，表明区内烃源岩的有效性。生烃模拟显示：当 R_o 达到1.0%时，这类烃源岩的液态烃产率达到最大，两套烃源岩的液态烃产率分别为350mg/g、330mg/g。古近系烃源岩有机质类型偏腐泥型，主要为Ⅰ—Ⅱ₁型，而新近系烃源岩有机质类型偏腐殖型，主要为Ⅱ₂—Ⅲ型，这表明古近系烃源岩的生油能力要强于新近系。柴西这两套烃源岩热演化程度整体不高，R_o 大多小于1.0%，其中，仅柴西南区狮子沟构造和柴西北区南翼山构造古近系烃源岩成熟度较高，可达0.9%～1.0%。此外，咸湖低成熟烃源岩存在大量葡萄藻，为可溶有机质的主要母源，可直接裂解生油，促使烃源岩低成熟阶段大量生烃，液态烃产率贡献高达60%左右，诠释了盆地规模低成熟油存在的形成机制。

2. 发育两大类规模岩性储集体

以往研究认为，在咸化湖盆物源欠补偿背景下物源补给弱，三角洲等碎屑岩储集体

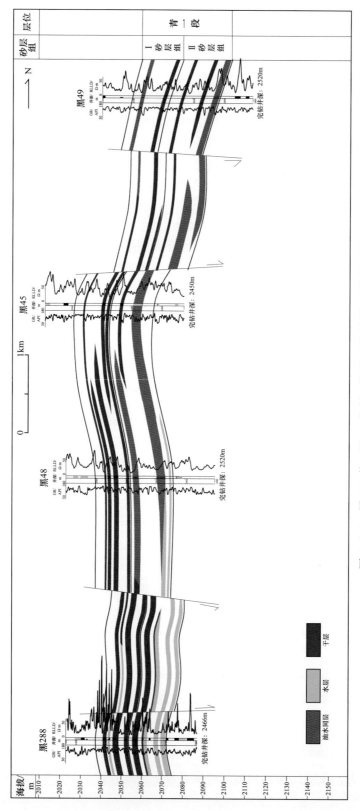

图 5—4—8 黑 283 井—黑 49 井青三段 X—XⅢ砂层组油藏剖面图

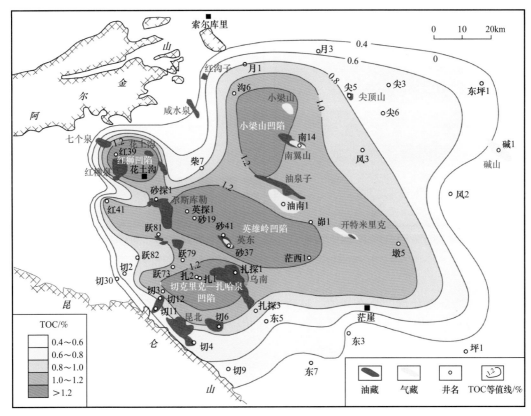

图 5-4-9　柴西地区古近系 E3² 烃源岩分布图

向湖盆延伸范围有限，湖盆区缺乏规模碎屑岩储集体。通过本次研究，从老井岩心、岩屑资料复查，结合测井和地震反射特征，发现了新近系目的层段发育滩坝储集体新类型。在此基础上，结合各项恢复的古环境要素，提出了柴达木盆地新近纪以来随着高原隆升和纬度北移，西北季风作用强烈，驱动波浪、湖流强烈改造盆缘三角洲砂体，在湖盆区可形成大规模滩坝砂体群新认识，建立了咸化湖盆大型滩坝群沉积模式，明确滩坝砂体规模和展布规律受物源间歇性补给强度、湖平面—湖岸线迁移摆动和湖流作用方向控制，在柴西南区总体呈北西—南东方向规律展布并向湖盆方向多期叠置连片进积特征。以该新认识为指导，拓展英雄岭构造带两翼斜坡区和切克里克—扎哈泉凹陷区新近系滩坝岩性勘探新领域，有利面积达 5000km²。

　　之前的研究认为，柴达木咸化湖盆因物源补给混积作用强，仅发育藻灰岩有利储层，局限集中分布在柴西南尕斯—跃进斜坡区古近系下干柴沟组上段，规模储集体类型、沉积机制及分布规律不清严重制约了勘探进程。通过本次研究，发现柴达木盆地湖相碳酸盐岩相类型多，明确发育微生物、颗粒、泥晶和纹层四类湖相碳酸盐岩，受盆地古物源、古地貌、古水深、古盐度控制，各类规模储集体在整个柴西坳陷古近系—新近系规模发育，垂向上集中发育于湖平面下降半旋回，平面上集中发育于物源欠补偿区，整体具环

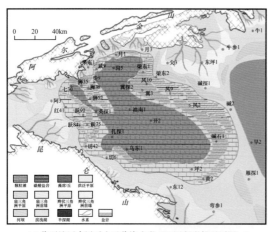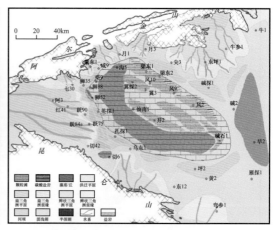

(a) 柴西地区古近系上干柴沟上段 (R) 沉积微相平面图　　(b) 柴西地区古近系上干柴沟组 (R) 沉积微相平面图

图 5-4-10　柴西地区古近系 E_3^2（a）、N_1（b）沉积相平面图

咸化湖盆中心环带状满凹分布规律。该重要理论创新认识打破了传统对咸化湖盆中心贫储认识，激活整个柴西坳陷古近系—新近系湖相碳酸盐岩勘探领域，拓展有利勘探面积达 9500km²（图 5-4-10）。

通过本次研究，课题组打破储层传统研究方法，从柴达木盆地地质特色出发，创新发展咸化湖盆深埋多因素复合成储理论，针对碎屑岩储层，明确其具有长期浅埋晚期快速深埋的有利弱压实保孔地质条件，明确早期高盐度地层水对胶结作用的控制，从定性研究向定量研究转化，明确胶结物含量垂向上受控于砂体厚度，平面上受湖水盐度控制围绕湖盆中心呈环带状分布规律。在上述认识的指导下，厘定有效储层厚度下限为 0.5m，拓展储层埋深下限至 6500m。针对湖相碳酸盐岩储层，创新建立岩相组构、准同生云化、多期流体溶蚀和晚期构造挤压角砾化复合成储新模式，明确孔隙—缝洞型、溶孔型两类高效储层和页岩油甜点储层不受埋深控制，打破埋深勘探壁垒，进一步坚定了下凹深层勘探信心。

3. 具源储一体和下源上储源上成藏有利条件

对于整个坳陷湖盆区 E_2—N_1 湖相碳酸盐岩储集体，受湖盆水体的高频振荡升降变化，优质烃源岩与湖相碳酸盐岩具互层分布、源储一体特征，生成的油气在剩余压力差的作用下克服毛细管束缚力，以渗流的方式直接注入或者通过裂缝的输导运移至邻近储集体中富集成藏（图 5-4-11）。对于柴西南区 N_1—N_2^1 滩坝砂体，湖平面高频振荡形成多期叠置的滩坝砂体并向湖盆进积，具成群成带、满凹分布特征，直接上覆于 E_3^2 主力烃源岩之上形成了下源上储源上成藏有利条件，后期油源断裂能否沟通各单砂体成为油气成藏富集的主要因素。被油源断裂切割的砂体具一砂一藏、叠置连片成藏富集特征，不受构造控制，构造翼部仍然可以富集成藏，而未被油源断裂沟通的砂体则为水层（图 5-4-12、图 5-4-13）。

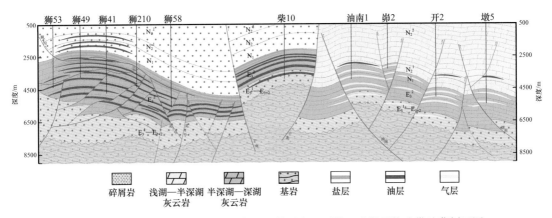

图 5-4-11　过英西—干柴沟—油泉子—黄瓜峁—开特—油墩子构造带油藏剖面图

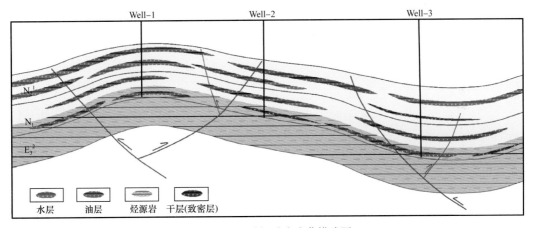

图 5-4-12　滩坝砂岩成藏模式图

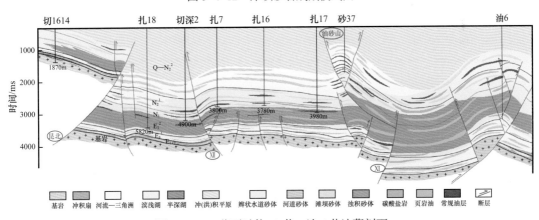

图 5-4-13　柴西过扎 18 井—油 6 井油藏剖面

4. 具形成满凹叠合连片岩性大油气区潜力

通过研究预测了英雄岭构造带湖相碳酸盐岩储层类型及分布，呈现出源储一体大面积含油特征，"十三五"以来先后支撑英西—英中、干柴沟和风西—南翼山三个亿吨级规模储量区重大发现，已提交三级石油地质储量 2.86×10^8t，已建成 30×10^4t/a 产能。通过研究认为，柴西北斜坡—盆地腹部中央低隆起带规模储集体多层系规模发育，源储配置优越，有望实现勘探新发现。

碎屑岩沉积成储新认识突破了湖盆区"凹陷无砂，深部无储"的传统观念，实现了新的勘探突破。滩坝砂体在柴西新近系 N_1、N_2^1 广泛分布，根据湖岸线推进距离及 0.5m 的有效滩坝砂体厚度下限，预测横向上主力厚层有效滩坝砂体延伸范围 5～15km，平面上 N_1、N_2^1 有效砂体叠合分布面积分别为 850km^2、1300km^2，截至 2020 年底，已经在柴西南切克里克—扎哈泉凹陷区、乌南斜坡、英雄岭构造带和尕斯斜坡中—深层 N_1—N_2^1 亿吨级岩性油藏新发现，已累计提交三级石油地质储量 2.8×10^8t，仅原切克里克—扎哈泉凹陷深层勘探"禁区"已建成 30×10^4t/a 产能，年产油 27.22$\times 10^4$t。英雄岭构造带两翼凹陷区仍具规模拓展潜力。

第六章 地层大油气区成藏条件与分布规律

全球油气勘探从局部圈闭勘探、区带勘探、盆地勘探逐渐向具有类似油气地质条件的大型油气聚集区整体勘探的方向发展，作为与大中型不整合控制的地层油气藏，往往可以形成大面积分布的地层大油气区。邹才能（2008）和杜金虎（2012）等先后提出大油气区的概念，用来指导油气勘探与部署。常规油气藏形成条件包括"生、储、盖、圈、运、保"6个要素。对地层油气藏而言，不整合对储集体的分布、油气运移和成藏有重要作用。地层大油区规模聚集、成藏、富集，需要具备有利的区域构造背景、大面积优质的烃源岩、规模分布的储层和时空配置有利的成藏要素。大型构造背景，良好的供烃条件，大规模非均质性储层是形成地层大油气区的重要条件，三者有效配置是地层大油气区形成的关键。形成大型油气聚集区的三大地质要素缺一不可，没有大型构造背景就不可能有大面积的储—盖组合；没有大面积供烃，就缺少形成地层大油气区的物质基础；没有大面积规模非均质储层，就不可能形成大面积的地层圈闭群。

第一节 中国三大克拉通盆地重要不整合断代时限

不整合是极为普遍而又十分重要的地质现象，对油气勘探有十分重要的意义，本次研究全面梳理了新元古宙以来的主要区域不整合，查明了四川盆地寒武—奥陶系界线附近、中—上奥陶统之间、中—上二叠统之间及中—上三叠统之间等主要区域不整合的地层缺失量以及平面展布特征；明确了塔里木盆地奥陶系3个内幕不整合的发育及展布特征；查明了鄂尔多斯盆地中—下奥陶统之间的不整合在华北台地广泛存在；对三大盆地主要区域不整合进行了总结和分类，并明确了上述多个不整合在三大盆地之间具有良好的对比关系，揭示出不整合具有跨古大陆板块的对比意义。

一、四川盆地重要区域不整合

1. 四川盆地寒武—奥陶系不整合

根据四川乐山范店、华蓥溪口、重庆武隆黄草、南川三泉和贵州习水良村等剖面地层中牙形石的系统研究，发现寒武系/奥陶系界线附近古风化壳普遍发育，存在牙形石带的缺失及碳氧同位素曲线的突变等现象，指示地层存在缺失。通过对寒武系顶部及奥陶系的牙形石分析，发现在前述界线不整合面上出现了多个牙形石带的缺失，这一化石带的缺失具有普遍性，虽然在不同剖面上缺失的化石带有所不同，但主要缺失了3～4个带（图6-1-1）。

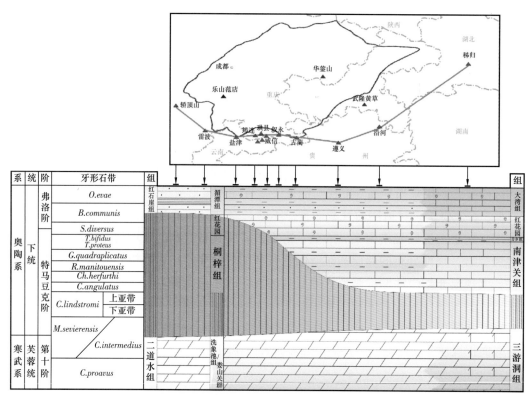

图 6-1-1 扬子克拉通上寒武统—下奥陶统不整合分布图

根据多条剖面牙形石的研究结果，对比到国际地质年代表，该不整合在上述剖面造成的地层缺失量为 2—6Ma，主要分布于川东、黔北、渝南、鄂湘西等地区（图 6-1-1）。往西、往南和往北，往汉南、康滇、黔中古陆之边缘，地层缺失量渐大。以康滇古陆的中西段缺失量最大，多期构造隆升的叠加，长期为陆，寒武系中上部、奥陶系乃至志留系均不发育。从古陆往东，进入扬子克拉通西南边缘，寒武纪时的台地区在晚期渐隆升为陆，直到早奥陶世晚期才接受沉积，产对笔石、短尾大洪山虫等化石的红石崖组不整合于上寒武统二道水组之上，上述化石指示红石崖组底部的时代为早奥陶世时期，相当于弗洛期，缺失了下奥陶统特马豆克阶的全部和弗洛阶的一部分，时限超过了 10Ma；如天全昂州河一带、汉源轿顶山剖面等。在南部的四川抓抓岩剖面等也类似。往东往北进入台地内部地层缺失量渐少，约 2Ma。在盆地的北部，受汉南古陆的影响，地层缺失量大，特别是在龙门山小区，上奥陶统宝塔组覆盖于中寒武统之上，地层缺失量超过了 40Ma，叠加了多期构造隆升造成的地层缺失量。在大巴山一带，地层缺失量少，不同剖面有差别，大致 33—22Ma（图 6-1-1）。

近年来，四川盆地寒武系中上部的洗象池组中获得了工业气流和良好的油气显示。油气储层研究表明，台地相的洗象池组及与其相当的娄山关群、二道水组和三游洞组，发育了坡折带、台内滩、局限台坪和滩间海优质颗粒白云岩储层（李正文等，2016；刘鑫等，2018）。本次研究发现扬子克拉通早奥陶世早期一度隆升为陆，形成了大型古隆起，造成四川盆地及周缘寒武系巨厚白云岩顶面的区域不整合。该不整合面积大，有 2—6Ma

的沉积间断，造成了早奥陶世早期，甚至寒武纪最晚期地层的不发育或普遍剥蚀。引起了寒武系白云岩中普遍的溶蚀作用，溶孔、溶洞是重要的优质储层，并能形成大面积的有利油气储集区，与颗粒滩相带的叠合，则更是极为有利的储层，对四川盆地寒武系的勘探具有十分重要的意义。

2. 四川盆地中—上奥陶统不整合

四川盆地为主的上扬子大部分地区，中—上奥陶统之间都不同程度发育不整合（图 6-1-2），根据岩石地层发育情况，缺失量不等的不整合面在平面上的展布特征如下。

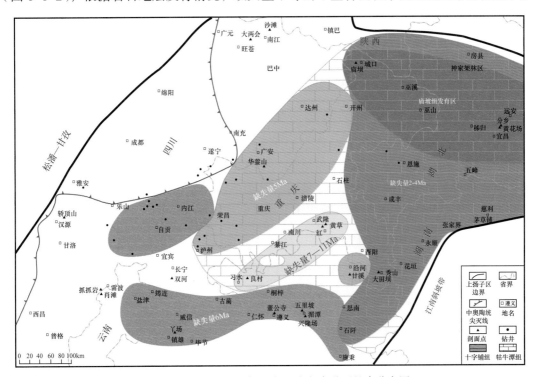

图 6-1-2　四川盆地及邻区中—晚奥陶世不整合分布图

1）十字铺组与上覆宝塔组之间的不整合

根据野外考察以及前人的实测剖面描述资料（共计 6 条露头剖面），十字铺组在上扬子区的黔北（毕节—遵义—施秉一线以北，桐梓—思南一线以南）、川南（古蔺、筠连一线以南）及滇东北（盐津、威信、镇雄一带）等地呈条带状近东西向分布。根据钻井资料（10 条剖面），十字铺组在四川省自贡、内江以及重庆荣昌的部分地区也有分布（具体在乐山以南以东、宜宾以北、荣昌以西地区）（图 6-1-2），大部分地区缺失量约为 6Ma。

2）牯牛潭组与上覆地层之间的不整合分布

不同地区牯牛潭组的下伏地层和上覆地层有所不同，相应的不整合对应的地层缺失量也不同。重庆城口—秀山一线以东，湖南慈利—张家界—吉首一线以西北、庙坡组发育区以外的大部分地区，牯牛潭组覆盖于大湾组之上，伏于大田坝组之下，二者之间缺失 2—4Ma 的地层。下伏于大田坝组，上覆于湄潭组时，牯牛潭组主要分布在川中和黔东北地区，根据 12 口钻井剖面与两条露头剖面的资料，分布范围主要为四川达州—广安—泸州一线以东、重庆开县—涪陵一线以西及黔东北沿河一带。此时，不整合对应的缺失量约为 5Ma。根据露头资料，上覆于湄潭组时，在重庆武隆至贵州习水一带，牯牛潭组伏于宝塔组之下，二者之间的地层缺失量可达 7—11Ma。在牯牛潭组分布区内，可能都有不整合分布。中—晚奥陶纪的构造转换，隆起与隆后—隆间局限盆地的形成，对岩相古地理和生—储—盖层分布有直接的控制作用。不整合对于其下的牯牛潭组、十字铺组的储集性，具有直接的改造作用，对于其上的大田坝组、宝塔组在一定程度上能起到增加运移通道的作用。黔东南的凯里、麻江一带，在下—中奥陶统碳酸盐与下志留统瓷项组之间发现了古油藏，二者间的不整合面既起到了改造下—中奥陶统碳酸盐岩储集性的作用，又建立了与下志留统之间的沟通通道，使得沉积间断面上下构成有利的储集体。四川盆地内沉积间断持续时间较古隆起区要小，不整合面的影响可能也会有所减弱，但是对于其上下的储层依然具有积极的改造作用。

二、塔里木盆地奥陶系重要区域不整合

塔里木盆地西部柯坪地区和盆地东部库鲁克塔格地区都存在地层不整合，其中柯坪地区下奥陶统存在鹰山组与蓬莱坝组之间的平行不整合；库鲁克塔格北相区乌里格孜塔格Ⅴ号剖面巷古勒塔格组和下伏地层赛力克达坂之间发现角度不整合，以及库鲁克塔格南相区却尔却克组第一段和却尔却克组第二段之间的角度不整合。

1. 塔里木盆地西部柯坪地区及塔中地区中奥陶统、上奥陶统存在地层不整合

鹰山组下部和鹰山组上部之间存在一个低级别暴露的不整合面，该界面在塔里木盆地西北缘巴楚地区广泛分布。在对塔中隆起区不整合缺失量的估算中，除了上述中央断垒带以外，其他井中奥陶系顶底发育较全，在上奥陶统、下奥陶统之间缺失鹰山组二段至良里塔格组底部或下部。对钻穿这一不整合的主要井的地层古生物分析表明，该不整合所缺失的地层主要包括中奥陶统鹰山组一段和二段、一间房组和上奥陶统吐木休克组。在这些井，缺失了包括 *Serratognathoides chuxianensis-Scolopodus euspinus-Erraticodon tarimensis* 带至 *Baltoniodus alobatus* 带的共 11 个牙形石带，相当于中奥陶统大坪阶、达瑞威尔阶以及上奥陶统桑比阶，对比最新的国际地质年代表（International Commission on Stratigraphy，2014），缺失的地层时限达 17Ma。通过相邻井岩性段的对比发现有部分井，如塔中 452 井，还可能缺失了良里塔格组的最下部，也即上奥陶统凯迪阶最下部有部分均缺失，总的地层缺失量或达 20Ma 左右（图 6-1-3）。这一地层缺失的区域为塔中隆起的中东部。在塔中地区的西北部，塔中 45 井、塔中 63 井、塔中 452 井地区及巴楚的和 3 井、和 4 井、方 1 井、康 2 井一带，鹰山组二段（中奥陶统下部）基本保存，缺失的仅是缺失鹰山组一段至良里塔格组底，甚至一段也不缺失，也即在这一地区不整合的底面比塔中地区要高一些。*Paroistodus originalis* 带，甚至 *Aurilobodus laptosomatus-Loxodus dissectus* 组合带保存或基本保存，缺失的牙形石带至少包括 *Microzarkodina parva* 带至 *Baltoniodus alobatus* 带的共 8 个牙形石带，因此缺失的地层较塔中地区相对少，大致为中奥陶统达瑞威尔阶到上奥陶统桑比阶，约为 14Ma 的沉积（图 6-1-3）。

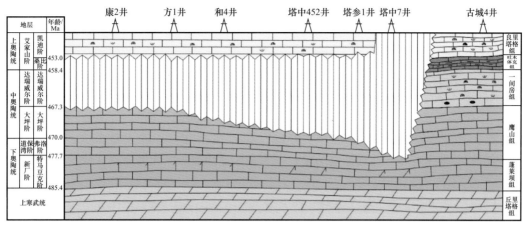

图 6-1-3 塔里木盆地奥陶系内部不整合地层缺失量示意图

2. 塔里木盆地西部柯坪地区中奥陶统、上奥陶统区域不整合

主要在上奥陶统铁热克阿瓦提组与下伏地层之间，下伏地层不同地区差异很大，缺失地层的时间间隔从 1—2Ma 到超过 20Ma。区域不整合主要分布在塔里木盆地中部塔中地区、西北缘柯坪—巴楚地区，东北缘库鲁克塔格地区奥陶系中，地层不整合分布范围广。塔里木盆地西北缘上奥陶统铁热克阿瓦提组与下伏地层间存在的不整合分布范围较广，从东向西，横跨阿克苏四石厂、柯坪大湾沟、大湾沟东、铁热克阿瓦提、羊吉坎、伽师三间房、西克尔镇东和西克尔镇北等地（图 6-1-4）。中奥陶统、上奥陶统不整合也发育在塔中地区小层，往东在塔中斜坡带、往南塘古孜巴斯地层小区井区、往北巴楚露头区都不存大规模的地层缺失。井中表现地层缺失存在于塔中 19 井区、塔中 1 井区、塔

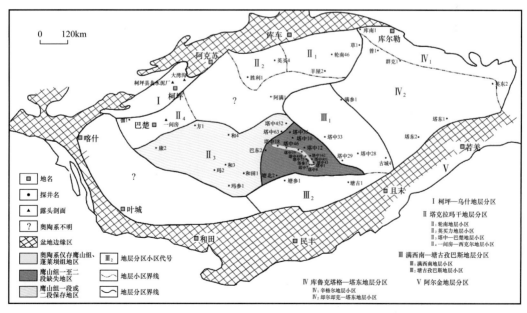

图 6-1-4 塔里木盆地奥陶纪地层区划及塔中—巴楚地区奥陶系内部不整合分布图

中 408 井区、塔中 401 井区、塔中 43 井区、塔中 1 井区、塔中 75 井区、塔中 12 井区和塔中 162 井区（图 6-1-4）。

三、鄂尔多斯盆地及邻区奥陶系重要区域不整合

根据鄂尔多斯盆地周缘露头剖面的生物地层特别是牙形石生物地层研究结果，下奥陶统和中奥陶统之间的不整合以缺失大坪阶和达瑞威尔阶的底部为主，缺失量约为 5Ma。在盆地东缘，缺失量略大，约为 6—7Ma；在盆地西北缘，缺失量最大，可达 20Ma（图 6-1-5）。根据岩相古地理恢复结果，鄂尔多斯盆地覆盖区大部分地区地层缺失情况与鄂尔多斯盆地西北缘相似。

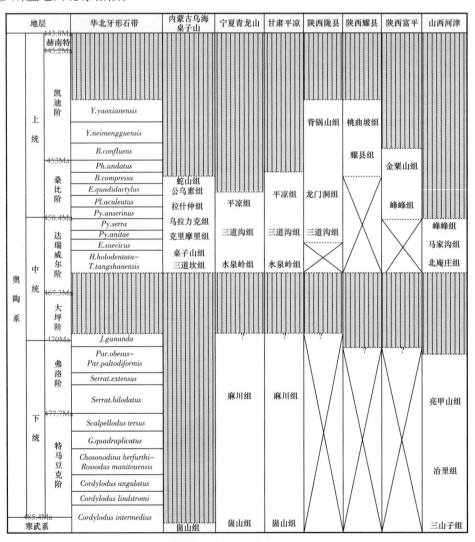

图 6-1-5　鄂尔多斯盆地及其邻区奥陶系内不整合地层缺失量对比

中奥陶统和下奥陶统之间的不整合在鄂尔多斯盆地及其邻区，乃至整个华北地区广泛发育。分布范围南至江淮，北以内蒙古南缘为界，西达甘肃平凉，东抵太行山。岩相

古地理研究结果显示，早奥陶世冶里组—亮甲山组沉积时期，鄂尔多斯盆地大部分地区为无沉积的古陆（冯增昭等，2015；邵东波等，2019；李蒙，2019），冯增昭等（2015）将位于华北地台西部鄂尔多斯地区的这个古陆称为鄂尔多斯陆。不同学者恢复的古地理图，早奥陶世古陆大小及范围略有不同，但是表明鄂尔多斯盆地现今覆盖区的大部分地区均属于古陆。

在早奥陶世，盆地大部分地区为古陆，基本未接受沉积，导致地层缺失量较大，在20Ma左右；盆地东部和南部则为水体较浅的环陆云坪、砂云坪，接受了早奥陶世的沉积，后构造抬升又造成一定的地层缺失，缺失量为6—7Ma；盆地东缘，水体略有加深，但后期受构造运动影响演化为吕梁古隆起为盆地西南缘为紧邻秦祁海槽水体较深的内缓坡，地层缺失量可能最小，在5Ma或以内（图6-1-6）。

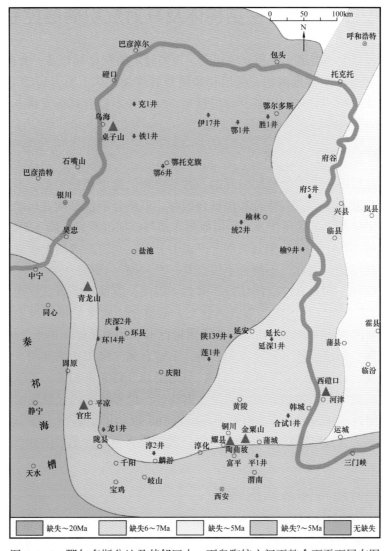

图6-1-6 鄂尔多斯盆地及其邻区中—下奥陶统之间不整合面平面展布图

目前，奥陶系两个重要不整合中，中—上奥陶统与上古生界之间的不整合对应的风化壳系已显示出重大的油气勘探潜力，形成重要的风化壳气藏，主力储层即经不整合改造的马家沟组五段。马五4风化壳储层与上古生界煤系烃源岩直接接触，形成南北向带状展布的"供烃窗口"，马五4高产含气富集区沿"供烃窗口"在靖西地区呈环带状展布。就奥陶系海相碳酸盐岩领域而言，除盆地中部靖边气田岩溶风化壳气藏以外（马家沟组五段1~4小层），中（马家沟组五段5~10小层）—下组合（马家沟组四段一亚段）白云岩体、台缘礁滩相带以及东部盐下都是天然气勘探的重要接替领域（杨华等，2011），这些接替领域在最近的勘探实践中取得了较大进展（徐旺林等，2019）。表明盐下马家沟组中—下组合具有勘探潜力。

第二节　不整合结构体及其对沉积储层控制

国内外学者对盆地类型、沉积充填样式、规模储层的发育等开展了大量研究和总结。本次研究针对不整合面附近沉积、储层和成藏开展攻关，从不整合面到不整合结构体，从不整合结构体中结构层控制因素到储层模型，从已知不整合到新发现不整合，从不整合沉积储层到油气成藏四个方面进行了总结。

一、不整合结构体概念

不整合指地层序列中两套地层之间的一种不协调的地层接触关系。不整合的主要类型有非整合、角度不整合、假整合和似整合四种。不整合不仅是构造运动或海（湖）平面变动事件的记录者，而且还代表了后期地质作用对前期沉积岩（物）不同程度的改造，这种改造程度的不均一性及后期海（湖）平面上升发生水进形成的上覆岩石使得不整合具有了空间层次结构。因此，不整合不仅仅是一个"面"，更是一个"体"，其本身具有较独特的微观组构，即具有"空间结构"属性。因此，应该不应该仅仅把不整合作为一个"面"，而应该看作一个"体"来开展研究。不整合结构体是指与表生期风化剥蚀淋滤和水进期超覆沉积相关联的、位于间断面附近而形成的地质体。由于受构造、古地形、气候、间断时间、剥蚀量等多种因素的影响，不整合纵向结构相当复杂。不整合是含油气盆地中最重要、最常见的地质现象之一，与地层油气藏紧密相关，其纵向结构一定程度上控制油气成藏的储层特征、成藏运聚。据统计，世界范围内已发现油气的约有30%位于不整合面附近，我国剩余石油可采资源量为 $168.99 \times 10^8 t$，若按30%计算，聚集在不整合面附近的剩余石油可采储量为 $50.7 \times 10^8 t$，勘探潜力巨大，是我国油气增储上产的现实领域。

二、不整合结构体及储层特征

不整合结构体的结构是张克银等（1996）在研究塔北隆起碳酸盐岩顶部不整合时，首次提出不整合的三层结构模型，即不整合面之上发育残积层、不整合面之下为渗流层、渗流层之下为潜流层，并且讨论了不整合结构层的控油意义。事实上，所有的不整合结构体在纵向上分均可分为三层结构：结构体上层（主要为水进砂体或底砾岩）、结构体中层（风化黏土层也称为风化泥岩层）及结构体下层（半风化岩石也称为风化淋滤带），每层结构发育着不同的岩石类型及各自特征（图6-2-1）。

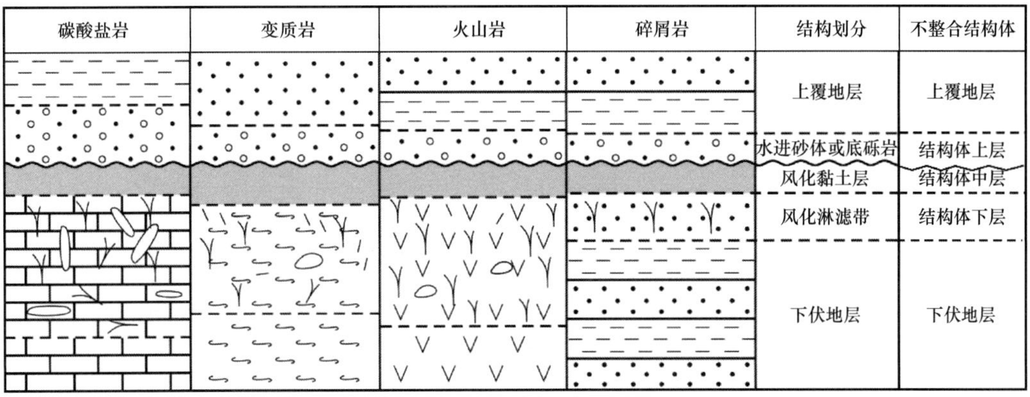

碳酸盐岩	变质岩	火山岩	碎屑岩	结构划分	不整合结构体
				上覆地层	上覆地层
				水进砂体或底砾岩	结构体上层
				风化黏土层	结构体中层
				风化淋滤带	结构体下层
				下伏地层	下伏地层

图 6-2-1　不整合结构体纵向划分示意图

不整合结构体作为一种由不整合及后期风化改造而形成的油气储层，除具有碎屑岩、碳酸盐岩、岩浆岩或变质岩储层的孔隙性、渗透性、非均质性等共有特性外，但也具有其特殊性。主要表现为储层岩性的多样性、储集空间的复杂性、纵向结构的层次性、平面分布的区域性。不整合结构在储层上具有四大特征。

1. 储层岩性的多样性

统计已发现的风化壳油气储层，可以发现，其储集岩性几乎包括了碎屑岩、碳酸盐岩、岩浆岩及变质岩的所有岩石类型，储层岩性表现明显的多样性，甚至在同一含油气盆地，所有岩性风化壳油气储层均有发育（图6-2-2）。

不整合结构体油气储层以我国渤海湾盆地最为典型，如大民屯凹陷和中央凸起的太古宇变质岩（包括浅粒岩、变粒岩、混合花岗岩、混合片麻岩、混合岩、片麻岩、角闪岩等，也常见煌斑岩和辉绿岩等岩脉）、元古宇石英岩与碳酸盐岩，东部凹陷的下白垩统油燕沟潜山小岭组火山岩（夹一套粗碎屑岩，以中酸性为主，包括安山岩、凝灰岩和安山质角砾岩等火山喷发岩类），庙西北凸起的中侏罗统花岗岩，沙垒田凸起、渤南凸起及辽西低凸起的太古宇变质花岗岩，廊固凹陷、东濮凹陷、东营凹陷及黄骅坳陷的奥陶系碳酸盐岩（其中马家沟组上部为砾屑灰岩和薄层石膏，中部夹竹叶灰岩、结晶灰岩，下部为白云岩、泥云岩和石膏；峰峰组上段为灰色—深灰色石灰岩夹少量薄层深灰色、灰白色泥岩和石膏，下段为深灰色、褐灰色石灰岩与泥灰岩不等厚互层夹薄白云岩），义和庄凸起的寒武系碳酸盐岩和泥页岩，东濮凹陷二叠系—三叠系海陆过渡相、河流相泥岩、致密泥质粉砂岩、块状粉砂质泥岩及砂岩等。

上述地层经后期长达100—2500Ma的风化改造后，均形成了优质的风化体储层，部分形成了高产的大型油田（藏），如蓬莱9-1油田，探明石油地质储量$1.84 \times 10^8 m^3$，含油面积$80.2km^2$，储层厚度可达235m，是国内发现的最大花岗岩油田；又如牛东1井，2011

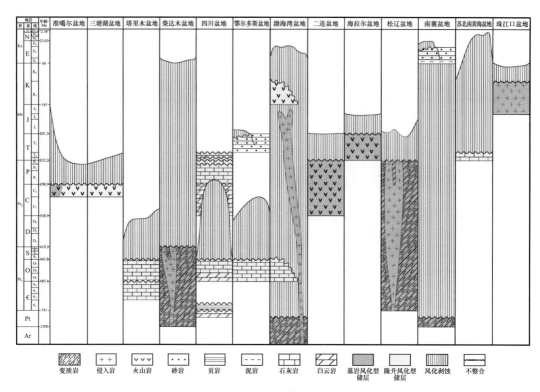

图 6-2-2　中国含油气盆地风化体油气储层类型及其特征

年 5 月在中元古界蓟县系雾迷山组风化壳中获得了石油 642.9m³/d、天然气 56.3×10⁴m³/d 的特高产油气流，油气藏底部深度已达 6027m 仍未见油水界面，温度已达 201℃，成为中国东部目前埋深最大、温度最高的油气藏。

2. 储集空间的复杂性

对油气储层而言，风化作用既可以是建设性的，又可以是破坏性的。建设性方面主要表现为破裂岩石、溶解或溶蚀矿物，形成大量的风化裂缝，以及溶孔、溶缝，甚至溶洞，提升孔渗性能，为油气提供运移通道和储集空间；破坏性方面主要表现为风化过程中矿物的交代或重结晶、化学沉淀物的充填或胶结等，从而堵塞储集空间，降低储集性能。总体来看，风化可以大幅改善储层物性（图 6-2-3）。风化壳油气储层储集空间类型复杂多样。通过显微镜下鉴定，结合图像孔喉定量分析，对比新疆北部地区石炭系风化火山岩储层（15 口井的 53 块岩心样品）与松辽盆地营城组未风化火山岩储层（49 口井的 110 块岩心样品），发现两种类型的火山岩储层均以气孔、溶蚀孔和微裂缝为主要储集空间，但含量百分比存在较大差异。松辽盆地营城组未风化火山岩储层以气孔（38.2%）和溶蚀孔（35.7%）为主；而新疆北部地区石炭系风化火山岩储层则以溶蚀孔（32.8%）和微裂缝（30.8%）为主（图 6-2-3）。观察其储集空间，主要有两种成因来源：一是早期岩石在固结成岩过程中所保留的孔隙或裂缝；二是后期风化过程中岩石破裂、矿物溶解或溶蚀形成的大量风化裂缝，以及溶孔、溶缝，甚至溶洞。风化作用往往使得两种成因来源的孔、缝、洞相互交织叠加，在大幅改善储层储集性能的同时，也使得原有的储集孔缝系统更加复杂。在风化壳油气储层中孔隙（洞）型、裂缝型、孔缝复合型等均有发现，甚至一个油气藏中发育两种或多种类型的组合。

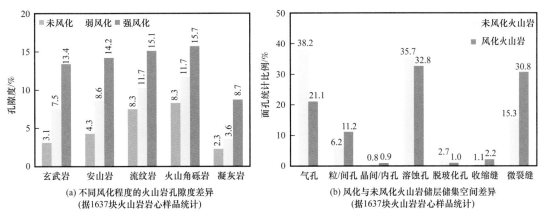

(a) 不同风化程度的火山岩孔隙度差异
（据1637块火山岩岩心样品统计）

(b) 风化与未风化火山岩储层储集空间差异
（据1637块火山岩岩心样品统计）

图 6-2-3　火山岩风化壳储集空间特征及其对储集性能的影响

3. 纵向结构的层次性

在不同地层深度，风化作用强度和方式常存在差异，因此风化壳在垂向上也常形成不同成分和结构的多层残积物层，由上至下一般包括土壤层、残积层、半风化层、基岩。风化壳在经历后期沉积压实成储后，在剖面上也表现出明显的分层特征，层与层之间一般呈过渡关系，每一层又都具有一定特征，反映当时物理、化学和生物风化的特点，其成分和厚度因地而异，主要与岩性、气候、地形和风化作用的强度、时间等因素有关。一般认为，不同岩石的风化速率存在差异。碳酸盐岩风化过程中，主要是方解石的化学淋失，风化速度较快，残留物少，风化壳浅薄；火山岩中的辉石、角闪石晶格能小，易于风化，形成风化壳也较厚；花岗岩中的主要矿物长石和石英晶格能大，抗风化能力强，风化速度较慢，但由于花岗岩的强烈崩解作用，水分广泛渗入，可形成深厚的风化壳；碎屑岩的组成矿物已经过风化作用，在地表条件下很稳定，风化速度较慢。因此，不同岩石风化形成的风化壳储层纵向结构和储集空间组合存在差异，进而导致了风化壳内部不同层物性也存在差异（图 6-2-4）。

碎屑岩风化壳一般分为土壤层、富泥质淋滤带、砂质碎裂带、未风化原岩，其中砂质碎裂带的次生溶蚀孔和裂缝均发育，储层物性最好，富泥质淋滤带储集空间以次生溶蚀孔为主，储层物性次之［图 6-2-4（a）］。碳酸盐风化壳一般分为土壤层、垂直渗流带、水平潜流带、深部渗流带、未风化原岩，储集空间以次生溶蚀缝洞体系为主，储层物性垂直渗流带最好、水平潜流带次之［图 6-2-4（b）］。火山岩一般分为土壤层、水解带、淋蚀带、崩解带、未风化原岩，淋蚀带孔、洞、缝均发育，物性最好，崩解带以缝和孔的组合为主，物性次之［图 6-2-4（c）］。变质岩一般分为土壤层、破碎带、裂缝带、未风化原岩，破碎带和裂缝带裂缝发育，物性较好，裂缝和微孔构成主要储集空间［图 6-2-4（d）］。

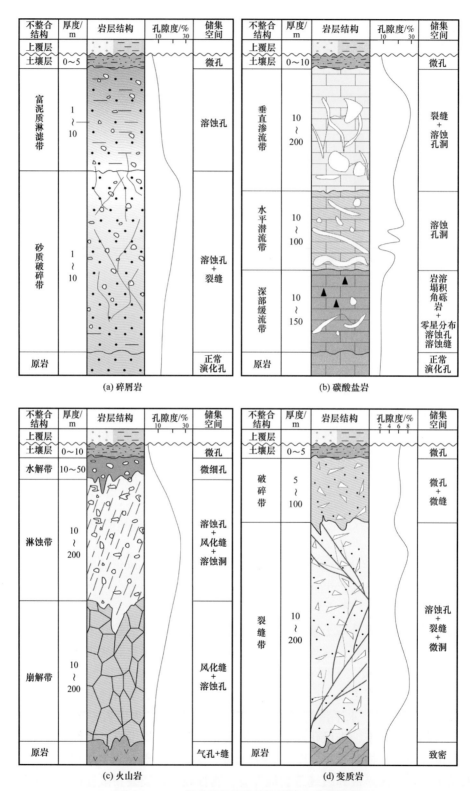

图 6-2-4　四类岩性不整合结构体储层纵向模式

因此，风化壳储层不仅是一个简单的"壳"，更是一个"体"。一个经历了较深风化作用且发育完全的风化壳，不论岩性如何，其独特的纵向结构和微观组构，本身就构成一个完整的储—盖组合。顶部风化土壤层富含黏土矿物，在其后压实成岩作用下形成致密黏土岩，可以作为盖层对油气的运移和保存起封盖作用，土壤层下不同层带发育的大量溶蚀孔、风化缝构成了油气的高效运移通道和优质储集体。

4. 平面分布的区域性

含油气盆地风化壳的发育，往往伴随有盆地区域性的长期隆升或暴露剥蚀。因此，风化壳储层的发育也往往在一定范围内形成区域性分布，进而形成一定规模的油气藏。在我国华北地区和华南地区，即发育有区域性分布的古岩溶风化壳。华北地区，加里东运动期以整体抬升为主，导致了奥陶纪碳酸盐岩沉积后近130Ma的风化剥蚀，形成鄂尔多斯盆地和渤海湾盆地内广泛分布的古岩溶风化壳型储集体［图6-2-5（a）］；扬子地区，受震旦纪末桐湾运动抬升作用影响，寒武系和震旦系普遍为假整合接触，在不整合面附近的上震旦统灯影组储层由于受风化剥蚀和地表水溶蚀作用影响，在顶部形成古岩溶风化壳型储集体，该储集体在我国的川东地区、鄂西地区及下扬子地区发育广泛［图6-2-5（b）］。

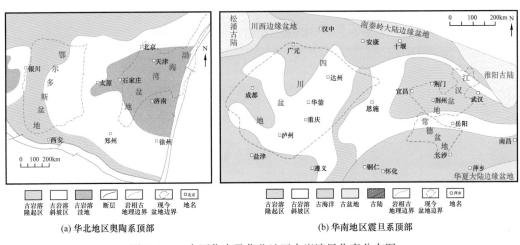

(a) 华北地区奥陶系顶部　　　　　(b) 华南地区震旦系顶部

图 6-2-5　中国华南及华北地区古岩溶风化壳分布图

已发现的风化壳型油气藏面积，一般几十至几百平方千米，部分可以达到几千平方千米甚至上万平方千米。国外如越南湄公盆地，是中生代花岗岩基底之上形成新生代叠合盆地，经历了断陷（始新世—渐新世）、坳陷（渐新世—中新世）和浅水大陆架（晚中新世—近代）三个发育阶段。基底花岗岩在整个古新世暴露风化，形成了区域性分布的风化壳。在断陷阶段，沉积了约2500m的湖相泥岩烃源岩，与下伏的晚侏罗世—白垩纪花岗岩直接接触；坳陷阶段，盆地基底的花岗岩被渐新世—中新世岩层所超覆。1987年，在该盆地基岩风化壳中发现了全球最大的花岗岩油气田——白虎（Bach Ho）油田，面积超过$200km^2$，石油地质储量超过$10×10^8t$，单井平均日产量接近700t，目前为越南最大油气田；随后，又发现了龙（Rong）油田。国内如1975年发现的中国第一个中—新元古界海相碳酸盐岩风化古潜山高产大油田——任丘古潜山油田，其含油面积约 80km²，石油地质储量约 $4×10^8t$，最高年产量达 $1352×10^4t$；又如 1989 年发现的靖边气田，为我国首次在陆上海相碳酸盐岩地层中发现与探明的大型风化岩溶古地貌气藏，含气面积 4212.3km²，探明天然气地质储量 $2300.13×10^8m^3$。

三、不整合结构对源储控制作用

1. 不整合面对储层的控制

四川盆地中上奥陶统之间缺失 2—10Ma，对应宝塔组储层，以Ⅲ类储层为主；寒武系—奥陶系之间缺失约 2Ma，对应洗象池组储层，以Ⅱ类储层、Ⅲ类储层为主；震旦系—寒武系之间缺失较大，纽芬兰统被剥蚀，缺失至少 18Ma，发育大段Ⅱ类储层。塔里木盆地中上奥陶统之间缺失 14—20Ma，对应一间房组储层，以Ⅲ类储层为主；寒武系—奥陶系、震旦系—寒武系之间暂无缺失年代数据，不整合面对应的储层分别为丘里塔格组和奇格布拉克组，以Ⅱ类储层和Ⅲ类储层为主。鄂尔多斯盆地中—上奥陶统之间缺失 3—18Ma，对应马家沟组储层，以Ⅲ类储层为主。四川盆地灯影组和塔里木盆地奇格布拉克组未来将具有最好的勘探潜力；其次为四川盆地洗象池组、塔里木盆地丘里塔格组和一间房组、鄂尔多斯盆地马家沟组；四川盆地宝塔组储层勘探潜力相对较差（表 6-2-1）。

表 6-2-1　与不整合面相关的储层分级评价

盆地	缺失年限			储层分类			综合评价		
	O_1—O_2	ϵ—O	Z—ϵ	O_1—O_2	ϵ—O	Z—ϵ	O_1—O_2	ϵ—O	Z—ϵ
四川盆地	2—10Ma	2Ma	>18Ma	Ⅲ类为主	Ⅱ类、Ⅲ类为主	Ⅱ类为主	中	良—优	优
塔里木盆地	14—20Ma	*	*	Ⅲ类为主	Ⅱ类、Ⅲ类为主	Ⅱ类、Ⅲ类为主	良—优	良—优	优
鄂尔多斯盆地	3—18Ma	*	>20Ma	Ⅲ类为主	无储层	无储层	良—优	—	—

*指部分不整合面暂无年代数据。

暴露时间的延长通常能增加孔隙网络的成岩蚀变。这种时间效应类似于流体通量的影响；时间越长或流体流量越大，通过系统的反应，水的孔隙体积就越大，从而增加潜在的蚀变。碳酸盐沉积物具有较高的初始基质孔隙度（40%～75%）。在大气成岩作用期间，孔隙系统随时间变化，从这些原始基质孔隙，到次生基质孔隙，最后到更大的裂缝和洞穴孔隙。当这些孔隙类型发生变化时，就会发生胶结作用，通常会导致孔隙度的总体降低。原生孔隙被选择性胶结，但次生孔隙大幅增加。然而，随着持续暴露，大气成岩作用通常会达到一个临界点（一般来说少于 1Ma），次生孔隙被胶结物充填的速度比它们形成的速度快，次生孔隙减少。因此，每个不整合暴露都应该有一个最大次生孔隙度的最佳暴露时长，超过这个时间，持续暴露将降低次生孔隙度。

震旦系顶部不整合面经受暴露溶蚀改造时限最长，经受大气淡水淋滤作用改造最强。然而，一般认为长时间的暴露溶蚀并非其优质储层形成的主要原因。该不整合面暴露时长远超过有利于次生孔隙增长的暴露时长，之后次生孔隙会减少。这解释了宝塔组—十字铺组少见岩溶孔洞且储层质量较差的原因。对于震旦系—寒武系不整合面之下优质储层的成因，认为与上覆厚层优质烃源岩有关，有机质演化产生的酸性流体通过不整合面向下运移，在埋藏成岩作用期间对储层进行强烈改造。

不整合面之下是地层油气藏形成的主要层位，最重要的原因之一是容易受到溶蚀作用的改造。碳酸盐矿物对不饱和流体较为敏感，流体会对碳酸盐矿物产生强烈的溶蚀作用。研究表明，溶蚀作用对碳酸盐地层具有双重影响，一方面导致碳酸盐组构发生溶解，形成新的储集空间；另一方面溶解的化学作用产物和机械作用产物会在适应的介质条件下堆积下来，充填孔隙，不利于早期孔隙的保存。总体看来，溶蚀作用对储层的建设性作用强于破坏性作用。因此，可以认为不整合面之下地层受到的暴露溶蚀作用是地层油气藏发育的有利因素。溶蚀作用主要包括同生—准同生期的大气淡水溶蚀作用（准同生岩溶）、表生成岩期风化壳岩溶作用（表生期岩溶或风化壳岩溶）及中—晚成岩期埋藏岩溶作用（埋藏期岩溶）三种类型，其中风化壳岩溶和埋藏期岩溶对不整合型油气藏具有重要意义。

1）准同生期岩溶

准同生期岩溶是指沉积物尚未完全脱离其沉积环境，沉积体间歇性暴露于水体之上接受大气淡水和海水混合水的溶蚀改造。主要是受到较低级别（四级、五级）海平面升降的影响，地貌相对高的沉积相带［如滩、礁（丘）或潮坪等］可间歇性暴露于海平面之上，但每次暴露时间较短，形成的溶蚀作用规模相对较小。该岩溶作用主要受到沉积相类型和相对海平面下降的控制，其溶解作用多发生于周期性暴露的浅水丘滩沉积相带之中。塔里木盆地和四川盆地晚震旦世浅水微生物白云岩和寒武纪颗粒白云岩发育，在周期性海平面升降作用的影响下，部分间歇性暴露于水体之上，有利于同生—准同生期溶解作用的进行，形成少量溶沟、溶缝、选择性粒内溶孔及粒间溶孔等。但由于其溶蚀作用发生极早，形成的溶蚀空隙在后期成岩过程中多被全部充填，对现今储层的影响很弱。

2）表生岩溶

受不整合面发育的影响，在不整合面附近发生强烈的表生期岩溶（风化壳岩溶）作用，主要体现在以下较显著的特征：对于不整合面附近的地层而言，由于经历长时间的暴露剥蚀、风化改造，在下伏基岩风化面之上或形成原地残积角砾岩、泥质云岩和黏土岩等特殊风化残积层。如川北地区水磨、光雾山剖面和康家坪剖面等均在灯二段顶部和灯四段顶部见到明显风化残积层、蜀南三泉剖面洗象池组顶部和宝塔组底部的风化残积层。此外，风化残积层在低洼处较厚，与它下面的基岩之间没有明显的界线。风化残积层的存在表明不整合面附近经历了表生期风化作用的改造。不整合面附近地层可见到大量溶洞、溶沟、溶缝及岩溶角砾岩等表生期成岩产物，也是风化壳岩溶的证据之一。溶洞最大洞径可达岩心直径，常见为2~10cm，溶洞多被多期亮晶白云石、石英及沥青半充填。不规则溶沟、溶缝多发育在基质较致密白云岩中，高角度缝和斜交缝多，常被泥质云岩、泥岩等机械碎屑充填。井漏与放空是钻井过程中钻遇裂缝与溶洞的响应，也是风化壳型储层中常见的现象。从统计的钻井资料来看，宝塔组的井漏现象相对较少，以灯影组、洗象池组更为常见。在威远地区和资阳地区的灯影组钻井中约有15%的钻井具有井漏和放空现象，且漏失与放空的层位以灯影组顶部风化壳以下50～100m的地层为主，磨溪—高石梯地区钻至灯影组的井也存在频繁的井漏和放空，尤其是高石6井漏失量达到1081m³，高石2井灯四段放空可达6m。这表明不整合面附近储层存在较大型的缝洞系统，这种大规模溶洞应该是表生期岩溶作用形成的。表生期岩溶作用发生于不整合面暴露时期，受构造作用或海平面升降影响，不整合面下部地层长期暴露于海平面之上，接受大气淡水的溶解改造，其结果不仅导致相应层位顶部地层的风化缺失，且在下伏受大气淡水影响的地层中形成丰富的岩溶标志，其中最重要的是大量溶沟、溶洞和岩溶角砾岩的形成。所形成的孔隙虽被机械碎屑物和多期化学沉淀物充填，但仍然残留较多的角砾间孔、洞成为现今重要的储集空间。

3）埋藏溶蚀

如不整合面上覆地层为页岩，在深埋过程中会影响地下酸性流体的流动，导致不整合面之下地层的深部溶解。以震旦系灯影组为例，埋藏溶蚀作用是其优质储层发育的重要原因之一。灯影组上覆地层为巨厚的下寒武统筇竹寺组泥页岩，在埋藏过程中，有机质向液态烃转化过程中释放的大量腐蚀性组分，这些组分与压实地层水一起通过不整合面向下运移至灯四段中，越向下，下渗的腐蚀性组分逐渐减少；同时，川西海槽中还堆积有较厚的下寒武统麦地坪段和更厚的筇竹寺组烃源岩，其埋藏过程中与有机质成熟演化有关的腐蚀性组分也可侧向运移至台地边缘的滩丘等沉积体中，从而形成更多的溶蚀孔隙，并导致靠近台地边缘滩丘的溶蚀作用强于台地内部的溶蚀作用（图6-2-6）。

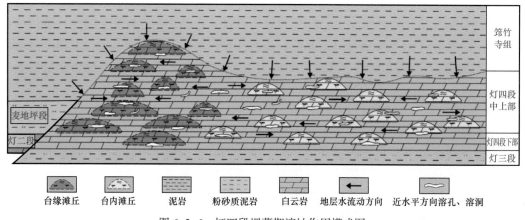

图 6-2-6 灯四段埋藏期溶蚀作用模式图

2. 古气候 / 海平面旋回对储层的影响

以四川盆地灯影组一段为例，沉积过程中海侵过程相对短暂，海侵主要表现为较为缓慢的海平面上升，纵向上岩性变化较小，但自西向东海侵体系域存在明显的岩相变化，沉积环境具有由西向东变浅的趋势。灯二段沉积环境相对稳定，在各剖面和钻井中大体表现为水体较浅的局限台地，以发育滩丘沉积的高频旋回为特征。在灯二段沉积末期，海平面将至最低点，同时伴随桐湾运动Ⅰ幕的抬升，造成顶部不整合面的发育。灯三段海侵过程快速短暂，沉积环境根据地理位置有所差异，但主要表现为潮坪及盆地环境。岩性主要为灰色—黑灰色泥页岩或紫红色泥晶云岩等（图6-2-7）。

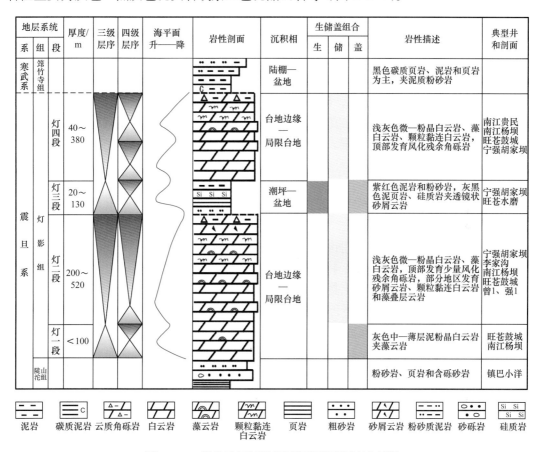

图6-2-7 川北地区灯影组沉积期海平面变化情况

灯四段与灯二段海平面升降情况类似，但次级海平面旋回更为频繁，表现为四级层序的往复叠置，导致岩性变化较为频繁，其中主要以潟湖、藻丘及颗粒滩沉积环境为主。同样，在沉积末期海平面降至最低点，并经受桐湾运动Ⅱ幕抬升，发育不整合面，广泛发育岩溶角砾岩。灯一段—灯二段和灯三段—灯四段都具有快速海侵、缓慢海退的特点，广泛发育的丘滩沉积岩类可具有较多的孔隙空间，可作为区内较好的储层，其中又以灯二段顶部和灯四段顶部海平面降低幅度更大，发育不整合面，并遭受桐湾运动抬升剥蚀，溶蚀孔洞更加发育，形成区域性风化壳岩溶储层。对于灯二段顶部及灯四段顶部的表生岩溶作用，海平面降低并叠加构造运动是造成该时期地层暴露、溶蚀的主控因素。灯二段主要储集岩类"葡萄花边状"白云岩（岩溶角砾岩类）的发育正是受到海平面变化控制，在海平面大规模下降的背景下，发育了全盆范围的表生岩溶作用。当海平面再次上升时，已经存在的裂缝—洞穴体系中形成多期次的海水纤状胶结物。地层继续深埋，海水胶结物逐渐停止发育，而相对晚期形成的亮晶胶结物则继续充填残留的缝洞空间，就会形成灯二段特征的"葡萄花边"构造。

此外，海平面升降也是灯四段广泛不同组合类型丘滩复合体的主要因素。在快速海侵缓慢海退的背景下，频繁的次级海平面旋回能够形成多套不同组合的丘滩复合体。当海平面上升速度比微生物丘生长速度快或者微生物丘发育期间发生了快速海侵，则微生物丘发育终止，丘核厚度薄，顶部沉积的微相为丘盖。当海平面上升速度与微生物丘生长速度相近时，则发生垂向加积，丘核规模大，分布范围广，发育大量格架状构造，顶部沉积薄层丘坪后又以之为丘基发育下一期微生物丘。当微生物丘生长速度快于海平面上升速度，表现为海平面相对下降，则微生物丘会向水体更深的区域迁移，顶部沉积丘坪，新沉积丘的丘翼覆盖在前一期丘的顶部，或者侵蚀前一期微生物丘，使其顶部不发育，在垂向上呈现丘核与丘翼不等厚互层。不同类型的丘滩复合体是灯影组最好的储集相带。

3. 不整合面附近古气候／古环境对优质烃源岩的控制

有机质含量是评估烃源岩质量的重要参数。海相烃源岩中有机质积累的有利因素包括海平面上升、缺氧—静水条件、浮游生物繁盛、适当的陆源输入和海水分层，这些有利条件的一种或任意几种的组合能够导致烃源岩中有机质的富集。

1）四川盆地寒武系武系筇竹寺组页岩

早寒武世梅树村沉积期，上扬子地区海水由东向西快速侵入，在早期震旦系灯影组顶部不整合面上之上形成了一套海侵沉积序列，自西向东依次发育浅水陆棚—深水陆棚—斜坡—盆地相沉积。早寒武世筇竹寺组沉积初期发生了快速的海侵，在筇竹寺组下部堆积了一套厚度巨大的深水陆棚相灰黑色—黑色泥页岩，随后海平面开始下降，在筇竹寺组中上部堆积的是浅水陆棚相灰黑色—深灰色粉砂质泥岩、泥质粉砂岩。平面上，上扬子地区沉积体系的分布继承了梅树村组沉积时期的特征，四川盆地内部资阳—长宁一线陆内裂陷槽内及四川盆地之外东南部鄂渝黔大部分地区继承性的发育深水陆棚沉积，为早寒武世筇竹寺组沉积早期的两个沉积中心。总体来看，筇竹寺组沉积初期的海洋环境相对稳定，四川盆地发育中等表层水初级生产力和缺氧水体条件，促进了黑色页岩中有机质的富集。然而，中等且持续的陆源输入一定程度上稀释并削弱了有机质的富集程度。

2）四川盆地五峰组—龙马溪组页岩

四川盆地上奥陶统五峰组—下志留统龙马溪组沉积的富有机质黑色页岩不仅是良好的海相烃源岩，而且是目前我国页岩气勘探的重点。

凯迪阶早期，四川盆地发生快速海侵，川南地区在高的海平面和次氧化水体条件下开始沉积黑色硅质页岩。其 TOC 含量与陆源输入指数的相关性并不明显，相对较高的古生产力指数揭示相对繁盛的古生产力水平可能是有机质富集的主要原因。凯迪阶早期之后，在越来越繁盛的古生产力作用下，大量底水中的 O_2 被消耗，产生缺氧甚至静水条件。随着淡水注入引发海洋水体分层，促进底水进一步缺氧。另外，区域性海平面下降和早期加里东构造运动造成陆源输入增多，稀释了沉积物中的有机质。因此，虽然有繁盛的生产力和缺氧水体两个有利因素，但较高的陆源输入导致五峰组页岩中有机质富集程度始终不高。

早赫南特冰期发生全球性的海平面下降和生物灭绝事件。冰期鼎盛之后，冰川开始消融，海平面快速上升，海洋生产力逐渐恢复。进入志留世早期，相对较高的海平面持续上升，并逐渐出现分层的水体。同时，古生产力已达到了较高的水平。此外，陆源输入也由于升高的海平面而处于低值，这有利于有机质的富集。因此，在海平面持续升高的背景下，陆源匮乏、生产力繁盛和缺氧水体是龙马溪组下部有机质富集的主要原因。

晚鲁丹期，四川盆地海平面开始下降，这与全球海平面的变化趋势一致。海平面下降伴随着陆源输入增多，稀释了沉积物中的有机质浓度。同时，海平面下降搅动海洋水体，使上部的富氧表层水与下部的缺氧水体混合，产生次氧化的海洋环境。因此，尽管各种指标显示这一时期的海洋生产力并不弱，但在持续的多陆源输入和次氧化水体条件这两个不利因素的影响下，龙马溪组中上部沉积的页岩中有机质浓度较低。

第三节　大中型地层油气藏成藏条件与主控因素

大中型地层油气藏包含碳酸盐岩风化壳型大型地层油气藏、大型碎屑岩超覆—削截型地层油气藏、火山岩风化壳型地层油气藏及大型基岩风化壳地层油气藏群。系统剖析其烃源岩、储层、盖层及输导等成藏匹配条件，深入分析大型地层油气藏形成条件与分布规律，总结其形成条件、成藏模式与关键控制因素，寻找其发育分布规律。不同类型地层油气藏成藏条件和主控因素存在一定差异。

一、大中型地层油气藏形成的地质背景

1. 大型区域构造背景

大型构造背景包括大型古隆起、大型古斜坡、大型凹陷区、大型台缘带等。构造背景不仅控制了烃源岩、储集体的发育与分布，也控制了区域成藏组合的分布，更控制着油气的区域聚集。因此，大型古构造背景是决定地层大油气区形成的关键要素。大型古隆起控制风化淋蚀作用的发生、发展和岩溶储层的发育；大型斜坡控制着大型沉积体系和大面积砂岩的分布；大型凹陷控制着优质烃源岩和大面积砂岩的分布；大型台缘带控制大型礁滩体的发育；大型火山岩风化壳控制大面积溶蚀孔洞储层的发育。塔里木盆地台盆区寒武系—奥陶系碳酸盐岩继承性发育塔北、塔中、巴楚、塔东等大型古隆起，发育的古斜坡与古隆起为大型地层油气区的形成奠定了良好的地质基础。

2. 良好的区域供烃条件

供烃条件包括烃源岩的生烃潜力和供烃方式，烃源岩的生烃潜力决定了大型油气

聚集区的资源规模，供烃的方式决定了地层大油气区的油气分布范围。地层大油气区的供烃方式包括三种：（1）源内自生自储式面状供烃、烃源岩与储集体广覆式分布，源储一体；（2）源外下生上储状网状供烃，下覆烃源岩广覆式分布，上面大面积储集层垂向叠加，多期网状断裂有效沟通，形成网状供烃方式，如塔里木盆地台盆区碳酸盐岩；（3）源外上生下储式面—网状供烃，大面积烃源岩位于不同类型的储集体之上，油气沿着断面或者不整合呈面状或者网状供烃，例如鄂尔多斯盆地下古生界风化壳岩溶储集体。良好的生烃潜力和有效的供烃方式决定了地层大油气区的形成与分布。

3. 大规模非均质储层

非均质储层包括两个含义，一是储层以低孔隙度、低渗透率为主，大面积分布；二是储层受成岩作用和后生改造作用影响，非均质性强。储层的非均质性决定了地层圈闭群的形成，决定了大面积油气聚集。如果储层物性好、均质性强，油气运移通常可以在构造部位形成大油气田，而构造的围斜与凹陷部分圈闭不发育，难以形成规模的油气聚集区。因此，强非均质性储层是形成大型油气聚集的关键因素之一，如大型古斜坡河流三角洲砂岩储层、大型古隆起风化壳储层、大型斜坡视层状碳酸盐岩岩溶储层、大型火山岩风化壳储层和基岩风化壳储层等，共性的特点是储层分布面积广、低孔隙度、低渗透率、非均质性强，利于形成地层圈闭群，进而形成油气大规模聚集。

4. 大型不整合面

大型不整合对地层油气藏的形成起着重要的控制作用。不整合不仅是构造运动和海（湖）平面变化的记录者，而且还代表着后期地质作用对前期沉积物不同程度的改造，这种改造程度的不均一性及后期的下沉发生水进，使得不整合面及其上下岩石具有层状结构，形成不整合面之上底砾岩、风化黏土岩和半风化壳的三层不整合结构体。与不整合面有关的成岩作用所产生的孔隙体系同时抵消了压实作用的减孔，增加了储层的储集能力。与地表暴露无关的盆地流体的溶解作用在地下深处可以形成溶洞、裂缝和角砾。不整合面及其附近岩性变化会对深埋期间地下流体的流动有一定影响，从而引起沿着不整合面分布的深埋溶解作用。

5. 成藏要素的有利时空配置

同一个大型油气区有着基本相似的构造背景，形成的圈闭类型也基本相似。总体上看，坳陷型盆地广泛发育大型地层油气藏，如准噶尔盆地二叠系大油区；克拉通盆地则发育大规模的风化壳和内幕地层油气藏，如塔里木盆地、四川盆地和鄂尔多斯盆地寒武系—奥陶系碳酸盐岩大油气区；渤海湾等断陷盆地则在缓坡区和坳陷区潜山发育大型地层油气藏群，柴达木盆地北缘和西部基岩发育大型基岩型地层大油气区。区域性盖层是油气成藏和保存的必要条件，地层大油气区内统一的构造动力学背景造就了整个大型油气聚集区地层沉积演化的一致性，发育统一的区域盖层，一般晚期最大湖泛面控制；如四川盆地海相层系和柴达木盆地的膏岩层、塔里木盆地和鄂尔多斯盆地的煤系泥岩盖层。

二、碳酸盐岩大中型地层油气藏形成条件与主控因素

塔里木、四川、鄂尔多斯三大克拉通盆地元古宇—中生界广泛发育海相碳酸盐岩地层。三大克拉通盆地大型隆起—斜坡带广泛发育大型碳酸盐岩地层油气藏。如塔里木盆地塔北隆起带、塔中隆起带发育塔河油气田、塔中油气田，四川盆地川中古隆起、川东古隆起发育了安岳气田、普光气田，鄂尔多斯盆地中央古隆起发育了晚古生界马家沟组靖边气田。统计表明，我国碳酸盐岩油气藏以岩性—地层、构造—地层复合型为主，储量丰度不高，但规模较大。统计的 156 个碳酸盐岩油气藏岩性地层占 145 个（占比 87.6%），油气藏丰度 $2 \times 10^4 \sim 90 \times 10^4 t/km^2$，主体 $10 \times 10^4 \sim 70 \times 10^4 t/km^2$，气藏丰度 $0.3 \times 10^8 \sim 30 \times 10^8 m^3/km^2$，主体 $1 \times 10^8 \sim 6 \times 10^8 m^3/km^2$（赵文智等，2016）。大型碳酸盐岩地层油气藏是指发育在大型古隆起—斜坡不整合面上下或与不整合相关的大型地层油气藏，油气聚集于与不整合相关的规模碳酸盐岩储集体中，主要包括风化壳型、岩溶古地貌型和断溶体型等油气藏类型。

1. 大型碳酸盐岩地层油气藏特征

大型碳酸盐岩地层油气藏具有如下特征：（1）聚集于不整合面、深大断裂附近风化壳岩溶体、缝洞体、断溶体储层中，与风化淋滤作用、岩溶作用、断裂裂缝、断溶作用密切相关；（2）碳酸盐岩孔—洞—缝储集空间复杂；（3）深大断裂—不整合复合输导；（4）与烃源岩配置形成下生上储、上生下储型油气藏；（5）岩溶体、缝洞体、断溶体圈维结构复杂；（6）油气多期充注、晚期聚集成藏。

2. 大型碳酸盐岩地层油气藏控制因素

大型碳酸盐岩地层油气藏分布规律具有源灶控、储盖共控和古今构造匹配控等"三控"特点。"源灶控"是指大型碳酸盐岩地层油气藏分布于主力生烃中心及其周缘，如塔里木盆地奥陶系、四川盆地震旦系—寒武系的大油气田均位于寒武系生烃中心及其附近。"储盖共控"是指纵向上优质储—盖组合控制大型碳酸盐岩地层油气藏纵向分布，如四川盆地达州—开江古隆起及安岳大气田三套规模气藏纵向上受控于三套优质储盖组合（图 6-3-1，表 6-3-1）：即灯二段石灰岩储层—灯三段泥质岩盖层组合、灯四段石灰岩储层—筇竹寺组泥质岩盖层组合和龙王庙组石灰岩储层—高台组泥灰岩或膏盐岩盖层组合，三套储—盖组合均控制了 $2000 \times 10^8 \sim 4000 \times 10^8 m^3$ 的规模天然气储量（图 6-3-1，表 6-3-1）；"古今构造匹配控"是指平面上古隆起与今构造的叠合部位控制了大型碳酸盐岩地层油气藏展布。大型碳酸盐岩地层油气藏主要发育在古今构造叠置的大型古隆起—斜坡部位，如塔里木盆地塔北、塔中古隆起上的塔河油田、塔中油气田，四川盆地川中古隆起上的安岳气田，鄂尔多斯盆地中央古隆起带的奥陶系马五风化壳靖边气田，均发育于古今构造叠置区域。因此，大型碳酸盐岩地层油气藏形成基本条件包括持续稳定的大型古隆起—斜坡、大型生烃中心、与不整合化或断裂带相关的岩溶体、断溶体、缝洞体规模碳酸盐岩储层、上覆优质区域性盖层和良好的源—储沟通体系等。

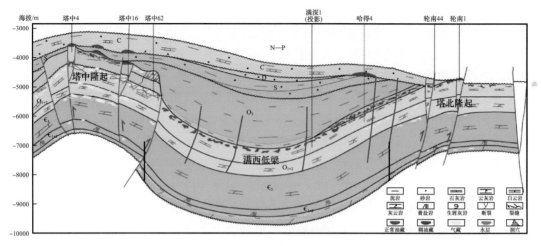

图 6-3-1　塔里木盆地塔北—塔中古隆起—斜坡区下生上储油气成藏模式

表 6-3-1　四川盆地安岳气田三套储盖组合及控制气藏特征

储层	盖层	盖层厚度 /m	压力 /MPa	气层厚度 /m	储量 /$10^8 m^3$
龙王庙组石灰岩	高台组泥灰岩、膏盐岩	40～70	12～65	1.56～1.65	4403（探明）
灯四段石灰岩	筇竹寺组泥质岩	80～150	40～150	1.12～1.13	2200（探明）
灯二段石灰岩	灯三段泥质岩	10～35	15～110	1.10	2300（控制）

3. 大型碳酸盐岩地层油气藏成藏模式

碳酸盐岩地层油气藏储层主要由台地相碳酸盐岩经过风化淋滤、溶蚀作用，断裂、断溶作用等次生改造而形成，与烃源岩不共生。因此基于源—储配置关系，可以划分出下生上储型、上生下储型和旁生侧储型三种油气藏类型。

1）下生上储型

指烃源岩在下面，储层在上面，烃源岩与储层直接接触或者经断裂或不整合与储层沟通。如塔里木盆地塔北塔河油气田和塔中古隆起上的塔中油气田。烃源岩为早寒武世（ϵ_1）裂陷期玉尔吐斯组台地斜坡—盆地相的海相泥质，储层为中晚寒武世—中奥陶世（ϵ_2—O_2）弱伸展稳定沉降期台地相碳酸盐岩中发育的岩溶体、缝洞体和断溶体，盖层为晚奥陶世（O_3）海侵期桑塔木组区域性泥岩层。中加里东期—印支期持续活动大型走滑断裂沟通下寒武统烃源岩，油气在中晚寒武世—中奥陶世（ϵ_2—O_2）岩溶体、缝洞体和断溶体中聚集成藏，表现为典型的下生上储型油气成藏模式（图 6-3-1）。

2）上生下储型

指烃源岩在上面，储层在下面，上部烃源岩生成的油气在下覆的储层中聚集成藏。如鄂尔多斯盆地中央隆起带上的下古生界靖边气田。烃源岩为上古生界石炭系煤层和暗色泥岩，储层为下覆奥陶系马家沟组风化壳岩溶储层，盖层为石炭系泥岩和风化壳铝土岩。石炭系煤系地层生成的天然气经沟槽内砂体输导在奥陶系风化壳岩溶储层中聚集成藏，表现出典型的上生下储型油气成藏模式（图6-3-2）。

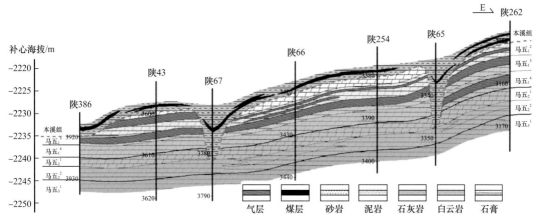

图 6-3-2　鄂尔多斯盆地靖边气田上生下储油气成藏模式（据赵文智等，2012）

3）旁生侧储型

指烃源岩在古隆起或斜坡的侧面，与储层侧接或者经断层或不整合沟通连接，生烃凹陷生成的油气在侧部古隆起—斜坡储层中聚集成藏。四川盆地川中古隆起之上的安岳大气田。烃源岩为下寒武统筇竹寺组裂陷期斜坡—盆地相海相泥岩，储层为震旦系灯影组和寒武系龙王庙组石灰岩，盖层为灯三段泥质岩、筇竹寺组泥质岩和高台组泥灰岩或膏盐岩，烃源槽位于古隆起的侧翼，后期烃源岩侧接并披覆于古隆起—斜坡之上，烃源岩与储层通过深大断裂侧接或直接接触，表现出典型的旁生侧储型油气成藏模式（图6-3-3）。

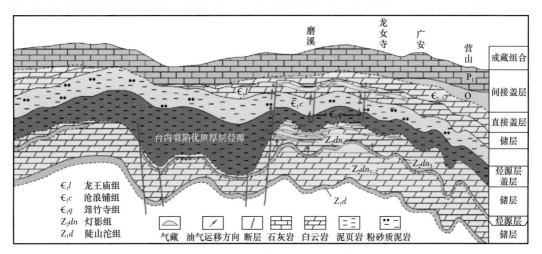

图 6-3-3　四川盆地川中古隆起安岳气田旁生侧储油气成藏模式（据沈安江等，2020）

三、碎屑岩大中型地层油气藏形成条件与主控因素

大型碎屑岩地层油气藏平面上主要分布于古斜坡、古隆起周缘等地层超覆、削截区

及规模有效储层发育区，纵向上发育在大型不整合面、巨型不整合面附近，其油气成藏通常受沉积相（"相"控）、断层＋不整合面（"面"控）、古地形（"形"控）控制，而具有以下三方面特征。

1. 规模有效储层发育、分布受相带与地形控制

大型碎屑岩地层油气藏的储集砂体成因类型多样，包括洪积扇、扇三角洲、河流、曲流河三角洲、辫状河三角洲和砂质碎屑流等。单一地层油气藏通常以某一类砂体为主（如三角洲砂体），但区域上发育的地层油气藏群可以同时存在多种成因相关的砂体类型（如三角洲和三角洲前缘滑塌形成的砂质碎屑流砂体）。与碳酸盐岩地层油气藏和火山岩地层油气藏不同，在已发现的大型碎屑岩地层油气藏中，优质储层的发育多受原始沉积相带控制，尽管在一些情况下（如古潜山型地层油气藏）大范围储层"甜点区"也可因为后期风化淋滤作用而形成。沉积理论模型和油气勘探实践表明在冲积扇、河流、三角洲和重力流等不同沉积体系中，常具有特定的、可预测的有利储集相带：包括冲积扇扇中（或扇三角洲前缘）河道、沙坝（如新疆克拉玛依油田二叠系和三叠系砂砾岩冲积扇/扇三角洲储层），河流点坝和心滩（如松辽盆地白垩系河流相储层），河流三角洲前缘水下分流河道、河口坝、远端坝（如渤海湾盆地古近系三角洲储层），重力流水道和朵体等（如鄂尔多斯盆地三叠系重力流储层）。碎屑岩地层油气藏储层分布在不同程度上受地形地貌控制，尤其是沉积期的古地形坡折与古沟槽地貌。不同成因地形坡折（如构造坡折、侵蚀坡折）可以控制沉积砂体的分散和卸载，从而控制有利储层的空间分布。例如东部渤海湾断陷盆地和西部准噶尔盆地中广泛发育的各种坡折带，普遍对应砂岩厚度和砂岩层数的加厚带，在坡折带平台区通常发育扇三角洲前缘、湖底扇等有利储集砂岩体（林畅松等，2000；唐勇等，2018）。古沟槽地貌作为沉积物的重要输送通道，同样控制了有利砂体的分布。勘探证实，湖盆中古沟槽发育区常是重要物源注入区和厚层砂砾岩体沉积区。坡折地形和沟槽地貌通常发育盆缘（或隆起周缘）斜坡区，在大型湖侵背景下，该区砂体易叠加连片，形成规模有效储层。另外，值得一提的是，该区通常也发育地层超覆/剥蚀尖灭带，是大型地层圈闭形成的有利区。因此，在识别储层成因类型基础上，深入分析其有利相带和古地形地貌发育演化特征，对于有利储层预测及进一步锁定大型地层油气藏有利发育层段和空间位置具有重要意义。

2. 源—储配置模式决定输导体系类型和组合样式

碎屑岩地层油气藏的输导体系包括断裂、不整合面和渗透性砂（砾）岩输导层三大类，它们通常在空间上有不同的组合样式，形成复合输导体系，而较少作为单一输导体系出现。碎屑岩地层油气藏发育的输导体系类型和组合样式与其源—储配置模式有关，其中最常见的配置模式有源内"自生自储型"和源外"下生上储型"两种，前者的储层位于大套烃源岩内部，油气运移距离较短，而后者的主力油层与烃源岩之间常常相隔多个层系，垂向间距可达数千米，横向上可相隔数十千米，因此其油气运移的纵横跨度大。不同的源—储配置模式决定了油气运移的距离、方向和特征，从而决定了油气输输导体

系类型和组合样式。源内自生自储型碎屑岩地层油气藏以油气侧向运移为主，垂向短距离运移为辅，通常以渗透性砂体输导层与断层为主要输导体系，两者在空间上的组合通常较为简单；一些情况下不整合面对于油气的侧向运移和垂向运移也可起到一定的沟通、调整作用，从而形成较为复杂的组合样式。对于源外下生自储型碎屑岩地层油气藏而言，油气成藏必须有沟通烃源岩与储层的纵向、横向复合输导体系。其中，切入烃源岩但未刺穿区域性盖层的油源断裂是油气跨层、长距离垂向运移的关键。之前研究较多关注挤压或拉张性的深大断裂的输导作用，近年来研究发现，可调节走滑性质，断面陡倾、断距较小的断层常成排成带出现，对于油气垂向运移也有十分重要的作用。而渗透性砂体输导层和不整合，尤其是大型区域性不整合，则在油气横向长距离运移、调整中意义重大。这些区域性不整合是长期暴露剥蚀的产物，不整合面附近岩石物性较好，并且多期不整合可以叠加复合，形成油气运移的"高速通道"。油源断裂、区域性不整合面以及砂体输导层在三维空间上可形成复合、立体的输导体系，是油气纵横大跨度运聚形成大型地层油气藏的关键。例如，准噶尔盆地西北缘玛湖凹陷二叠系、三叠系碎屑岩地层油气藏发育一系列具有调节走滑性质的断层，这些断层断开了上二叠统—下三叠统储层，向下直接沟通下二叠统风城组烃源岩，向上则被上三叠统巨厚的区域性泥岩封盖。凹陷中心区风城组烃源岩生成的油气通过这些断裂垂向长距离后，通过二叠系内部不整合（如 P_3w/P_2w ）和二叠系顶部不整合（如 T_1b/P_3w ）等区域性大型不整合面侧向调整，最终在凹陷斜坡区形成了大型地层油气藏。

3. 圈闭类型多样，其中地层超覆型最容易大面积成藏

碎屑岩地层油气藏的圈闭类型可分为不整合之上的地层超覆型、不整合之下的遮挡型和不整合之间的超覆—遮挡复合型三大类。其中，不整合之下的遮挡型又可分为地层削截型和古潜山型两类。有些学者根据被削截地层的几何形态特征，把地层削截型圈闭又进一步划分为单斜削截型和背斜削截型。尽管碎屑岩地层圈闭类型众多，但在国内外已发现的碎屑岩地层油气藏中，大型（特大型）油气藏主要还是发育在地层超覆型这类圈闭中。例如著名的美国东得克萨斯大油田，就是由于上白垩统乌德宾组砂岩超覆沉积在下白垩统不整合面之上，油气聚集其中而成，总可采储量达 7.8×10^8 t，累计产油量已超过 5.0×10^8 t，是美国最大油田之一。近年来，在我国西部准噶尔盆地中发现的玛湖大油田，也是由于上二叠统上乌尔禾组和下三叠统百口泉组大面积超覆于下伏不整合面之上，下二叠统生成的油气充注其中而形成，累计地质储量达 10×10^8 t 以上。世界上已发现很多这类地层超覆型油气藏，综合分析发现，它们拥有一些共性特征，使其容易大面积成藏。这类油气藏通常位于地形坡度较缓的滨海、滨湖区的水陆交替地带，水体进退造成的超覆和退覆作用，容易形成大面积叠置连片的砂体、广泛分布的洪泛泥岩盖层和大规模的地层超覆圈闭，它们往往沿着古岸线附近成片成带、多层系分布，形成多个、多层地层超覆型油气藏，因此发现一个就可能找到一大片地层油气藏。相比较而言，不整合之下遮挡型圈闭由于不整合对下伏储层不同程度的剥蚀，下伏地层较高角度掀斜，以及不整合面之下风化黏土盖层分布的非均质性，形成的油气藏在平面上和垂向上往往较为孤立，

难以像地层超覆型油气藏一样大面积、大规模分布，并且预测难度也更大。

4. 大型碎屑岩地层油气藏成藏模式

由于碎屑岩地层油气藏常受不整合面（"面控"），地形地貌（"形控"）和沉积相带（"相控"）及断层等多种因素控制，因此碎屑岩地层油气藏划分存在多种方案。考虑到不整合面是地层油气藏必不可少的核心要素，可以将碎屑岩地层油气藏划分为不整合之上的超覆型砂（砾）岩地层油气藏、不整合之下的遮挡型砂（砾）岩地层油气藏和不整合之间的超覆—遮挡复合型砂（砾）岩地层油气藏三大类。超覆型砂（砾）岩地层油气藏：超覆型砂（砾）岩地层油气藏主要发育于长期继承性的古斜坡（盆缘或盆内隆起周缘）地层超覆区，具有成带成片、多层系分布的特点。从源储配置模式来看，该类油气藏既可以是源内自生自储型，又可以是源外下生上储型（如渤海湾盆地歧口凹陷埕海斜坡区地层油气藏），但以后者居多。超覆型砂（砾）岩地层油气藏主要受沉积相带、断层 + 不整合面 / 渗透性输导层复合输导体系和继承性古地形控制：规模有效储层主要为岸线附近的浅水有利相带，如河流 / 扇三角洲前缘、滨浅湖滩坝等（浊流、砂质碎屑流等重力流沉积一般不出现在该类油气藏中），并且这些低水位期形成的浅水相储集砂体往往被后期海（湖）相洪泛泥岩垂向、侧向遮挡封堵，形成有利的储—盖组合；另外该类油气藏的形成一般需通过油源断裂垂向沟通烃源岩和储层，以及不整合面或渗透性输导层对油气运移作侧向调整；油气经不同距离的纵横运移后，到达地层超覆型圈闭中聚集，这些圈闭通常位于长期继承性的古斜坡（盆缘或盆内隆起周缘）区，这些地形区域不仅是超覆型圈闭形成有利区，而且也是上述有利沉积相带及油气运聚的优势指向区。

遮挡型砂砾岩地层油气藏：遮挡型砂（砾）岩地层油气藏主要发育于盆缘或盆内隆起周缘地层明显削蚀区，可多层系出现但常孤立分布（图 6-3-4）。其源—储配置多为源外下生上储型，油气成藏受断裂和不整合的明显控制。由于油源离主力油层较远，油气需跨层系垂向运移，因此沟通烃源岩和储层的深大断裂往往必不可少。例如塔里木盆地塔河油田地层削截型油气藏、渤海湾盆地黄骅坳陷潜山型油气藏、准噶尔盆地西北缘地层削截型油气藏等遮挡型油气藏的源—储垂向距离达数千米（图 6-3-4），张性、走滑等不同性质的深大断裂对于这些地区油气的长距离垂向运移起到了十分重要的作用，而且在较大程度上也决定了其遮挡型地层油气藏的主要富集区。不整合是遮挡型地层油气藏形成的另一决定性因素，也是认识其成藏模式的一个关键，主要体现在三方面：首先不整合面可以与断裂可以形成复合立体输导体系，在油气运移中起到了重要的输导、调整作用；其次大型不整合面的形成过程中，风化淋滤作用可以对下伏地层的储集物性进行一定程度的改善，形成储层"甜点区"；此外不整合结构（不整合面及上下地层组合特征）对于油气封堵至关重要，只有特定的不整合结构，如角度不整合面之下依次发育一定厚度的风化黏土层和砂（砾）岩储层（如准噶尔盆地西北缘二叠系地层油气藏），或角度不整合面直接与下伏砂（砾）岩储层接触但不整合面之上发育较厚的水进洪泛泥岩层或致密岩层（如塔里木盆地塔河油田志留系地层油气藏），才可以形成油气聚集的有效圈闭。

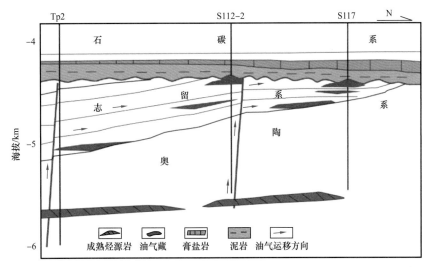

图 6-3-4　不整合遮挡（地层削截）型油气成藏模式（塔里木盆地塔河油田志留系碎屑岩）

超覆—遮挡复合型砂砾岩地层油气藏：超覆—遮挡复合型砂（砾）岩地层油气藏主要发育于盆缘或盆内继承性隆起周缘，地层超覆与地层削截都有发育，属于地层超覆与不整合遮挡之间的过渡类型，兼有二者的典型特征。这类油气藏夹持在两个不整合面之间，受上下"双不整合"控制。两期或多期构造运动形成的两个大型不整合在古构造高部位叠加复合，在相对较低的构造部位独立存在，从而提供了复合型砂砾岩地层油气藏的形成空间。其中下部不整合控制了以超覆型为主的地层油气藏，而上部不整合则控制了以削截型为主的地层油气藏。例如新疆准噶尔盆地北三台地区中—上侏罗统发育在中侏罗统底部不整合和白垩系底部不整合区域性的二级层序界面之间，在中侏罗统底部整合附近形成了以超覆型为主的地层油气藏，而在白垩系底部不整合附近则形成了以削截型为主的地层油气藏。

四、火山岩大中型地层油气藏形成条件与主控因素

火山岩地层油气藏一般与火山岩风化壳相关，埋藏深度大，具有分布范围广，储集、成藏类型复杂多变，一般具有以下四个方面特点。

1. 火山岩地层油气藏为它源型，具有多类源储配置方式

由于火山岩主要作为储层，地层本身不具备生烃能力，油气来源于上覆、下伏或与火山岩伴生烃源岩层系，表现出典型的它源成藏特点。基于烃源岩与火山岩储层相互关系，可以形成自生自储、新生古储、下生上储等三类源—储配置模式。

自生自储型：是指火山岩与同时期烃源岩地层伴生，烃源岩生成的油气在同期火山岩地层中成藏。如准噶尔盆地陆东地区石炭系的克拉美丽气田，其储层为石炭系火山岩（安山岩、流纹岩等），烃源岩为一套与火山岩同期（石炭纪）形成的海陆交互相的碳质泥岩，该套碳质泥岩生成的天然气在石炭系火山岩风化壳或内幕储层中成藏，为典型的自生自储型源储配置模式（图 6-3-5）。

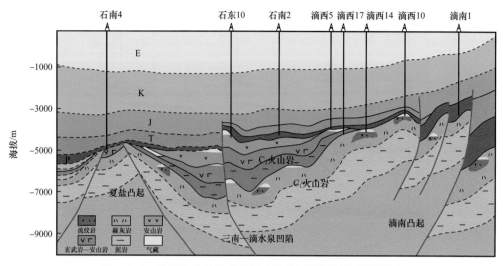

图 6-3-5　准噶尔盆地陆东地区克拉美丽气田源储配置模式

新生古储型：指火山岩地层之后的烃源岩层系生成的油气在火山岩储层中成藏。如准噶尔盆地西北缘断阶带石炭系火山岩地层中的油气藏，其储层为石炭系火山岩风化壳储层，烃源岩为二叠系风城组湖相泥岩，晚期二叠系烃源岩生成的油气在早期的石炭系风化壳储层中聚集成藏。烃源岩与火山岩储层主要通过深大断裂—不整合沟通，为典型的新生古储源储配置模式（图 6-3-6）。

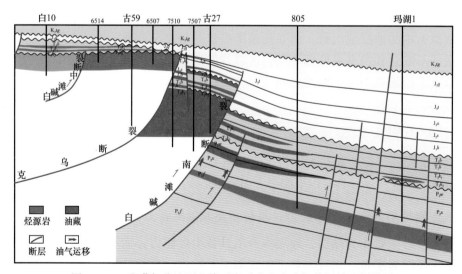

图 6-3-6　准噶尔盆地西北缘石炭系火山岩油气藏源储配置模式

下生上储型：指火山岩储层在上面，烃源层系在下面，下伏烃源岩生成的油气通过断裂垂向输导至其上的火山岩储层中聚集成藏。如四川盆地川中地区二叠系火山岩气藏，其储层为二叠系玄武质火山碎屑岩，烃源岩为下伏寒武系筇竹寺组海相泥质烃源岩，早期寒武系烃源岩生成的天然气通过断裂垂向沟通上覆二叠系玄武质火山碎屑岩储层中聚集成藏，为典型的下生上储的源储配置模式（图 6-3-7）。

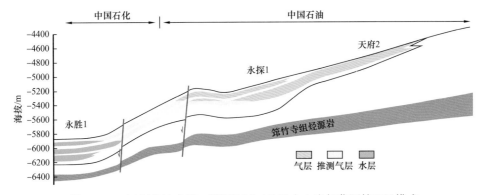

图 6-3-7　四川盆地成都—简阳地区二叠系火山岩气藏源储配置模式

2. 火山岩地层油气藏形成条件及控制因素

1）储层受火山岩岩性岩相及次生改造作用控制

火山岩一方面岩性、岩相复杂，岩性可划分为基性火山岩、酸性火山岩、中酸性火山岩，岩相带包括爆发相、溢流相和火山沉积相等。同时，火山岩形成后遭受长期风化剥蚀与次生改造，储集空间复杂，包括原生孔、溶蚀孔洞及裂缝。火山岩储层质量好坏一方面与原始火山岩的岩性、岩相密切相关，同时风化淋滤、溶蚀、裂缝等次生改造作用对火山岩储集性能影响大。火山岩储层储集空间包括原生孔、次生溶蚀孔和裂缝，裂缝连通孤立孔洞，孔洞缝相互交织，形成复杂的储集空间。原生孔隙主要为气孔、粒内孔和粒间孔，形成于火山岩固化成岩阶段，次生孔隙主要指溶蚀孔，形成于火山岩成岩之后，裂缝以构造缝为主，溶蚀缝次之，冷凝收缩缝主要发育于火山熔岩中，砾间缝普遍发育于火山角砾岩中。

原生型火山岩储层的储集性能主要受岩性、岩相控制。岩性不同，储集性能不同。如准噶尔盆地五彩湾凹陷原生型火山岩中，火山碎屑岩、安山岩、凝灰岩、玄武岩平均孔隙度分别为 9.84%、8.14%、7.92%、5.89%。岩相是影响原生型火山岩储层物性的重要因素，不同岩相、亚相储集物性各不相同。火山通道相储集空间主要为孤立的气孔及火山碎屑间孔；火山爆发相砾间孔及气孔发育；火山喷溢相熔岩原生气孔发育，次生孔隙主要表现为长石溶蚀和经脱玻化收缩后产生的孔隙；侵出相中心带亚相储集空间包括裂缝、溶孔、晶间孔等微孔隙，储集物性较好，是有利的储集相带。国内外已发现的中—新生界火山岩油气藏储层以原状火山岩为主，有效储层主要受岩性、岩相控制，爆发相及溢流相、火山角砾岩及流纹岩等均可形成有效储层，孔隙度均值 6%～11%，其他岩性、岩相很难形成有效储层，油气产能主要受控于原状火山岩的储集性能。

火山喷发环境影响原生储集空间发育程度。喷发环境对火山岩储集空间具有很大影响。深水喷发时，岩浆中的挥发成分不容易逃逸难以形成气孔，故原生气孔不发育，加之水体共同作用，火山岩发生明显蚀变和充填，使原生孔隙减少。浅水环境或陆上喷发时，特别是喷发时遇大气降水，一方面熔浆中的挥发成分可大量逃逸形成原生气孔，另一方面由于炽热岩浆突遇水体产生淬火作用形成大量原生微裂隙，把原生气孔很好地连通起来，构成良好的原始储集空间。

风化淋蚀作用控制风化壳储层发育。火山岩形成后遭受长期暴露风化淋滤，往往形成风化壳储层。火山岩风化壳是指抬升背景下，火山岩在表生环境中经风化淋蚀等物理风化、化学风化后形成的似层状地质体。完整火山岩风化壳具有五层结构，即土壤层、水解带、淋蚀带、崩解带和母岩，有利储层主要发育于淋蚀带和崩解带内。土壤层中多为次生矿物，成土状；水解带以泥岩和火山岩细小颗粒为主，多数风化分解破碎为泥土，以蚀变作用为主；淋蚀带中溶蚀孔和裂缝发育，风化淋蚀、构造碎裂和热液蚀变作用强；崩解带以火山岩碎块为主，块体较大，见少量气孔，微裂缝较发育；母岩中火山岩块体完整，孔、洞、缝不发育。淋蚀带和崩解带能够形成有效储层，其他结构层和母岩不能形成有效储层。火山岩风化壳储层物性明显好于同时代原生型火山岩储层，但相同表生环境下不同岩性形成的储集性能存在差别。

因此，受沉积间断时间、风化程度和裂缝发育程度等差异控制，火山岩风化壳不同结构层物性差异较大，火山岩风化壳不同结构层从非储层到 I 类储层变化，其中淋蚀带和崩解 I 带分别为主要油气储产层、次要油气储产层。土壤层主要分布于古地貌的低部位和斜坡带，高部位一般缺失，为非储层，且由于局部分布，也不能形成区域封盖。水解带为非有效储层或差储层，此结构层中一般可见油气显示，但不能形成工业产能。淋蚀带一般为 I 类—III 类储层，是主要油气储产层。崩解 I 带一般为 II 类—III 类储层，是次要油气储产层。崩解 II 带一般为 III 类—IV 类储层，对油气产出贡献小。母岩保持原状火山岩特征，以原生孔为主，溶蚀孔隙与裂缝不发育，一般为 IV 类储层或非储层。

火山岩风化壳主要分布于古地貌高部位、斜坡带及断裂发育的低洼部位。挤压环境中地层整体抬升，遭受表生环境的风化淋蚀，古地貌高部位和斜坡部位为强剥蚀区、强风化淋蚀区，特别是杏仁体中的物质易发生溶蚀；大气淡水沿断裂下渗，在断裂和微裂缝发育处更易发生溶蚀；低洼部位被风化物覆盖，接受再沉积，溶蚀作用较弱，为部分淋蚀区，一般风化壳厚度较薄，这点已被油气勘探证实。因此，火山岩风化壳主要分布于古地貌高部位、斜坡带和断裂发育处，特别是断裂发育处的火山岩风化壳更易形成高产。

2）输导体系复杂，断裂—不整合复合输导为主

火山岩油气藏属于它源成藏，必须有输导体系将烃源岩与储层沟通才能成藏。火山岩油气藏输导体系包括断裂、不整合和输导层，通过输导体系沟通，烃源岩与火山岩储层实现直接接触或间接接触。

火山岩油气藏存在垂向、侧向、混合型三种输导体系。垂向输导体系主要包括断层、裂缝等；侧向输导体系主要指不整合面和横向分布比较稳定的渗透性岩层。混合型输导体系是由垂向与侧向输导体系在三维空间内相互组合而成的。

一般火山岩源—储配置模式决定输导体系类型和输导模式。对于自生自储型源储配置，输导体系可以是断裂，也可以是不整合，还可以是输导层，更多是三种要素的复合，主要取决于烃源岩与火山岩储层的相互关系，如果烃源岩在火山岩储层下面，以断裂输导沟通为主，如烃源岩在火山岩储层的侧面，则以断裂—不整合复合输导为主，如果火

山岩储层夹持于烃源岩之中，则输导层直接输导。如准噶尔盆地克拉美丽石炭系火山岩气田，石炭系烃源岩生成的天然气通过断裂—不整合输导聚集于石炭系火山岩储层中成藏。

对于新生古储型源—储配置，往往是通过垂向断裂—不整合沟通烃源岩与火山岩储集层，其输导体系为断裂和不整合，如准噶尔盆地西北缘断阶带石炭系火山岩中的系列油气藏，晚期二叠系烃源岩通过古凸起边缘的深大断裂和凸起之上的不整合与石炭系火山岩储层沟通，二叠系风城组二叠系烃源岩生成的油气通过深大断裂—不整合复合输导与石炭系火山岩风化壳或内幕储层中聚集成藏。

对于下生上储型源储配置，一般是通过垂向断裂沟通烃源岩与火山岩储层，其输导体系为断裂，如四川盆地成都—简阳地区的二叠系火山岩气藏，下伏早期寒武系邛竹寺组烃源岩生成的天然气通过断裂垂向输导至上覆二叠系玄武质火山岩碎屑岩储层中聚集成藏。因此，火山岩油气成藏的输导方式主要取决于烃源岩与火山岩储层之间的相互关系、距离和之间的沟通要素，但油气成藏过程的复杂性和地质要素关系，往往以复合输导为主。

3）岩性—地层复合圈闭为主，风化壳、内幕等多类油气藏

只有发育火山岩储层，才有可能形成火山岩地层油气藏。火山岩储层分原生型和次生型。爆发相火山角砾岩、火山碎屑岩本身原生孔隙发育，形成良好的原生储层，与封盖遮挡层配置形成岩性圈闭；而早期火山岩形成后受长期暴露、风化淋滤和断裂—裂缝改造，形成非常好的次生风化壳储层，与封盖遮挡层配置形成地层型圈闭。火山岩原生孔隙发育，遭受暴露时渗滤性强，容易形成次生溶蚀孔洞发育的风化壳储层。火山岩形成后的隆升、块断作用往往导致火山岩地层遭受暴露、风化剥蚀。古隆起高部位、高断块、深大断裂附近是火山岩次生孔隙、裂缝储层最发育部位。火山岩原生成储作用和次生成储作用相互叠加复合，在古隆起、高断块及深大断裂附近往往形成构造—岩性—地层复合型的圈闭。因此，原生火山岩储层、次生火山岩储层与构造（包括断层）要素复合叠加可以形成多种类型的圈闭，进而形成多种类型火山岩油气藏。

基于岩性、地层和构造（断层）要素的配置，可以划分出6种火山岩岩性地层圈闭（或油气藏），包括地层型、岩性—地层型、构造—地层型、断层—岩性—地层复合型、岩性型、断层—岩性型。

地层型火山岩油气藏：储层以火山岩风化壳为主，其周围受非渗透性地层所限，上覆非渗透性新地层遮挡形成有效圈闭。含油气面积和油气高度受火山岩风化壳范围和厚度控制，具有统一油气水界面和压力系统。

岩性—地层型火山岩油气藏：有效圈闭受火山岩风化壳和岩性、岩相双重因素控制，以风化壳为主，上覆非渗透性新地层遮挡。其含油气面积和油气柱高度受火山岩风化壳范围和厚度控制，具有统一油气水界面和压力系统。

构造—地层型火山岩油气藏：有效圈闭受构造和风化壳双重因素控制，以风化壳控制为主。具有统一油气水界面和压力系统，油气藏边界受风化壳和溢出点控制。

断层—岩性—地层复合型火山岩油气藏：储层受岩性、岩相和风化壳多重因素控制，

同时，火山喷发间歇期的短暂风化淋滤，形成呈层状分布的储层，周围被非渗透性地层、断层所限形成有效圈闭。每个断块内部具有统一油气水界面和压力系统，油气藏面积和油气高度受火山岩风化壳、岩性、岩相综合因素控制。

岩性型火山岩油气藏：以层状火山岩岩体、透镜状火山岩岩体或其他不规则状火山岩岩体为储层，其周围被非渗透性地层所限形成有效圈闭。无统一油气水界面和压力系统，油气藏面积和高度受火山岩外部形态和厚度控制。

断层—岩性型火山岩油气藏：有效圈闭形成受地层和岩性双重因素控制，以岩性控制为主。具有统一油气水界面和压力系统，油气藏边界受岩性边界和溢出点控制。

鉴于火山岩油气他源成藏特点和原生储层、次生储层形成条件，其主要油气藏类型为构造（断层）—地层复合型和构造（断层）—岩性复合型。

3. 大型火山岩地层油气藏成藏模式

火山岩地层油气藏类型多样，根据主控因素可以划分出地层型、岩性—地层型、构造—地层型、断层—岩性—地层复合型、岩性型、断层—岩性型等。由于受火山岩地层储层发育特殊性，火山岩油气藏主要划分为地层型、偏岩性型和复合型。根据火山岩油气藏储层的主要类型，大致可以分为火山岩风化壳地层油气藏、火山岩内幕地层油气藏两大类。每一类火山岩地层油气藏常常与构造、断层复合，形成构造—地层型火山岩油气藏。

1）火山岩风化壳地层油气藏

油气藏主要受火山岩地层顶部风化壳储层控制，一般发育于隆起（凸起）高部位不整合面之下的火山岩风化淋滤带，具有层状、似层状分布特点。如准噶尔盆地陆东地区滴南凸起之上的克拉美丽大气田，凸起高部位石炭系火山岩地层遭受长期风化淋滤形成风化壳储层，石炭系海陆交互相煤系烃源岩生成的天然气通过不整合—断裂输导充注于其中，在上覆二叠系梧桐沟组区域泥岩封盖下形成地层型气藏（图6-3-8）。滴南凸起高

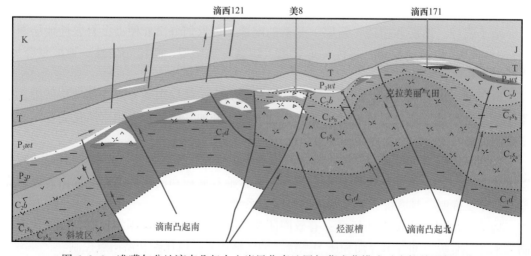

图6-3-8　准噶尔盆地滴南凸起火山岩风化壳地层气藏成藏模式（克拉美丽气田）

部位遭受长期的风化淋滤（46.3Ma），风化壳储层发育，多个局部高点形成多个地层型气藏，具有独立的气水关系，具有似层状结构。克拉美丽气田为大型复合火山岩地层型气藏，探明储量超过 $1000 \times 10^8 m^3$，是我国少有的大型火山岩地层气藏。

2）火山岩内幕型油气藏

油气藏不发育在火山岩地层顶部，而发育于火山岩地层内部或层间。火山岩地层没有遭受长期风化淋滤，储层主要受火山岩岩性、岩相控制，发育原生孔隙及次生裂缝。如准噶尔盆地阜东斜坡区，储层为夹持于石炭系地层内幕的松克尔苏组爆发相火山角砾岩和溢流相安山岩，储层类型包括孔隙型和裂缝型，孔隙型储层储集空间以溶孔和气孔为主，裂缝型储层储集空间以微裂缝为主，石炭系滴水泉组烃源岩生成的天然气通过断裂—不整合输送到内幕型火山岩储层中聚集成藏（图 6-3-9）。再如四川盆地简阳—三台地区二叠系火山岩气藏，主要受控于二叠系玄武岩中的爆发—喷溢相玄武质火山碎屑岩段，其孔隙发育、物性好，也属于一套内幕型火山岩地层气藏。火山岩内幕地层气藏分布于物性较好的火山岩地层，具有层状分布特征。

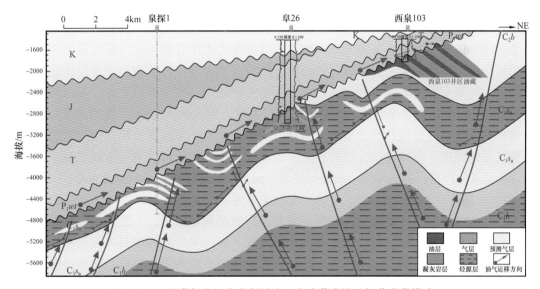

图 6-3-9　准噶尔盆地阜东斜坡火山岩内幕岩性油气藏成藏模式

五、变质岩大中型地层油气藏形成条件与主控因素

基岩地层油气藏是指盆地结晶基底或沉积层形成之前的基岩中发育的油气藏，储集体为变质岩、花岗岩及火成岩等杂岩体，聚集其上覆或侧向烃源岩生成的油气，包括基岩风化壳（潜山）油气藏、基岩内幕油气藏和基岩披覆油气藏等。基岩油气藏分布十分普遍，在构造活动强烈的裂陷盆地、走滑盆地和前陆盆地均有发育，以岩性地层油气藏为主。目前全球已在超过 30 个盆地中均有发现。基岩地层油气藏属于典型基岩顶部"不整合面"相关的油气藏，与"不整合面"相关的风化作用、溶蚀作用、破裂作用、成岩作用等均影响基岩油气藏形成分布，同时基岩储集岩类、储集空间类型、圈闭类型、流体分布类型复杂多变，因此基岩地层油气藏结构复杂，油气藏分布复杂。

1. 基岩地层油气藏特点

1）基底形成时间早，油气藏新生古储

基岩地层不具备生烃能力，油气来自上覆年轻的烃源岩地层，因此基岩油气藏具有"新生古储"型的成藏组合。如美国堪萨斯中央隆起带前寒武系石英岩及花岗岩基岩油气藏油源来自上覆宾夕法尼亚系和翼部寒武系—奥陶系阿布克组；利比亚锡尔特盆地拉克布古隆起上奥杰拉前寒武系火成岩基岩油藏油源来自超覆于基岩潜山周围的晚白垩系页岩；渤海湾盆地下古生界—震旦系海相碳酸盐岩基岩油气藏，油源来自潜山顶部不整合面的上覆层及侧向环绕的陆相古近系；酒泉盆地鸭儿峡志留系变质岩基岩油藏油源来自白垩系灰黑色页岩，生油岩厚度近300m。

2）储层岩性复杂、储集空间类型多

基岩油气藏储层岩性包括花岗岩、火山岩、碳酸盐岩、变质岩、风化壳底砾岩等，储集空间包括原生孔隙、次生溶孔和裂缝。相对于成层性明显的碎屑岩和碳酸盐岩来说，基岩地层具镶嵌结构、地层时代老、埋藏深度大、原生孔隙不发育，必须经过系列构造、风化等次生作用改造才能成为有利储层。基岩地层经过风化剥蚀、淋滤溶蚀及多期构造活动改造形成溶孔溶洞、节理劈理和断裂裂缝等多类次生孔隙空间。基岩顶部不整合之下为风化黏土层和半风化淋滤带，经历构造抬升、褶皱挤压、断裂运动及块体翘倾运动改造及大气淡水淋滤溶蚀等作用，在基岩顶部形成裂缝、孔洞型储集体。基岩地层受多期构造运动影响，发育多期次、多方向的构造裂缝，形成纵横交错、"藕断丝连"的空间展布特点，组成内幕网状裂缝系统；岩性、断裂、地貌、深度和风化作用均影响基岩储层裂缝发育程度；花岗岩、火山岩、变质岩和碳酸盐岩比砂泥岩更易形成裂缝；断层陡带、残丘风化严重、裂缝发育、破裂厚度大，而平缓地区风化弱、裂缝发育差。

3）输导体系复杂，供烃方式、源—储配置多样

基岩油气藏输导体系复杂，包括不整合面、断层和储层等。不整合面长期受风化剥蚀，孔隙和裂缝发育，可在二维平面上输送油气，连接基岩和烃源岩；深入基底的深大断层是沟通油源岩与基岩储层关键，断层也可使地层产生升降，导致基岩和烃源岩的直接接触；储层受多期构造、溶蚀作用，本身可作为良好的运移通道。基岩油气的外来性决定基岩与烃源岩为相对独立的岩体，两种类型的岩体具有不同的空间位置，决定了不同的接触方式，形成不同的源储配置模式，基于基岩储层与烃源岩的关系，基岩油气藏可以分为源内供烃和源外供烃，油气自生油层进入基岩大致有四种方式：油气沿不整合面运移进入基岩；通过正断层使下降盘的生油层与上升盘的基岩直接接触，油气侧向运移（断陷盆地）；逆断层使基岩位于生油层之上，生油层与基岩直接接触（褶皱盆地）；基岩与油气输导层接触，且位于油气运移方向。源内直接供烃和沿断层—不整合面供烃是高产基岩潜山的主要供油方式，而源内供烃方式相对好于源外供烃。

根据基岩与烃源岩的位置关系，可以分为垂向直接接触、侧向直接接触和间接接触3种接触类型。垂向直接接触方式是指烃源岩直接披覆于基岩之上；这种方式生成的油气在异常压力作用下从上覆地层中向下倒灌进入储层中，构成源下倒灌型成藏模式，形成

基岩顶部油气藏,如辽河坳陷大民屯凹陷哈36基岩油气藏(图6-3-10)。侧向直接接触方式是由于断裂活动的上下盘发生相对移动或者侵蚀作用形成的谷底形态,烃源岩位于基岩侧翼;浮力和异常压力迫使生成的油气进入储层,构成源边侧供型成藏模式,是基岩内幕油气藏形成的主要方式。如辽河坳陷西部凹陷兴隆台基岩油气藏。间接接触方式是指烃源岩与基岩储层通过断层或者不整合相沟通,油气需要长距离的沟通条件才能进入储层,浮力为油气运移的主要动力,构成源外输导型成藏模式,形成顶部油气藏;如辽河坳陷东部凹陷茨榆坨基岩油气藏。

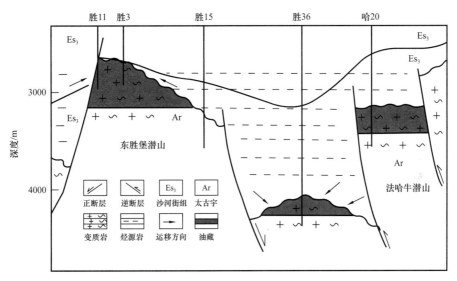

图6-3-10 渤海湾盆地大民屯凹陷源下输导基岩潜山成藏模式

4)圈闭形成时间早、类型多,多期油气充注、多期成藏

基岩作为盆地的基底,圈闭形成最早。由于基岩地层与上覆地层配置方式多样,加上基岩储层本身的强非均质性和多样性,往往形成多种类型的基岩圈闭,主要包括基岩潜山风化壳、基岩内幕和基岩潜山披覆等岩性—地层圈闭。基岩一般埋深大,埋藏时间长,上覆烃源层生、排烃时间也早。基岩地层圈闭可以捕获上覆烃源岩多期生成的油气,加上后期构造多期活动与调整,基岩往往具有多期充注、多期成藏的优势。

2.基岩地层油气藏模式

基岩油气藏最广泛的分类是按照油气田所处的位置分为基岩顶部基岩风化壳油气藏和基岩内幕型基岩内幕型油气藏两大类。基岩由于多种成因形成古地貌,其顶部储层与上覆盖层形成储盖组合,形成的油气藏称为基岩风化壳油气藏。基岩内幕油气藏指同岩性之间物性(刚性、塑性)的差异造成了裂缝发育程度的不同,刚性岩石裂缝发育成为储层,塑性岩石裂缝不发育而成为盖层,从而在基岩腹地形成储—盖组合,该类油藏称为基岩内幕型基岩油藏。基岩内幕型油气藏的形成主要与断裂作用有关。

1)基岩风化壳油气藏

如渤海湾盆地渤中凹陷的蓬莱9-1基岩风化壳油气藏是中生代侵入花岗岩潜山遭受

65Ma 的风化淋滤、剥蚀形成规模的裂缝型、孔隙型和孔隙—裂缝混合型风化壳储层，古近系—新近系沙河街组、东营组烃源岩生成油气经断裂—不整合输导充注其中，在基岩顶部形成大型的基岩地层型油气藏（图 6-3-11）。基岩上部孔隙型、孔隙—裂缝型储层发育，横向分布连续性好，原油充满度高，主力油层似层状分布在基岩顶部，为似层状油藏。蓬莱 9-1 基岩油藏为大型复合稠油油藏，探明储量超过 $1.84×10^8m^3$，是中国少有的中生界花岗岩基岩风化壳油藏（夏庆龙等，2013）。

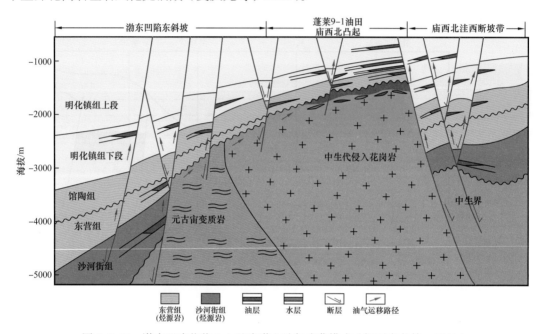

图 6-3-11　渤中凹陷蓬莱 9-1 基岩潜山油气成藏模式（据夏庆龙等，2013）

2）基岩内幕型基岩油气藏

辽河西部凹陷兴隆台太古界变质岩基岩山内幕油藏是太古界花岗岩经历多期次深部裂缝作用形成基岩内幕储层，受深大断裂控制，太古宇潜山与沙三段、沙四段烃源岩直接接触，大面积的供烃，受多期构造活动影响，烃源岩生成的油气向基岩内幕储层多期充注，形成多层系基岩内幕型油气藏。基岩内幕油气藏受其内部非均质性和隔（夹）层控制往往形成多层系含油的格局。

第四节　地层大油气区地质特征与分布规律

大油气形成于统一的构造动力背景，其盆地、凹陷的动力学成因类型基本相同，具有近似统一的烃源层、储层、圈闭类型和盖层等成藏条件。大油气区强调油气聚集与成藏的规模性，突出"由点到面"的拓展。地层大油气区与大型地层不整合直接相关，在构造动力学背景和成藏基本要素方面具有统一性。地层大油气区的分布规律具有成藏的统一性和成藏要素区域差异性。

一、地层大油气区的地质特征

形成地层大油气区的前提是要具备有利的构造条件，有利的盆地构造格局、盆山耦合关系和区域构造演化历程。地层大油气区类型多样，地质特征各异，但成藏条件相似，地层大油气区的地质特征可以概括为以下几点。

1. 区域构造背景具有统一性

地层油气区具有统一的构造背景，主要发育在陆相坳陷盆地、前陆盆地、海相克拉通和陆相断陷盆地洼槽—斜坡区。按照构造动力学的性质，中国含油气盆地分为坳陷盆地、前陆盆地、海相克拉通和断陷盆地四大类。总体来看，坳陷盆地、前陆盆地、海相克拉通三大类盆地规模大、结构相对简单、具备形成大油气区的地质条件，是形成大型地层油气藏的主要盆地类型。断陷盆地一般规模较小、断裂发育、构造复杂、含油气面积较小，油气复式聚集，主要形成复式油气聚集带，但是在一些相对简单的断陷盆地和复杂断陷洼槽斜坡区也可以形成储量规模相对较大的大型油气聚集区。

通地层圈闭 / 油气藏形成的核心条件是地层的超覆或剥蚀，这些条件或因素在纵向上和横向上受沉积相、成岩相及其变化的控制，其中沉积相对储集体分布和圈闭 / 油气藏的形成具有决定性的控制作用，不仅中低丰度大型油气田，而且不同丰度、不同规模的油气田的富集和分布均受有利的沉积相带控制。有利的构造条件控制沉积、圈闭及油气运移和聚集。构造条件对大型油气田的形成和分布的控制作用，主要表现在：（1）平缓稳定的构造背景控制大型沉积体系和储集体的形成和分布；（2）构造活动形成的断层在活动期可作为输导体系或其组成部分，在静止期起封堵作用作为圈闭的形成条件；（3）断层及其伴生裂缝可大幅改善储集性能尤其对大面积低孔隙度、低渗透率储层的改造意义更为重大；（4）构造—热活动对成岩流体和能量的控制直接影响成岩作用的类型、演化及其储层发育的结果；（5）构造变形形成的古隆起、鼻凸 / 斜坡等成为聚油背景或形成圈闭。

2. 油气藏类型具有相对单一性

油气的聚集区带和分布具有"三面控制"（不整合面、断层面和洪泛面）的特征。油藏的分布具有"五带富集"的规律，即有利的沉积相带、断裂裂缝发育带、次生孔隙发育带、地层尖灭带、流体性质突变带。大型油气区具有统一的构造动力背景、基本相似的优质烃源岩、基本相似的有利储集体、基本相似的圈闭类型群或聚集条件、基本相似的有效区域盖层。因为相似的成藏条件和聚集条件，大型油气区通常由多个油气藏类型并存，单以某一个类型油气藏为主，但可以以某一种为主。如鄂尔多斯盆地下古生界奥陶系风化壳大气区、中生界侏罗系 / 二叠系大油区分别以地层气藏和地层油气藏为主；塔里木盆地奥陶系风化壳和内幕以地层油藏为主。柴达木盆地基岩型油气藏则呈现出不同区域存在差异，柴西南基岩因为柴西地区烃源岩成熟度较低，发育地层油藏为主；而柴北缘则因为烃源岩层的成熟度较高，形成大型地层气藏。

3. 大规模储集体及其非均质性

有利的成岩作用是低孔隙度、低渗透率背景中相对高孔隙度、高渗透率储层形成的关键和前提。次生孔隙发育带的分布与成岩阶段及成岩相有着密切的关系。有利的成岩相带控制储层物性、储量和产能。建设性成岩作用按功能的不同可以分为三类：一是薄膜胶结阻止后期颗粒次生加大或颗粒间胶结物的形成，如绿泥石薄膜胶结相；二是次生溶蚀作用，如各种胶结物或颗粒的溶蚀作用、风化淋滤作用、TSR 作用等；三是矿物转换所引起的体积缩小，如白云岩化作用等。这些成岩作用和成岩相是优质储层及大油气田分布的有利区。有利的成岩相带决定优质储层及石油富集分布。

陆相碎屑岩储层中普遍存在的次生孔隙主要发育在成岩阶段的中成岩 A—B 期，是油气主要分布层段。但次生油藏除外，它也可以分布在早成岩期。次生孔隙主要由碳酸盐类、沸石类胶结物及长石等碎屑颗粒和暗色矿物及火山物质被溶解所致。次生孔隙的形成，除了由有机质产生的有机酸和二氧化碳对岩石组分进行溶解这一机制外，也发现不整合面下的表生淋滤作用和近源砂体断裂带附近由大气淡水溶蚀作用产生的次生孔隙。次生孔隙类型在远源的三角洲前缘砂体和盐湖盆地的滩坝砂体中，一般以胶结物溶解为主；而近源砂体，特别是富火山碎屑的储层及煤系地层中，往往表现为颗粒溶解和部分扩大的粒间孔为主，孔径大、喉道细、渗透率低是这类储层的特点。次生孔隙主要发育在中成岩 A 期的溶解作用阶段，部分在中成岩 B 期，因这一阶段有机质处于低成熟—成熟阶段，有机质脱羧产生的有机酸和二氧化碳浓度最高，泥质岩正处于突变压实阶段，也正是伊/蒙混层黏土矿物处于两次层间水脱出时期。酸性水与岩石中不稳定组分反应形成次生孔隙，所以我国各油田的主力产层，除次生油藏外，多处于中成岩 A 期的储层中，而轻质油和气多产于中成岩 A—B 期的储层中。因此可以根据地温梯度、成岩和黏土矿物的演化阶段，以预测次生孔隙和油气层分布井段。

4. 油气成藏的广泛性

同一个地层大油气聚集区具有类似的成藏条件，油气成藏具有广泛性。大型油气聚集区发育在同一个大型构造背景上，具有相同的生—储—盖组合和运聚模式，储层类型多样，既有常规的碎屑岩、碳酸盐岩，又有火山岩和变质基岩。地层大油气区油气分布不受局部构造控制，纵向上多层系叠置，横向上复合连片，油水关系复杂，无统一的油气水界面，温度，压力和油气比等变化大。同一层段油气藏海拔可以相差 1000~2000m，在同一个油气区内高部位为油气藏含水，而底部位可能为纯油气藏。

5. 油气资源具有规模性

地层大油气区的特征主要体现在地域分布和储量规模上"大"，主要表现在空间范围大、储量规模大和成藏系统大三个方面。含油气面积可以从数百平方千米到数万平方千米，储量规模可以从几亿吨到几十亿吨。油气分布面积大、储量规模大是地层大油气区的一个直接经济参数指标，直接表现已发现石油和天然气储量规模以及最终可探明的储量规模，通常为 $10 \times 10^8 t$ 以上的石油或 $5000 \times 10^8 m^3$ 以上的天然气。这里特别需要说明，大型油气聚集区的储量规模，不仅要看目前探明的规模储量，还要综合考虑该区的资源潜力，评估或预测最终可探明的储量。如果依据现今发现的地层油气藏的成藏条件解剖，认为相似成藏条件且潜力巨大的地区，也归为潜在地层大油气区。

例如，准噶尔盆地湖盆转换期为大型坳陷湖盆，在两套区域不整合之上发育上乌尔禾组（P_3w）和百口泉组（T_1b）两套低位扇三角洲沉积，湖侵体系多期退覆式砂砾岩体"垂向叠加、横向连片"大面积展布，形成"满盆富砂"的局面。准噶尔盆地二叠系／三叠系转换期两套低位规模储集体具有全盆地各富烃凹陷大面积成藏有利条件，除玛湖、吉木萨尔已发现规模岩性地层油气藏外，在沙湾、阜康、东道海子、石树沟等凹陷均具有大面积规模成藏的有利条件，是一个值得重视的满盆勘探的大型岩性地层油气藏领域。全盆地印支期不整合（二叠系／三叠系）之上地层油气藏具有全盆地整体成藏条件，玛湖凹陷已探明规模储量，沙湾、阜康和东道海子凹陷为有利的规模储量接替区。

二、地层大油气区的分布规律

不同类型地层大油气区形成条件、控制因素不同，发育位置不同，分布规律有差别。

1. 三种类型的地层油气区分布规律

1）超覆型地层油气藏分布规律

上超型地层油气藏亚类主要分布于盆地边缘的斜坡带附近，受古地貌坡折控制；披覆型地层油气藏亚类主要分布于盆内古隆起周缘，这两类地层油气藏在凹陷盆地内发育较多。下超型地层油气藏亚类比较少见，一般发育在受构造作用影响的盆地边缘。

2）削截型地层油气藏分布规律

削截型地层油气藏主要位于盆地边缘和盆内古凸起处。如削截单斜型分布在盆缘的斜坡带；削截残丘型和削截褶皱型分布在盆地的高地和古凸起处；削截断块型主要在构造应力集中区域，即盆地边缘和坡折部位出现。

3）风化潜山型地层油气藏分布规律

潜山型地层油气藏主要发育在坳陷盆地中，位于构造高部位，如盆缘潜山和盆内潜山附近。岩壳潜山型地层油气藏分布在盆内的古潜山附近；岩体潜山型地层油气藏分布于盆缘的古潜山；裂缝型和缝洞型分布于盆内古隆起，与变质岩、火山岩由于构造形成的裂缝和碳酸盐岩溶蚀形成的溶洞有关；断壳潜山型地层油气藏在盆缘推覆带发育。

2. 盆地类型与地层油气区分布规律

概括来说，岩性油气藏一般分布于盆地的负向构造附近，而地层油气藏一般分布在盆地的正向构造周围（图6-4-1），纵向上分布在不整合界面上下，横向上分布在古隆起、古凸起、古斜坡和古地理的边、角、坡、湾等处是地层油气藏的基本分布规律。不同类型盆地内或边缘当具备了某种地层油气藏的发育条件后即可形成相应类型的地层油气藏，下面就针对断陷盆地、坳陷盆地、克拉通盆地和前陆盆地来分别阐述。

断陷盆地以断块的差异升降和断层的剧烈活动为特点，断块的构造运动造就了复杂的古地形格局，形成了多期不整合，成为地层油气藏发育的构造背景。古隆起和斜坡带

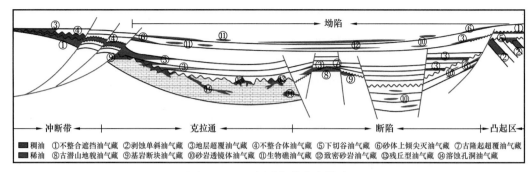

图 6-4-1　地层油气藏分布模式

是削截型地层油气藏的主要富集区，而超覆型地层油气藏主要发育于盆地边缘斜坡带，受湖平面的升降和湖岸线变迁控制；断陷盆地中常见的潜山是各类风化潜山型地层油气藏的主要发育构造单元，主要在盆地基底和古隆起区发育。

坳陷盆地具有稳定的动力学背景和平缓的构造格局，构造活动较弱，以垂向振荡运动为主。湖水进退频繁，且波及面积广，大范围的水进超覆、水退和退覆剥蚀是形成地层油气藏的沉积背景，因此，坳陷盆地的地层油气藏主要在盆地边缘斜坡带出现，受湖水的交互水进、水退形成的砂体控制，此处发育的地层油气藏类型一般为上超型和削截型。

我国大陆古生代各陆块普遍发育克拉通盆地，以海相沉积为主，浅海台地、浅海相—半深海相斜坡及深水盆地是基本的的构造古地理面貌，碳酸盐岩相是主要的沉积相类型。此类盆地多发于缝洞潜山型和岩壳潜山型两类地层油气藏，古隆起及斜坡带断控高能相带油气富集。

3. 地层油气区的相态分布规律

根据地层油气藏中流体相态状况，明显地以油藏占优势，据国外 C&C 数据库统计，在 160 个地层油气藏中，油藏占 75%，气藏占 12%，油气藏占 13%，在任何一种圈闭组合中都可以看到以油藏占优的趋势。如在背斜型地层油气藏中油藏占 75%，在非背斜型地层油气藏中，油藏占 75.6%，在不整合之下的地层油气藏中油藏占 80%，在侵蚀—残余型的地层油气藏中占 82.6%，在不整合之上的地层油气藏中油藏占 75%。在古生代地层中的地层油气藏，油藏占 79%，在中生代地层中的地层油气藏，油藏占 73%；在新生代地层中的地层油气藏，油藏占 83%，其余的为气藏和油气藏。

即便是整个地区的含气率很高，但在地层圈闭中，特别是在不整合之下的地层圈闭中，油藏多于气藏。这是许多含油气盆地的一个特征，国外的盆地有阿尔及利亚—利比亚含油气盆地（哈西—麦萨乌德油田、阿尔—阿格里勃油田等）、威利斯顿含油气盆地（科列维尔油田、米杰尔油田等）、亚速海—库班河含油气盆地（阿赫蒂尔斯科—布贡迪尔斯克耶油田、乌克兰油田、克里木油田、霍耳姆斯克油田等）、滨里海含油气盆地（肯基亚克油田、坚佳克索尔油田、田吉兹油田、诺沃博加亭斯科油田等）、西内含油气盆地（俄克拉荷马城油田、维尔马油田、卡申格油田、别米斯—夏特斯油田等）、二叠含油气盆地（季—埃克斯油田、埃尔油田、基斯顿油田等）。含气率与含油率基本相等或前者超过后者的盆地中（西加拿大盆地、第聂伯—顿涅茨盆地等），常发现油藏占主要地位。此外，石油在这类地层油藏中常被天然气所饱和，为具中等密度和较高密度的高沥青质石油（第聂伯—顿涅茨盆地）。

我国已发现的地层油气藏中同样具有类似规律，石油探明储量超过天然气。赋存石油为主的盆地或区带有塔里木盆地古生界（塔中油田、塔北油田、轮古油田等）、渤海湾盆地古生界（任丘古潜山、南堡古潜山、辽河古潜山）、准噶尔盆地古生界（西北缘上盘石炭系、石西地区）、三塘湖盆地古生界（牛东油田）等，在以石油为主的盆地内同样有地层气藏发现，如准噶尔盆陆东地区的克拉美丽气田、渤海湾盆地的千米桥气田。以天然气为主的盆地主要有鄂尔多斯盆地下古生界（马家咀气田）。

根据已发现地层油气藏统计可以看出，地层圈闭，特别是不整合之下的地层圈闭，在其他相等的条件下与一般背斜型的地层圈闭相比，以密封性更低为特征，石油与天然气相比，要求的聚集条件相对较低一些，所以地层圈闭中以聚集石油为主。我国在地层油气藏勘探中应该以找油为主，同时，注重对天然气的勘探；在以石油分布为主的盆地勘探也同样要注重对天然气的勘探。

第五节　典型地层大油气区解剖

解剖四川盆地寒武系—震旦系碳酸盐岩块状岩溶地层大气区和塔里木盆地奥陶系台盆区碳酸盐岩斜坡缝洞型地层大油区。以塔里木盆地塔北—塔中大型古隆起及斜坡上发育的大型碳酸盐岩油气田为解剖实例，系统剖析其烃源岩、储层、盖层及输导等成藏匹配条件，深入分析大型碳酸盐岩地层油气藏形成条件与分布规律，总结其形成条件、成藏模式与关键控制因素，寻找其发育分布规律，以指导大型克拉通盆地大型碳酸盐岩地层油气藏的勘探。

一、四川盆地寒武系—震旦系地层大气区

1. 气区概况

安岳气田位于四川盆地中部的川中古隆起平缓构造区，位于早古生代乐山—龙女寺古隆起的东部斜坡带，高石梯—磨溪低幅度构造带之上（图6-5-1）。自1964年威远气田发现以来，四川盆地在震旦系—下古生界油气勘探经历了长达半个世纪的艰难探索，形成于古隆起背景上的安岳特大型气田有其特殊性，主要表现在如下方面：一是古老的海相碳酸盐岩气田，目的层为震旦系—寒武系；二是古老的原生型气田，烃源岩为震旦系—寒武系，有机质热演化程度已达高成熟—过成熟阶段；三是埋深大，目的层埋深多在4600～5200m；四是气田形成经历了多旋回构造运动，成藏历史复杂。

长期以来，由于受构造控藏及灯影组为主要目的层的认识影响，勘探对象主要集中在川中古隆起现今构造高部位，经钻探虽有发现，但未获重大突破。安岳地区发现

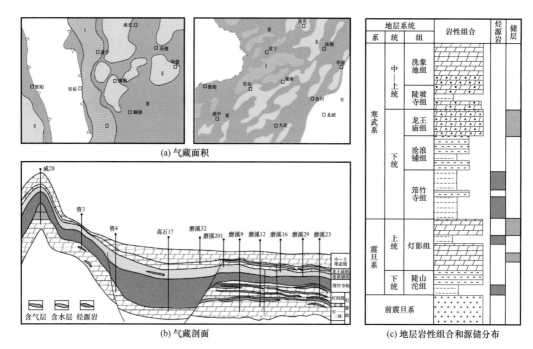

(a) 气藏面积

(b) 气藏剖面

(c) 地层岩性组合和源储分布

图 6-5-1　四川盆地安岳气田综合图

的震旦系—寒武系特大型气田，探明了我国最古老、单体储量规模最大的碳酸盐岩特大型气藏。其中龙王庙组气藏属构造背景下的岩性气藏，单体气藏面积 803km²；探明储量达 $4404 \times 10^8 m^3$，可采储量 $3082 \times 10^8 m^3$，属于特大型气藏，也是我国单体规模最大的特大型海相气田。灯影组四段气藏主要受大型构造—地层复合圈闭控制，灯影组二段气藏为构造圈闭气藏。灯影组台缘带气藏含气面积可达 1500km²，储量规模大，探明储量 $3697.9 \times 10^8 m^3$，属于特大型气藏。截至 2023 年 8 月，安岳气田累计探明地质储量 $1.2 \times 10^{12} m^3$，三级储量超万亿立方米，是我国地层最古老、热演化程度最高、单体储量规模最大的海相气田。

2. 圈闭结构

川中地区震旦系灯影组四段大面积含气，西部台缘带优质储层连片发育，含气性好，为高产富气带，气藏的聚集分布主要受构造、地层控制。受德阳—安岳台内裂陷控制，川中地区灯影组四段台缘带地层残余厚度大，向裂陷区急剧减薄尖灭，台内裂陷内充填了下寒武统泥岩，对灯影组四段气层形成侧向地层遮挡。

龙王庙组总体上为构造背景上的岩性气藏。通过对川中地区实钻井气水分布、压力分析、滩相储层分布预测表明，龙王庙组发育多个构造—岩性气藏。位于构造高部位的磨溪、龙女寺和高石梯 3 个区块为富气区，以含气为主，主要受岩性分隔，发育多个气藏，气藏压力、气水界面各不相同；磨溪—龙女寺地区为构造高带，由西向东依次发育磨溪主体、MX16 井区龙女寺主体 3 个气藏；高石梯构造主体的 GS6 井区为一个气藏。斜坡区气水关系相对复杂，目前发现受断层和岩性共同控制发育 3 个独立构造—岩性气藏，各气藏压力不同，且压力明显高于主体构造区。以海拔 –5230m 构造线和磨溪—高石梯地区西部灯影组四段尖灭线形成巨型构造—地层圈闭，钻井试油证实圈闭内灯影组四段整体含气，有利含气面积约为 7500km² （杨跃明等，2019）。

3. 储层特征

安岳气田震旦系—下古生界纵向上发育多套储层，主力含气层有寒武系龙王庙组、震旦系灯影组四段及灯影组二段。

1）灯影组储层

安岳气田的灯影组储层主要分布于灯影组二段、灯影组四段，灯影组一段零星发育。灯影组主要为岩性储集体，以丘滩复合体的藻凝块云岩、叠层石灰岩、格架灰岩和砂屑白云岩等为主。储集空间主要为粒间溶孔、晶间溶孔，其次为晶间孔、粒间孔和格架孔等，还有一些中型、小型的溶孔和裂缝也可作为重要的储集空间之一。灯影组沉积时期主要为碳酸盐岩台地环境，台地边缘发育有台缘礁滩相，呈多期叠加发育的特点，也是优质储层的集中分布区。安岳气田的灯影组台缘礁滩相面积可达 1500km²，厚度则在 50～120m 之间。

四川盆地震旦系灯影组普遍发育风化壳岩溶储层。储层具厚度大、物性条件好、单井产量高等特点。这套优质储层的形成受沉积相及岩溶作用双重因素控制，表现为台缘带丘滩体相储层明显优于台内相区。而后期构造抬升导致的地层剥蚀与大气降水淋滤作用更是对储层产生了重要的改造作用。原生孔隙、孔洞在暴露淋滤期间，溶蚀作用加强，原始格架孔、粒间孔和晶间孔等均沿颗粒边缘扩大，孔隙度增大。统计的台缘带礁滩相储集体的受溶蚀作用深度可达 200～360m，台地内的岩溶作用深度一般小于 100m（杜金虎等，2016）。其次为晶间孔、粒间孔、格架孔等，中小溶洞和裂缝也是灯影组储层重要的储集空间。纵向上，溶蚀孔洞层可达震旦系顶侵蚀面以下 300m。灯四段孔隙度 2.10%～8.59%，平均值 4.34%，水平渗透率主要分布在 0.01～10.00mD，平均值 4.19mD；灯影组二段孔隙度 2.68%～4.48%，平均值 3.73%，水平渗透率 1～10mD，平均值 2.26mD。

2）龙王庙组储层

龙王庙组发育白云岩储层，储集岩类主要为砂屑白云岩、残余砂屑白云岩和细—中晶白云岩等。寒武系龙王庙组为碳酸盐岩缓坡沉积体系，是以高石梯—磨溪—龙女寺一带为代表的碳酸盐岩缓坡带颗粒滩发育区。储集空间包括孔隙、溶洞和缝，以粒间溶孔、晶间溶孔为主，其次为晶间孔，部分井段溶洞和缝较发育。储层孔隙度 2.00%～18.48%，平均值 4.28%。渗透率 0.0001～248mD，平均值 0.966mD。储层孔隙度与渗透率具有较明显的正相关关系。储层厚度 10～60m，其中磨溪区块储层厚度最大，龙女寺及高石梯区块次之。钻井证实，龙王庙组储层以颗粒滩相白云岩储层为主，宏观分布受同沉积古隆起控制，呈环古隆起展布的特点。颗粒滩相和岩溶作用是龙王庙组储层形成的两大关键因素，其中滩相是储层形成的物质基础，岩溶作用是孔隙形成关键，两者相辅相成，共同控制储层的形成与演化。

总的来说，安岳特大型气田发育两类三套优质储层，一类是灯影组丘滩体白云岩优质储层（灯影组二段、四段），另一类是龙王庙组颗粒滩白云岩优质储层。这两类优质储层的形成主要受沉积相及岩溶作用双因素共同控制。

4. 盖层及储—盖组合

位于震旦系灯影组气藏之上的下寒武统筇竹寺组泥页岩是其灯四段气藏的直接盖层，也是灯影组气藏的主要区域性盖层，这套泥页岩既是四川盆地的主要烃源岩，又是阻挡天然气向上运移和扩散的良好封隔层，在区域上稳定分布，为下古生界大型气田的成藏提供了良好的保存条件。而龙王庙组气藏的直接盖层为上覆高台组的致密碳酸盐岩，而上二叠统龙潭组的超压泥岩作为优质的间接盖层和主要的区域性盖层，也为龙王庙组超高压气藏的形成提供了良好的保存条件。

下寒武统筇竹寺组泥岩盖层广泛分布，泥岩盖层厚度从50m到450m不等，总体表现为"西高东低"的分布特征。龙潭组为陆相、海陆交互相沉积，煤、碳质泥岩和泥岩沉积频繁交替。龙潭组泥岩盖层厚度为70～150m，表现出"中心厚，四周薄"的分布特征。磨溪48井—磨溪9井—磨溪51井一线为厚度高值区，泥岩盖层厚度超过140m，由此高值区向四周盖层厚度逐渐减小，低值区盖层厚度仍有80m左右。安岳气田下寒武统筇竹寺组泥页岩盖层对下部灯影组气藏封闭机理为毛细管封闭（强盖常储型）；上二叠统龙潭组泥岩盖层对下部寒武系龙王庙组气藏的封闭机理为毛细管阻挡剩余压力封闭（强盖强储型）（王宇鹏，2019）。

安岳气田的形成受克拉通内裂陷的控制，在平面上可以将震旦系—下寒武统成藏组合平面上分为三个单元（杜金虎等，2016）。即裂陷区成藏组合；以灯影组一段、二段及龙王庙组为储层，具有"下生上储"和"上生下储"两种组合类型。裂陷区东北侧的磨溪—高石梯单元；以灯影组一段、二段、四段和龙王庙组储集体为主，具有"上生下储""下生上储""旁生侧储"三种组合类型。由断层或不整合面沟通形成的油气运移通道，沟通了裂陷内的生烃中心和台地内发育的储层，为近源成藏。此外，龙王庙组之上的中寒武统高台组含砂岩、泥岩及相对致密的块状石灰岩，所夹膏盐岩层更是良好的盖层，直接覆盖在储层之上，起到了较好的封闭作用。裂陷区西南侧的威远隆起区，遭受了多期叠加改造，尤其是桐湾运动及加里东运动等造成了地层的强烈剥蚀改造，普遍发育灯影组一段、二段岩溶储层，具有与磨溪—高石梯隆起区类似的三种成藏组合。主要的油气运移通道则是不整合面和局部发育的小型陡立断层。

其中，灯影组形成的大型构造—地层型圈闭主要受控于灯影组岩溶储集体和上覆不整合面之上的下寒武统泥质盖层，二者在时空上的合理匹配形成了优质的地层型圈闭。安岳气田龙王庙组气藏，属于构造背景上的岩性气藏，即构造—岩性复合气藏，平面上表现为3个独立气藏。磨溪区块龙王庙组气藏高度为232m，含气范围超出最低构造圈闭线。该气藏西侧，存在岩性封堵带，储层变差而形成岩性遮挡。高石梯区块的各井压差较大、气水关系较复杂。龙女寺区块龙王庙组气藏海拔，比磨溪区块低，目前未钻遇水层，地层压力分析表明与磨溪区块也不是一个气藏。安岳气田为一原生的特大型的构造—岩性复合气田。

5. 流体性质

1）天然气组分特征

安岳气田灯影组四段气藏，属于中—低含硫，中含二氧化碳，微含丙烷、氦和氮的干气气藏。天然气相对密度为0.6079～0.6336g/m³，天然气以甲烷为主，含量91.22%～93.77%，硫化氢含量1.00%～1.62%，二氧化碳含量4.83%～7.39%，微含丙烷、氦和氮。

灯影组二段气藏，属于中—高含硫，中含二氧化碳，微含丙烷、氦和氮的干气气藏。天然气相对密度为0.6265～0.6326g/m³，甲烷平均含量91.03%。硫化氢含量0.58%～3.19%，二氧化碳含量4.04%～7.65%，微含丙烷、氦和氮。

安岳气田龙王庙组气藏，为中低含硫、中低含二氧化碳的干气气藏。天然气以甲烷为主，含量95.10%～97.19%，乙烷含量0.12%～0.21%，硫化氢含量0.26%～0.77%，平均值0.531%，二氧化碳含量1.83%～3.16%，平均值2.389%，微含丙烷、氦和氮。

2）气藏压力特征

安岳气田灯影组灯影组二段、四段气藏，属于超深层、高温、常压气藏。灯影组四段气藏埋深5000～5100m，产层中部地层压力56.57～56.63MPa，气藏压力系数1.06～1.13。气藏中部温度149.6～161.0℃。

灯影组二段气藏，埋深5300～5400m，产层中部地层压力57.58～59.08MPa，压力系数1.06～1.10。气藏中部地层温度155.82～159.91℃。

安岳气田龙王庙组气藏，属于超深层、高温、高压气藏。气藏埋深大于4600～4700m。气藏中部地层压力在磨溪区块为75.7MPa，压力系数1.65，高石梯区块平均气层压力为68.3MPa，压力系数1.5，龙女寺区块平均地层压力为78.0MPa，压力系数1.67。气藏中部平均温度140.3～150.4℃。

6. 油气成藏演化

灯影组沉积后发生的桐湾运动Ⅱ幕，使灯影组遭受了强烈的风化剥蚀，形成了区域性不整合面。至早寒武世，研究区再次沉降接受新的沉积，筇竹寺组泥页岩的填平补齐作用，使得裂陷内烃源岩十分发育。两侧台地也沉积了具有一定厚度的富含有机质泥页岩。中—晚寒武世，地层沉积相对平稳，厚度变化不大，以沧浪铺组泥岩、泥质粉砂岩，龙王庙组白云岩和石灰岩等为主（图6-5-2）。

中奥陶世—中三叠世，随着上覆地层的逐渐沉积，地壳持续沉降，裂陷内及两侧的烃源岩开始进入生烃门限，并逐渐大量排烃，进入相邻的下伏、上覆及台地一侧的优质储层当中，形成了大规模的古油藏，古油藏的分布范围广，向西可达威远、资阳地区，向东可达广安、营山地区。总体具有多期叠置的空间分布特点。

三叠纪中晚期开始至白垩纪，随着地层埋深不断增加，储层温度不断上升并达到了原油裂解的门限温度，最终古油藏发生原位裂解，生成天然气向邻近的储集体中再次运移聚集，早期油藏遭受大规模的改造作用，基本不复存在。

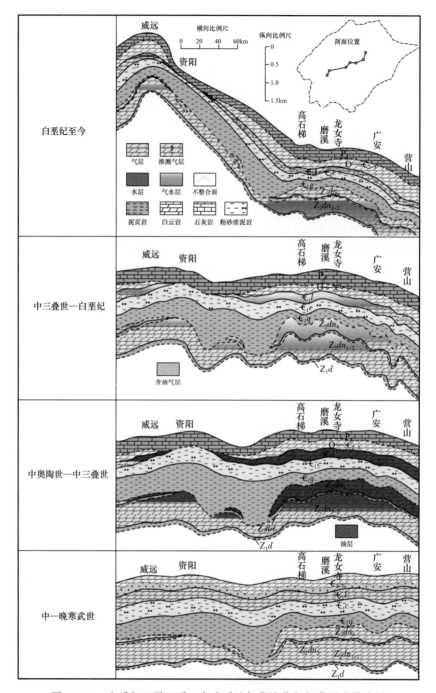

图6-5-2　安岳气田震旦系—寒武系油气藏演化与气藏形成模式图

白垩纪至今，裂陷西侧的威远地区发生了强烈的隆升作用，高石梯—磨溪地区从古构造高部位转变为了地势相对较低的向斜或斜坡部位，油气再次分散聚集。但由于灯影组、龙王庙组气藏受控于地层岩性及底水的封堵作用，因而在磨溪—高石梯地区保存了大规模的天然气藏，沿斜坡部位仍有许多天然气藏残留。

7. 成藏关键要素与事件

通过对四川盆地震旦系—寒武系原型盆地与岩相古地理恢复、有机质成烃与成藏演化、储层形成机理及古圈闭类型等研究，认为安岳特大型气田形成的成藏要素（即烃源岩、储层、盖层、圈闭）与作用过程（如生烃、运移、聚集、保存）两者在时间上和空间上形成了有效配置。为此，总结提出了"四古"（古裂陷、古丘滩体、古隆起、古圈闭）是安岳气田形成的关键因素（马奎等，2019）：古裂陷古风化壳洼地控制了生烃中心的发育，同时，烃源岩与岩溶储层形成组合并形成侧向封堵条件；古丘滩岩溶体，控制了储层规模及岩性—地层圈闭的形成；古隆起控制大型古油藏与古气藏的形成，长期稳定发育有利于油气藏的保存；地层—岩性复合古圈闭控制大面积分布的岩性—地层油气藏群。早期成藏依然是最重要的一个环节（汪泽成，2016；马奎，2019）。

1）古裂陷洼地富足的烃源岩

灯影组沉积期末的桐湾运动Ⅱ幕，使灯影组遭受了剥蚀，形成了大型的风化壳。风化壳起伏不平，到寒武纪再次接受沉积时，早寒武世的沉积物首先填平补齐，厚度发育不均；非常有利的是，在该期所发育的沉积物中，富含有机质，有的甚至成了藻煤（石煤）。仅安岳等地区这套岩层包括麦地坪组（牛蹄塘组）、筇竹寺组等，就达 $6 \times 10^4 \text{km}^2$，是一个巨大的古老烃源岩生烃中心，为气田形成提供充足的烃源条件。

下寒武统筇竹寺组主力优质烃源岩，厚度达 $300 \sim 450\text{m}$，有机碳含量（TOC）多在1.0% 以上。还有麦地坪组泥质烃源岩，厚度 $5 \sim 100\text{m}$。这两套烃源岩累计生气强度高达 $100 \times 10^8 \sim 180 \times 10^8 \text{m}^3/\text{km}^2$。

近南北向展布的下寒武统烃源岩，与北东向展布的川中古隆起相交，为高石梯—磨溪地区灯影组大型地层—岩性圈闭大面积油气成藏提供了良好的侧向封堵条件。勘探证实，磨溪—高石梯地区灯影组四段气藏类型就是地层型圈闭气藏。

2）古丘滩体发育优质储层

安岳气田灯影组丘滩体白云岩储层与龙王庙组颗粒滩白云岩储层的形成主要受沉积相及岩溶作用双因素共同控制，其中古丘滩体是规模储层形成的重要物质基础。

灯影组有利沉积相带为丘滩体，由底栖微生物群落及其生化作用建造，厚度很大（仅灯四段储层厚度则可达 $60 \sim 180\text{m}$），又经多期早期溶蚀作用叠加改造，形成了大面积分布的优质储层。储层评价表明，高石梯—磨溪地区Ⅰ类储层面积可达 2500km^2。目前钻遇的高产井主要分布在高石梯—磨溪的丘滩体相区。

龙王庙组有利沉积相带也为环古隆起分布的颗粒滩，在准同生岩溶基础上叠加表生岩溶的多期岩溶作用改造，形成优质储层，在四川盆地内分布面积可达 $8 \times 10^4 \text{km}^2$。在古隆起背景下，与上覆岩系匹配，控制了岩性—地层圈闭的形成。

3）古隆起油气优势运移趋向

川中古隆起是桐湾期沉积型古隆起与加里东期构造型古隆起叠加而成的。虽在喜马拉雅期经历了构造改造，但高石梯—磨溪地区构造稳定，始终保持古隆起形态，因而长期处于油气运移的有利指向区；这对大型古油藏的形成、分布、古油藏裂解气的聚集成藏及长期的保存作用都起到了决定性的控制作用。

4）古圈闭利于油气早期成藏

与古沉积环境相关的地层—岩性圈闭形成时间早。高石梯—磨溪地区震旦系—寒武系发育多种类型的古圈闭，如灯影组地层—岩性圈闭、龙王庙组颗粒滩岩性圈闭等。得益于古隆起的长期稳定发育，在古隆起背景上，形成了大面积分布的岩性—地层圈闭群，为灯影组构造—地层复合型气藏群及龙王庙组构造—岩性复合型气藏群的形成提供了圈闭条件。

二、塔里木盆地奥陶系地层大油区

塔里木盆地前石炭纪发育塔北、塔中、塔西南共三大碳酸盐岩古隆起，紧邻大型生烃凹陷，是油气运移的长期指向区。如围绕满加尔凹陷在塔北、塔中古隆起形成了轮南—塔河—哈德逊、东河塘—英买、塔中三大油气田群，发现并探明油气田30余个，也是目前盆地最富油气的区域。塔北—塔中地区具有多层系含油气特征，主要为大型碳酸盐岩地层油气藏。如奥陶系碳酸盐岩缝洞型油气藏累计探明石油地质储量约为 $6.5 \times 10^8 t$、天然气地质储量约为 $4800 \times 10^8 m^3$。

大型碳酸盐岩地层油气藏主要与后期构造运动对早期碳酸盐岩储层的改造作用息息相关。构造运动对储层的改造包括两个方面：一是构造抬升造成区域性不整合，与不整合相关的风化淋滤、溶蚀作用形成岩溶储层；二是断裂作用造成碳酸盐岩地层破裂，形成裂缝、缝洞储层。两方面作用在时间上叠加复合，形成岩溶体、断溶体、缝洞体三类储层。

依据储层类型大型碳酸盐岩地层油气藏可以归结为三类控藏模式：即顺层岩溶控藏模式、层间岩溶控藏模式和断溶体控藏模式。

1. 顺层岩溶控藏模式

碳酸盐岩地层经历多旋回构造运动形成多期次不整合，造就多期沉积间断，碳酸盐岩地层暴露并遭受大气淡水溶蚀。在古隆起围斜部位经水头差驱动，潜山高部位的大气水向围斜部位顺层径流，形成顺层岩溶，溶蚀深度可达数百米至数千米。顺层岩溶作用导致古隆起围斜部位形成大型顺层岩溶体，油气通过断层输导在顺层岩溶体内形成大型地层油气藏（图6-5-3）。受顺层岩溶体储层控制，该类油气藏沿不整合面之下一定深度范围分布，具成群成带分布特征，易形成规模油气聚集。如塔北隆起南斜坡上哈拉哈塘地区已发现油气藏控制储量 $1.90 \times 10^8 t$，预测潜在有利勘探面积约 $10000 km^2$，油气资源规模可达 $10 \times 10^8 \sim 15 \times 10^8 t$。

2. 层间岩溶控藏模式

潜山面之下的地下水沿不同地层之间发生径流，对碳酸盐岩地层进行溶蚀，形成顺层岩溶体储层。顺层岩溶体储层受层序界面控制，主要发育在古地貌起伏小、地层较平缓斜坡地区，具有大面积多层系叠置特征，厚度可达 $50 \sim 150 m$；层间岩溶体储层纵向上多套叠置，平面上准层状分布，往往容易形成规模性地层油气藏（图6-5-4）。如塔中北斜坡鹰山组顶顺层岩溶体油气藏探明 $3.7×10^8$t 油当量，巴楚—塔中三套（ ϵ_3 、 O_1p 、 $O_{1-2}y$ ）层间岩溶有利勘探面积超过 $10×10^4km^2$ ，勘探潜力大。

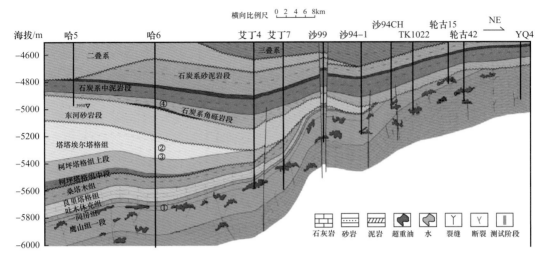

图 6-5-3　塔北隆起南斜坡哈拉哈塘油气田顺层岩溶控藏模式

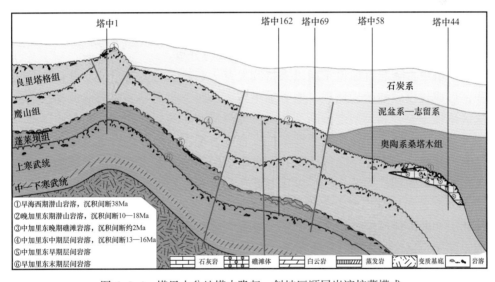

图 6-5-4　塔里木盆地塔中隆起—斜坡区顺层岩溶控藏模式

3. 断溶体控藏模式

碳酸盐岩地层受构造作用形成深大断裂破碎带，受多期断控岩溶或局部热液溶蚀作用形成大型洞穴、溶蚀孔洞和裂缝组成的储集体，即断溶体储层。断溶体储层受多期次构造作用、断控岩溶作用、局部热液溶蚀作用控制，在上覆泥灰岩、泥岩等盖层封堵及侧向致密石灰岩遮挡下，形成由不规则状的断溶体圈闭，经油气充注成藏后形成断溶体油气藏。断溶体油气藏受大型走滑断裂控制，呈条带状分布，油气沿断裂充注，具有沿断裂带整体含油，不均匀富集特点。塔里木盆地发育多组大型走滑断裂体系，沿大型走滑断裂形成多个条带状的断溶体油气藏群，形成规模的碳酸盐岩地层油气藏（图 6-5-5）。如塔北隆起带南部的顺北地区已发现油气藏三级储量 $2.735×10^8$t，预测潜在有利勘探面积约 50000km^2，油气资源规模可达 $17×10^8$t。

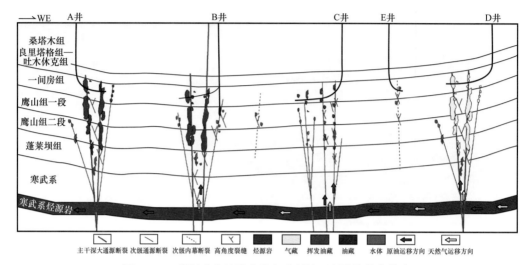

图 6-5-5 塔里木盆地塔北隆起南斜坡区断溶体控藏模式

大型稳定古隆起古斜坡、大面积非均质碳酸盐岩储集体、充足的油源供给与多期成藏等要素的配置控制了大型碳酸盐岩油气田的形成与分布。

塔北—塔中古隆起自加里东期以来持续发育，寒武纪—奥陶纪长期发育碳酸盐岩台地沉积，形成规模碳酸盐岩地层，遭受加里东、海西、印支等多期构造运动改造，形成多期次区域性不整合和大型走滑断裂体系，为改造型碳酸盐岩岩溶、缝洞储层发育创造条件。目前塔中—塔北古隆起及斜坡部位发育了多期次的碳酸盐岩岩溶型、缝洞型储集体。同时，塔北—塔中古隆起位于寒武系大型生烃凹陷之上或紧邻生烃凹陷，是油气长期运聚指向区。多期次构造作用、风化淋滤作用、多类岩溶作用、局部热液溶蚀作用导致大型古隆起及斜坡部位发育多类型、非均质性碳酸盐岩储层，主要包括岩溶体储层、缝洞体储层和断溶体储层，三类储层多层系复合叠加连片，大面积规模分布。油气的富集受控于储层，储层是大油气区形成与富集的关键，三类非均质性储层控制不规则的缝洞型油气藏群大面积断续分布（图 6-5-6）。

受多期构造演化、多期生排烃影响，塔北—塔中隆起—斜坡区碳酸盐岩储集体经历了晚加里东期、晚海西期和喜马拉雅期三期油气充注与加里东末期—早海西期、印支期—燕山期两期油气破坏调整。多期油气充注与调整形成多类型、多期次油气藏。大型碳酸盐岩地层油气藏多期油气充注与调整具有普遍性，造成含油气的广泛性与油气性质的多样性。因此大型古隆起—斜坡区碳酸盐岩地层油气藏具有纵向上多层段叠置、平面上多类型复合连片、多类型大面积分布的特征（图 6-5-6）。

塔北南缘奥陶系碳酸盐岩在纵向上油气显示达 400m，油气层段主要为中—下奥陶统鹰山组、中奥陶统一间房组，上奥陶统良里塔格组、吐木休克组也有发现，纵向上油气呈多层段复式叠置。塔中地区奥陶系良里塔格组、鹰山组、蓬莱坝组均获得工业油气流，

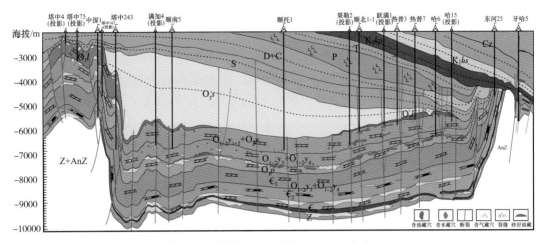

图 6-5-6　塔里木盆地塔北—塔中隆起带（南北向）油气成藏模式

多套储—盖组合与多期成藏配置形成多层段复式含油气的大油气田群。塔中北斜坡上奥陶统礁滩体、鹰山组风化壳具有叠置连片含油气特征，钻探已证实塔中Ⅰ号台缘带上奥陶统良里塔格组整体含油气，面积超 1000km^2；塔中北斜坡鹰山组风化壳广泛含油气，面积达 3000km^2，形成 5000km^2 多层段连片含油气的局面。

三、准噶尔盆地二叠系地层大油区

玛湖地区上乌尔禾组超覆型地层油气藏为例。玛湖凹陷二叠系上乌尔禾组储层受退覆式扇三角洲沉积相控制，在湖侵背景下扇三角洲前缘砂砾岩体由湖盆中心向物源方向多期搭接连片，形成大面积连续型储集体。上乌尔禾组与上覆地层和下伏地层间的不整合面，是玛湖凹陷重要的两大地层不整合面。上乌尔禾组主要分布在南部，向西、北、东三个方向超覆尖灭，顶部地层被剥蚀，自上乌尔禾组一段到三段与百口泉组沉积类似，具有退覆式扇三角洲沉积特征（图 6-5-7），具备大油区形成的宏观地质条件。

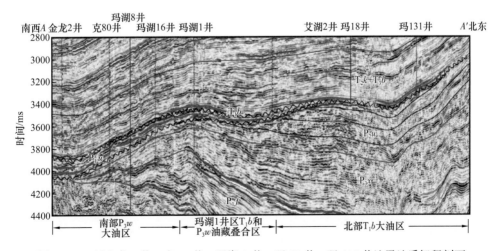

图 6-5-7　过金龙 2 井—克 80 井—玛湖 1 井—玛 18 井—玛 131 井地震地质解释剖面

1. 上乌尔禾组超覆型地层油气藏储盖组合

上二叠统上乌尔禾组整体以水进超覆沉积为主，下部厚层砂砾岩与上部湖泛泥岩形成良好的储盖配置关系，受西部隆起、东部隆起、中部莫北古凸起控制，发育两大地层超覆带，即西部玛湖—沙湾—盆1井西凹陷超覆带、东部东道海子—阜康凹陷超覆带。上乌尔禾组一段、二段储层分布范围广，上乌尔禾组三段泥岩分布范围更广、局部剥蚀，作为区域泥岩盖层（图6-5-8），平面上形成两大宏观遮挡区带。两期湖泛泥岩、扇间泥岩和扇三角洲平原亚相致密砂砾岩及大型地层超覆尖灭带形成的上倾方向遮挡条件共同形成立体封堵，使得油气在乌一段和乌二段广覆式扇三角洲前缘亚相砂砾岩体中大规模聚集。

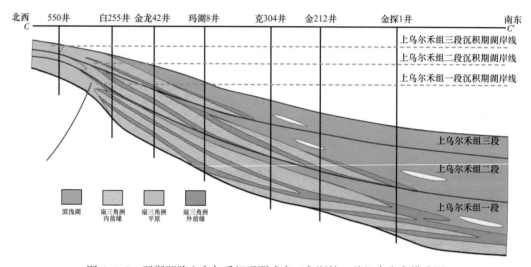

图 6-5-8 玛湖凹陷上乌尔禾组退覆式扇三角洲储—盖组合发育模式图

2. 上乌尔禾组输导体系和成藏模式

玛湖凹陷受盆地周缘山前海西运动期、印支运动期逆冲推覆作用的影响，发育一系列具有调节性质，近东西向、北西—南东向的断裂。这些断裂断距不大、断面陡倾，大多断开二叠系—三叠系百口泉组。断裂数量较多，平面上成排、成带发育，与主断裂相伴生，直接沟通下部烃源岩，因此断裂成为源、储大跨度分离情况下油气运移通道，为油气大面积成藏提供了输导条件（图6-5-9）。虽然上乌尔禾组垂向上远离风城组主力烃源层，但是由于众多断裂形成高效沟通的运移通道，使得原本纵向上与烃源岩分隔的储盖组合可近似看作源储一体或自生自储型储—盖组合。因此，断裂对斜坡区大面积成藏起到关键作用。

由于上乌尔禾组为向上变细的湖进沉积旋回，存在下乌尔禾组与下伏地层不整合面。下乌尔禾组沉积晚期，玛湖凹陷经历一次强烈的构造运动，玛湖凹陷部、中拐凸起急剧抬升。在中拐凸起顶部，先前沉积的佳木河组顶部剥蚀严重，风城组、夏子街组和下乌尔禾组全部剥蚀殆尽，上乌尔禾组沉积向中拐凸起玛湖凹陷北部超覆。上乌尔禾组自下

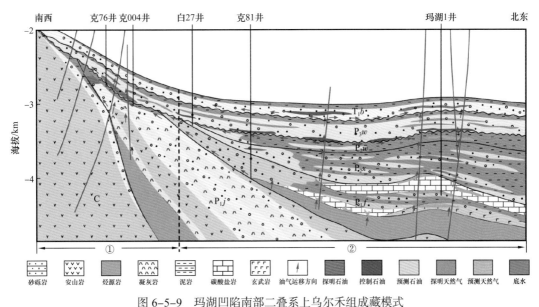

图6-5-9　玛湖凹陷南部二叠系上乌尔禾组成藏模式

而上为正粒序沉积，上乌尔禾组一段砾岩最为发育，上乌尔禾组三段泥岩是重要的盖层，成为超覆不整合油气藏形成的基础，上乌尔禾组沉积之后，盆地发生了抬升，导致了玛湖凹陷斜坡区上乌尔禾组遭受剥蚀，是上乌尔禾组剥蚀不整合圈闭形成的重要因素。

3. 上乌尔禾组有利勘探领域

准噶尔盆地上乌尔禾组发育七大沟槽体系、六大鼻凸带，扇三角洲前缘相带及鼻凸带均为成藏有利区带，不同扇体及不同鼻凸带成藏条件及成藏模式差异较大。综合领域规模、钻探程度、埋藏深度等条件，优选上乌尔禾组三类有利勘探区八大有利勘探领域。其中中拐凸起北斜坡、滴水泉凹陷东南环带、东道海子凹陷斜坡区按照预探展开，中拐凸起南斜坡、盆1井西凹陷斜坡、滴水泉凹陷北环带、阜康凹陷北环带、北三台凸起及周缘以风险推进为主，按照两大层次有序推进区带评价和目标优选，逐步实现上乌整体发现（表6-5-1，图6-5-10）。

Ⅰ类有利勘探区：该类扇体规模大，储层砂体厚（扇体面积一般在1000km^{2}以上，储层砂体厚度一般最大可达140m以上，下部块状砂体结构为主，中上部为砂泥互层状砂体），储层砂体埋深小（<6000m）。扇体内已发现油气或已提交储量，并且已有规模油气藏的发现。本类有利区有沙湾西、玛南、阜东、阜北、滴南五大沉积体系，该类有利区是全盆地内最好的潜力区。

Ⅱ类有利勘探区：该类有利区扇体规模中等（扇体面积一般在1000km^{2}以下），储层砂体厚度一般小于100m（砂体结构以砂泥互层状为主），储层砂体埋深小（<6000m）。扇体内已发现少量油气或油气零星分布。本类有利区有滴西、玛东、阜南三大沉积体系。

Ⅲ类有利勘探区：该类有利区面积中小（面积一般在1000km^{2}以下），储层砂体厚度一般只有几十米（以砂泥互层状砂体结构），储层砂体埋深大（>6000m），未有井钻遇，勘探程度低。本类有利区有盆北、莫东、沙湾南三大沉积体系。

表 6-5-1　准噶尔盆地上二叠统勘探领域和有利区带预测参数表

区带名称	埋藏深度 /m	有利鼻凸带规模	有效储层		叠合有利区面积	断裂	烃源岩	综合排队
			规模	物性				
中拐凸起北斜坡	4000 左右	大	大	好	307	发育	源内	①
滴水泉凸起东南环带	3800 左右	中等	大	好	240	发育	源内	②
东道海子凹陷斜坡	4000 左右	大	中等	好	514	发育	源边	③
中拐凸起南斜坡	4800 左右	小	大	好	445	较发育	源内	④
盆 1 井西凹陷斜坡	4500 左右	大	大	中等	1378	较发育	源边	⑤
滴水泉凹陷北环带	4000 左右	中等	中等	中等	231	较发育	源边	⑥
阜康凹陷北环带	3500 左右	较小	小	中等	145	较发育	源边	⑦
北三台凸起及周缘	3500 左右	较大	中等	较差	762	较发育	远源	⑧

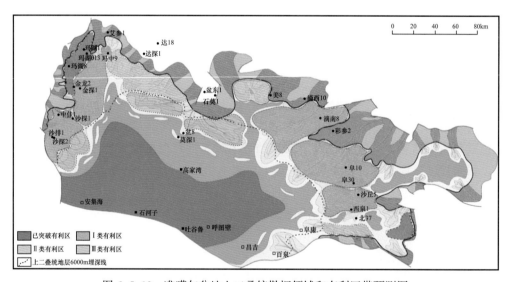

图 6-5-10　准噶尔盆地上二叠统勘探领域和有利区带预测图

第七章　岩性地层油气藏区带／圈闭有效性评价技术

21世纪以来，岩性地层油气藏勘探配套技术攻关取得重要进展。"十五""十一五"期间形成了"四图叠合"岩性地层区带评价方法，以及基于层序地层格架的岩性地层圈闭评价技术和工业化应用规范；"十二五"期间，形成以烃源条件、输导体系、储集条件、储盖组合、流体性质和时空配置6个评价参数为核心的岩性油气藏区带／圈闭评价方法和分级标准。"十三五"期间，在继承前人成果的基础上，立足现有更高质量的地质、地球物理资料，重点开展了区带／圈闭有效性评价技术攻关。本章主要介绍了岩性地层区带评价方法、圈闭边界识别及有效性评价等关键技术及软件研发集成等方面的新进展，为岩性地层油气藏勘探发现和规模增储持续提供技术支撑。

第一节　地层油气藏区带、圈闭评价方法与关键技术

在前期地层油气藏区带、圈闭评价方法与技术研究的基础上，"十三五"期间，研究重点从"不整合体"角度开展地层油气藏区带与圈闭评价，从而使地层油气藏区带与圈闭评价从前期围绕"不整合面"的多个单一地质因素综合评价进入围绕"不整合体"整体的系统评价阶段，全面提升地层油气藏区带与圈闭评价的整体性与系统性。

一、不整合体结构组成及区带评价体系

不整合不仅仅是一个平面上的"面"，更是一个纵向和三维空间的"体"，不整合面及其上下与不整合密切相关的地质体本身具有独特的宏观结构和微观组构，因而不整合具有明显的"空间结构"属性，它反映了不整合发育后全生命周期涉及的地质单元全部的构造、沉积与流体作用过程。

1. 不整合体结构组成

通过岩心观察、野外踏勘、测井资料对比与地震解释等，不整合结构体可划分为三层结构：即结构体上层、结构体中层及结构体下层（图7-1-1），其中结构体上层与下层构成储集体，结构体中层常形成封盖层，其封盖强度随埋深加大而增强。地层油气藏主要以不整合为界，分为不整合之上的地层超覆油气藏和不整合之下的地层剥蚀（削截）油气藏两大类，不整合构成地层圈闭的主要组成部分。通过典型地层油气藏解剖，认为不整合之上的超覆尖灭线、之下的剥蚀尖灭线及不整合结构体共同控制了地层油气藏的形成与分布。

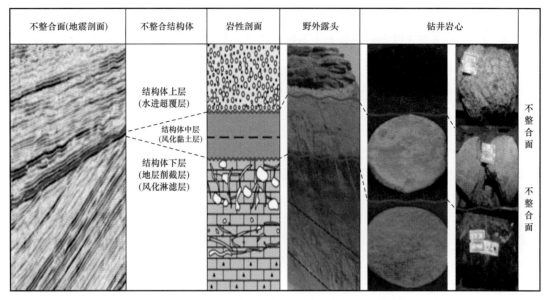

图 7-1-1　地震、露头、岩心识别不整合体分层结构

2. 地层油气藏区带评价体系

"十二五"期间，依据资料的详实程度及勘探程度的高低，前人创建了多图叠合的地层油气藏有利区带快速评价方法，以及有利区评价排序的评价参数及标准（侯连华等，2016）。本次研究强调了地层不整合结构体对于地层油气藏区带评价的重要性，强化了不整合结构体自身上、中、下三层结构，以及控制不整合结构体成藏的下伏烃源岩层和上覆区域盖层等静态要素的分级细化评价；同时还考虑了以流体势和油气充注模拟为核心的动态成藏过程研究（图 7-1-2），使得区带评价要素更加齐全，评价结果更趋合理。

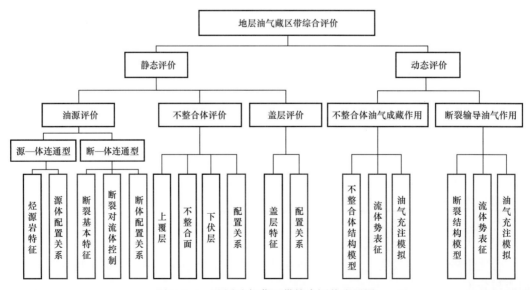

图 7-1-2　地层油气藏区带综合评价流程图

在静态评价方面，按照评价要素、评价单元、评价结构和评价体系四个层次逐级评价。其中，油源评价细分源—体连通型（烃源岩与不整合结构体直接对接）和断—体连通型（不整合结构体与油源通过断层沟通）两种情况，不整合结构体评价突出了不整合面（风化黏土层）评价。动态评价方面，引入基于"蚁群"追踪算法的油气充注模拟方法，提出了断层核流体势表征公式。

二、地层油气藏区带评价方法

地层圈闭成藏的关键是烃源岩生成的油气通过断裂或不整合体输导进而在地层圈闭中聚集成藏，油气输导断裂评价与不整合体输导—成藏评价是地层圈闭成藏评价的关键，结合基于流体势的油气充注规律模拟结果实现动态评价，并将地质研究方法与计算机技术相结合，实现对地层型圈闭成藏主控要素的综合评价。

1. 油气输导断裂评价

1）断层活动性评价

在脆性地层中，断裂带内部结构在不同演化阶段具有不同渗流能力，这也决定了不同结构单元中输导流体的差异（图7-1-3）。

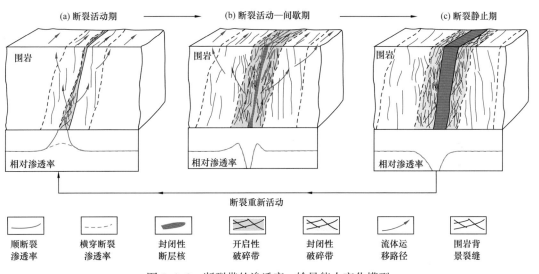

图 7-1-3　断裂带的渗透率、输导能力变化模型

在断裂活动期，地层沿滑动面滑动形成大量裂缝，此时断层核内的裂缝处于开启状态，由于地震泵的抽吸作用，断层核相对于破碎带及围岩具有更高的渗透率，因此断层核可作为流体运移的主要输导通道。另外，滑动面由于处于活动状态，并不具备封堵能力，因此流体可以穿过断面而运移［图7-1-3（a）］。在此阶段，流体沿断层核以垂向运移为主，亦可穿过断裂滑动面向破碎带侧向运移。

在断裂活动间歇期，随着断裂活动的减弱，断层活动形成的空腔逐渐闭合，在上覆沉积负荷、区域主压应力及滑动面摩擦滑动作用下，断层核内的岩层被研磨变细，形成连续的断层岩，同时由于断层核内发生矿物沉淀堵塞孔隙导致断层核渗透率降低，此时断层核的渗透率相对围岩可降低2～6个数量级，因此具备封堵能力。在断裂活动—间隙期，虽然断层核处于闭合状态，破碎带内的裂缝在剩余压力作用下仍处于开启状态，并且带内裂缝相互连通，形成复杂的裂缝网络，具有比围岩及断层核更高的渗透性，因此是流体运移的良好输导网络［图7-1-3（b）］。进入破碎带内的流体，在剩余压力作用下驱替围岩发生侧向运移。在此阶段，流体主要沿着破碎带形成的裂缝网络垂向运移，并且在流体剩余压力作用下，部分发生侧向运移。

断裂静止期，当应力完全释放或超压释放完毕，断裂活动停止。在上覆沉积岩层负荷作用下，断层核压实及充填作用进一步增强，同时在断裂活动—间歇期，断裂的缓慢蠕动作用导致断层核宽度逐渐增大，孔隙度和渗透率进一步降低，封堵能力逐渐增强。流体在破碎带内运移的过程中，在地质时间尺度下，流体与围岩发生流岩相互作用，在流体与围岩产生离子交换过程中发生矿物沉淀，从而充填破碎带内的裂缝，导致裂缝逐渐闭合形成封闭条件；另外，烃源岩生成的油气在运移的过程中，如发生蚀变形成的沥青也可堵塞裂缝而造成封闭，此时断裂带不具备流体运移条件［图7-1-3（c）］。此阶段流体在断裂带的输导通道为断裂带内的连通孔隙，其运移动力为两相流体产生的浮力，遵循达西渗流规律的缓慢渗流机理，运移速率相对较小。

断裂经历从活动期到静止期的完整旋回后，随着构造应力或流体压力的不断积累，当其再次达到岩层破裂极限时，断裂重新活动，流体随着断裂带不断的开启与闭合交替而发生幕式运移。

2）断层输导能力 / 封闭性定量评价

该项工作的核心是通过比较断裂带的流体势与围岩储层的流体势来定量评价断层的输导能力 / 封闭性能。若断裂带的流体势大于围岩储层的流体势，则断层起封堵作用；反之，则起输导作用。储层的流体势主要由储层位能、压能和界面能组成；对于断裂带而言，考虑断层核本身的低渗透性，流体在其中流动时遵循的是非达西渗流，流体要想流动需要一定的初始压力，因此在储层流体势的基础上，加入一项启动压能，作为断层核流体势的表征公式：

$$\Phi_f = \rho g Z + \rho \int_0^p \frac{1}{\rho} \mathrm{d}p + \frac{2\sigma\cos\theta}{\gamma} + \lambda L \qquad (7-1-1)$$

式中　Φ_f——断层核总的流体势能，$\mathrm{J/m^3}$；

　　　λ——断层核启动压力梯度，$\mathrm{Pa/mm}$；

　　　L——断层核宽度，mm。

其中，第一项为位能，第二项为压能，第三项为界面能，第四项为断层核的启动压能。

对于处于同一深度点的储层与断裂带的流体势，位能和压能相等，其差异主要在于储层流体势的界面能与断层核流体势的界面能及启动压能。断层核启动压能计算需要两个参数，即断层核的启动压力梯度及断层核的厚度。对于这两个参数不同结构类型的断裂又具有不同的计算方法。与前人基于断层的分段生长机制或断层的滑动趋势分析断层

的输导 / 封闭性比较，通过研究断裂带和储层的流体势分布，进行油气充注的实际模拟，从三维空间直观地揭示断裂带的输导 / 封闭特征，发现流体势下降最快的优势通道，进而落实有利勘探区带及有效成藏圈闭。图 7-1-4 是塔里木盆地一个断裂带实例，断层核的流体势普遍大于 15MPa，而围岩储层的流体势通常小于 10MPa，断层核的流体势显著大于断层两盘储层（圈闭）的流体势，因而断层主要起封闭作用。进一步的分析表明，该断层封堵油柱的高度可达 100m 以上。DH5 和 DH6 两个圈闭就是在这种背景下富集成藏的。

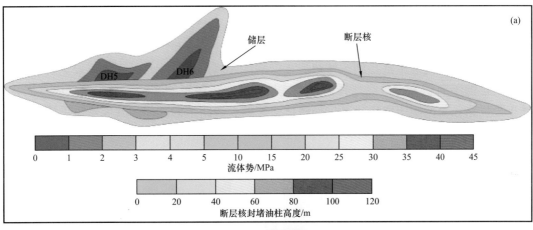

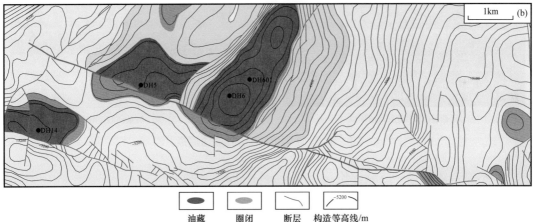

图 7-1-4　某断裂带断层核流体势（a）及其相关成藏圈闭分布图（b）

3）基于流体势的断裂带油气充注数值模拟

基于流体势的断裂带油气充注模拟是在断裂带流体势表征理论上产生的数值模拟方法，通过模拟研究区中油气沿断裂内部结构运移的方式，更直观地展现油气沿低流体势通道的运移规律。

"蚁群"算法可以在油气充注模拟中作为实现模拟油气运移路径的算法。油气在浮力的作用下运移优先选择流体势能较小的路径，当油柱达到一定高度后，其浮力超过储层毛细管压力时，油柱就以活塞的方式整体运移。同时在每个油柱的前缘，在浮力的作用会以指状形式进入上覆储层，因此其前缘油气运移路径成树枝状，随着油柱的不断增大，孔喉半径较小、突破压力较大的路径逐渐被废弃，而保留一条运移阻力最小的通道即为油气充注运移的优势通道。油气优势运移路径的选择实际上可以看作与"蚁群"算法是类似的，从宏观上看，油气运移与"蚂蚁觅食路径"的选择都具有非盲目性，即优先性。从油气的运移方式上看，在运移的前缘单一质点油气主要选择孔喉半径较大的路径，即仅对围岩储层特性进行直观选取，优选选择低势路径。而单一"蚂蚁个体"路径的选择，主要与信息素迹的概率大小有关，而信息素迹的概率大小也即觅食路径的长短可类比于围岩孔喉半径的大小。同时油气运移和"蚂蚁觅食路径"的选择还具有离散性和继承性，其运移路径都是追随之前已经形成的优势路径。

另外，两者优势路径形成过程具有相似性。油气运聚和"蚂蚁觅食"都是通过不断的择优选择，油气运聚是找到流体势能最低的优势通道进行运移，而"蚂蚁觅食"通过信息素迹的不断积累，最终选择信息素迹最高即路程最短的线路。对于油气成藏而言，处于最优路径上的圈闭优先成藏，而流体势能较大线路上的圈闭，其成藏需最优路径上的圈闭聚集满油气之后，才能成藏（图7-1-5）。

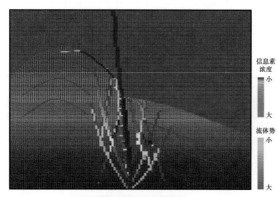

(a) 断裂带油气充注数值模拟

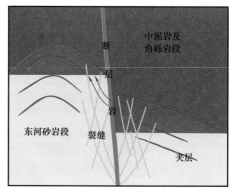

(b) 油藏剖面图

图 7-1-5　断裂带油气充注数值模拟

2. 不整合体输导—成藏评价

1）不整合体静态要素评价

影响不整合体输导的因素众多，采用基于模糊数学的层次评价方法和基于深度学习的新样本判别方法对不整合体输导—成藏进行评价，是目前综合考虑不整合体众多要素对不整合体输导—成藏进行定量评价的有效方法。

（1）基于模糊数学的层次评价方法。

层次融合评价方法是层次分析方法在地质问题上的推广，其基础是模糊数学理论。该方法通过明确不整合体输导—成藏评价问题、建立层次分析结构模型、构造判断矩阵、层次单排序和层次总排序五个步骤，计算各层次众多构成要素对于评价目标的组合权重，从而得出不同可行方案的综合评价值。实现层次分析方法的关键点包括模糊判别矩阵建立、要素权重值确定和模糊评判标准确定。模糊判别矩阵是维系两层构成要素的纽带，是底层要素通过加权计算得到上层要素的依据。底层要素是对上层要素的拆解，因此，每个底层要素要占据对应上层要素一定的权重，模糊一致矩阵记录了底层要素两两之间的相对重要程度，以此为基础换算底层要素占上层要素的比例，即权重。根据具体评价实例建立对应模糊判别矩阵后，需要对各要素的权重进行求取，权重反映了底层要素决定上层要素时重要程度的占比，权重值依赖于所选区的底层要素的个数和类别，不同的底层要素划分和要素之间相对重要程度的变化，决定了要素之间权重的分配。权重值越大，表示其对上层要素的贡献越大；权重值越小，表示其对上层要素的贡献越小。在层次评价体系中，上层要素和底层要素都可以单独作为问题的一类评价特征，按照具体的评价标准，对要素参数值的分布进行等级划分。等级划分通常使用好、较好、中等、较差、差五级评价指标，以不同的边界值作为单要素分布的评价标准。基于模糊数学的层次融合圈闭有效性评价是在研究区不同类型圈闭有效性评价体系的指导下和圈闭要素特征解剖的基础上，利用模糊数学方法，结合层次分析理论，对圈闭有效性进行综合评价的过程（图 7-1-6）。

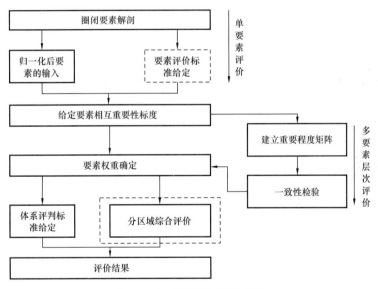

图 7-1-6　模糊层次评价流程

　　在要素输入，相对重要性矩阵建立及各单要素权重确定的基础上，按照确定的层次评价体系，通过多次权重确定和逐级加权叠加的过程，可以得到上级要素的层次评价结果，该结果可以反映评价过程中多要素综合影响的效果。

　　（2）基于深度学习的评价方法。

　　深度学习方法最大的优势在于它可以自主地从样本数据中提取特征，通过对大量样本的学习，掌握样本数据的内在特征规律后，对未知数据自动进行判别分析，从而实现识别与分类功能。在整个过程中，没有人为对地质参数重要性的规定，参数重要与否取决于神经网络根据样本数据学习而定，大幅降低了人为因素对评价结果客观性的干扰，使得评价结果更为准确。区带—圈闭有效性评价需要将几种不同的地质参数进行融合，每一种参数的类型与数值大小都会影响到最终的评价结果。这种特征与图像识别技术最为相似，图像识别是通过卷积神经网络对图像的线条、颜色、明暗等特征进行提取，每一种特征的变化都会影响图像的类型。卷积神经网络也是目前深度学习技术中应用范围最广、技术最为成熟的算法。本次研究采用了卷积神经网络作为区带—圈闭有效性评价的算法（图7-1-7）。

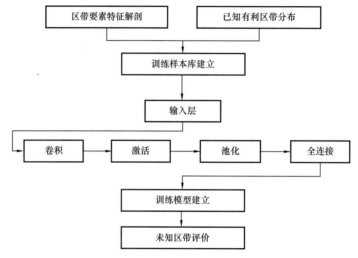

图7-1-7　深度学习评价流程

2）不整合体流体势表征与成藏动态模拟

油气成藏期流体势主要可分为位能、压能、动能及界面能，由于成藏期流体流动速度较慢，因此动能可以忽略不计。所以成藏期流体势主要由位能、压能及界面能组成。不整合复合体的上覆层通常具有封堵油气的能力，油气通过不整合面及下伏层进行横向运移，因此位能表征本质上是对下伏层的位能表征，涉及的主要参数为流体密度、重力加速度及海拔深度。其中流体密度、重力加速度为常量，海拔深度为变量，关键是成藏期海拔深度的计算。成藏期海拔深度可以利用测井资料和地震资料，通过恢复不同关键成藏期古构造图来获得。压能表征本质上也是对下伏层的压能表征，成藏期压能涉及的主要参数为地层压力及流体密度，其中流体密度为常量，地层压力为变量，成藏期压力主要利用测井资料通过泥岩压实曲线计算获得，利用地震资料进行压力预测目前也已经取得重要进展。成藏期界面能主要涉及储层孔喉半径、润湿角及界面张力，其中润湿角及界面张力在油藏内部不同部位变化较小，因此成藏期界面能与孔喉半径关系更为密切，而孔喉半径可以通过与孔隙度和渗透率的相关关系利用孔隙度和渗透率的资料计算得到。

不整合复合体的成藏动态模拟同样采用"蚁群"算法来实现，在此不再赘述。

3. 盖层评价

风化黏土层的发育程度（厚度、分布范围）及其封盖强度大小是不整合体能否大规模聚集油气的重要条件。由于其厚度通常较小（大多小于10m），且容易与泥岩相混淆，所以在盆地覆盖区如何准确地识别风化黏土层十分关键。

1）风化黏土层识别

前人基于不整合面不同元素淋失、迁移的难易程度不同，以及矿物组成与上下地层的差异性，采用化学风化指数和测井模板（吴孔友等，2002，2003）等技术方法来识别风化黏土层。现已在矿物与元素、测井综合判别方面取得一些新进展。

（1）岩石地球化学综合识别方法。

基于大量野外露头和岩心资料，建立了基于不同母岩岩性的风化黏土层矿物组成特征图版、风化黏土层与泥岩的矿物差异性判别图版、不整合结构上中下三层的常量元素及微量元素判别图版（图 7-1-8）、LREE（轻稀土）/HREE（重稀土）比值判别图版等。研究显示，不同母岩形成的风化黏土层，其矿物含量具有较大差异。就黏土矿物含量而言，碳酸盐岩区含量最高，火山岩区次之，碎屑岩区最少；从黏土矿物构成看，火山岩区绿泥石、伊利石含量较高，碳酸盐岩区高岭石含量较高。碎屑岩区的石英含量高，而

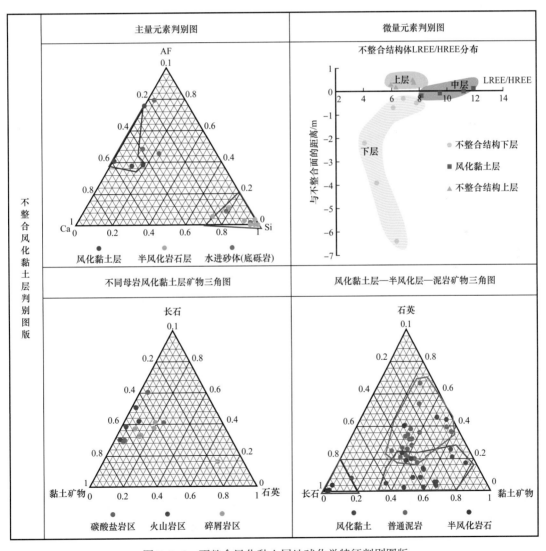

图 7-1-8　不整合风化黏土层地球化学特征判别图版

火成岩区的长石含量较高等。

与泥岩比较，风化黏土层中抗风化能力强的 O、Al、Fe、Ti 等元素及其氧化物 Al_2O_3、Fe_2O_3 具有较高含量；而抗风化能力弱的碱金属元素 Na、Mg、K 等含量较低；风化黏土层不含或少含 Ca，而正常泥岩中常含有较高的 Ca。风化黏土层常表现为长石、云母等原生矿物的蚀变，以及高岭石、伊利石、蒙脱石等次生黏土矿物的生成，因而黏土矿物含量明显较高，但长石、石英等矿物的含量相对较低（图 7-1-8）。就不整合结构上中下三层比较，中层（风化黏土层）的 Zn、Ti、Rb 等元素含量较高，而 Mn 等元素含量较低。随风化程度的增强，重稀土的淋失速率相对大于轻稀土，LREE/HREE 比值增大，故也可借助 LREE/HREE 比值建立对不整合结构中层的识别。

（2）测井资料再处理综合识别。

提取对风化黏土层响应明显的井径、密度、补偿中子孔隙度、电阻率和放射性等测井信息，进行幅度差计算，并作归一化处理，建立综合判别参数 U，再结合泥质含量曲线 V_{sh} 及岩性判别曲线 Φ_c，对风化黏土层厚度进行定量识别，识别精度为 0.1m。结果显示多条幅度差曲线在风化黏土层呈现内凹的形态，即不整合结构体上层在与中层接触处，出现台阶式高值，中层向下层过渡，同样在接触处有突变现象。Φ_c 与 V_{sh} 曲线表现出显著起伏，且二者与距不整合结构体较远的正常泥岩存在明显不同，反映出风化泥岩与正常泥岩在孔隙度、渗透率及泥质含量上的差异，研究还发现，在中层缺失时，上层、下层的接触界面也有测井曲线值的突变现象。该项技术对于没有取心或者取心少的地区，尤其具有很好的应用价值。

2）风化黏土层分布预测

不整合风化黏土层一般厚度小于 10m，低于常规地震资料的垂向分辨率，加之不整合面大多表现为地震强反射，该强反射对下伏地层具有明显的屏蔽作用，这更增加了风化黏土层的地震预测难度。此时，可以通过测井标定地震，尝试采用地震沉积学分析技术，包括地震资料 90°相位化、地层切片或沿层切片、小时窗地震振幅属性等技术，充分利用地震资料的横向分辨率信息，预测风化黏土层平面分布范围。地震预测结果需要符合风化黏土层发育的一般地质规律：（1）从古地貌高部位向斜坡低部位厚度逐渐增大；（2）断裂发育区风化黏土层更加发育；（3）沉积间断的时间越长风化黏土层厚度越大；（4）暴露期的古气候越潮湿越利于风化黏土层的发育等（侯连华等，2017）。

3）风化黏土层封盖能力定量评价

风化黏土层对油气的封堵能力主要表现在其突破压力方面。影响其突破压力的因素主要包括埋藏深度、矿物组成及发育厚度。采自准噶尔、塔里木、渤海湾等盆地的大量岩心、露头样品的实验研究显示，风化黏土层的突破压力（封盖强度）与埋深存在明显的正相关关系。当突破压力达到 0.5MPa 之上时，就具备相应的封盖能力。黏土矿物的可塑性可抵制构造形变中次生裂缝的发育，图可塑性表现为蒙脱石＞伊/蒙混层＞伊利石＞绿泥石＞高岭石，吸水性强可由于吸水膨胀而缩小孔隙喉道半径，增加孔隙毛细管压力，因而使其封盖能力增强，吸水膨胀性为蒙脱石＞伊/蒙混层＞高岭石＞伊利石＞绿泥石。

对准噶尔盆地北三台地区三叠系—白垩系、西泉地区石炭系—二叠系（图 7-1-9）、

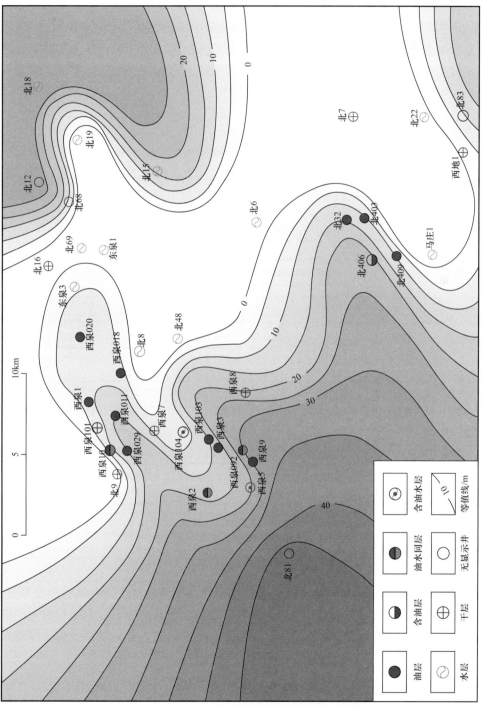

图 7-1-9　不整合风化黏土层与下伏地层油气井分布关系图

乌夏地区三叠系—侏罗系及渤海湾盆地东营凹陷新近系的大量油藏解剖发现，不整合风化黏土层是地层油气藏形成的必要条件，构成上覆圈闭的底板和下伏圈闭的顶板。多数情况下，作为油气藏的有效顶板盖层，其厚度需要在4m以上，而有效底板厚度需达到2~4m。但在东营凹陷的古近系—新近系的部分油藏中，风化黏土层的厚度达到2m以上就可以有效封盖油气。图7-1-9是准噶尔盆地石炭系顶面不整合风化黏土层厚度分布与石炭系火成岩油气分布关系图，可以看出风化黏土层的分布对下伏地层的油气富集有明显的控制作用。

三、地层圈闭有效性评价

地层圈闭的有效性评价是从有利区带中寻找勘探突破点的关键，地层圈闭成藏控制因素的确定仍离不开"生、储、盖、圈、运、保"六个关键要素，缺一不可。但对于不同类型的地层圈闭，每个要素的影响程度有差异。因此在探讨地层圈闭的主控因素时，需要同时把握地层圈闭的一般特征及其独特性。本研究总结形成了突出地层圈闭有效性为主控因素的综合评价流程（图7-1-10）。

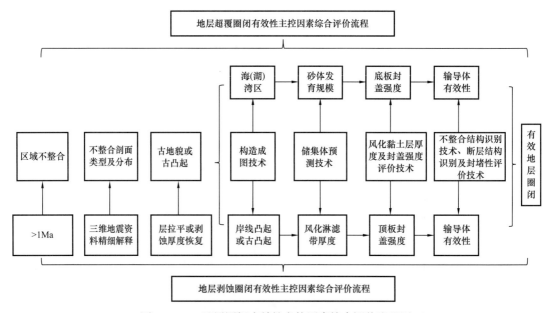

图7-1-10 地层圈闭有效性主控因素综合评价流程图

地层圈闭有效性评价的关键包括不整合类型研究、不整合面上下岩性对接关系分析、古地貌或古构造恢复、盖层条件评价及输导体系的有效性分析等。作为削截型地层圈闭的顶板和超覆型地层圈闭的底板，不整合风化黏土层封盖能力对地层圈闭是否能够成圈成藏十分关键，前文已对其进行了分析，在此不再赘述。

1. 不整合类型评价

不整合的合理分类是正确研究不整合的基础，不同类型的不整合代表着构造运动的不同作用方式、强度、时间长短等地质参数。不同的研究需要形成了不同的分类标准，如根据剥蚀面的起伏、与海侵或湖侵的关系、分布范围、不整合界线的清楚程度及地理位置等标准进行的分类等。

传统的分类方案主要根据不整合两侧地层的几何关系将不整合划分为角度不整合和平行不整合。随着研究的深入，认为基于地层分层或构造层序研究需要的不整合类型划分仅考虑了不整合之上或之下单方面的因素，没有整体考虑不整合之上和之下地层的接触关系。从油气勘探的角度，此不整合分类不能满足深入认识含油气盆地中不整合的成因、结构及其控制油气成藏作用的需要，应将其视为不整合结构体来考虑。本次研究在对不整合结构类型充分调研后，在主要采纳高长海等（2013）命名原则的基础上，通过大量二维地震勘探资料、三维地震勘探资料解释，对不整合剖面类型名称进行了补充（图 7-1-11），在类型划分中遵循了以下原则：地震剖面上不同反射终端的组合形式表示

不整合类型	不整合特征	剖面实例	剖面样式	分布地区
平行—平行	上、下地层界面同相轴与中间不整合界面同相轴呈平行趋势，互不相交	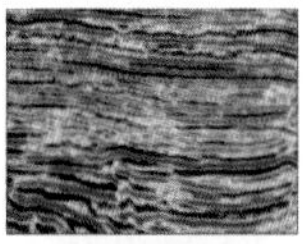	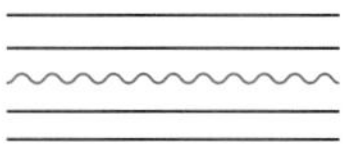	凹陷区
平行—削截	不整合界面下伏地层呈明显的单斜形态，角度可陡可缓，上覆地层平行于不整合面	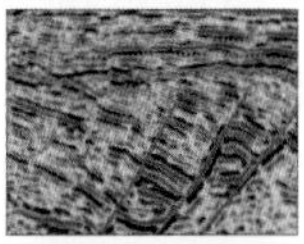	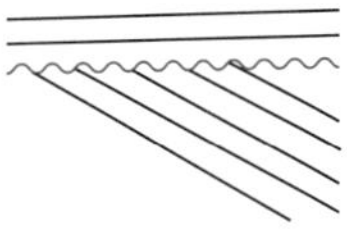	隆起区、斜坡区及盆缘
平行—断褶	上覆地层与不整合面近于平行，下伏地层与不整合面斜交，且同向轴靠近断层一侧呈弯曲状	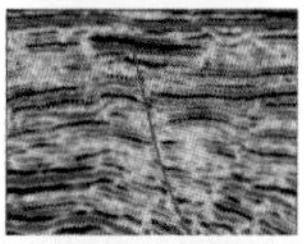	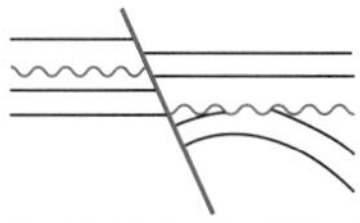	断隆
平行—褶皱	上覆地层与不整合面近于平行，不整合面起伏不平，下伏地层呈遭受剥蚀的褶皱形态		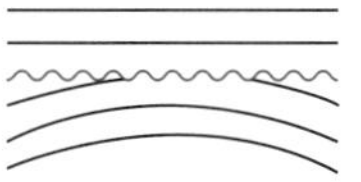	隆起区、斜坡区及山前断阶带
超覆—削截	上覆地层依次在不整合面处尖灭；下伏地层呈明显的单斜形态，角度可陡可缓	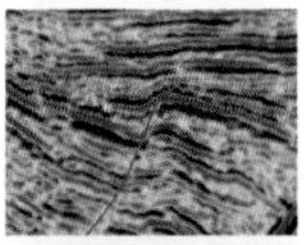	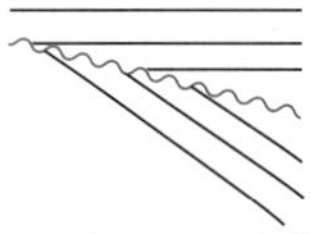	伸展断陷、坳陷和稳定陆内坳陷边缘或斜坡区
超覆—褶皱	不整合面起伏不平，上覆地层依次在不整合面处尖灭；下伏地层呈遭受剥蚀的褶皱形态	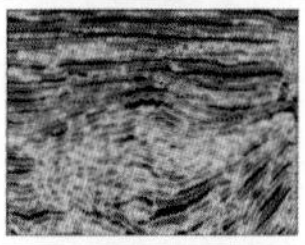	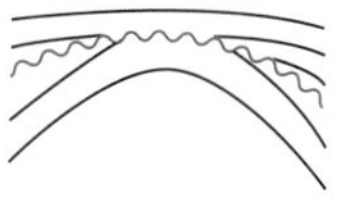	隆起区
超覆—平行	上覆地层依次在不整合面处尖灭；下伏地层近于平行不整合面	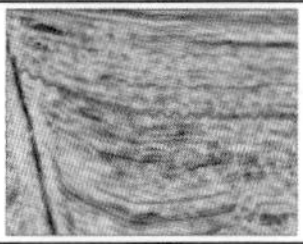	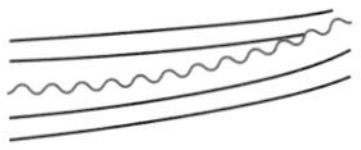	斜坡区下端
超覆—断褶	上、下地层均与不整合面同向轴斜交，下伏地震反射同向轴靠近断层一侧呈弯曲状	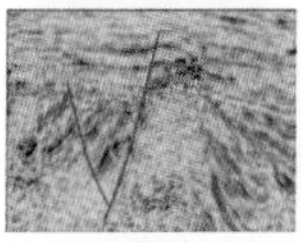	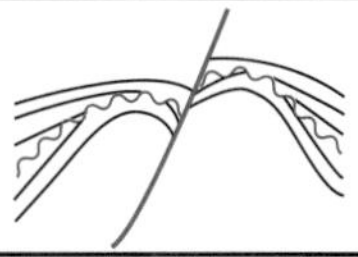	断隆

图 7-1-11　不整合类型划分及分布特征图

不同的不整合样式，也就是不同的圈闭类型；据不整合上下地层接触关系识别不整合还要结合地震剖面上同相轴的反射模式在不整合结构体两侧的差异。不整合的形成主要是由于构造运动抬升剥蚀和沉积间断作用的影响，不整合成因至关重要，这也是不整合类型划分的主要依据。

2. 古地貌或古构造恢复

地层圈闭的发育常常与古地貌有关。盆内凸起及湖（海）岸线的向水域方向的凸起处等古地貌高部位有利于剥蚀地层圈闭的形成，而湖（海）湾区利于超覆地层圈闭的发育。因此，古地貌恢复十分必要。古地貌恢复过程一般要通过剥蚀量校正、去断层、去褶皱及压实校正等步骤，最终得到目的层无形变时的沉积地貌。

1）剥蚀厚度恢复

剥蚀厚度恢复是明确剖面演化特征的基础工作，一般包括数据采集、单井剥蚀厚度推算和区域剥蚀量恢复等。首先，在数据采集和单井剥蚀厚度推算阶段，根据地层发育特征及经历的构造运动，结合地震剖面解释结果，确定所要研究的不整合目的层位，依据声波时差测井数据分别建立界面上、下地层压实率与深度的简单指数模型。延伸曲线至等声波时差线，读取两曲线的地层深度差值即可得到剥蚀厚度。接下来进行区域剥蚀量恢复，运用地层压实率与深度的简单指数模型，选取研究区内一定数量的井进行剥蚀量恢复并结合其剥蚀量完成区域剥蚀厚度等值线图。

2）层拉平技术

构造应力的变化及大小决定了地层内发育褶皱还是断层，当应力较大且超出地层破裂强度时形成断层；构造应力较小，低于地层破裂强度时只产生构造形变。因此，在恢复剥蚀量之后要进一步消除构造形变对地层的影响，也就是常用的"层拉平"法。去断层实际就是消除断层断距的影响，是构造演化分析的关键一环。在去断层恢复中最为常用的方法是斜剪切法。斜剪切算法用来计算断层上盘与地层具有一定夹角的定向移动，通过具体定义上盘的位移，来逐步滑动断层的上盘完成运算。去除挤压性褶皱，通常采用"弯滑去褶皱"算法进行运算，该算法主要针对平行背斜或向斜。在计算过程中，首先定义模板层进行拉平操作，拉平一个固定深度或者一个水平层位。在模板层与目标层之间分割成多个平行于模板层的滑动层，在模板层进行恢复时，滑动层之间的相互滑动，可以控制其他联动层位的去褶皱程度，同时可以很好地保持滑动层厚度的守恒。对于拉张环境下形成的褶皱，消除褶皱的影响采用斜剪切法，也就是"层平法"恢复即可，具体做法是在对每层去断层后再去褶皱。由于三维空间构造恢复对模型的建立要求比较严格，在实际地震解释过程中难以完全层位闭合，因此必须对解释的层位进行适当的整理，去除异常点后再进行平滑。

3）压实恢复

去压实过程主要为了去除不同部位地层由于深度的不同及岩性的变化而造成的压实影响。在实际运算时，基本会忽略岩性的横向变化。在恢复过程中，去压实可以只关注地层埋藏深度的大小变化。地层埋深的变化是去压实优先考虑的主要因素。地层埋深变大，孔隙度数值会降低，会导致地层厚度变薄。去压实恢复实际就是计算地层沉积时的初始孔隙度。在实际工作中很难有测井资料完全支撑孔隙度的计算，因而可以用泥岩的压实曲线来替代，如果泥岩孔隙度资料也不具备，则可以利用声波曲线计算孔隙度，然后与深度交会得到相关曲线，这种方法间接、方便，但有一定误差，会影响原始孔隙度的计算。

3. 不整合岩性对接关系分析

不整合结构体各层岩性往往不同，当结构体中层的风化黏土层不发育时，上、下地层直接接触。接触的岩性不同，流体的输导能力也有差异，同时也决定了能否形成圈闭，形成什么样的圈闭。例如上、下地层均是砂岩接触的不整合结构体输导能力肯定要好于上、下地层均是泥岩，或泥岩与砂岩接触的不整合，而上泥岩下砂岩的接触关系有利于封堵油气，形成地层不整合油气藏，上砂岩下泥岩的接触关系有利于形成超覆型不整合油气藏，因此在不整合纵向结构识别的基础上，明确不整合结构体岩性配置关系是判断地层圈闭有效性的重要依据（图 7-1-12）。不整合结构体可提供油气聚集的场所。不整合结构体让不同岩性地层（如砂岩与石灰岩、粉砂岩与砂质泥岩等）广泛接触，使得岩层的岩性和物性突然发生变化，因此，不整合结构体中层为下伏储层提供了良好的盖层条件，沿斜坡不整合结构体则提供了有利的侧向遮挡条件，形成地层圈闭。不同种类地层圈闭的分布规律、形成机制均与不整合结构息息相关。同时不整合结构体可作为油气侧

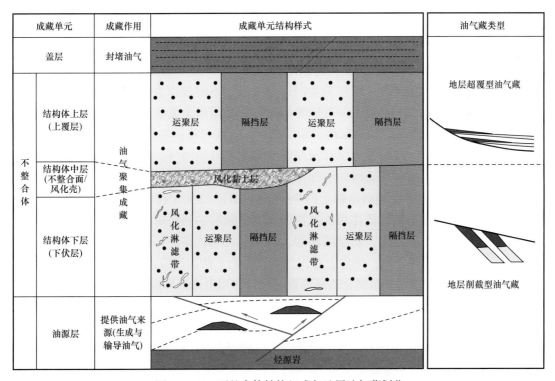

图 7-1-12　不整合体结构组成与地层油气藏划分

向或垂向运移的通道。在不整合结构体下层发育的裂缝与溶蚀孔、洞，使得地层在横向上的孔隙度和渗透率增加，有利于油气的侧向运移；在某些地区，不整合中层即风化黏土层厚度不足以封盖下伏地层中的油气，油气会沿着风化黏土层向上运移，这时，风化黏土层就作为油气的垂向运移通道。不整合结构体的平面分布控制着油气成藏区带，不整合的形态又直接影响着与不整合有关的油气藏分布。

4. 输导体系有效性评价

接力输导是除源内自生油气藏外主要的油气运聚成藏输导方式。主要包括：（1）"梳"字形输导模式。目前，中国东西部多个含油气盆地的主要不整合结构体内均发现了与不整合相关油气藏，这是油气沿不整合发生运移并聚集的有力证据。同时，不整合结构体附近的录井油气显示、试油等也表明不整合是油气主要运移通道之一。以风化黏土层为界，之上为砂砾岩层，之下为半风化岩石层，两者均为高效运载层，它们是油气长距离运移的有利通道。不整合结构体上层往往是风化带粗碎屑残积物在发生水进时接近原地的沉积物，组分复杂，颗粒较粗，砾石磨圆度、分选性较差，分布连续，以砂砾岩为主，孔隙度和渗透率性较好（如济阳坳陷沾化凹陷孤北地区孤北 8 井 Es_3/Mz 不整合结构体上层底砾岩孔隙度为 9%，渗透率为 21.5mD），可作为油气侧向或斜向运移的有利运载层。当运载层厚度均一且适中时，对于油气运移而言属"畅通型"输导层；而当厚度不均匀时，砂砾岩层可作为效率较差的"喉道型"油气运移通道。在完全均质的运载层内，油气饱和度会通过毛细管的"沟道效应"在层内达到均一；而在非均质运载层内，由于毛细管的"沟道效应"，即毛细管力总是使油气汇集在大孔隙中，从而使油气"局限"在高孔隙度、高渗透率的"层段"中，在达到其残余油饱和度后，会使油气顺着级差最大的通道发生快速而有效的"薄层运移"[图 7-1-13（a）]。（2）"之"字形输导模式。此种输导要素配置模式以断层为垂向运移通道，不整合作为侧向运移路径，相辅相成，共同在空间上构成一个有机油气输导体系。它是凹陷生成的油气向斜坡或深部油气向浅部构造中各类圈闭（背斜、断块、断层遮挡、地层超覆、岩性和断层—岩性等圈闭）运移的输导系统。该运移输导系统在深部需要聚集足够的油气，达到一定的油气二次运移条件，在断裂开启时油气垂向向浅部运移，此外还需要区域不整合或者厚层砂体的发育作为长距离运载层进行侧向运移[图 7-1-13（b）]。（3）花状输导模式。断层在油气成藏中具有遮挡和通道的双重作用。遮挡强调的是断层的侧向封闭，而通道则强调断层的垂向开启程度。一般而言，断层活动期，垂向呈开启状态，而侧向依靠泥岩涂抹，部分砂体可形成封闭；静止期，侧向上首先封闭，垂向上断面压应力增强，后期成岩作用、原油氧化反应或生物降解导致稠化造成沥青封堵等作用也逐渐形成封闭[图 7-1-13（c）]。（4）阶梯状输导模式。油气经过一系列阶梯状正断层向凸起运移。油气经过断层，在封闭性较好的局部区域聚集成藏；在封闭性相对较弱的地方，部分油气穿过断层通过连通砂体继续向凸起侧向上运移，部分油气则通过断层纵向向上运移，经过不整合输导，最终在高部位凸起部位聚集成藏[图 7-1-13（d）]。

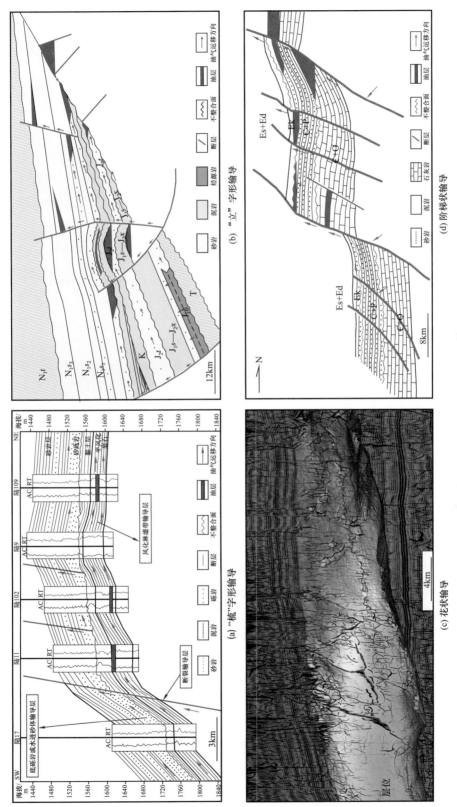

图 7-1-13　与断裂相关的输导模式

第二节　岩性油气藏区带、圈闭评价方法与关键技术

"十五"至"十二五"期间，围绕近源或源内岩性油气藏，前人重点基于烃源岩、沉积储层等关键控藏地质要素，先后建立了以油气系统为单元的"四图叠合"岩性油气藏区带评价方法和区带有效性定性评价的划分原则和评价标准（侯连华等，2016），有效指导了鄂尔多斯盆地等大型含油气盆地的油气勘探重大发现和规模储量增长。但对于远源/次生岩性油气藏的系统研究相对薄弱，而该类油气藏通常具有埋藏浅、规模小、产量高、开发效益好的特点，是效益优先的各油气田公司关注的重要领域，也是笔者关注的重点。

一、远源/次生岩性油气藏区带综合评价体系

"十三五"期间，聚焦大型远源/次生等源外岩性油气藏区带评价，在继承前人的源内油气藏、近源岩性油气藏评价方法的基础上，重点突出了对该类油气藏成藏起主导作用的输导体系和盖层的有效性评价。输导体系评价包括了砂体输导能力评价和断裂输导能力评价两个方面，其中砂体输导能力评价区分不同规模、不同沉积环境下形成的砂体的连通性分类表征和油气输导能力定量评价，建立了基于砂地比定量判别油气藏类型的参数标准；断裂输导体系评价包括断层的分段性评价、活动性评价和封闭性评价等方面，以及断层与砂体相互匹配输导性能定量评价等。盖层评价强调了基于断层破坏程度的泥岩盖层垂向封盖能力动态演化定量评价。综合输导体系和盖层评价方法，建立了远源/次生岩性油气藏的综合评价体系（图7-2-1）。

二、远源/次生岩性油气藏区带评价方法

1. 输导体系表征及定量评价

远源/次生岩性油气藏成藏主要受输导体系与有效圈闭控制，地层油气藏（地层超覆型和地层削截型）则受规模储层、输导体系和区域性风化黏土层三个关键因素控制（陶士振等，2017）。由此可见，对输导体系的分析评价是地层油气藏和源外岩性油气藏能否规模成藏的关键要素之一。输导体系通常包括砂岩输导、断层输导、不整合面（体）输导及三者相互组合而成的复合输导方式。对于砂体输导体系的输导能力，通常通过砂体纵横向的连通性（连通概率）进行评价。对于断层的输导能力，则主要基于对断层在成藏关键时刻及后期的再活动性进行评价。不整合面或者不整合结构体的输导能力评价，则主要基于对不整合面上下地层的岩性组合关系进行分析，以定性评价为主。在实际油气成藏过程中，砂体—断层、断层—不整合、砂体—断层—不整合等复合输导方式可能更为常见。基于松辽盆地、准噶尔盆地大量实例解剖，笔者重点围绕砂体、断层的输导能力进行分析研究，提出了相关表征方法和定量评价技术。

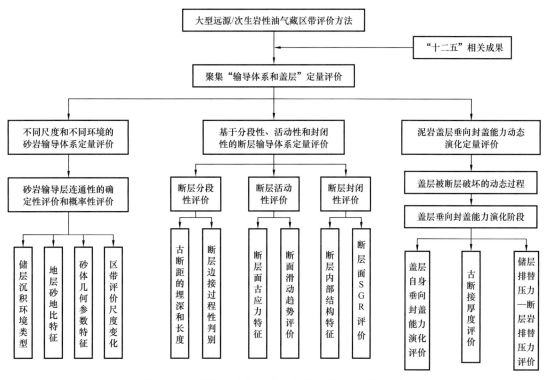

图 7-2-1　远源 / 次生岩性油气藏区带综合评价体系

1）砂体输导体系评价

砂体输导体系评价的核心是连通性，通常通过砂体连通概率来表征，代表单一砂岩输导层内最大连通砂岩体积与砂岩总体积比值（Larue et al.，2006）。通过对大庆油田多个探区近 200 个油气藏的解剖，发现砂体的连通性与地层的砂地比具有很好的正相关性，同时砂体几何形态和评价尺度也不同程度影响砂体的连通性。从形态角度看，坨状砂体相对条带状砂体连通能力较差，而条带状砂体的连通性又不及片（席）状砂体。从相带角度看，相同的连通概率条件下，三角洲内前缘较三角洲外前缘需要相对更高的砂地比。从评价尺度角度看，要达到相同的连通性，大尺度评价区带较小尺度区带需要更高的砂地比［图 7-2-2（a）、（b）］。如同为三角洲内前缘亚相，小尺度的评价区带内形成岩性油气藏对应的砂地比通常在 0.1 以下，砂地比在 0.1～0.4 之间为构造—岩性油气藏或岩性—构造油气藏，当砂地比达到 0.4 以上时，区域内砂体完全连通，形成构造油气藏；而大尺度的评价区带形成岩性油气藏的砂地比则在 0.2 以下，砂地比在 0.58 以上形成构造油气藏。表 7-2-1 为基于解剖实例建立的利用地层砂地比定量判别油气藏类型的参数标准。基于该标准，对简单斜坡背景的齐家地区高台子油层有利岩性区带预测显示，研究区总体以构造—岩性区带为主，其中，中南部金 30 井区以低砂地比值（＜0.2）为特征，地层连通性较差，是典型的岩性油气藏分布区带，而在西南部龙 24 井区地层砂地比达到 0.4，是岩性—构造油气藏发育的有利区带［图 7-2-2（c）］。

表 7-2-1 砂地比判别油气藏类型参数标准

砂地比控制因素	油藏类型	岩性（类）油气藏			构造油气藏
沉积环境	评价尺度 /km²	岩性油气藏	构造—岩性油气藏	岩性—构造油气藏	
三角洲平原亚相	10	≤0.05	0.05～0.25	0.25～0.50	≥0.50
	100	≤0.09	0.09～0.28	0.28～0.52	≥0.52
	225	≤0.15	0.15～0.35	0.35～0.55	≥0.55
	1000	≤0.20	0.20～0.42	0.42～0.60	≥0.60
三角洲内前缘亚相	10	≤0.10	0.10～0.22	0.22～0.40	≥0.40
	100	≤0.12	0.12～0.24	0.24～0.45	≥0.45
	225	≤0.16	0.16～0.25	0.25～0.50	≥0.50
	1000	≤0.20	0.20～0.31	0.31～0.58	≥0.58
三角洲外前缘亚相	10	≤0.08	0.08～0.18	0.18～0.36	≥0.36
	100	≤0.10	0.10～0.20	0.20～0.40	≥0.40
	225	≤0.12	0.12～0.25	0.25～0.42	≥0.42
	1000	≤0.15	0.15～0.30	0.30～0.45	≥0.45

2）断层输导体系定量评价

（1）断层的分段性评价。

断层无论在垂向上还是在平面上均具有分段特征。在垂向上，从深层断层到浅层断层，其倾角、倾向、断距都在发生变化；而在平面上，同一条断层在不同位置其断距也不同，显示出活动强度的差异。断层的垂向生长，可以利用不同地层界面深度下断层垂直断距值绘制垂直断距—深度（T—Z）曲线，结合断层生长指数剖面来探讨断层生长演化方式及演化历史（图 7-2-3）。断层的平面分段生长，可以根据断层垂直断距—长度（T—X）曲线的基本形状，分析断层成核、演化的特征。早期相邻断层通常在转换斜坡处位移梯度增大，当相邻断层发生重叠，进一步的位移积累导致转换斜坡的破坏和单一断层的形成。早期断层 T—X 曲线是不规则的，局部出现的垂直断距极大值和极小值分别代表了早期孤立断层成核点和分段点。

（2）断层古活动性评价。

滑动趋势分析方法是目前接受程度较高的一种断层活动性评价方法（Morris et al.，1996）。在不考虑断裂带内聚力的情况下，Morris 等（1996）将滑动趋势定义为剪应力与正应力的比值。在给定应力场状态的情况下（应力方位和相对大小），可以绘制出不同方位下滑动趋势的赤平投影图，将区域断层按照产状也相应叠加到该赤平投影图上 [图 7-2-4（a）]，就可以确定不同方位断层的滑动趋势。由于断层面往往是不规则的形态，所以对于单条断层来说不同部位滑动趋势可能不同，通过断层三维空间建模，根据断面产状的变化可以计算出断面上各点的滑动趋势［图 7-2-4（b）］。

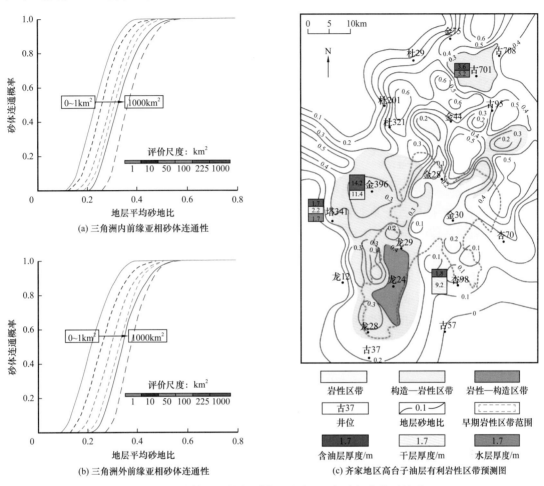

(a) 三角洲内前缘亚相砂体连通性

(b) 三角洲外前缘亚相砂体连通性

(c) 齐家地区高台子油层有利岩性区带预测图

图 7-2-2　砂体连通性判别模型及砂地比与油气藏类型关系

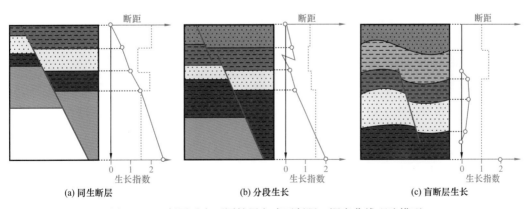

(a) 同生断层

(b) 分段生长

(c) 盲断层生长

图 7-2-3　断层垂向不同扩展方式下断距—深度曲线理论模型

（据 Ge Hongxing，2007，有修改）

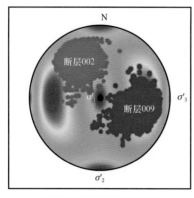
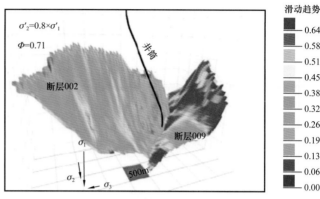

(a) 断层极点与滑动趋势叠合图　　　(b) 单条断层面滑动趋势三维等值图

图 7-2-4　不同方位断裂滑动趋势评价（据刘宗堡，2021）

3）断层与砂体接力输导定量评价

在断裂复杂地区，位于生烃中心之外的岩性地层油气藏的形成依赖于油源断层和砂岩储集层的时空匹配，油气常呈阶梯状或网状沿着"油源断层—有效砂体"接力输导运移。油气沿油源断层向上运移过程中，遇到砂岩层通常会侧向分流，并在砂层的构造高部位聚集形成岩性、或断层—岩性圈闭油气藏。本研究通过对断—砂侧向分流影响因素（断层封堵性、砂体厚度、砂体物性、断—砂接触面积等）与油气充满度之间相关性的回归分析，筛选出对断—砂侧向分流起关键作用的断—砂接触面积、储层砂地比、断裂带内泥质含量、储层倾角、断层倾角等地质参数，建立了断—砂侧向分流油气的定量评价公式，以判断油气沿断层向两侧砂体充注的优势方向。

以饶阳凹陷留楚构造为例，对 f038 断层和 f008 断层分别计算不同层位的断—砂侧向分流油气能力（用断—砂侧向分流系数 R 表示，R 值越大，分流油气的能力越强），可分为三种情况：（1）在两条断层上盘一侧的 Ed_3^1 段分流系数分别为 0.81 和 1.01，钻井揭示此两层均为油层；（2）在 f038 断层上盘的 Ed_2^1、Ed_2^2 和 f008 断层上盘的 Ed_2^2 的分流系数分别为 0.12、0.22 和 0.11，整体较低，钻井显示为水层或干层；（3）其他层段的分流系数介于 0.4~0.7 之间，钻井揭示为油水同层。评价结果与研究区实际钻井情况吻合度较高（图 7-2-5）。

2. 泥岩盖层封盖能力定量评价

在断裂系统发育的盆地，区域盖层经常被多期活动的断层切割破坏，从而影响到其垂向油气封盖能力。本次研究根据泥岩盖层被断层破坏程度，总结出盖层垂向封盖能力的三个演化阶段，并提出对应的评价技术。

第一阶段，断层活动弱，盖层未遭受破坏。此阶段主要涉及泥岩盖层的排驱压力分析，通过计算泥岩在埋藏成岩过程中排驱压力的演化，比较成藏期该排驱压力与下伏储层排驱压力的大小，泥岩盖层的排驱压力越大，垂向封盖油气的能力越强。排驱压力计算采用公式 $p_d=f(Z, V_{sh})$，其中 p_d 为排驱压力，MPa；Z 为地层埋深，m；V_{sh} 为泥质含量。

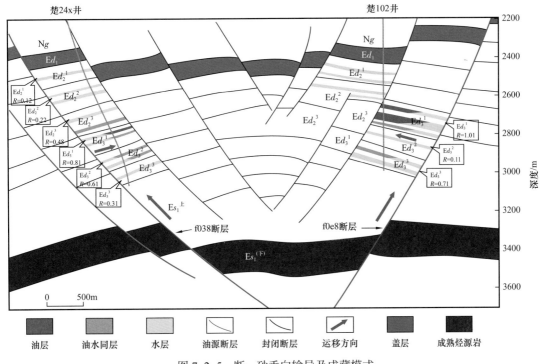

图 7-2-5　断—砂垂向输导及成藏模式

　　第二阶段，断层活动性增强，盖层被部分错断。此时盖层的封盖能力取决于在断层两侧仍然对接的泥岩厚度（断接厚度），断接厚度越大，油气越容易在下伏储层保存。通过断层古断距恢复与盖层泥岩古厚度恢复来计算成藏期的断接厚度，古断距恢复采用最大断距相减法（付晓飞等，2015），盖层泥岩的古厚度恢复采用"地层骨架厚度不变"原理。在明确了断层古断接厚度后，需要进一步对断接部位的侧向封堵能力进行评价。目前，国际上采用的评价方法和技术较多，但对于以砂泥互层为主的陆相盆地，通常认为SGR 评价方法最为有效。针对同沉积断层两盘地层厚度不相等的情况，研发了断层两盘节点约束建模与双井相向加权 SGR 算法。断层两盘节点约束建模克服了同沉积正断层传统绘图过程中地层倾角的畸变下拉，复原了同沉积断层倾角原貌；双井相向加权 SGR算法考虑了断层两盘地层岩性变化、地层厚度变化以及断距变化因素导致的断层泥比率SGR 空间分布的非均质性，因而精度得以提高。

　　第三阶段，断层活动极强，盖层在垂向上完全错断。该阶段泥岩盖层之下油气能否聚集成藏，关键在于断层本身的侧向封堵能力。可以通过比较断层岩的排驱压力与侧接的储层的排驱压力来判断断层是否具有侧向封堵作用。若断层岩的排驱压力大于侧接的储层的排驱压力，则断层对油气具有封堵作用。反之，油气通过断层继续向上倾方向渗漏运移。除此之外，还可以采用前文提到的通过比较断裂带与围岩储层的流体势来判断断层的侧向封闭性。

　　基于泥岩盖层垂向封盖能力动态演化定量评价技术，对松辽盆地部分地区泥岩盖层的封盖能力进行了综合评价，整体评价结果与油气垂向分布特征大体一致。图 7-2-6

（b）为小林克地区萨Ⅱ段上部盖层的厚度及盖层中发育的主要断层的垂向封闭性评价结果，在断裂垂向封闭性好的地区，油气主要富集在盖层下伏地层萨Ⅱ段中下部和萨Ⅲ段［图7-2-6（a）］；而在断裂垂向封闭性差的地区，油气穿过萨Ⅱ段盖层向上运移到萨Ⅰ段，在断层附近形成油气藏［图7-2-6（c）］。图7-2-6（a）和图7-2-6（c）粉色区域为预测的有利含油区，后钻LX5501井、TX1613井等证实预测结果是可靠的。

三、岩性圈闭识别与描述技术

岩性圈闭的准确识别关系到岩性油气藏勘探开发的成功率。对于碎屑岩地层而言，沉积体系及其控制下的单砂体预测是落实岩性圈闭的主要途径。在三维地震资料覆盖的地区，目前主要基于钻井地质资料和地震资料，采用叠前叠后地震反演、地震属性及地层切片等技术来预测沉积体系及砂体的平面分布。随着岩性油气藏勘探开发对象向"深"（深层）、"薄"（单层厚度薄）、"小"（砂体面积小）转移，对研究成果的精度要求越来越高。更为重要的是，我国岩性油气藏主要赋存在陆相盆地中，而陆相盆地由于湖泊水体的频繁升降，砂泥岩沉积通常呈薄互层发育。呈薄互层发育的砂体其地震反射相互干涉，给目标单砂体的预测带来很大难题，也因此导致了预测结果的多解性。面对这些生产需求及研究难题，"十三五"期间笔者及团队依托国家重大科技专项开展了攻关研究。同时，随着"两宽一高"地震资料的不断普及，为解决这些问题提供了更好的资料基础。另外，针对以鄂尔多斯盆地为代表的缺乏三维地震勘探资料的地区，岩性圈闭油气藏的分布预测主要依靠钻井资料，特别是测井资料。前期勘探研究主要是在宏观的沉积体系研究基础上，利用测井资料勾绘砂体的分布图，并依据此类图件进行勘探部署。但后验结果表明，油藏的分布与大面积分布的砂体并不完全匹配，也就是说砂体分布范围并不代表岩性圈闭的范围。因此，需要在现有资料基础上继续深入研究岩性油气藏、特别是大面积低渗透岩性背景下的油气藏分布及高产富集区的发育规律，探讨更加准确的岩性圈闭及高产"甜点"区的预测方法，以便进一步提高勘探成功率，提高开发经济效益。现重点从地震隐性层序界面识别与高频层序格架建立、薄互层背景下单砂体识别、强反射（煤层、火成岩）干涉下储层弱信号提取、大面积低渗透砂岩岩性圈闭及高产"甜点"区预测等方面进行技术探讨，以期对今后岩性圈闭预测精度及勘探成功率的进一步提高有所帮助。

1. 地震隐性层序界面识别与高频层序格架建立

地震层序界面的有效识别是层序格架建立的关键步骤，地震资料中识别出的层序界面级次及其横向可追踪性决定了所建立层序格架的精度。地震资料识别的层序界面精度低于测井资料建立的空间层序格架精度，难以满足岩性圈闭勘探的需求。"十三五"期间，课题组提出了一种基于井—震时频匹配分析与地震全反射追踪相结合的地震隐性层序界面识别及高频层序格架建立方法（杨占龙等，2019）。隐性层序界面是指在录井资料、测井资料上可识别，但在地震反射中特征不明显且难以有效横向连续追踪的四到五级层序界面。该方法主要包括逐级细化的测井时频分析与井—震标定，得到与测井资料相适

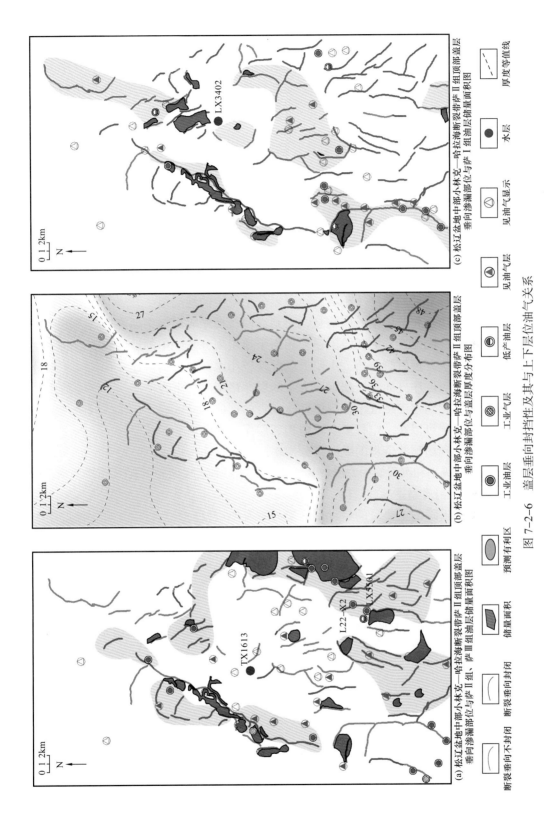

(a) 松辽盆地中部小林克—哈拉海断裂带萨Ⅱ组顶部盖层垂向渗漏部位与萨Ⅱ组、萨Ⅲ组Ⅰ组油层储量面积图

(b) 松辽盆地中部小林克—哈拉海断裂带萨Ⅱ组顶部盖层垂向渗漏部位与盖层厚度分布图

(c) 松辽盆地中部小林克—哈拉海断裂带萨Ⅱ组Ⅰ组油层储量面积图垂向渗漏部位与萨Ⅰ组Ⅰ组顶部盖层

图7-2-6 盖层垂向封挡性及其与上下层位油气关系

断裂垂向封闭　断裂垂向不封闭　预测有利区　储量面积　工业油层　工业气层　低产油层　见油气层　见油气显示　水层　厚度等值线

应的地震反射旋回变化关系；在小时窗地震时频分析基础上，通过地震全反射追踪解释技术，建立高频空间层序格架。利用该方法建立的层序格架中的层序界面既具有反映沉积旋回变化特征的明确地质含义，又具有足够的分辨率，能有效识别地震资料中采用常规方法难以识别的隐性层序界面，进而满足岩性圈闭识别、描述对于层序地层研究精度的要求。

1）井—震时频匹配分析

测井时频分析的主要目的是利用测井信息的旋回变化来识别层序界面、确定层序界面级别、明确所划分层序在沉积旋回中的归属等。有关利用测井资料开展时频分析的技术已相对成熟并在不同盆地、区带、区块的油气勘探中得到了广泛应用。需要强调的是，在高频层序格架建立过程中，采用逐级细化的分阶段测井—震时频分析效果更好（图7-2-7）。

首先针对沉积地层开展全井段时频分析，主要提取反映盆地沉积背景且具有较强时间意义的长旋回信息，划分超层序与三级层序，得到以三级层序界面与长期旋回为主的层序格架。接着针对目的层序（相当于地层划分系统中的地层组）开展时频分析，主要提取反映沉积环境变化的中期旋回信息，得到以四级层序界面与中期旋回为主的层序格架；最后针对岩性圈闭发育的四级层序（相当于地层划分系统中的地层段，在陆相湖盆中对应于砂层组）开展时频分析，主要提取反映较小水深变化的岩性变化信息，划分短旋回，得到以五级层序界面与短期旋回为主的层序格架。约束岩性圈闭发育的地震高频层序格架，在陆相湖盆中接近于控制单砂体发育的层序单元。逐级细化的分阶段测井时频分析的优势在于可以在一定程度上减弱相邻层序对目的层序时频分析结果的干扰或压制，一方面充分利用测井资料的纵向高分辨率，另一方面所识别出的层序界面和划分的层序具有明确的级别和沉积旋回归属，其所代表的地质含义更明确。

2）地震全反射自动追踪

地震全反射追踪的主要目的是对目的层内所有地震反射进行追踪，充分挖掘小级别地震层序内部地震资料解释潜力，分析高级次层序包含的地质信息，提升层序的解释精度，达到细化研究单元，使地震层位约束单元更趋近于控制岩性圈闭发育的最接近层序格架（图7-2-8）。

本次研究形成了基于密度聚类追踪、深度学习链接（patch-wise DBSCAN极值点成片算法、EM融合算法、有向无环图碎片连接算法）、基于波形特征和波形互相关的层位追踪方法，开展符合地震层位解释原则的地震全反射自动追踪解释技术，建立地震高频层序格架（图7-2-9）。以准噶尔盆地达探1井区1700km^{2}三维地震勘探资料进行测试，传统人工解释其中一个地震反射层位需要8h，本次研发的技术自动解释只需要8min，工作效率得到显著提高。

在以三级层序界面或四级层序界面识别和层序划分为主的显性层序格架建立后，针对岩性油气藏有利勘探区带中的关键层序在地震时频分析后开展地震全反射追踪解释，全面识别小级别的隐性层序界面并划分层序（四到五级层序界面与层序），通过层位（层序）—储层两步标定，结合井—震时频匹配分析结果明确隐性层序界面级次并划分层序的旋回归属，建立显性层序界面与隐性层序界面共存的高频层序格架，为后续地震解释和综合评价提供可靠的细分研究单元，为具体岩性圈闭识别、描述、评价与优选奠定精度更高的层序格架基础。

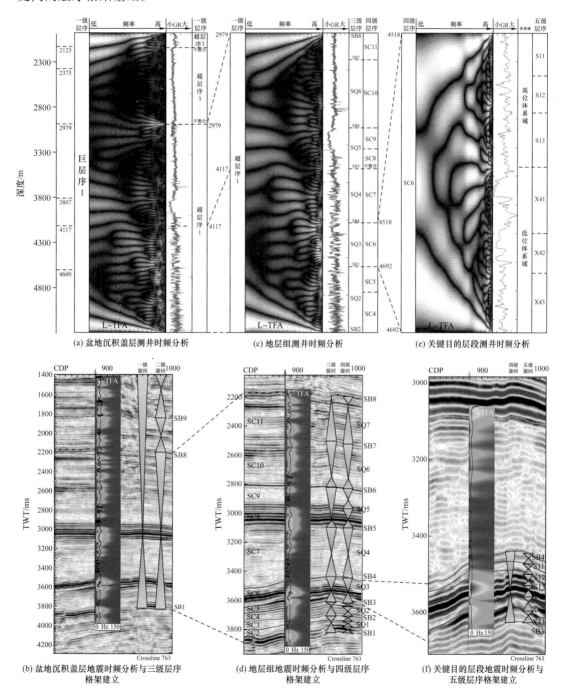

图 7-2-7　逐级细化的井—震时频分析（a、c、e）与地震高频层序格架建立（b、d、f）

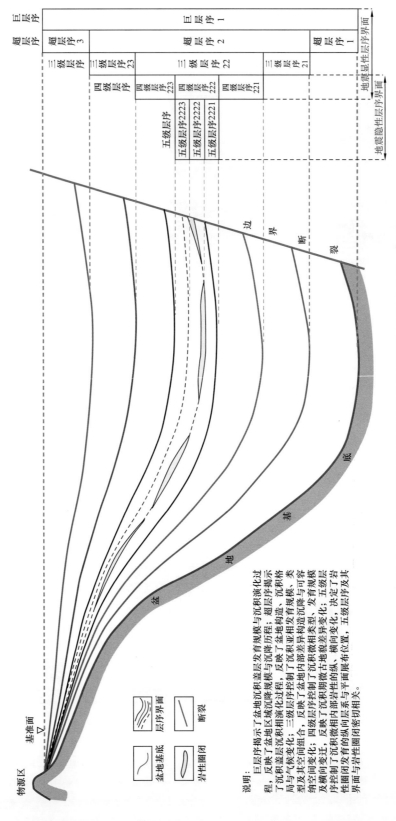

图 7-2-8 层序界面级别与岩性圈闭关系示意图（据杨占龙等，2019）

说明：巨层序揭示了盆地盖层发育规模与沉积演化过程，反映了盆地区域沉降规模与沉积演化历程；超层序揭示了沉积构造、沉积格局与气候变化，反映了盆地沉降演化过程；三级层序控制了沉积亚相发育规模、类型及其空间组合；四级层序控制了沉积微相发育规模与时空变迁，反映了沉积微相的纵、横向变化；五级层序控制了沉积期内部差异古地貌差异变化，决定了岩性圈闭发育的纵、横向位置，五级层序及其界面与岩性圈闭闭合密切相关。

图 7-2-9　全地震反射层位自动追踪解释结果

2. 薄互层背景下的单砂体识别

薄互层是陆相湖盆砂体发育的普遍特征，受地震资料分辨率及邻层干涉等因素的影响，基于反射地震数据直接探测地下薄储层的难度较大。笔者及团队研发形成基于稀疏理论的新的薄层地震反演技术、最小干涉频率切片技术、大区域非线性切片技术等，通过充分挖掘地震资料的纵向分辨率和空间分辨率来提高薄砂体的识别与描述精度。

1）基于稀疏理论的薄层地震反演技术

地震反射系数反演以及建立在此基础上的地层相对阻抗计算是近年来兴起的预测薄储层的重要技术手段（汪玲玲等，2017）。该过程无须构建低频阻抗模型，其最终结果不受模型精度影响，可在无井区域或少井区域开展应用。地震反射系数反演主要基于时域褶积和频谱分解技术拓宽资料有效频带，进而提高调谐厚度之下的薄地层成像精度。

由于薄层地震响应关系复杂，地震反射系数反演须附加约束条件以降低反演多解性。其中，最小二乘约束作为降低地震反射系数反演多解性的有效工具已被广泛应用。由于地震频谱的带限性，最小二乘约束下的地震反射系数反演仍存在较强的多解性。为此，有学者引入了稀疏约束以进一步降低反演多解性。然而，目前没有理论证明任何一种约束条件对地震反射系数反演的约束效果最佳。为此，作为一种重要的回归和分类算法，稀疏贝叶斯学习理论近年来被引入地震稀疏反射系数反演。当前主流的稀疏贝叶斯学习理论主要包括基于序贯算法的稀疏贝叶斯学习（SBL-SA）（Tipping et al.，2003）和基于最大期望算法（EM）的稀疏贝叶斯学习（SBL-EM）（Wipf et al.，2004）。研究表明，SBL-SA 理论存在局部收敛等问题，会降低地震稀疏反射系数反演的精度。为此，笔者及团队提出基于 SBL-EM 理论开展地震稀疏反射系数反演，其通过经典的 EM 算法而非序贯算法开展边缘概率最大化计算，大幅提高了地层稀疏反射系数的表征能力（图 7-2-10）。

地层反射系数表征地下地层界面对地震波的反射强度，其难以同传统地震振幅等属性一样开展切片分析，因此须将其转换为地层相对阻抗以开展薄储层的精细分析。相对阻抗可以通过与地层反射系数之间的转换关系求得。较传统 SBL-SA 理论相比，基于 SBL-EM 理论的地震反射系数反演及相对阻抗计算能够有效提高薄储层预测精度，在同等资料品质条件下薄层识别能力较传统方法可提高约一倍。以松辽盆地龙虎泡地区葡萄花油层组为例，含油砂体厚度在 3m 左右，埋深约 1700m，与其他砂体呈薄互层状〔图 7-2-11（a）、（b）〕。测井分析可知，薄砂体位置处声波时差值相对邻层增加，代表储层速度相对降低，而同时密度值相对降低，因此该砂体相对阻抗较邻层表现为低阻特征。

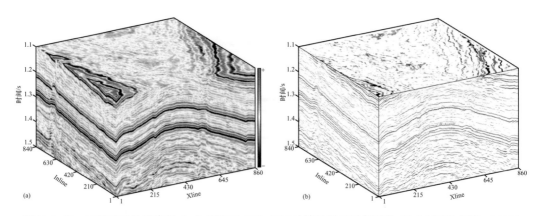

图 7-2-10　三维叠后地震资料（a）和基于 SBL-EM 计算的地层反射系数（b）（据袁成等，2021）

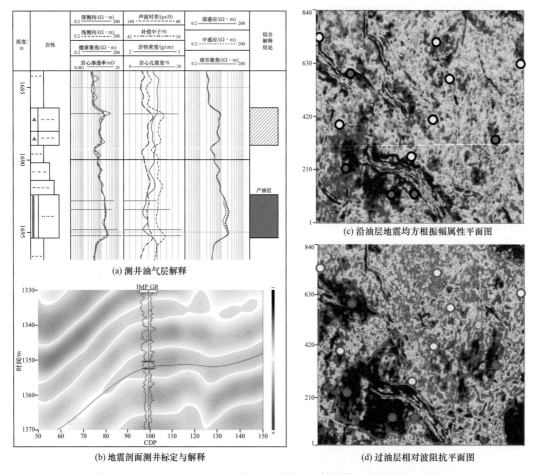

(a) 测井油气层解释

(b) 地震剖面测井标定与解释

(c) 沿油层地震均方根振幅属性平面图

(d) 过油层相对波阻抗平面图

图 7-2-11　基于 SBL-EM 理论的地震稀疏反射系数反演技术应用实例

对比过油层发育位置提取的地震均方根振幅属性［图 7-2-11（c）］和对应的地层相对阻抗［图 7-2-11（d）］切片，发现地震均方根振幅与研究区 12 口井数据的匹配率为 67%，而地层相对阻抗匹配率为 83%，符合率提高了近 1/4。显然，由于地震分辨率和反射波邻层干涉效应的影响，地震均方根振幅对层厚小于地震波长一定比例的薄层的刻画能力不足。相比之下，由于地层相对阻抗在计算过程中降低了地震邻层干涉效应的影响，同时亦拓宽了资料有效频带，因此其对薄储层的刻画能力更强。

2）最小干涉频率切片技术

该技术的核心思想是，利用了不同频率情况下邻层对目标层的干涉量不同。基于不同频率地震子波开展的砂泥岩薄互层正演模拟结果显示，当频率降低到一定数值时，邻层对目标层的干涉量可以达到最小，甚至为零，此时目标薄层的中心接近地震响应的波峰或波谷位置。这个频率可称为最小干涉频率。当频率达到最小干涉频率时，在目标薄层的中心点可以检测薄层，但在剖面上不可分辨。最小干涉频率往往小于地震资料主频，频率大小与薄层厚度、层间厚度有关。在实际资料应用时可以通过分析过井点地震数据的时频谱来确定，利用小波时频谱寻找对目标层切片干涉作用最小的频率（图7-2-12），进而利用最小干涉频率资料开展地层切片研究，可以较好地预测目标砂体的平面分布范围，达到精确识别岩性地层圈闭边界的目的。通过降低频率来减弱相邻薄层对目标层的干涉作用，从而突出了目标层的地震响应特征，是该技术的核心，这与通过提高地震资料频率来预测薄储层的传统研究思路完全不同。传统思路是寻找目标砂体的调谐频率，本技术是寻找目标砂体的最小干涉频率。该技术的最大优势是避免了提高垂向分辨率方法的多解性，同时又可以有效识别薄互层情况下的单一薄层。

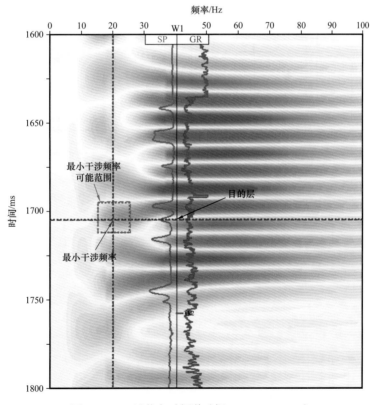

图 7-2-12　过井点时频谱（据 Ni et al.，2019）

以准噶尔盆地玛西斜坡一个工区的三叠系克拉玛依组为例，W1 井储油层厚度为 6m，该油层上下各有一套厚 8m 和 6m 的储层，三套砂体中间的两层泥岩厚度分别为 16m 和 8m［图 7-2-13（a）］。由于三套储层厚度薄、间距近，地震反射相互干涉，特别是油层与其上的砂体间距只有 8m，相互影响严重，地震剖面上难以区分［图 7-2-13（b）］。地层切片技术是近年来兴起的解决薄互储层预测的主要技术手段，因此首先应用地层切片技术开展研究，获得油层对应位置地震振幅切片［图 7-2-13（d）］。与实钻井的对比结果显示，砂体钻遇吻合率仅为 44%。因此，尝试应用最小干涉频率技术开展研究。工区地震资料主频 40Hz 左右，频带宽度 10～60Hz。通过井点小波时频谱分析，发现当降低资料主频到 20Hz 时，目的层对应位置振幅最大，表明此时邻层对目的层的干涉作用可能最

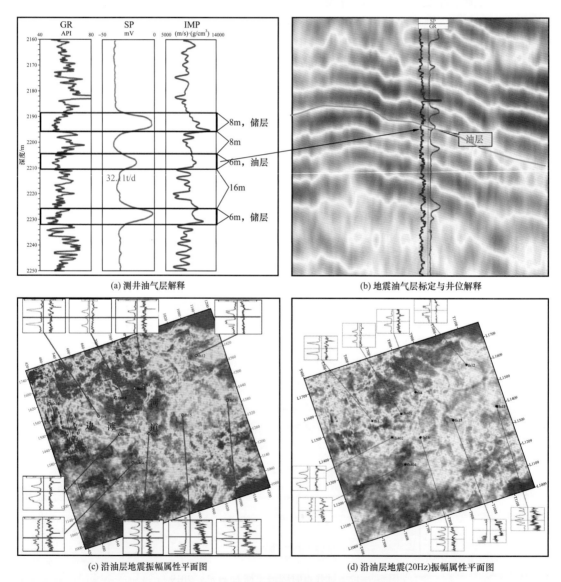

(a) 测井油气层解释

(b) 地震油气层标定与井位解释

(c) 沿油层地震振幅属性平面图

(d) 沿油层地震(20Hz)振幅属性平面图

图 7-2-13 最小干涉频率切片技术应用效果

小（图 7-2-12）。所以将 20Hz 作为最小干涉频率，提取 20Hz 的地震数据体进行振幅切片制作［图 7-2-13（c）］。对比结果显示，新的振幅切片上河道展布特征更加清楚，与实钻井钻遇砂体的吻合率可以达到 80% 以上。

3）大区域非线性切片分析技术

受解释员经验、资料品质及薄互层砂体地震反射相互干涉的影响，地震解释层位局部存在穿时现象是解释过程中不可避免的问题，解决这一问题也是薄储层及岩性圈闭预测研究中面临的难点之一。为了使解释层位尽可能逼近等时沉积界面，在时间切片、沿层切片、地层切片的基础上，开展非线性地层切片研究可以在一定程度上解决上述沉积界面找不准、目标砂体预测存在多解性的问题。在前期利用椭圆函数和钟形函数进行局部扫描，形成的非线性切片技术的基础上，"十三五"期间重点开发了大区域非线性等时切片扫描技术，该技术首先对任意圈定范围内的切片整体上下扫描，寻找与原地层切片相比沉积特征更加清晰的区域，然后提取相应位置的振幅数据与原地层切片组合成新的切片。该技术可以进行任意尺度的非线性扫描，也可以对多个穿时区域进行组合形成新切片，从而解决因大面积解释穿层导致的沉积体系或砂体分布不完整、地质规律不明显的情况。在适用性方面，该技术主要适合于大范围穿时但穿时不严重的情况，由于圈定的范围大，非线性扫描区域边界容易形成边界效应，因此垂向偏移距离不宜过大。

以准噶尔盆地侏罗系的一个例子来说，图 7-2-14（a）～（d）是在目的层附近自上而下制作的线性地层切片，每个切片上只显示了曲流河的部分影像，从图 7-2-14（a）～（d）有规律地展示了从上游到下游的部分片段。显然，传统地层切片在部分区域是穿时的。而利用大区域非线性扫描切片则可以得到真正等时沉积界面的沉积图像，可以完整地展示曲流河从上游（东北）到下游（西南）的延展情况。同时，在工区的东部还清晰地显示了分流河道的发育情况，工区西北方向发育的高曲率河道特征更加清晰地得以呈现［图 7-2-14（e）］。

4）小时窗透视技术

针对目的层段或有意义地质现象引起的地震反射变化部位，快速追踪一个层位，沿层位根据地质体的厚度规模设置一定的时窗大小，相当于在整个数据体中提取了一个具有一定时窗范围的小数据体，然后针对该小数据体提取相应的地震属性（如绝对振幅、均方根振幅等），通过选取一定的属性值范围进行透视显示，从而揭示相关地质体在小数据体中的分布（图 7-2-15）。以一个河流沉积体系平面分布预测为例来说明，具体实现步骤是：（1）沿感兴趣目的层系的地震反射同相轴快速解释一个层位［图 7-2-15（a）］；（2）在三维数据体中建立解释层位的骨架网格［图 7-2-15（b）］；（3）以骨架网格为约束内插形成解释层位［图 7-2-15（c）］；（4）层拉平生成小时窗范围的切片叠加体［图 7-2-15（d）］；（5）设置切片叠加体的不透明度［图 7-2-15（e）］；（6）上下移动切片位置分析地质体的分布与演化［图 7-2-15（f）］。该方法有效地避免了在整个数据体或大时窗数据体中相邻地质体对目的层段或感兴趣地质现象在透视过程中的干扰，便于针对目的层段选择合适的地震属性透视值范围；一定大小的时窗范围也保证了地质体地震反射波形的完整性，有利于准确刻画目的层段小时窗数据体中包含的地质现象。

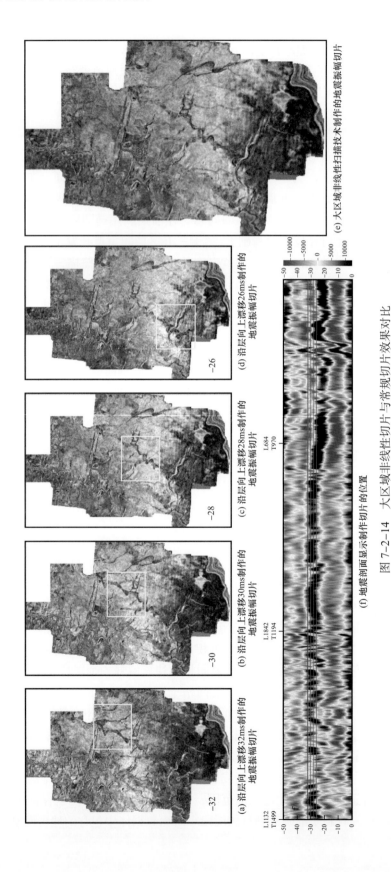

(a) 沿层向上漂移32ms制作的地震振幅切片

(b) 沿层向上漂移30ms制作的地震振幅切片

(c) 沿层向上漂移28ms制作的地震振幅切片

(d) 沿层向上漂移26ms制作的地震振幅切片

(e) 大区域非线性扫描技术制作的地震振幅切片

(f) 地震剖面显示制作切片的位置

图7-2-14 大区域非线性切片与常规切片效果对比

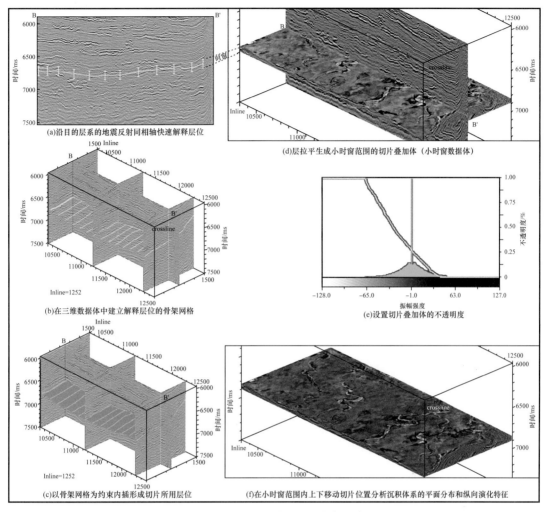

(a)沿目的层系的地震反射同相轴快速解释层位

(d)层拉平生成小时窗范围的切片叠加体（小时窗数据体）

(b)在三维数据体中建立解释层位的骨架网格

(e)设置切片叠加体的不透明度

(c)以骨架网格为约束内插形成切片所用层位

(f)在小时窗范围内上下移动切片位置分析沉积体系的平面分布和纵向演化特征

图 7-2-15　小时窗透视技术应用（据杨占龙，2020）

3.强反射干涉下的弱信号提取

煤层、火成岩、页岩层等特殊岩性在沉积盆地中广为发育，且常常形成强反射地震同相轴，给下伏地层储层预测及岩性圈闭落实带来困难。针对这一难题，重点研发了适应不同地质情况的强反射干涉下的弱信号提取技术，包括适用于单套煤层之下有利储层预测的基于匹配追踪的多子波分解技术、适用于多层煤层之下有利储层预测的基于Hebb神经网络的地震主分量分析技术、适用于成层火成岩之下储层预测的基于井约束的地震振幅补偿技术等。

基于测井约束的叠后地震振幅补偿技术

通过正演模拟研究证实了高波阻抗特殊岩性体对地震波的强屏蔽作用导致下伏地层地震波振幅的严重衰减，随后从二维叠后地震资料入手，利用振幅衰减带的测井资料计算得出的地层真实反射系数结合特殊岩性体范围之外的井旁地震道提取的平均地震子波

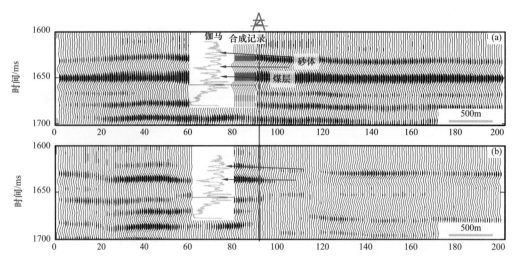

图 7-2-16　去煤层影响前（a）后（b）目标砂体地震反射对比（据 Dou et al., 2020）

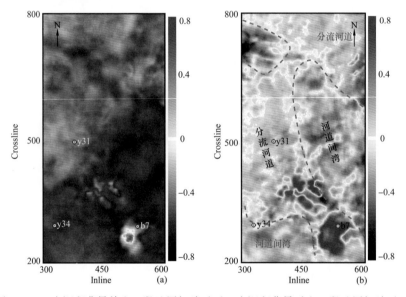

图 7-2-17　去沉积背景前山 2 段地层切片（a）、去沉积背景后山 2 段地层切片（b）

通过最小二乘法分析频率域振幅谱计算得出振幅补偿因子。在此基础上结合克里格插值法对该振幅衰减区域的三维地震资料振幅进行有效补偿。实际勘探表明，该方法对振幅的异常衰减能够进行准确可靠的补偿，有效提高了地震资料的相对保幅性及属性分析、地层切片分析的准确性。图 7-2-18 展示的是该项技术在大港油田歧口凹陷的应用实例。层状侵入岩体在地层中形成局部发育的强反射地震同相轴，对下伏地层形成了强烈屏蔽，导致下伏地层反射明显变弱 [图 7-2-18（a）]，影响了有利储层预测。应用测井约束的叠后地震振幅补偿技术处理以后，火成岩下伏地层的反射特征得到有效恢复 [图 7-2-18（b）]，反射能量与火成岩之外的区域更为接近。对比新技术应用前后目的层振幅属性，重力流水道砂体的分布范围明显扩大（图 7-2-19），提升了勘探价值。

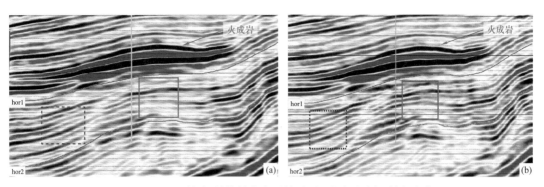

图 7-2-18　地震振幅补偿技术应用前（a）后（b）剖面特征变化

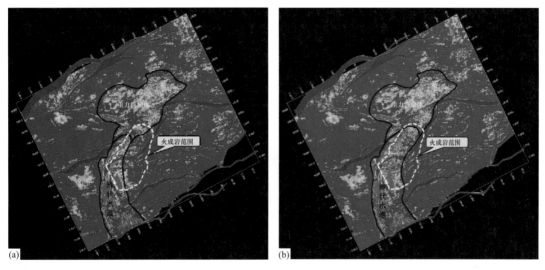

图 7-2-19　地震振幅补偿前（a）后（b）均方根振幅属性效果对比图

4. 绕射波成像小尺度地质体识别技术

绕射波成像小尺度地质体识别技术为具有小尺度特征的岩性地层油气藏地质特征提供了一项新的预测手段。研发了起伏地表运动学和动力学特征三维射线追踪、角度域真振幅积分偏移、角道集绕射波分离等技术。常规成像技术是基于反射波进行相干加强并成像，对于一般大的地层界面均能够获得较好的成像，并基于此种资料进行进一步解释和储层预测。但是，对于断层、裂缝、溶洞、盐体、河道和岩性尖灭点等尺度较小的地下地质特征，地震波入射到上面之后出现漫反射或散射或绕射，因此按照反射波成像理论方法就难以成像出来。绕射波成像技术专门针对小尺度体的散射波或绕射波进行成像，成像能量提高近百倍，达到识别小尺度地质体的目的，对于岩性尖灭、小级别断层、裂缝、河道砂体等均具有较好识别效果，可以为岩性地层油气藏提供一项新的技术。图 7-2-20 是常规反射波成像与绕射波成像的效果对比，可以看出无论是地震剖面还是平面属性，宽度不大的河道特征等小尺度地质体特征均得到有效突出。

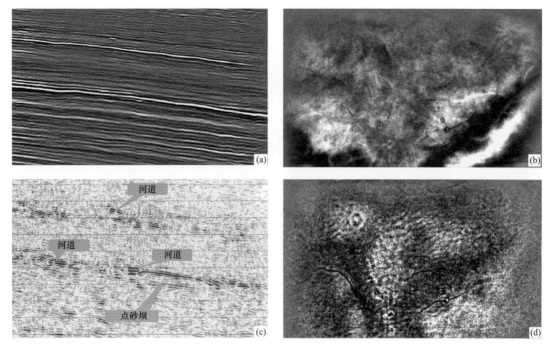

图 7-2-20　反射波成像（a、b）与绕射波成像（c、d）对比

5. 地震数据定量挖掘技术

地震数据定量挖掘技术为岩性地层油气藏储层预测提供稳健的地震多属性预测流程方法。常规的多属性地震分析技术一般采用多元回归、神经网络、模式识别等手段实现，多解性强，难以准确预测储层。地震数据挖掘的核心思想是如何从地震数据结构本身提取有效表达地质信息的地震特征，通过对地震数据升维和降维实现地震特征的提取、地质知识的发现。从地震预测的角度看，涉及关联、敏感、最佳和定量地震属性的智能提取，从数据挖掘的角度看，涉及数据清洗、特征选择、提取、聚类、分类、模式评估等环节，研发形成了标准化的地震数据定量挖掘处理流程，保障了数据驱动预测结果的一致性，可以弥补使用者经验不足的问题。以塔北哈拉哈塘地区缝洞型碳酸盐岩储层预测为例，研究区块面积为 262.5km^2，目的层为奥陶系一间房组到鹰山组一段。采用的处理流程包括预处理、特征选择、特征提取、聚类标签提取、特征分类五个环节。图 7-2-21（a）是使用原始地震数据直接进行的聚类结果，岩溶特征几乎很难分辨；经过上述五个环节处理之后，溶蚀沟谷地貌特征则清晰地展现了出来［图 7-2-21（b）］。

再以准噶尔盆地腹部前哨 1 井区砂质碎屑流预测研究为例，早期前哨 1 在 $J_1s_2{}^1$ 层获得了工业油气流，证实该区具有较大勘探潜力，制约该区勘探获得进一步突破的关键问题是要准确刻画砂质碎屑流砂体的分布，并从中找出物性好的岩性圈闭。目的层地层厚度 68m，在地震剖面上仅为一个波谷反射，其中包括了一套含油砂岩和两套干砂岩，含油砂岩厚度仅 3.5m，地震分辨难度很大。

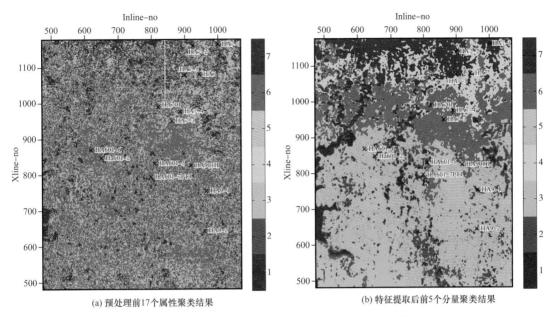

(a) 预处理前17个属性聚类结果　　　　　　　(b) 特征提取后前5个分量聚类结果

图 7-2-21　定量数据挖掘技术应用前（a）后（b）效果对比

　　针对储层预测难点，主要从以下几个方面开展了研究：（1）通过正演模拟，总结致密砂体与优质砂体地震体地震反射特征；（2）精细岩石物理分析，寻找储层敏感参数，利用地震属性与反演技术相结合刻画砂岩分布；（3）采用数据挖掘等特色技术，刻画砂岩厚且物性好的区域（图 7-2-22）。经过本次研究，在前哨 1 井区发现了两个优质储层条带，后续相继部署前哨 2 井、前哨 4 井等探井，获得高产油气流，坚定了在盆地腹部寻找规模储量的信心。

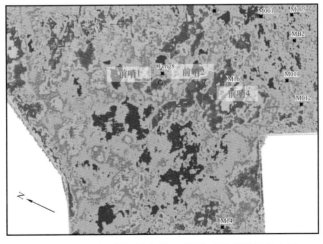

图 7-2-22　利用数据挖掘技术预测的优质储层分布图

6. 复杂储层孔隙度岩石物理反演技术

传统三参数孔隙度反演基于地层介质纵波速度、电子密度及地层氢含量与孔隙空间大小的线性关系，利用声波时差、体积密度和中子孔隙度最小二乘拟合计算地层孔隙度。这种方法在孔隙度较高且孔隙形态比较简单的情况下应用效果较好。实际上，在许多情况下，储层的孔隙形态存在较强的非均质性，对地层速度会造成不可忽视的影响，导致同一孔隙度条件下速度的散布现象。本次研究在考虑孔隙纵横比对地层速度影响的基础上，利用 DEM 模型描述孔隙度和孔隙纵横比对纵波速度和横波速度的影响，结合三参数孔隙度反演方法提出了四参数孔隙度反演方法，即利用纵波时差、横波时差、中子孔隙度和密度信息反演受孔隙纵横比影响的地层孔隙度。图 7-2-23 展示的是四参数孔隙度反演结果与常规三参数孔隙度、声学孔隙度反演结果对比。结果显示，四参数孔隙度反演结果与岩性实测孔隙度更为接近。该方法适用于复杂孔隙类型的储层，对裂缝性或裂缝—孔隙储层具有较好的适应性，对于潜山目标中存在裂缝和孔隙多种存储空间的储层具有现实意义。

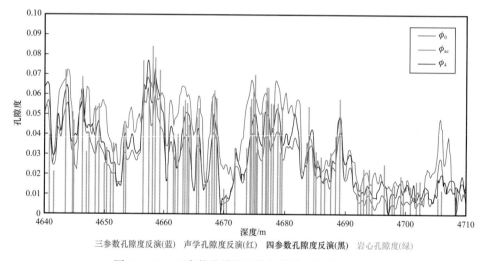

图 7-2-23　四参数孔隙度反演与传统反演结果对比

7. 大面积低渗透砂岩岩性圈闭与高产富集区块预测

陆相湖盆三角洲分流河道频繁摆动迁移，纵向上相互切割叠置，横向上侧接连片，形成"满盆富砂"的沉积特征。如鄂尔多斯盆地三叠系延长组，在湖平面快速下降、物源补给充足的长 6 段沉积时期、长 8 段沉积时期，发育大面积分布的低渗透砂体。勘探实践表明，大面积分布的砂岩当中，存在非常强的非均质性，含油性差异较大。岩心和野外露头观察发现，高能河道砂体大多单层厚度较大，发育大型槽状交错层理、块状层理，物性及含油性较好；而低能河道砂体多呈波状层理，虽然有时候累计厚度大，但泥质含量普遍较高，因而物性及含油性较差。因此，对于长 6 段和长 8 段这种大面积低渗透近源或源内岩性油气藏勘探开发，找到优质的高能河道砂岩就相当于落实了相对高产富集的岩性圈闭油气藏。由于盆地高精度三维地震勘探资料相对不足，地震预测技术难以在此应用，因此需要充分发掘钻井资料尤其是测井资料的潜力，研发相应的预测技术，为此类盆地岩性油气藏勘探开发提供技术支持。

通过"十三五"期间的攻关，研发形成基于测井大数据的高能河道识别与平面分布预测技术。（1）首先通过岩心观察，总结优质高能河道砂体的测井曲线形态特征，建立其测井参数门槛值，构建极差、幅方差、齿化率、相对中心等定量识别数学模型（图 7-2-24）。（2）对前期测井解释的砂岩，综合利用测井参数（GR、RT、DEN、AC）、储层厚度（H）、曲线形态参数（R、S、F）等，应用"多层感知器网络"智能技术，进一步优选高能河道砂体，实现优质砂岩的单井自动识别。（3）通过野外露头解剖或密井网地区资料分析，落实不同湖盆底形、不同相带位置的高能河道砂体的宽厚比、分叉指数。图 7-2-25 是通过对鄂尔多斯盆地周边大量延长组野外露头考察的基础上，建立的三角洲分流河道砂体宽度与砂体厚度之间的相关关系，可以看出二者呈现较好的正相关关系，河道宽度与厚度的比值大致在（80～100）：1，这一相关性对勾绘盆地内部三角洲砂体的平面分布图提供了借鉴。（4）利用高能砂体单井识别结果，参照通过野外露头总结得到的河道宽厚比相关关系，结合现代沉积研究成果，预测高能河道砂体的井间分布，开展大比例尺工业化编图。

类型	厚度	曲线形态	曲线模式	形态参数
优质砂岩	中、厚层为主，薄层少见	较为平滑、幅度变化较小，多呈箱状、钟形、漏斗形	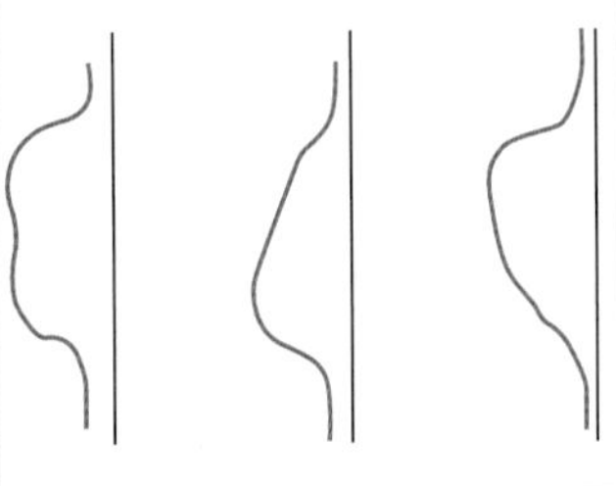	1. 厚度 H 　　$H = \text{Depth}_{start} - \text{Depth}_{end}$ 2. 极差 R 　　$R = \text{Max}(x_i) - \text{Min}(x_i)$ 3. 幅方差 S 　　$S = \sqrt{\dfrac{1}{N}\sum_{i=1}^{N}(x_i - \bar{x})^2}$ 4. 齿化率 F 　　$F = \dfrac{1}{h}\sum_{i=1}^{N}\delta(x_i)$
劣质砂岩	薄层为主，中层次之，厚层少见	齿化明显、幅度变化较大，多呈锯齿状、指状	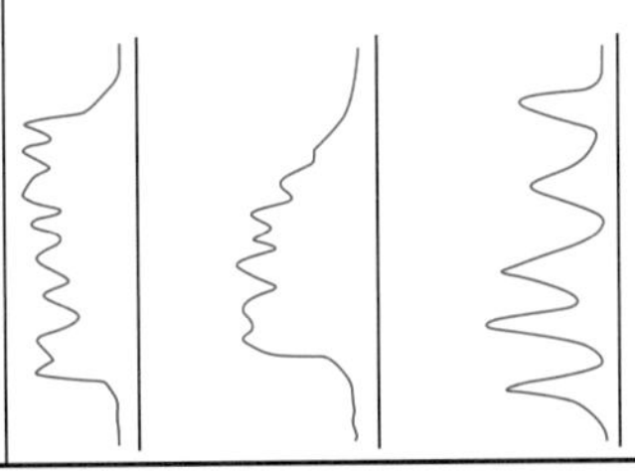	$\delta(x_i) = \begin{cases} 1 & \lvert x_i - x_{i-1}\rvert \geq \theta \text{ 或 } \lvert x_{i+1} - x_i\rvert \geq \theta \\ 0 & \text{其他} \end{cases}$ 5. 相对重心 　　$W = \dfrac{\sum_{i=1}^{N} i x_i}{N\sum_{i=1}^{N} x_i}$

图 7-2-24　高能优质砂质和相对劣质砂体的测井判识模型

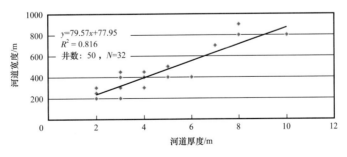

图 7-2-25　延长组河道砂岩宽度和厚度关系

基于测井大数据的高能河道识别与平面分布预测技术在鄂尔多斯盆地中生界延长组推广应用后，高能河道预测吻合率达到 80% 左右。图 7-2-26（a）是应用该技术对陇东地区长 8_1 层高能河道砂体的预测结果，早期已探明动用的油田和近年来新发现的油田均位于高能水道砂体内，该研究结果较传统方法得到的砂岩厚度 [图 7-2-26（b）] 对勘探开发更具有指导意义。

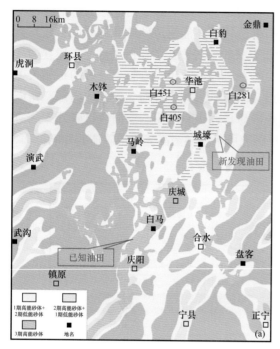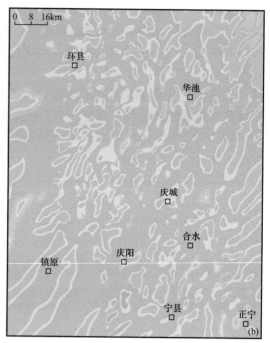

图 7-2-26　陇东地区长 8_1 高能河道砂岩（a）与传统研究结果（b）对比图

第三节　软件研发及应用效果

实现岩性地层油气藏区带、圈闭评价关键技术和方法的软件化或模块化是"十三五"期间地层—岩性油气藏区带、圈闭评价技术研究的主要内容之一，目的是强化新技术的推广应用，促进"产学研用"紧密结合，支撑油气勘探开发研究与生产部署。基于此，围绕地层—岩性油气藏区带、圈闭评价技术，在"十二五"期间研发的基础上，全面优化升级地震沉积分析软件 GeoSed，推广应用后取得良好的生产应用效果。该软件还成为中国石油大学（北京）等部分高校的地震沉积学教学软件。

一、地震沉积分析软件 GeoSed 基本功能

GeoSed 软件是一套基于地震沉积学原理和分析方法开发的应用软件。其设计思想遵循地震沉积学研究规范，在等时地层格架下，地震资料、地质资料和测井资料相结合，利用露头、岩心和测井资料逐级标定地震资料，形成井震匹配剖面和非线性等时地层切

片等系列图件，用于分析沉积演化和砂体展布，评价岩性地层圈闭的有效性。软件包含等时格架建立、薄层沉积分析、沉积体系分析、沉积特征加强和应用工具 5 项技术系列 20 余个功能模块，形成了逐级标定、井震匹配、动态分析、目标评价的一体化解决方案，可大幅提高沉积储层分析精度和工作效率。图 7-3-1 展示的是 GeoSed 软件的部分特色功能模块，现仅对其中的部分特色功能进行简要介绍。

等时格架建立	薄层沉积分析	砂组沉积分析	沉积特征加强
◎ 时间域/Wheeler域转换	◎ 全局寻优非线性切片	◎ 等时属性提取	◎ 扩散滤波
◎ 相位估算与转换	◎ 旋转非线性切片	◎ 变时窗频率域波形聚类	◎ 匹配追踪去强反射
◎ 同相轴等时性分析	◎ 去邻层干涉叠加切片	◎ 基于切片的波形聚类	◎ 有色反演
◎ 三维层位自动解释	◎ 井震动态联合分析	◎ Wheeler体属性计算	◎ 分频处理与时频分析

图 7-3-1　GeoSed 地震沉积分析软件部分核心功能

二、地震沉积分析软件 GeoSed 特色功能

1. 等时层序格架建立功能

层序格架建立是地震沉积学研究的基础，软件集成了时间域 /Wheeler 域转换、相位估算与转换、同相轴等时性分析、三维层位自动解释等功能模块，为等时沉积分析奠定了重要基础。以三维层位自动解释技术为例，该技术的主要目的是提供一种追踪精度更高、计算效率更高的新的层序界面自动追踪算法，特别是针对过断层后层位的自动追踪难题提供了一种新的有效解决方案。核心思想是在常规种子点生长法的基础上加入了时间约束，从而改变了生长点扩散的优先级，从常规的十字扩散变为有向扩散，避免了过断层追踪容易穿时的缺点，提高了过断层层位解释精度。另外，本技术改变了经典种子点生长法的固定相关门槛值做法，而是采用循环递减的浮动门槛值方式，进一步优化生长点扩散优先级。此外，采用了多次初始化种子点方法，通过逐级约束继续提高层位解释精度。针对循环次数过多，层位追踪效率较低的问题，本技术增加了相邻道相关值、已追踪种子点、已读取地震道的记忆能力，计算效率甚至高于同类商业软件。图 7-3-2 为 GeoSed 软件追踪结果与商业软件效果对比，由剖面对比结果可以看出［图 7-3-2（a）］，商业软件追踪结果在左侧过断裂后明显穿时（红色箭头所示），而本技术追踪结果与同相轴更加一致（绿色箭头所示），提取振幅切片可以看出，该数据体断裂非常发育，商业软件［图 7-3-2（b）］在红圈内明显穿时，GeoSed 软件的振幅切片［图 7-3-2（c）］等时性效果明显好于商业软件，仅在个别区域存在穿时现象。

2. 薄层沉积分析功能

单一薄层（如泥包砂）的识别相对薄互层来说更加容易，而薄互层中的单一薄层难以识别的关键在于地震分辨率低导致的邻层干涉作用。另外，薄互层情况下地震同相轴具有穿时性，如果严格按照连续的地震相位（同相轴）进行解释就很难严格遵循地质时间界面，为此 Zeng（2001）提出了地层切片方法，其基本假设就是地层沉积速率是

线性变化的，但仍然难以保证切片的等时性。为此，软件从等时性和去邻层干涉两个方面入手，集成了全局寻优非线性切片、旋转非线性切片、去邻层干涉叠加切片、井—震联合动态联合分析等多项薄层地震沉积分析特色技术，实现了对地下薄层分布的精细刻画。

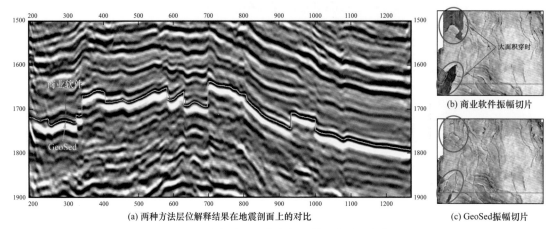

（a）两种方法层位解释结果在地震剖面上的对比

（b）商业软件振幅切片

（c）GeoSed振幅切片

图 7-3-2　层位自动追踪技术解释结果与商业软件对比

针对如何消除切片中的邻层干涉作用，GeoSed软件提供了两种解决方案。一种是采用最小干涉频率切片技术，通过时频谱确定目标层的最小干涉频率，然后采用小波变换生成分频数据体后再提取切片。软件提供了匹配追踪、小波变换、广义 S 变换等多种计算方式，可以输出时频振幅谱、时频能量谱、分频数据体、时频属性等多种数据类型。一种是采用基于子波的叠加切片技术，通过叠加对目标层造成强烈干涉的切片消除邻层干涉影响。图 7-3-3 是一组由五层厚度均为 4m 的砂岩和厚度 1～6m 不等的泥岩隔层组成的地质模型，设定背景速度 2700m/s，目标层非目标区速度 2800m/s，目标层目标区速度 3500m/s。利用传统地层切片难以消除邻层干涉，沉积体系成像不清晰［图 7-3-3（h）～（1）］，但利用叠加切片技术则有效消除了邻层干涉作用，单层砂体的成像清晰［图 7-3-3（m）～（q）］。

针对同相轴穿时难题，GeoSed软件提供了椭圆函数、钟形函数、线性函数、全域寻优、线性旋转共五项非线性地层切片扫描功能，同时实现了非线性切片扫描与剖面的实时联动，为保障切片等时提供了多种手段。不同非线性扫描方式可以适用于多种场景，其中椭圆函数和钟形函数适用于小范围的切片穿时问题，如穿时引起的河道中断等。线性函数适用于大区域的切片穿时问题，如图 7-3-4 中的红色区域，非线性扫描后沉积现象更加清晰。全域寻优和线性旋转则适用于对整张切片等时性的动态调整。

3. 砂层组沉积分析功能

砂层组沉积分析方面，软件集成了等时属性提取、变时窗频率域波形聚类、Wheeler体属性计算、二维 / 三维多属性融合等功能模块。波形聚类是沉积体系平面分布预测的常用方法，等时窗波形聚类难以准确地反映波形与储层关系，无法对目的层段厚度变化大

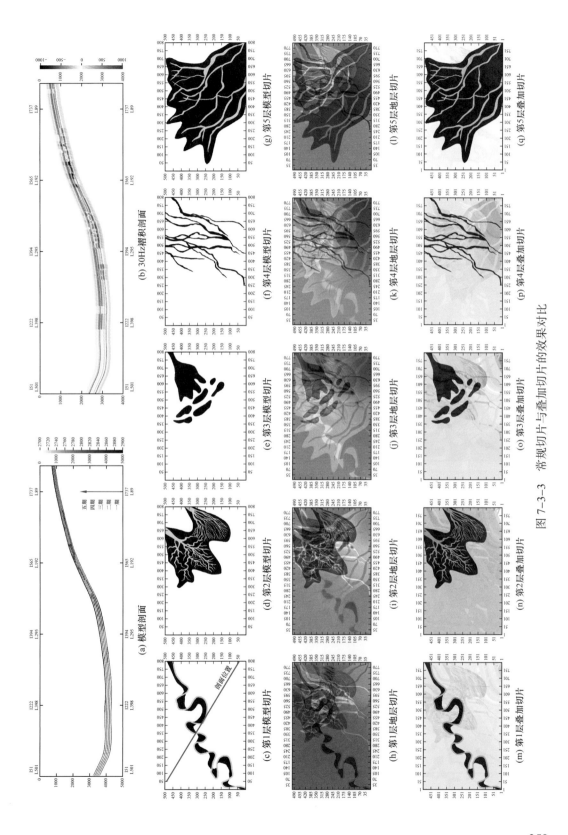

(a) 模型剖面　(b) 30Hz褶积剖面

(c) 第1层模型切片　(d) 第2层模型切片　(e) 第3层模型切片　(f) 第4层模型切片　(g) 第5层模型切片

(h) 第1层地层切片　(i) 第2层地层切片　(j) 第3层地层切片　(k) 第4层地层切片　(l) 第5层地层切片

(m) 第1层叠加切片　(n) 第2层叠加切片　(o) 第3层叠加切片　(p) 第4层叠加切片　(q) 第5层叠加切片

图 7-3-3　常规切片与叠加切片的效果对比

的情况进行精确地震相分析。为此软件研发了变时窗频率域波形聚类模块。该模块具有以下特色：可变时窗层间波形聚类、FCM/SOM两种聚类算法、时间域/频率域双域聚类、单属性/多属性波形聚类、加权平均和PCA两种融合方式、顶部/中部/底部三种波形对比、基于随机森林的波形二次聚类、支持多边形约束下的波形聚类、支持基于切片的波形聚类。图7-3-5为某商业软件波形分类结果与GeoSed软件波形聚类模块的效果对比图，该工区主要发育薄互层储层，可以看出，GeoSed软件波形聚类结果相边界更加清晰，北部扇三角洲区域与地质认识更加一致，进一步通过与钻井资料对比可知，本模块研究结果与钻井结果的吻合程度更高。

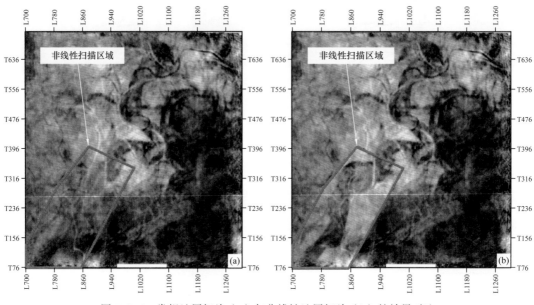

图7-3-4 常规地层切片（a）与非线性地层切片（b）的效果对比

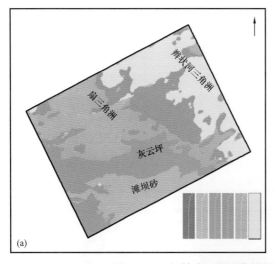
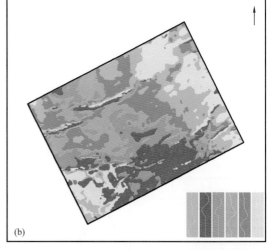

图7-3-5 新技术地震聚类结果（a）与商业软件结果（b）对比

4. 应用效果

自 2017 年起，GeoSed 地震沉积分析软件在中国石油、中国石化及各高校累计安装及更新升级软件 350 余套，覆盖了中国石油的新疆油田、吐哈油田、青海油田等 18 家油气田公司和研究院，中国石化的南京物探技术研究院和胜利油田物探研究院，以及中国石油大学（华东）、中国石油大学（北京）、中国地质大学（武汉）、东北石油大学、成都理工大学、新疆大学等各大高校，为大庆、玉门、西南等油气田的 20 余口井位部署提供了重要的技术支撑作用，对油气勘探开发起了良好推动作用。

1）典型案例一

松辽盆地齐家地区精细沉积演化研究。松辽盆地嫩江组一段沉积时期为湖盆扩张期，发育大型退积型三角洲及重力流水道—末端扇沉积体系。该案例依托主频为 50Hz 左右的高品质三维地震勘探资料，采用 GeoSed 软件的相位估算与转换、相对地质年代域数据体生成、地层切片等技术，清晰的揭示了 60m 砂层组尺度内，嫩江组一段沉积时期湖盆沉积相带从三角洲—重力流水道—深湖相泥岩—滨浅湖滩坝的沉积演化序列，显示湖泊经历了从水进到快速水退的古地理环境变化，为陆相盆地沉积学研究提供了经典范例（图 7-3-6）。

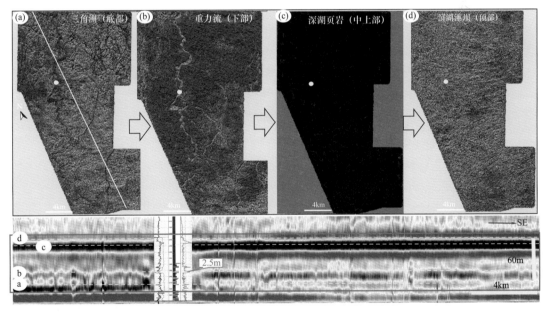

图 7-3-6 GeoSed 软件在齐家地区的应用实例

2）典型案例二

吐哈盆地温吉桑地区三间房组三角洲沉积体系研究。近年来该区主要以岩性圈闭为主要勘探对象，落实沉积体系及储层砂体的平面展布是勘探能否取得成功的关键。该区地震叠后数据体主频 36Hz，按照 $1/4\lambda$ 分辨率计算，地震资料大致可以识别 27.78m 的储集砂体（地层平均速度为 4000m/s）。而该区油层的厚度大多小于 10m，地震资料难以分辨率。为解决这一问题，在本次研究中，应用地震沉积分析软件系统（GeoSed），从地震层位格架建立、-90°相位化、时间域 /Wheeler 域变换、地层切片制作、三维可视化及地震沉积相综合分析等方面，落实了不同时期三角洲前缘河道的主体部位以及河道砂体的展布特征。根据这一研究成果，部署温砂 4 井等多口井获得工业油流，发现了勘探新区带（图 7-3-7）。

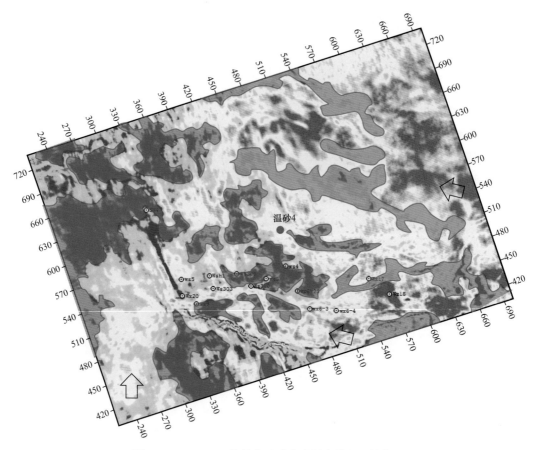

图 7-3-7 GeoSed 软件在吐哈盆地温吉桑地区的应用

3）典型案例三

准噶尔盆地腹部大三维连片地震沉积分析研究。目的层三工河组自下而上分为三段，江河组二段—砂层组 $J_1s_2^1$ 为湖侵背景下沉积，发育西北和东南三大物源控制的三角洲体系，残余地层厚度显示发育多级环状坡折，对应发育三角洲内前缘、三角洲外前缘和砂质碎屑流带三个带，三个带具有不同的沉积格局，发育不同的微相组合。内前缘带发育水下分流河道砂体，储层条件优，含油气性好。外前缘带主要发育水下分流河道末端、远沙坝、席状砂微相，储层物性较差。凹陷区发育砂质碎屑流砂体，储层物性和含油气性较好，侧向受外前缘带致密储层遮挡，顶底板条件较好，具有良好的岩性圈闭条件，多口井获工业油流，为规模岩性油藏勘探新领域。砂质碎屑流砂体的分布规律与地震识别是制约该区勘探取得成功的关键。

工区由 8 块不同年度采集的三维地震勘探资料组成［图 7-3-8（a）］，总面积超过 $10000km^2$，存在各工区能量不均衡、采样率不同、品质差异较大、分辨率和信噪比均较

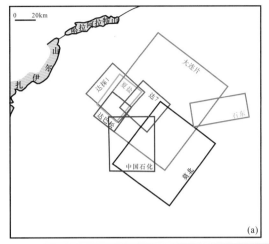

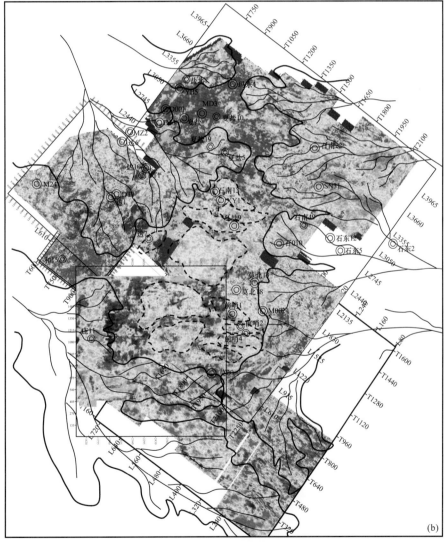

图 7-3-8　准噶尔盆地腹部三维地震勘探工区分布（a）及连片资料地震切片（b）

低等难题。首先采用自动增益控制（AGC）、能量均衡等算法，对各三维地震资料振幅、能量进行归一化。进而分析砂岩统计厚度与地震频率关系，在有效频带范围内提取适合研究区的主频数据体，同时统一各地震数据频谱关系。然后对工区内 23 口重点探井分工区做精细井震标定，确定了 6 个关键地震反射层位，完成层位统层解释。在此基础上开展目的层段以地层切片为主的地震沉积学研究［图 7-3-8（b）］，结合古地貌研究成果分析砂质碎屑流沉积的分布特征，并依据地震沉积学分析结果对前期依靠钻井资料得到的宏观沉积体系分布图进行修编，得到最终的沉积体系分布图。研究结果表明，地震预测结果与沉积体系宏观分布基本吻合，但细节刻画更加清晰，井—震结合预测腹部砂质碎屑流砂体规模发育，有利面积 650km^2。

第八章　玛湖凹陷岩性地层大油区勘探实践

准噶尔盆地玛湖凹陷砾岩大油区成藏地质理论与配套勘探技术，是"十三五"期间我国陆上碎屑岩岩性地层油气藏领域取得的重大成果之一，曾荣获2018年度国家科技进步一等奖。玛湖凹陷自玛2井首次获油以来勘探历经30余载，面临砾岩油藏是否具备规模勘探的资源基础、是否发育规模有效储集体、源上砾岩能否规模成藏及有效勘探配套技术等世界性难题开展持续攻关，在碱湖烃源岩低成熟—高成熟双峰式高效生烃机理、大型退覆式浅水扇三角洲砾岩沉积新模式、源上砾岩大油区成藏规律，以及砾岩油藏勘探配套技术等方面取得了重大创新性成果，指导了10亿吨级玛湖砾岩大油区的发现，"十三五"期间新增三级储量达到$12 \times 10^8 t$，其中探明石油地质储量$1.91 \times 10^8 t$，为准噶尔盆地原油产量持续增长提供了有力保障。本章重点介绍"十二五"以来在烃源岩、储层、成藏和勘探关键技术等方面取得的研究进展，以指导砾岩岩性地层油气藏深化勘探。

第一节　碱湖烃源岩特征与生烃机理

通过长期勘探实践证实，玛湖凹陷的主力烃源岩为下二叠统风城组。最新研究表明，下二叠统碱湖优质烃源岩中发现了独特的绿藻门和蓝细菌母质，其生油能力是传统湖相烃源岩的两倍，而且是生成环烷基原油的基础，石油资源量从$30.5 \times 10^8 t$提高到$46.7 \times 10^8 t$，为规模勘探提供了可靠的决策依据。本节主要从烃源岩的角度论述碱湖烃源岩特征与生烃机理。

一、区域构造背景

准噶尔盆地属于阿尔泰靠山带（也称中亚造山带）的一部分，从板块构造理论的角度来看，隶属于哈萨克斯坦—准噶尔板块（肖序常等，1992）。准噶尔盆地由于经历了多期次、多旋回构造运动，在盆内形成了不同时期不同构造格局的复杂叠加，形成了6个一级构造单元和44个二级构造单元（图8-1-1）（杨海波等，2004）。玛湖凹陷位于准噶尔盆地西北部，是盆地一个二级构造单元，西邻西部隆起的西北缘冲断带（克拉玛依油田）南与中拐凸起呈地层超覆接触，东接夏盐凸起和达巴松凸起，面积5000km²，是一个多期叠合埋藏型凹陷（支东明等，2018）。

玛湖凹陷位于准噶尔盆地西北缘，紧邻哈拉阿拉特山，是受达尔布特逆冲断裂带的控制而形成的叠合型凹陷。玛湖凹陷在构造上具继承性，先后经历多期构造运动影响，其中，早海西期构造运动强烈，对沉积的控制作用较强。在海西运动晚期，西斜坡区受西北缘前陆控制影响，发育多级阶地构造：西斜坡北部受哈拉阿拉特山影响，发育三级

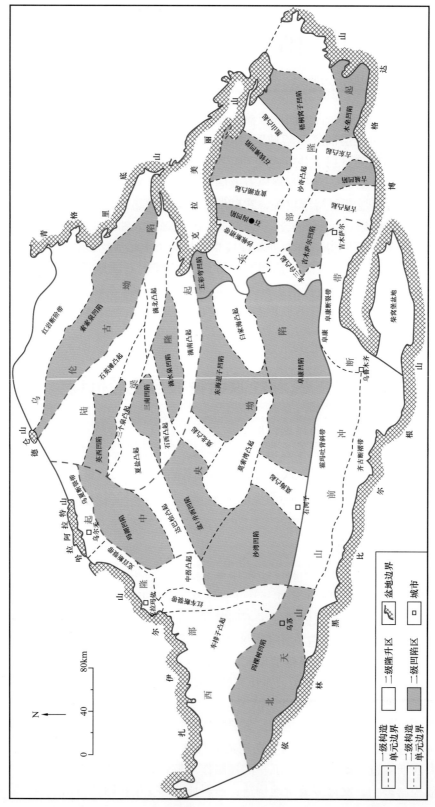

图 8-1-1　准噶尔盆地构造单元划分图（杨海波等，2004，有修编）

冲断构造；西斜坡中部受扎伊尔山影响，发育多级阶地构造，但幅度减小。东斜坡区二叠系发育齐全，但由于陆梁隆起相对抬升，隆起高部位的下二叠统佳木河组、风城组及中二叠统夏子街组缺失，在隆起边缘处见薄层沉积。二叠纪末期，陆梁隆起进一步抬升，上二叠统上乌尔禾组向隆起方向逐层尖灭。南部受中拐凸起影响，发育北西向走向的断裂。印支运动期间相对较稳定，三叠系广泛沉积，地层厚度差异不大。

玛湖凹陷二叠系从老到新依次发育下二叠统佳木河组（P_1j）与风城组（P_1f）、中二叠统夏子街组（P_2x）与下乌尔禾组（P_2w）及上二叠统上乌尔禾组（P_3w）5套沉积地层，其中下二叠统风城组为玛湖凹陷的主力生油层，地层厚度400～800m。风城组（P_1f）岩性以泥质岩、云质岩类、凝灰质岩类等为主，夹薄层砂砾岩、砂岩、粉砂岩，盆缘地区砂砾岩、火山碎屑岩更为发育。自下而上可分为风城组一段（P_1f_1）、风城组二段（P_1f_2）和风城组三段（P_1f_3）。风城组一段，尤其是凹陷东北部夏子街地区，以火山碎屑岩—沉火山碎屑岩沉积为主，向上依次发育富有机质泥页岩、白云岩及白云质岩类。风城组二段沉积时期凹陷中部发育白云质岩和含盐岩。风城组三段以白云质岩类、泥质岩沉积为主，顶部发育陆源碎屑岩，越靠近扎伊尔山山麓碎屑岩含量越高、粒度越大。

二、风城组沉积学特征

玛湖凹陷风城组具有纹层沉积结构，富含有机质和分散状黄铁矿，厚度800～1800m，是凹陷内重要的烃源岩层系，前人认为其属于陆缘近海咸化湖或咸水湖沉积环境（刘文彬，1989；冯有良等，2011；匡立春等，2012）。

随着勘探资料的丰富，证实了风城组自下而上分为三段，风城组一段主要为白云质泥岩、白云质粉砂岩、泥质白云岩、凝灰岩和混积岩，风城组二段主要为白云岩、泥质白云岩和混积岩夹碱矿层，风城组三段主要为泥质白云岩、白云质泥岩和混积岩。

依据岩石矿物学、有机地球化学、无机地球化学等资料，证实风城组烃源岩累计厚度超过200m（支东明等，2016），分布稳定，为一套特殊的碱湖白云质混积岩（秦志军等，2016）。纵向沉积可划分为成碱预备期（淡水、微咸水）、初成碱阶段、成碱高峰期、成碱终止阶段。风城组碱湖沉积证据充分，主要从五大方面直接或者间接地证明了碱性沉积环境。首先，指相碱类矿物的发育是指示碱湖沉积环境最为直接的证据。岩心和显微镜下薄片观测过程中，均发现了典型的碱性矿物岩石学特征（图8-1-2），包括岩心观测中发现了季节性的纹层（风南1井），反映了相对浅水碱性环境和相对深水还原环境的交替；岩心观测发现了天然碱（风20井、风南5井）；显微观测发现了典型的碱性矿物苏打石（风南5井）、氯化镁钠石（风城1井）、碳酸钠钙石（艾克1井）和硅硼钠石（艾克1井）。碱类矿物，特别是岩心中出现的苏打石和天然碱是指示碱湖沉积最为直接的证据。此外，风城组现今高矿化度的碱性地层水可能与沉积期的湖泊水体存在一定的成因联系；微生物（细菌）的普遍发育，是碱湖区别于常见硫酸盐盐湖的重要特征；岩石中黏土组分含量低，指示了碱性的水土环境；烃源岩的有机和无机地球化学特征，表现出了高盐度的还原性环境（曹剑等，2015），兼具海侵和热水的双重影响。综合来看，指相性碱类矿物的出现及以上四个方面的间接证据，确认了风城组属于独特的碱湖沉积。

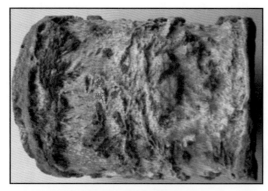
(a) 钻井岩心显示汗碱地层

(b) 长石化学风化弱，为碱性条件

(c) 显微镜下显示碱性矿物苏打石、碳酸钠石

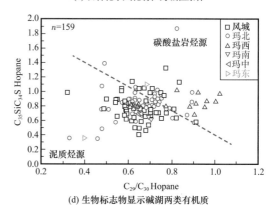
(d) 生物标志物显示碱湖两类有机质

图 8-1-2　玛湖凹陷下二叠统风城组烃源岩显示碱湖沉积环境

成碱高峰期风二段在碱湖中心区发育优质烃源岩，面积近 1000km²，岩性为独特的云质混积岩，生烃母质具有细菌发育、藻类丰度高、缺乏高等植物等独特性。发现的藻类成因复杂，包括杜氏藻、褶皱藻、沟鞭藻及宏观底栖藻类的红藻等。由于嗜碱蓝细菌和绿藻的存在，地层内孢粉残缺不全、不完整，细菌将藻类改造成无定形体，缺少硫酸盐矿物沉积，有机质丰度高（TOC>2.0%），类型为 I—II₁ 型。风城组碱湖烃源岩显微组分区别于其他湖相烃源岩显微组分，以生油为主，且生油能力高。

风城组沉积时期，玛湖地区为一四周封闭的山前凹陷，气候干旱，蒸发强烈，周缘火山活动沉积的火山灰提供了丰富钠、钙、镁等物源及 CO_2 和 HCO_3^-，不仅使湖泊水体变为独特的碱性，还为大量嗜碱生物提供了营养物质，从而造就了玛湖凹陷独特碱湖及其优质烃源岩。

三、碱湖烃源岩生油特征

基于烃源岩的自然、人工剖面综合研究，再经油气标定验证，风城组碱湖烃源岩具有成熟—高成熟（R_o=0.8%、1.3%）双峰式生油模式（图 8-1-3），不同于传统的湖相烃源岩单峰式生油模式（R_o=1.0%）。也与传统硫酸盐湖相烃源岩的生烃演化特征存在差异，在生油演化特征上，风城组在镜质组反射率演化到1.3%时，仍处于生油高峰期，比芦草沟组咸水湖相烃源岩的生油高峰结束时间（镜质组反射率1.2%）晚（马哲等，1998；杜宏宇等，2003）。风城组碱性沉积烃源岩两期产油率最高分别可达470mg/g·TOC和800mg/g·TOC左右，是常见湖相烃源岩的两倍多。

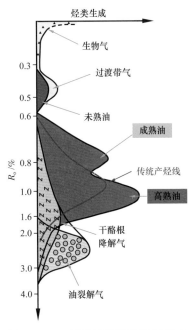

图8-1-3 碱湖沉积烃源岩生烃模式

具体而言，第一期为早期成熟油，高峰在镜质组反射率为0.8%时左右，对应埋深3500m左右，总有机碳产烃率达到470mg/g·TOC；第二期为晚期高熟油，高峰在镜质组反射率为1.3%时左右，对应埋深4500m左右，总有机碳产烃率可近800mg/g·TOC。此外，风城组烃源岩在进入高成熟—过成熟演化阶段后，还存在1期生气高峰，镜质组反射率在2.0%左右，对应埋深5700m附近，总有机碳产烃率达到200mg/g。与传统湖相优质烃源岩的生烃特点相比，有两个重要的不同点，一是两期生油，二是高效，特别是第二期高成熟油，总有机碳产烃率达到800mg/g，几乎是传统湖相优质烃源岩的两倍左右。

风城组碱湖烃源岩独特的成烃模式取决于独特的生烃机理。基于目前的认识，初步归纳为有机和无机两个方面。有机方面，生烃母质（干酪根）是生成油气的物质基础，风城组烃源岩的生烃母质总体特征是以嗜碱藻菌类为主，多种生烃母质，特别是细菌的存在，使得生烃以早期生烃、持续生烃、所生烃类性质好为特征，这不同于传统硫酸盐盐湖烃源岩。原始有机质经过细菌等微生物降解作用后，形成大量无定形体，其主要由细菌的类脂化合物和原始生烃物质的类脂化合物组成，这类有机质多为富氢组分，生油潜力大，且生烃活化能低，有利于早期生烃、持续生烃。

无机矿物在有机质生烃过程中也起到了重要作用。首先是火山矿物/火山作用对早期烃类的生成具有催化作用，在火山岩发育的风城组烃源层系中，火山矿物蚀变形成沸石、绿泥石等矿物，对其周围的烃源岩生烃有显著的催化作用，能够促使烃源岩低成熟和早期生烃；另一方面，碱湖烃源岩特有的碱类矿物在生烃过程中作用复杂。具体而言，碱类矿物早期能够一定程度上促进干酪根的缩合脱氢作用，增加液态烃的产率。而碱类白云质矿物亲油，原油中的重质组分易于被矿物吸附，因此一方面排出油轻质，另一方面对生烃也起到了延滞作用，油窗拉长；大量的原油聚集，形成超压，延滞生烃，出现第二个生烃高峰。

根据环玛湖凹陷发现的源于风城组的原油储量达到了30×10⁸t以上，证实了玛湖凹陷的超级富烃凹陷。

第二节　规模砾岩储集体成因与储层非均质性

玛湖凹陷西缘断裂带大规模粗碎屑沉积发现于 20 世纪 50 年代，建立了多级断裂控制下的冲积扇模式（张纪易，1980；雷振宇等，2005），主要表现为冲断作用持续发生，断裂上、下盘地形相差悬殊，自冲断席上剥蚀下来的碎屑物堆积于断崖根部而形成各类扇体（冲积扇、扇三角洲和水下扇）（雷振宇等，2005），其特点是冲积扇体规模小，多扇体搭接连片，以粗碎屑的砾岩沉积为主。按照冲积扇局限分布盆地边缘沉积模式，玛湖凹陷斜坡至凹陷中心广大区域属于砂岩、泥岩为主的细粒沉积区，以砾岩为代表的粗碎屑沉积不发育。随着勘探的不断深入，钻井资料揭示玛湖凹陷中心区上二叠统上乌尔禾组和下三叠统百口泉组砾岩沉积规模依然比较大，砾岩储集体的大面积分布，突破了常规的冲积扇沉积模式。

一、砾岩沉积的古地理背景

上二叠统沉积前，西伯利亚板块、哈萨克斯坦板块、塔里木板块、欧洲板块的会聚作用，导致了新疆、中亚、西西伯利亚等地区的盆地强烈的抬升、剥蚀。在这种汇聚构造背景中，达尔布特断裂发生左旋走滑作用，克—百、乌—夏等断裂带向凹陷内发生挤压逆冲作用，玛湖凹陷作为独立的沉积单元消亡，整体抬升剥蚀，在盆地内形成由断裂带到凹陷区形成地形逐渐变低的斜坡。

1. 古地貌分析

玛湖凹陷及邻区百口泉组厚度显示整体南厚北薄，近西北缘山前和东部陆梁隆起区厚度变薄，古地形主体为盆缘向东南倾斜的平缓斜坡。

百口泉组沉积时期，玛湖凹陷已经成为大型坳陷盆地的斜坡区，地貌坡度相对较平缓，利用地震资料及钻井资料对玛湖凹陷六大扇体的沉积区进行坡度测算，地形坡度介于 1°~3° 之间，最陡的为夏盐扇体，坡度为 2.86°，最缓为克拉玛依扇体，坡度为 0.84°，黄羊泉扇体坡度为 1.15°，总体上玛湖凹陷内各大扇体沉积时的坡度均较平缓。

2. 物源分析

物源分析是古地理重建、古环境与古气候恢复、大地构造背景及盆—山耦合研究重要内容和方法，本研究通过传统的重矿物方法对物源方向和沉积环境特征进行探讨。玛湖凹陷三叠系百口泉组碎屑岩中出现的陆源重矿物有 21 种（表 8-2-1），总体上以不稳定重矿物为主，反映搬运距离短，近源堆积的特征。根据重砂矿物组合特征及稳定系数，玛湖凹陷百口泉组不同的区块出现不同的重砂矿物组合，结合古地貌特征，玛湖凹陷从西南到东北存在中拐、克拉玛依、黄羊泉、夏子街、玛东及夏盐 6 个分支物源（图 8-2-1），物源分布来自西北部和北部的老山。其中中拐物源的重矿物组合以绿帘石—钛铁矿—褐铁矿为主，克拉玛依物源的重矿物组合以锆石—钛铁矿—白钛矿—尖晶石为主，黄羊泉物源的重矿物组合以钛铁矿—褐铁矿—绿帘石—白钛矿为主，夏子街物源的重矿物组合以绿帘石—钛铁矿—白钛矿—褐铁矿为主，与中拐物源的重矿物组合相似，玛东物源的重矿物组合以绿帘石—白钛矿—锆石为主，夏盐物源的重矿物组合以白钛矿—褐铁矿—锆石为主。重矿物的形成环境研究表明，钛铁矿可产于各类火山岩岩体中，在基性岩及酸性岩中分布较广，在变质岩中亦有分布，绿帘石主要分布于变质岩及与热液活动有关的火山岩中，锆石主要分布于酸性火山岩中，从上述六个物源的重矿物组成来看，它们的物源区母岩性质存在一定的差异，但总体上以中基性火山岩、酸性火山岩为主，变质岩和沉积岩为辅。

表 8-2-1　玛湖凹陷三叠系百口泉组重矿物种类表

重矿物类型	主要重矿物	次要重矿物
稳定重矿物	白钛矿、锆石、石榴石、褐铁矿、电气石	榍石、尖晶石、十字石、板钛矿、锐钛矿、刚玉、金红石
不稳定重矿物	钛铁矿、绿帘石、普通辉石、磁铁矿	黑云母、普通角闪石、阳起石、黝帘石、褐帘石

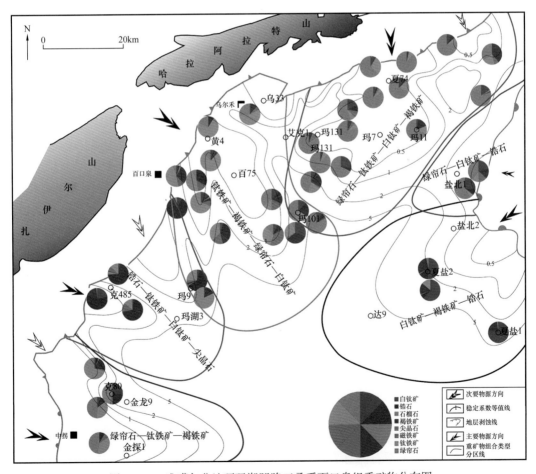

图 8-2-1　准噶尔盆地环玛湖凹陷三叠系百口泉组重矿物分布图

3. 古流向分析

古水流方向研究对于确定物源、预测有利储集体分布范围、提高油气采收率等意义重大（李潮流等，2008）。一般通过野外露头、重矿物分析、多井对比、微电阻率扫描成像测井（FMI）及地层倾角测井等方法判别古流水的方向。其中FMI图像可以直观地显现岩心的沉积构造、层理产状等信息，从而可判断分析古流向。地层倾角测井在单井点处对古流向也有相当高的测量精度。在研究区地层对比的基础上，选取较大井段范围内的FMI和地层倾角测井对地层产状和地层倾角进行统计，取优势方向作为古水流方向。

通过重矿物分析已知玛北地区百口泉组物源来自盆地西北缘老山，物源方向为北东向。通过玛北地区百口泉组地层倾角测井兰模式矢量的方向为主导，FMI成像测井资料为辅，做出古流向玫瑰花图，绘制研究区古流向展布，综合识别了百口泉组古水流方向，结果表明百口泉组沉积时，玛北斜坡区夏72井区—玛13井区—玛131井区古水流主要来自北东向，风南11井区—风南4井区分布较局限，古水流主要来自北西向。黄羊泉地区玛6井区—玛18井区的古水流主要来自北西向。

二、浅水扇三角洲沉积模式

百口泉组沉积物主要呈红色基调，并含有丰富而新鲜的正长石、基性斜长石及黑云母不稳定矿物，陆地上植被也很贫乏，表明当时为干旱—半干旱气候，属于亚热带干旱气候（张继庆等，1992；鲜本忠等，2008）；唐勇等（2014）对该区的泥岩样品的姥植比、$Fe^{2+}/(Fe^{2+}+Fe^{3+})$ 来判别沉积环境，认为百口泉组形成于弱氧化—弱还原的浅水环境。因此，百口泉组沉积期研究区处于干旱—半干旱气候条件下的大型浅水坳陷湖盆沉积环境。

在山高源足、稳定水系、盆大水浅、持续湖侵背景下凹陷区发育大型退覆式浅水扇三角洲，前缘相贫泥砾岩有效储集体大面积分布，有效储层埋深可延伸至5000m以深，改变了3500m"死亡线"的传统认识。突破了砾岩沿盆缘分布的传统观念，揭示了退覆式扇三角洲沉积动力学机制，拓展了凹陷区勘探领域，开辟了有效勘探面积6800km²。

1. 沉积相和岩性相划分

环玛湖凹陷三叠系百口泉组主要发育扇三角洲沉积，包括扇三角洲平原亚相（简称平原亚相）、扇三角洲前缘亚相（简称前缘亚相）、前扇三角洲亚相。其中平原亚相主要发育辫状河道、辫状河道间沉积微相，前缘亚相主要发育水下分流河道、水下分流河道间、河口坝—远沙坝等沉积微相（张顺存等，2015，邹妞妞等，2015）。在岩性相的划分中，主要强调岩性和沉积微相之间的配置关系，同时考虑沉积物的粒度、颜色、沉积构造、沉积微相、沉积物经历的成岩作用等特征，将研究区三叠系百口泉组各类岩性划分为11种岩相。

1）扇三角洲平原水上泥石流砾岩相

扇三角洲平原水上泥石流砾岩相是扇三角洲的水上部分，其结构和构造具有冲积扇的沉积特征，有洪水期重力流和泥石流的沉积特征。其最重要的标志是共生的砾岩、砂砾岩及泥岩多为氧化色（如褐色、棕色及杂色）。发育冲刷充填构造、高角度斜层理及砾岩呈楔状的厚层块状构造。（砂）砾岩在垂向上以块状韵律层叠置为特征，底部见冲刷构造。平原水上泥石流砾岩相的粒度较粗，沉积物无规律排列、分选性差。岩石杂基含量高，电性特征曲线特征为高幅箱形，也反映当时的沉积能量较高。孔渗性相对较好，这说明泥石流沉积具有大小混杂、快速沉积特征，砾石的磨圆度分选性不一，具备发育成储集岩的条件。

2）扇三角洲平原辫状河道砂砾岩相

扇三角洲平原辫状河道砂砾岩相（图8-2-2）主要为褐色、杂色砂砾岩、砂质砾岩和砾状砂岩所构成。砾石成分复杂、大小不等、杂乱分布，呈次圆状—次棱角状，分选差。砾岩多为碎屑支撑，砾石间多为混合杂基充填，发育透镜状砂体斜层理、槽状交错层理、块状构造、递变层理及高角度斜层理。在测井曲线上表现为正旋回特征，单个旋回为齿化或弱齿化的箱形，曲线组合形态为多个箱形的垂向叠加。孔隙度和渗透率较高，可见扇三角洲平原辫状河道砂砾岩具备良好的储集性能，可成为研究区较为有利的储集岩相。

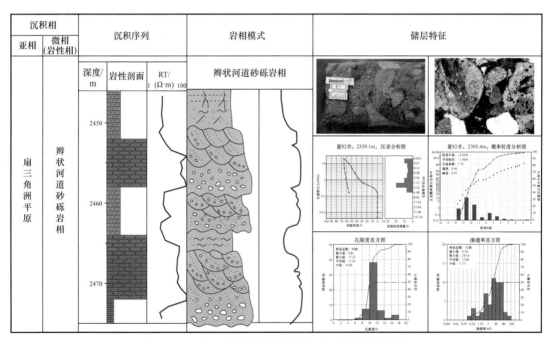

图 8-2-2　扇三角洲平原辫状河道砂砾岩相沉积特征

3）扇三角洲平原河道间砂泥岩相

扇三角洲平原河道间砂泥岩相是洪水溢出辫状河道后在河道侧缘沉积而成。岩性主要为褐色、棕褐色、杂色泥岩夹泥质粉砂岩及粉砂岩，夹层的砂砾质沉积多是洪水季节河床漫溢沉积的结果，常为黏土夹层或薄透镜状。此套沉积在垂向上和平面上夹于辫状河道之间，杂基含量多，分选中等，平行层理、层系多呈透镜状和楔状；在测井曲线响应上表现为较薄层的低幅齿化箱形，反应水流冲刷弱，水动力条件不强，沉积物以细粒为主。孔渗性也较差，几乎不具备储集性能。

4）扇三角洲前缘水下主河道砾岩相

扇三角洲前缘水下主河道砾岩相（图8-2-3）是扇三角洲的水下部分，该亚相是扇三角洲沉积的主体，也是砂体最发育部位，处于水下，分布范围最大。沉积物主要为灰绿色、杂色砾岩、砂砾岩和粗砂岩，分选性较差、磨圆度较好，呈次圆状—次棱角状，以颗粒支撑为主，厚层状砂砾岩体中可见大型槽状交错层、斜层理。其电阻曲线主要为齿状钟形＋箱形的复合型。孔隙度较好，渗透率变化较大，说明该岩相储层空间变化较大，非均质性较强。

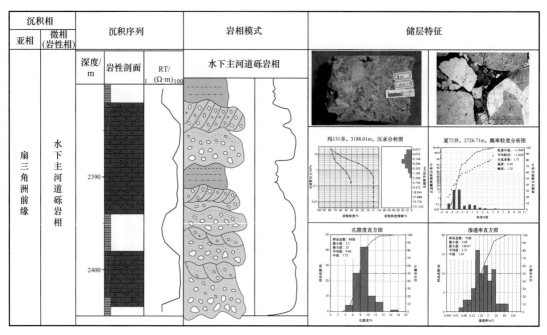

图8-2-3　扇三角洲前缘水下主河道砾岩相沉积特征

5）扇三角洲前缘水下河道砂砾岩相

扇三角洲前缘水下河道砂砾岩相（图8-2-4）是随着平原亚相辫状河道向湖推进，河道变宽变浅，分叉增多，形成水下分流河道，并随水流的消能，常发生淤塞而改道，故该相沉积物中纵横向不均一性强，分选性不好。沉积物主要为灰色、灰绿色砾状砂岩、含砾砂岩和砂岩，砾岩量少，以颗粒支撑为主，磨圆度较好，中层砂砾岩发育大型槽状交错层理，局部见砾石定向排列及小型冲刷面和滞留砾石、泥砾。其电阻曲线主要为高幅齿状钟形，也可因水道退缩则成钟形叠在箱形之上的复合型。孔隙度和渗透率都达到良好的储层级别。

6）扇三角洲前缘水下河道间砂泥岩相

扇三角洲前缘水下河道间砂泥岩相由于河道间缺乏稳定的泥岩沉积，主要是灰绿色—灰色块状或具水平层理的砂质、粉砂质泥岩夹薄层或透镜状砂岩。在垂向相序上介于水下分流河道之间，由于水下分流河道的冲刷力强，改道频繁，一旦发生改道，这些沉积物被冲刷变薄，甚至全部被冲刷掉。电阻率曲线多为齿状、指状或齿化指状。该岩相不具备储集性能，物性条件极差。

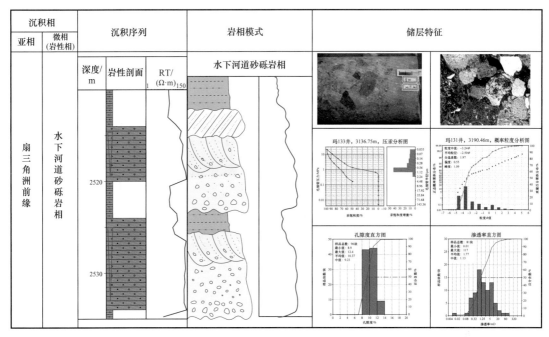

图 8-2-4　扇三角洲前缘水下河道砂砾岩相沉积特征

7）扇三角洲前缘水下泥石流砂砾岩相

扇三角洲前缘水下泥石流砂砾岩相主要由灰色、灰绿色的砾岩、砂砾岩、砂岩、泥岩混合沉积，中层—厚层粒序层理颗粒支撑，杂基含量高，分选相对较差、磨圆度中等。测井曲线为中幅箱形＋钟形的复合型。孔渗性相对较好，这说明水下泥石流砂砾岩沉积物具有一定的储集性能，在油气勘探中可作为增储的选择。

8）扇三角洲前缘水下河道末端砂岩相

扇三角洲前缘水下河道末端砂岩相（图 8-2-5）是扇三角洲水下分流河道末端的细粒沉积，主要由灰色中粗砂岩组成，其中也常夹有含砾砂岩，中层砂岩中见小型槽状和板状层理，分选性好，磨圆度较好，具正韵律。测井曲线为中幅钟形＋指状。孔渗条件较好，说明河道末端砂经过了稳定的水动力条件冲刷，沉积物经过充分的淘洗，杂基含量低，是良好的储集岩。

9）扇三角洲前缘河口坝—远沙坝砂岩相

扇三角洲前缘河口坝—远沙坝砂岩相是水下分流河道向盆地方向的延伸。沉积物粒度变细，由油浸中细砂岩、粉砂岩或含油斑的含砾细砂岩组成；岩心可见清晰的交错层理和板状层理，上部常见波状交错层理和波状层理。岩石杂基含量低，分选性好，磨圆度较好，在岩性剖面及电性上均表现为由下向上变粗的反韵律旋回。电阻率曲线为中幅齿化的漏斗形，反映河道冲刷作用减弱。孔隙度和渗透率达到优质储层级别，是该区较为有利的储集岩相，在研究区较为发育。

10）前扇三角洲粉砂岩相

前扇三角洲粉砂岩相位于扇三角洲前缘亚相的前方。前扇三角洲沉积主要为泥岩和粉砂质泥岩，颜色较深。见沙纹层理和水平层理。其电阻率测井曲线为中幅齿化指状。

孔渗性也较差，很难成为储集岩。若扇三角洲前缘沉积速度快，可形成滑塌成因的浊积砂砾岩体包裹在前扇三角洲或深水盆地泥质沉积中。

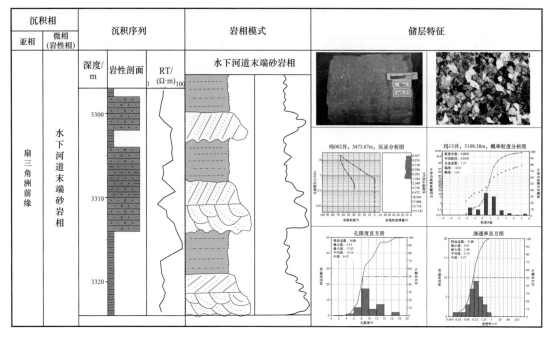

图 8-2-5　扇三角洲前缘水下河道末端砂岩相沉积特征

11）前扇三角洲泥岩相

前扇三角洲泥岩相位于扇三角洲的最前缘并与湖泊相过渡。岩性为灰色泥岩夹薄层泥质粉砂岩和细砂岩互层，具水平层理。粒度细，分选好，黏土含量高。电阻率曲线呈指状或齿状。

2. 沉积相空间展布

环玛湖地区三叠系百口泉组沉积物粒度变化较大，沉积微相发育也很丰富。结合该区岩性观察、薄片鉴定、单井沉积相分析，探讨该区三叠系百口泉组沉积相展布特征。

1）玛湖及邻区百口泉组一段沉积相特征

环玛湖地区在三叠系百口泉组一段沉积时期，主要发育四个大的冲积扇体，从南到北、从西到东依次是中拐扇、黄羊泉扇、夏子街扇、夏盐扇，它们控制了研究区物源的主要方向，依次是西南角金龙 2 井—金龙 9 井附近西部物源、西北部黄 4 井—黄 3 井附近西北部物源、东北角夏 74 井—夏 9 井附近东北部物源、东部夏盐 3 井—夏盐 2 井附近东部物源。该时期全区主要发育扇三角洲平原、扇三角洲前缘、前扇三角洲—浅湖相三种沉积亚相，在夏 74 井附近还可见到小范围的冲积扇扇缘亚相。总体上百口泉组一段沉积时期，研究区平原亚相、前缘亚相的沉积范围都较大，前扇三角洲—浅湖相沉积范围相对较小，平原分流河道砾岩分布范围较广，反映了该时期水动力条件较强，物源供给较丰富的沉积环境。

2）玛湖及邻区百口泉组二段沉积相特征

百口泉组二段沉积时期，玛湖地区基本上继承了百口泉组一段沉积时期的特征，在中拐扇和黄羊泉扇之间增加了一个克拉玛依扇，物源也变为5个（增加了西部克86井—克89井一带西北部物源）；该时期扇三角洲平原的沉积范围比百口泉组一段有所减小（除了克86井—克89井一带发育平原分流河道砂砾岩外），依然由平原分流河道砾岩、平原分流河道砂砾岩组成，平原分流河道砂岩不发育；扇三角洲前缘的沉积范围与百口泉组一段相比，逐渐缩小，总体向物源方向退缩，前缘水下分流河道砂砾岩在平面上略呈连片分布，前缘水下分流河道末端砂岩继续呈连片分布；前扇三角洲—浅湖相沉积的范围有了较明显的增加。总体上百口泉组二段沉积时期，继承了百口泉组一段沉积时期的特征，与百口泉组一段相比，水体逐渐加深，沉积物粒度略微变细，物源供给量略有减少。

3）玛湖及邻区百口泉组三段沉积相特征

百口泉组三段沉积时期，玛湖地区水体加深明显，克拉玛依扇控制的物源基本消失，中拐扇和夏盐扇所控制的物源表现为前缘亚相较发育，平原亚相退缩消失。该沉积期，研究区大范围为前扇三角洲—浅湖相沉积，扇三角洲沉积范围大大缩小，主要包括：中拐扇控制的西部物源在金龙8—金龙9井一带发育小范围的前缘水下分流河道末端砂岩、前缘水下分流河道砂砾岩；黄羊泉扇控制的西北部物源在研究区西北部和夏子街扇控制的东北部物源在研究区东北部均发育小范围的平原分流河道砾岩、平原分流河道砂砾岩、前缘水下分流河道砂砾岩，同时发育范围较广的前缘水下分流河道末端砂岩；夏盐扇控制的东部物源在夏盐3井—夏盐2井一带，发育小范围的前缘水下分流河道砾岩及范围较广的前缘水下分流河道砂砾岩、前缘水下分流河道末端砂岩。

3. 浅水扇三角洲沉积模式

结合研究区的构造背景、沉积环境、储层岩石类型及特征，选取了一条典型剖面，结合剖面上各井的实际录井及测井资料，绘制了剖面上各个井的沉积充填样式及沉积序列和连井沉积相—岩性相剖面图（图8-2-6）。

该剖面从夏74井到玛133井呈北东—南西向，沉积环境由扇三角洲平原为主过渡到扇三角洲前缘及滨浅湖。其中百口泉组一段主要是平原辫状河道的褐色砂砾岩沉积，向上粒度略有变细，中间夹有薄层的平原辫状河道间砂泥岩沉积。百口泉组二段下部在剖面北端的夏74井、夏13井、夏72井见有平原泥石流砾岩沉积，剖面上部主要是前缘水下分流河道砂砾岩沉积夹极薄层的前缘水下分流河道间砂泥岩沉积，沿剖面由东北到西南，粒度变细，出现含砾砂岩沉积物，剖面北端的夏74井仍然以平原辫状河道砂砾岩沉积为主。百口泉组三段由东北到西南，由下到上，依次出现平原辫状河道砂砾岩夹薄层平原辫状河道间砂泥岩沉积物、前缘水下分流河道砂砾岩与前缘水下分流河道间砂泥岩互层沉积物物、滨浅湖砂泥岩和粉砂岩夹薄层河口坝—远沙坝细砂岩和粉砂岩沉积物。

综合上述剖面沉积相特征建立了能够反应该区沉积微相、岩性相相匹配的沉积相综合模式图（图8-2-7），该模式重点强调了以下特点：

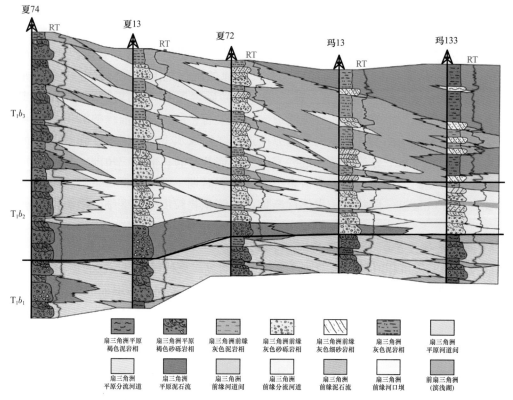

图 8-2-6　百口泉组扇三角洲岩相组合及沉积相展布图

（1）模式中将该区最主要的储层发育相带—扇三角洲相进行了细分，刻画了扇三角洲沉积微相及岩性展布；

（2）将岩性与沉积微相紧密结合。该区储层岩石类型复杂，同样的沉积微相下发育不同的岩石类型组合，同样的岩石类型（在录井、测井资料中不易区分）发育于不同的沉积微相中，且不同沉积微相、不同岩石组合的储集性能差别较大，造成该区优质储层预测的主要困难。该模式对解决此问题进行了探讨，为该区优质储层预测提供了理论依据；

（3）突出湖岸线的重要性。湖岸线是扇三角洲平原亚相与扇三角洲前缘亚相的分界线，研究区平原辫状河道砂砾岩、前缘水下分流河道砂砾岩、前缘水下分流河道末端砂岩都非常发育，这些砂砾岩均经过不同程度的水体淘洗，是目前三叠系百口泉组最有利的储集体，但其储集性能有所差异（张顺存等，2009，2015a；史基安等，2010；邹妞妞等，2015b）。

三、砾岩储层岩石学特征与物性控制因素

1. 砾岩储层岩石学特征

百口泉组碎屑岩中砾岩所占比例较高，一般超过 50%，部分地区或层位达到 70%。玛北地区百口泉组砂砾岩比例最高与总岩性的 70% 左右，玛南地区砂砾岩比例较低，约

图 8-2-7 玛湖地区三叠系百口泉组扇三角洲沉积相序列及沉积模式

占50%，玛西地区砂砾岩约占60%，玛东砂砾岩约占67%。由于环玛湖地区三叠系百口泉组形成于扇三角洲沉积环境，砾岩或砂岩均具有成分成熟度和结构成熟度较低的特点。

通过对玛北地区百口泉组1142块实测样品统计分析可知：百口泉组岩石类型主要由灰色和褐色砂砾岩（占69.5%）、砂质不等粒砾岩（占4.9%）、不等粒砾岩（占4.2%）、含砾砂岩（占3.7%）、含砾不等粒砂岩（占3.0%）及细砂岩等，可见粗粒的砂砾岩的含量约占84%，细粒的碎屑岩含量很少，总共约占16%（图8-2-8）。统计表明，该区砂岩类型为主要为岩屑砂岩，岩屑含量常达50%以上，发育少量长石岩屑砂岩，成分成熟度较低。根据岩石薄片鉴定，砾石成分以凝灰岩为主（占25.0%），霏细岩（占17.1%）、砂岩（占15.9%）和流纹岩（占12.5%）次之；砂质成分以凝灰岩为主（占23.24%），其次为石英（占7.63%）和长石（占7.42%）。杂基以高岭石、泥质为主，平均百分含量约为2.88%，胶结物含量较低，主要为方解石和方沸石，以泥质、钙质胶结为主，黏土矿物以伊/蒙混层较多，大部分已向伊利石转化，平均体积百分含量为50.4%，次为绿泥石（占33.4%）和高岭石（占22.7%），伊利石含量相对较低（占9.6%）。

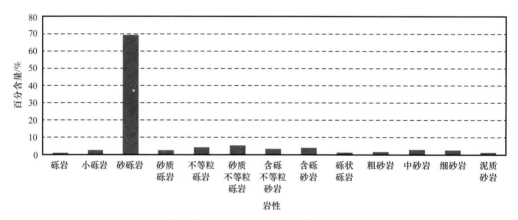

图8-2-8　玛湖凹陷玛北地区三叠系百口泉组碎屑岩类型直方图

环玛湖凹陷其他斜坡区（玛南地区、玛西地区、玛东地区）百口泉组砂砾岩和砂岩的岩石类型及矿物组分与玛北地区基本类似，只是由于物源区不同造成岩屑类型存在一定差异。

2. 砾岩储层物性及主控因素

1）百口泉组砾岩储层物性特征

百口泉组砾岩储层与夏子街、黄羊泉、夏盐、中拐、玛东、克拉玛依共六大冲积扇体的沉积特征密切相关。储层物性条件为差—较差，平均孔隙度7%～10%，平均渗透率0.5～2.0mD。其中扇三角洲前缘砂砾岩储层的物性稍好，平均孔隙度9%～10%，平均渗透率0.5～2mD，扇三角洲平原砂砾岩储层的物性稍差，平均孔隙度7%～8%，平均渗透率0.5～1mD。

玛北地区三叠系百口泉组储层主要是灰色砂砾岩，其次为灰色中粗砂岩，但其物性存在差异，从不同颜色的砂砾岩及中粗砂岩的孔渗相关图来看（图 8-2-9），储集岩孔隙度与渗透率相关性不是很好，表明储集岩孔隙与喉道的匹配性较差，储层的储集空间主要为主要为剩余粒间孔、溶孔、黏土收缩孔、微裂缝。

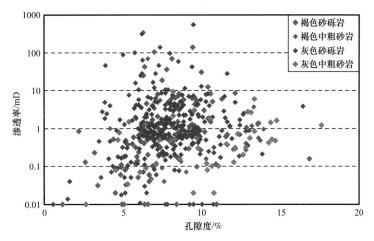

图 8-2-9 玛北地区三叠系百口泉组储层孔渗关系图

玛北地区三叠系百口泉组主要含油气储层发育于百口泉组二段上部和百口泉组三段。通过对该区百口泉组二段和百口泉组三段储集岩的物性分析数据统计表明，百口泉组二段上部高阻段的孔隙度主要分布于 5%～13% 之间，平均孔隙度为 8%；百口泉组二段下部低阻段的孔隙度主要分布于 4%～9% 之间，平均孔隙度为 6.5%；但渗透率变化不是很大。百口泉组三段的孔隙度主要分布于 7%～15% 之间，平均孔隙度为 9.5%。百口泉组二段上部高阻段储层物性明显好于百口泉组二段下部的低阻段，而百口泉组三段又略好于百口泉组二段上部的高阻段。

2）储层物性主要控制因素

扇三角洲砾岩储层受到泥质含量、砾石成分成熟度、砾岩杂基成分、含量、粒级和成岩作用等多因素的控制，导致砾岩储层的非均质性强，横向上变化快。

（1）岩性对储层的控制作用。

首先对玛湖凹陷 60 多口井 1300m 百口泉组岩心对行详细观察及描述，完成了 61 口井 1253m 的岩心描述，结合化验分析数据，发现玛湖凹陷百口泉组岩性储层粒度主要分布在 0.5～8mm 之间，从岩性上看从粗砂岩至中砾岩均有发育，如果按照 1998 年国家发布的碎屑岩粒级划分标准来看，中砾岩的粒径分布在 4～32mm 之间，一半粒径的中砾岩为非储层，中砾岩范围标准在玛湖地区偏大，不太适合该区的砂砾岩研究。因此通过岩心观察结合物性分析资料，在 1998 年碎屑岩分类基础上对中砾岩细分为了小中砾及大中砾，建立了符合玛湖地区的岩性划分标准表 8-2-2。

结合新的岩性分类方案，通过岩性分析物性来看，物性随粒度增大及从小变大再减小的特征：即物性从细砂岩向粗砂岩及细砾岩变大后再向大中砾岩及粗砾岩变小，这与前期的认识一致。在物性大于 7.5% 的岩性来看主要为细砾岩、粗砂岩及小中砾岩（图 8-2-10）。

表 8-2-2　玛湖凹陷百口泉组碎屑岩分类命名方案

自然粒级标准 /mm	φ 值粒级标准	陆源碎屑名称	
>128	<-7	砾	巨砾
32～128	-7～-5		粗砾
16～32	-5～-4		大中砾
8～12	-4～-3		小中砾
2～8	-3～-1		细砾
0.5～2	-1～1	砂	粗砂
0.25～0.5	1～2		中砂
0.06～0.25	2～4		细砂
0.03～0.06	4～5	粉砂、泥	粗粉砂
<0.06	>5		细粉砂、泥

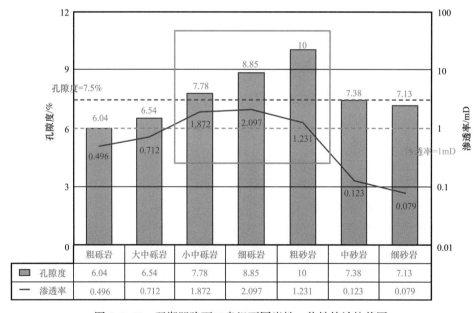

图 8-2-10　玛湖凹陷百口泉组不同岩性、物性统计柱状图

通过薄片及铸体薄片观察发现，褐色砂砾岩多数位于扇三角洲平原，为砾、砂、泥混杂堆集，杂基含量普遍较高，而对于灰色、灰绿色前缘相的砂砾岩，杂基含量较少，物性相对较好，铸体薄片可以看出，同样为细砾岩，泥质杂基含量低的孔隙较发育，而杂基含量高的孔隙基本不发育，储层物性明显较差。

通过百口泉组全岩定量分析数据中黏土含量与孔隙度及渗透率关系图可以看出

（图 8-2-11、图 8-2-12），随着黏土含量的增加，孔隙度及渗透率均呈现出明显的下降趋势，特别是储层的渗透性表现更加明显，基本上呈指数级递减，反映了黏土含量对物性影响比较明显。

（2）沉积环境对储层的控制作用。

通过对环玛湖凹陷玛北地区三叠系百口泉组储层沉积和成岩作用研究，结合其与储层物性相互关系分析，可以将环玛湖凹陷三叠系百口泉组砂砾岩储层的基本特点总结如下：

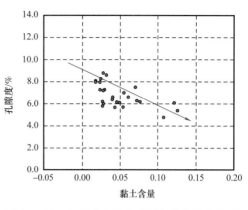

图 8-2-11　百口泉组黏土含量与孔隙度关系图

① 储集岩主要形成于扇三角洲前缘及平原沉积环境，以水进序列扇三角洲相的中厚层砂砾岩为主，岩石的成分成熟度较低，结构成熟度中等。储集砂体具有厚度变化快、粒度变化大、储层非均质性强的特点；

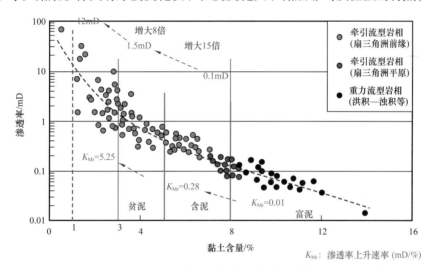

图 8-2-12　百口泉组黏土含量与渗透率关系图

② 储集体以发育于扇三角洲平原分流河道微相的褐色砂砾岩、扇三角洲前缘水下分流河道微相的灰色砂砾岩、扇三角洲前缘河口坝及远沙坝的灰色砂岩为主，其中含砂砾岩体呈中层块状叠置。优质储集岩主要发育于水动力条件较强，且稳定性较好的沉积环境，在粒度概率曲线上表现出滚动和跳跃特征；

③ 岩心观察表明百口泉组砾岩中见常见砾石定向排列，且具有一定的分选性和磨圆度，体现了牵引流搬运作用。同时也可见部分砾岩中砾石分选性很差，呈多级颗粒支撑，并含有较多的泥质杂基，反映了重力流的搬运过程。说明百口泉组砾岩具有牵引流与重力流的共同成因的特点。玛北地区百口泉组主要存在三种类型的粒度概率累计曲线：一段式 [图 8-2-13（a）]：说明岩石粒级分布广，斜率小，分选差，截点不明显，属典型的强水动力条件下重力流的沉积；三段式 [图 8-2-13（b）、（c）]：曲线具有跳跃、滚动

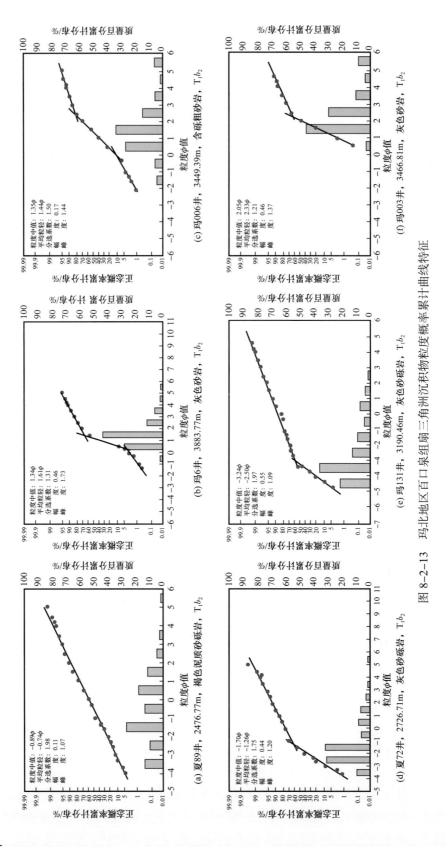

图 8-2-13 玛北地区百口泉组扇三角洲沉积物粒度概率累计曲线特征

和悬浮三段式，分选性中等，具有牵引流的典型特征，为扇三角洲平原辫状河道和扇三角洲前缘分流河道和远沙坝等的河道沉积，水动力持续稳定；二段式［图8-2-13（d）、（e）、（f）］：具明显的河道沉积特点，以跳跃总体为主，含量50%～70%，粒度分布范围在0.5φ～4φ之间，斜率为60°～65°，分选中等，跳跃和悬浮总体的截点变化较大，悬浮总体含量较少，有时可高达30%左右，沉积物在牵引流作用下主要以跳跃的方式搬运，反映了较强水动力条件和中等水动力条件。

（3）成岩作用对储层的控制作用。

通过对研究区储层物性和成岩作用关系的综合分析研究，发现对玛北地区三叠系百口泉组砂砾岩储层物性和孔隙演化影响最大的成岩作用主要是压实作用、胶结作用和溶蚀作用。

① 压实作用对储层物性的影响。

研究区三叠系百口泉砂砾岩的结构成熟度较低，泥质杂基含量较高（特别是褐色泥质砂砾岩和砾岩、灰色泥质砂砾岩和砾岩）。泥质杂基的含量是影响储层物性的主要因素之一，也是影响压实作用的主要因素之一。当泥质杂基含量少时，压实作用对储层的物性影响较弱，而当泥质杂基含量高时，压实作用的影响便大幅增强。这与研究区褐色砂砾岩和砾岩、灰色砂砾岩和砾岩的物性好于褐色泥质砂砾岩和砾岩、灰色泥质砂砾岩和砾岩的特征相符合（张顺存等，2014；曲永强等，2015）。

其次，研究区三叠系砂砾岩的成分成熟度较低，含有较多的半塑性颗粒。研究区砂砾岩颗粒中有较多的凝灰岩等半塑性颗粒（图8-2-14），这些半塑性颗粒在埋藏深度达到3000m以下时，很容易受压变形，导致砂砾岩储层物性急剧变差，进一步加大了压实作用对储层物性的破坏力。

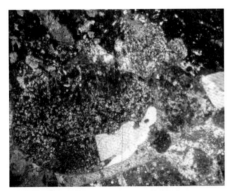 

<table>
<tr><td>(a) 玛152井，3161.45m，含灰质砂质砾岩，
压实作用中等，出现方解石交代碎屑颗粒现象</td><td>(b) 玛152井，T$_1b_2$，3245.70m，砂质砾岩，
砾石为火山岩岩屑，受压变形较明显</td></tr>
</table>

图8-2-14 研究区砂砾岩中砾石的微观特征

② 胶结作用对储层物性的影响。

显微观察和研究表明，三叠系百口泉组砂砾岩储层中的胶结物类型多样，常见的有沸石类（主要为方沸石和片沸石）、碳酸盐类（包括方解石和白云石）、硅质（包括石英增生）、自生黏土矿物（常见伊/蒙混层、高岭石、绿泥石和伊利石）等。研究发现，胶结物的类型和含量与砂砾岩物性关系比较密切。主要原因是在沉积物埋藏的初期，适当含量的化学胶结物可以起到支撑碎屑颗粒骨架的作用，抵御压实作用的影响。研究区所发生的主要溶蚀作用有沸石类矿物的溶蚀、碳酸盐类矿物的溶蚀、长石类矿物的溶蚀等（图 8-2-15）。

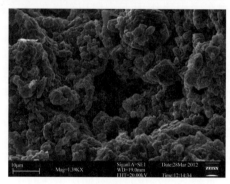 

(a) 玛131井，长石颗粒被溶蚀形成的粒内溶孔特征，扫描电镜×1390

(b) 夏89井，油迹砂岩中自生石英颗粒和发生溶蚀作用的高岭石

图 8-2-15　研究区百口泉组储集岩的溶蚀作用特征

③ 溶蚀作用对储层物性的影响。

玛湖凹陷三叠系百口泉组母岩存在一定的差异，岩石成分成熟度整体偏低，母岩类型以中性火成岩、酸性火成岩、沉积岩为主，岩石碎屑成分主要为岩屑砂岩（图 8-2-16）。百口泉组埋深最深在 4500m 以深，平均埋深在 3000m 左右，压实作用比较明显，但较深的区域仍存在物性较好的储层，特别是玛西斜坡区，突破以往砂砾岩有效储层埋深下限认识，在 3200m 以深仍存在优质储层。分析表明其岩石组分中长石含量相对较高，并且下倾方向贴近烃源岩排烃排酸路径，因此溶蚀作用是提高储层物性的重要成岩作用。

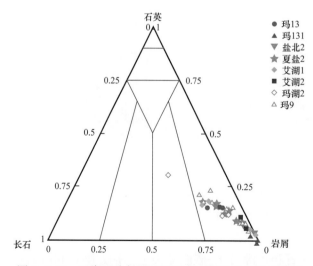

图 8-2-16　玛湖凹陷斜坡区百口泉组碎屑岩分类三角图

从取心及薄片资料来看，玛湖凹陷百口泉组油气为多期油源，部分岩心见黑色沥青残留，前期排烃形成的酸性环境对储层改造具有明显的作用，另外早期原油充注在一定程度也可以减缓压实作用带来的负面影响。通过多口井铸体薄片来看，颗粒溶孔和粒间溶孔是提高储层物性的有效途径。

第三节　源上大面积成藏机理与富集规律

突破前期源储一体才能大面积成藏的认识，重建构造模型发现了密如蛛网的高角度隐蔽通源断裂，使深层碱湖源岩生成的油气垂向跨层 2000～4000m 运移至三叠系，由退覆式扇三角洲顶、底板与侧向主槽致密砾岩立体封堵，在前缘相砾岩中大面积成藏，指导了勘探部署目标由单个圈闭转向整个有利相带，探井成功率由 35% 提高到 63%，支撑了玛湖凹陷的持续发现。

一、成藏主控因素与成藏动力学

玛湖凹陷源上砾岩大油区三叠系百口泉组大面积油气藏的形成和富集高产主要受缓坡构造背景、储封一体的扇三角洲沉积、广布的高陡通源断裂、优质烃源岩条件及超压强度等因素控制。

1.缓坡构造背景

晚二叠世以来，玛湖凹陷构造背景整体较为稳定，构造活动微弱，为玛湖凹陷浅水扇三角洲满盆沉积及源上大油区形成创造了优越条件。受早期边缘逆冲断层活动影响，玛湖凹陷斜坡区形成多级坡折，斜坡背景下发育平台区。对地震资料精细分析发现，斜坡区发育多条大型逆断层，主要发育时期为二叠系风城组—下乌尔禾组沉积时期，其中三叠纪是断裂活动的调整期，断层倾角大，断层断距明显变小，但对沉积环境与沉积相发育依然具有控制作用。这些断层使得玛湖凹陷斜坡区发育多坡折、多平台构造格局。纵向上，随着早三叠世湖平面上升，受坡折带和平台区坡度变化影响，扇体自下而上逐级跨越坡折向盆地周缘拓展，其中缓坡坡折区以重力流沉积为主，发育扇三角洲平原亚相沉积砂体，平台区则主要为牵引流，形成纵向叠置的扇三角洲前缘砂砾岩体。如在过百 75 井—艾湖 2 井—玛 18 井—玛中 1 井的剖面，可见三期坡折，形成了自西向东分布的两个平台区，且在平台区形成纵向叠置的多套砂体（图 8-3-1）。

玛湖凹陷油气成藏时间主要为三期，分别为晚三叠世、早侏罗世和早白垩世，其中以早白垩世最为重要。通过地震剖面精细解释和平衡剖面法恢复，玛湖凹陷的三个主力含油层位的古构造分布特征均具有凹陷边缘高、凹陷中心低的特征，并在凹陷边缘地区发育多个鼻凸带，这些鼻凸带控制着斜坡带油气藏的分布。

三叠系百口泉组古构造在凹陷东部、西部和南部边缘均为构造高部位，向南部构造海拔逐渐递减，且在凹陷周边发育多个继承性鼻凸带，包括玛湖 1 井鼻凸带、黄羊泉鼻凸带、玛北鼻凸带、夏盐鼻凸带、达巴松鼻凸带等。这些斜坡带上的鼻凸带对已发现百口泉组油气藏具有明显控制作用，从而相应形成了黄羊泉油藏群、玛南油藏群、玛北油藏群、玛东油藏群等。

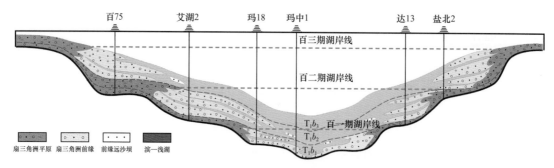

图 8-3-1　玛湖凹陷斜坡区多级坡折分布特征

2. 储封一体的扇三角洲沉积

玛湖凹陷三叠系百口泉组沉积期发育多个山口、沟槽、古鼻凸、坡折及平台区，形成坡折与平台相间分布的地貌特征。其中，山口、沟槽为沉积物搬运、快速卸载堆积提供了有利通道和场所，两翼古鼻状凸起影响着沟槽发育走向，控制着扇体的主槽走向（图 8-3-2），不同扇体沿着主槽（黑色粗虚线）方向沉积，形成扇三角洲平原亚相砂砾岩体，而主槽侧翼的平台区则发育扇三角洲前缘亚相砂体。扇三角洲平原亚相砂体运移

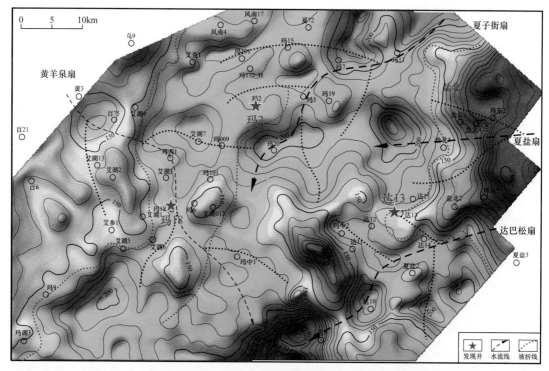

图 8-3-2　玛湖凹陷斜坡区三叠系百口泉组沉积前古地貌三维可视化图

距离较短，砂砾岩分选性差，泥质含量高，往往形成富泥砂砾岩体，物性总体相对较差，大多难以成为有效储层，但却构成了良好的侧向遮挡条件，与扇体周围及扇体顶部的滨浅湖相泥岩共同构成了玛湖凹陷扇三角洲油藏的封盖条件。而位于沟槽两翼平台区大面积沉积的扇三角洲前缘亚相砂砾岩由于搬运距离远、分选较好、泥质含量较低、且有利于溶蚀孔发育，是玛湖扇三角洲沉积中最有利的储集相带，因而成为源上大油区油气藏形成和富集的主要部位。

可见，玛湖凹陷三叠系百口泉组扇三角洲沉积体系发育的不同相带在成藏中"各司其职"，形成良好的储封配置关系。可以说，每个扇三角洲体就是一个自储自封、封储一体的圈闭体，其中具有多个岩性圈闭，从而形成一砂一藏、一扇一田、准连续分布的成藏特征。

3. 广布的高陡通源断裂

通源断裂是源上油气成藏的必要条件。玛湖凹陷斜坡区断裂数量多，平面上成排、成带发育。研究表明，由二叠系深部向上延伸至三叠系的海西期—印支期逆断裂和走滑断裂是沟通深层油源与源上储层的主要垂向输导通道，特别是与主断裂相伴生的羽状断裂，与主断裂共同构成了分布广泛、密如蛛网的垂向输导通道，为油气自烃源岩向上跨层运聚创造了良好条件。

对玛东斜坡区百口泉组 13 口井试油成果与附近逆断裂距离统计分析表明，各探井日产油量与距逆断裂距离呈现明显的负相关关系，即距海西—印支期逆断裂越近，探井日产量越高。这种负相关关系佐证了逆断裂带对油气的垂向输导作用，也证明了断裂的控藏作用。

按照走滑断裂的构造样式，可以将油气沿断裂运移分为花状构造运移模式和墙角状构造运移模式。花状运移模式是指油气沿复合型高角度断层由下向上呈发散式运移，聚集在主断层与分支断层间的夹块中，油气藏形成的含油面积范围较大。如大侏罗沟断裂输导体系为典型的花状构造运移模式，风城组烃源岩生成的油气通过断层运移，在下乌尔禾组、上乌尔禾组和百口泉组及上部侏罗系中均分别形成了亿吨级储量区。墙角状运移模式是指油气沿单一型高角度断层运移，在上倾方向受近平行于造山带的逆冲断层遮挡，聚集在呈墙角式断夹块中，油气运移效率较高。如玛北油藏群百口泉组油藏的形成。这两种运移模式在凹陷中大面积分布，从而共同组成了运移输导体系的主干网络，为油气大面积充注提供了可能。

4. 优质烃源岩分布

二叠系风城组烃源岩为玛湖凹陷源上砾岩大油区的主力烃源岩。对烃源岩热演化程度、生烃强度与三叠系百口泉组、二叠系上乌尔禾组和下乌尔禾组试油产量、含油饱和度的关系表明，烃源条件对试油产量、含油饱和度具有一定控制作用。其中烃源岩热演化程度与试油产量关系不大；但与含油饱和度具有较明显的正相关性。风城组烃源岩生烃强度不仅与含油饱和度具有较明显的正相关性，且与试油产量也具有一定正相关性，尤其是当生烃强度大于 $300 \times 10^4 t/km^2$ 时，试油产量增加明显。可见，生烃强度是影响源上储层富集高产的又一个重要因素。

值得注意的是，当生烃强度小于 $300 \times 10^4 t/km^2$ 时，仍有许多井试油产量较高，甚至高于生烃强度更高的井的产量，说明生烃强度并非控制源上储层油气富集高产的唯一因素。显然，储层和运移条件等也是源上油气富集高产的重要控制因素。

对二叠系风城组烃源岩生烃强度与原油密度关系分析表明（图 8-3-3），随烃源岩生烃强度增大，源上砾岩大油区原油密度呈现出明显降低趋势，说明高生烃强度烃源岩提供的原油主要是轻质油。结合烃源岩分布及其成熟度分布特征分析，高生烃强度烃源岩应是埋深大、成熟度高、有机质丰度也较高的地区。

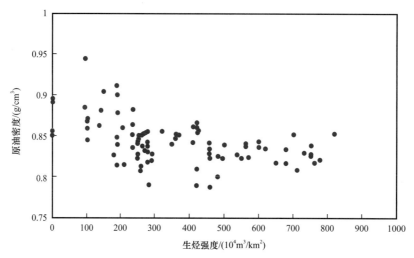

图 8-3-3　二叠系风城组烃源岩生烃强度与源上大油区（T_1b、P_3w、P_2w）原油密度交会图

5. 超压强度大小

玛湖凹陷三叠系百口泉组主要含油层位超压普遍，超压成因为烃源岩生烃作用，生烃超压是油气自深部烃源岩向上跨层运移进入源上储层形成大油区的主要动力。烃源岩生烃史、流体包裹体定年等综合分析结果表明，玛湖凹陷大部分地区风城组烃源岩在三叠纪开始成熟生烃，但百口泉组砾岩储层油气运移聚集成藏则主要发生在早白垩世以来，局部地区甚至主要发生在古近纪及其之后的新生代（雷德文等，2016）。据此可以判断，玛湖凹陷百口泉组超压的形成演化可以分为白垩纪之前的常压阶段和白垩纪以来油气充注成藏与压力聚集和超压形成两个阶段（图 8-3-4）。因此，超压可能主要对玛湖凹陷晚期油气成藏具有较大贡献，这也是源上砾岩大油区形成的主要时期。

超压强度的大小既是烃源岩生烃能力的体现，又是运移动力强弱和保存条件优劣的一个重要指标。较大的压力系数可能反映一个地区经历了较强的油气充注且聚集的油气得到了较好的保存。这一推论目前已在玛湖凹陷得到勘探证实。如玛南斜坡区玛湖 1 井、玛湖 2 井和玛湖 3 井百口泉组压力系数分别为 1.53、1.35 和 1.19，超压的玛湖 1 井测试日产油 39.4t、日产气 2500m³，玛湖 2 井也存在油气充注成藏的证据，而常压的玛湖 3 井油气显示差，分析认为油气充注强度低、甚至尚未充注是玛湖 3 井百口泉组钻探失利的主要原因（支东明，2016；雷德文等，2016）。玛西斜坡区油气分布与地层压力系统关系亦十分密切（图 8-3-5）。

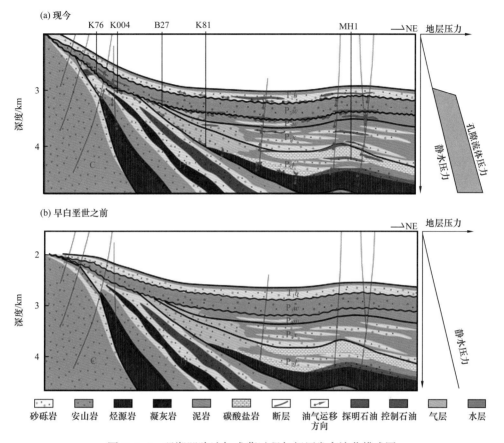

图 8-3-4　玛湖凹陷油气成藏过程与超压发育演化模式图

对玛湖凹陷全区试油成果统计分析表明，当地层压力系数大于 1.4 时，测试基本不产水，且随着压力系数增加，日产油量及每米产油量均不断增大。

油气井产量之所以与地层压力系数成良好的正相关性，一方面是由于较高的压力系数反映油气来源比较充足，另一方面则还为油气井高产提供了重要动力。异常高压可能有利于原生孔隙和早期次生孔隙的保存和微裂缝的形成，从而增强孔隙连通性与渗流能力。如常压区夏 74 井和夏 72 井百口泉组油藏压力系数约为 1.05，孔隙度为7.1%～7.6%；玛 131 井油藏压力系数约为 1.15，孔隙度为 9.0%；玛 18 井油藏压力系数约为 1.73，孔隙度为 10.9%；达探 1 井油藏压力系数约为 1.82，孔隙度为 12.6%。

综上所述，弱变形缓坡背景、储封一体的扇三角洲沉积、广布的通源断裂、优质烃源岩条件及超压强度大小，既是玛湖源上砾岩大油区的形成条件，又是大油区富集高产的主要控制因素。

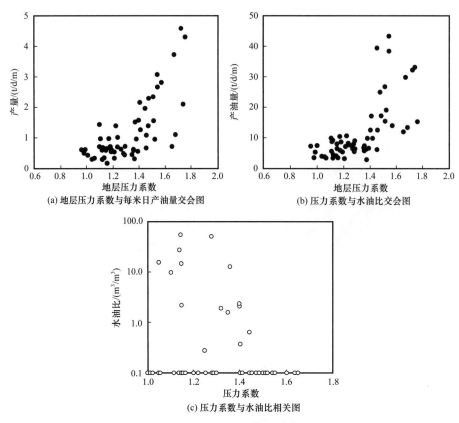

(a) 地层压力系数与每米日产油量交会图　　　(b) 压力系数与水油比交会图

(c) 压力系数与水油比相关图

图 8-3-5　玛湖凹陷油气藏压力系数与试油产量、水油比相关图

二、扇控大面积成藏模式

玛湖凹陷源上砾岩大油区成藏具有源储分离、油气强力充注、断裂高效输导、油气跨层运移、岩性圈闭成藏、油藏大面积准连续分布的特征（图 8-3-6），属于准连续型油气聚集（支东明等，2019）。

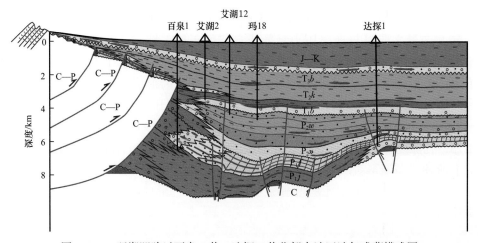

图 8-3-6　玛湖凹陷过百泉 1 井—达探 1 井北部大油区油气成藏模式图

1. 断裂强力输导，跨层运移

玛湖凹陷源上砾岩大油区主要含油气层位三叠系百口泉组、二叠系上乌尔禾组等普遍存在异常高压，地层压力系数在凹陷东南部和达巴松扇凸起超过 1.7，在个别井超过 1.9。其压力系数变化主要受二叠系风城组等烃源岩生烃增压等因素控制，在生烃增压产生的强大超压驱动下，烃源岩生成的油气沿着通源断裂向上跨层运移至源上砂砾岩储层中聚集成藏。多期多类通源断裂的广泛分布，为源上大面积成藏提供了高效供烃通道。其中，三叠系百口泉组和中二叠统下乌尔禾组油气来自风城组为主的高成熟烃源岩（阿不力米提等，2015；雷德文等，2017），形成北部大油区和环凹油区；二叠系上乌尔禾组油气主要来自风城组和佳木河组烃源岩，还包含下乌尔禾组和石炭系，这些烃源岩生成的油气通过多种方式进入储层中，并在古凸起、成岩致密带及泥岩的遮挡作用下，形成南部大油区。

与源储相邻的典型准连续型成藏模式相比，玛湖源上砾岩大油区油气藏为源—储间隔型或跨层型准连续型成藏模式，其主要储层与主力烃源岩风城组垂向跨度约 1000～4000m。这种源储分离、跨层成藏、准连续型分布油藏的发现，是对准连续型油气成藏模式的一个重要补充，从而进一步丰富了对油气成藏模式的认识，有利于指导今后玛湖凹陷源上致密砾岩油气藏勘探，同时对于其他类似致密盆地油气勘探也具有借鉴意义。

2. 储封一体、一砂一藏、一扇一田、大面积准连续分布

由于玛湖凹陷二叠系风城组优质烃源岩的大面积分布、通源断裂的广泛分布、源上浅水扇三角洲沉积的满凹分布，三大成藏要素的广泛分布及其有效耦合决定了玛湖源上砂砾岩储层普遍具有大面积成藏特征。且受扇三角洲沉积相带控制，每个扇三角洲体本身就是一个自储自封、储封一体的圈闭体，其中发育多个砂砾岩储集体，每个砂砾岩体构成一个独立的岩性圈闭，从而使得已发现的油气藏具有一砂一藏、一扇一田、大面积分布的成藏特征。但玛湖百口泉组源上砂砾岩储层大面积成藏并非如页岩油气那种典型源储一体型连续型聚集，而属于准连续型成藏模式。

百口泉组油气分布主要集中在斜坡位置，具有分布面积广、储量规模大的特点。其中百口泉组一段扇三角洲前缘亚相砂砾岩体分布面积为 3570km²，百口泉组二段为 4740km²，百口泉组三段为 2750km²，叠合面积约为 5000km²，有利勘探面积为 4200km²。截至 2019 年，在玛北斜坡、玛西斜坡、玛东斜坡和玛南斜坡发现了多个岩性油藏群，百口泉组已落实三级石油地质储量 4.67×10^8t。

百口泉组发育 5 个退覆式浅水扇三角洲前缘亚相沉积体，形成纵向上多层叠置、横向上复合连片的砂体分布特征，其周围被扇三角洲平原亚相富泥砂砾岩和滨浅湖相泥岩封堵，从而形成大面积分布的岩性圈闭体，油藏类型普遍以岩性油藏为主。而且，同一地区各砂体的原油性质、压力系统存在一定差异，说明各砂体油藏之间相互独立，具有一砂一藏、准连续分布特征，形成北部大油区扇控大面积分布的岩性油藏群（图 8-3-7）。

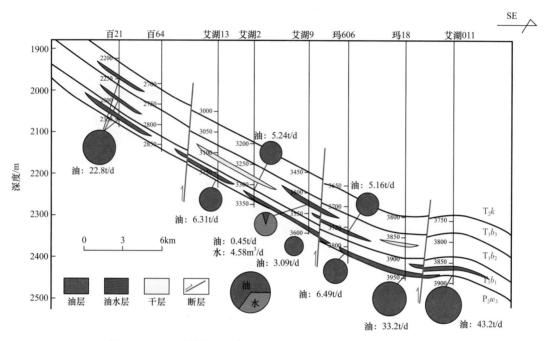

图 8-3-7　玛西斜坡百口泉组过百 21 井—艾湖 011 井油藏剖面图

第四节　砾岩油藏勘探配套技术及应用成效

创新扇体刻画与叠前"甜点"预测、黏土含量核磁测井定量表征和细分割体积压裂增产三项砾岩勘探技术，使"甜点"钻遇率由 53.3% 提高到 86.7%，测井解释符合率从 43% 提高到 84%，单井产量提高 7 倍，实现了玛湖凹陷规模储量整体动用，截至"十三五"末已建成产能 $548 \times 10^4 t/a$。

一、砾岩储层地震预测技术

玛湖地区百口泉组储集层平均孔隙度为 8.9%、平均渗透率为 1.440mD，为低孔隙度、低渗透率储层。通过油气藏解剖及失利井分析，发现致密储层和有效储层纵波阻抗值较为相近，利用常规阻抗反演无法区分这两类储层。通过岩石物理分析划分储层类别，确定优质储层的弹性参数，再依托道集优化后高保真的地震资料，应用叠前弹性参数反演方法开展优质储层预测技术攻关，提高优质砾岩储层的预测精度。

1. 基于试验数据的高精度岩石物理建模

岩石物理建模是指在一定假设条件下，把实际岩石理想化，通过内在的物理学原理建立岩石弹性模量与岩性、物性及含油气性之间的关系，从而合理估算研究区所有井的岩石物理参数（如密度、纵波速度、横波速度等）。常规砂泥岩地层中，典型的岩石体积模型是由骨架矿物、黏土矿物、孔隙流体组成。针对砂砾岩，其储集能力主要受其黏土含量及总孔隙度影响。总孔隙度大且黏土含量低的砂砾岩储集能力强，通常称储集能力较强的储层为优质储层。黏土含量既是岩石物理建模的关键参数，又是优质储层的判别标准，所以，其含量及特征对储层评价及油气田开发效果具有较大影响。

常规黏土含量计算方法主要有两种：一是采用伽马或电阻率等单一特征曲线计算得到；二是基于测井响应方程，使用多曲线最优化算法估算黏土含量。但是由于玛湖地区火山碎屑较为发育，伽马曲线和电阻率曲线不能完全反应砂泥岩的变化，这两种计算方法都无法得到准确的黏土含量。因此，本次在岩石物理建模之前，首先建立了声波孔隙度和密度孔隙度的差异与黏土含量之间的关系，再通过合理的校正系数，求取准确的黏土含量。

从达7井三维百口泉组黏土含量与孔隙度新老方法交会图上看（图8-4-1），可看出新算法得出的黏土含量更能准确地反映出优质储层的分布范围。

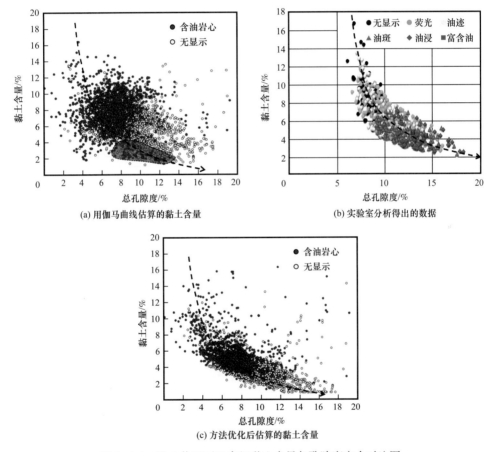

图 8-4-1　达7井区百口泉组黏土含量与孔隙度交会对比图

从最终的岩石物理建模结果对比，通过黏土含量计算方法的改进，得到的不同矿物组分的体积模型（图8-4-2）与录井解释结果更为吻合，且通过岩石物理建模估算出的横波与实测横波一致性更好，精度更高，为研究区叠前储层预测奠定了资料基础。

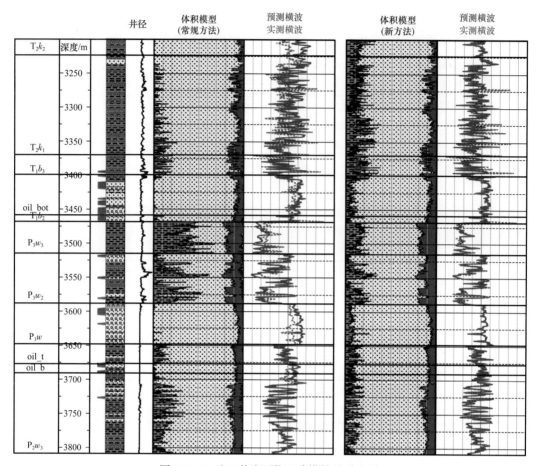

图 8-4-2 达 7 井岩石物理建模结果对比图

2. 基于叠前弹性参数的优质储层定量表征技术

通过统计储层的平均黏土含量背景，结合优质储层的敏感弹性参数，可获得岩石物理意义明确的岩石物理量版，定量刻画储层参数。从图 8-4-3（a）达 10 井三维区百口泉组的岩石物理量版可以看出，纵横波速度比、纵波阻抗两个参数对本区的优质储层有明显的响应特征，即纵横波速度比小于 1.81、且纵波阻抗小于 10800 $[(g/m^3)\cdot(m/s)]$ 的储层基本可归为优质储层，储层纵横波速度比随黏土含量的减少而降低，黏土含量相同时，纵波阻抗随孔隙度的增高而减小。

然而，利用测井数据建立双参数岩石物理量版是可行的，但要想利用叠前反演求出纵横波速度比及纵波阻抗，再根据该量版分析优质储层的分布范围就会存在很大的多解性。找到一个合理的方法，将双参数变为单参数，降低储层预测的多解性。

在纵波阻抗与纵横波速度比交会量版中，通过反距离加权算法对泥岩、泥质砂岩、致密砂岩、优质储层等四类样本点进行加权计算，统计样本点到不同岩性类型的距离，当样本点距离优质储层越近时，储层概率越高；当样本点距离其他岩性越近时，储层概率越低。

从交会图［图8-4-3（b）］中可以看出，泥岩是储层的概率最低，其次是泥质砂岩，再次是致密砂岩，而优质储层本身是储层的概率最高。该属性（储层概率属性）不仅可以将储层和非储层分开，还可以有效区分致密储层与优质储层，因此该参数可以作为敏感参数实现玛湖地区三叠系百口泉组砂砾岩优质储层的预测。

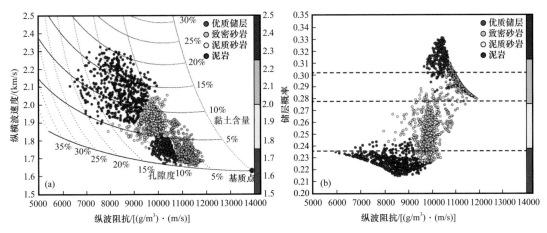

图 8-4-3　达 10 井三维区 T_1b 纵波阻抗与纵横波速度比（a）、储层概率属性（b）交会对比图

3. 优质储层概率预测实现

针对玛湖地区砂砾岩，首先通过岩石物理建模方法，建立基于弹性敏感参数的岩石物理定量识别量版，并根据井点概率分析结果确定合适的控制点个数；然后建立样本点与控制点储层概率换算公式；最后将概率公式应用到对应的叠前反演数据体上，进行运算得到储层的概率预测体，从而实现优质储层预测。

二、砾岩储层测井评价技术

1. 储层评价参数连续定量表征

1）岩性识别

测井信息是地层岩性、物性和含流体性质等的综合响应，常规测井资料中包含大量的地层岩性信息，因此，可以通过常规测井资料间接的判别地层岩性。

通过测井曲线、岩屑录井、岩心描述资料等综合分析，根据不同岩性的测井响应特征，利用岩心标定测井资料做综合交会分析，选取对岩性测井响应比较好的中子孔隙度（CNL）和深侧向电阻率（RT）测井曲线。中子孔隙度—深侧向电阻率的交会图显示，储层物性最好的岩性为含砾粗砂岩、细砾岩和小中砾岩，与前期对不同岩性的岩石学特征研究相吻合（图8-4-4）。

对岩性测井响应特征分析中，发现部分储层段自然伽马值比非储层段值大，一般而言，岩石中放射性同位素的含量越高，其放射性强度越大，对取心段的岩性的自然伽马值进行统计分析发现，利用自然伽马相对值（GRVOL）能较好地反映岩性分布规律。用总的自然伽马值减去正常沉积所引起的自然伽马值，与岩石骨架密度（DEN）交会图可以看出，当 GRVOL 小于 40API 时，不同的岩性在图版上无法区分，当 GRVOL 大于 40API 时，含砾粗砂岩、细砾岩、小中砾岩到大中砾岩，GRVOL 值越来越大，这说明，随着岩石颗粒粒级的增大，岩石放射性的影响也就越来越大。

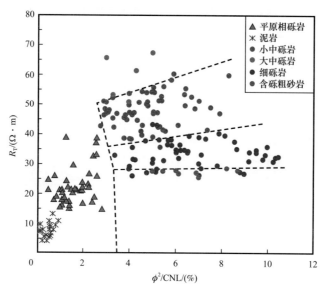

图 8-4-4　百口泉组岩性识别图版

2）黏土含量

黏土矿物的种类复杂并且所含结晶水、束缚水情况变化较大，导致黏土对测井响应特征的影响十分复杂。除自然伽马能谱测井外，单独运用其他的单种测井方法还难以有效分析岩石的黏土含量。本次研究利用核磁共振测井精确的计算黏土含量。理论认为，地层中黏土含量与黏土含氢孔隙度呈正相关关系，所以计算黏土含量则可由黏土含氢孔隙度入手。中子探测全部的含氢指数，核磁探测不到黏土矿物中的结晶水，故二者只差代表结晶水的含量，结晶水含量越多，反映黏土含量越多。综上，黏土含量公式为：

$$V_{clay} = a \times (\phi_N - \phi_{cmr}) + c \qquad (8-4-1)$$

式中　V_{clay}——黏土含量；

　　　a、c——分别为回归分析的系数和常数；

　　　ϕ_N——中子孔隙度；

　　　ϕ_{cmr}——核磁总孔隙度。

对玛湖凹陷玛西斜坡和玛北斜坡建立了黏土含量和中子与核磁共振总孔隙度差的关系，经回归分析，即得到了黏土含量的计算模型（图 8-4-5）。

依据黏土含量计算公式，对玛西斜坡黄羊泉扇进行了全岩分析的玛 18 井、玛 601 井、玛 602 井三口井 44 块岩样，玛北斜坡夏子街扇夏 89 井、玛 137 井、玛 136 井三口井 25 块岩样，进行了回判分析，方法回判率达到 85% 以上，说明该方法与实验分析符合性较好（图 8-4-6）。

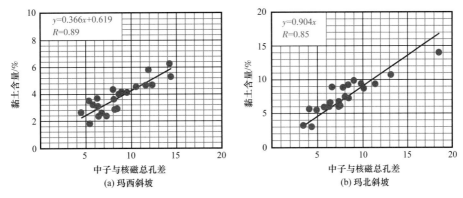

图 8-4-5 玛湖凹陷西斜坡百口泉组砂砾岩储层黏土含量计算图版

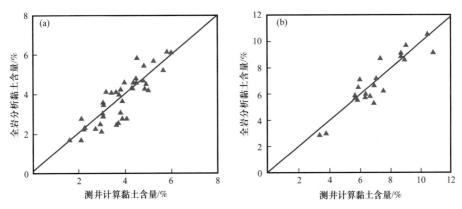

图 8-4-6 黄羊泉扇（a）、夏子街扇（b）计算黏土含量与全岩分析对比

选取玛西斜坡黄羊泉扇玛 602 井，进行黏土含量计算方法处理效果分析。玛 602 井全岩分析黏土含量在 2%～7% 之间，常规方法计算得到的黏土含量与全岩进行对比，符合率达到 88.7%，并且与核磁计算结果一致，说明黄羊泉扇黏土含量计算方法在该区块的适用性较好。

3）溶蚀强度

补偿声波测井测量的是纵波的首波，根据声波测井的滑行波理论，纵波首波沿井壁滑行，传播速度最快，并首先到达接收探头。密度计算孔隙度是在密度测井仪探测范围内的总孔隙度，但由于密度测井仪是推靠性仪器，因而它可能反映不到极板未遇到的裂缝、溶洞，也可能夸大所遇到的裂缝、溶洞的响应。因此当地层中有发育的裂缝等次生孔隙时，一般认为密度测井能反映次生孔隙，所计算的孔隙度是原生粒间孔隙度，因此利用密度孔隙度与声波时差孔隙度差值可以求出地层的次生孔隙度，即可以反映地层溶蚀孔的强度大小。

图 8-4-7（a）为玛 18 井溶蚀孔处理成果图，3902～3904m 深度段岩性为细砾岩，孔隙度差异大，从深度点为 3903.85m 薄片图可以看出，溶孔发育，孔隙度 14.1%，渗透率 11.6mD。该段密度计算孔隙度与声波时差计算孔隙度差值较大，说明该井段溶蚀作用强，与薄片分析的结果相吻合。

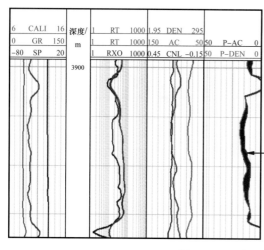
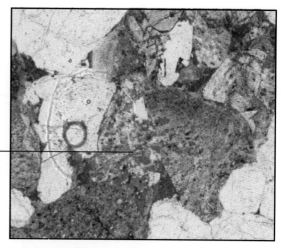

图 8-4-7　玛18井溶蚀孔处理成果图

4）储层物性评价参数表征

储层参数计算是在储层定性评价的基础上进行的。通过准确的储层定性评价，储层的定量评价就减少了盲目性。储层参数的计算结果将最终用于储量计算，因此，储层参数计算过程中各种模型及相关参数的选择应力求符合客观实际。

储层参数计算的技术路线是通过岩心刻度测井，对有取心资料的各单井进行处理，建立各种解释模型及选取相关参数，进而建立区域构造上的解释模型及参数特征值，以保证无取心资料的井段（邻层）或构造邻井的储层参数计算结果的可靠性，为最终储量计算提供客观依据。

利用黄羊泉扇和夏子街扇百口泉组计算的孔隙度、黏土含量与岩性分析的渗透率建立的关系（图 8-4-8），从该图可以看出，黏土含量与渗透率呈负相关关系，说明黏土含量越高，储层渗透性越差；孔隙度与渗透率呈正相关关系，说明储层孔隙度越大，储层渗透率越好，且孔隙度、黏土含量与渗透的关系式均为幂函数。

2. 储层物性下限的确定

针对研究区储层低孔隙度、低渗透率的特点，利用研究区百口泉组试油、岩心油气显示与物性之间的分布关系，根据含油产状法与孔隙度—渗透率关系图定量的确定研究区储层的物性下限。

一般孔隙性岩心的含油产状级别分饱含油、富含油、油浸、油斑、油迹、荧光六级；缝洞性岩心的含油级别分为富含油、油斑、油迹、荧光四级。根据研究区取心井试油结果与岩心含油级别、物性建立含油产状与孔隙度—渗透率关系图，确定有效储层的含油物性下限。

根据研究区 20 多口井的试油结果与物性之间的关系可知（图 8-4-9）：干层和含油层段岩心的渗透率的分布明显低于 0.5mD，油层和油水同层的岩心渗透率明显大于 0.5mD，仅少部分油层和油水层渗透率低于 0.5mD；孔隙度大体分布于 4%～12%，其中干层 80% 的样品孔隙度小于 7%，油层和油水同层的样品的孔隙度大部分大于 7%。

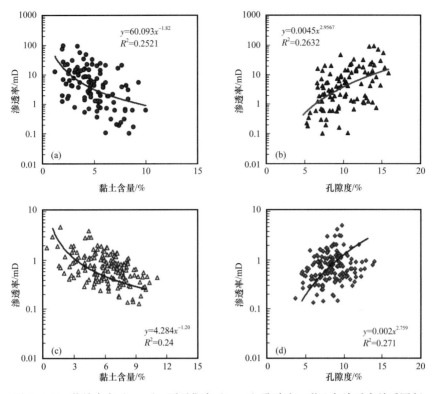

图 8-4-8 黄羊泉扇（a、c）、夏子街扇（b、d）孔隙度、黏土与渗透率关系图版

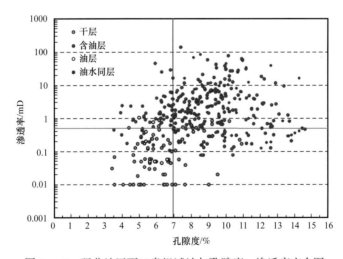

图 8-4-9 玛北地区百口泉组试油与孔隙度—渗透率交会图

通过岩心含油级别与物性关系（图 8-4-10）可知无油气显示的砂砾岩孔隙度小于7%，确定孔隙度临界值为 7%，而渗透率分布无规律，综合考虑研究区砂砾岩岩心含油级别及其油气水产能，结合前人的研究成果（李红南等，2014），以油迹作为判断百口泉组储层临界渗透率的参考指标，可识别出渗透率的下限值约为 0.5mD。因此研究区砂砾岩储层的物性下限为孔隙度 7%，渗透率 0.5mD。

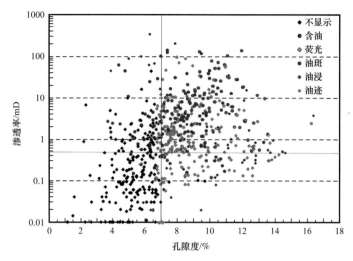

图 8-4-10　玛北地区百口泉组含油产状与孔隙度—渗透率交会图

3. 储层品质指数参数

储层品质指数（RQI）用来判别一定区域内具有相似孔隙结构，岩石物理特征相对均匀、流体渗流能力相当、在空间上连续分布的储集体，其概念来源于储层流动单元，主要表征储层的非均质性，旨在更加精细的划分储层和预测储集体的分布。因此，储层品质指数是反映微观孔隙结构变化的特征参数，用其可有效划分储层类型。

利用 Kozeny–Carman（Rodriguez et al., 1988; Amaefule et al., 1993）方程可求出地层流动带指数（FZI）与储层品质指数（RQI）。张龙海等（2008）通过 FZI 和 RQI 对松辽盆地大情字井地区和鄂尔多斯盆地姬塬地区典型低孔隙度、低渗透率、储层研究认为，RQI 比 FZI 能更准确地反映储层孔隙结构和岩石物理性质的变化。通过对比研究发现应用储层品质指数（RQI）来定量识别和划分储层较为理想，若储层品质指数越大，储层的孔隙结构越好，孔喉匹配性强。

$$RQI = 0.0314 \left(K/\varphi_e \right)^{1/2} \tag{8-4-2}$$

式中　K——渗透率，mD；

　　　φ_e——有效孔隙度。

通过对玛北地区百口泉组 RQI 计算可知：RQI 值变化较大，RQI 与孔隙度的无相关性，与渗透率呈良好的正相关关系。通过渗透率与 RQI 的关系（图 8-4-11）可知：RQI 集中分布于 0.07～0.5 之间，当 RQI>0.5 时，渗透率大于 20mD，储层储集性最优；0.5>RQI>0.24，渗透率介于 6～20mD 之间，储层储集性较优；当 0.24>RQI>0.07 时，渗透率介于 0.5～6mD，储集性能较差；RQI<0.07，渗透率小于 0.5mD，储层几乎没有储集性能。

4. 储层的测井评价参数

由于玛北地区三叠系百口泉组砂砾岩储层的特殊性，常规测井中利用电阻率曲线

（RT）来划分砂砾岩相，RT曲线的形态和幅度分别对应不同的沉积环境和水动力条件下沉积的砂砾岩，具有不同的储集性能。

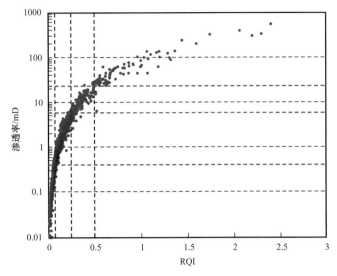

图 8-4-11　玛北地区百口泉组储层品质指数与渗透率关系图

根据核磁共振理论分析，T_2 截止值将赋存在岩石孔隙中的流体分为自由流体和束缚流体，在 T_2 截止值选取合理的情况下，核磁共振测井提供的有效孔隙度，束缚流体孔隙度和自由流体孔隙度可直观地判别储层和非储层。通过对比分析研究区 MRIL-P 型和 CMR 两种核磁测井方法所获得 T_2 谱图，取 30ms 为 T_2 截止值，大于 30ms 的 T_2 谱积分面积为自由流体体积，小于 30ms 的 T_2 谱积分面积为束缚水体积，确定核磁总孔隙度（TCMR）和核磁有效孔隙度（CMRP）及自由流体体积百分数（CMFF），然后利用 SDR和 Coates 模型计算核磁渗透率。

通过研究区玛 19 井 MRIL-P 型核磁测井综合解释，其中 T_2 谱（绿色为短 T_2 谱，红色为长 T_2 谱）在含油段多为双峰结构，总孔隙度（TDAMSIG）小于 15%，核磁孔隙度（SUFU—OIL）为 8.4%～11.5%，平均值为 9.89%，气测 TG 在 0.09%～7.62%，含油饱和度大于 20% 的是主要含油层，岩心显示为灰色荧光砂砾岩，可见核磁测井可有效识别储层与非储层。

在核磁测井有效识别储层的基础上，利用常规测井（反映储层宏观因素）核磁测井（反映储层微观因素），采用多元算法建立储层分类模型，构建品质因子，实现砂砾岩储层分类连续测井表征。具体为利用常规电阻率测井、波阻抗（AI）、核磁孔隙度（CMRP）进行拟合建立品质因子对储层进行分类。其中波阻抗反演一般以声波时差和密度之间的差异程度为基础和依据（付建伟等，2014）。但研究区电阻率参数与储层物性响应特征好，所以利用电阻率和波阻抗作为储层评价参数，可有效地消除砂泥岩薄互层对储层孔隙度的影响（图 8-4-12）。

其中根据品质因子 =fx（RT，AI，CMRP）多元算法拟合得：

$$品质因子 =A \times（B \times RT-C \times AI）\times CMRP \tag{8-4-3}$$

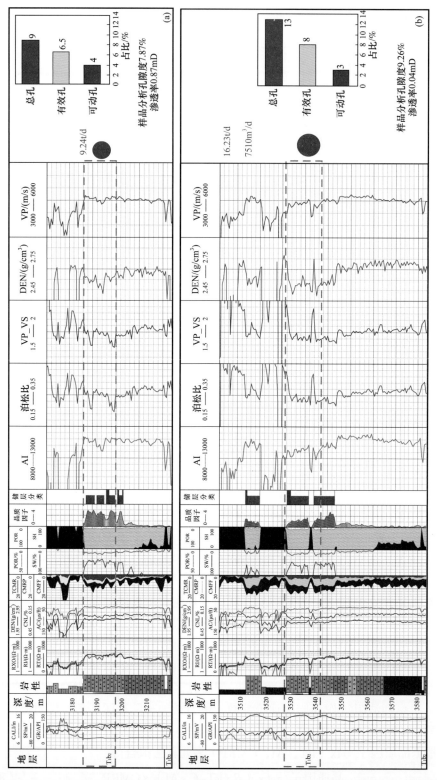

图 8-4-12 玛北地区玛 131 井（a）和玛 19 井（b）百口泉组核磁拟合因子分析图

式中　RT——电阻率；

　　　AI——阻抗；

　　　CMRP——核磁孔隙度；

　　　A、*B*、*C*——加权系数。

根据核磁品质因子以 1 和 2 为界将研究区有效储层分为Ⅲ类，在有效厚度范围内，品质因子＞2 为Ⅰ类储层；1＜品质因子＜2 为Ⅱ类储层；品质因子＜2 为Ⅲ类储层，进而实现砂砾岩储层分类对比各种评价指标，品质因子可有效地划分储层类型，具有较大的优越性和可行性（图 8-4-13）。

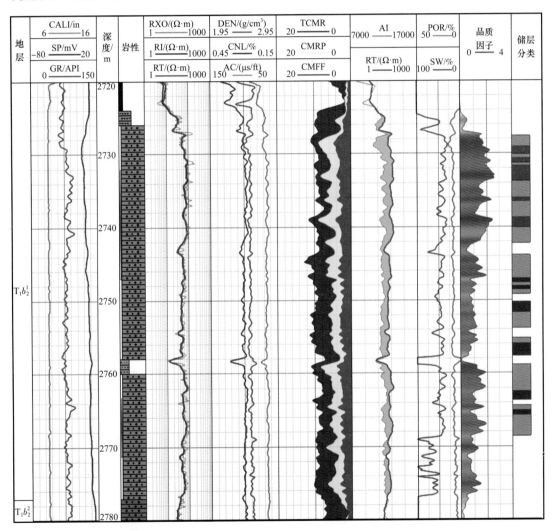

图 8-4-13　玛北地区夏 93 井百口泉组核磁测井储层评价图

FMI 测井与常规测井相比，分辨率高，可较好地响应岩石的沉积结构和构造特征。利用 FMI 图像的亮度、形状及其组合特征可识别不同的岩石类型，电阻率的差异导致 FMI 图像亮暗色背景的差异，高阻充填物（如砂砾质）成像上多为亮色斑状，低阻充填物（如泥质）在成像上多为暗色，FMI 图像上亮斑的形状能够很好地反映砾石的形状轮廓，进而判断砾石的磨圆和分选；研究区砂砾岩或河口坝砂岩中常发育碳酸盐和钙质胶结，FMI 图像以高亮背景或高亮块状模式为特征。同时 FMI 图像上可直观地显现沉积构造，一般厚层块状砂砾岩体发育的冲刷构造，表现为亮暗截切模式；大型块状构造，为斑状组合模式、块状模式或递变模式；水平层理、交错层理和波状层理，为组合线状或条带状模式；突发性事件引起的滑塌变形构造及揉皱变形等构造，则为不规则条纹模式（张占松等，2003）。通过对玛北地区三叠系百口泉组储层大量的岩心观察，FMI 测井和常规测井的精细刻度，建立研究区不同成因类型的砂砾岩相的 FMI 成像特征及模式（表 8-4-1），为储层评价的关键依据。

表 8-4-1　典型岩相成像特征模式表

岩相	沉积构造	FMI 特征
砂砾岩—砾岩相	块状构造、杂基支撑	暗块背景下不规则组合亮斑模式
	块状构造、颗粒支撑	组合斑状模式、亮块背景下组合斑状模式
	板状交错层理	规则组合斑状模式、组合线状模式
	（复合）正粒序	下亮上暗正递变模式、下粗上细组合斑状模式
砂岩相	厚层块状构造	单一亮块模式、暗块背景下亮条带模式
	水平层理、砾级纹层	亮块背景下规则组合线状、条带状模式
	板状交错层理	亮块背景下组合线状模式
泥岩—粉砂岩相	波状层理	组合亮暗相间条带装模式
	平行层理	暗块背景下规则组合现状模式
	块状构造	单一暗块模式、亮块背景下暗条带模式
	（复合）反粒序	下暗上亮（复合）反递变模式
	滑塌变形	不规则条纹模式、暗块模式

5. 储层分类

储层中的连通孔隙能使流体在其中储存和渗流。当孔隙之间连通性不同时，储层流体渗流能力就会不同，影响油气生产开发。因此储层分类是储层评价不可缺少的阶段。

通过拐点法对储层进行分类，首先将储层参数值从小到大编序号，当储层类型发生变化时，对应的储层参数数据斜率会不相同，以此进行储层划分。从图 8-4-14 至图 8-4-18 中分析发现孔隙度、渗透率、孔隙结构指数、泥质含量、品质因子都将储层分为四类。

为了便于对储层进行分类处理，将孔隙度、渗透率、孔隙结构指数利用主成分方法将已获得的多维数据变量，构建一个反映储层性质的新变量（综合评价指数 Fj）。利用式（8-4-4）处理后得到图 8-4-19 所示的储层综合指标分类，将储层分为四类，储层分类标准见表 8-4-2。

$$Fj（ROI）=0.227×POR+0.917×PERM+0.906×PIS \qquad (8-4-4)$$

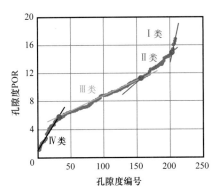

图 8-4-14 储层孔隙度分类图

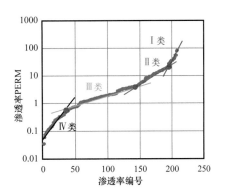

图 8-4-15 储层渗透率分类图

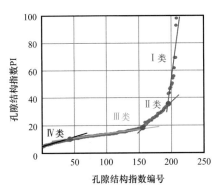

图 8-4-16 储层孔隙结构分类图

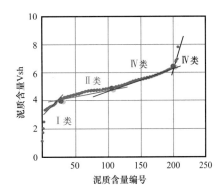

图 8-4-17 储层泥质含量分类图

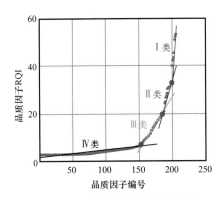

图 8-4-18 储层品质因子分类图

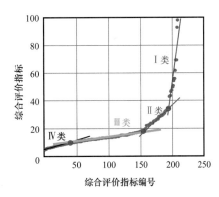

图 8-4-19 储层综合评价指标分类图

表 8-4-2 储层分类标准表

类别	Ⅰ 类	Ⅱ 类	Ⅲ 类	Ⅳ 类
岩性	大中砾、小中砾、细砾、砂岩	细砾、砂岩、大中砾	细砾、砂岩、大中砾、粉砂	大中砾、细砾、小中砾、粉砂
孔隙空间	原生粒间孔、粒内溶孔	剩余粒间孔、粒内溶孔	剩余粒间孔、粒内溶孔、原生粒间孔、微裂缝	剩余粒间孔、粒内溶孔、原生粒间孔

续表

类别	Ⅰ类	Ⅱ类	Ⅲ类	Ⅳ类
POR/%	>14.00	11.00～14.00	6.5～11.00	<6.5
PERM/mD	>21.00	5.00～21.00	0.65～5.00	<0.65
PIS	>15.00	12.00～15.00	8.00～12.00	<8.00
V_{sh}/%	<4.00	4.00～5.00	5.00～6.00	>6.00
RQI	>33.00	20.00～33.00	8.00～20.00	<8.00
Fj-综合评价	>35.00	18.00～35.00	10.00～18.00	<10.00

　　基于试油层对应的储层类型，统计不同储层类型对应岩性厚度，计算其与总厚度的占比，可知其主要岩性；将岩心实验的孔隙空间类型与储层类型进行对应，并将实验得到的单一孔隙类型含量与总孔隙类型含量做百分比大小排列，可知其主要孔隙空间，综合考虑最终形成储层分类标准见表 8-4-2。最终只用 Fj 来进行分类，既简便又快捷。

三、砾岩储层压裂试油效果评价

1. 砾岩裂缝延伸的影响因素

　　在砂砾岩地层中，砾石特征对裂缝延伸具有显著的影响，根据目前研究成果，砂砾岩中的裂缝在延伸过程中往往趋向于绕过砾石，裂缝延伸路径因而变长，但是这种绕过砾石的行为也在一定程度上也消耗了水力能。在本章主要模拟研究砾石特征、地应力等因素对裂缝延伸的影响，主要包括砂砾岩中砾石含量、砾石尺寸、砾石强度、杨氏模量及地应力差对裂缝延伸的影响。

1）砾石含量对裂缝延伸的影响

　　根据前文的统计结果，研究区块砂砾岩储层的优势砾石粒径分布在 8～23mm 之间，为中砾岩储层，因此，模拟过程中模型砾石粒径选为 15mm。为研究砾石含量对裂缝延伸的影响，共建立了砾石含量分别为 5%、15%、25%、40% 的 4 个模型（图 8-4-20），同时，为了对比砾石对裂缝扩展的影响程度，建立一个不含砾石的基质模型。

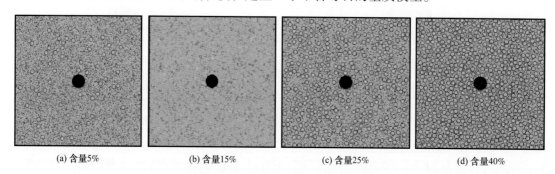

| (a) 含量5% | (b) 含量15% | (c) 含量25% | (d) 含量40% |

图 8-4-20　不同砾石含量下的砂砾岩模型

　　以砾石含量为 25% 的砂砾岩裂缝延伸图为例，后面模拟力学参数影响都是在此基准模型上改变力学参数的。随着流体被注入井筒，井内液柱压力增加，在井眼水平最大主应力方向左右两侧形成张应力区域，在拉张应力作用下井壁开始起裂，但是两侧并不是同时起裂，而是左侧先起裂，右侧后起裂，主要原因是左侧井壁附近砾石分布较少，裂缝先从基质处起裂，而右侧井壁附近的几颗砾石形成砾石群，一方面阻挡了右翼裂缝向外延伸，另一方面也改变了右侧井壁附近的应力分布，张应力小于左侧形成的张应力，导致右侧起裂滞后。但是随着井内液柱压力增加，右翼裂缝开始产生，当延伸至砾石颗粒较多区域时，裂缝延伸受到的阻力增大，能量消耗较多，造成裂缝延伸速度减慢，甚至停滞不前，此时左翼裂缝继续向前，当遇到砾石颗粒较多区域时，裂缝延伸受到的阻力增大，能量消耗较多，造成裂缝延伸速度减慢，甚至停滞不前；随着井内液柱压力进一步增加，右翼裂缝快速向前推进，并逐渐超过左翼裂缝延伸距离，最后，随着井内液柱压力提高，左翼裂缝开始绕砾向前。综上所述，压裂缝在砂砾岩地层十分难形成对称的双翼缝，主要原因就是裂缝延伸路径上的砾石分布，而砾石尺寸越大、含量越高，越容易使裂缝在延伸路径上发生偏转或停止（图 8-4-21）。

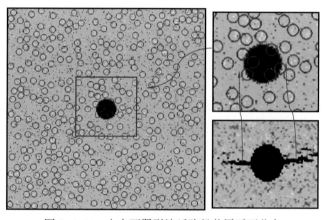

图 8-4-21　左右两翼裂缝延路径井周砾石分布

　　在砾石含量 5% 时，随着流体注入井筒，在井周开始产生裂缝，由于砾石含量很少，压裂缝沿着水平最大主应力形成的双翼缝与不含砾石模型的结果基本一致，因此，在低砾石含量下，砾石对压裂缝的扩展影响不大。但当砾石含量增加到 15% 时，压裂缝受到砾石特征的影响，但仍然沿着水平最大主应力方向延伸。不过，当砾石处于井筒边缘，但又不是刚好在水平最大主应力方向上时，由于砾石与基质应力集中效应，张应力导致初始裂缝扩展于此，而砾石正好处于最大主应力方向时，砾石对压裂缝延伸的屏蔽作用造成裂缝易发生绕砾扩展的现象，因此在砂砾岩初始裂缝在井周水平最大主应力一定区域内都可能出现，直接影响实际的破裂压力大小。在原地应力作用下，一旦张应力区域形成于砾石发育区，将大幅提高砂砾岩地层的起裂难度，因此，砾石含量对砂砾岩地层起裂能力的影响是显而易见的（图 8-4-22）。裂缝横向延伸难易程度可以从终止步时不同砾石含量下模型的压裂裂缝形态推知，随着砾石含量增加，裂缝横向延伸距离是有减小的趋势，而且低砾石含量下形成的裂缝宽度远高于高砾石含量下的裂缝宽度，这有利于支撑剂进入压裂裂缝，进而形成高导流能力的人工渗流通道。

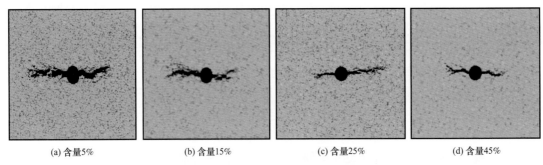

(a) 含量5%   (b) 含量15%   (c) 含量25%   (d) 含量45%

图 8-4-22　不同砾石含量下的裂缝扩展典型时刻

2）砾石尺寸对裂缝延伸的影响

为研究砾石尺寸对裂缝延伸的影响，共建立了砾石粒径分别为 5mm、15mm、25mm、40mm 模型，模型的砾石含量均为 25%，图 8-4-23 为建立的不同砾石粒径的砂砾岩模型。

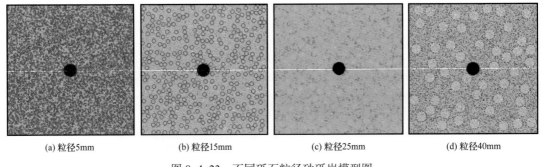

(a) 粒径5mm   (b) 粒径15mm   (c) 粒径25mm   (d) 粒径40mm

图 8-4-23　不同砾石粒径砂砾岩模型图

在研究不同砾石粒径对压裂缝形成的影响时，砾石含量固定不变必然导致粒径越小，则砾石数量越多，因此，砾石粒径越小，越容易在地层中形成弥散的缺陷分布；且缺陷分布较近，有利于压裂缝沟通砾石与砾石之间的区域。在砾石粒径为 5mm 时，从模型上来看（图 8-4-24），与不含砾石的模型非常相似，只是地层的非均质程度更高，由于砾石粒径较小，绕砾情况很多。压裂缝遇到砾石可发生绕砾、止砾及穿砾，且绕砾发生的条件一般是砾石尺寸较大或者强度高。通过上述分析表明，在砾径很小的砂砾岩地层，也会因为局部砾石分布而发生绕砾现象。随着砾石粒径增加，压裂缝的延伸越来越受砾石影响，压裂缝不再为两条较为平直的裂缝，而是根据地层中砾石分布情况而作相应的转向。由于大量的能量消耗在裂缝转向上，总的来看，裂缝的横向延伸距离变短。

3）砾石强度对裂缝延伸的影响

为研究砾石和基质之间的强度差对裂缝延伸的影响，共建立了砾石与基质抗压强度比值为 1、2、3 的三个模型，这三个模型的基质抗压强度均为 62MPa，而砾石抗压强度分别为 62MPa、124MPa 和 186MPa，砾石粒径 15mm，含量 25%。表 8-4-3 为砂砾岩模型砾石与基质的力学参数。图 8-4-25 为建立不同砾石与基质强度比的数值模型。

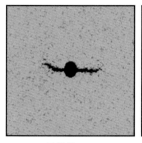
(a) 粒径5mm

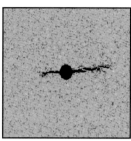
(b) 粒径15mm

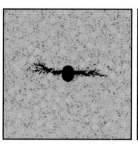
(c) 粒径25mm

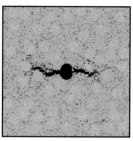
(d) 粒径40mm

图 8-4-24　不同砾石粒径下裂缝延伸典型时刻图

表 8-4-3　模型岩石力学参数

材料	杨氏模量 /GPa	泊松比	抗压强度 /MPa	内摩擦角 /(°)	砾石与基质强度比值
基质	16	0.3	62	30	—
砾石 1	42	0.22	62	35	1
砾石 2	42	0.22	124	35	2
砾石 3	42	0.22	186	35	3

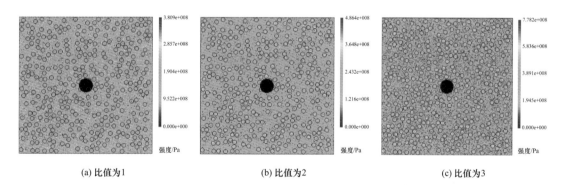
(a) 比值为1　　　　　　(b) 比值为2　　　　　　(c) 比值为3

图 8-4-25　不同砾石与基质强度比的砂砾岩数值模型

图 8-4-26 为不同砾石与基质强度比下的砂砾岩裂缝扩展图，由于在模拟过程中，砾岩模型中砾石分布保持不变，仅修改砾石的抗压强度，因此，当砾石强度与基质强度比值为 1 时，左翼裂缝先扩展，而且在遭遇第一个砾石群时，需要更高的井内液柱压力才能让裂缝绕砾延伸，但是在砾石和基质强度相等（宏观强度相等，砾石细观强度分布更加均匀）时，左翼裂缝扩展距离全程长于右翼裂缝，随着砾石强度增加，当砾石与基质强度比值为 2 时，即前文基准模型出现的现象，但是当砾石与基质强度比值为 3 时，穿砾十分难发生在砂砾岩地层，导致裂缝多呈绕砾延伸，极大地削减了裂缝在砂砾岩地层的延伸距离。

4）杨氏模量对裂缝延伸的影响

为研究砾石和基质之间的杨氏模量差异对裂缝延伸的影响，共建立了砾石与基质间的杨氏模量比值分别为1、2、3的三个模型，这三个模型的基质杨氏模量均为16GPa，而砾石杨氏模量分别为16GPa、32GPa和48GPa，砾石粒径15mm，含量25%。表8-4-4为砂砾岩模型砾石与基质的力学参数。图8-4-27为建立不同砾石与基质强度比的数值模型。

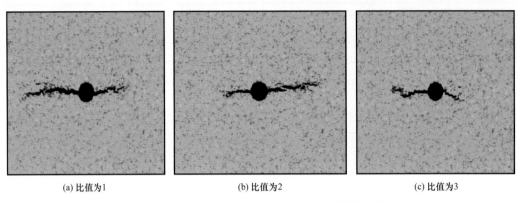

| (a) 比值为1 | (b) 比值为2 | (c) 比值为3 |

图 8-4-26 不同砾石与基质强度比下压裂缝扩展形态

表 8-4-4 模型岩石力学参数

材料	杨氏模量 / GPa	泊松比	抗压强度 / MPa	内摩擦角 / (°)	砾石与基质的 杨氏模量比值
基质	16	0.3	62	30	—
砾石 1	16	0.22	115	35	1
砾石 2	32	0.22	115	35	2
砾石 3	48	0.22	115	35	3

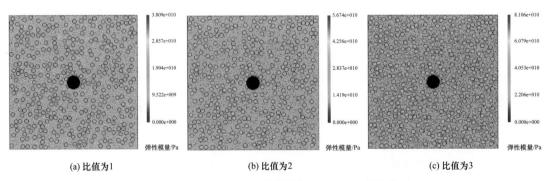

| (a) 比值为1 | (b) 比值为2 | (c) 比值为3 |

图 8-4-27 不同砾石与基质模量比的砂砾岩数值模型

图8-4-28为不同砾石与基质杨氏模量比下压裂缝扩展形态，与砾石强度对压裂缝的影响不同，砾石杨氏模量表征了应力与应变的关系，因此，砾石杨氏模量发生变化将引起压裂过程中地层应力调整，在砾石杨氏模量与基质杨氏模量比值分别为1和2时，对

于同种砾石分布的模型，都出现了对称双翼缝，而对于杨氏模量比值为3的模型，出现右翼缝为主的不对称双翼缝。从图8-4-28中还可以看出，砾石与基质的杨氏模量比相近时，裂缝的宽度稍大于高杨氏模量比的裂缝宽度，因此，低砾石杨氏模量有利于形成宽缝。

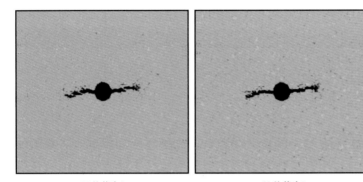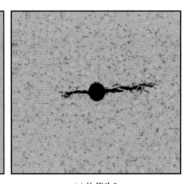

(a) 比值为1　　　　(b) 比值为2　　　　(c) 比值为3

图8-4-28　不同砾石与基质杨氏模量比下压裂缝扩展形态

5）地应力差对裂缝延伸的影响

为研究水平主应力差对裂缝延伸的影响，共建立了水平地应力差分别为0MPa、5MPa、10MPa、15MPa四个模型，这四个模型的砾石含量均为25%，砾石粒径均为15mm，最小水平主应力均为26.25MPa，模型岩石力学参数采用基准参数表8-4-5。

表8-4-5　模型岩石力学参数

模型序号	水平最大主应力 /MPa	水平最小主应力 /MPa	地应力差 /MPa
1	26.25	26.25	0
2	31.25	26.25	5
3	36.25	26.25	10
4	41.25	26.25	15

图8-4-29为水平应力差对砂砾岩地层裂缝扩展的影响，正如一般认识的那样，在水平应力差为0MPa的时候，裂缝沿着任意方向能都扩展，因此，在水平应力差为0MPa时，裂缝在初始条件下任意位置都有一定程度的起裂，但是最后都汇聚成两条非对称的双缝，正因为没有应力差，裂缝的定向性不强，导致在井眼初始起裂阶段，大量的能量将被耗散在井周。随着地应力差增加，裂缝的延伸的定向性变强，压裂缝沿着水平最大主应力方向延伸，形成了两条非对称双缝，因此，在进行压裂前，有必要研究砂砾岩储层地应力差的分布特征，以便更好地指导压裂设计，扩大改造规模。

以上研究结果表明了砾岩储层的压裂缝受到砾岩自身岩石力学特性、地层地应力的影响，影响规律较复杂，需要进一步明确储层压裂裂缝的地质力学的主控因素。

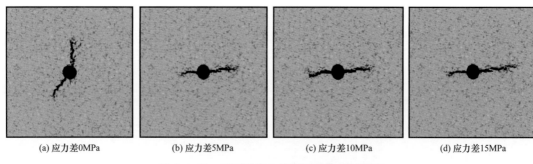

(a) 应力差0MPa   (b) 应力差5MPa   (c) 应力差10MPa   (d) 应力差15MPa

图 8-4-29　不同地应力差下压裂缝扩展形态

2. 储层工程分类评价

综合应用水平主应力差、脆性指数、抗张强度和单轴抗压强度等因素，对砾岩储层可压性进行压裂工程分类，储层压裂工程分类评价指标与水平主应力差、抗张强度和单轴抗压强度呈正相关，与脆性指数呈负相关关系（图 8-4-30 至图 8-4-33），即储层压裂工程分类评价指标随着水平主应力差、抗张强度和单轴抗压强度的增加而减小，随着脆性指数的增加而增加。据此，建立了玛湖凹陷砂砾岩储层工程分类评价体系（表 8-4-6）。

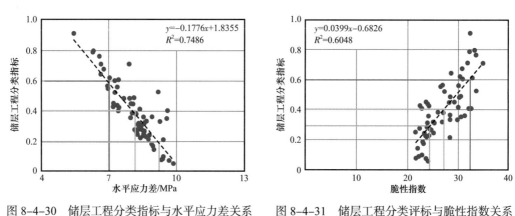

图 8-4-30　储层工程分类指标与水平应力差关系　　图 8-4-31　储层工程分类评标与脆性指数关系

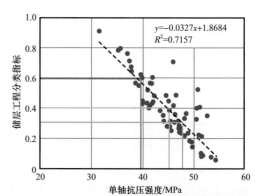

图 8-4-32　储层工程分类指标与抗张强度关系　　图 8-4-33　储层工程分类指标与单轴抗压强度关系

表 8-4-6　玛湖凹陷砂砾岩储层工程分类评价标准

分类	储层工程分类评价指标	脆性指数 /MPa	抗张强度 /MPa	单轴抗张强度 /MPa	水平应力差 /MPa
一类	>0.6	>32	<5.6	<38	<7.0
二类	0.6～0.43	32～28	5.6～6.4	38～43	7.0～7.9
三类	0.43～0.3	28～25	6.4～7	43～46	7.9～8.6
四类	<0.3	<25	>7	>46	>8.6

　　基于构建的储层工程分类指标，对玛瑚 16 井、金龙 34 井储层分类进行评价，储层工程分类评价结果与储层压裂后试油采油量的结果较吻合。总体来说，储层试油结论采油量较高的储层，基于工程分类指标的储层分类级别较好。

　　基于构建的储层地质分类指标和储层工程分类指标，对玛瑚 16 井、玛瑚 18 井和金龙 34 井储层综合分类进行评价，实现了低渗透砂砾岩储层综合地质—工程的储层分类。由此可根据储层地质分类指标的评价结果与储层工程分类指标评价结果优选出低渗透砂砾岩储层的优质储层段，为低渗透砂砾岩储层精细分类评价、高效压裂等勘探开发提供强有力的技术支撑，为实现低渗透砂砾岩储层的地质—工程一体化勘探开发提供了支撑。

3. 砾岩储层压裂缝形态与油井产能的关系

　　结合储层分类、地应力分析结果以及压裂试油产能，对研究工区内的已钻井，进行储层类型、水平应力差、比采液指数进行统计分析。鉴于 I 类储层物性好、渗透性较高、试油产量高，本研究针对 II 类储层、III 类储层，统计分析比采液指数与水平应力差的关系。

　　艾湖 2 井区二类储层、三类储层随水平应力差增大比采液指数整体呈显著增大趋势，且相关性较好。水平应力差增大，压裂过程中易于形成单一压裂缝且延伸相对较远。因此，比采液指数随水平应力差增大而增大表明压裂缝的长距离延伸相对更利于艾湖 2 井区的产能提高。

　　风南 4 井区二类储层、三类储层的比采液指数主要分布在 0.1～0.3m³/（d·MPa·m），本井区比采液指数与水平应力差的关系较差。

　　玛北玛 131 井区二类储层、三类储层的比采液指数与水平应力差的关系如图 8-4-34 所示。可看出比采液指数在 0.05～0.45m³/（d·MPa·m）时，比采液指数随水平应力差的增大而增大；当比采液指数小于 0.2m³/（d·MPa·m）时，比采液指数随水平应力差的增大而降低。由水平应力差对压裂缝形态的影响可分析得到：当储层比采液指数较低时，压裂形成井周复杂裂缝有利于产能的提高；当储层比采液指数相对高时，压裂形成长距离延伸的单一裂缝更有利于产能提高。

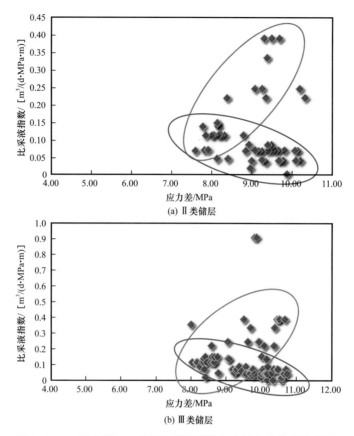

图 8-4-34　玛北玛 131 井区比采油指数与水平应力差的关系图

四、技术推广应用效果

在凹陷区源上砾岩大油区成藏模式指导下，准噶尔盆地相续实现了玛北斜坡突破、凹陷北部百口泉组整体推进和南部上乌尔禾组大油区快速落实。截至 2017 年 12 月，新增三级石油地质储量 $12.4×10^8t$，探明储量 $5.2×10^8t$，控制储量 $3.7×10^8t$，预测储量 $3.5×10^8t$。形成了继西北缘断裂带之后又一个 10 亿吨级大油区，奠定了全球最大砾岩油田地位。

玛湖地区增储与产能建设一体化快速推进，低渗透砾岩实现整体有效动用，形成玛北、玛东、玛南三个亿吨级规模建产区，其中玛 131 井区、玛 18 井区块将建成凹陷区首个百万吨油田，玛 18 井区块被列为中国石油 2016 年石油单项产能建设最大项目。其他区块开发试验进展顺利。新技术的突破也带动了老油区玛 2 井区和玛东 2 井区等砾岩油藏的动用。玛湖地区已成为新疆油田规模增储和上产的石油新基地，有力推动了"新疆地区 5000 万吨级大油气区"建设。

玛湖大油田的发现保障了稀缺原油的持续充足供给，中国石油克拉玛依石化有限责任公司以环烷基原油作为主要原料，使其年炼油能力稳定在 $600×10^4t$，已成为我国高档润滑油、低凝柴油、喷气燃料的最大生产基地。

该理论技术体系对于国内外砾岩油藏勘探开发具有重要的指导意义。在中国石化准噶尔探区促进了春晖油田和阿拉德油田的发现。勘探关键技术应用于塔里木、吐哈等多个盆地，有效支撑了各探区的增储上产。玛湖特大型油田的发现产生了巨大社会效益，主要表现在以下六个方面。

（1）开辟了凹陷区砾岩勘探全新领域。

成果丰富发展了陆相生油理论、粗粒沉积学和岩性油气藏理论，为全球凹陷区砾岩重大接替领域的勘探提供了可复制、可推广的"中国理论"与"中国技术"。

（2）保障了国防军工稀缺原油的持续供给。

由于玛湖地区环烷基原油持续供给，克拉玛依石化公司已成为年加工 600×10^4t 稀缺油品的炼化企业，为国防安全做出了重要贡献。

（3）提高了国内原油自给能力。

我国原油对外依存度已达 67.4%，国内原油产量连续两年低于 20×10^8t "红线"，为此，中国石油"十三五"期间做出"新疆5000万吨级大油气区"战略部署，玛湖地区持续上产已成为国内原油生产新的增长极。

（4）推动了新疆"一带一路"建设。

对于全力打造"丝绸之路经济带核心区"的石油中心、建设油气生产炼油化工基地以及保障新疆作为国家能源安全陆上大通道战略地位具有重大意义。

（5）促进了新疆地区经济发展和社会稳定。

石油工业是新疆地区经济发展的重要支柱，玛湖特大型油田的发现，推动了资源优势向经济优势转化，是对习近平总书记关于新疆地区社会稳定和长治久安总目标的有力践行。

（6）建成了国际一流的砾岩勘探创新人才培养基地。

打造了产—学—研用多学科协同创新团队，培养了大批极具创新能力的领军人才，包括获国务院政府津贴、长江学者、黄汲清奖及中国石油集团级技术专家等 35 名，引领了砾岩油气勘探发展方向。

之后在凹陷区源上砾岩大油区成藏模式指导下，勘探快速推进。截至 2017 年 12 月底，共 25 口井 28 层获工业油流，相继发现了玛湖 8 井区等油气藏。其中玛南斜坡上乌尔禾组大油区新认识重新认识盆地上二叠统，全盆地具有类似的成藏地质条件，可划分为四大规模勘探领域和十个有利区带，有利区面积达 $10500 km^2$，为新疆油田今后几年主要勘探领域，勘探前景广阔。玛南上二叠统勘探成果获得中国石油新疆油田分公司科技进步特等奖、中国石油天然气股份有限公司 2017 年度油气勘探重大发现一等奖及中国地质协会 2017 年度"十大找矿成果"。该成果技术丰富和发展了岩性成藏理论认识，经济和社会效益显著，整体达到国际先进水平，对于国内外砾岩油藏勘探开发理论创新和勘探实践具有重要的借鉴意义。

凹陷区源上砾岩大油区成藏模式结合富烃坳陷古地貌控油理论，持续推进准噶尔盆地上二叠统快速勘探，相继发现金龙 43 井、克 83 井、滴西 17 井、滴西 14 井、滴南 14 井、滴南 15 井、沙探 1 井、沙探 2 井等油藏，快速落实三级储量 11×10^8t。同时，在相关配套技术的支撑下，优选金龙 2 井区、玛湖 1 井区等油藏开展勘探评价一体化攻关，计划新建产能 2105×10^4t。其研究成果推广应用并指导吐哈油田三塘湖盆地砾岩领域的井位部署及研究工作中，部署井位十余口，取得了良好的应用效果。东方物探公司依托对该理论和配套技术的学习，在国内渤海湾、吐哈等盆地油气勘探中得到了大规模推广应用，尤其是深层地层型圈闭精细识别、复杂高压储层产能分类评价与缝网改造提产配套技术，指导实现了各区块的高效勘探与有效动用，探井成功率上升显著。中石油西部钻探公司依托该理论和配套技术，针对上二叠统储层前期增产效果差、费用高、油藏有效动用难的技术问题，应用该项目集成的一套储层改造增产技术，成功在上二叠统油藏中应用，指导实现了各区块的高效勘探与有效动用，"甜点"预测复合率大幅提升，探井成功率提升 60%。

第九章　鄂尔多斯盆地延长组岩性大油区勘探实践

鄂尔多斯盆地石油资源主要赋存于中生界中—上三叠统延长组，最新研究表明石油地质资源量达 $160 \times 10^8 t$。延长组油气勘探从 1907 年钻探第一口油井开始，已经走过了 110 余年。由于油藏具有低渗透率、低压、低丰度等"三低"特征，前期勘探开发成效并不十分明显。21 世纪以来，随着地质理论认识深化与勘探开发技术进步，延长组岩性地层油气藏及致密油气勘探研究取得突破性进展，近十年来年探明石油地质储量 $3 \times 10^8 t$ 以上，已发现了西峰、陇东、姬塬、华庆等 10 亿至 20 亿吨级规模储量区，为长庆油田成为我国第一大油田提供了重要支撑。本章重点介绍了在低渗透率储层成因机理与分布规律、岩性油藏立体成藏模式及岩性大油气评价方法等方面所取得的重要进展。

第一节　延长组沉积演化与低渗透率储层分布规律

中—晚三叠世，印支构造运动控制了鄂尔多斯大型内陆坳陷盆地形态格局、可容纳空间变化、三角洲与湖泊沉积演化特征和碎屑岩充填结构，决定了中生界低渗透含油系统的成烃、成储、成藏系统的特征。

一、区域构造沉积背景

鄂尔多斯盆地位于华北地台西部，面积约 $25 \times 10^4 km^2$，是一个发育在太古宙—新元古代结晶基底之上的大型多旋回克拉通盆地。盆地演化经历了中—晚元古代坳拉谷、早古生代浅海台地、晚古生代近海平原、中生代内陆坳陷湖盆和新生代周边断陷五大沉积演化阶段，主要形成了古生代和中生代两套含油气系统（杨俊杰，2002）。古生代含油气系统以煤系地层为主要烃源岩，石炭系—二叠系致密砂岩和奥陶系马家沟组碳酸盐岩风化壳为主要储层，在盆地北部斜坡带已发现了苏里格等大型致密气区和靖边等大型碳酸盐岩岩溶天然气田；中生代含油气系统以三叠系延长组长 7 段湖相泥页岩为主要烃源岩，延长组致密砂岩和侏罗系常规砂岩为主要储层。鄂尔多斯盆地由渭北隆起、陕北斜坡、晋西挠褶带、天环坳陷、西缘冲断构造带及伊盟隆起共六个一级构造单元组成。现今的鄂尔多斯盆地周围分别被北部阴山山系、南部秦岭山系、东部吕梁山系和西部贺兰—六盘山系所限，横跨陕西、甘肃、宁夏、内蒙古、山西五省（自治区），面积超过 $37 \times 10^4 km^2$（图 9-1-1）。

鄂尔多斯盆地中元古界—新生界沉积盖层厚度平均 6000m 以上，具有多旋回构造活动特征。记录了由海相—海陆过渡相—陆相的发展过程。现今的鄂尔多斯盆地的周缘被山系限制。处于华北板块和西伯利亚板块之间的古亚洲洋在晚二叠世末已闭合，形成了兴蒙造山带。盆地的东部边界吕梁山地区发育连片的三叠系，说明当时盆地东部吕梁山系尚未隆起成山（赵俊峰等，2009；李建星，2009）。盆地的西部阿拉善古陆和祁连褶皱带在海西运动阶段已形成。由此可知，印支构造运动阶段不是现今盆地西缘、东缘、北缘的山系的主体构造活动期。相比而言，此时盆地南部秦岭地区构造活动强烈，在华北地块和扬子地块复杂漫长的拼接造山过程中，中—晚三叠世是西秦岭全面碰撞造山关键时刻（吴汉宁等，1990；Zhu et al，1998；张国伟等，1996），这次构造事件对鄂尔多斯内陆坳陷湖盆的形成、演化产生了重要的影响（邓秀芹等，2013）。因此，在延长组沉积时期，鄂尔多斯盆地的东缘、北缘构造环境稳定，而西南缘构造活动相对较活跃，对鄂尔多斯盆地的演化产生重要影响。

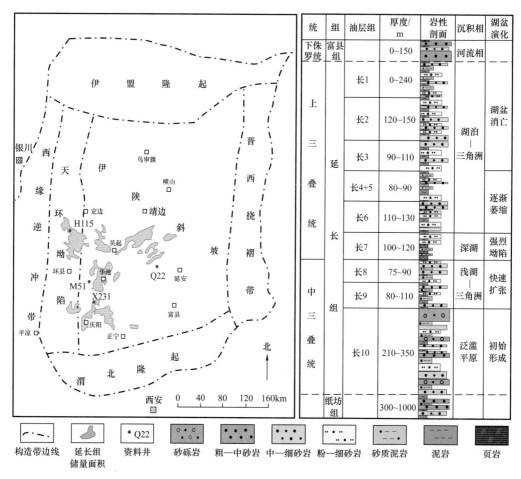

图 9-1-1 鄂尔多斯盆地构造单元划分及延长组地层发育情况

中生代鄂尔多斯盆地具有沉积范围广、稳定沉降和湖盆宽缓的特点，为典型的大型内陆坳陷湖盆。中—晚三叠世延长组沉积期古地形表现为东北高、西南低，东北部缓、西南部陡，主体坳陷轴或沉积中心呈北西—南东向展布的不对称箕状。在盆地周缘存在多个物源区，其中盆地北部的阴山及盆地西南部的陇西古隆起为盆地最重要的物源区，因此形成了以南北两大物源沉积为主的河流—三角洲—湖泊沉积体系。其中，北部阴山南麓直到鄂尔多斯腹地，形成一个坡降缓慢、物源丰富、源远流长、持续稳定的大型曲流河流—三角洲体系。在盆地南缘发育辫状河三角洲及重力流沉积体系；盆地西南缘发育冲积扇、辫状河三角洲体系；盆地西北缘发育辫状河三角洲沉积体系。这几大沉积体系控制了湖盆沉积充填的总体特征，为鄂尔多斯盆地中生代石油分布最重要的场所。

二、延长组沉积演化

中—晚三叠世，鄂尔多斯盆地大型内陆坳陷盆地沉积了延长组碎屑岩系，以中细砂岩和泥岩为主，但在盆地边缘地区发育相对粗碎屑岩。残余厚度具有北薄南厚的特征，一般为400～1500m，在靖边以南地区一般残余厚度超过1000m。在盆地南缘崇信汭水河剖面、西缘灵武石沟驿等剖面，延长组残余地层厚度超过2000m，形成多个厚度中心，其中汭水河剖面延长组沉积厚度3191m。

延长组碎屑岩沉积主要受五大物源控制，可划分五大物源沉积体系，即东北曲流河三角洲沉积体系、西部扇三角洲体系、西南辫状河三角洲沉积体系、西北辫状河三角洲沉积体系及南部辫状河三角洲沉积体系（图9–1–2）。

延长组自下而上可划分长10、长9、长8、长7、长6、长5、长4、长3、长2、长1共10个油层组。鄂尔多斯盆地发展经历了从长10沉积时期的初始沉降、长9—长8油层组沉积时期的加速扩张、长7油层组沉积时期的最大湖泛、长6—长4+5油层组沉积时期的逐渐萎缩、长3—长1油层组沉积时期的湖盆消亡，为一个完整的水进和水退二级层序，并可进一步划分五个三级旋回（图9–1–1、图9–1–3）。

秦岭地区印支构造层序具有多幕活动的特征，它们在鄂尔多斯盆地的沉积物中有不同形式的表现，控制了盆地演化与沉积充填特征、油藏的生—储—盖组合。盆内印支运动最显著的构造表现形式为纸坊组与延长组之间的平行不整合、延长组和侏罗系之间侵蚀不整合或平行不整合接触关系。虽然延长组为一套连续沉积，但其中蕴含了重要的构造运动影响的痕迹，其中长8油层组沉积末期发生的构造事件直接影响了盆地中生界含油系统的形成及成藏特征，可以总结为以下7个方面。

1. 延长组长7油层组底部稳定发育凝灰岩事件层是构造火山活动的直接证据

延长组凝灰岩薄夹层发育，以沉凝灰岩为主，纯凝灰岩较少，纯凝灰岩主要为玻屑凝灰岩和晶屑凝灰岩，呈浅黄色、灰绿色、棕红色、灰白色等鲜艳色彩，薄层状、纹层状产出，一般厚0.1～10cm，局部可超过1m。其中，长7油层组底部凝灰岩分布最稳定，广泛发育在西部和西南部地区，区域可追踪对比，面积超过$3 \times 10^4 km^2$，而且由西南向东北厚度逐渐减薄至消失，说明凝灰岩来自鄂尔多斯盆地西南缘和南缘，是鄂尔多斯盆地西缘、西南缘印支期构造活动最直接的证据。

长7油层组的底部和顶部凝灰岩样品（编号分别为N33和W8）分离出的锆石，采用激光剥蚀电感耦合等离子质谱（LA–ICP–MS）锆石原位U–Pb测年方法，获得年龄分别为228.2±2.0Ma和221.8±2.0Ma（图9–1–4）。

凝灰岩放射性元素含量高，导致长7油层组富有机质页岩整体富含放射性元素，它们在有机质热演化生烃过程中起到了重要的催化作用。

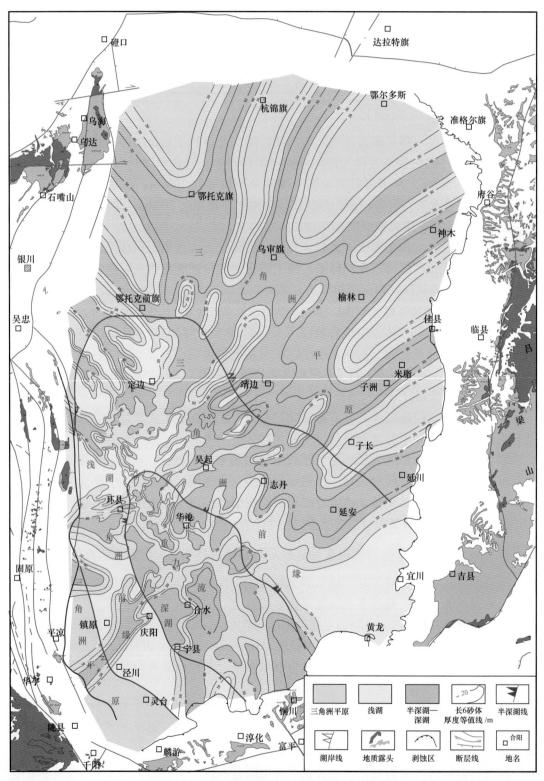

图 9-1-2　鄂尔多斯盆地上三叠统延长组沉积相图

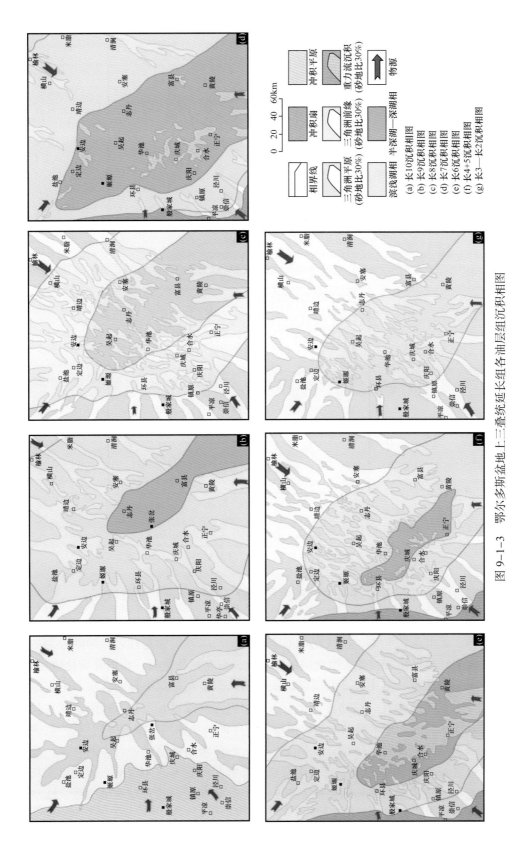

图 9-1-3 鄂尔多斯盆地上三叠统延长组各油层组沉积相图

图例：

相界线

冲积平原

冲积扇

三角洲平原（砂地比30%）

三角洲前缘（砂地比30%）

滨浅湖相 半深湖—深湖相

重力流沉积（砂地比30%）

物源

0 20 40 60km

(a) 长10沉积相图
(b) 长9沉积相图
(c) 长8沉积相图
(d) 长7沉积相图
(e) 长6沉积相图
(f) 长4+5沉积相图
(g) 长3—长2沉积相图

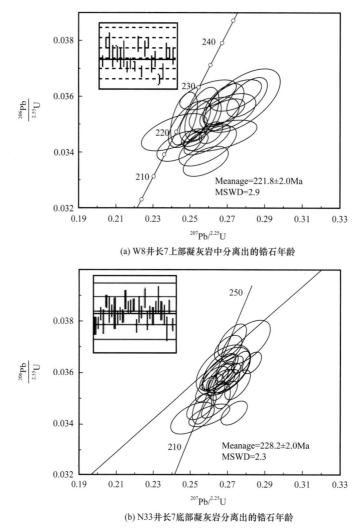

(a) W8井长7上部凝灰岩中分离出的锆石年龄

(b) N33井长7底部凝灰岩分离出的锆石年龄

图 9-1-4　鄂尔多斯盆地延长组长 7 油层组凝灰岩锆石 U–Pb 谐和曲线

2. 构造活动改变了早期缓坡浅水的沉积面貌，盆地急速而强烈地沉降

延长组沉积早期（长 10—长 8 油层组沉积时期），鄂尔多斯盆地西部、西南地区主要为辫状河、辫状河三角洲、滨浅湖、沼泽等沉积，以厚层中粗砂岩、细砂岩为主，夹粉砂岩、泥岩、粉砂质泥岩。大型交错层理发育，富含植物化石、炭屑及炭化植物茎干，泥岩中常见劣质煤线。其中长 8 油层组沉积时期，即使在湖盆中部的合水、正宁地区也常常看到丰富的垂直虫孔、植物茎干化石，表明仍为滨浅湖相沉积。然而仅仅在长 7 油层组底部几厘米或几十厘米厚的凝灰岩薄层之上（即长 7 油层组沉积时初期），就进入湖盆发展的鼎盛阶段，湖盆水体深，在华池—正宁—黄陵地区暗色泥岩、油页岩、重力流砂岩累计厚度一般为 50～100m，深水泥页岩分布面积超过 $6.5 \times 10^4 km^2$，因此以凝灰岩为代表的构造事件造成湖盆格局的突变（图 9-1-5），改变了湖盆长期地形宽缓、浅水富氧的缓慢演变的状态，发育大面积深湖相，深水区沉积的泥页岩成为中生界主力烃源岩。

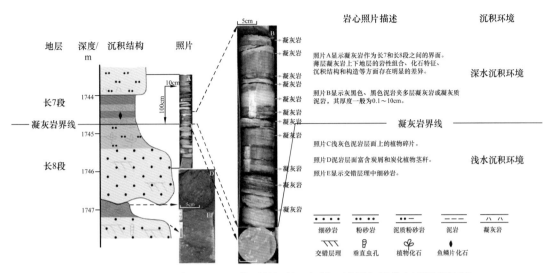

图 9-1-5　盆地西南地区 N33 井延长组长 7 与长 8 油层组界线上下沉积特征

3. 在构造运动影响下湖盆中部地区重力流事件沉积大面积分布

长 7 油层组沉积中晚期—长 6 油层组沉积早中期处于湖退的早期阶段，此时深水区覆盖面积仍较广泛，受盆地周缘频繁的构造活动影响，在湖盆中部长 7 油层组中上部和长 6 油层组下部大面积发育重力流沉积，以细砂岩和粉砂岩为主，不同期次和类型的重力流砂岩叠加厚度较大，呈北西—南东向大致平行于相带界线延伸［图 9-1-3（e）］，分布范围超过 10000km²。重力流沉积中常常夹凝灰岩薄层或纹层，还可以见到大量与地震活动有关的地裂缝、阶梯状正断层、火焰状构造、液化卷曲变形和砂岩岩脉等震积岩沉积构造。湖盆中部长 7 油层组中上部和长 6 油层组重力流沉积砂体构成了致密油、页岩油良好的储集体。

4. 构造作用造成沉积中心逆时针旋转，湖盆的不对称性加剧

延长组沉积的早期（长 10—长 8 油层组沉积时期）总体为浅水特征，西南沉积体系和东北体沉积体系交汇于志丹—富县一带。长 9 油层组的顶部发育厚 5～20m 的"李家畔"页岩，代表延长组沉积早期发生的短暂的湖侵作用，为当时的沉积中心，此时湖盆的不对称性不明显。以长 7 油层组底部凝灰岩代表的构造事件导致盆地发生剧烈的非均衡沉降作用，沉积中心发生了逆时针旋转迁移，位于华池—黄陵一带，在盆地南部迁移距离相对较小，越向北部，迁移的距离越大（图 9-1-6）。沉积中心迁移造成不同地区成藏组合的差异，其中陇东地区主要为长 7 油层组烃源岩供烃，而陕北地区存在长 7 油层组、长 9 油层组两套烃源岩层，它们对陕北地区中生界油藏都有贡献。

5. 在构造事件影响下盆地西南缘沉积体系发生变化

在鄂尔多斯盆地的西缘和南缘长 10—长 8 油层组主要为辫状河和辫状河三角洲沉积，未发现冲积扇；长 7 油层组沉积期以后，在盆地西缘和南缘地区以崆峒山砾岩、安深 1

井砾岩等为代表的冲积扇的特征开始出现，为紫红色、棕色巨厚层砾岩、砂砾岩及砂岩沉积。发育冲积扇—扇三角洲或冲积扇—辫状河—辫状河三角洲沉积序列。

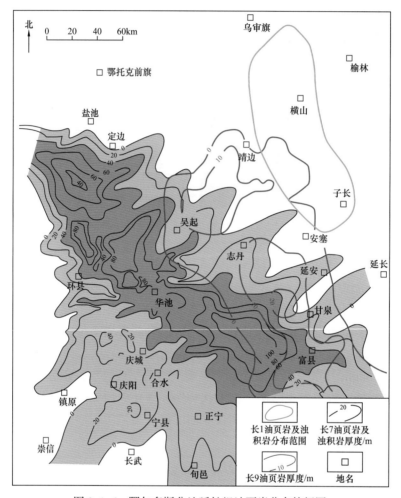

图 9-1-6 鄂尔多斯盆地延长组油页岩分布特征图

6. 事件层上下碎屑组分差异显著

在盆地西南地区，以长 7 油层组底部凝灰岩为界，上、下地层岩石组分上存在较大差异（表 9-1-1），其中长 10—长 8 油层组碎屑岩储层中长石、石英含量近等，约 30%，基本不含白云岩屑；长 7 油层组以上地层岩石组分具有高石英（44.9%～49.7%）、低长石（16.3%～17.6%）的特征，由于老山地质体有早古生代海相碳酸盐岩地层的参与，因此在西部、西南和湖盆中部地区碎屑中含有较多白云岩岩屑，含量一般大于 3.5%。事件层上下储层类型、岩石组分的差异，导致储层物性的显著不同。

7. 构造事件前后孢粉组合面貌变化明显

甘肃省庆阳地区钻井岩芯孢粉分析结果显示，长 10—长 8 油层组暗色泥岩中蕨类植物孢子含量明显高于裸子植物花粉含量（分别占 71.1% 和 28.9%），孢粉分异度相对较低，*Punctatisporites* 占绝对优势，含量可达到 50.5%，其次为 *Verrucosisporites*，占 6.5%。长7 油层组及其以上地层孢子、花粉含量相近，分别为 49.7% 和 50.3%。*Punctatisporites* 含量仍最高，但与延长组下部地层相比含量显著下降，仅占 11.1%。孢子中 *Duplexisporites*、*Laevigatosporites*、*Osmundacidite* 和裸子植物花粉中的 *Piceaepollenites*、*Caytonipollenites*、*Pitysporites*、*Chordasporites* 平均含量 5.3%～6.7%。因此长7 油层组及其以上地层孢粉分异度高，孢粉中没有明显的优势属种（邓秀芹等，2009）。

表 9-1-1　鄂尔多斯盆地延长组砂岩储层碎屑组分统计表

区块	层位	石英	长石	岩屑			云母绿泥石	样品数
				岩浆岩屑	变质岩屑	沉积岩屑		
西部及西南地区	T_3y_5	44.0～57.5（49.7）	14.5～19.5（16.3）	3.5～4.5（3.8）	4.0～7.5（5.6）	1.0～7.5（2.7）	1.0～6.0（3.0）	10
	T_3y_4	30.2～60.7（47.1）	6.1～29.4（17.6）	2.1～5.3（3.5）	5.0～17.9（9.8）	0～20.1（7.5）	0.5～6.5（2.74）	53
	T_3y_3	26.6～61.0（44.8）	4.3～32.3（17.3）	1.2～11.0（4.0）	4.5～25.8（9.3）	0～21.2（7.9）	0～7.9（3.0）	159
	T_3y_2	25.1～44.8（32.5）	25.2～35.3（29.4）	4.9～14.4（7.5）	7.1～15.2（12.1）	0～9.4（0.4）	2.2～9.1（5.2）	208
	T_3y_1	23.0～35.4（27.6）	27.2～53.1（39.2）	2.1～11.6（5.3）	7.9～17.5（13.8）	0～0.5（0.1）	1.0～6.2（2.3）	35
东北地区	T_3y_5	21.4～34.5（28.9）	23.1～32.3（29.7）	2.2～3.7（2.6）	6.0～14.1（9.8）	0.2～1.4（0.6）	1.1～8.0（3.5）	5
	T_3y_4	21.2～35.3（27.8）	22.0～58.1（43.7）	0.6～7.0（2.5）	4.0～11.0（7.8）	0～1.8（0.9）	2.1～15.3（6.2）	54
	T_3y_3	15.8～27.2（23.0）	25.3～57.0（44.8）	0～4.8（2.3）	2.2～11.3（6.3）	0～7.6（0.7）	1.9～22.2（7.4）	191
	T_3y_2	15.1～32.6（24.3）	25.2～40.4（32.2）	1.9～11.2（4.9）	5.5～15.0（11.0）	0～4.3（0.5）	1.8～23.1（8.4）	46
	T_3y_1	16.8～26.2（22.9）	34.1～59.5（43.7）	0.9～5.3（2.9）	4.1～8.5（6.4）	0～1.6（0.3）	1.9～8.3（5.3）	22

注：44.0～55.0——范围值，（49.7）——（平均值），单位：%。

以长7 油层组底部凝灰岩为界，上下地层中岩石组分、沉积类型、孢粉组合等7 个方面的骤变，进一步说明了长7 油层组沉积时期与长8 油层组沉积时期之间存在一次显著的构造运动，它对鄂尔多斯盆地演化具有重要的影响。

三、低渗透储层分布规律

延长组除了发育长 7 最大湖泛面外，还存在长 9、长 4+5 等多个次级湖泛面。随着湖侵、湖退的频繁发生，鄂尔多斯盆地周缘河流、三角洲体系也发生了相应的向湖方向的推进生长和向源方向的后退萎缩，造成进积序列与退积序列、三角洲沉积砂体与湖泊沉积泥页岩的反复叠置。无论纵向上从延长组的上部、下部地层向延长组中部地层，还是平面上从盆地周边向沉积中心，沉积物均由河流、三角洲中粗砂岩夹泥质沉积，逐渐过渡为半深湖—深湖相粉细砂岩和泥页岩为主的细粒沉积。

延长组发育低渗透、致密储层，受沉积和成岩作用的影响，整体上储层的储集条件和渗流能力均较差，各油层组间、不同沉积体系与沉积相带的储层品质均存在较大差异，表现在岩石学特征、孔隙组合、成岩作用等方面。

1. 不同成因类型储层的分布规律

受水进水退、三角洲建设、可容纳空间变化等因素影响，不同沉积期五大三角洲此消彼长的演化特征。碎屑岩充填呈现出三角洲和深水区重力流沉积砂体，在平面上相互补充，纵向上相互叠置，形成满盆富砂的沉积格局（表 9-1-2）。

1）三角洲砂岩储层

长 10—长 8 油层组沉积时期，西北物源、西南物源和西部物源供屑能力强，尤其在长 10 油层组沉积时期西部、西南体系砂地比一般 50% 以上，主要为中粗砂岩、中细砂岩。到长 9 油层组沉积时期、长 8 油层组沉积时期，西南、西部物源供屑能力有所减弱，西北物源供屑能力强劲，各个三角洲均衡发育，储层以中砂岩和细砂岩为主。

长 7—长 1 油层组沉积时期，东北三角洲的建设作用突出，规模大，向西南延伸至黄陵—华池一线，尤其在长 6 油层组沉积时期，东北三角洲的建设作用达到鼎盛阶段，与长 10—长 8 油层组沉积时期三角洲止于富县—志丹一线，规模较小，形成了鲜明对比；西南、西部、西北沉积体系，从长 7 油层组沉积时期至长 1 油层组沉积时期，随着湖盆水体的逐渐萎缩，三角洲不断向湖盆沉积中心进积，砂体规模逐渐增大，砂岩类型也由粉—细砂岩为主逐渐变为中—细砂岩（图 9-1-7）。

2）重力流砂岩储层

晚三叠世，受秦岭地区强烈构造活动的影响，长 7 油层组沉积初期，湖盆整体快速沉降，湖泊分布范围、水体深度达到了最大。长 7 油层组沉积中期—长 6 油层组沉积中期为湖退早期阶段，湖盆开始逐渐萎缩，供屑能力增大，周边三角洲不断进积，充填作用加强，此时的深水分布范围仍较广，在三角洲前端向湖方向形成斜坡，在持续的进积作用下，斜坡坡度逐渐增大，形成沉积坡折带。由于三角洲向前进积使得沉积中心供屑增强，受到重力和构造活动力的诱导下，沉积物易于顺坡发生整体搬运，形成重力流。在坡脚和湖底平原地带，由于水深急剧增大，湖水的顶托作用增强，造成重力流能量骤减，由此导致沉积物快速卸载，在深水区域形成大面积连片分布的粉砂岩和细砂岩，规模大，沉积类型丰富，叠置关系复杂。重力流沉积砂岩与三角洲砂体分布不连续，中间

表 9-1-2　鄂尔多斯盆地延长组沉积充填特征

| 地层 | | 泥页岩类型及成因 | | 砂体类型及成因 | | 物源供肩能力 | 汇水区位置 | 沉积序列 | 层序划分 | | 典型事件沉积 |
组	油层组	泥页岩特征	沉积成因类型	砂岩类型	沉积成因类型				三级	二级	
富县组		杂色、局部为灰色、灰黑色泥岩	河漫、沼泽	中粗砂、砾岩	河流		沼泽化，统一湖盆解体				不整合面
延长组	长1	灰色泥岩局部地区见煤层、煤线	沼泽、滨浅湖相	细砂、中砂	河流、三角洲	东北物源供肩能力强（增强）		进积序列为主			
	长2	灰色、深灰色泥岩	滨浅湖相、沼泽	细砂、中砂	三角洲、河流						
	长3	灰色、深灰色泥岩	滨浅湖相	细砂、中砂	三角洲						
	长4+5	灰黑色、黑色泥岩	滨浅湖相、半深湖相	细砂	三角洲		华池—黄陵				
	长6	灰黑色、黑色泥岩		细砂、粉砂、中砂	三角洲、重力流						重力流
	长7	富有机质页岩与黑色、灰黑色泥岩	半深湖相、深湖相	细砂、粉砂	重力流、三角洲	弱					凝灰岩
	长8	灰黑色泥岩	滨浅湖相、沼泽	细砂	三角洲、滩坝	西部、西南物源供肩能力强（减弱）		退积序列为主			
	长9	灰黑色泥岩、富有机质页岩	滨浅湖相、半深湖相、沼泽	细砂、中砂	三角洲		志丹—宜君				
	长10	灰色、深灰色泥岩	沼泽、滨浅湖相	中砂、细砂	河流、三角洲						
纸坊组		棕褐色、紫色、灰、灰黑色泥岩	滨浅湖相	细砂、中砂	河流、三角洲						不整合面

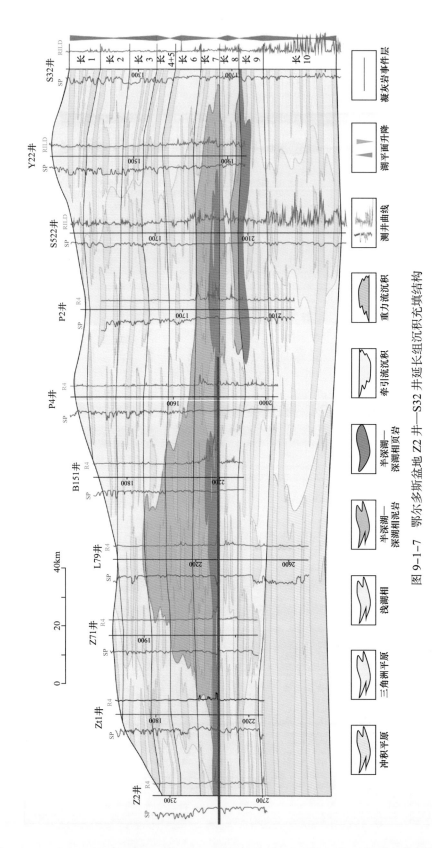

图 9-1-7 鄂尔多斯盆地 Z2 井—S32 井延长组沉积充填结构

存在一个间隔带，该间隔带为斜坡带，以细粒的粉砂质和泥质沉积为主。长 6 油层组沉积晚期—长 4+5 油层组沉积时期在湖盆沉积中心的仍存在一定范围的深水区，并发育规模相对较小的重力流砂体。重力流沉积砂体分布面积超过 $1 \times 10^4 km^2$，呈北西—南东向延伸。

深水沉积组合复杂，不同流态的流体往往随着时间、空间的变化相互转化、相伴出现，不能简单归结为某一种或两种沉积类型。如在斜坡上快速沉积的三角洲砂体动平衡被破坏后，沉积介质与沉积物混为一体整体搬运，形成多种重力流相伴出现的情况，通常层流位于下部，浊流位于顶部和前端。同一区、同一油层组砂体往往是多种沉积类型的组合（图 9-1-8），不同沉积相带、不同物源体系控制区，砂体叠置关系及储层物性存在较大差异。

3）湖泊滩坝砂岩储层

滨浅湖区在波浪和湖流作用下堆积形成了滩坝砂体，滩坝的形成与湖平面变化、湖浪作用、湖盆底形有关。湖盆扩张时期，在湖侵背景下湖水的周期性动荡有利于滩坝砂体的形成。整体上，延长组砂岩储层以河流—三角洲沉积为主，然而在长 8 油层组长 8_2 段发育多套滩坝砂体。

垂直虫孔、劣质煤线、根土岩、变形层理等代表水下、水上标志的沉积产物常常在同一口井的长 8_2 段取心中相伴出现，说明水进、水退交替发育，湖岸线进退频繁，东西向摆动幅度大。具有这种特征的滨湖沉积在陇东地区东西向宽达 30～60km，由此可知，该期湖盆底形平缓，水体较浅。湖平面频繁往复升降和周期性洪泛造成水道砂体和滩坝砂体叠置（图 9-1-9）。长 8_2 段共发育三期滩坝砂体，砂体平行于湖岸线，延伸方向北西—南东向，呈坨状、带状展布（图 9-1-10），单砂体长度 8～20km，宽 2～5km，横向连通性好，指示了湖岸线的变化。

滩坝砂体为滨浅湖相中最重要的、规模较大的储层类型，砂质沉积物主要来源于三角洲沉积物的再搬运、再沉积及改造。滩坝砂体主要由灰绿色细砂岩组成，夹薄层暗色泥岩、灰绿色粉砂岩；分选好—中等，粒度概率累计曲线一般为三段式，粒度上常常呈现出向上变粗的反旋回特征，不显层理、平行层理、波状交错层理为主，沿着相带界线延伸稳定。测井伽马曲线或自然电位曲线呈漏斗状或箱形。

2. 不同品质储层分布规律

延长组主要发育岩屑长石砂岩、长石砂岩、长石岩屑砂岩。砂岩粒度普遍较细，长 8—长 10 储层、长 3—长 1 储层粒度相对较粗，以细砂岩、中砂岩为主；长 4+5 储层、长 6 储层以细砂岩为主；长 7 储层以粉砂岩、细砂岩为主。

延长组碎屑岩储层填隙物含量较高，各油层组填隙物含量平均值为 10.6%～16.5%。胶结作用强，碳酸盐胶结物在长 3—长 8 储层中含量相对较稳定，平均值为 4.2%～5.9%；长 7 储层中伊利石含量异常高，平均含量高达 10%；在延长组各油层组储层中以孔隙衬里状态产出的绿泥石普遍发育，但重力流沉积成因的储层中不发育绿泥石膜（如湖盆中部的长 6 油层组、长 7 油层组）。

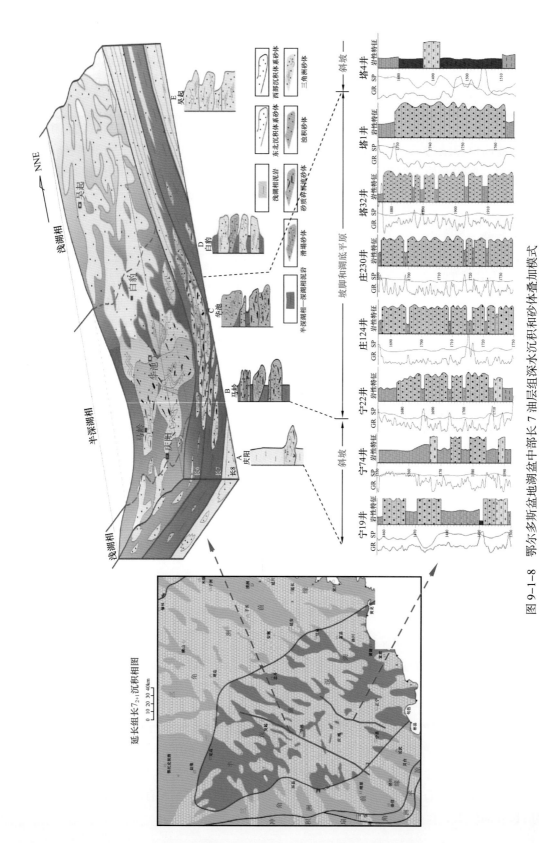

图 9-1-8 鄂尔多斯盆地湖盆中部长 7 油层组深水沉积和砂体叠加模式

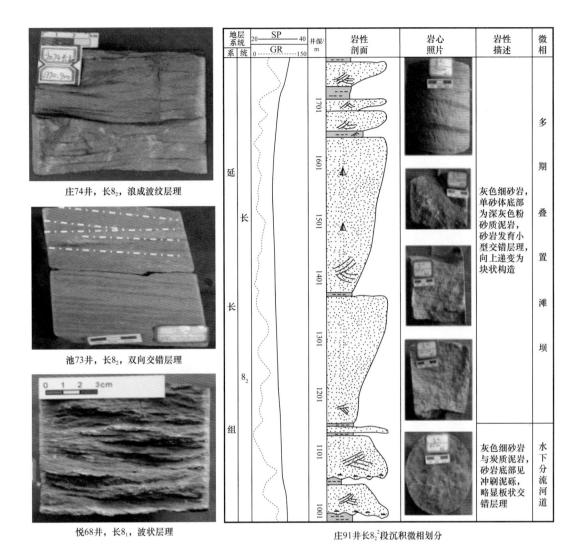

庄74井，长8_2，浪成波纹层理

池73井，长8_2，双向交错层理

悦68井，长8_1，波状层理

庄91井长8_2^2段沉积微相划分

图 9-1-9　陇东地区长 8_2 段沉积结构特征

延长组压实作用、胶结作用强烈，孔隙组合复杂，可见孔率低，储层储集性能较差，各油层组储层面孔率平均值为 2.02%～6.43%，孔隙类型以粒间孔和次生溶孔为主。长 2 砂岩储层、长 10 砂岩储层、长 9 砂岩储层的面孔率最大，平均 6% 左右；长 7 储层、长 6 储层的面孔率最小，平均仅 2% 左右。孔隙组成上，长 2 油层组、长 10 油层组、长 9 油层组残余粒间孔高达 4% 以上，而重力流成因的长 7 油层组、长 6 油层组砂岩残余粒间孔仅剩余 0.7%。沉积与成岩作用，造成延长组整体上为低渗透储层、致密储层。

1）低渗透率储层分布

特低渗透率资源主要分布在延长组长 9 油层组、长 8 油层组、长 6 油层组和长 3 油层组的细砂岩、中细砂岩中，中低渗透率资源主要分布在长 1—长 2 油层组和长 10 油层组，储层以中细砂岩、中粗砂岩为主。这类资源储集空间以粒间孔为主，其次为溶孔，面孔率一般大于 4%。

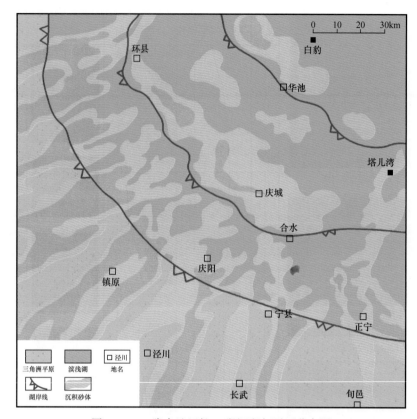

图 9-1-10 陇东地区长 8_2 段沉积相平面分布图

2）致密储层分布

致密油通常是指吸附或游离状态赋存于与生油岩互层或紧邻的致密砂岩、致密碳酸盐岩等储层，未经过大规模长距离运移的石油聚集，覆压基质渗透率小于 0.1mD 或空气渗透率小于 1mD，单井一般无自然产能，或自然产能低于工业油气流下限，但在一定经济条件和技术措施下可以获得工业油产量（GB/T 34906—2017）。延长组致密油主要赋存在致密碎屑岩储层中，以细砂岩、粉砂岩为主，面孔率一般小于 4%，孔隙空间主要为溶孔、粒间孔，位于近湖盆中部的长 4+5 油层组、长 6 油层组和长 8 油层组，资源量约 $90 \times 10^8 t$。

3）页岩层系储层分布

延长组页岩层系发育三种类型的储层，一是砂岩型储层，主要分布在长 7 油层组的中上部，单砂层厚度较大，一般为 2~7m，以粉砂岩、细砂岩为主，是半深湖—深湖相区重力流沉积的产物。面孔率 2% 左右，溶孔和粒间孔近等，孔隙度一般小于 10%，渗透率一般小于 0.3mD［图 9-1-11（a）中 A］。二是薄砂岩型储层，以重力流沉积的粉砂岩为主，储层物性一般更差，渗透率仅仅 $0.1 \times 10^{-3} \mu m^2$ 左右［图 9-1-11（a）中 B］。三是泥页岩型储层，储集空间主要是泥页岩中的孔、缝［图 9-1-11（b）］。长 7 黑色页岩、暗色泥岩的孔隙度相近，分布于 0.53%~2.85% 之间，平均为 1.5%，主要分布在长 7 油层组的中下部。

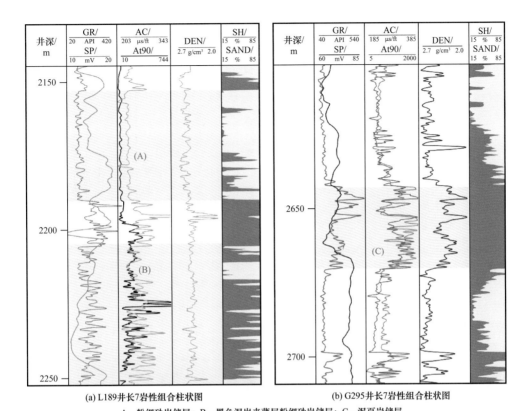

(a) L189井长7岩性组合柱状图　　　　　　　(b) G295井长7岩性组合柱状图

A—粉细砂岩储层；B—黑色泥岩夹薄层粉细砂岩储层；C—泥页岩储层

图 9-1-11　鄂尔多斯盆地延长组致密油、页岩油气储层类型

第二节　延长组含油系统特征与分布规律

延长组发育低渗透率岩性油藏、致密油、页岩油。油藏的类型、油藏分布、储层品质等在空间分布具有明显的规律性。总体来看，延长组含油系统具有简单性与复杂性共存的特征，简单性表现在油藏的分布、规模等主要受到烃源岩范围的控制，复杂性表现在不同地区、不同层系，甚至同一层系相邻地区，储层的类型、含油性、油藏的规模、控藏因素等方面都存在很大的差异。

一、延长组油藏特征

物性整体较差。延长组以三角洲前缘、三角洲平原和重力流沉积砂体为主要储层，长 4+5—长 8 油层组的渗透率主要分布在 0.01～5.0mD 之间，长 1—长 3 油层组及姬塬地区长 9 油层组的物性相对较好，渗透率主要为 1.0～20.0mD，属于低渗透率储层。

多层系含油。延长组 10 个油层组均发现了油藏，其中，长 8 油层组、长 7 油层组、长 6 油层组、长 4+5 油层组为主力勘探层系，油藏规模大，分布面积广；延长组下部的长 10 油层组、长 9 油层组和上部层系长 3 油层组、长 2 油层组、长 1 油层组油藏规模较小（表 9-2-1）。

表9-2-1 鄂尔多斯盆地延长组不同层组油藏类型及特征

油层组	油田	井区	含油面积/km²	地质储量/10⁴t	储量丰度/10⁴t/km²	孔隙度/%	渗透率/mD	岩性	油藏类型
长1	胡尖山	A116	8.8	454.8	51.6	15.8	16.9	岩屑长石砂岩、长石砂岩	构造—岩性
	姬塬	G155	7.4	556.4	75.1	15.5	6.1	长石砂岩、岩屑长石砂岩	构造—岩性
	西峰	N51	3.4	61.9	18.1			长石岩屑砂岩、岩屑长石砂岩	构造—岩性
	姬塬	X81	1.7	90.2	53.7	15.3	8.6	长石砂岩、岩屑长石砂岩	构造—岩性
长2	绥靖	L39、L48、L127	0.9~3.8	42.0~203.0	45.7~54.0	16.1	32.8	岩屑长石砂岩	构造—岩性
	胡尖山	H130	6.1	89	14.6	12.7	2.1	长石砂岩	构造—岩性
	堡子湾	G19、G20	16.5	62.6~168.8	22.4~63.0	15.9	6.2	岩屑长石砂岩	构造—岩性
长3	马岭	Z473	4.0	71.3	18.0	12.6	4.0	长石岩屑砂岩、岩屑长石砂岩	构造—岩性
	镇北	Z300、Z52、Z218	4.0~13.2	103.8~346.4	25.8~28.3	13.3	5.7	岩屑长石砂岩、岩屑长石砂岩	构造—岩性
	南梁	S106	22.6	1567.0	69.3	14.2	0.5	长石岩屑砂岩	岩性
	演武	Y123、Y164	0.9~3.6	45.7~70.1	19.4~49.7	12.9	12.3	岩屑长石砂岩、长石砂岩	构造—岩性
	西峰	Z73、X90	7.1~67.3	390.7~3798.4	54.9~62.0	13.6	3.0	长石岩屑砂岩、岩屑长石砂岩	构造—岩性
	白豹	B207、B208	1.3~22.9	23.93~527.75	19.5~24.0	12.2	2.2	长石砂岩	构造—岩性
长4+5	安塞	S148	16.3	793.3	48.7	11.6	0.6	长石砂岩、长石岩屑砂岩	岩性
	白豹	B157、B159、B415	3.9~74.0	204.47~2950.69	39.9~56.4	14.5	1.0	长石砂岩	岩性
长6	姬塬	Y48	99.4	3193.7	32.1	11.7	0.6	岩屑长石砂岩	岩性
	华庆	W58-W60	21.7	1639.6	75.5	9.8	0.3	岩屑长石砂岩	岩性
	靖安	T166、S360、G105	83.8	5062.7	60.4	11.6	0.8	长石砂岩、岩屑长石砂岩	岩性

续表

油层组	油田	井区	含油面积/km²	地质储量/10⁴t	储量丰度/10⁴t/km²	孔隙度/%	渗透率/mD	岩性	油藏类型
长6	靖安	S265	1687.0	7551.0	4.5	11.5	0.53	长石砂岩、岩屑长石砂岩	岩性
	姬塬	H120、H710、327、116、L211	16.7~92.7	414.3~2976.5	24.9~40.3	15.5	6.0	长石砂岩、岩屑长石砂岩	岩性
	华庆	B155、B421-B468	21.6~369.5	2473.4~20508.7	55.5~114.5	11.6	0.5	岩屑长石砂岩、长石砂岩	岩性
长7	新安边	A83、H223、W471	13.0~149.7	934.9~6421.0	42.9~71.9	7.9	0.1	岩屑长石砂岩	岩性
	庆城	X23	552.0~609.8	20540.0~22953.7	37.6~53.7	8.2	0.1	岩屑长石砂岩、长石岩屑砂岩	页岩油
长8	马岭	Z51	179.7	6006.0	33.4	9.6	1.1	岩屑长石砂岩、长石砂岩	岩性
	镇北	Z53	149.0	7229.6	48.5	10.1	0.9	岩屑长石砂岩、长石砂岩	岩性
	演武	M39-85	6.2	429.7	69.1	17.4	3.3	岩屑长石砂岩、长石岩屑砂岩	构造—岩性
	西峰	Z9、X17、X41、X33	60.0~79.4	2596.1~4891.0	43.3~61.1	10.9	0.8	长石砂岩、长石岩屑砂岩	岩性
	姬塬	G73-L24	472.9	20177.9	42.7	8.6	0.5	岩屑长石砂岩、长石岩屑砂岩	岩性
	胡尖山	X22	30.4	1327.3	43.7	12.2	2.2	岩屑长石砂岩、长石岩屑砂岩	岩性
长9	姬塬	H219、H39、Y84、C70、C21	5.6~24.4	189.4~1451.5	33.9~59.4	11.7	8.3	岩屑长石岩屑砂岩	构造—岩性
长10	安塞	G52、G72、H104、H115	6.2~79.9	197.6~2810.7	26.4~35.2	10.5	2.2	长石砂岩、岩屑长石砂岩	构造—岩性

油层埋藏适中，油藏具有低渗透率、低压、低丰度的特征。埋藏深度主要分布在1000～2600m，其中天环坳陷轴部埋藏最深，向东西两侧逐渐变浅。

储量丰度较低。各油层组平均储量丰度一般为 $15×10^4$～$55×10^4t/km^2$。

发育低压油藏。通过大量的实测地层压力数据的统计，延长组现今的地层压力分布范围为 6～22MPa，地层压力系数主要分布在 0.6～0.9 之间，平均值为 0.74。

油水分异差，油水关系复杂。延长组主力勘探开发目的层长 4+5—长 8 油藏多属于特低渗透率岩性油藏、致密油、页岩油，油藏往往连片分布。油藏的形成与分布受源储组合关系影响较大。由于储层孔喉狭窄，毛细管阻力大，浮力对油气运移的作用非常有限，导致低渗透砂岩油藏内油水重力分异不明显，油气藏无明确的油水边界和统一的油水界面，油水关系复杂。

二、源储组合特征

延长组沉积期，在多期水进水退沉积演化的影响下，形成了围绕长 7 主力烃源岩和多套次级烃源岩的、多类型的源储组合关系。

下生上储型油藏组合：主要由长 7 烃源岩和长 6—长 1 油层组构造成，储层为砂岩，具有距离烃源岩越近、资源丰度越高的特征。

上生下储型油藏组合：主要由长 7 烃源岩与长 8—长 10 油层组组成，陕北地区局部还可形成长 9 烃源岩与长 10 储层构成的上生下储型油藏组合。储层为砂岩，与下生上储型油藏组合相似，该类油藏组合也具有距离烃源岩越近、资源丰度越高的特征。

自生自储型油藏组合：主要分布在长 7 油层组，烃源岩为长 7 泥页岩，储层类型复杂，既有三角洲前缘砂岩、半深湖—深湖相重力流沉积砂岩，也有泥质砂岩和砂质泥岩、泥页岩，是致密油、页岩油、页岩气的主要产层，致密油含油丰度整体较高。

复合供烃型油藏组合：主要分布在陕北地区下组合，储层为砂岩，既接受了长 7 烃源岩向下供烃，同时由于地处长 9 生烃中心，长 9 烃源岩对其成藏也有重要的贡献，尤其是该区长 10 油层组，已发现油藏和出油井点基本都位于长 9 页岩分布区。

三、成藏主控因素

延长组各含油带存在普遍的控藏因素：一是烃源岩分布对油藏分布的控制作用，这是控制低渗透油藏形成与分布的基础因素，目前发现的油藏基本都位于长 7 烃源岩范围内或临近烃源岩分布区；二是砂体叠加与分布控藏，这是控制低渗透油藏形成与分布的关键因素；三是储层在含油系统中的空间位置控制了油藏的规模；四是构造环境稳定的地区有利于大油藏的保存。但是，不同层系的储层由于储层物性、源储匹配关系等方面的差异导致其控藏因素又有各自的特殊性

1. 基本控藏因素

1）烃源岩范围控制油藏平面的分布

延长组储层孔隙普遍发育较差，孔喉细小，排驱压力高，非均质性强，油藏分布范

围明显受长 7 烃源岩范围的控制（图 9-2-1）。长 7 烃源岩内呈北西—南东向展布，分布面积达 $6.5 \times 10^4 \mathrm{km}^2$，累计厚度一般为 20～60m，最厚可达 100m 以上。主要由深湖相环境形成的黑色富有机质页岩和半深湖—深湖相环境下形成的暗色泥岩组成，其中黑色页岩有机质丰度高、母质类型好，成熟度相对较高，为优质烃源岩，最有利生油区分布在姬塬—华池—宜君一带，富有机质页岩平均厚度达 16m，最厚达 60m，面积 $3.5 \times 10^4 \mathrm{km}^2$。

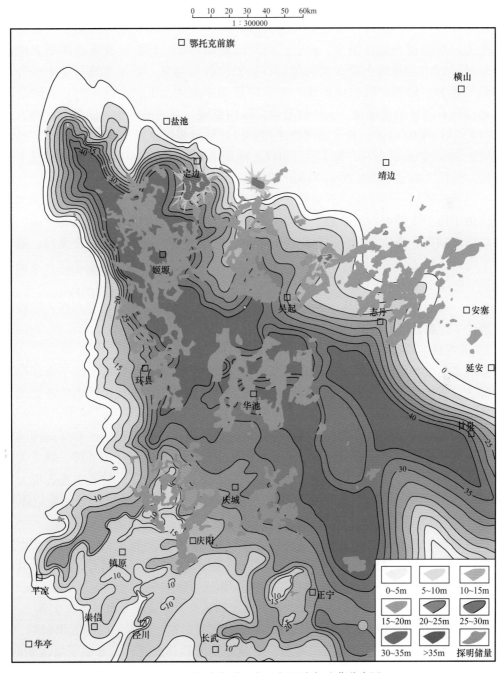

图 9-2-1　鄂尔多斯盆地长 7 烃源岩与油藏分布图

长 7 油层组烃源岩有机质丰度高，有机碳含量分布范围为 0.45%～35.85%，平均含量为 9.02%，其中富有机质页岩有机碳含量平均值高达 13.75%；生烃潜量为 0.19～116.17mg/g，平均值为 34.55mg/g；氯仿沥青"A"含量的分布范围为 0.02%～1.67%，平均值为 0.66%。有机质类型好，以 I 型和 II_1 型为主。长 7 油层组泥岩样品 R_o 一般为 0.9%～1.2%，优质烃源岩达到成熟阶段。热模拟实验表明，长 7 油层组优质烃源岩产烃率较高，可达 400kg/t（杨华等，2013）。

在埋藏过程中，烃源岩成熟生成油气后，向上、向下进入低渗透储层或致密储层的难度大，在储层内运移缓慢，具有近距离成藏的特征。延长组发现的油藏无论是纵向上还是平面上都呈现出距烃源岩越远石油充注程度越低、石油资源量越小、资源丰度越低的趋势。以西北沉积体系延长组多层系油藏为例，不同小层探明石油储量丰度变化趋势具有明显的规律性。长 7 致密油为源内成藏，石油最富集，储量丰度高，一般 45.8×10^4～71.9×10^4t/km²；长 8 油藏物性相对较好且紧邻烃源岩，石油储量丰度也较高，平均值为 50×10^4t/km² 左右；长 7 油层组以上地层随着油气运移距离增大，其储量丰度逐渐降低，至长 3 油层组降到 20×10^4t/km² 左右。

不同地区的同一油层组，石油储量丰度也显示出同样的趋势。以长 6 油藏为例，华庆地区由于位于生烃中心，储量丰度较高，平均值为 65.2×10^4t/km²；向东北方向，随着烃源岩厚度减薄、品质变差，运移距离的增加，储量丰度也逐渐较小，在吴起、顺宁地区，平均储量丰度分别为 59.1×10^4t/km² 和 43.2×10^4t/km²，再向东至安塞地区长 6 油藏平均储量丰度降至 33.9×10^4t/km²。

另外，吴起、志丹、富县一带发育长 9 烃源岩，长 10 出油井点的分布在一定程度上受上覆长 9 烃源岩范围的控制。

2）长期稳定的构造背景是大油田形成与保存的重要保障

鄂尔多斯盆地处于几大不同构造域影响的交汇部位，在大地构造上处于东部稳定区和西部活动带的结合部位，是一个古生代地台和台缘坳陷与中生代内陆坳陷叠置的大型叠合盆地。由于多期次不同方向与性质的构造运动在盆地内相互叠加、影响，造成盆缘、盆内构造与沉积充填复杂的耦合样式。总体上盆地地质构造具有稳定性和活动性的双重特征，前者主要体现在盆地本部构造活动以整体升降为主，地层分布平缓、缺乏大型褶皱和岩浆活动，地层接触关系以整合接触、平行不整合接触为主；后者主要表现为盆地周边断裂发育、变形强烈、地层重复或缺失情况复杂等特征，地层接触关系以不整合为主。

目前发现的规模储量区主要分布在构造比较稳定的伊陕斜坡上，该构造单元不发育大型的断裂、断层，仅见小型的裂缝，已形成油藏保存相对较好。同时，裂缝对低品位储层的渗流能力的改善和沟通油源发挥了积极作用。

3）含油系统核心区低渗透率岩性油藏、致密油藏与页岩油藏大面积连续分布

延长组长 7 优质烃源岩发育。长 4+5 油层组沉积时期、长 6 油层组沉积时期、长 8 油层组沉积时期、长 9 油层组沉积时期，三角洲前缘砂体发育；长 6 油层组沉积时期、长 7 油层组沉积时期，湖盆沉积中心大面积发育重力流复合成因深水砂岩。这几套砂岩

位于或紧邻生烃中心，油源充足，充注强度大，具有优先捕获油气的位置优势，而且长4+5厚层湖相泥岩区域盖层良好，具备形成大型低渗透率岩性油藏、致密油、页岩油的条件。

在目前已探明的石油储量中，80%的储量都处于与长7主力烃源岩上下紧邻的长4+5—长8油层组，主要分布于湖盆中部的姬塬、华池、吴起、庆阳等地区，即该含油系统的"核心区域"，尽管越靠近该体系核部，储层的孔渗性能越差，但由于石油未经过大规模长距离运移，含油丰度则越高；相反，距离核部越远的地区，虽然储层物性越好，但含油丰度呈现出逐渐降低的趋势。

长6油层组石油资源大面积分布，规模聚集在东北曲流河三角洲、西北辫状河三角洲及湖盆中部重力流发育区，截至2020年底已经探明石油地质储量超过$20×10^8t$；在长8油层组已探明石油地质储量超过$13×10^8t$，实现了西北沉积体系、西南沉积体系、东北沉积体系油藏的大连片；在长7油层组规模聚集页岩油资源，主要分布在湖盆沉积中心重力流沉积砂体中及靠近沉积中心的三角洲前缘砂体中，有利勘探面积近万平方千米，截至2020年底，页岩油已探明石油地质储量超过$6×10^8t$。

4）优势砂体是低渗透率岩性油藏、致密油藏与页岩油"甜点"发育区

传统的基于砂体累计厚度或沉积相储层预测方法已不能精确反映储层优劣及变化。砂体厚度法侧重砂体累计厚度，未能反映优势砂体位置及内部结构；微相组合法侧重于沉积微相和砂体成因分析，但忽略同一相带内部砂体优劣及空间变化，制约了储层宏观非均质性评价。因此需要寻找一种评价优势砂体的方法，为了解决这一问题，本次采用了砂体结构分析方法。根据沉积水动力学分析，同一沉积微相主体部位砂体厚度大，以块状层理和大中型交错层理为主，侧翼部位单层厚度小，发育平行层理和小型交错层理等，以此为基础，通过精细统计和分析砂体结构与厚度、物性、含油性和电性的关系，优选了自然伽马、密度、补偿中子孔隙度等对主体与侧翼所对应的岩性和层理有较好的敏感性的测井参数，利用测井大数据寻找优势砂体分布区。

（1）主体与侧翼砂体的识别。

曲线齿化程度较好地指示了储层内部结构的变化，主体砂岩测井曲线往往较为平滑、幅度变化较小，多呈箱状、钟形、漏斗形；侧翼砂岩测井曲线往往齿化明显、幅度变化较大，多呈指状。

以陇东地区长8油层组为例，进行砂体结构分析。长8油层组可划分为长8_1段、长8_2段，每段进一步细化为三个单砂层。长8单砂体主体砂岩的厚度通常集中在3~8m之间，而侧翼类砂岩单砂体厚度则集中在2.0~3.5m范围内。主体类砂岩自然伽马值集中分布在70~88GAPI，平均值为79GAPI；密度主要分布在2.48~2.57g/cm³之间，平均值为2.52g/cm³，补偿中子孔隙度集中分布在13%~21%之间，平均值为16%；侧翼类砂岩自然伽马值集中分布在83~110GAPI之间，平均值为96GAPI，密度主要分布在2.52~2.64g/cm³之间，平均值为2.56g/cm³，补偿孔隙度中子集中分布在16.5%~21%之间，平均值为19%（图9-2-2）。

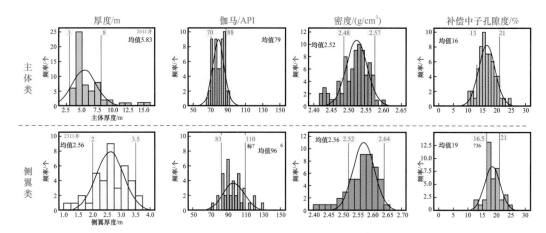

图 9-2-2　陇东长 8 主体砂岩与侧翼砂岩—电参数对比

（2）砂体叠置关系。

长 8_1 段、长 8_2 段均可细划 3 个小层，因湖岸线频繁摆动、河道迁移形成多种复合组合类型。长 8_1 砂体、长 8_2 砂体的叠置关系可以总结为三种砂体结构类型和 12 种组合方式（图 9-2-3）。三种砂体结构类型分别是河道型砂体叠置、坝型砂体叠置、混合型（河道 + 坝型）砂体叠置。每一种砂体结构类型又可以进一步划分为三期主体砂体叠置型、两期主体砂体叠置型、一期主体砂体型、侧翼型。

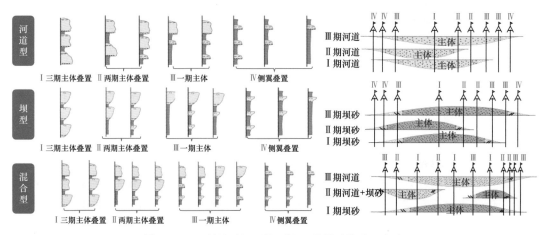

图 9-2-3　延长组长 8_1 段、长 8_2 段单砂体叠置方式

（3）优势砂体工业化制图。

陇东地区长 8_1 以分流河道、水下分流河道砂体为主，仅在三角洲前缘末端发育坝砂组合，在湖岸线频繁摆动及河道迁移区，形成以河道砂体为主、坝砂次之，多种复合的组合类型。以单砂层为单位，区分主体类砂体和侧翼类砂体，对砂体的分布进行工业化制图［图 9-2-4（a）～（c）］，然后将三个单砂体图叠加就形成了长 8_1 段砂体纵向叠置构型图［图 9-2-4（d）］，可获得长 8_1 段三期主体砂体叠置、两期主体叠置、一期主体、侧翼分布的位置。其中，三期主体叠置区、两期主体砂岩叠置区为优势砂体分布区，主

体部位砂体厚度大，物性好，含油性好；侧翼部位粒度细，物性相对较差，非均质性强，同等成藏条件下含油性差，因此三期主体叠置区、两期主体砂岩叠置区也是建产有利区。

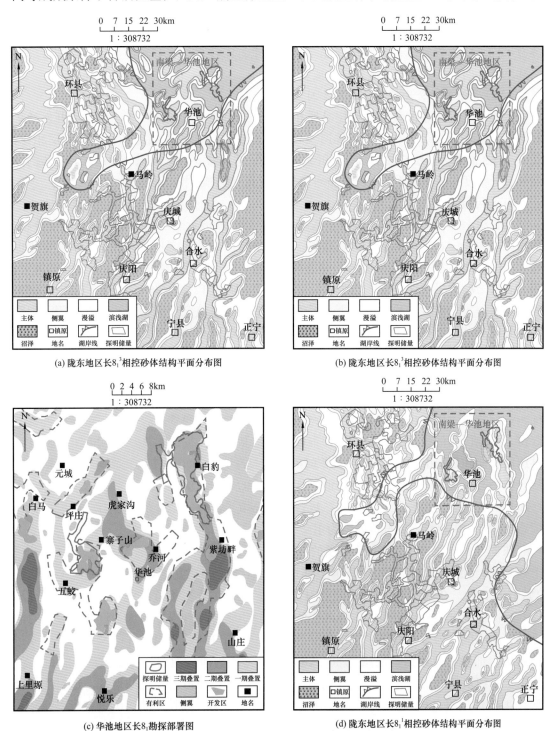

(a) 陇东地区长8_1^3相控砂体结构平面分布图

(b) 陇东地区长8_1^3相控砂体结构平面分布图

(c) 华池地区长8_1勘探部署图

(d) 陇东地区长8_1^1相控砂体结构平面分布图

图 9-2-4　陇东示范区长 8_1 段相控砂体结构与优势砂体分布图

2. 延长组不同层系成藏控制因素

根据沉积、储层物性、油藏发育特征，可将延长组划分为上部、中部和下部三个含油层系，各个层系在油藏分布、石油富集程度、油藏类型等方面各具特点，控藏因素也各有不同。中部含油层系为非常规油藏发育层系，以致密油、页岩油为主。上部含油层系和下部含油层系为低—特低渗透油藏发育带。

1）延长组上部含油层系成藏主控因素

延长组上部层系油藏具有储层品质相对较好、单井产量较高、易于改造、开发效果好等特点，与长 4+5—长 8 油藏普遍发育的特低渗透率、致密储层和页岩油储层相比，长 1—长 3 油藏为浅层高效油藏，是开发建产的优选油藏。除了烃源岩和砂体对油藏的控制外，低幅度构造和侏罗系古河分布对油藏形成具有明显的控制作用。

（1）低幅度构造。

延长组上部含油层系低幅度构造较发育，在伊陕斜坡近东西向的鼻隆成排成带分布，构造幅度较小，在天环坳陷轴部和西翼，低幅度构造的方向变化较大，构造幅度变化也较大（图 9-2-5）。上部含油层系的储层孔隙发育，面孔率平均超过 4%，以粒间孔为主，溶蚀孔次之。储层物性较好，各个区块储层平均孔隙度 12%～18%，渗透率 1.2～32mD，油水具有一定分异性。通常情况下，低幅度构造与砂体组合形成构造—岩性圈闭，为石油运聚的有利区。在连通砂体、不整合面或断层沟通下石油向延长组上部砂体充注，并进一步向构造高部位的圈闭运移、聚集、成藏（图 9-2-6）。

（2）侏罗系古河泄压通道。

三叠纪末期，在印支运动影响下盆地整体不均衡抬升，总体呈现西高东低的地形特征，在此背景下延长组顶部遭受风化剥蚀及河流侵蚀等地质作用，形成沟壑纵横、丘陵起伏、高地广布的古地貌景观，这种古地貌背景制约了侏罗纪早期的沉积。早侏罗世富县组沉积期和延安组下部延 10 段沉积时的主要的古地貌单元有甘陕一级河谷，庆西、宁陕、蒙陕二级河谷，以及由这几大河谷切割而成的姬塬、演武、子午岭高地；还发育一些小型的支河、支沟。通常一级、二级古河中充填了巨厚的粗碎屑岩，以含砾中粗粒岩屑石英砂岩、中粗粒岩屑石英砂岩为主。

侏罗纪古河对延长组油藏形成的作用主要表现在：一方面古河通过深切延长组上部地层，使古河发育处的延长组上部地层保存不全，在盆地西南地区一般下切到长 2 段、长 3 段，在西缘和南缘地区抬升剥蚀和古河切割造成局部地区甚至长 4+5 段、长 6 段保存不全；另一方面，古河沉积的砂砾岩、砂岩具有很好的渗透性，是良好的输导层，而不能作为有效盖层，这样就导致在生排烃高峰期延长组长 4+5—长 9 段超压封闭系统上部的有效遮挡盖层减薄 80～280m，古河成为泄压通道，也是油气运移的优势通道。古河泄压通道的存在，造成在早侏罗世一级、二级古河发育的地区，延长组中上部长 4+5 油层组、长 6 油层组很难形成较高的过剩压力，如长 6 油层组过剩压力的分布图［图 9-2-7（a）］显示古河发育处过剩压力相对较低，明显不同于长 7 油层组、长 8 油层组、长 9 油层组过剩压力与沉积中心一致的特征。延长组中下部烃源岩生成的油气

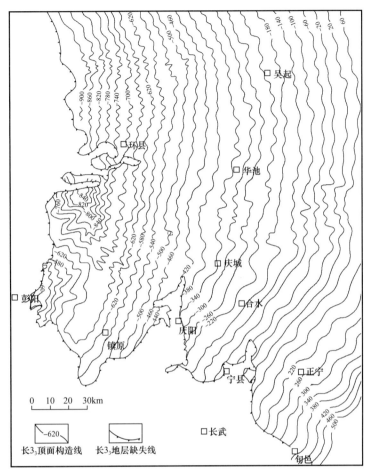

图 9-2-5　陇东地区延长组长$_3$顶面构造等值线图

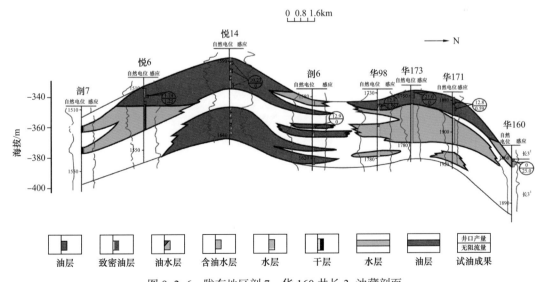

图 9-2-6　陇东地区剖 7—华 160 井长 3$_1$ 油藏剖面

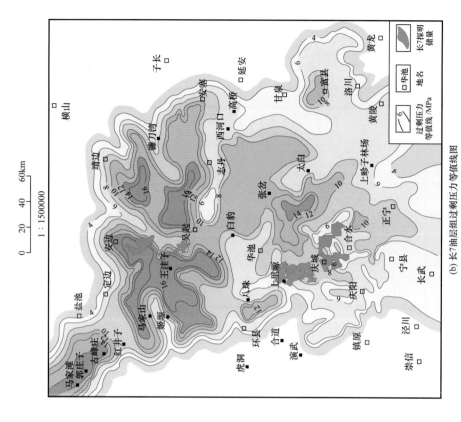

(b) 长7油层组过剩压力等值线图

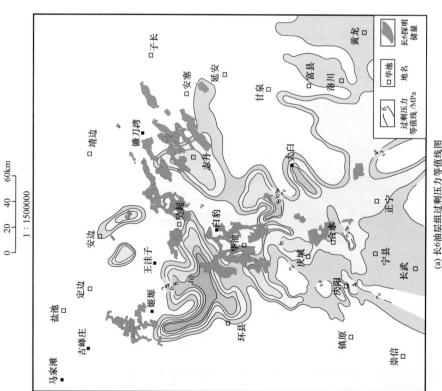

(a) 长6油层组过剩压力等值线图

图 9-2-7　早白垩世末鄂尔多斯盆地延长组流体组过剩压力分布特征

优先选择泄压优势运移通道，或沿着侵蚀面向上运移至富县组、延安组有利的圈闭中聚集成藏，或在古河两侧延长组长₁—长₃地层的有效圈闭中聚集成藏（席胜利等，2005）（图9-2-8）。

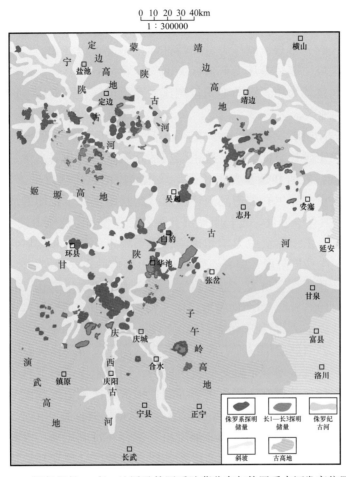

图 9-2-8　延长组长₁—长₃地层及侏罗系油藏分布与侏罗系古河发育位置关系

2）延长组中部含油层系成藏主控因素

延长组中部为非常规含油层系。对于坳陷型盆地，尤其是低渗透率岩性油藏、致密油藏，浮力、构造力无法为油气的运聚提供足够的动力，运移动力主要来自地层流体过剩压力（段毅等，2005；刘新社等，2008；邓秀芹等，2011）。鄂尔多斯盆地延长组油藏形成于晚侏罗世—早白垩世，成藏时间较早，之后虽然经历了多次构造运动，但都表现为周缘构造活动强烈，而盆地主体以整体升降为主，构造对内部地层和油藏的改造不明显，因此构造动力对低渗透油藏和致密油藏的影响有限。

（1）过剩压力（压差）低值区为延长组中部含油层系油气运移聚集的有利区。

早白垩世为延长组最大埋深阶段，在该阶段长3段及以上地层基本为常压，长4+5—长9段普遍发育较高的流体过剩压力。其中，长7段过剩压力异常高，压力系数一般为 1.2～1.7，向上、向下过剩压力减少。过剩压力在湖盆中部较高，边缘较低[图 9-2-7（b）]，高值分布范围与沉积中心具有较好的匹配关系。总体上延长组可划分为长 4+5—长 9 段超压封闭成藏动力系统和长 1—长 3 段常压开放成藏动力系统两大成藏动力系统。长 4+5—长 9 段超压流体动力系统可进一步划分为长 4+5—长 8 段超压层系和长 9 段以下弱超压层系。

从含油有利区的分布与过剩压力分布特征匹配情况可以获知，石油主要赋存在过剩压力相对较低的区域，即过剩压力低值区为油气运移的有利目标。低渗透—致密砂岩储层中的油气以纵向运移为主，纵向上的过剩压力差低值区，或高压差区内的相对低值区为油气成藏的有利地区。

（2）沉积与成岩作用控制的高渗透率储层发育区，为特低渗透—致密油聚集的有利目标。

岩石学特征决定延长组低渗透—致密储层的背景下存在相对高渗透区。整体上延长组碎屑颗粒粒度细，岩屑和杂基含量较高，导致储层的抗压强度低，在成岩作用早期，压实作用强烈，大量的原生孔隙遭到破坏。而且延长组经历了长期的成岩演化，黏土矿物转化、胶结作用复杂。因此，延长组储层孔隙发育程度和渗流能力较差。

在东北物源区，由于储层中力学和化学性质不稳定的长石和岩屑含量相对较高，在早成岩阶段晚期至中成岩阶段，斜长石蚀变和火山岩屑的水化蚀变广泛形成浊沸石胶结，后期在有机酸等作用下，容易发生强烈溶蚀，形成大量的次生溶孔，有效地改善了储层物性（朱国华等，1985）。三角洲前缘地区由于河流带来丰富的溶解铁（如黑云母等暗色矿物水化析出的铁离子），有利于绿泥石膜的形成，如长 8 三角洲前缘砂岩储层、陕北地区长 6 三角洲前缘砂岩储层中绿泥石膜都很发育，黏土膜附着在颗粒表面一方面增加了颗粒的粒径，一定程度上增强了岩石的抗压能力，同时阻止了石英自生加大的形成，使得原生粒间孔获得较好的保存。相比之下，湖盆中部地区重力流成因的长 6 油层组砂岩储层由于粒度细，且缺少绿泥石膜的保护作用，导致储层物性差，主要为致密储层。

长 4+5 油层组、长 6 油层组、长 8 油层组普遍存在过剩压力，成藏动力较强，石油充注强度大，油藏含油性好。中部含油层系各层含油情况呈现互补的情况。如姬塬地区南部耿 230 井—耿 313 井长 4+5$_2$—长 6$_1$ 油藏，在长 4+5 油层发育的地方长 6 油层虽然也发育较好的砂体，但含油性较差。长 4+5 砂层或油层较薄的地区，长 6$_1$ 油层较好，产量较高。

（3）源储类型及组合样式控制了长 7 油层源储一体页岩油"甜点区"的发育。

长 7 油层为最大湖泛面，主要为泥页岩、重力流沉积砂岩。长 7 油层下部发育深湖相环境沉积的富有机质黑色页岩，中上部主要为半深湖—深湖相暗色泥岩或深湖相富有机质黑色页岩与重力流细砂岩、粉砂岩，发育自生自储、源内聚集的非常规油藏。

根据烃源岩与储层类型的组合，可以将长 7 页岩油划分为四类有利区，分别是富有机质页岩与重力流砂岩组合、暗色泥岩与重力流砂岩组合、暗色泥岩与三角洲砂岩组合、浅湖泥岩与三角洲砂岩组合，其中前两类组合位于沉积中心，是页岩油勘探开发的"甜点"，具有优质烃源岩发育、厚度大、类型好、生排烃高峰期泥页岩产生的过剩压力大、成藏动力强的优势。同时，这两类组合源与储紧密相邻，运移距离短，气油比高，流体性质好。而且沉积中心重力流砂岩组分中石英含量相对较高，具有较好的脆性。

3）延长组下部含油层系成藏主控因素

长 9—长 10 油层组处于长 7 主力烃源岩之下，浮力在成藏过程中不但没有起到积极的作用，相反是石油运聚的阻力。长 7 油层组的超压和长 9 油层组的弱超压成为下部层系成藏的主要动力。可以通过对过剩压力作用下石油下排烃运移距离的研究，优选石油运聚有利地区。

（1）下排烃动力与排烃距离。

长 9 油藏主要分布在姬塬地区，在陇东地区、湖盆中部地区也钻遇长 9 油层并获得了工业油流。姬塬和陇东地区长 9 油层组都不发育湖相烃源岩，而是长 7 优质烃源岩分布广泛，厚度大。长 9 油藏的原油来自长 7 烃源岩，长 7 烃源岩生成的原油在过剩压力驱动下倒灌充注，在长 9 地层聚集成藏（图 9-2-9）。

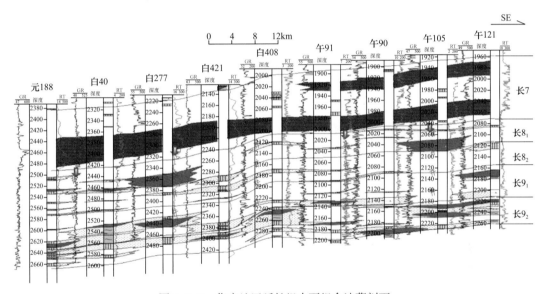

图 9-2-9　华庆地区延长组中下组合油藏剖面

① 过剩压力与最大排烃距离的关系。

采用过剩压力与排烃最大距离包络线法，获得不同过剩压力条件下，石油向下排烃距离。该方法主要包括流体过剩压力、最大排烃距离两个参数。可以通过等效深度法、包裹体古压力计算、烃源岩热模拟等方法获得流体过剩压力值。后两种方法实验过程影响因素多，且成本高，很难获取大批量数据进行工业化制图。通常情况下，利用测井曲线采用等效深度法开展过剩压力研究，此方法成熟、快捷，测井数据丰富，可以满足工业化制图的需要。将延长组下部最底部油层的深度与长 7 泥页岩段底部的距离，视为烃源岩向下排烃的最大距离。

利用等效深度法计算了 214 口井的长 7 泥页岩过剩压力值，读取了这些井长 7 油层组下排烃最大距离，并用这两个参数编制散点图，数据点的下包络线就代表了某一过剩压力驱动下烃源岩向下排烃的最大距离。拟合的下排烃距离的关系式为：

$$H_{max} = 93.953 \times \ln p - 91.276 \qquad\qquad (9-2-1)$$

式中　H_{max}——烃源岩向下排烃最大距离；

　　　　p——过剩压力。

② 下排烃动力及含油有利区优选。

鄂尔多斯盆地腹部（尤其是靖边以南地区）长 8 油层组、长 9 油层组厚度分布稳定，其中长 8 油层组厚度一般为 80～90m，平均值为 85m；长 9 油层组厚度一般为 100～120m，平均值为 110m。下排烃最大距离公式计算表明：长 7 油层组烃源岩向下排烃要穿过长 8 油层组（85m），进入长 9 油层组聚集成藏需要长 7 油层组泥页岩的过剩压力大于 7MPa；长 7 油层组烃源岩向下排烃要穿过长 8 油层组、长 9 油层组（共 195m），进入长 10 油层组聚集成藏，需要大于 20MPa 的过剩压力。由此可知，单纯从动力的角度分析，长 9 油层组含油有利区为长 7 油层组泥页岩过剩压力大于 7MPa 的区域，长 10 油层组含油有利区为长 7 油层组烃源岩下排烃动力超过 20MPa 的区域（图 9-2-10）。

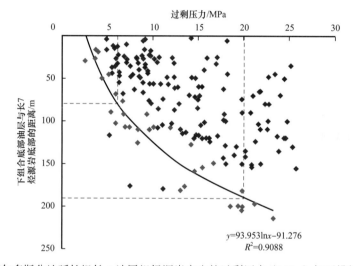

图 9-2-10　鄂尔多斯盆地延长组长 7 油层组烃源岩产生的过剩压力（MPa）与下排烃最大距离关系

已发现的长 10 油藏主要位于志丹地区，该区长 7 油层组过剩压力一般小于 10MPa，因此本地长 7 烃源岩向下运移至长 10 油层组动力不足。长 10 油藏的供烃有两种方式，一是长 7 烃源岩生成的原油沿伊陕斜坡侧向向东部的构造相对高部位运移，并在有利圈闭中聚集成藏；二是油源来自长 9 烃源岩，目前发现的长 10 油藏与长 9 烃源岩的分布范围具有较好的匹配性。采用上述方法分析，长 9 烃源岩位于长 9 油层组的顶部，该烃源岩向下排烃到长 10 油层组要穿过约 110m 的地层，需要约 8MPa 的过剩压力，因此在长 9 油层组过剩压力等值线图上，过剩压力大于 8MPa 的地区为长 10 油层组的含油有利区。

（2）低幅度构造的控藏作用。

姬塬地区延长组下部含油层系储层物性较好，大部分储层渗透率超过 5mD，油水存在一定程度的分异，低幅度构造是石油运聚的有利的圈闭（图 9-2-11），主要发育构造—岩性油藏，在天环坳陷地区发育岩性—构造油藏。相比而言，陇东地区长 9 油层组的砂岩成岩作用强烈，储层致密，大部分储层渗透率小于 1mD，主要发育岩性油藏。在平缓的伊陕斜坡上，油藏或出油井常常位于鼻状隆起构造高部位，天环坳陷凹中隆也是找油有利区。

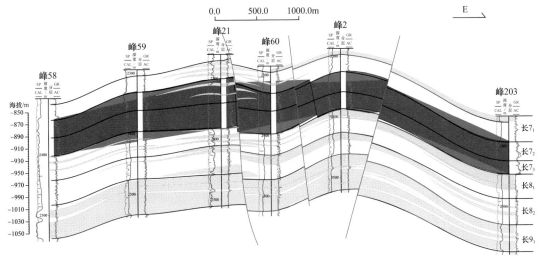

图 9-2-11　姬塬地区西部黄 219 井区延长组长 9_1 油藏剖面图

四、延长组含油系统特征

综合延长组沉积演化、成藏组合、储层品质、流体压力、油藏类型、储量丰度、油藏规模共七个方面特征，建立延长组低渗透—非常规油藏含油系统模式，以长 7 油层组湖泛面为界限，延长组上部和下部油藏在沉积、储层与油藏特征等方面呈现对称分布的特点（图 9-2-12）。

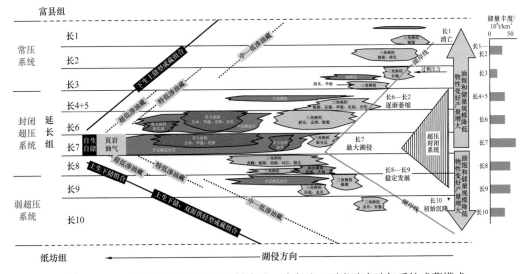

图 9-2-12　鄂尔多斯盆地延长组低渗透—致密油—页岩油含油气系统成藏模式

（1）沉积演化：延长组沉积时期，从早期的长 10 油层组沉积时期到晚期的长 1 油层组沉积时期，湖盆经历了一次完整的水进、水退作用，其中长 7 油层组沉积时期为最大湖泛期，半深湖—深湖相范围超过 $9 \times 10^4 km^2$，沉积了一套富有机质泥页岩，并发育重力流沉积，深水泥页岩厚度大，品质优，成为中生界最主要的烃源岩层。延长组的上部、下部主要为三角洲、浅湖相沉积。

（2）成藏组合：以长7油层组优质烃源岩为界，长1—长6油层组主要形成了下生上储型成藏组合，长8—长10油层组存在上生下储、复合供烃型两种成藏组合，长7油层组形成了自生自储型成藏组合。

（3）储层品质：延长组长7油层组储层物性最差，向上、向下储层储集性能和渗透性能都逐渐变好。上部长1—长2油层组和下部长9—长10油层组以中（低）渗透率油藏为主，在长3—长8油层组发育特低渗透率油藏和致密油，尤其是长4+5—长8储层，除了位于陕北地区的长6油藏和位于西峰主砂带长8油藏属于特低渗透率油藏外，其他地区均为致密油。

（4）地层流体压力：中晚侏罗—早白垩世期间，快速沉降和深埋增温作用导致长7富有机质泥页岩的产生欠压实、生烃增压等一系列作用，从而形成超压。受沉积和岩性发育特征影响在延长组"核心位置"（沉积中心区的长4+5—长8油层组）成为超压封闭成藏动力系统，长9油层组、长10油层组具有弱超压的特征，长1—长3油层组主要为常压成藏动力系统。

（5）油藏类型：长1—长3油层组常压系统和长9—长10油层组弱超压系统储层物性相对较好，油水存在一定的分异作用，主要发育构造—岩性油藏；长4+5—长8油层组超压系统主要发育大型低渗透—岩性油藏和非常规致密油与页岩油气藏。其中页岩油气藏主要分布在延长组长7段。页岩油广泛分布在半深湖—深湖相泥页岩和粉细砂岩中，而页岩气仅发现分布于盆地东南部局限地区。长7泥页岩 R_o 一般为 0.9%～1.2%，处于成熟阶段，以生油为主。但在早白垩世末，盆地整体抬升，西部抬升缓慢，幅度小，剥蚀厚度一般为 200～400m，而盆地东南部抬升显著，地层剥蚀超过 1000m，东南部的快速抬升降压作用造成溶解气解析，局部富集，因此在盆地东南局部形成页岩气藏。

（6）含油性：以湖盆中部长7油层组为核心向周边地区和上、下层系，储层物性逐渐变好，单井产量逐渐增大，但油藏的含油丰度呈逐渐降低的趋势。

（7）油藏规模：特低渗透油藏和致密油具有大面积连片复合分布的特征，油藏规模一般为几千万吨，甚至超过亿吨；中低渗透油藏由于沉积粒度较粗，储层物性相对较好，油水分异程度高，局部低幅度构造发育区成为石油聚集有利区，普遍含油面积小，孤立分布，规模也较小，一般规模几百万吨，有的规模甚至仅有几十万吨。

第三节　岩性大油区评价方法与应用成效

一、岩性大油区评价方法

鄂尔多斯盆地延长组具有优质烃源岩发育，满盆富砂、构造长期稳定等有利的成藏条件，但内陆坳陷湖盆沉积与岩相变化快、砂岩粒度细、储层物性差、单井产量低、控藏因素复杂，造成勘探开发难度大。因此，针对这些低渗透—岩性油藏、非常规页岩油和致密油，必须有针对性地开展工作，寻找有利钻探目标。

1. 井震结合开展小层精细对比，明确目标层系

地层对比是石油地质研究最基础、最根本的工作。根据沉积旋回、凝灰岩等标志层，结合岩性组合、生物特征，充分利用测井、录井、地震等资料开展小层精细对比，分析地层展布特征、湖盆底形、优势砂体展布，追踪油层，分析其横向变化及连通关系，进一步明确主力勘探、开发目的层系和兼探层系。

2. 控藏因素分析，优选有利勘探目标

延长组低渗透—岩性油藏、致密油成藏主控因素分析表明烃源岩的分布控制了大油区的分布范围及规模，沉积体系与沉积演化决定了优势砂体的展布和成藏组合，储层综合评价寻找高渗透率、高产富集区、输导体系与流体动力系统研究明确石油运聚有利方向，综合以上成藏控制因素优选有利钻探目标（图 9-3-1）。

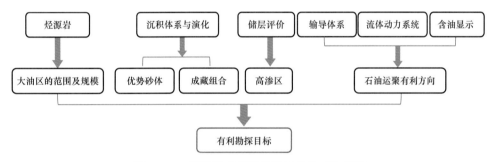

图 9-3-1　延长组有利勘探目标优选工作流程

3. 直井落实油藏，水平井提产提效

延长组主要为低渗透—致密储层和页岩系储层，储层的非均质性强，储集性、渗透性都较差，加之地层压力低，压力系数一般为 0.6～0.9，造成直井单井普遍产量低，尤其是长 4+5—长 8 油层组，产量递减快，直井一般产量小于 1t/d，很难达到经济开采的目标。但直井具有油层发现成本低的优势，因此对于低渗透油藏，尤其是特低渗透油藏、致密油及页岩油藏多采用直井控制油藏的分布范围、规模，提交储量的目的，采用水平井提高单井产量、提高采油速度的目的。

二、应用成效

地质综合研究成果及时应用于鄂尔多斯盆地中生界石油勘探。2008 年以来，石油探明储量快速增长。其中 2008—2010 年，每年新增探明储量超过 $2×10^8t$；2011—2020 年，连续 10 年年均新增石油探明储量超 $3×10^8t$，实现了新的储量增长高峰（图 9-3-2），发现了华庆油田、环江油田、合水油田、南梁油田、庆城油田等一批亿吨级大油田，形成了陕北、姬塬、陇东、湖盆中部四个超十亿吨级大油区（图 9-3-3），支撑了长庆油田油气当量从 $2000×10^4t$ 向 $6000×10^4t$ 的快速攀升。

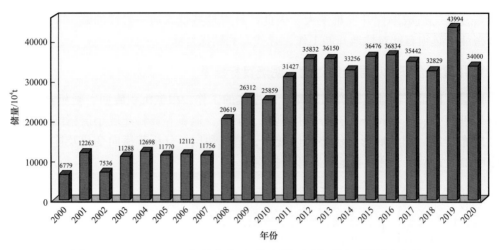

图 9-3-2 2000—2020 年长庆油田历年新增石油探明地质储量直方图

十年来，一方面通过主力目标层系精细勘探，四大油区的勘探成果不断扩大；另一方面加大新区、新层、新领域甩开力度，努力寻找战略新发现，勘探取得良好成效；此外，浅层高效油藏勘探助推油田公司提质增效。

1. 规模储量区主力目标层系精细勘探，成果不断扩大

姬塬、陕北、陇东和湖盆中部四大石油富集区主体位于伊陕斜坡，长 7 深湖相沉积优质烃源岩发育；三角洲水道型砂体和重力流沉积砂体复合发育，形成规模储集体，具有近源成藏的优势；生排烃高峰期长 7 泥页岩中流体过剩压力高，成藏动力强，成藏条件优越，为大油田的形成奠定基础。主力含油层系为长 6—长 8 油层组。

为了落实整装储量规模，通过高分辨率层序地层学分析，精细开展小层划分、砂体和油层对比、突出沉积微相研究，明确优势砂体展布规律；精细油藏解剖和流体判识，揭示油藏纵向叠合发育特征与油水分布规律，从而优选有利勘探目标，指导勘探部署，长 8 油层组、长 6 油层组探明储量面积不断扩大，实现储量大发现。

针对合水地区和华池、南梁地区长 8_1 段薄互层砂体特点，地震创新应用频谱分解技术有效识别了薄互层砂体，井震结合精细刻画砂体结构，落实了有利砂带，并开展成岩相研究，在整体低渗的背景下寻找相对高渗高产富集区；针对环江地区长 6 油层组、长 8 油层组储集砂体横向变化快、西部发育低阻油层的特点，重点加强了地震储层预测、测井精细评价，提高储层预测的精度和油水层判识精度；针对姬塬长 6 油层组油水分布复杂情况，从砂体结构、成岩相、成藏动力石油运聚等方面等方面加强油水分布特征及成藏机理研究，预测有利勘探目标，并针对纯油层、油水同层和上油下水三种类型的油层特征，通过不断探索攻关，逐步形成了"变排量、多级加砂""混合压裂""小排量约束缝高"等具有针对性的储层改造模式，改造效果较明显。

勘探开发联手，整体部署、整体实施，实现了四大富油区长 8 油藏的复合连片，姬塬、陕北、湖盆中部长 6 油层组储量不断攀升，近 10 年盆地长 6 油层组、长 8 油层组共新增探明储量 $18.16 \times 10^8 t$，2020 年年产原油 $1141 \times 10^4 t$。

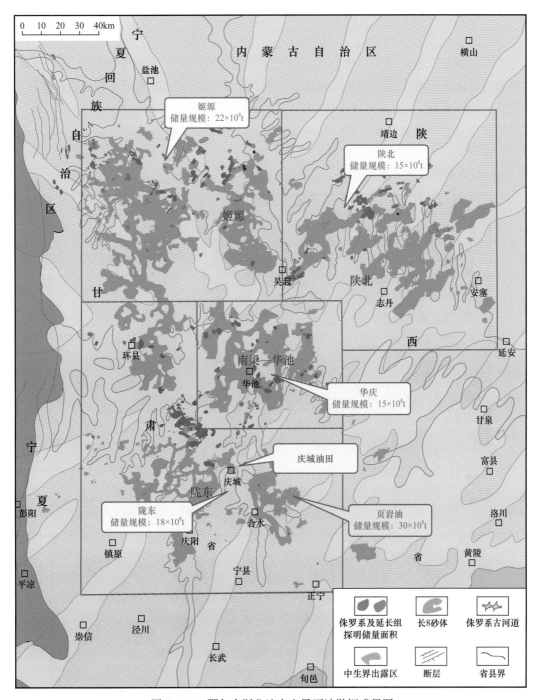

图 9-3-3　鄂尔多斯盆地中生界石油勘探成果图

2. 大打效益勘探进攻仗，中生界浅层石油高效勘探成果显著

延长组长 3 油层组以上及侏罗系浅层油藏储层物性好、产量高、开发建产快，近年来开发建产动用储量占比 29.3%，产量占比达 37.6%，是高效勘探开发的重要领域。

石油预探针对长 3 油层组以上及侏罗系油藏隐蔽性强、规模小、预测难度大等难题，按照"三维地震勘探区精准发力、老井快速复查、甩开兼探找发现"的思路进行勘探，通过古地貌刻画、成藏动力、输导体系等控藏因素系统研究，突破了高地、古河油藏不发育的传统认识，持续推进古地貌油藏群成藏理论创新。通过系统圈闭有效性精细评价，寻找有利勘探目标，勘探由"沿河顺沟"扩大到"上山下河"。积极开展三维地震勘探及新工艺应用、一体化建产等工作，保障高效储量"当年发现、当年探明、当年开发"。实现了优质高效储量的快速落实，近十年长 3 油层组以上及侏罗系新增探明储量 4.6×10^8t（图 9-3-4），助力油田快速上产。

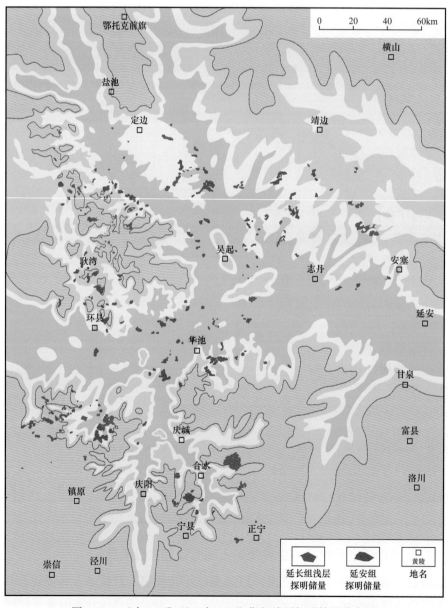

图 9-3-4　"十二五"至"十三五"期间浅层探明储量分布图

3.天环新区甩开勘探，发现两个亿吨级储量区

天环新区位于盆地西部，横跨天环坳陷、西缘冲断带两个构造单元，该区整体构造位置低、埋藏深度大，断裂发育、油藏控制因素复杂，一直是勘探坚持不懈探索的领域。通过深化地质研究，强化三维地震勘探和工程技术攻关，加大甩开勘探力度，在侏罗系、长8油层组等多个层系发现了高产含油富集区，打开了复杂构造区石油勘探新局面。

近几年围绕该区开展烃源岩再评价和构造特征精细认识，通过强化二维地震勘探、三维地震勘探技术应用，加强重点井资料录取和油藏输导体系刻画，明确了"凹中找隆"的勘探思路，大胆向西甩开部署，在侏罗系、长8油层组发现了多个高产富集区，坚定了向西甩开勘探的信心，落实了哈巴湖、平凉北两个新的亿吨级油气新区带。

1）环西—彭阳油藏群

通过开展烃源岩再评价，明确了环西地区长7油层组发育一套厚5～40m的烃源岩，有机质富含藻类体，TOC含量2.16%～3.17%，具有较好的生烃潜力。成藏控制因素研究表明盆地长7烃源岩生成的石油通过裂缝、不整合面、叠置砂体侧向上下运移，在侏罗系古河两侧高地和延长组坳陷轴部的低幅度鼻隆构造聚集成藏，形成高产富集区。在黄土塬三维地震成像基础上，利用地震二维、三维变速成图技术，整体研究，连片成图，实现了该区断裂、古地貌精细刻画，通过低幅度构造演化，预测侏罗系、延长组有利圈闭，发现了一批高产油藏，有利面积向西拓展了4000km^2，储量规模超亿吨。试采效果良好，有效支撑了该区10万吨级原油产能的快速建成。

2）盐池新区多层系高产油藏群

地质地震结合，理清了断裂系统分布，查明了印支、燕山、喜马拉雅三期断裂系统对中生界油藏的控制作用，认为印支期断裂沟通了烃源岩和储层，具有较好的运移和遮挡匹配条件，有利于形成高产含油富集区。油藏类型具有分带性：西缘冲断带构造变形强烈，断层发育，以断块油藏为主；过渡带变形相对较弱，发育低幅度构造和微小断层，以构造—岩性油藏为主；天环坳陷在砂岩透镜体的上倾方向形成有效遮挡，以岩性油藏为主。通过持续加大三维地震部署实施力度，有利勘探范围拓展上千平方千米，哈巴湖地区勘探取得良好成效。

4.加强新层系攻关，下组合勘探不断取得新突破

近年来，在延长组长6油层组、长8油层组大型岩性油藏勘探取得重大突破的基础上，为进一步开拓新的战略接替领域，加大延长组下部组合长9油层组、长10油层组新层系的地质研究与勘探力度，取得两项勘探突破。

姬塬长9油层组落实亿吨级储量规模。姬塬为多油层复合发育区，主力勘探开发目的层为长4+5油层组、长6油层组、长8油层组。为进一步寻找新的接替层系，近年来开展了长9油藏主控因素及分布规律研究，加强针对复杂油层的地震预测和压裂改造等适应性工艺技术攻关。长9油层组主要发育两种油藏类型，西部砂体厚，物性好，油藏受构造、岩性控制；东部砂体薄，物性差，油藏受岩性控制。开展地震预测技术攻关，

落实长 7 油层组烃源岩下排烃有利区和姬塬东部长 9 砂体展布、西部低幅度构造圈闭，针对长 9 油层组储层物性好，油水关系复杂，精细划分油水层参数、应力剖面，形成了纯油层型、上油下水、底水油帽型三种油层类型的改造模式。

陕北地区长 8 油层组、长 10 油层组勘探获得重大突破。该区主力勘探开发目的层为长 6 油层组，近年来为了夯实老油区稳产的资源基础，石油勘探围绕"安塞下面找安塞"的思路，加大了延长组下组合综合研究与勘探力度，明确长 10 原油具有油质轻、密度小、黏度低、流动性好的特点。长 10 砂体发育，连通性好，以岩性油藏为主，局部受构造影响，为构造—岩性复合控制油藏。东北体系长 8 曲流河三角洲前缘砂体单层厚度薄（5～10m），纵向上多期叠加，平面上叠合连片，厚度较大且分布稳定，储层致密，按照"直井落实油藏，水平井提产提效"的思路整体部署、整体勘探，发现了吴起、顺宁等 4 条含油砂带，针对长 8 致密—岩性油藏直井试采产量低、资源动用难度大等问题，积极开展不同砂带水平井攻关试验，持续开展工艺优化提升，实现了该区低效储量的有效动用。

截至 2023 年，长 9 油层组已探明地质储量 $8533 \times 10^4 t$，形成了 $2 \times 10^8 t$ 的储量规模。陕北地区长 10 油层组新增三级储量 $1.0 \times 10^8 t$，长 8 新增储量超 $3 \times 10^8 t$，"安塞下面找安塞"取得实质性突破。展示了延长组下部层系良好的勘探前景。

5. 页岩油新类型整体勘探，落实两大规模含油富集区带

鄂尔多斯盆地长 7 发育多期叠置砂岩发育砂岩型（Ⅰ类）、页岩夹薄层砂岩型（Ⅱ类）、页岩型（Ⅲ类）页岩油，其中Ⅰ类页岩油已实现规模效益开发，Ⅱ类页岩油分布更广泛，资源潜力巨大，勘探突破后对油田发展意义重大。

长 7 油层组作为盆地主力烃源岩层系，直井投产产量平均小于 0.5t/d，无工业开采价值。2011 年在陇东西 233 井区部署了非常规体积压裂试验区，积极开展先导性试验，通过水平井体积压裂，局部地区单井产量可达到 10t/d，安 83 井区、庄 183 井区、西 233 井区等Ⅰ类页岩油开发试验区展现了源内良好的勘探开发潜力，实现了水平井提产的实质性突破，拉开了长 7 油藏勘探开发序幕。

近年来，长庆油田通过持续科技创新，大力实施勘探开发、工程工艺、生产组织等一体化联合攻关。创立了陆相淡水湖盆大型源内非常规石油成藏理论，实现了长 7 油层组从"源岩"到"源储一体"认识的重大转变，拓展勘探领域 $2.5 \times 10^4 km^2$，推动Ⅰ类页岩油勘探取得重大突破。落实了陇东和陕北两大含油区带。探明了储量规模超 10 亿吨级的、我国最大的页岩油油田——庆城油田，陕北页岩油攻关取得实效，落实有利面积 $1500 km^2$（图 9-3-5）。2020 年页岩油年产量已达 $144 \times 10^4 t$，在陇东地区已快速建成百万吨级页岩油开发示范区。

Ⅱ类、Ⅲ类页岩油直井勘探突破出油关。城 80 井区开展Ⅱ类页岩油水平井攻关试验，部署实施了城页 1 井、城页 2 井两口水平井，试油日产均超过百吨，但作为新类型油藏试采、开发技术有待于进一步深化研究和现场试验。

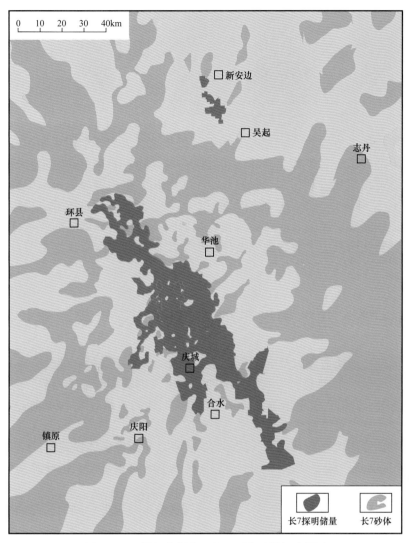

图 9-3-5 鄂尔多斯盆地长 7 页岩油勘探成果图

第十章　岩性地层油气藏勘探潜力与方向

岩性地层油气藏是我国陆上 21 世纪以来最重要的增储上产领域，"十一五"以来新增石油地质储量已占总探明储量的 70% 以上。近年来，以岩性地层大面积成藏地质理论及岩性地层大油气区分布规律为指导，在鄂尔多斯盆地三叠系、准噶尔盆地二叠系—三叠系、松辽盆地白垩系发现了多个亿吨级以上大油田，形成西峰、姬塬、陇东、玛湖等多个储量在 10 亿吨级以上的岩性地层大油区，实现了岩性地层油气藏规模增储和快速建产。本章在陆相断陷、坳陷、前陆和海相克拉通四类盆地岩性地层油气藏富集规律总结基础上，通过对我国陆上主要含油气盆地勘探阶段研判与剩余资源潜力分析，预测并评价了岩性地层油气藏的勘探潜力与方向。

第一节　四类原型盆地岩性地层油气藏富集规律

立足含油气盆地构造成因及沉积充填模式，从油气成藏条件和油气分布规律的角度，目前我国主要含油气原型盆地一般划分为四种类型，即陆相断陷、坳陷、前陆和海相克拉通（薛叔浩等，2001；贾承造等，2008）。"十五"期间贾承造等（2008）通过对前期和当前勘探研究成果的总结凝练，揭示了陆相断陷盆地富油气凹陷"满凹含油"、陆相坳陷盆地三角洲"前缘带大面积成藏"、陆相前陆盆地"冲断带扇体控藏"、海相克拉通盆地"台缘带礁滩控油气"四类原型盆地的岩性地层油气藏富集规律，指导及支撑了"十五"以来中国石油探区的油气勘探部署和重大发现。

本节在此基础上，结合"十一五"以来我国常规油气及非常规油气的勘探研究进展，进一步深化了四类原型盆地的油气分布规律与岩性地层油气藏富集规律，即断陷盆地富油气凹陷"满凹含油"，剩余资源以常规油气为主，斜坡带岩性地层油气藏规模聚集；坳陷盆地常规与非常规油气有序聚集，可发育不同类型大油气区，斜坡区岩性地层油气藏集群式分布与富集，洼陷区页岩油连续型大面积分布；前陆盆地冲断带中—下组合油气富集，复杂构造圈闭群连片分布、大面积成藏；海相克拉通盆地碳酸盐岩台地与古构造等共同控制油气分布，其中大型不整合结构体控制地层油气藏的规模分布与富集。

一、断陷盆地富油气凹陷斜坡带油气藏规模聚集

中国大型陆相断陷盆地主要分布在东部地区中生代—新生代，包括渤海湾盆地（E）、松辽盆地（K）、二连盆地（K_1）、苏北盆地（E），珠江口盆地（E—N）、南海诸盆地（E）等。西部地区柴达木盆地（E—N）、酒泉盆地（K_1）从盆地成因与沉积充填模式考虑也可归为断陷盆地类型。断陷盆地的重要特征是发育切割岩石圈不同深度的断裂系统，由断裂分割的断块相对运动形成隆坳、凸凹相间的构造格局。比如渤海湾盆地面积约 $20 \times 10^4 km^2$，包括 6 个坳陷和 3 个隆起、54 个凹陷和 44 个凸起。断陷盆地大都是由多个

凹陷组成，一个凹陷就是一个独立的沉积单元和含油气系统，因此凹陷是断陷盆地油气勘探部署与整体评价的最基本单元。

20 世纪 90 年代初期，有关勘探部署规划专家统计发现，在我国陆上分布的数百上千个凹陷中，油气主要富集在 60 余个重点含油气凹陷内，认为不同资源丰度的凹陷与不同的油气田规模、资源探明率、最大油田发现时期等都有着密切的内在联系（丁贵明等，1996）。"九五"期间依托"中国东部深层石油地质综合研究与目标评价"科技攻关项目，对渤海湾盆地石油地质条件、油气分布规律及前期勘探实践进行了系统总结，认为断陷盆地油气分布不均，客观存在"富凹""贫凹"现象，其中资源丰度高、资源量大的富油气凹陷油气最为富集，勘探成效也最为显著。渤海湾盆地发育 54 个凹陷，其中东营、沾化、饶阳、岐口、南堡、渤中、辽河西部等 14 个"富油气凹陷"，其资源量占 85% 以上，探明石油地质储量占 95% 以上，大油气田全都分布在这些富油气凹陷中（袁选俊，2001）。

21 世纪初期，赵文智等（2004）在我国陆相盆地最新勘探实践和前人成果总结基础上，创建了富油气凹陷"满凹含油"理论，为富油气凹陷整体部署、整体评价提供了理论依据，推动了岩性地层油气藏勘探进程与重大发现。富油气凹陷"满凹含油"理论认识主要包括三个方面：

（1）提出了富油气凹陷的概念与划分标准。富油气凹陷是陆相沉积盆地中烃源岩质量最好、热演化适度与生烃量和聚集量都位居前列的一类含油气凹陷。划分指标包括生烃强度大于 $50 \times 10^4 t/km^2$、资源丰度大于 $15 \times 10^4 \sim 20 \times 10^4 t/km^2$、资源规模大于 $3 \times 10^8 t$。

（2）揭示了"满凹含油"的理论内涵。有效烃源岩面积大，可为各类砂体提供油气来源。富油气凹陷内优质烃源岩与广泛分布的多类储集体大面积交互接触，各类储集体都有最大成藏机会；多层系、多类型油气藏平面上错叠连片，含油范围超出"二级构造带"范围，包括斜坡在内的广大凹陷深部位都有油气藏的形成与分布。

（3）形成了主攻富凹的勘探理念与流程。提出了"扩带进凹、下洼找油"，跳出"二级构造带"实现满凹寻找岩性地层油气藏的勘探理念；制定了"优选富油气凹（洼）陷，三维地震勘探整体部署，地质评价整体研究，目标钻探分步实施"的勘探流程；明确了大面积低丰度背景下"贫中找富"的指导思想，催生了富集区带的划分与评价。

富油气凹陷"满凹含油"理论的建立，为富油气凹陷整体部署、整体评价提供了理论依据，加快了我国岩性地层油气藏的发现节奏。21 世纪以来，中国陆上的重大发现几乎都来自富油气凹陷，且以岩性地层油气藏为主，在储量增长中发挥了突出作用。随着勘探的不断深入，富油气凹陷"满凹含油"的趋势愈加明朗。该认识已成功指导中国陆上多个探区下洼勘探获得新发现，推动了油气储量较大幅度地增长，对成熟探区深化勘探仍具有指导作用。

近年来通过渤海湾盆地精细勘探实践与研究表明，陆相断陷盆地富油气凹陷仍是油气勘探和增储上产的主战场。在富油气凹陷内，优质烃源灶提供了丰富的油气源，使得纵向上各层系、不同类型储集体中均可能形成油气聚集，平面上多层系、不同类型圈闭油气藏相互叠置连片分布，具有"满凹含油"的特征，油气藏类型以常规为主，斜坡带可形成规模聚集的岩性地层规模油气藏（图 10-1-1）。

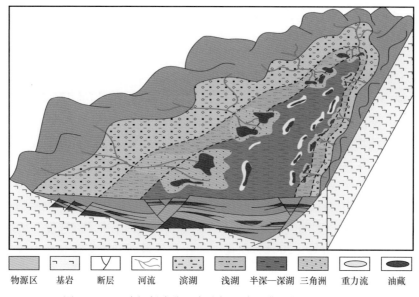

| 物源区 | 基岩 | 断层 | 河流 | 滨湖 | 浅湖 | 半深—深湖 | 三角洲 | 重力流 | 油藏 |

图 10-1-1　陆相断陷盆地富油气凹陷"满凹含油"示意图

从成藏条件与资源潜力分析，渤海湾盆地仍以常规油气资源为主，石油资源量为
$305 \times 10^8 \mathrm{t}$，天然气资源量为 $3.9 \times 10^{12} \mathrm{m}^3$；页岩油等非常规资源量相对较少，为 $73 \times 10^8 \mathrm{t}$；
从勘探程度与剩余资源分析，虽然石油勘探程度较高，探明率为 48.5%，但剩余资源量
仍有 $157 \times 10^8 \mathrm{t}$，远高于页岩油剩余资源量的 $70 \times 10^8 \mathrm{t}$；天然气目前探明率仅为 8.8%，剩
余资源量为 $3.5 \times 10^{12} \mathrm{m}^3$。因此，常规石油勘探仍是目前以至未来渤海湾盆地富油气凹陷
勘探的重要领域，其中斜坡带岩性地层油气藏是近期增储上产的主战场。"十二五"以来
大港探区主攻歧口和沧南凹陷斜坡区岩性地层油气藏勘探，取得了重要理论认识与重大
勘探进展，建立了高斜坡地层、中斜坡构造—岩性、低斜坡纯岩性的差异聚集成藏模式
（图 10-1-2），指导了黄骅坳陷的整体勘探部署，并在歧北、歧南、南皮斜坡发现规模储
量聚集区，其中歧北斜坡储量规模达 $6.2 \times 10^8 \mathrm{t}$，南皮斜坡储量规模 $2.75 \times 10^8 \mathrm{t}$。

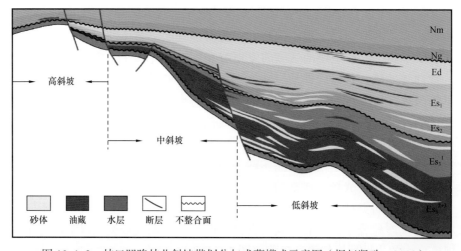

| 砂体 | 油藏 | 水层 | 断层 | 不整合面 |

图 10-1-2　歧口凹陷歧北斜坡带划分与成藏模式示意图（据赵贤政，2018）

二、坳陷盆地岩性地层油气藏集群式聚集

我国大型陆相坳陷型盆地主要发育于中生代,在东部、中部、西部各大含油气区均有分布,是我国最重要的含油气原形盆地类型之一,也是近20年来我国石油增储上产的主战场。针对陆相坳陷盆地的油气勘探,"十五"期间贾承造等(2008)提出坳陷盆地"三角洲前缘带大面积成藏",强有力地推动了坳陷湖盆大型三角洲的规模勘探;"十一五""十二五"期间进一步总结了坳陷湖盆岩性大油区成藏机理与分布规律,邹才能等(2011,2013)提出"连续型"型油气聚集机理,指导了大面积岩性与致密油气的勘探。"十三五"期间的攻关研究与勘探实践表明,坳陷盆地是大油气区形成与分布的主要地区,常规与非常规油气有序聚集,可发育不同类型大油气区,斜坡区岩性地层油区集群式聚集,而洼陷区则为页岩油/致密油连续分布。

从成藏条件与资源预测分析,与渤海湾典型断陷盆地油气资源仍以常规油气为主不同,松辽、鄂尔多斯等典型坳陷盆地常规与非常规油气资源均比较丰富。据2020年资源评价或预测结果,鄂尔多斯盆地常规油和致密油资源量为$146×10^8t$(探明率45%),页岩油$30×10^8t$,低成熟页岩油大于$100×10^8t$,因此其油气分布规律为斜坡区发育岩性储层大油区或致密砂岩储层大油区,而在中央坳陷区则主要为页岩油发育区,常规油气与非常规油气有序聚集规律明显(图10-1-3)。松辽盆地常规油+致密油$126×10^8t$(探明率63%),页岩油$54.5×10^8t$,低成熟页岩油大于$50×10^8t$,油气分布规律同样是常规油气与非常规油气有序聚集。

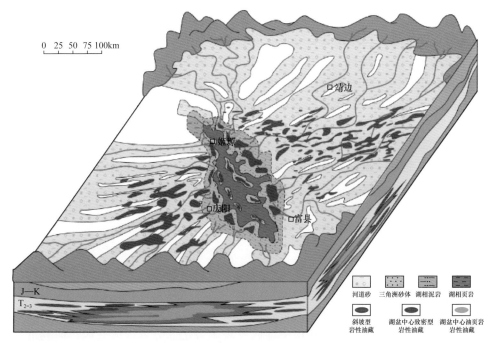

图10-1-3 鄂尔多斯盆地三叠系延长组油气有序聚集模式图

坳陷盆地岩性地层油气藏与致密油仍是目前规模增储上产的重要领域，但页岩油已成为目前的勘探热点，在鄂尔多斯盆地华庆地区、松辽盆地古龙地区已发现10亿吨级页岩油大油田；低成熟页岩油资源潜力大，预测将是未来的最重要接替勘探领域。

常规—非常规油气"有序聚集"是指含油气单元（盆地、坳陷或凹陷）内，富有机质烃源岩热演化生排烃与不同类型储集体储集空间随埋深演化，全过程耦合，油气在时间域持续充注、空间域有序分布，常规油气与非常规油气有亲缘关系，成因上关联、空间上共生，形成统一的常规—非常规油气聚集体系。常规油气主要发育在坳陷湖盆的斜坡区，平面上呈较大规模的集群式分布；非常规油气主要分布于坳陷湖盆的坳陷区，烃源岩发育，源储直接接触，有利于页岩油气呈大面积连续型或准连续型分布。斜坡区发育的规模碎屑岩储集体是岩性地层油气藏勘探的主战场，如近期在准噶尔盆地玛湖凹陷西斜坡三叠系百口泉组扇三角洲砾岩储集体勘探获得重大进展，展现出10亿吨级储量规模的大油区。

三、前陆冲断带构造圈闭群连片分布与大面积成藏

中国前陆盆地主要分布于中西部地区，形成于中新生代欧亚板块与印度板块的碰撞作用产生强烈的挤压应力，在造山带和稳定地块之间的过渡区出现大幅度沉降，其后由山系向盆地方向的逆冲形成平行山系走向的前陆坳陷。前陆湖盆沉积剖面形态呈不对称箕状，发育独特的沉积体系。

"十五"期间根据准噶尔盆地西北缘克拉玛依等油田的解剖，提出了陆相前陆盆地"冲断带扇体控藏"认识，其油气藏类型以岩性地层油气藏为主。"十一五"以来，随着塔里木盆地库车坳陷、准噶尔盆地准南坳陷研究不断深入与勘探重大突破，发现前陆冲断带成藏条件优选，发育多套有效烃源岩、多套滑脱层、多套储盖组合和沟通油气的断层，导致油气多层系成藏，其中深层近源区域盖层之下中—下组合生—储—盖配置好，滑脱变形导致构造圈闭发育，成排成带分布，构造圈闭群可大面积成藏和规模聚集（图10-1-4）。库车前陆冲断带下组合已形成博孜—大北、克拉—克深两个万亿立方米级大气区。准噶尔盆地南缘冲断带中—下组合近期勘探也取得重大突破，高探1井、呼探1井等获得高产油气流，展现了良好的勘探潜力。

前陆冲断带主力烃源岩发育在下组合，且流体超压和裂缝控制中下组合仍然存在有效储层，中—下组合近源成藏，源储空间配置好、成藏更高效；前陆冲断带受多滑脱构造带变形机制和盖层脆塑性影响，中—下组合盖层封闭性最强，有利于圈闭规模油气聚集和保存。因此，前陆冲断带中—下组合复杂构造圈闭群是前陆盆地近期油气勘探的重要领域。

前陆盆地坳陷带虽然烃源岩发育，但目的层埋藏深度大，目前勘探程度较低，其中川西坳陷已发现构造—岩性复合天然气田。前陆盆地斜坡带分布面积大，地形平缓，发育大型三角洲、滩坝等规模储集体，是岩性地层油气藏或致密油气形成与分布的重点地区，如四川盆地三叠系须家河组在川中地区发现了万亿立方米级大气区，但其富集规律还不十分明确，有待进一步深化研究。

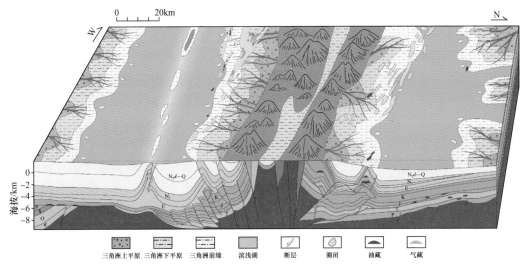

图 10-1-4 天山南北（库车、准南坳陷）冲断带下组合成藏模式示意图

四、海相克拉通盆地不整合地层准层状集群式油气聚集

我国海相克拉通盆地油气聚集主要集中在塔里木、鄂尔多斯、四川三大盆地的震旦纪和早古生代。"十五"期间根据海相克拉通盆地沉积模式与勘探实践，提出了"台缘带礁滩控油气"的分布规律。最新勘探实践与研究表明，海相克拉通盆地大型地层油气藏形成与分布与区域不整合密切相关，不整合面之下规模风化壳储层可形成准层状地层油气藏群。

我国海相克拉通盆地油气勘探大多是围绕古隆起及与其相关的区域地层不整合面展开的，如在塔里木盆地，晚加里东运动中开始出现的塔北、塔中和塔西南隆起等，影响和控制着不同层位和不同类型的油气藏的形成，台盆区发育三大碳酸盐岩区域不整合，具备准层状整体勘探潜力。

据国家专项碳酸盐岩项目成果及前人研究认为，海相克拉通盆地不整合地层准层状集群式油气聚集具有如下特点：（1）海相克拉通盆地往往经历了长期的构造沉积演化，由于周缘板块作用或其内不均衡沉降等因素常形成若干隆起与坳陷，地层不整合非常发育；隆起构造控制沉积、岩相分带及古水动力分带、油气聚集等，地层不整合面常成为油气运移的主要通道；（2）古隆起由于构造活动的继承性抬升，为油气长期运移指向，因此往往有丰富的油气聚集；油气赋存条件主要受古构造和沉积因素控制，一般构成下部断垒潜山、上部岩性构造复合以及披覆背斜油气藏组合；（3）影响克拉通古隆起油气藏形成与油气富集程度的因素除了烃源岩和储盖条件等因素外，古隆起形成时间、后期构造稳定性以及古隆起的规模等也是十分重要的控油因素；一般来说，古隆起形成时间越早、发育时间越长、后期构造越稳定、古隆起规模越大，越有利于油气聚集和保存，油气富集程度也越高；特别是晚加里东期—早海西期及晚海西期形成的古隆起，如果后期构造运动比较稳定，沉积连续，油气一般都比较富集。

四川海相克拉通盆地发育典型的不整合地层准层状集群式油气聚集。具有如下特点：（1）海相沉积为主，沉积了巨厚的震旦系—中三叠统海相地层，厚度达 4000～7000m；

（2）层系控制为主，油气纵向分布受主要烃源层系控制，目前已发现21套含油气层系，基本围绕上震旦统、下寒武统、下志留统、二叠系、上三叠统、下侏罗统等烃源层系规律分布；（3）盆地以大隆起、大斜坡构造为主，盆内构造变形弱，地史时期聚集的油气和形成的盖层未被大规模破坏，易形成大规模岩性油气藏、非常规油气聚集区；（4）盆地整体"赋油更富气"，以天然气为主，深埋高温作用使得盆地内海相地层充分生成天然气，海相碳酸盐岩气和页岩气均大规模发育；（5）常规—非常规油气并重，盆地主要发育三类常规油气与三类非常规油气。三类常规气藏为震旦系灯影组碳酸盐岩缝洞型气藏、寒武系龙王庙组和石炭系裂缝—孔隙型白云岩气藏、二叠系—三叠系碳酸盐岩礁滩型气藏；三类非常规油气为志留系龙马溪组与寒武系筇竹寺组页岩气、上三叠统须家河组致密气、侏罗系致密油。四川盆地内形成震旦系—志留系含气组合，常规碳酸盐岩气—非常规页岩气空间"有序聚集、共生分布"（图10-1-5），二者可分别形成万亿立方米级天然气储量规模（邹才能等，2014）。先后发现了普光（探明储量$4121\times10^8\text{m}^3$）、川中须家河组、龙岗、元坝、安岳（磨溪区块龙王庙组）等一系列千亿立方米级大气田。

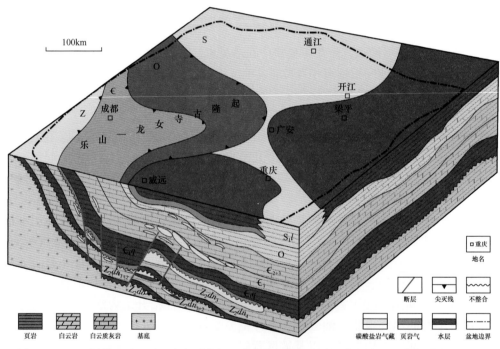

图10-1-5　四川盆地震旦系—志留系常规—非常规天然气有序聚集示意图（据邹才能，2014）

第二节　我国陆上剩余资源潜力分析

岩性油气藏广泛分布于陆相断陷、陆相坳陷、陆相前陆、海相克拉通等各类盆地中，剩余油气资源丰富，仍是我国今后一定时期内油气增储上产的主体。本节通过对近年来我国陆上油气勘探特点分析与主要含油气盆地勘探阶段研判，对六大重点盆地剩余资源潜力进行了预测评价。

一、国内陆上油气勘探特点

"十五"以来，中国陆上油气勘探围绕大面积岩性、前陆冲断带、海相碳酸盐岩、成熟探区、非常规页岩油气、煤层气等领域，不断创新发展油气成藏理论、攻关勘探关键技术，取得了一系列重大发展。石油勘探在准噶尔西北缘环玛湖地区二叠系—三叠系砾岩、鄂尔多斯盆地三叠系砂岩、塔里木盆地寒武系—奥陶系碳酸盐岩等领域取得一批重大发现，累计探明石油地质储量 $208×10^8t$。天然气勘探在鄂尔多斯盆地下古生界大面积致密砂岩、四川盆地震旦系—寒武系碳酸盐岩、塔里木库车前陆冲断带、四川盆地川南志留系页岩气等领域取得一批重大发现，累计探明天然气地质储量 $16×10^{12}m^3$。

通过对 21 世纪以来不同勘探领域、不同区域或盆地的勘探发现与储量增长规律等分析，认为我国陆上油气勘探具有以下五方面特点。

1. 区域上：勘探重点从东到西，中西部成为增储重点

"十五"以来，国内陆上油气新增储量高持续位增长，中西部地区主体地位日益突出。中西部石油探明储量占比由"十五"期间的 41% 上升至"十三五"期间的 86% 以上（图 10-2-1），中西部天然气探明储量占比上升至 85% 以上。特别是"十二五"末至"十三五"以来，随着东部盆地常规油气勘探进入中高勘探程度，提交探明储量持续下降。国内主要油公司持续加大中西部盆地投入，中西部盆地进入储量快速增长阶段。

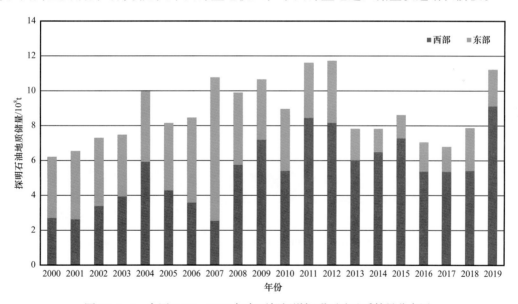

图 10-2-1　全国 2000—2019 年东西部新增探明石油地质储量分布图

2. 盆地上：石油勘探稳定发展，鄂尔多斯盆地成为接替重点

探明石油储量主要分布在松辽、渤海湾、鄂尔多斯、准噶尔、塔里木五大盆地，近 20 年新增探明储量占陆上储量的 87%（图 10-2-2）；探明天然气储量主要分布在鄂尔多

斯、四川、塔里木三大盆地，近20年新增探明储量占陆上储量的89%（图10-2-3）。自"十二五"以来，随着鄂尔多斯盆地勘探投入持续大幅增长，在鄂尔多斯盆地大面积岩性勘探领域获得一批规模大发现，盆地储量进入快速增长阶段。近20年新增探明石油储量、天然气储量分别占陆上储量的35%、43%，盆地级接替是实现全国油气探明储量持续高峰增长的关键。

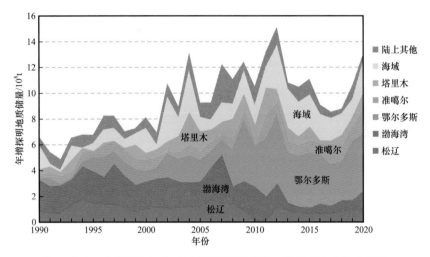

图 10-2-2　全国 1990—2020 年新增探明石油地质储量分盆地分布图

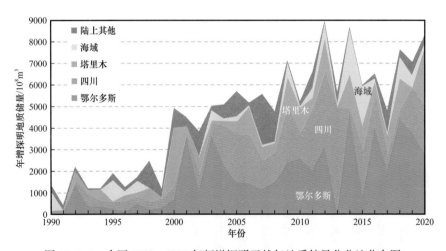

图 10-2-3　全国 1990—2020 年新增探明天然气地质储量分盆地分布图

3. 品类上：天然气从小到大，实现跨越式发展

自"十五"以来，陆上天然气勘探开始进入快速发展阶段，四川、鄂尔多斯、塔里木等三大含气盆地天然气储量进入规模增长阶段；国内陆上超千亿立方米级以上大气田均在此后陆续发现并取得重大突破。如四川盆地天然气勘探开发进入快车道，继21世纪初期普光、龙岗、元坝等海相上组合大型气田发现之后，近年来在川中古隆起下组合发现了高石梯、磨溪等特大型气田，展示了四川盆地海相碳酸盐岩领域良好的勘探前景。

4. 类型上：非常规油气从无到有，实现革命性发展

非常规油气实现快速发展，页岩油气逐步成为重大接替。致密油、页岩油储量占比逐年增加，2019 年新增探明储量 $2.1 \times 10^8 t$、$3.6 \times 10^8 t$，分别占中国石油的 26%、43%，2019 年页岩油产量 $117 \times 10^4 t$，预计 2020 年页岩油产量 $183 \times 10^4 t$（图 10-2-4）。致密气、页岩气储量已成为增储主体，2019 年新增探明储量 $1600 \times 10^8 m^3$、$7410 \times 10^8 m^3$，分别占公司的 13% 和 60%，2019 年页岩气产量 $80.3 \times 10^8 m^3$，2020 年页岩气产量 $116 \times 10^8 m^3$（图 10-2-5）。

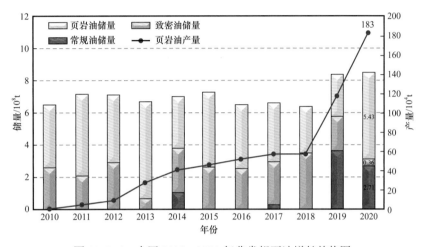

图 10-2-4　中国 2010—2020 年非常规石油增长趋势图

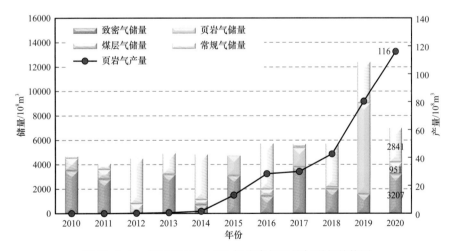

图 10-2-5　中国 2010—2020 年非常规天然气增长趋势图

5. 领域上：常规油气增储领域变化不大，岩性地层油气藏仍是主体

油气勘探增储领域相对明确，但油气重点领域增储方向存在显著差异化发展。"十二五"以来石油年均探明地质储量中（图 10-2-6），岩性地层的探明储量为 $5.66 \times 10^8 t$，占 66%；成熟探区的探明储量为 $1.55 \times 10^8 t$，占 19%；海相碳酸盐岩的探明

储量为 0.86×10^8t，占比 10%；前陆的探明储量为 0.40×10^8t，占比 5%。2001—2020 年，全国陆上新增探明石油地质储量领域构成中，成熟探区、岩性地层的探明储量占比达到 85%，是增储主体。但成熟探区占比持续下降，"十五"到"十三五"期间占比分别为 41%、43%、19%、19%。岩性地层占比持续上升，"十五"到"十三五"期间占比分别为 40%、44%、64%、74%。全国天然气新增探明储量呈现岩性地层、海相碳酸盐岩和前陆冲断带三大领域"三分天下"格局（图 10-2-7）。海相碳酸盐岩领域 2001—2020 年新增探明储量占比达到 25.5%。前陆冲断带领域 2001—2020 年新增探明储量占比达到 20%；岩性地层领域 2001—2020 年新增探明储量占比达到 48.5%，"十三五"以来新增探明储量占比 56%。

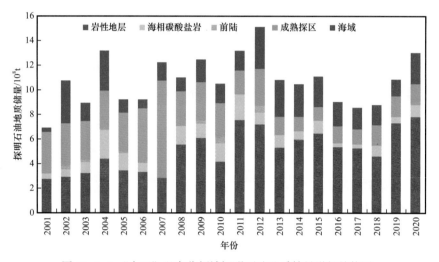

图 10-2-6　"十五"以来分领域探明石油地质储量增长趋势图

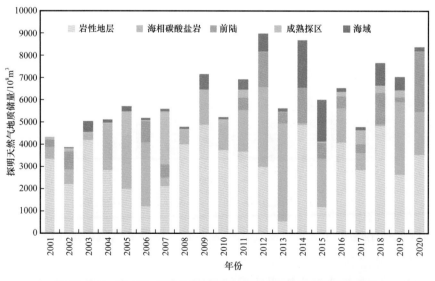

图 10-2-7　"十五"以来分领域探明天然气地质储量增长构成图

二、油气勘探阶段划分新方法

1. 以往勘探阶段划分方法及存在的问题

勘探阶段会影响石油公司勘探部署决策、国家能源政策制定，因此精确划分勘探阶段意义重大。以往一个油气探区的勘探阶段是通过地球物理、地球化学、钻井等工作量及资源探明率来表达，一般认为储量增长呈正态分布，并按照资源探明率将勘探阶段分为：早期（探明率<30%）、中期（探明率30%～70%）、晚期（探明率≥70%）（图10-2-8）。

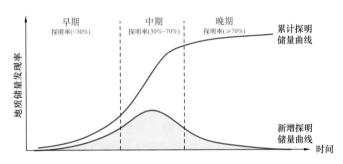

图 10-2-8 以资源探明率为依据的油气勘探阶段划分方案

该勘探阶段划分可能就会产生这两个问题：即单位面积的工作量投入低、资源探明率低是不是就一定值得进一步勘探？而工作量投入高、资源探明率高就没有再勘探价值。勘探实践表明，一些"勘探程度"（传统概念）低的地区已很难再投入勘探，而大量的高"勘探程度"区恰恰是勘探潜力巨大。已证实的富油气区带的"勘探程度"一般较高，但仍有意义重大的发现，是油气储量的重要贡献区。

据统计在世界范围内，石油新增储量70%左右是来自"老区"。因此传统的勘探程度定义存在明显的局限性。依据勘探程度对勘探阶段的划分有时会束缚勘探思想的解放，限制对勘探潜力做出正确的认识与评价，不利于工作程度较高的老区富油区带的深化勘探。吉林扶余油田、准噶尔盆地西北缘、渤海湾盆地大港油田王官屯等富油区带，属于传统认识的高勘探程度区，然而近年来，根据区带构造、沉积、储层及成藏整体研究和再认识，继续加大勘探投入，仍然取得了一批丰硕成果，在今后一段时期仍是提交规模探明储量的主要领域。上述实例不仅说明富油带老区有滚动评价的潜力，还说明一些区域地下地质认识程度并没有与实施的工作量增加同步提高，局部认识可以增加部分储量，而区域认识的提高，可以带来勘探评价的重要发现。

以资源探明率作为勘探程度指标是有局限性的。事实上，资源量和探明储量均为勘探认识结果，不同的认识程度，就有不同的资源量和探明储量。当认识程度与地下客观情况一致或接近时，资源量和探明储量才反映石油地质真实情况。近年来探明储量大幅增长，但资源探明率不升反降。我国石油累计探明储量由2000年的206×10^{8}t增长到2019年409×10^{8}t，增长98%，但资源探明率却从34%下降到了29%；我国天然气累计探明储量由2000年的2.5×10^{12}m^{3}增长到2019年的14×10^{12}m^3，增长453%，但资源探明率却从 14% 下降到了 12%。这些事实都说明，资源探明率不能完全反映勘探程度。

2. 勘探阶段划分新方法

表述一个探区或一个盆地勘探程度高低，核心是认识程度高低，其中勘探工作量的投入可为地质认识提供保障。但地质认识并不简单地与工作投入同步提高，使得一个探区勘探程度的表述由简单量化转变为非量化，由统计员简单且感性的统计计算转变为地质家复杂的理性判断。这一理性判断的直接结果是确定下一步是否再投入和如何投入。如何判断一个勘探对象的认识程度（勘探程度），其实无外乎是表述石油地质基本内容清楚程度，即经过勘探实施和研究工作，认清了什么，还有什么不清楚。目前面对的富油区带大多是十分复杂的，不能用资源探明率单值定乾坤，必须多方面综合审视勘探阶段的划分。笔者及团队利用勘探开发丰富资料，从油气发现类型、发现质量与规模、勘探目的层系、探明储量变化特征及油气资源探明率等方面重构了勘探阶段认识体系。

资源探明率呈偏正态分布。1984 年，我国著名地球物理专家、中科院资深院士翁文波教授提出了翁氏预测模型，为我国油气资源、储量和产量预测，奠定了重要的理论基础。1996 年我国著名学者陈元千教授将翁氏常数 b 由正整数的限定，推导并扩展为可以包括 0 在内的任意正实数的广义模型，其数学模型为：

$$Q = at^b e^{-(t/c)} \qquad\qquad (10-2-1)$$

式中　Q——年产油量，$10^4 t$；

　　　a，b，c——翁氏模型常数；

　　　t——时间，a。

通过翁氏模型拟合计算结果表明（图 10-2-9），我国年新增探明储量呈偏正态分布，高峰点对应资源探明率在 37% 左右。当累计探明率小于 15% 或大于 65% 时，年探明率均低于 0.8%；累计探明率在 15%～65% 之间，年探明率可达 0.8% 以上，为勘探的最有利时期。

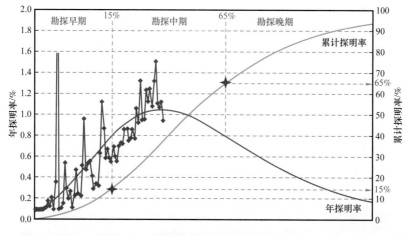

图 10-2-9　资源探明率与勘探阶段的关系

从油气发现类型上看，我国油气勘探经历了从构造油气藏到岩性油气藏、从常规油气藏到非常规油气藏勘探历程的转变，1970 年以前，我国构造油藏储量占比超过 98%，岩性油藏储量占比不足 2%。截至 2019 年，构造油藏储量、岩性油藏储量、非常规油储量占比分别为 25%、29%、47%（图 10-2-10）。其中将渗透率小于 1mD 的碎屑岩油藏归类为非常规油气。

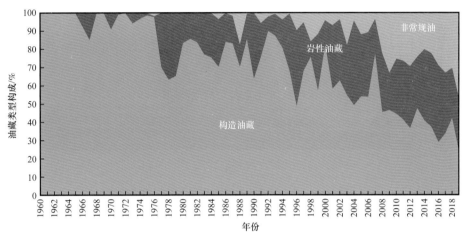

图 10-2-10　油气藏类型勘探演化史

油气发现质量与规模也在发生转变。"九五"期间，特低渗透—致密油藏（<5mD）提交的探明储量占比仅为 23%，77% 的储量来自低—中高渗透率油气藏。"十三五"期间，特低渗透—致密储量的占比达到 39%，占据了主体地位。特低渗透—致密储层新增天然气探明储量从"十五"期间的 23% 增加到了"十三五"期间的 79%。总体上呈现出由优质、大型油气藏向劣质、小型油气藏转变的趋势（图 10-2-11）。

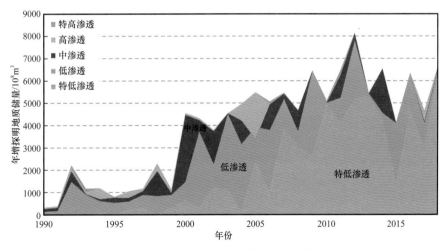

图 10-2-11　中国陆上油气藏储量品质演化史

勘探目的层向深层超深层拓展。勘探层系由早期白垩系为主逐步扩展到新近系、古近系、白垩系、侏罗系、三叠系、二叠系、泥盆系、石炭系、奥陶系、寒武系、元古宇、太古宇共 12 个层系，深层勘探的规模发现比重越来越大，古生界及以前地层新增探明天然气储量"十五"期间的 57% 增长到"十三五"期间的 74%（图 10-2-12）。

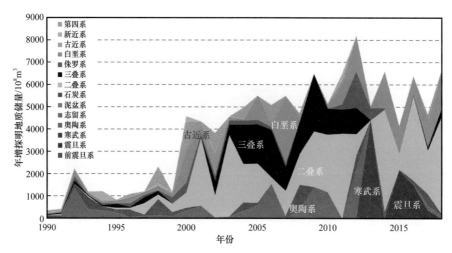

图 10-2-12　中国陆上油气藏层系勘探演化史

伴随着勘探目的层的变化，探明储量变化特征也经历了勘探早期跳跃式增长、勘探中期稳定增长、勘探晚期逐渐降低三个阶段。

基于油气勘探发展规律和增储特征，综合考虑五项因素，建立勘探阶段划分新方案。新方案将油气勘探划分为早期、中期和晚期三个阶段（表 10-2-1）。其中，早期阶段以资源探明率小于 15%，储量波动增长，油气分布规律不明朗，目的层单一，主力目的层不明确，以发现构造油气藏为主、储量品质好、油气藏规模大为典型特征；中期阶段以资源探明率 15%～65%，储量稳定增长，油气分布规律与主力目的层明确，构造油气藏与岩性油气藏并重，储量质量较差、规模较小为典型特征；晚期阶段以资源探明率大于 65%，储量呈下降趋势，油气分布规律明确，主目的层勘探程度高，油气藏类型主要为岩性油气藏和非常规油气藏，储量质量更差、以小型—特小型油气藏为主为典型特征。

表 10-2-1　油气勘探阶段划分新方案

勘探阶段	探明率	储量增长特征	勘探目的层	新增储量油藏类型	储量品质与规模
早期阶段	资源探明率小于 15%	储量波动增长	油气分布规律不明朗，目的层单一，主力目的层不明确	以发现构造油气藏为主	储量品质好，油气藏规模大
中期阶段	资源探明率 15%～65%	储量稳定增长	油气分布规律明确，明确主力目的层	构造与岩性油气藏并重	储量质量变差、规模变小
晚期阶段	资源探明率大于 65%	储量明显下降	油气分布规律明确，主目的层勘探程度高	岩性和非常规油气勘探为主	储量质量更差、以小型—特小型油气藏为主

三、主要含油气盆地勘探阶段研判

根据新标准评价，我国油气勘探阶段总体高于业界认识。结合探明率、储量增长特征、勘探目的层、新增储量油藏类型、储量品质与规模等五项指标综合研判，全国及六大含油盆地资源探明率高于国土部动态评价结果，其中，石油勘探总体进入中期—中后期（图10-2-13），天然气勘探总体均已进入早中期（图10-2-14）。

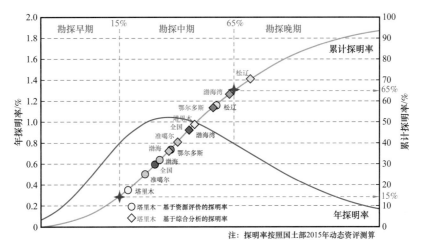

图 10-2-13　我国石油勘探阶段总体现状

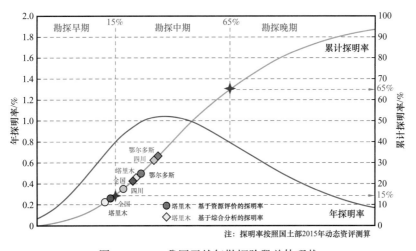

图 10-2-14　我国天然气勘探阶段总体现状

1. 松辽盆地

松辽盆地常规石油增储规模与品质下降，已进入勘探晚期阶段，岩性油气藏或致密油为增储重点领域。松辽盆地增储特征经历了跳跃式增储的早期勘探阶段、稳定增储的中期勘探阶段，现已进入到增储规模下降的晚期阶段（图10-2-15）。增储规模由2000—2010年的年均1.11×10^8t下降至"十三五"前四年的年均7712×10^4t；增储目的层明确，早期勘探以萨葡高油层为主，中期勘探阶段目的层发散至萨尔图、黑帝庙、葡萄花、高台子等油层，现阶段低品位扶杨油层致密油成为增储主体；油藏类型也经历了由构造油藏向岩性油藏／致密油的转变，构造油藏由最初的 100% 减少到"十三五"期间的 15%，岩性油藏／致密油成为近期的增储主体。

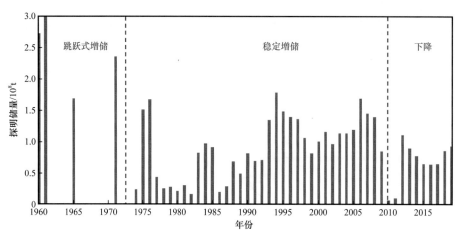

图 10-2-15　松辽盆地新增探明储量变化趋势

2. 渤海湾盆地

渤海湾盆地陆上探区石油增储规模自"十三五"以来显著下降（图 10-2-16），已进入勘探晚期阶段。增储规模由 2000—2010 的年均 $2.33×10^8t$ 下降至"十三五"前四年的年均 $1.74×10^8t$。渤海湾盆地增储层系明确，具有馆陶组、沙河街组、东营组等多目的层，以复杂断块油气藏、岩性油气藏、深潜山油气藏等为主，勘探难度逐年增大。断陷盆地决定了油藏类型以构造油藏为主，岩性地层油气藏占比现已升至 30% 左右，并仍具有较大勘探潜力。渤海海域目前处于勘探中期阶段，近期不断有大油田发现。

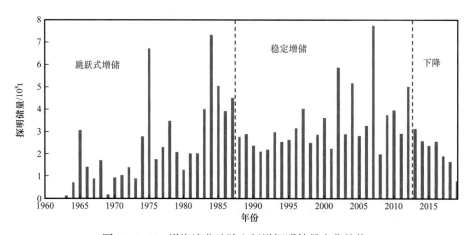

图 10-2-16　渤海湾盆地陆上新增探明储量变化趋势

3. 鄂尔多斯盆地

鄂尔多斯盆地石油规模稳定增储，处于勘探中期阶段，以岩性油藏与致密油／页岩油为主。增储规模自1995至今稳定、规模增储（图10-2-17）。"十二五"期间年均探明储量4.33×10^8t、"十三五"前四年的年均探明储量3.6×10^8t，仍处于储量增长高峰期；常规岩性油藏增储层系由三叠系拓展至侏罗系与三叠系，三叠系延长组长6油层组、长8油层组成为增储主力层系；页岩油增储层系主要为长7油层组。

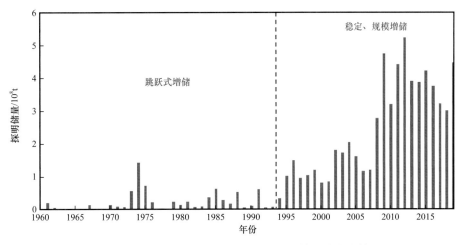

图10-2-17 鄂尔多斯盆地石油新增探明储量变化趋势

鄂尔多斯盆地天然气增储规模稳定，进入勘探中期阶段，目的勘探层系清晰，以致密气为主。2000年以来天然气规模稳定增储（图10-2-18），"十二五"期间年均新增探明储量2123×10^8m^3、"十三五"前四年的年均新增探明储量2925×10^8m^3，处于高峰增长期；上古生界石盒子组、山西组、太原组及奥陶系马家沟组组成多目的层，实现规模增储；油藏类型以岩性地层油气藏和致密气为主，其中上古生界致密气探明储量占比超过65%。

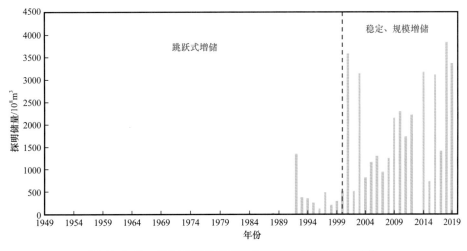

图10-2-18 鄂尔多斯盆地天然气新增探明储量变化趋势

4. 准噶尔盆地

准噶尔盆地自1983至今保持稳定增储，整体处于勘探中期阶段（图10-2-19）。

"十二五"期间年均新增探明储量 $1.13×10^8t$、"十三五"前四年的年均新增探明储量 $1.35×10^8t$，储量规模处于高峰增长期；增储层系由早期的三叠系拓展为三叠系、二叠系、侏罗系、白垩系、石炭系等多目的层；油藏类型早期阶段以构造油藏为主，现阶段盆地大部分地区以岩性地层油气藏为主，其次为致密油与页岩油。准噶尔盆地南缘近期仍以构造油气藏为主。

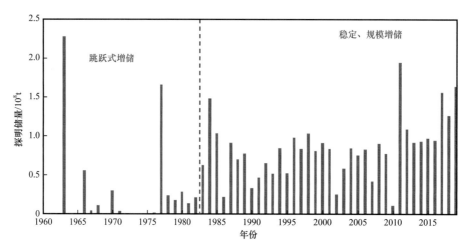

图 10-2-19 准噶尔盆地石油新增探明储量变化趋势

5. 塔里木盆地

塔里木盆地现阶段石油储量增长趋势稳定，增储目的层基本明确，处于勘探中期。增储规模自 1999 年以来相对稳定（图 10-2-20），"十二五"期间年均新增探明储量 $1.14×10^8t$、"十三五"前四年的年均新增探明储量 $0.47×10^8t$；增储目的层由石炭系、中生界转变为奥陶系；1995 年前油藏类型以构造为主，以后转为以岩性地层油藏（碳酸盐岩）为主，2020 年岩性地层油气藏储量比例达 95%。

天然气增储规模增大，层系相对明确，进入勘探中期。2000 以来增储规模变大，"十二五"期间年均新增探明储量 $1603×10^8m^3$、"十三五"前三年的年均新增探明储量 $946×10^8m^3$；增储层系多，2000 年以后，先后以古近系、奥陶系、白垩系为主要目的层，均实现了规模增储，增储领域包含前陆冲断带与碳酸盐岩，油气藏类型分别为构造油气藏和岩性地层油气藏。

6. 四川盆地

四川盆地以天然气为主，勘探目的层众多。2004 年以来实现规模增储（图 10-2-21），现阶段天然气增储规模稳定，处于勘探中期阶段。"十二五"期间年均新增探明储量 $2726×10^8m^3$、"十三五"前四年的年均新增探明储量 $2726×10^8m^3$；四川盆地天然气成藏规律基本清楚，目的层系相对明确，油藏类型以岩性地层油气藏和致密气、页岩气为主，构造油气藏储量占比不足 10%。

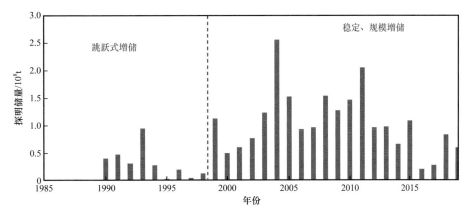

图 10-2-20 塔里木盆地石油新增探明储量变化趋势

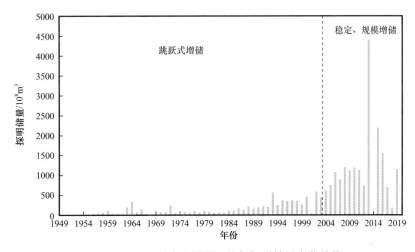

图 10-2-21 四川盆地新增天然气探明储量变化趋势

四、重点盆地勘探领域预测评价

经过半个多世纪的油气勘探实践表明，我国油气资源和探明储量主要集中在松辽、渤海湾、鄂尔多斯、四川、准噶尔、塔里木等大型含油气盆地，目前这些盆地虽然已进入勘探中—晚期阶段，但岩性地层油气藏、致密油气、页岩油气等勘探领域仍然具有巨大勘探潜力。

1. 松辽盆地

松辽盆地整体常规油气处于勘探晚期，已经进入岩性地层油气藏和非常规油气资源并重的勘探阶段，青山口组源内页岩油展现出良好的前景。松辽盆地常规油和致密油资源量为 $126.4 \times 10^8 t$，页岩油 $54.5 \times 10^8 t$，常规油探明率为 63%，页岩油探明率小于 1%。常规气 $2.82 \times 10^8 m^3$，探明率 21%（图 10-2-22）。常规石油剩余资源主要分在白垩系姚家组和青山口组，致密油主要分在泉头组三段、四段，页岩油主要分在青山口。常规天然气剩余资源主要分布在深层营城组和沙河子组。

地层		组	岩性	油藏类型	探明率	石油/10⁴t 探明储量	总资源量	天然气/10⁸m³ 探明储量	总资源量
界	系								
中生界	白垩系	明水组		▲构造油藏				3	
		四方台组		▲构造油藏				7	
		嫩江组 五段			49%	24739	34612	76	
		嫩江组 四段		▲构造岩性					
		嫩江组 三段							
		嫩江组 二段		●致密—页岩油	5%	26287	366416	163	1329
		嫩江组 一段							
		姚家组 二段、三段		▲构造岩性	50%				
		姚家组 一段			53%	257915	337304	59	
		青山口组 二段、三段		▲构造岩性	40%	61680	105680	57	
		青山口组 一段		●页岩—致密油		185.6	544632		
		泉头组 四段		●致密油	97%	275458	196229	302	
		泉头组 三段							
		泉头组 二段		▲构造岩性	20%	3375		250	
		泉头组 一段							3162
		登娄库组		致密气				371	
	侏罗系	营城组 四段		●火山岩气	33%	3152		4474	13691
		营城组 一段—三段							
		沙河子组 四段		致密气	3%	1470		164	6314
		沙河子组 一段—三段							
		火石岭组 二段		●火山岩气	1%	945		29	3112
		火石岭组 一段							
	二叠系	小城子组		▲构造岩性	1%	378		6	610

图 10-2-22　松辽盆地常规油气资源层系分布特征

松辽盆地北部石油资源主要分布于坳陷期四套地层中，即嫩江组、姚家组、青山口组和泉头组，总石油地质资源量81.5×10⁸t。截至2019年底，累计探明储量49.1×10⁸t。平面上主要分布于中央坳陷区的大庆长垣、三肇凹陷、朝阳沟阶地、龙虎泡阶地和古龙凹陷中，占总地质资源量的95%。纵向上分布在五大油层组中，即黑帝庙油层组、萨尔图油层组、葡萄花油层组、高台子油层组和扶扬油层组。剩余待发现资源32.4×10⁸t，平面上主要分布在中央坳陷区内，其中大庆长垣剩余资源22.7×10⁸t，占总剩余资源量的70%。纵向上则主要集中在萨尔图油层组和葡萄花油层组。

松辽盆地南部油气资源分布情况与盆地南部相似，总石油地质资源量22.5×10⁸t。截至2019年底，累计探明储量16.4×10⁸t。平面上主要分布于中央坳陷区的扶新隆起带、红岗阶地、长岭凹陷和华字井阶地中，占总地质资源量的91%。纵向上分布在六大油层组中，即黑帝庙油层组、萨尔图油层组、葡萄花油层组、高台子油层组、扶扬油层组和农安油层组。剩余待发现资源 $6.08 \times 10^8 t$，平面上主要分布在中央坳陷区内，纵向上则主要集中在萨尔图油层组、葡萄花油层组和高台子油层组。

根据石油剩余资源潜力及勘探实践分析，松辽盆地齐家—古龙、朝长—双城、长垣—三肇、乾安、大安—海坨子及西部斜坡区是近期岩性地层油气藏（包括致密油）勘探部署的有利区带，未来 5～10 年通过精细勘探，预计可发现石油储量规模 $5 \times 10^8 \sim 10 \times 10^8 t$。

2. 渤海湾盆地

渤海湾盆地油气资源主要富集在辽河坳陷、黄骅坳陷、冀中坳陷、南堡坳陷、济阳坳陷和临清坳陷中。特点是含油层系多，以构造油气藏、岩性油气藏为主，总体勘探程度高，剩余资源相对分散，沙河街组勘探程度相对较低，深层天然气与源内页岩油探明程度低。石油资源主要分布于孔店组、沙河街组、东营组、馆陶组和明化镇组中，少量分布在中生界、元古界和太古界中，陆上总石油地质资源量 $230.05 \times 10^8 t$。截至 2019 年底，累计探明储量 $116.86 \times 10^8 t$，待探明资源量 $113.19 \times 10^8 t$（图 10-2-23）。

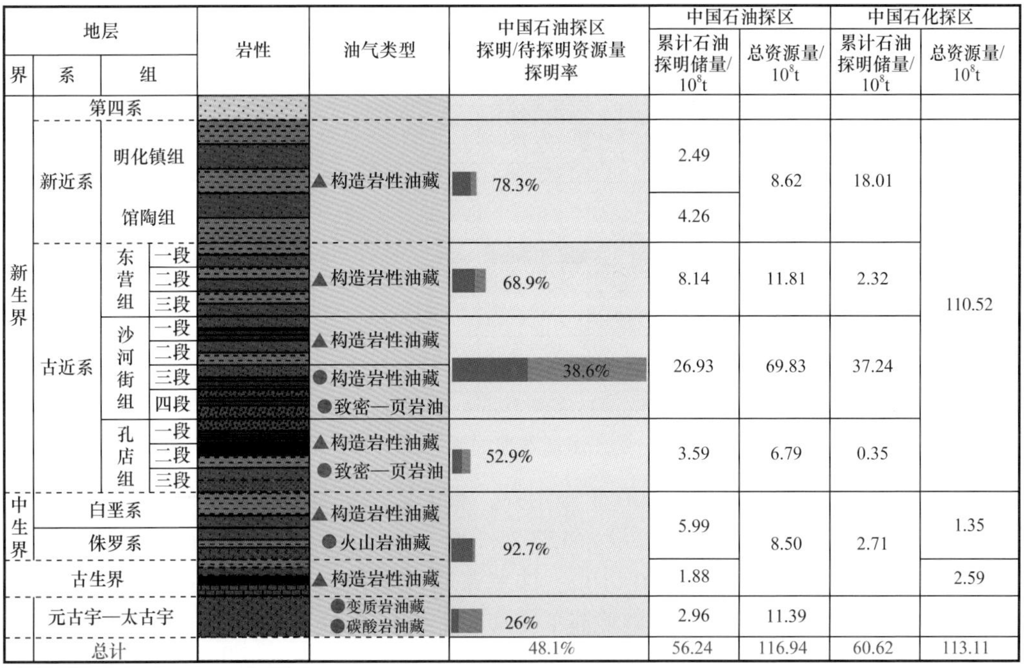

地层			岩性	油气类型	中国石油探区探明/待探明资源量探明率	中国石油探区		中国石化探区	
界	系	组				累计石油探明储量/10^8t	总资源量/10^8t	累计石油探明储量/10^8t	总资源量/10^8t
新生界	第四系								
	新近系	明化镇组		▲构造岩性油藏	78.3%	2.49	8.62	18.01	
		馆陶组				4.26			
	古近系	东营组 一段 二段 三段		▲构造岩性油藏	68.9%	8.14	11.81	2.32	110.52
		沙河街组 一段 二段 三段 四段		▲构造岩性油藏 ●致密—页岩油	38.6%	26.93	69.83	37.24	
		孔店组 一段 二段 三段		▲构造岩性油藏 ●致密—页岩油	52.9%	3.59	6.79	0.35	
中生界	白垩系			▲构造岩性油藏	92.7%	5.99	8.50	2.71	1.35
	侏罗系			●火山岩油藏					
	古生界			▲构造岩性油藏	26%	1.88	11.39		2.59
	元古宇—太古宇			●变质岩油藏 ●碳酸岩油藏		2.96			
总计					48.1%	56.24	116.94	60.62	113.11

图 10-2-23 渤海湾盆地陆上油气资源层系分布特征

渤海湾盆地陆上油气资源丰富，虽勘探程度较高，但仍然具备稳定发展的资源基础。特别是富油气凹陷斜坡带、深潜山等岩性地层油气藏领域仍具有较大的勘探潜力，源内页岩油、深层天然气有望取得创新发展。（1）富油气凹陷尽管勘探程度较高，只要坚持精细勘探，就能有油气发现，仍然是增储上产的主战场。辽河西部凹陷欢喜岭—曙光斜坡、歧口凹陷埕海—歧南斜坡等岩性地层油气藏勘探仍是未来 3 至 5 年的增储主体。（2）天然气存在石炭系—二叠系原生油气藏、深层潜山油气藏、古近系深层致密气三大领域值得探索，黄骅坳陷近年在石炭系—二叠系新增天然气储量 $408 \times 10^8 m^3$，已取得重要勘探进展。（3）源内页岩油勘探已初见成效，有望成为新的接替领域。中石油探区页岩油资源量 $27.4 \times 10^8 t$，现已在沧东凹陷孔店组二段形成亿吨级规模增储区，2020 年新建产能 $10 \times 10^4 t$。

3. 鄂尔多斯盆地

鄂尔多斯盆地油气资源并存，勘探总体处于中期阶段。石油资源主要赋存于中生界，其中侏罗系延安组和三叠系延长组为常规石油，延长组长 7 段为致密油／页岩油。天然气资源主要赋存于古生界，其中上古生界为致密砂岩气，下古生界为常规气，垂向上为多层系复合含气（图 10-2-24）。

界	系	组	段/油层组	岩性	油气类型	探明/待探明资源量探明率	石油/10^8t 累计探明	石油/10^8t 总资源量	天然气/10^8m³ 累计探明	天然气/10^8m³ 总资源量	常规：非常规油气资源比例
中生界	侏罗系	直罗组 J₂z				78.1%	0.047				
		延安组 J₂y	延1、延10		●致密油		7.20	9.30			
		富县组 J₁f					0.012				
	三叠系 T₃y	延长组	长1段油层组		●致密油	38.9%	0.39	1.01			4:1
			长2油层组		●致密油	52.2%	4.47	8.56			
			长3油层组		●致密油	50.6%	3.57	7.06			
			长4+5油层组		●致密油	61.8%	6.96	11.26			
			长6油层组		●致密油	61.6%	24.97	40.53			
			长7油层组		●页岩油	3.5%	1.06	30.00 致密油		62331 页岩气	
			长8油层组		●致密油	51.8%	15.90	30.67			
			长9油层组		●致密油	19.3%	1.12	5.80			
			长10油层组		●致密油	16.6%	0.38	2.31			
			石油总计			45.1% 油	66.08	146.5			
古生界	二叠系	石千峰组 P₃s							6.85		
		上石盒子组P₃x							18.25		
		下石盒子组P₂x	盒1—7段		致密气				3153.33		
			盒8段		致密气	29.6%			17543.88	133180.38 致密砂岩气	1:6
		山西组P₁s	山1段		致密气				7384.11		
			山2段		致密气				6956.03		
		太原组P₁t			致密气				3302.47		
	石炭系	本溪组C₂b			致密气				733.57		
	奥陶系	马家沟组O₂m			构造岩性	31%			6576.8	21196.76	
			天然气总计			29.8% 气			46028.32	154377.13	

图 10-2-24 鄂尔多斯盆地油气资源层系分布特征

鄂尔多斯盆地石油资源主要赋存于中生界，石油地质资源量为 $146.5 \times 10^8 t$，可采资源量为 $25.31 \times 10^8 t$；三叠系地质资源量为 $137.2 \times 10^8 t$，可采资源量为 $22.96 \times 10^8 t$，其中常规油 $107.2 \times 10^8 t$，致密油／页岩油 $30 \times 10^8 t$。侏罗系石油地质资源量为 $9.3 \times 10^8 t$，可采资源量为 $2.35 \times 10^8 t$。侏罗系石油资源量平面上主要分布在姬塬地区和陇东地区，两地区合计占侏罗系总资源量的 78.49%；延长组石油资源量平面上主要分布在志靖—安塞地区、陇东地区和姬塬地区，合计占延长组总资源量的 96.72%。

截至 2019 年底，鄂尔多斯盆地石油剩余资源量为 $75.94 \times 10^8 t$，其中，剩余常规油资源量 $50.59 \times 10^8 t$，占总量的 67%；剩余致密油资源量 $25.35 \times 10^8 t$，占 33%。侏罗系延安组剩余资源量 $2.01 \times 10^8 t$，占总剩余资源量的 2.6%；延长组剩余资源量 $73.93 \times 10^8 t$，占总剩余资源量的 97.4%。三叠系延长组常规石油剩余资源主要分布在长 6 油层组和长 8 油层组中；侏罗系延安组石油剩余资源主要分布在延 9 油层组和延 10 油层组中。

下古生界奥陶系天然气地质资源量 $23636.27 \times 10^8 t$。截至 2019 年底，奥陶系天然

气累计探明 8700.6×10^8t，资源探明率为 36.8%。奥陶系剩余资源量 12496.16×10^8t，层位上主要分布在马五 1+2 段和马五 4 段；平面上主要分布在靖边地区。上古生界石炭系和二叠系天然气地质资源量 $133180.38\times10^8m^3$。截至 2019 年底，天然气累计探明 $40770.27\times10^8m^3$，资源探明率为 30.6%。石炭系和二叠系天然气剩余资源量 $92410.11\times10^8m^3$，层位上主要分布在下石盒子组 8 段、山西组 1 段和山西组 2 段；平面上主要分布在神木—米脂地区和苏里格地区。

鄂尔多斯盆地中低丰度岩性/致密油气藏等低品位资源集群式大面积分布，未来仍有规模增油、增气的基础。低品位油气、源内页岩油资源主体分布相对集中，勘探区带基本明确。低品位石油主要分布在长 4+5 段—长 8 段；低品位天然气主要分布在盒 8 段、山西组和马家沟组；源内页岩油主要分布在长 7_1、长 7_2、长 7_3 三套"甜点"段。低品位石油资源发现 4 个超 10 亿吨级规模储量区，剩余资源量 71×10^8t，可确保年均增储 2×10^8t 以上；低品位天然气发现 3 个超万亿立方米规模储量区，剩余资源量 $5.7\times10^{12}m^3$，可确保年均增储 $3000\times10^{12}m^3$ 以上；长 7 源内页岩油资源量超 60×10^8t，目前探明率小于 10%，是未来规模接替的重点领域。

4. 四川盆地

四川盆地为克拉通大型叠合盆地，纵向上具有多套含油气层系，同时也是热演化程度为高成熟—过成熟的盆地，具有丰富的天然气资源，仅在局部地区有石油聚集。四川盆地勘探仍处于早—中阶段，常规气勘探领域基本明确，可望规模增储；页岩气潜力大、落实程度高，可实现加快发展。四川盆地常规和非常规天然气资源基础雄厚，天然气地质资源量最大且超过两万亿立方米级的两个层系分别是震旦系灯影组和寒武系龙王庙组（图 10-2-25），分别约占全盆地总资源量的 22.46%、17.28%，两层合计约占 39.74%，即全盆地中超三分之一天然气资源量分布在震旦和寒武系中。资源量在 $1\times10^{12}\sim2\times10^{12}m^3$ 的层系依次是下三叠统飞仙关组（12.06%）、上二叠统长兴组（10.56%）、下二叠统（12.08%）和石炭系（10.29%），总体约占全盆地天然气资源量的 45%。四川盆地三大一级构造带中，川东南高褶区和川中低缓隆起区资源量最为丰富，约占全盆地总资源量的 41.5% 和 40.9%。

四川盆地中常规天然气总地质资源量为 $124656\times10^8m^3$。截至 2019 年底，累计探明地质储量 $55774.75\times10^8m^3$，剩余资源量 $68881.25\times10^8m^3$，探明率 44.7%，资源勘探潜力大。震旦系灯影组和寒武系龙王庙组待发现资源量分别为 $23509\times10^8m^3$ 和 $17407\times10^8m^3$，占待发现资源总量的 27% 和 20%，即占全盆地近一半的待发现天然气资源量。因而两者应放在优先勘探的位置，作为重点勘探领域摸清其成藏规律，加快资源转化。从区带分布上来看，川东南高褶区和川中低缓隆起区资源量分别为 $38786\times10^8m^3$ 和 $34216\times10^8m^3$，占待发现资源总量的 44.6% 和 39.4%。因而发展川中下古生界，拓展川东下古生界，进一步深化川东石炭系及礁滩领域有较大空间。

四川盆地发育寒武系筇竹寺组、志留系龙马溪组、上二叠统龙潭组、上三叠统须家河组四套优质气源岩，断裂与不整合输导远源常规气多层系富集，近源及源内非常规气大面积分布。四川盆地常规气、页岩气和致密气资源丰富。常规气勘探领域基本明确，川中古隆起北斜坡震旦系—寒武系、川西栖霞组台缘带、蜀南茅口组岩溶储层、川西南火山岩储层等四大领域可实现规模增储；致密气已形成了川中须家河组、川西侏罗系两大气区，仍然具有增储潜力；海相页岩气资源潜力大，落实程度高，具备加快发展的条件。四川盆地现已发现涪陵、长宁、威远等大型页岩气田。

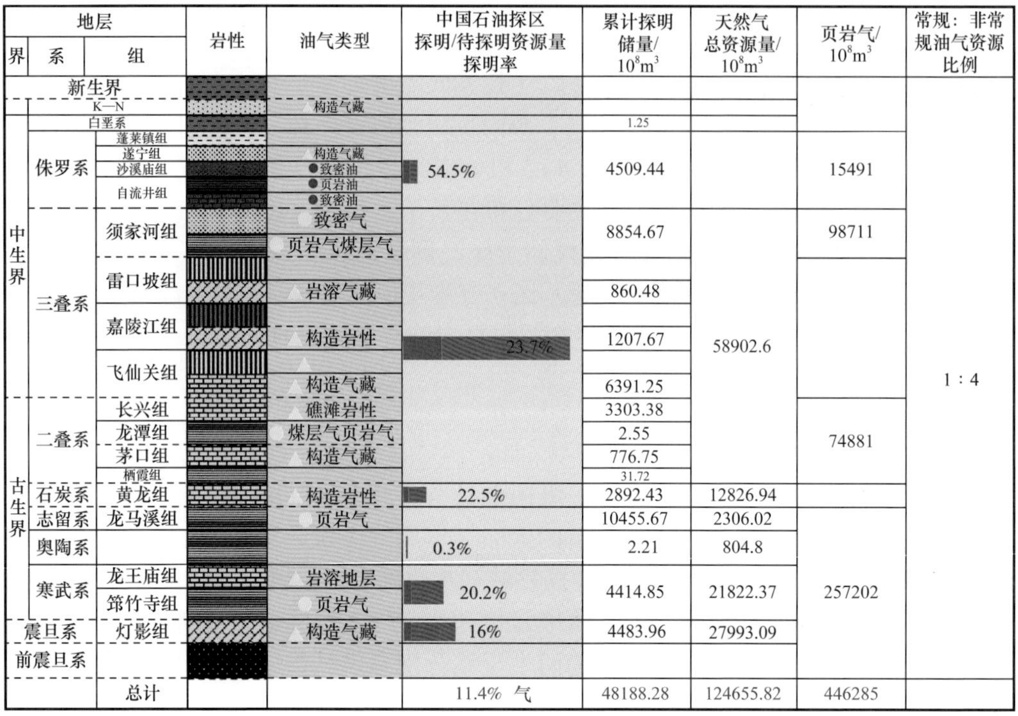

地层 界	系	组	岩性	油气类型	中国石油探区探明/待探明资源量探明率	累计探明储量/10^8m^3	天然气总资源量/10^8m^3	页岩气/10^8m^3	常规:非常规油气资源比例
新生界									
	K—N			构造气藏					
	白垩系					1.25			
中生界	侏罗系	蓬莱镇组		构造气藏	54.5%	4509.44		15491	
		遂宁组							
		沙溪庙组		●致密油 ●页岩油					
		自流井组		●致密油					
	三叠系	须家河组		致密气 页岩气煤层气		8854.67		98711	
		雷口坡组		岩溶气藏		860.48			
		嘉陵江组		构造岩性	23.7%	1207.67	58902.6		1:4
		飞仙关组		构造气藏		6391.25			
古生界	二叠系	长兴组		礁滩岩性		3303.38		74881	
		龙潭组		煤层气页岩气		2.55			
		茅口组		构造气藏		776.75			
		栖霞组				31.72			
	石炭系	黄龙组		构造岩性	22.5%	2892.43	12826.94		
	志留系	龙马溪组		页岩气		10455.67	2306.02		
	奥陶系				0.3%	2.21	804.8		
	寒武系	龙王庙组		岩溶地层	20.2%	4414.85	21822.37	257202	
		筇竹寺组		页岩气					
	震旦系	灯影组		构造气藏	16%	4483.96	27993.09		
	前震旦系								
总计					11.4% 气	48188.28	124655.82	446285	

图 10-2-25 四川盆地油气资源层系分布特征

5. 准噶尔盆地

准噶尔盆地是一个多旋回的叠加复合型油气盆地，油气自古生界至新生界均有分布。盆地勘探仍处于早—中阶段，通过环玛湖凹陷石油规模增储，源内页岩油和石炭系及南缘天然气突破，可实现加快发展。准噶尔盆地石油资源总量为 $99.87×10^8t$，其中常规油 $80.08×10^8t$，页岩油 $19.79×10^8t$，已成为我国陆上石油勘探盆地级接替区。截至 2019 年底，累计石油探明率 $354724×10^4t$，探明率为 35.5%（图 10-2-26）。石油资源在纵向的分布呈近正态分布特征，三叠系石油资源最大，向下到二叠系、石炭系，向上到侏罗系、白垩系、古近系、新近系，资源逐渐减少。

常规天然气总资源约为 $23071×10^8m^3$，致密砂岩气 $1468×10^8m^3$，截至 2019 年底，全盆地常规天然气探明 $2758.6×10^8m^3$、探明率为 11.2%。从天然气资源在层系的纵向分布结果看，呈现双峰的分布特征，侏罗系、石炭系两层天然气资源最大，向上向下地层资源减少，这应与准噶尔盆地天然气主要是自生自储、近源聚集特征密切相关。

准噶尔盆地勘探仍处于早—中阶段，深化二叠系和三叠系石油、页岩油规模增储，石炭系、南缘天然气突破，可实现加快发展。常规油在玛湖斜坡探明规模储量并实现有效开发，近期沙湾凹陷、阜康凹陷和东道海子凹陷获重大突破，有望形成新的规模储量接替区。页岩油在中—下二叠统多个富烃凹陷具规模资源潜力，吉木萨尔凹陷芦草沟组已实现效益开发，玛湖凹陷风城组有望形成新的规模储量区。天然气勘探立足两套煤系和一套湖相气源岩，可规模生气，具有发现大中型气田的资源基础。整体来看，准噶尔盆地天然气勘探成果与大型叠合盆地油气地质条件及已发现储量不匹配，气油比明显偏低，应具发现大中型天然气田（藏）的潜力。

地层			西北缘地层	岩性	油气类型	中国石油探区探明/待探明资源量探明率	累计石油探明储量/10^8t	总石油资源量/10^8t	累计天然气探明储量/10^8m³	总天然气资源量/10^8m³
界	系	统								
新生界	新近系	上新统	独山子组							
		中新统	塔西河组			43.4% 油	1.41	3.26	444.98	2190.95
			沙湾组							
	古近系	渐新统	乌伦古河组		▲构造油气藏	20.3% 气	0.028	1.86		
		始新统				1.5% 油				
		古新统	红砾山组							
中生界	白垩系	上统	艾里克湖组		构造岩性油气藏	29.3% 油	1.48	5.06	12.04	2377.84
		下统	吐谷鲁组			0.5% 气				
	侏罗系	上统	齐古组				3.46			
		中统	头屯河组			54.8% 油	1.05			
			西山窑组		岩性油气藏		1.40	17.16	426.61	6157.95
		下统	三工河组			6.9% 气	1.65			
			八道湾组				1.84			
	三叠系	上统	白碱滩组		构造岩性油气藏	56.9% 油	0.29			
		中统	克拉玛依组				9.39	21.00	92.65	1381.05
		下统	百口泉组			6.7% 气	2.27			
古生界	二叠系	上统	上乌尔禾组		▲构造岩性●页岩油	16.3% 油	2.51			
		中统	下乌尔禾组				1.04	37.01	371.28	4805.34
			夏子街组			7.7% 气				
		下统	风城组		●页岩油		2.50			
			佳木河组							
	石炭系					35.5% 油	5.15	14.52	1343.52	7626.18
		总计				35.5% 油 11% 气	35.47	99.87	2691.08	24539.31

图 10-2-26　准噶尔盆地油气资源层系分布特征

6. 塔里木盆地

塔里木盆地具有多套烃源岩、多套含油气层系，呈现出既富油又富气的特征。盆地勘探目的层众多，目前库车前陆盆地以新生界和中生界为主要勘探目的层，台盆区以中生界和古生界为主要勘探目的层，塔西南前陆盆地山前以新生界及中生界白垩系为主要勘探目的层，是中国最具勘探潜力的含油气盆地之一。盆地目前勘探程度中等，通过稳固库车地区和塔中—塔北根据地，突破寒武系盐下构造和塔西南新区，可实现稳油增气。

塔里木盆地常规石油资源总量为 75×10^8t，截至 2019 年底，累计石油探明储量 24.34×10^8t，探明率为 32.4%（图 10-32）。从各勘探层系的资源分布来看，石油资源量最大的层系分别是奥陶系（64%）、石炭系（8.7%）、新生界（8.3%）和寒武系（6.4%），占盆地总资源量的 87.4%。从各一级构造单元的资源分布来看，石油资源主要分布在塔北隆起（56.7%），其次是中央隆起（13.2%）和西南坳陷（8.2%），三者占总资源量的四分之三。

截至 2019 年底，塔里木盆地待探明常规石油地质资源量 507166×10⁴t，探明率为 32.4%，盆地仍具有巨大的石油勘探潜力（图 10-2-27）。通过对盆地各一级构造单元石油资源量的统计结果显示，剩余石油资源量主要分布在塔北隆起（43.8%），达 222566×10⁴t，是盆地今后石油勘探的主要地区。塔中隆起（13.2%）、西南坳陷（8.2%）和北部坳陷（7.5%）剩余石油资源量均超过 5×10⁸t，是今后石油勘探的重要地区。

界	系	组	岩性	油气类型	中国石油探区探明储量/待探明资源量探明率	石油累计探明储量/10⁸t	石油总资源量/10⁸t	天然气探明储量/10⁸m³	天然气资源量/10⁸m³
新生界		第四系							
	新近系	库车组						868.65	7205.44
		康村组			0.58	0.58	6.24		
		吉迪克组							
	古近系	苏维依组		构造气藏				3878.54	15146.03
		库姆格列木组		构造气藏					
中生界	白垩系	巴什基奇克组		构造气藏 致密气				8059.93	44798.08
		巴西盖组			0.19		3.89		
		舒善河组		致密气				1692.07	
		亚格列木组							
	侏罗系	喀拉扎组							
		齐古组							
		恰克马克组			0.14		0.99	8.24	16166.29
		克孜勒努尔组							
		阳霞组		致密气					
		阿合组		致密气					
	三叠系				1.28		2.19	223.41	1650.93
古生界	石炭系			▲构造岩性油藏	2.33		6.51	668.82	4427.92
	志留系			▲构造岩性油藏	0.35		2.35		1625.93
	奥陶系	良里塔格组			0.97			2324.95	25870.55
		一间房组			13.65		48.05		
		鹰山组		▲构造岩性油藏	3.00			2012.68	
		蓬莱坝组			1.79				
	寒武系				0.05		4.84	99.58	12855.16
	总计				32.4%油 15.3%气		24.33	75.06	19836.87	129745.46

图 10-2-27　塔里木盆地油气资源层系分布特征

塔里木盆地常规天然气资源总量为 129745×10⁸m³，其中常规气 117399×10⁸m³，非常规致密气 12346×10⁸m³。截至 2019 年底，累计天然气探明率 19837×10⁸m³，探明率为 16.9%。从各勘探层系的资源分布来看，常规天然气资源量最大的层系分别是白垩系、奥陶系和寒武系，分别占总天然气资源量的 38.2%、22.0% 和 11.0%。从各勘探一级构造带的资源分布来看，常规天然气资源量最大的单元分别是库车坳陷、西南坳陷和中央隆起，分别占总天然气资源量的 39.4%、17.3% 和 14.8%。油气总资源量最大的单元分别是塔北隆起、库车坳陷、西南坳陷和中央隆起；油气资源丰度排序则为库车坳陷、塔北隆起和塔中隆起。

截至 2019 年底，塔里木盆地待探明常规天然气地质资源量 $97562×10^8m^3$，通过对盆地各一级构造单元天然气资源量的统计结果表明，剩余天然气资源量主要分布在库车坳陷（35%），达 $34216×10^8m^3$，仍是盆地天然气勘探的主战场。其次为西南坳陷（20%）、中央隆起（13.9%）和北部坳陷（13.5%），剩余天然气资源量均超过 $10000×10^8m^3$，是今后天然气勘探的重要地区。

第三节　岩性地层油气藏勘探潜力与部署建议

一、岩性地层油气藏主要勘探进展

21 世纪以来，在我国陆上构造油气藏勘探难度加大、油气储量递减的形势下，大规模发现岩性地层油气藏成为缓解矛盾的必然选择。中国石油通过该领域的持续科技攻关与勘探部署，取得了显著成效。近 20 年来岩性地层油气藏已成为石油储量构成的主体，年探明石油地质储量基本保持在总探明储量的 70% 左右（图 10-3-1）。以下简要介绍碎屑岩岩性地层油气藏在不同阶段的重要勘探进展。

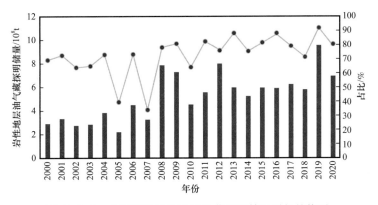

图 10-3-1　中国石油岩性地层油藏探明储量增长趋势图

"十五"期间，中国石油在松辽盆地大情字井、鄂尔多斯盆地西峰、四川盆地广安、准噶尔盆地西北缘等地区取得了一系列重大勘探突破，陆续发现了一批亿吨级规模的大型岩性地层油气藏和一批 5000 万吨级规模的中型岩性地层油气藏。年新增探明岩性地层油藏储量（2.5～3）$×10^8t$，所占总探明储量比例从 2000 年的 48% 上升到 2006 年的 67%。

"十一五"期间，中国石油在鄂尔多斯盆地陇东、四川盆地川中、松辽盆地古龙—长岭凹陷、海塔盆地、准噶尔盆地西北缘、三塘湖盆地马朗凹陷等发现了 9 个岩性地层油气藏规模储量区，年均新增探明石油石油储量 $4.65×10^8t$，占总探明储量的比例为 66%。

"十二五"期间，中国石油在鄂尔多斯盆地姬塬—环江长 8 岩性油气藏、华庆地区长 7 致密油油气藏、准噶尔盆地玛湖西斜坡百口泉组岩性油气藏、吉木萨尔芦草沟组致密油油气藏等勘探取得了重大进展，推动了四个 5 亿吨级至 10 亿吨级岩性/致密大油区的形成。2011—2015 年中国石油岩性地层油气藏领域探明石油与天然气储量分别达 $28×10^8t$，占新增总储量的 80% 以上。

"十三五"期间，中国石油在鄂尔多斯盆地姬塬、志靖—安塞、华庆、陇东等地区，准噶尔盆地玛湖凹陷及邻区、阜康凹陷，松辽盆地齐家—古龙凹陷、长岭凹陷、三肇周边，以及柴达木盆地柴西凹陷、塔里木盆地库车坳陷南斜坡等地区取得重要勘探进展。据统计，2017—2020 年中国石油参与项目攻关的七家油田碎屑岩岩性地层油气藏领域新增探明储量：石油 24.65×10^8t，天然气 2365×10^8m^3；新增控制储量：石油 15×10^8t，天然气 1800×10^8m^3；新增预测储量：石油 10×10^8t，天然气 2500×10^8m^3。"十二五"以来，中国石油在鄂尔多斯、准噶尔盆地形成了 6 个 10 亿吨级以上的现实或潜在碎屑岩岩性地层大油区，已成为近期以及未来石油规模增储上产的主战场。

1. 姬塬大油区

该区位于鄂尔多斯盆地西北部，有利勘探面积 14600km^2，石油资源量 43.5×10^8t，主要油气勘探目的层为三叠系延长组长 4+5 油层组、长 6 油层组、长 2 油层组、长 8 油层组及侏罗系。"十二五"以来姬塬地区岩性油藏多层系勘探取得重要进展，预测评价储量规模已达 20×10^8t。至 2020 年底，区内累计探明石油地质储量 17.75×10^8t，原油年产量 832.94×10^4t，已建成千万吨级的大油田。

2. 志靖—安塞大油区

该区位于鄂尔多斯盆地伊陕斜坡中部，有利勘探面积 1.01×10^4km^2，石油资源量 45×10^8t，主要勘探目的层为延长组长 6 油层组、长 8 油层组、长 9 油层组、长 10 油层组及侏罗系等油层。2017—2020 年新增探明石油地质储量 1.01×10^8t。截至 2020 年底，区内累计探明石油地质储量 13.19×10^8t，原油年产量 637.13×10^4t。

3. 华庆大油区

该区位于晚三叠世湖盆中部，处于东北与西南两大沉积体系的交汇区，有利勘探面积 6200km^2，石油资源量 28×10^8t，主要勘探目的层为延长组长 4+5 油层组、长 6 油层组、长 8 油层组、长 9 油层组及侏罗系等油层。2017—2020 年新增探明石油地质储量 1.94×10^8t。截至 2020 年底，区内累计探明石油地质储量 10.81×10^8t，原油年产量 376.56×10^4t。

4. 陇东大油区

该区位于鄂尔多斯盆地西南部，有利勘探面积 1.2×10^4km^2，石油资源量 27.5×10^8t，主要油气勘探目的层为延长组长 8 油层组、长 3 油层组、长 4+5 油层组、长 6 油层组及侏罗系等油层。2017—2020 年新增探明石油地质储量 4.17×10^8t。截至 2020 年底，区内累计探明石油地质储量 12.51×10^8t，原油年产量 404.19×10^4t。

5. 玛湖砾岩大油区

该区位于准噶尔盆地西北缘，有利勘探面积 15000km^2，石油地质资源量 33.4×10^8t，

天然气资源量 $5453×10^8m^3$。主要勘探目的层为三叠系百口泉组、二叠系乌尔河组、风城组及侏罗系。截至 2020 年底，区内累计三级储量 $17×10^8t$，其中探明储量 $7.65×10^8t$，控制储量 $7.11×10^8t$，预测储量 $2.2×10^8t$。目前玛湖凹陷百口泉组已进入规模开发阶段，2020 年原油年产量 $222×10^4t$。

6.上乌尔禾组地层大油区

该区包括准噶尔盆地盆 1 井西凹陷、东道海子凹陷、沙湾凹陷及阜康凹陷及周缘凸起，埋深 6000m 以浅有利勘探面积 $16000km^2$，是新疆油田重要的勘探接替领域，是潜在的大油气区。目前沙湾凹陷西斜坡沙探 1 井、阜康凹陷东斜坡阜 30 井已获突破，沙探 2 井、盆探 1 井、康探 1 井先后获得工业油流，尤其康探 1 井获得百立方米级高产工业油流，整体带动了盆地上乌尔禾组全面突破。

各岩性地层大油区的勘探研究进展在前面相关章节已有介绍，这里不再赘述。

二、岩性地层油气藏资源潜力与地位

根据第四次资源评价结果，我国剩余油气资源量大。按资源类型来看，我国陆上石油资源量 $1052×10^8t$（含致密油和页岩油），探明率 34%，待探明资源量 $692×10^8t$。剩余资源中，常规油和致密油资源量 $496×10^8t$，资源探明率 42%；页岩油资源量 $196×10^8t$，资源探明率仅 2%。陆上天然气资源类型多样，包含常规和非常规两大类天然气，其中已勘探的非常规天然气有致密气、页岩气和煤层气三类，总体上天然气勘探程度较低。截至 2020 年，中国石油第四次资源评价和"十三五"期间的资源评价结果显示天然气资源量 $103×10^{12}m^3$（含常规气、致密气和页岩气），探明率 14%，剩余 $88×10^{12}m^3$。剩余资源中，常规气和致密气资源量 $50×10^8t$，资源探明率 21%；我国陆上页岩油气资源探明率仅为 3%，页岩油剩余资源 $196×10^8t$，页岩气剩余资源量 $38.6×10^8m^3$，是重要的勘探接替领域。

按勘探领域来看，目前剩余常规石油资源主要集中在岩性地层、成熟探区和前陆盆地三大领域。以中国石油探区为例，剩余石油资源量为 $269.3×10^8t$，三大领域剩余资源的比例占剩余资源的 92%，其中岩性地层和成熟探区的剩余石油资源最丰富，是我国今后陆上石油勘探重要的增储和接替领域（图 10-3-2）。岩性地层领域剩余石油资源量为 $130.6×10^8t$，剩余资源占比 48.5%；成熟探区剩余石油资源量为 $76.7×10^8t$，剩余资源占比 28.5%；前陆盆地领域剩余资源量为 $40.2×10^8t$，剩余资源占比 15%；海相碳酸盐岩领域剩余资源量为 $21.8×10^8t$，剩余资源占比 8%。成熟探区、岩性地层、前陆盆地和海相碳酸盐岩领域，探明程度依次降低，分别为 62%、44%、22%、19%。

我国陆上剩余常规天然气和致密气资源主要集中在岩性地层、海相碳酸盐岩和前陆盆地三大领域（图 10-3-3）。以中国石油探区为例，三大领域剩余资源的比例占全国剩余资源的 97%，其中岩性地层领域的剩余石油资源最丰富，是我国今后陆上天然气勘探重要的增储和接替领域。岩性地层领域剩余常规天然气资源量 $19×10^{12}m^3$，剩余资源占比 45.9%，探明率为 20.6%；海相碳酸盐岩领域剩余天然气资源量 $10.25×10^{12}m^3$，剩余资源占比24.6%，探明率为20.5%；前陆盆地领域剩余资源量$11.27 \times 10^{12} m^3$，剩余资源占比27%，探明率仅为12.9%。

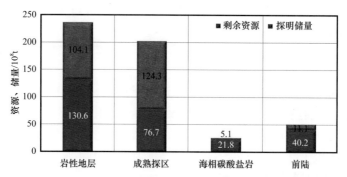

图10-3-2　我国陆上中国石油矿权区剩余石油资源领域分布

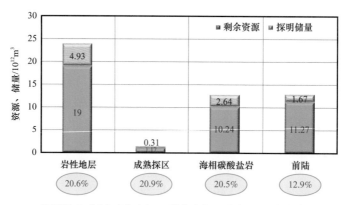

图10-3-3　我国陆上中国石油矿权区剩余常规天然气和致密气资源领域分布

由此来看，岩性地层油气藏剩余资源丰富，仍是中国石油"十四五"及以后石油增储上产的主战场。岩性地层领域剩余石油资源量达$264 \times 10^8 t$，占总剩余石油资源的55%；岩性地层领域剩余天然气资源量达$7.96 \times 10^{12} m^3$，占总剩余天然气资源的23%。鄂尔多斯、准噶尔、塔里木、松辽、四川等盆地将是中国石油未来岩性地层大油区发展与规模增储的主战场。

三、岩性地层油气藏勘探部署建议

近二十年来，岩性地层油气藏已经成为我国陆上最重要的勘探领域和储量增长的主体，在鄂尔多斯盆地、准噶尔盆地、松辽盆地陆相碎屑岩，塔里木盆地、四川盆地、鄂尔多斯盆地海相碳酸盐岩等已形成了多个以岩性地层油气藏类型为主的大油气区或潜在大油气区。勘探研究表明，今后一定时期内，岩性地层油气藏仍是我国油气勘探保持储量增长的重要领域。通过近期勘探进展与研究认识，提出以下部署建议。

1.继续推进碎屑岩岩性地层大油气区的形成与发展

"十五"以来，中国石油相继在松辽盆地白垩系、鄂尔多斯盆地三叠系、准噶尔盆地三叠系发现了多个 5 亿吨级至 10 亿吨级岩性地层大油气区，成为年度新增石油探明储量构成的主体，约占石油总探明储量的一半或以上。建议未来进一步推进鄂尔多斯、松辽、准噶尔等盆地现实大油气区的发展和新的潜在大油气区的形成，不断向深层或中下成藏组合、向源上或远源中浅层拓展，以发现更多的规模储量。

鄂尔多斯盆地中生界陆相碎屑岩已形成了陇东、姬塬、志靖—安塞、华庆等 10 亿吨级以上岩性大油区，近期坚持多层系立体勘探思路，在新层系、新地区不断取得新的勘探进展和规模储量，揭示了这四个大油区剩余资源丰富，仍具有较大的增储潜力，预测"十四五"期间年均增储潜力仍可达到 $2 \times 10^8 t$ 以上。

松辽盆地常规油气勘探已进入较高阶段，但近年在古龙凹陷、长岭凹陷通过开展岩性地层油气藏精细勘探，每年仍能提交探明石油地质储量近亿吨，预计未来仍具有一定的增储潜力，可作为大庆油田、吉林油田石油产量稳产的重要补充。

准噶尔盆地是我国陆上石油资源战略接替的主战场，目前已在玛湖凹陷三叠系百口泉组已发现了 10 亿吨级的砾岩大油区，并在深层二叠系乌尔禾组岩性地层油气藏、风城组致密油 / 页岩油勘探取得新的重大突破，预测评价玛湖富油气凹陷整体具有 50 亿吨级的储量规模（包括西北缘老区），是近期新疆油田增储上产的重要地区，建议以凹陷为单元开展整体评价、整体部署，不断发现优质规模储量。最新勘探研究表明，沙湾凹陷与玛湖凹陷成藏条件相似，二叠系上乌尔禾组连获勘探新突破，再现规模砾岩大油区态势；阜康凹陷低部位芦草沟组发育规模砂体，成藏条件优越，康探 1 井获重大突破，有望呈现满凹含油的态势，具有形成潜在大油气区的地质条件，建议进一步整体评价与规模勘探。

柴达木盆地柴西坳陷剩余资源丰富，发育湖相碳酸盐岩与碎屑岩滩坝两大类规模储集体，具源储一体和下源上储源上成藏有利条件，具有形成满凹含油叠合连片的岩性大油气区潜力，建议按照富油气凹陷满凹含油的思路进行整体评价，继续发现规模储量。近期按照湖相碳酸盐岩全凹环带状分布模式，拓展有利勘探面积 9500km²，通过部署探井 5 口实施，新落实 2 个亿吨级储量区带。柴西凹陷勘探面积 28000km²，石油资源量 $24.4 \times 10^8 t$，目前探明石油地质储量约 $4 \times 10^8 t$，预计未来增储潜力可达 $5 \times 10^8 \sim 10 \times 10^8 t$。

2. 立足四大岩类推动大中型地层油气藏勘探进程

"十三五"期间，国家油气重大专项项目设立"大型地层油气藏形成主控因素与有利区带评价"课题，立足碳酸盐岩、碎屑岩、火山岩、变质岩四大岩类，开展大型地层油气藏成藏规律与勘探潜力预测评价研究，提出四大岩类均可形成大中型地层油气藏，认为我国地层油气藏将进入勘探发现和储量增长的高峰期。

近年来，我国在四川、塔里木、鄂尔多斯、准噶尔、柴达木、渤海湾、松辽等盆地及南海海域、渤海海域的地层油气藏勘探获得了一批新的油气发现，产层岩性包括碳酸盐岩、碎屑岩、火山岩、变质岩。

碳酸盐岩在四川、塔里木、鄂尔多斯三大克拉通盆地古生界已发现安岳、轮南、靖边等以地层油气藏为主的大油气田，储量规模达万亿立方米或 10 亿吨级以上，揭示了碳酸盐岩地层油气藏的巨大勘探潜力。近年来立足风化壳型地层油气藏勘探在区域上、层系上、类型上均不断取得重大发现。如在塔里木盆地，塔西南坳陷罗斯 2 井在奥陶系蓬莱坝组白云岩储层中获得高产工业气流，成为麦盖提斜坡近 20 年来最重大的油气发现，拓展了勘探新的区域；塔北隆起轮南低凸起的轮探 1 井在 8200m 之下的下寒武统白云岩中获得轻质原油，拓展了新的勘探目的层系；顺北地区深层"断溶体"大型油气藏的发现，开拓了地层油气藏勘探的新类型。

碎屑岩地层油气藏主要分布在含油气盆地边缘斜坡带，如渤海湾盆地辽河西部凹陷西斜坡带、东营凹陷南部斜坡带，松辽盆地西部斜坡带等发现了以岩性地层油气藏为主的大油气田。近期准噶尔盆地在处于断—坳转换期的上二叠统形成了具有盆地级地层油气藏勘探领域，预测有利勘探面积 $1.6 \times 10^4 km^2$，近期整体部署井位 9 口，已完钻 4 口探井均获工业油流，揭示了上二叠统盆地级重大领域整体突破的态势初步形成，预计可在沙湾凹陷、阜康凹陷形成新的地层大油区。

火山岩风化壳型地层油气藏呈现出成熟火山岩探区扩大、中、小盆地点突破、海域古潜山重大发现等特征。"十五"以来在松辽盆地徐家围子凹陷、准噶尔盆地克拉美丽地区石炭系发现了千亿立方米级规模火山岩油气藏；2018 年，四川盆地在二叠系火山岩部署钻探的永探 1 风险探井获日产天然气 $22.5 \times 10^4 m^3$ 的高产气流，首次发现二叠系火山碎屑岩油气藏，初步预计该区天然气资源量 $3000 \times 10^8 m^3$，开辟了四川盆地全新的战略接替领域；中国海洋石油在惠州 26-6 "古近系—古潜山"勘探取得战略性突破，发现井 HZ26-6-1 完钻井深 4276m，钻遇油气层厚度约 422.2m，平均日产原油约 2020bbl，天然气约 $15.36 \times 10^6 ft^3$，成为珠江口盆地洼陷找气的新方向，储层岩性主要为花岗岩和中基性火成岩。近期勘探成果表明，火山岩特别是盆地基底火山岩，具有形成大中型地层油气藏的条件。

变质岩风化壳型地层油气藏主要在松辽盆地和渤海湾盆地取得重大突破。近几年，中国石油针对松辽盆地中央隆起带加强地质整体研究，重新认识成藏条件，强化优势岩性与潜山风化壳和内幕研究。风险探井隆探 2 井获 $2.43 \times 10^4 m^3/d$ 的工业气流，2018 年在隆探 2 井认识基础上探索水平井提产效果，实施隆平 1 井压裂获日产气 $11.5 \times 10^4 m^3$ 的高产气流，实现了古中央隆起带基岩储层天然气勘探历史性突破，有望形成新的千亿立方米级规模增储区，对大庆油田实现持续发展具有重要意义。中国海油在渤海湾盆地发现渤中 19-6 大型凝析气田，产层为太古宇变质岩潜山。

通过塔里木、四川、鄂尔多斯、准噶尔等盆地成藏条件综合分析和有利区带评价，预测四大岩类地层油气藏勘探潜力为 $207 \times 10^8 \sim 217 \times 10^8 t$（油当量），其中，18 个碳酸盐岩型地层油气藏区带资源量 $187.44 \times 10^8 \sim 203.44 \times 10^8 t$，两个碎屑岩型地层油气藏区带资源量 $39.72 \times 10^8 t$，10 个火山岩和变质岩型地层油气藏区带资源量 $67.19 \times 10^8 t$。

总体而言，四川、塔里木、鄂尔多斯三大克拉通盆地碳酸盐岩仍是地层油气藏未来勘探的主体，风化壳型地层油气藏是天然气增储的重点领域；准噶尔盆地二叠系上乌尔禾组盆地级碎屑岩地层油气藏有望获得规模储量，超覆、削截型地层油气藏是下一步石油增储的重点领域；准噶尔盆地石炭系区域性不整合之下的三大凸起带火山岩风化壳的有利储盖配置面积达到 14000km^2，是大型火山岩岩性地层气藏勘探有利领域；柴达木盆地三大山前带、松辽盆地中央古隆起基岩风化壳是变质岩勘探的有利地区，具有较大勘探潜力。建议加大盆地内部多级不整合的识别、不整合结构体储集性评价、成藏要素分析及地球物理探测技术攻关，实现平面上扩展新区、垂向上发现新层，推进我国地层油气藏的勘探大发现。

3. 关注远源 / 次生油气藏领域，不断发现高效优质储量

远源 / 次生油气藏是指源—藏垂向上跨储—盖组合或平面上跨构造单元，油气经过远距离运移的一套成藏体系。远源、次生油气藏具有埋藏浅、储层优、见产快等优点，是储量劣质化、持续低油价背景下效益勘探的重要领域。以准噶尔盆地腹部中浅层为例，在主要勘探目的层侏罗系、白垩系已发现石西、石南、莫北、陆梁、莫索湾共五个高效油气田，探明石油储量 3.07×10^{8}t、天然气储量 601.2×10^{8}m^3，为 2002 年准噶尔盆地年产原油上产千万吨做出了重要贡献。2003 年、2004 年在基东鼻凸东南翼连续发现石南 21 井区、石南 31 井区两个岩性地层油藏，探明石油储量 5406×10^{4}t，年产原油 163×10^{4}t。石南 21 井区、石南 31 井区均为当年发现、当年探明、当年建产，证明腹部中浅层是勘探规模、高效油气藏的重要勘探领域。

远源 / 次生油气藏勘探领域多、资源潜力大，在准噶尔盆地、塔里木盆地、松辽盆地、柴达木盆地、鄂尔多斯盆地、渤海湾盆地共六大含油气盆地中浅层或源外斜坡区均发育远源、次生岩性地层油气藏，勘探领域众多，估算剩余资源量 72×10^8～89×10^{8}t（油当量），储量规模 14×10^8～25×10^{8}t（油当量），仍具有较大的勘探潜力。

远源 / 次生油气藏输导体系及成藏过程复杂，勘探难度相对较大。"十三五"期间，中国石油设置专门课题，对远源、次生岩性地层油气藏输导体系、成藏模式及富集规律，以及评价方法技术等进行了攻关研究，推动了准噶尔盆地侏罗系—白垩系、柴达木盆地阿尔金山前、塔里木盆地库车坳陷南斜坡等远源、次生岩性地层油气藏勘探部署及油气发现。指导准噶尔盆地腹部盆 1 井西凹陷前哨 2 井、前哨 3 井、前哨 4 井等多井部署并获高产，前哨 4 井日产油 76.3m^3、气 30.3×10^{4}m^3，上交天然气控制储量 102×10^{8}m^3，实现十几年来腹部中浅层再获高效储量发现；支撑了准噶尔盆地玛湖凹陷中浅层精细勘探与上产，原油产量达 21.6×10^{4}t/a，助力玛湖凹陷 500×10^{4}t/a 上产稳产。在塔里木盆地库车南斜坡指导部署了英买 58 井、英买 59 井和英买 105 井多口探井，英买 105 井白垩系舒善河组首获工业油气流，有利勘探面积 815km^2，油气当量约 7000×10^{4}t。上述勘探实例表明，远源 / 次生岩性地层油气藏仍是未来值得关注的增储领域，建议加强科技攻关与勘探部署。

参考文献

安作相, 1996. 油气藏形成过程中油气的再次运移 [J]. 新疆石油地质, 17 (2): 188-193, 206.

曹剑, 雷德文, 李玉文, 等, 2015. 古老碱湖优质烃源岩: 准噶尔盆地下二叠统风城组 [J]. 石油学报, 36 (7): 781-790.

陈登钱, 沈晓双, 崔俊, 等, 2015. 柴达木盆地英西地区深部混积岩储层特征及控制因素 [J]. 岩性油气藏, 27 (5): 211-217.

陈能贵, 王艳清, 徐峰, 等, 2015. 柴达木盆地新生界湖盆咸化特征及沉积响应 [J]. 古地理学报, 17 (3): 371-380.

初广震, 张矿明, 柳佳期, 2010. 湖相碳酸盐岩油气资源分析与勘探前景 [J]. 资源与产业, 2: 99-102.

杜宏宇, 王鸿雁, 徐宗谦, 2003. 马朗凹陷芦草沟组烃源岩地化特征 [J]. 新疆石油地质, 24 (4): 302-305.

杜金虎, 易士威, 王权, 2003. 华北油田隐蔽油藏勘探实践与认识 [J]. 中国石油勘探, 8 (1): 1-10.

杜韫华, 1990. 渤海湾地区下第三系湖相碳酸盐岩及沉积模式 [J]. 石油与天然气地质, 4: 376-392, 465-466.

杜韫华, 1992. 中国湖相碳酸盐岩油气储层 [J]. 陆相石油地质, 3 (6): 25-37.

范玉海, 屈红军, 王辉, 等, 2012. 微量元素分析在判别沉积介质环境中的应用: 以鄂尔多斯盆地西部中区晚三叠世为例 [J]. 中国地质, 39 (2): 382-389.

冯乔, 柳益群, 郝建荣, 2004. 三塘湖盆地芦草沟组烃源岩及其古环境 [J]. 沉积学报, 22 (3): 513-517.

冯有良, 张义杰, 王瑞菊, 等, 2011. 准噶尔盆地西北缘风城组白云岩成因及油气富集因素 [J]. 石油勘探与开发, 38 (6): 685-692.

冯玉辉, 边伟华, 顾国忠, 等, 2016. 中基性火山岩井约束地震岩相刻画方法 [J]. 石油勘探与开发, 43 (2): 228-236.

高长海, 彭浦, 李本琼, 2013. 不整合类型及其控油特征 [J]. 岩性油气藏, 25 (6): 1-7.

郭泽清, 郑得文, 刘卫红, 等, 2008. 柴达木盆地西部古近纪—新近纪湖相生物礁的发现及意义 [J]. 地层学杂志 (1): 60-68, 119-120.

何登发, 张义杰, 等, 2004. 准噶尔盆地油气富集规律 [J]. 石油学报, 25 (3): 1-10.

何海清, 范土芝, 郭绪杰, 等, 2021. 中国石油 "十三五" 油气勘探重大成果与 "十四五" 发展战略 [J]. 中国石油勘探, 26 (1) 17: 29.

何琰, 牟中海, 裴素安, 等, 2005. 准噶尔盆地玛北斜坡带油气成藏研究 [J]. 西南石油学院学报, 27 (6): 8-11.

侯连华, 罗霞, 王京红, 等, 2013. 火山岩风化壳及油气地质意义——以新疆北部石炭系火山岩风化壳为例 [J]. 石油勘探与开发, 40 (3): 257-265, 274.

胡朝元, 2005. "源控论" 适用范围量化分析 [J]. 天然气工业, 25 (10): 1-3.

黄昌武, 2018. 中国石油 2017 年十大科技进展 [J]. 石油勘探与开发, 45 (2): 357-358.

黄鹏, 2011. 歧口凹陷沙一下亚段湖相碳酸盐岩储层特征研究 [D]. 东营: 中国石油大学 (华东).

黄思静，杨俊杰，张文正，等，1996.石膏对白云岩溶解影响的实验模拟研究［J］.沉积学报（1）：103-109.

吉利明，吴涛，李林涛，2006.陇东三叠系延长组主要油源岩发育时期的古气候特征［J］.沉积学报，24（3）：723-734.

贾承造，赵文智，邹才能，等，2004.岩性地层油气藏勘探研究的两项核心技术［J］.石油勘探与开发，31（3）：7-9.

金凤鸣，崔周旗，王权，等，2017.冀中坳陷地层岩性油气藏分布特征与主控因素［J］.岩性油气藏，29（2）：19-27.

匡立春，吕焕通，齐雪峰，等，2005.准噶尔盆地岩性油气藏勘探成果和方向［J］.石油勘探与开发，32（6）：32-37.

匡立春，唐勇，雷德文，等，2012.准噶尔盆地二叠系咸化湖相云质岩致密油形成条件与勘探潜力［J］.石油勘探与开发，39（6）：657-667.

匡立春，唐勇，雷德文，等，2014.准噶尔盆地玛湖凹陷斜坡区三叠系百口泉组扇控大面积岩性油藏勘探实践［J］.中国石油勘探，19（6）：14-23.

雷德文，陈刚强，刘海磊，等，2017.准噶尔盆地玛湖凹陷大油（气）区形成条件与勘探方向研究［J］.地质学报，91（7）：1604-1619.

雷德文，瞿建华，安志渊，等，2015.玛湖凹陷百口泉组低渗砂砾岩油气藏成藏条件及富集规律［J］.新疆石油地质，36（6）：642-647.

雷振宇，卞德智，杜社宽，等，2005.准噶尔盆地西北缘扇体形成特征及油气分布规律［J］.石油学报，26（1）：8-12.

李国发，廖前进，王尚旭，等，2008.合成地震记录层位标定若干问题的探讨［J］.石油物探，47（2）：145-149.

李苗苗，马素萍，夏燕青，等，2014.泌阳凹陷核桃园组湖相烃源岩微观形态特征与形成机制［J］.岩性油气藏，26（3）：45-50.

梁钰，侯读杰，张金川，等，2014.海底热液活动与富有机质烃源岩发育的关系：以黔西北地区下寒武统牛蹄塘组为例［J］.油气地质与采收率，21（4）：28-32.

刘传虎，2014.准噶尔盆地隐蔽油气藏类型及有利勘探区带［J］.石油实验地质，36（1）：25-32.

刘卫民，陶柯宇，高秀伟，等，2015.含油气盆地远距离成藏模式与主控因素［J］.地质论评，61（3）：621-633.

刘文彬，1989.准噶尔盆地西北缘风城组沉积环境探讨［J］.沉积学报，7（1）：61-70.

刘喜武，宁俊瑞，张改兰，2009.Cauchy稀疏约束Bayesian估计地震盲反褶积框架与算法研究［J］.石油物探，48（5）：459-464.

刘占国，朱超，李森明，等，2017.柴达木盆地西部地区致密油地质特征及勘探领域［J］.石油勘探与开发，44（2）：196-204.

刘宗堡，王有功，郝彬，等，2021.松辽盆地中浅层岩性油气藏成藏规律及评价技术［M］.哈尔滨：黑龙江科技出版社.

柳佳期，2011.沾化凹陷西部地区沙四上亚段湖相碳酸盐岩储层特征［D］.北京：中国地质大学（北京）.

马哲，宁淑红，姜莉，1998. 准噶尔盆地烃源岩生烃模型［J］. 新疆石油地质，19（4）：278–280.

潘晓添，2013. 准噶尔盆地西北缘风城组湖相热液白云岩形成机理［D］. 成都：成都理工大学.

平宏伟，陈红汉，2009. 次生油气藏成藏研究进展［J］. 地球科学进展，24（9）：990–1000.

蒲秀刚，周立宏，肖敦清，等，2011. 黄骅坳陷歧口凹陷西南缘湖相碳酸盐岩地质特征［J］. 石油勘探与开发，38（2）：136–144.

秦志军，陈丽华，李玉文，等，2016. 准噶尔盆地玛湖凹陷下二叠统风城组碱湖古沉积背景［J］. 新疆石油地质，37（1）：1–6.

邱楠生，王绪龙，杨海波，等，2001. 准噶尔盆地地温分布特征［J］. 地质科学，36（3）：350–358.

孙大鹏，1990. 内蒙高原的天然碱湖［J］. 海洋与湖沼，21（1）：44–54.

唐勇，徐洋，瞿建华，等，2014. 玛湖凹陷百口泉组扇三角洲群特征及分布［J］. 新疆石油地质，35（6）：628–635.

唐勇，尹太举，覃建华，等，2017. 大型浅水扇三角洲发育的沉积物理模拟实验研究［J］. 新疆石油地质，38（3）：253–263.

陶士振，李建忠，柳少波，等，2017. 远源／次生油气藏形成与分布的研究进展和展望［J］. 中国矿业大学学报，46（4）：699–714.

陶士振，袁选俊，侯连华，等，2016. 中国岩性油气藏区带类型、地质特征与勘探领域［J］. 石油勘探与开发，43（6）：867–872.

汪凯明，罗顺社，2009. 燕山地区中元古界高于庄组和杨庄组地球化学特征及环境意义［J］. 矿物岩石地球化学通报，28（4）：356–364.

汪梦诗，张志杰，周川闽，等，2018. 准噶尔盆地玛湖凹陷下二叠统风城组碱湖岩石特征与成因［J］. 古地理学报，20（1）：147–162.

王国林，王刚，朱爱国，1989. 准噶尔盆地玛湖凹陷区数学模拟资源评价［J］. 新疆石油地质，10（3）：100–112.

王菁，李相博，刘化清，等，2019. 陆相盆地滩坝砂体沉积特征及其形成与保存条件——以青海湖现代沉积为例［J］. 沉积学报，37（5）：1016–1030.

王敏芳，黄传炎，徐志诚，等，2006. 综述沉积环境中古盐度的恢复［J］. 新疆石油天然气，2（1）：9–12.

王圣柱，张奎华，金强，2014. 准噶尔盆地哈拉阿拉特山地区原油成因类型及风城组烃源岩的发现意义［J］. 天然气地球科学，25（4）：595–602.

王英华，周书欣，张秀莲，1993. 中国湖相碳酸盐岩［M］. 徐州：中国矿业大学出版社.

王屿涛，1998. 准噶尔盆地主要烃源岩生烃模拟实验及地质意义［J］. 新疆石油地质，19（5）：377–382.

吴孔友，查明，洪梅，2003. 准噶尔盆地不整合结构模式及半风化岩石的再成岩作用［J］. 大地构造与成矿学，（3）：270–276.

吴孔友，查明，柳广弟，2002. 准噶尔盆地二叠系不整合面及其油气运聚特征［J］. 石油勘探与开发，29（2）：53–57.

夏青松，田景春，倪新锋，2003. 湖相碳酸盐岩研究现状及意义［J］. 沉积与特提斯地质（1）：105–112.

夏志远，刘占国，李森明，等，2017. 岩盐成因与发育模式：以柴达木盆地英西地区古近系下干柴沟组为例［J］. 石油学报，38（1）：55–66.

熊小辉，肖加飞，2011.沉积环境的地球化学示踪［J］.地球与环境，39（3）：405-414.

闫伟鹏，杨涛，李欣，等，2014.中国陆上湖相碳酸盐岩地质特征及勘探潜力［J］.中国石油勘探，19（4）：11-17.

闫伟鹏，朱筱敏，古莉，等，2004.酒西坳陷青西油田下白垩统储集层裂缝研究［J］.石油勘探与开发（1）：54-56.

杨明慧，刘池阳，唐玄，2006.鄂尔多斯盆地上三叠统延长组长7油层组分散有机质碳同位素及其古气候意义［C］//第九届全国古地理学及沉积学学术会议.

杨占龙，2020.地震地貌切片解释技术及应用［J］.石油地球物理勘探，55（3）：669-677.

杨占龙，刘化清，沙雪梅，等，2017.融合地震结构信息与属性信息表征陆相湖盆沉积体系［J］.石油地球物理勘探，52（1）：138-145.

杨占龙，彭立才，陈启林，等，2007.地震属性分析与岩性油气藏勘探［J］.石油物探，46（2）：131-136.

杨占龙，沙雪梅，2005.储层预测中层位—储层的精细标定方法［J］.石油物探，44（6）：627-631.

杨占龙，沙雪梅，魏立花，等，2019.地震隐性层序界面识别、高频层序格架建立与岩性圈闭勘探：以吐哈盆地西缘侏罗系—白垩系为例［J］.岩性油气藏，31（6）：1-13.

杨占龙，肖冬生，周隶华，等，2017.高分辨率层序格架下的陆相湖盆精细沉积体系研究：以吐哈盆地西缘侏罗系—古近系为例［J］.岩性油气藏，29（5）：1-10.

易士威，2005.断陷盆地岩性地层油藏分布特征［J］.石油学报，26（1）：38-41.

印森林，唐勇，胡张明，等，2016.构造活动对冲积扇及其油气成藏的控制作用——以准噶尔盆地西北缘二叠系—三叠系冲积扇为例［J］.新疆石油地质（4）：391.

印森林，吴胜和，冯文杰，等，2013.冲积扇储集层内部隔夹层样式［J］.石油勘探与开发，40（6）：757-763

尤兴弟，1986.准噶尔盆地西北缘风城组沉积相探讨［J］.新疆石油地质，7（1）：47-52.

袁成，苏明军，倪长宽，2021.基于稀疏贝叶斯学习的薄储层预测方法及应用［J］.岩性油气藏，33（1）：229-238.

袁选俊，林森虎，刘群，等，2015.湖盆细粒沉积特征与富有机质页岩分布模式：以鄂尔多斯盆地延长组长7油层组为例［J］.石油勘探与开发，42（1）：34-43.

袁选俊，周红英，张志杰，等，2021.坳陷湖盆大型浅水三角洲沉积特征与生长模式［J］.岩性油气藏，33（1）：1-11.

张繁昌，刘杰，印兴耀，等，2008.修正柯西约束地震盲反褶积方法［J］.石油地球物理勘探，43（4）：391-396.

张积易，1980.克拉玛依洪积扇粗碎屑储集体［J］.新疆石油地质，1（2）：33-35.

张积易，1985.粗碎屑洪积扇的某些沉积特征和微相划分［J］.沉积学报，3（3）：75-85.

张善文，林会喜，沈扬，2013.准噶尔盆地车排子凸起新近系"网毯式"成藏机制剖析及其对盆地油气勘探的启示［J］.地质论评，59（3）：489-500.

张顺存，蒋欢，张磊，等，2014.准噶尔盆地玛北地区三叠系百口泉组优质储层成因分析［J］.沉积学报，32（6）：1171-1180.

张义杰，向书政，2002. 准噶尔盆地含油气系统特点与油气成藏组合模式［J］. 中国石油勘探，7（4）：25–35.

张志杰，袁选俊，汪梦诗，等，2018. 准噶尔盆地玛湖凹陷二叠系风城组碱湖沉积特征与古环境演化［J］. 石油勘探与开发，45（6）：972–984.

赵文智，张光亚，王红军，2005. 石油地质理论新进展及其在拓展勘探领域中的意义［J］. 石油学报，26（1）：1–7.

郑孟林，樊向东，何文军，等，2019. 准噶尔盆地深层地质结构叠加演变与油气赋存［J］. 地学前缘，26（1）：22–32.

郑民，李建忠，吴晓智，等，2016. 致密储集层原油充注物理模拟：以准噶尔盆地吉木萨尔凹陷二叠系芦草沟组为例［J］. 石油勘探与开发，43（2）：219–227.

郑一丁，雷裕红，张立强，等，2015. 鄂尔多斯盆地东南部张家滩页岩元素地球化学、古沉积环境演化特征及油气地质意义［J］. 天然气地球科学，26（7）：1395–1404.

支东明，曹剑，向宝力，等，2016. 玛湖凹陷风城组碱湖烃源岩生烃机理及资源量新认识［J］. 新疆石油地质，37（5）：499–504.

支东明，唐勇，郑孟林，等，2018. 玛湖凹陷源上砾岩大油区形成分布与勘探实践［J］. 新疆石油地质，39（1）：1–8.

周兴熙，2005. 成藏要素的时空结构与油气富集——兼论近源富集成藏［J］. 石油与天然气地质，26（6）：711–716.

周张健，1994. 蒙脱石伊利石化的控制因素、转化机制及其转化模型的研究综述［J］. 地质科技情报，13（4）：41–46.

周自立，杜韫华，1986. 湖相碳酸盐岩的沉积相与油气分布关系——以山东胜利油田下第三系碳酸盐岩为例［J］. 石油实验地质，（2）：123–132+192.

朱筱敏，董艳蕾，曾洪流，等，2019. 沉积地质学发展新航程—地震沉积学［J］. 古地理学报，21（2）：189–201.

Benson L，1994. Carbonate deposition, Pyramid Lake Subbasin, Nevada：Sequence of formation and elevational distribution of carbonate deposits（tufas）［J］. Palaeogeography，Palaeoclimatology，Palaeoecology，109：55–87.

Bian W H，Hornung J，Liu Z H，et al.，2010. Sedimentary and palaeoenvironmental evolution of the Junggar Basin，Xinjiang，northwest China［J］. Palaeoenvironments，90（3）：175–186.

Boström K，Peterson M N A，1969. The origin of aluminium-poor ferromanganoan sediments in areas of high heat flow on the East Pacific Rise［J］. Marine Geology，7（5）：427–447.

Bull W B，1977. The alluvial-fan environment. Progress in Physical Geography［M］. 222–270.

Cabestrero Ó，Sanz-montero M E，Arregui L，et al.，2018. Seasonal variability of mineral formation in microbial mats subjected to drying and wetting cycles in alkaline and hypersaline sedimentary environments［J］. Aquatic Geochemistry，24（1）：79–105.

Cabrera L I，Cabrera M，Gorchs R，et al.，2002. Lacustrine basin dynamics and organosulphur compound origin in a carbonate-rich lacustrine system（Late Oligocene Mequinenza Formation，SE Ebro basin，NE

Spain）[J] . Sedimentary Geology, 148: 289–317.

Casanova J, 1986. East African rift stromatolites [J] . Sedimentation in the African Rifts, Geological Society（London）Special Publication, 25: 201–210.

Cong H, Liming J, Yuandong W, et al., 2016. Characteristics of hydrothermal sedimentation process in the Yanchang Formation, south Ordos Basin, China: Evidence from element geochemistry [J] . Sedimentary Geology, 345: 33–41.

Deocampo D M, Jones B F, 2014. Geochemistry of saline lakes [J] . Treatise on Geochemistry, 7（2）: 437–469.

Deocampo D M, Renaut R W, 2016. Geochemistry of African soda lakes [M] . Switzerland: Springer International Publishing: 77–95.

Domagalski J L, Eugster H P, Jones B F, 1990. Trace metal geochemistry of Walker, Mono, and Great Salt Lakes [J] . The Geochemical Society,（2）: 315–353.

Dou Yutan, 2020. A method to remove depositional background data based on the Modified Kernel Hebbian Algorithm [J] . Acta Geophysica, 68（3）, 701–710.

Dyni J R, 2003. Geology and resources of some world oil–shale deposits [J] . Estonian Academy Publishers, 20（3）: 193–252.

Hernández P A, Melián G, Giammanco S, et al., 2015. Contribution of CO_2 and H_2S emitted to the atmosphere by plume and diffuse degassing from volcanoes: The Etna volcano case study [J] . Surveys in Geophysics, 36（3）: 327–349.

Hormung J, Pflanz D, Hechler A, et al., 2010. 3–D architecture, depositional pattern and climate triggered sediment fluxes of an alpine alluvial fan [J] . Geomorphology, 115: 202–214.

Jiang Z, Chen D, Qiu L, et al., 2007. Source–controlled carbonates in a small Eocene half–graben basin（Shulu Sag）in central Hebei Province, North China [J] . Sedimentology, 54, 265–292.

Melack J M, Peter K, 1974. Photosynthetic rates of phytoplankton in East African alkaline, saline lakes [J] . Limnology and Oceanography, 19（5）: 743–755.

Paola D L, Enrico D, Giovanni M, et al., 2002. Geology and geochemistry of Jurassic pelagic sediments, Scisti silicei Formation, southern Apennines, Italy [J] . Sedimentary Geology, 150（3）: 229–246.

Pecoraino G D, Alessandro W, 2015. The other side of the coin: Geochemistry of alkaline lakes in volcanic areas [M] . Berlin: Springer–Verlag: 219–237.

Roehler H W, 1992. Correlation, composition, areal distribution, and thickness of Eocene stratigraphic units, greater GreenRiver basin, Wyoming, Utah, and Colorado [R] . Washington: United States Government Printing Office.

Swirydczuk K, Wilkinson B H, Smith G R, 1979. The Pliocene Glenns Ferry oolite: lake margin carbonate deposition in the southwestern Snake River Plain [J] . Journal of Sedimentary Petrology, 49, 995–1004.

Thompson D L, Stilwell J D, Hall M, 2015. Lacustrine carbonate reservoirs from Early Cretaceous rift lakes of Western Gondwana: Pre–Salt coquinas of Brazil and West Africa [J] . Gondwana Research, 28（1）: 26–51.

Wunder B，Stefanski J，Wirth R，2013. Al–B substitution in the system albite（NaAlSi$_3$O$_8$）–reedmergnerite（NaBSi$_3$O$_8$）[J] . European Joural of Mineralogy，25（4）：499–508.

Zeng Hongliu，Zhao Wenzhi，Xu Zhaohui，et al.，2018. Carbonate seismic sedimentology：A case study of Cambrian Longwangmiao Formation，Gaoshiti–Moxi area，Sichuan Basin，China [J] . Petroleum Exploration and Development，45（5）：775–784.

Zhang G，Yin X，2004. An acoustic impedance inversion approach using discrete inversion theory [C] .74th Annual International Meeting，SEG，Expanded Abstracts，1854–1857.

Zhong G F，Li Y L，Wu F R，et al.，2010. Identification of subtle seismic sequence boundaries by all–reflector tracking method [C] . SEG Technical Program Expanded Abstracts：1545–1549.

Ziolkowski A，Slob E，1991. Can we perform statistical deconvolution by polynomial factorization? [J] . Geophysics，56（9）：1427–1431.